U0172777

注册建筑师考试丛书

一级注册建筑师考试教材

·1·

设计前期 场地与建筑设计(知识)

(第十七版)

《注册建筑师考试教材》编委会　编

曹纬浚　主编

中国建筑工业出版社

图书在版编目（CIP）数据

一级注册建筑师考试教材．1，设计前期　场地与建筑设计：知识／《注册建筑师考试教材》编委会编；曹纬浚主编．—17 版．—北京：中国建筑工业出版社，2021.12

（注册建筑师考试丛书）

ISBN 978-7-112-26816-0

Ⅰ．①一… Ⅱ．①注… ②曹… Ⅲ．①场地－建筑设计－资格考试－自学参考资料 Ⅳ．①TU

中国版本图书馆 CIP 数据核字(2021)第 233434 号

责任编辑：张　建
责任校对：张　颖

注册建筑师考试丛书

一级注册建筑师考试教材

·1·

设计前期　场地与建筑设计（知识）

（第十七版）

《注册建筑师考试教材》编委会　编

曹纬浚　主编

*

中国建筑工业出版社出版、发行（北京海淀三里河路 9 号）

各地新华书店、建筑书店经销

北京红光制版公司制版

北京同文印刷有限责任公司印刷

*

开本：787 毫米×1092 毫米　1/16　印张：38¾　字数：943 千字

2021 年 12 月第十七版　　2021 年 12 月第一次印刷

定价：**118.00** 元

ISBN 978-7-112-26816-0

(38477)

3

序

赵春山

（住房和城乡建设部执业资格注册中心原主任）

我国正在实行注册建筑师执业资格制度，从接受系统建筑教育到成为执业建筑师之前，首先要得到社会的认可，这种社会的认可在当前表现为取得注册建筑师执业注册证书，而建筑师在未来怎样行使执业权力，怎样在社会上进行再塑造和被再评价从而建立良好的社会资源，则是另一个角度对建筑师的要求。因此在如何培养一名合格的注册建筑师的问题上有许多需要思考的地方。

一、正确理解注册建筑师的准入标准

我们实行注册建筑师制度始终坚持教育标准、职业实践标准、考试标准并举，三者之间相辅相成、缺一不可。所谓教育标准就是大学专业建筑教育。建筑教育是培养专业建筑师必备的前提。一个建筑师首先必须经过大学的建筑学专业教育，这是基础。职业实践标准是指经过学校专门教育后又经过一段有特定要求的职业实践训练积累。只有这两个前提条件具备后才可报名参加考试。考试实际就是对大学建筑教育的结果和职业实践经验积累结果的综合测试。注册建筑师的产生都要经过建筑教育、实践、综合考试三个过程，而不能用其中任何一个去代替另外两个过程，专业教育是建筑师的基础，实践则是在步入社会以后通过经验积累提高自身能力的必经之路。从本质上说，注册建筑师考试只是一个评价手段，真正要成为一名合格的注册建筑师还必须在教育培养和实践训练上下功夫。

二、关注建筑专业教育对职业建筑师的影响

应当看到，我国的建筑教育与现在的人才培养、市场需求尚有脱节的地方，比如在人才知识结构与能力方面的实践性和技术性还有欠缺。目前在建筑教育领域实行了专业教育评估制度，一个很重要的目的是想以评估作为指挥棒，指挥或者引导现在的教育向市场靠拢，围绕着市场需求培养人才。专业教育评估在国际上已成为了一种通行的做法，是一种通过社会或市场评价教育并引导教育围绕市场需求培养合格人才的良好机制。

当然，大学教育本身与社会的具体应用需要之间有所区别，大学教育更侧重于专业理论基础的培养，所以我们就从衡量注册建筑师第二个标准——实践标准上来解决这个问题。注册建筑师考试前要强调专业教育和三年以上的职业实践。现在专门为报考注册建筑师提供一个职业实践手册，包括设计实践、施工配合、项目管理、学术交流四个方面共十项具体实践内容，并要求申请考试人员在一名注册建筑师指导下完成。

理论和实践是相辅相成的关系，大学的建筑教育是基础理论与专业理论教育，但必须

要给学生一定的时间使其把理论知识应用到实践中去，把所学和实践结合起来，提高自身的业务能力和专业水平。

大学专业教育是作为专门人才的必备条件，在国外也是如此。发达国家对一个建筑师的要求是：没有经过专门的建筑教育是不能称之为建筑师的，而且不能进入该领域从事与其相关的职业。企业招聘人才也首先要看他们是否具备扎实的基本知识和专业本领，所以大学的本科建筑教育是必备条件。

三、注意发挥在职教育对注册建筑师培养的补充作用

在职教育在我国有两个含义：一种是后补充学历教育，即本不具备专业学历，但工作后经过在职教育通过社会自学考试，取得从事现职业岗位要求的相应学历；还有一种是继续教育，即原来学的本专业和其他专业学历，随着科技发展和自身业务领域的拓宽，原有的知识结构已不适应了，于是通过在职教育去补充相关知识。由于我国建筑教育在过去一段时期底子薄，培养数量与社会需求差距很大。改革开放以后为了满足快速发展的建筑市场需求，一批没有经过规范的建筑教育的人员进入了建筑师队伍。而要解决好这一历史问题，提高建筑师队伍整体职业素质，在职教育有着重要的补充作用。

继续教育是在职教育的一种行之有效的教育形式，它特指具有专业学历背景的在职人员从业后，因社会的发展使得原有知识需要更新，要通过参加新知识、新技术的学习以调整原有知识结构、拓宽知识范围。它在性质上与在职培训相同，但又不能完全画等号。继续教育是有计划性、目标性、提高性的，从整体人才队伍和个人知识总体结构上作调整和补充。当前，社会在职教育在制度上和措施上还不够完善，质量很难保证。有一些人把在职读学历作为"镀金"，把继续教育当作"过关"。虽然最后证明拿到了，但实际的本领和水平并没有相应提高。为此需要我们做两方面的工作，一是要让我们的建筑师充分认识到在职教育是我们执业发展的第一需求；二是我们的教育培训机构要完善制度、改进措施、提高质量，使参加培训的人员有所收获。

四、为建筑师创造一个良好的职业环境

要向社会提供高水平、高质量的设计产品，关键还是要靠注册建筑师的自身素质，但也不可忽视社会环境的影响。大众审美的提高可以让建筑师感受到社会的关注，增强自省意识，努力创造出一个经受得住大众评价的作品。但目前实际上建筑师的很多设计思想受开发商与业主方面很大的影响，有时建筑水平并不完全取决于建筑师，而是取决于开发商与业主的喜好。有的业主审美水平不高，很多想法往往只是自己的意愿，这就很难做出与社会文化、科技、时代融合的建筑产品。要改善这种状态，首先要努力创造尊重知识、尊重人才的社会环境。建筑师要维护自己的职业权力，大众要尊重建筑师的创作成果，业主不要把个人喜好强加于建筑师。同时建筑师自身也要提高自己的素质和修养，增强社会责任感，建立良好的社会信誉。要让创造出的作品得到大众的尊重，首先自己要尊重自己的劳动成果。

五、认清差距，提高自身能力，迎接挑战

目前中国的建筑师与国际水平还存在着一定差距，而面对信息化时代，如何缩小差距

以适应时代变革和技术进步，及时调整并制定新的对策，成为建筑教育需要探讨解决的问题。

我们现在的建筑教育不同程度地存在重艺术、轻技术的倾向。在注册建筑师资格考试中明显感觉到建筑师们在相关的技术知识包括结构、设备、材料方面的把握上有所欠缺，这与教育有一定的关系。学校往往比较注重表现能力方面的培养，而技术方面的教育则相对不足。尽管这些年有的学校进行了一些课程调整，加强了技术方面的教育，但从整体来看，现在的建筑师在知识结构上还是存在缺欠。

建筑是时代发展的历史见证，它凝固了一个时期科技、文化发展的印记，建筑师如果不能与时代发展相适应，努力学习和掌握当代社会发展的科学技术与人文知识，提高建筑的科技、文化内涵，就很难创造出高水平的作品。

当前，我们的建筑教育可以利用互联网加强与国外信息的交流，了解和掌握国外在建筑方面的新思路、新理念、新技术。这里想强调的是，我们的建筑教育还是应该注重与社会发展相适应。当今，社会进步速度很快，建筑所蕴含的深厚文化底蕴也在不断地丰富、发展。现代建筑创作不能单一强调传统文化，要充分运用现代科技发展成果，使建筑在经济、安全、健康、适用和美观方面得到全面体现。在人才培养上也要与时俱进。加强建筑师科技能力的培养，让他们学会适应和运用新技术、新材料去进行建筑创作。

一个好的建筑要实现它的内在和外表的统一，必须要做到：建筑的表现、材料的选用、结构的布置以及设备的安装融为一体。但这些在很多建筑中还做不到，这说明我们一些建筑师在对新结构、新设备、新材料的掌握和运用上能力不够，还需要加大学习的力度。只有充分掌握新的结构技术、设备技术和新材料的性能，建筑师才能够更好地发挥创造水平，把技术与艺术很好地融合起来。

中国加入WTO以后面临国外建筑师的大量进入，这对中国建筑设计市场将会有很大的冲击，我们不能期望通过政府设立各种约束限制国外建筑师的进入而自保，关键是要使国内建筑师自身具备与国外建筑师竞争的能力，充分迎接挑战、参与竞争，通过实践提高我们的设计水平，为社会提供更好的建筑作品。

前　　言

一、本套书编写的依据、目的及组织构架

原建设部和人事部自 1995 年起开始实施注册建筑师执业资格考试制度。

本套书以考试大纲为依据，结合考试参考书目和现行规范、标准进行编写，并结合历年真实考题的知识点做出修改补充。由于多年不断对内容的精益求精，本套书是目前市面上同类书中，出版较早、流传较广、内容严谨、口碑销量俱佳的一套注册建筑师考试用书。

本套书的编写目的是指导复习，因此在保证内容综合全面、考点覆盖面广的基础上，力求重点突出、详略得当；并着重对工程经验的总结、规范的解读和原理、概念的辨析。

为了帮助考生准备注册考试，本书的编写教师自 1995 年起就先后参加了全国一、二级注册建筑师考试辅导班的教学工作。他们都是在本专业领域具有较深造诣的教授、一级注册建筑师、一级注册结构工程师和具有丰富考试培训经验的名师、专家。

本套《注册建筑师考试丛书》自 2001 年出版至今，除 2002、2015、2016 三年停考之外，每年均对教材内容作出修订完善。现全套书包含：《一级注册建筑师考试教材》（简称《一级教材》，共 6 个分册）、《一级注册建筑师考试历年真题与解析》（简称《一级真题与解析》，知识题科目，共 5 个分册）；《二级注册建筑师考试教材》（共 3 个分册）、《二级注册建筑师考试历年真题与解析》（知识题科目，共 2 个分册）。

二、本书（本版）修订说明

本次修订主要依据现行标准规范的更新情况以及近年一级注册建筑师"设计前期与场地设计""建筑设计"（知识）科目的真实试题及其命题趋势，对原教材部分内容进行了必要的补充和完善。在本教材各章中，均以例题（或习题）的形式，增补了部分 2021 年的真实试题，并附详解与答案。

（1）第一章"设计前期"，补充了房屋建筑和市政基础设施工程施工图设计文件审查管理，项目立项与审批等方面的基础知识，以及民用建筑修缮工程勘察前应搜集的与工程有关的各项资料。

（2）第二章"场地设计"，依据《建筑设计资料集》（第三版）修改了风玫瑰图和日照间距计算，补充了《城市步行和自行车交通系统规划标准》GB/T 51439—2021 的相关规定，总结了基地内室外活动场地与设施部分的相关要求。

（3）第三章"建筑设计原理"，第一节补充了公共建筑无障碍设计的内容；第二节补充了住宅建筑类型的特点与设计的相关内容；第六节增补了提高资源效率的建筑设计原则的相关内容；第七节改写了环境知觉、环境认知、场景和场所、空间行为等内容。

（4）第六章"城市规划基础知识"，第一节和第四节分别补充了"碳达峰、碳中和"和"双评价"的概念；依据《城乡建设用地竖向规划规范》CJJ 83—2016 的规定，完善了竖向规划的要求；第七节完整增补了城市防灾工程系统规划的相关内容；第十节补充了

城市建设管理以及监督规划实施的内容；第十二节补充介绍了城市规划的法规体系。

三、本套书配套使用说明

考生在学习《一级教材》时，除应阅读相应的标准、规范外，还应多做试题，以便巩固知识，加深理解和记忆。《一级真题与解析》是《一级教材》的配套试题集，收录了2003年以来知识题的多年真实试题并附详细的解答提示和参考答案，其5个分册分别对应《一级教材》的前5个分册。《一级真题与解析》的每个分册均包含两个部分，即按照《一级教材》章节设置的分散试题和近几年的整套试题。考生可以在考前做几次自测练习。

《一级教材》的第6分册收录了一级注册建筑师资格考试的"建筑方案设计""建筑技术设计"和"场地设计"3个作图考试科目的多年真实试题，并提供了参考答卷，部分试题还附有评分标准；对作图科目考试的复习大有好处。

四、《一级教材》各分册作者

《第1分册　设计前期　场地与建筑设计（知识）》——第一、二章王昕禾；第三、七章晁军、尹桔；第四章何力；第五章王又佳；第六章荣玥芳。

《第2分册　建筑结构》——第八章钱民刚；第九、十章黄莉、王昕禾；第十一章黄莉、冯东、第十二～十四章冯东；第十五、十六章黄莉、叶飞。

《第3分册　建筑物理与建筑设备》——第十七章汪琪美；第十八章刘博；第十九章李英；第二十章许萍；第二十一章贾昭凯、贾岩；第二十二章冯玲。

《第4分册　建筑材料与构造》——第二十三章侯云芬；第二十四章陈岚。

《第5分册　建筑经济　施工与设计业务管理》——第二十五章陈向东；第二十六章穆静波；第二十七章李魁元。

《第6分册　建筑方案　技术与场地设计（作图）》——第二十八、三十章张思浩；第二十九章建筑剖面及构造部分姜忆南，建筑结构部分冯东，建筑设备、电气部分贾昭凯、冯玲。

除上述编写者之外，多年来曾参与或协助本套书编写、修订的人员有：王其明、姜中光、翁如璧、耿长孚、任朝钧、曾俊、林焕枢、张文革、李德富、吕鉴、朋改非、杨金铎、周慧珍、刘宝生、张英、陶维华、郝昱、赵欣然、霍新民、何玉章、颜志敏、曹一兰、周庄、陈庆年、周迎旭、阮广青、张炳珍、杨守俊、王志刚、何承奎、孙国樑、张翠兰、毛元钰、曹欣、楼香林、李广秋、李平、邓华、翟平、曹铎、栾彩虹、徐华萍、樊星。

在此预祝各位考生取得好成绩，考试顺利过关！

《注册建筑师考试教材》编委会

2021年9月

目　　录

第一章 设 计 前 期

建设项目的前期阶段: 一个建设项目,从提出开发设想到作出最终投资决策的工作阶段。

设计前期工作: 一个建设项目的初期策划阶段的工作。实际工作中还包括提出项目建议书或项目申请报告,配合编制可行性研究报告及项目评估报告。

第一节 设 计 前 期 概 述

迄今为止,国外比较通行的仍是以业主、建筑师、承包商三边关系(图 1-1)为基础的常规建设程序(图 1-2)。国外工程项目建设程序大体分为项目决策和项目实施两个阶段。当项目建成、竣工验收、交付生产或使用后,项目建设即告结束,进入项目运营阶段。我国与国外基本建设程序之间的比较可参见《建筑设计资料集1》(第三版)。

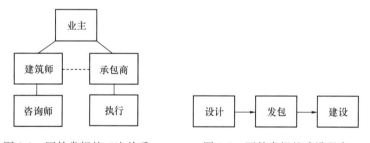

图 1-1 国外常规的三边关系   图 1-2 国外常规的建设程序

在国外常规的建设程序中,建筑师是设计的总负责人,与业主签订设计协议,并负责协调各专业的设计,还代表业主办理招、投标及施工合同管理等方面的工作。专业工程师由建筑师聘用,或由业主征得建筑师同意后直接聘用。

在中国建筑实践的建筑师(设计师)应充分了解我国的基本建设程序,掌握国家发布的法律、规范、标准,熟悉我国城市规划、建筑设计的相关知识。贯彻我国可持续发展战略的原则,贯彻"节约用地、节约能源、节约用水和节约原材料"的基本国策,贯彻"适用、经济、绿色、美观"的建筑方针。

一、基本建设程序

(一)基本建设及其建设程序

基本建设: 是指国民经济各部门中固定资产的再生产以及相关的其他工作。

基本建设程序: 是一个建设项目,从规划、设想、选择、评估、决策、设计、施工,到竣工投产、交付使用的整个建设过程。基本建设程序中的各项工作必须遵循一定的先后顺序。

建设项目：按一个总体规划或设计进行建设的，由一个或若干个互有内在联系的单项工程组成的工程总和。

建设项目是在建设中经济上实行统一核算，行政上有独立的组织形式，实行统一管理的建设工程总体。为了使建设项目概预算的编制项目清楚、费用明析，将建设项目分解成若干单元。根据我国现行规定，建设项目一般分为若干单项工程、单位工程、分部工程、分项工程以及其他工程费用项目。

注：

1. "单项工程"是指具有独立的设计文件，建成后能够独立发挥生产能力或使用功能的工程项目。

2. "单位工程"是指具有独立的设计文件，能够独立组织施工，但不能独立发挥生产能力或使用功能的工程项目。有关单项工程、单位工程、分部工程、分项工程等的术语定义，参见《工程造价术语标准》GB/T 50875—2013。

3. 需注意的是，在不同的标准中"单位工程"的定义是不同的，在《建筑工程施工质量验收统一标准》GB 50300—2013 中，单位工程应按下列原则划分：①具备独立施工条件并能形成独立使用功能的建筑物或构筑物为一个单位工程；②对于规模较大的单位工程，可将其能形成独立使用功能的部分划分为一个子单位工程（此定义亦可见于《建设工程分类标准》GB/T 50841—2013）。

（二）建设期、工程项目周期

建设期是指工程项目从投资决策开始到竣工投产为止，所需要的时间。我国一般大、中型工程的**工程项目周期**包括投资决策、建设实施和运营使用共 3 个时期，及以下 8 项主要工作（阶段）。

从 20 世纪 50 年代开始，国务院以及国家计委、建委对我国基本建设工作所发的历次文件中规定：基本建设工作的设计程序一般分为初步设计（或称扩大初步设计）、技术设计和施工图设计三个阶段；或初步设计、施工图设计两个阶段。这种划分设计阶段的规定至今仍是我国基本建设工作的设计程序。而本书主要针对民用建筑工程所编制，根据住房和城乡建设部颁布的《建筑工程设计文件编制深度规定》（2016 年版），民用建筑工程的设计程序一般分为方案设计、初步设计和施工图设计三个阶段。

请注意：**工程项目建设程序**通常是指**工程项目周期**中前两个时期所需完成的工作，如图 1-3 所示。

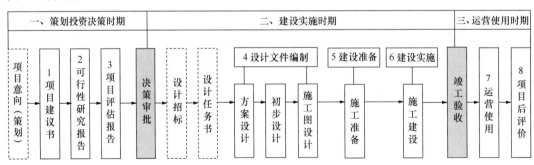

图 1-3　工程项目周期

注：《关于基本建设程序的若干规定》将基本建设程序分为以下 8 项：①计划任务书；②建设地点的选择；③设计文件；④建设准备；⑤计划安排；⑥施工；⑦生产准备；⑧竣工验收、交付生产。

图 1-3 中的几个阶段具体内容——施工图设计结束后的施工图审查的原则及主要内容、建设准备工作、建设实施工作等内容详见《建筑设计资料集》(第三版)，需要说明如

下 3 个问题：

1. 施工图审查

施工图审查是指建设主管部门认定的施工图审查机构按照有关法律法规，对施工图涉及公共利益、公众安全和工程建设强制性标准的内容进行的审查。目的是确保建筑工程设计文件的质量符合国家的法律法规，符合国家强制性技术标准和规范，确保建设工程的质量安全。

《房屋建筑和市政基础设施工程施工图设计文件审查管理办法》（自 2013 年 8 月 1 日起施行）

第三条 国家实施施工图设计文件（含勘察文件，以下简称施工图）审查制度。

本办法所称施工图审查，是指施工图审查机构（以下简称审查机构）按照有关法律、法规，对施工图涉及公共利益、公众安全和工程建设强制性标准的内容进行的审查。施工图审查应当坚持先勘察、后设计的原则。

施工图未经审查合格的，不得使用。从事房屋建筑工程、市政基础设施工程施工、监理等活动，以及实施对房屋建筑和市政基础设施工程质量安全监督管理，应当以审查合格的施工图为依据。

第四条 国务院住房城乡建设主管部门负责对全国的施工图审查工作实施指导、监督。

县级以上地方人民政府住房城乡建设主管部门负责对本行政区域内的施工图审查工作实施监督管理。

第九条 建设单位应当将施工图送审查机构审查，但审查机构不得与所审查项目的建设单位、勘察设计企业有隶属关系或者其他利害关系。送审管理的具体办法由省、自治区、直辖市人民政府住房城乡建设主管部门按照"公开、公平、公正"的原则规定。

建设单位不得明示或者暗示审查机构违反法律法规和工程建设强制性标准进行施工图审查，不得压缩合理审查周期、压低合理审查费用。

第十条 建设单位应当向审查机构提供下列资料并对所提供资料的真实性负责：

（一）作为勘察、设计依据的政府有关部门的批准文件及附件；

（二）全套施工图；

（三）其他应当提交的材料。

第十一条 审查机构应当对施工图审查下列内容：

（一）是否符合工程建设强制性标准；

（二）地基基础和主体结构的安全性；

（三）是否符合民用建筑节能强制性标准，对执行绿色建筑标准的项目，还应当审查是否符合绿色建筑标准；

（四）勘察设计企业和注册执业人员以及相关人员是否按规定在施工图上加盖相应的图章和签字；

（五）法律、法规、规章规定必须审查的其他内容。

第二十六条 建设单位违反本办法规定，有下列行为之一的，由县级以上地方人民政府住房城乡建设主管部门责令改正，处 3 万元罚款；情节严重的，予以通报：

（一）压缩合理审查周期的；

（二）提供不真实送审资料的；

（三）对审查机构提出不符合法律、法规和工程建设强制性标准要求的。

建设单位为房地产开发企业的，还应当依照《房地产开发企业资质管理规定》进行处理。

《国务院办公厅关于全面开展工程建设项目审批制度改革的实施意见》要求实行联合审图和联合验收。制定施工图设计文件联合审查和联合竣工验收管理办法。将消防、人防、技防等技术审查并入施工图设计文件审查，相关部门不再进行技术审查。实行规划、土地、消防、人防、档案等事项限时联合验收，统一竣工验收图纸和验收标准，统一出具验收意见。对于验收涉及的测绘工作，实行"一次委托、联合测绘、成果共享"。

2. 工程项目竣工验收

工程项目竣工验收是工程建设过程的最后一环，是全面考核基本建设成果、检验设计和工程质量的重要步骤。竣工验收合格后办理固定资产移交手续和编制工程决算，它也是建设项目转入生产和使用的标志。工程项目竣工的验收主体，依据"谁投资、谁决策、谁验收"的原则确定。建设施工单位的验收准备工作有"整理技术资料、绘制竣工图纸、编制竣工决算"。工程项目竣工验收分为主要单项工程竣工验收和工程整体竣工验收。

3. 项目后评价

项目后评价是工程项目竣工投产、生产运营一段时间后，对项目的立项决策、设计施工、竣工投产、生产运营等全过程进行系统评价的一种技术活动。是固定资产管理的一项重要内容，也是固定资产投资管理的最后一个环节。

(三) 建设项目经济评价

（1）建设项目经济评价应根据国民经济与社会发展以及行业、地区发展规划的要求，在项目初步方案的基础上，采用科学的分析方法，对拟建项目的财务可行性和经济合理性进行分析论证，为项目的科学决策提供经济方面的依据。

（2）建设项目经济评价包括财务评价和国民经济评价。

（3）建设项目可行性研究阶段的经济评价应系统分析、计算项目的效益和费用，通过多方案经济比选推荐最佳方案。对项目建设的必要性、财务可行性、经济合理性，以及投资风险等进行全面评价。

（4）项目规划、机会研究、项目建议书阶段的经济评价可适当简化。

（5）对于实行审批制的政府投资项目，应根据政府投资主管部门的要求，按照《建设项目经济评价方法》与《建设项目经济评价参数》执行；对于实行核准制和备案制的企业投资项目，可根据核准机关或备案机关以及投资者的要求，选用建设项目经济评价的方法和相应的参数。

（6）建设项目经济评价必须保证评价的客观性、科学性、公正性；坚持定量分析与定性分析相结合、以定量分析为主，以及动态分析与静态分析相结合、以动态分析为主的原则。

二、项目立项与审批

项目经过项目实施组织决策者和政府有关部门的审核或备案，并列入项目实施组织或者政府计划的过程叫**项目立项**。以前项目立项又被称为"项目建议书审批"；现在项目立项按其所对应的报批程序，可分为备案制、核准制和审批制。报批程序结束即为项目立项完成。

工程建设项目审批流程主要划分为立项用地规划许可、工程建设许可、施工许可、竣工验收四个阶段。其他行政许可、强制性评估、中介服务、市政公用服务以及备案等事项纳入相关阶段办理或与相关阶段并行推进。

（1）立项用地规划许可阶段主要包括项目审批核准、选址意见书核发、用地预审、用地规划许可证核发等。

（2）工程建设许可阶段主要包括设计方案审查、建设工程规划许可证核发等。

（3）施工许可阶段主要包括设计审核确认、施工许可证核发等。

（4）竣工验收阶段主要包括规划、土地、消防、人防、档案等的验收及竣工验收备案等。

（一）分类制定审批流程

制定全国统一的工程建设项目审批流程图示范文本。地级及以上地方人民政府要根据示范文本，分别制定政府投资、社会投资等不同类型工程的审批流程图；同时可结合实际，根据工程建设项目类型、投资类别、规模大小等，进一步梳理合并审批流程。简化社会投资的中小型工程建设项目审批；对于带方案出让土地的项目，不再对设计方案进行审核，将工程建设许可和施工许可合并为一个阶段。试点地区要进一步加大改革力度，也可以在其他工程建设项目中探索将工程建设许可和施工许可合并为一个阶段。

（二）推行区域评估

在各类开发区、工业园区、新区和其他有条件的区域，推行由政府统一组织对压覆重要矿产资源、环境影响评价、节能评价、地质灾害危险性评估、地震安全性评价、水资源论证等评估评价事项实行区域评估。实行区域评估的，政府相关部门应在土地出让或划拨前，告知建设单位相关建设要求。

（三）推行告知承诺制

对通过事中事后监管能够纠正不符合审批条件的行为且不会产生严重后果的审批事项，实行告知承诺制。公布实行告知承诺制的工程建设项目审批事项清单及具体要求，申请人按照要求作出书面承诺的，审批部门可以根据申请人信用等情况直接作出审批决定。对已经实施区域评估范围内的工程建设项目，相应的审批事项实行告知承诺制。

注：详见《国务院办公厅关于全面开展工程建设项目审批制度改革的实施意见》国办发〔2019〕11号文件。

《国务院关于投资体制改革的决定》国发〔2004〕20号规定：

二、转变政府管理职能，确立企业的投资主体地位

（一）……对于企业不使用政府投资建设的项目，一律不再实行审批制，区别不同情况实行核准制和备案制。其中，政府仅对重大项目和限制类项目从维护社会公共利益角度进行核准，其他项目无论规模大小，均改为备案制，项目的市场前景、经济效益、资金来源和产品技术方案等均由企业自主决策、自担风险，并依法办理环境保护、土地使用、资

源利用、安全生产、城市规划等许可手续和减免税确认手续。

（二）企业投资建设实行核准制的项目，仅需向政府提交项目申请报告，不再经过批准项目建议书、可行性研究报告和开工报告的程序。政府对企业提交的项目申请报告，主要从维护经济安全、合理开发利用资源、保护生态环境、优化重大布局、保障公共利益、防止出现垄断等方面进行核准。

注：有关实行核准制的项目参见《政府核准投资项目管理办法》（2014 年）和《政府核准的投资项目目录》（2016 年）。

《企业投资项目核准和备案管理办法》（2017 年）的规定：

第三十九条 实行备案管理的项目，项目单位应当在开工建设前，通过在线平台将相关信息告知项目备案机关，依法履行投资项目信息告知义务，并遵循诚信和规范原则。

第四十条 项目备案机关应当制定项目备案基本信息格式文本，具体包括以下内容：

（一）项目单位基本情况；

（二）项目名称、建设地点、建设规模、建设内容；

（三）项目总投资额；

（四）项目符合产业政策声明。

项目单位应当对备案项目信息的真实性、合法性和完整性负责。

三、设计前期工作

国际建筑市场的设计前期工作，各国均有所不同；在设计前期阶段建筑师受雇于业主，其主要任务是参与项目建议书、可行性研究报告和项目评估报告的编制；同时协同业主为建设项目进行建筑策划，拟订建设项目设计任务书，以及申报立项和立项批准后的一系列其他设计前期工作。

注：设计前期工作的定义详见本章首段。

（一）项目建议书

项目建议书是项目设计前期最初的工作文件。建设项目需政府审批时，由项目主管单位或业主对拟建项目提出的轮廓设想，从宏观上说明拟建项目建设的必要性，同时初步分析项目建设的可行性和投资效益。项目建议书包括以下内容：

（1）投资建设项目的必要性和依据，背景材料，拟建地点的长远规划，行业及地区规划资料；还应包括所在地区的环境现状，可能造成的环境影响分析，当地环境保护部门的意见和委托及存在的问题。

（2）产品方案、拟建规模和建设地点的初步设想及论证。

（3）资源情况、交通运输及其他建设条件和协作关系的初步分析。

（4）主要工艺技术方案的设想。

（5）投资估算和资金筹措设想。

（6）设计、施工项目及进度安排。

（7）经济效果和社会效益的分析与初估。

（8）有关的初步结论和建议。

项目建议书编制完成后即报送建设项目所属地方规划建设管理部门审批，进而推进建设项目下一阶段的工作。

（二）可行性研究报告

可行性研究报告是建设项目投资决策前进行技术经济论证的一种科学方法。通过对项目有关的工程、技术、环境、经济及社会效益等方面的条件和情况进行调查、研究、分析，对建设项目技术上的先进性、经济上的合理性和建设上的可行性，在多方案分析的基础上作出比较和综合评价，为项目决策提供可靠依据。

注：参见：乐云，李永奎．工程项目前期策划．上海：同济大学出版社，2011。

1. 可行性研究报告的作用

（1）建设项目投资决策的依据。

（2）编制设计文件的依据。

（3）向银行贷款的依据。

（4）建设单位与各协作单位签订合同和有关协议的依据。

（5）环保部门、规划部门审批项目的依据。

（6）施工组织、工程进度安排及竣工验收的依据。

（7）项目后评价的依据。

（8）企业组织管理、机构设置、劳动定员、职工培训等企业管理工作的依据。

2. 可行性研究报告的内容

（1）总论项目建设的必要性和依据。

（2）市场预测和建设发展规模。

（3）资源、原材料、燃料及公司配套设施情况。

（4）根据城市规划条件提出场地选址方案的建议。

（5）项目设计多方案优劣比较。

（6）环境保护与劳动生产安全。

（7）企业组织机构，各层次管理、技术的劳动定员和相关人员培训。

（8）勘察设计工作和工程施工的组织计划及进度要求。

（9）总投资估算和资金筹措计划。

（10）社会、环境（含建设项目环境影响报告书或表）及经济评价。

（11）综合评价与结论、建议。

项目可行性研究报告并非由业主、设计单位或咨询公司独自一家完成，需要相关机构协调配合才能完成工作。

（三）项目评估报告

项目评估报告是对拟建项目的可行性研究报告进行评价，审查项目可行性研究的可靠性、真实性和客观性，对项目投资的最终决策是否可行进行认定，确认最佳投资方案。

1. 项目评估报告的依据

（1）项目建议书及其批准文件。

（2）可行性研究报告。

（3）报送单位的申请报告及主管部门的初审意见。

（4）项目（公司）章程、合同及批复文件。

（5）有关资源、原料、燃料、水、电、交通、通信、资金、组织征地、拆迁等项目建设与生产条件的有关批文或协议。

（6）项目资金落实文件及各投资者出具的资金安排的承诺函。

（7）项目长期负债和短期借款等文件。

（8）必备的其他文件和资料。

2. 项目评估报告的内容

（1）项目建设必要性评估。

（2）项目建设和生产条件评估。

（3）生产工艺、技术功能、设备等先进性评估。

（4）项目效益评估，包括项目财务、经济及社会效益评估。

（5）项目总评估，为项目决策提供科学依据。

项目评估报告要对拟建项目投资是否可行给出结论，要对可行性研究报告中的多个方案论述评估，提出投资比较合理的优化方案，确定最佳投资方案。

3. 项目评估报告决策内容

（1）全面审核报告中反映的各项情况是否确定。

（2）分析报告中的各项指标是否正确。

（3）从企业、国家和社会三个方面，综合分析和判断工程项目的经济和社会效益。

（4）分析和判断报告的可靠性、真实性和客观性，对项目给出取舍的结论性意见和建议，最后根据投资额的大小和项目隶属关系，由国家发改委或国务院决策。

综上所述，项目建议书的编制应由具有一定资质的建筑师参与；项目可行性研究报告的编制应请有实力的咨询公司，邀请有知名度的高级建筑师参与；评估报告要由投资决策部门组织授权，邀请更高层次的有关咨询公司和多方专家，并应有专家级建筑师到会，集体代表项目投资方和业主对项目可行性研究报告再度进行全面审核和再评价，最终决策该项目投资是否可行，并确定最佳投资方案。

《环境保护部基本建设项目管理办法》（2012 年）（节选）：

第六条 根据相关规划，我部建立基本建设项目储备库。有基本建设任务的相关单位（以下简称"项目单位"）应按照国家有关规定，做好基本建设项目的前期工作，并申报纳入我部基本建设项目储备库。

第七条 项目单位应委托具备乙级及以上资质的工程咨询机构，编制项目建议书、可行性研究报告和初步设计，与申报文件一并报送我部。

（一）项目建议书：项目单位根据国家相关规划、行业政策和自身发展需求，编制项目建议书。其主要内容包括：项目建设的必要性、拟建地点、拟建规模、投资估算、资金筹措以及经济、社会、环境效益分析等。

（二）可行性研究报告：项目建议书批准后，项目单位应编制可行性研究报告，其主要内容包括：项目概况、建设的必要性、选址及建设条件、规模及内容、工程技术方案、环境影响评价、消防、职业安全卫生和能源节约评价、投资估算及资金来源、经济和社会效益分析、建设周期和工程进度安排等。落实各项建设和运行保障条件，并按有关规定取得相关许可、审查意见。

（三）初步设计（含概算）：可行性研究报告批准后，应对建设项目技术方案、工程方案的可靠性和投资规模的合理性进行优化和细化。初步设计应符合国家有关规定和可行性研究报告批复文件的有关要求。

第八条 投资概算超过可行性研究报告批准的估算总投资百分之十，或建设单位、建设性质、建设地点、建设规模、技术方案等发生重大变更的项目，应重新编制和报批可行性研究报告。

（四）概念设计

概念设计是对设计对象的总体布局、功能、形式等进行可能性的构想和分析，并提出设计概念及创意；是近年来从国外引进的设计方法和程序，常作为大、中型建设项目设计前期工作中对项目的初步研究，以及假想题目的学术性探讨。与实施方案不同，项目的概念设计更强调建筑师的设计理念和创意。

（五）设计任务书

设计任务书是由建设方编制的工程项目建设大纲，向受托设计单位明确提出拟建项目的设计内容及要求。设计任务书是工程设计的主要设计依据，其内容主要有建设规模、功能要求、工艺要求、设备设施水平、装修标准等。

设计竞赛常由竞赛组织方提出设计任务书，此时的设计任务书一般只对设计竞赛的内容和规则进行规定，并不具有委托设计的意图。

设计任务书是确定工程项目和建设方案的基本文件，是业主对工程项目设计提出的要求，是设计工作的指令性文件，也是编制设计文件的主要依据。编制设计任务书的主要依据是：可行性研究报告、国家发布的相关标准及规范、政府部门的相关文件等。其深度应能满足开展设计的需要。其内容分述如下：

1. 项目概况

（1）项目的名称、位置、组成、规模及设计范围。

（2）项目场地现状，包括建设用地范围、地形，场地内原有建筑物、构筑物，要求保留的树木及文物古迹的拆除和保留情况等；此外，还应说明场地周边道路及建筑等环境情况。

（3）工程所在地区的气象、地理条件和建设场地的工程地质条件。

（4）水、电、气、燃料等能源供应情况，公共设施和交通运输条件。

（5）用地、环保、卫生、消防、人防、抗震等要求和资料。

（6）材料供应及施工条件等情况。

2. 设计依据及必须提供的资料

（1）可行性研究报告（项目的投资情况）。

（2）政府批准设计项目的文号、协议书文号及其有关内容，适用的国家技术标准。

（3）现状地形图。

（4）当地建设行政主管部门对项目的规划规定，以及对项目建设区域的总体规划要求等。

3. 设计要求

包括基本要求、环境要求、功能使用要求、生产工艺要求、配套设施要求、规划设计要求、建筑设计标准、建筑造型、建筑室内外装修方面的要求、主要技术经济指标，以及需要解决的主要问题等。

4. 设计成果内容及深度要求

5. 日程安排及设计文件的提交时间要求

6. 责任和义务

四、建筑师的定义、职责、权利与义务

(一) 建筑师的法律定义

建筑师是以建筑学及相关学科的知识以及建筑设计的技能为社会服务的专业人员。注册建筑师是指依法取得注册建筑师证书并从事房屋建筑设计及相关业务的人员。注册建筑师分为一级注册建筑师和二级注册建筑师。

(二) 建筑师的称号

在许多国家，建筑师的称号受到法律保护。未按法律规定的程序注册而使用建筑师的称号，或承担按法律规定必须由建筑师进行的建筑实践者，均属违法行为。在我国适用的法律为《中华人民共和国注册建筑师条例》及《中华人民共和国注册建筑师条例实施细则》。

(三) 建筑师的业务范围

注册建筑师的执业范围：建筑设计、建筑设计技术咨询、建筑物调查与鉴定、对本人主持设计的项目进行施工指导和监督，以及国务院建设行政主管部门规定的其他业务。注册建筑师执行业务，应当加入建筑设计单位（建筑设计单位的资质等级及其业务范围，由国务院建设行政主管部门规定），并且由建筑设计单位统一接受委托并统一收费。

《中华人民共和国注册建筑师条例实施细则》规定：

第二十九条　一级注册建筑师的执业范围不受工程项目规模和工程复杂程度的限制。二级注册建筑师的执业范围只限于承担工程设计资质标准中建设项目设计规模划分表中规定的小型规模的项目。注册建筑师的执业范围不得超越其聘用单位的业务范围。注册建筑师的执业范围与其聘用单位的业务范围不符时，个人执业范围服从聘用单位的业务范围。

第三十条　注册建筑师所在单位承担民用建筑设计项目，应当由注册建筑师任工程项目设计主持人或设计总负责人；工业建筑设计项目，须由注册建筑师任工程项目建筑专业负责人。

第三十一条　凡属工程设计资质标准中建筑工程建设项目设计规模划分表规定的工程项目，在建筑工程设计的主要文件（图纸）中，须由主持该项设计的注册建筑师签字并加盖其执业印章，方为有效。否则设计审查部门不予审查，建设单位不得报建，施工单位不准施工。

第三十二条　修改经注册建筑师签字盖章的设计文件，应当由原注册建筑师进行；因特殊情况，原注册建筑师不能进行修改的，可以由设计单位的法人代表书面委托其他符合条件的注册建筑师修改，并签字、加盖执业印章，对修改部分承担责任。

注：《工程勘察设计收费标准》2018 年版规定：①建筑、人防工程复杂程度分三级：Ⅰ级、Ⅱ级、Ⅲ级；②大型建筑工程指 20001m² 以上的建筑，中型指 5001～20000m² 的建筑，小型指 5000m² 以下的建筑。

上述《工程勘察设计收费标准》其内容要求与《工程设计资质标准》中的"建筑行业（建筑工程、人防工程）建设项目设计规模划分表"基本相同。

(四) 各阶段设计深度及内容要求简述

通常来说，各阶段设计深度应符合《建筑工程设计文件编制深度规定》（2016 年版）

的要求，建筑设计可划分为以下四个阶段：

1. 方案设计阶段

根据业主提出的项目及投资限额以及建设条件，提供初步的设计方案及工程估价。应满足编制初步设计文件的需要，应满足方案审批或报批的需要。

注：①《建筑工程设计文件编制深度规定》（2016年版）仅适用于报批方案设计文件编制深度；对于投标方案设计文件的编制深度，应执行住房和城乡建设部颁发的相关规定。

② 装配式建筑工程设计宜在方案阶段进行"技术策划"，其深度应符合本规定相关章节的要求。预制构件生产之前应进行装配式建筑专项设计，包括预制混凝土构件加工详图设计。主体建筑设计单位应对预制构件深化设计进行会签，确保其荷载、连接以及对主体结构的影响均符合主体结构设计的要求。

方案设计文件应包括下列内容：

（1）设计说明书，包括各专业设计说明以及投资估算等内容；对于涉及建筑节能、环保、绿色建筑、人防等设计的专业，其设计说明应有相应的专门内容。

（2）总平面图以及相关建筑设计图纸（若为城市区域供热或区域燃气调压站，应提供热能动力专业的设计图纸）。

（3）设计委托或设计合同中规定的透视图、鸟瞰图、模型等。

2. 初步设计阶段

在深入研究的基础上，提出总平面布置及建筑设计图，确定设计构造、设备及外观，提出总的说明及概算。应满足编制施工图设计文件的需要，应满足初步设计审批的需要。

初步设计文件应包括下列内容：

（1）设计说明书，包括设计总说明、各专业设计说明。对于涉及建筑节能、环保、绿色建筑、人防、装配式建筑等，其设计说明应有相应的专项内容。

（2）有关专业的设计图纸。

（3）主要设备或材料表。

（4）工程概算书。

（5）有关专业计算书（计算书不属于必须交付的设计文件，但应按本规定相关条款的要求编制）。

3. 施工图设计阶段

在初步设计得到批准以后，进行施工图设计。施工图文件应满足设备材料采购、非标准设备制作和施工的需要。

注：对于将项目分别发包给几个设计单位或实施设计分包的情况，设计文件相互关联处的深度应满足各承包或分包单位设计的需要。

施工图设计文件应包括下列内容：

（1）合同要求所涉及的所有专业的设计图纸（含图纸目录、说明和必要的设备、材料表）以及图纸总封面；对于涉及建筑节能设计的专业，其设计说明应有建筑节能设计的专项内容；涉及装配式建筑设计的专业，其设计说明及图纸应有装配式建筑专项设计内容。

（2）合同要求的工程预算书

对于方案设计后直接进入施工图设计的项目，若合同未要求编制工程预算书，施工图设计文件应包括工程概算书。

（3）各专业计算书

计算书不属于必须交付的设计文件，但应按本规定相关条款的要求编制并归档保存。

4. 施工阶段

在施工前，帮助业主拟订合同文件；在施工期间，对承包商的工作进行一般性管理，核查工程造价，签发付款证明，核对承包方提出的加工详图，对施工精度、材料及设施提出可接受的标准，定期视察工地，确定基本完工日期；在工程全部完工后，参与竣工验收。

上述前三个阶段为一般建筑的工程设计阶段，对于技术要求相对简单的民用建筑工程，当有关主管部门在初步设计阶段没有审查要求，且合同中没有做初步设计的约定时，可在方案审批后直接进入施工图设计阶段。

需要注意的是，《建筑工程设计文件编制深度规定》（2016年版）新增加了专项设计，包括建筑幕墙、基坑支护、建筑智能化及预制混凝土构件加工图设计四项内容。

文件编制深度规定的2016年版与2008年版相比，主要变化如下：

（1）新增绿色建筑技术应用的内容。

（2）新增装配式建筑设计的内容。

（3）新增建筑设备控制的相关规定。

（4）新增建筑节能设计要求，包括各相关专业的设计文件和计算书深度要求。

（5）新增结构工程超限设计可行性论证报告内容。

（6）新增建筑幕墙、基坑支护及建筑智能化专项设计内容。

（7）根据建筑工程项目在审批、施工等方面对设计文件深度要求的变化，对原规定中的部分条款作了修改，使之更适用于目前的工程项目设计，尤其是民用建筑工程项目设计。

（五）注册建筑师的权利

注册建筑师有权以注册建筑师的名义执行注册建筑师业务。非注册建筑师不得以注册建筑师的名义执行注册建筑师业务。二级注册建筑师不得以一级注册建筑师的名义执行业务，也不得超越国家规定的二级注册建筑师的执业范围执行业务。

（1）国家规定的一定跨度、跨径和高度以上的房屋建筑，应当由注册建筑师进行设计。

（2）任何单位和个人修改注册建筑师的设计图纸，应当征得该注册建筑师同意，但是，因特殊情况不能征得该注册建筑师同意的除外。

（六）注册建筑师的义务

注册建筑师应当履行下列义务：

（1）遵守法律、法规和职业道德，维护社会公共利益。

（2）保证建筑设计的质量，并在其负责的设计图纸上签字。

（3）保守在执业中所知悉的单位和个人的秘密。

（4）不得同时受聘于两个及两个以上建筑设计单位执行业务。

（5）不得准许他人以本人名义执行业务。

（七）建筑师的其他服务

建筑师还可以提供8项服务，内容如下：

（1）建筑策划

此项工作的主要任务就是通过对场址及建设任务的详细分析，就建筑项目的功能、形式、时间、投资额等提出合理的综合方案，并以此作为设计的依据。

（2）协助业主拟订设计任务书

收集有关建设资料，研究有关法律、财务及土地利用等问题，测绘现有建筑，编写有关文件，参与业主与主管部门或投资方进行的洽谈等。

（3）进行项目的使用后评估或称"后评价"（通常在建成后一年保证期结束前）

（4）建筑设计单位签发设计变更（设计变更通知单及附图）

注：设计单位负责签发"设计变更"；施工单位负责签发"工程洽商"并最终编制竣工图；业主单位签发"现场签证"。

（5）设计固定及活动家具、景观小品等

（6）提供对现有旧建筑的安全条件、价值、维护及改造方面的咨询

（7）对某些争端、仲裁提供资料文件

（8）提供专业咨询

五、建筑工程设计招标投标

"建筑工程设计招标投标"是设计前期工作的最后环节；"中标人的确定"标志着设计单位（团队）正式进行建筑工程设计的开始，其内容摘录如下：

《建筑工程设计招标投标管理办法》（2017 年）（节选）

第四条 建筑工程设计招标范围和规模标准按照国家有关规定执行，有下列情形之一的，可以不进行招标：

（一）采用不可替代的专利或者专有技术的；

（二）对建筑艺术造型有特殊要求，并经有关主管部门批准的；

（三）建设单位依法能够自行设计的；

（四）建筑工程项目的改建、扩建或者技术改造，需要由原设计单位设计，否则将影响功能配套要求的；

（五）国家规定的其他特殊情形。

第五条 建筑工程设计招标应当依法进行公开招标或者邀请招标。

第六条 建筑工程设计招标可以采用设计方案招标或者设计团队招标，招标人可以根据项目特点和实际需要选择。

设计方案招标，是指主要通过对投标人提交的设计方案进行评审确定中标人。

设计团队招标，是指主要通过对投标人拟派设计团队的综合能力进行评审确定中标人。

第七条 公开招标的，招标人应当发布招标公告。邀请招标的，招标人应当向 3 个以上潜在投标人发出投标邀请书。

招标公告或者投标邀请书应当载明招标人名称和地址、招标项目的基本要求、投标人的资质要求以及获取招标文件的办法等事项。

第八条 招标人一般应当将建筑工程的方案设计、初步设计和施工图设计一并招标。确需另行选择设计单位承担初步设计、施工图设计的，应当在招标公告或者投标邀请书中明确。

第九条 鼓励建筑工程实行设计总包。实行设计总包的，按照合同约定或者经招标人同意，设计单位可以不通过招标方式将建筑工程非主体部分的设计进行分包。

第十条 招标文件应当满足设计方案招标或者设计团队招标的不同需求，主要包括以下内容：

......

第十六条 评标由评标委员会负责。

评标委员会由招标人代表和有关专家组成。评标委员会人数为 5 人以上单数，其中技术和经济方面的专家不得少于成员总数的 2/3。建筑工程设计方案评标时，建筑专业专家不得少于技术和经济方面专家总数的 2/3。

......

投标人或者与投标人有利害关系的人员不得参加评标委员会。

> **例 1-1　（2010-45）**从以下哪个建筑设计阶段起，对于涉及建筑节能设计的专业，其设计说明应有建筑节能设计的专门内容？
> A　设计前期　　　　　　　　　B　方案设计
> C　初步设计　　　　　　　　　D　施工图设计
> **解析：**《建筑工程设计文件编制深度规定》（2016 年版）规定方案设计文件中的说明书，包括各专业设计说明以及投资估算等内容；对于涉及建筑节能、环保、绿色建筑、人防等设计的专业，其设计说明应有相应的**专门内容**。注意初步设计文件中的设计说明应有相应的**专项内容**。
> **答案：**B
>
> **例 1-2　（2010-48）**民用建筑设计中应贯彻"节约"的基本国策，其内容是指节约（　　）。
> A　用地、能源、用水、周期　　　B　用地、能源、用水、投资
> C　用地、能源、用水、劳动力　　D　用地、能源、用水、原材料
> **解析：**《民用建筑设计统一标准》GB 50352—2019 第 1.0.3 条第 4 款，应贯彻节约用地、节约能源、节约用水和节约原材料的基本国策。
> **答案：**D
>
> **例 1-3　（2012-1）**设计前期需要收集的资料不包括（　　）。
> A　项目土地出让协议　　　　　B　水文、气象资料
> C　规划市政条件　　　　　　　D　详细的岩土、地质资料
> **解析：**参见上述有关设计任务书部分的内容，项目土地出让协议是属于业主的重要文件。
> **答案：**A

第二节　城乡规划与城市设计知识

一、城乡规划知识及规范要求

（一）现代城市规划设计思想简述

现代城市发展与城市规划时期，工业和对外交通设施布局主导了城市结构，市政设施和公共服务设施的建设改善了城市环境，新的建筑类型和建筑风格塑造了城市风貌。

1. 新城市主义

"新城市主义"理论与方法是针对西方城市大规模郊区化趋势中浪费土地、破坏自然生态环境和地域景观而提出的。提倡创造和重建丰富多样、适于步行、紧凑且混合使用的社区，对建筑环境进行重新整合，形成完善的都市、城镇、乡村和邻里单元。

安德鲁·杜安尼（Andrés Duany）和伊丽莎白·普拉特-兹伯格（Elizabeth Plater-Zyberk）提出了传统邻里社区发展理论（TND），代表作品是位于美国马里兰州的肯特兰镇（Kentlands）。彼得·卡尔索普（Peter Calthorpe）提出了公共交通主导型开发理论（TOD），卡尔索普设计的西拉古纳住区（LagunaWest）位于美国加利福尼亚州萨克拉门托，采用了"步行口袋"概念。

2. 紧凑城市

1973年乔治·伯纳德·丹齐格（George B. Dantzig）出版的《紧凑城市——适于居住的城市环境计划》及1990年欧共体委员会（CEC）发表的《城市环境绿皮书》，提出紧凑城市作为"一种解决居住和环境问题的途径"的理论。紧凑城市理论主要提倡以下三种做法：高密度开发、混合的土地利用和优先发展公共交通。紧凑伦敦规划是欧洲紧凑城市理论的实践代表。

3. 城市更新

西方城市更新运动，由单纯的物质环境更新转向对社区邻里环境的综合整治和社区邻里活力的恢复振兴，从大拆大建逐步转变为小规模、分阶段、谨慎渐进式的物质环境改善方式；强调城市更新是一个连续不断的过程。"巴塞罗那奥运村"是城市更新理论的典型代表。

4. 精明增长

为应对城市无序蔓延产生的问题，1994年，美国规划师协会提出了"精明增长"的概念。通过规划紧凑型社区，充分发挥已有基础设施的效力，提供多样化的交通和住房选择，来控制城市蔓延，其基本原则有10项。波特兰城市发展边界控制规划是美国精明增长理论的实践代表。

注：其他规划设计思想详见本书第六章。

（二）城乡规划体系

城乡规划以可持续发展思想为理念，通过空间规划、政策制定、社会治理、市场引导、实施管理等途径，促进城乡社会公正和经济发展。规划设计是城乡规划和城市设计的组成部分，分为区域层面、城市层面、街区层面以及村镇层面等不同的空间层次。

城乡规划包括城镇体系规划、城市规划、镇规划、乡规划和村庄规划。**城市规划、镇规划**又可分为总体规划和详细规划；**详细规划**又可细分为控制性详细规划和修建性详细规划。**城市空间结构**分为集中式（网格状、环形放射状）和分散式（指状、带状、组团状）。

（三）城市用地分类

有关城乡规划的规范、标准很多，详见书后附录2中的"现行常用建筑法规、规范、规程、标准一览表"。限于本书篇幅，仅将其中比较重要、应该着重了解的规范、标准节选如下：

《城市用地分类与规划建设用地标准》 **GB 50137—2011**（节选）

3 用 地 分 类

3.1 一般规定

3.1.1 用地分类包括城乡用地分类、城市建设用地分类两部分，应按土地使用的主要性质进行划分。

3.1.2 用地分类采用大类、中类和小类3级分类体系。大类应采用英文字母表示，中类和小类应采用英文字母和阿拉伯数字组合表示。

3.1.3 使用本分类时，可根据工作性质、工作内容及工作深度的不同要求，采用本分类的全部或部分类别。

3.2 城乡用地分类

3.2.1 城乡用地共分为2大类、9中类、14小类。

3.2.2 城乡用地分类和代码应符合表3.2.2的规定。

城乡用地分类和代码 表3.2.2

类别代码 大类	类别代码 中类	类别代码 小类	类别名称	内容
H			建设用地	包括城乡居民点建设用地、区域交通设施用地、区域公用设施用地、特殊用地、采矿用地及其他建设用地等
	H1		城乡居民点建设用地	城市、镇、乡、村庄建设用地
		H11	城市建设用地	城市内的居住用地、公共管理与公共服务设施用地、商业服务业设施用地、工业用地、物流仓储用地、道路与交通设施用地、公用设施用地、绿地与广场用地
		H12	镇建设用地	镇人民政府驻地的建设用地
		H13	乡建设用地	乡人民政府驻地的建设用地
		H14	村庄建设用地	农村居民点的建设用地
	H2		区域交通设施用地	铁路、公路、港口、机场和管道运输等区域交通运输及其附属设施用地，不包括城市建设用地范围内的铁路客货运站、公路长途客货运站以及港口客运码头
		H21	铁路用地	铁路编组站、线路等用地
		H22	公路用地	国道、省道、县道和乡道用地及附属设施用地
		H23	港口用地	海港和河港的陆域部分，包括码头作业区、辅助生产区等用地
		H24	机场用地	民用及军民合用的机场用地，包括飞行区、航站区等用地，不包括净空控制范围用地
		H25	管道运输用地	运输煤炭、石油和天然气等地面管道运输用地，地下管道运输规定的地面控制范围内的用地应按其地面实际用途归类
	H3		区域公用设施用地	为区域服务的公用设施用地，包括区域性能源设施、水工设施、通信设施、广播电视设施、殡葬设施、环卫设施、排水设施等用地
	H4		特殊用地	特殊性质的用地
		H41	军事用地	专门用于军事目的的设施用地，不包括部队家属生活区和军民共用设施等用地
		H42	安保用地	监狱、拘留所、劳改场所和安全保卫设施等用地，不包括公安局用地
	H5		采矿用地	采矿、采石、采沙、盐田、砖瓦窑等地面生产用地及尾矿堆放地
	H9		其他建设用地	除以上之外的建设用地，包括边境口岸和风景名胜区、森林公园等的管理及服务设施等用地
E			非建设用地	水域、农林用地及其他非建设用地等
	E1		水域	河流、湖泊、水库、坑塘、沟渠、滩涂、冰川及永久积雪
		E11	自然水域	河流、湖泊、滩涂、冰川及永久积雪
		E12	水库	人工拦截汇集而成的总库容不小于10万 m^3 的水库正常蓄水位岸线所围成的水面
		E13	坑塘沟渠	蓄水量小于10万 m^3 的坑塘水面和人工修建用于引、排、灌的渠道
	E2		农林用地	耕地、园地、林地、牧草地、设施农用地、田坎、农村道路等用地
	E9		其他非建设用地	空闲地、盐碱地、沼泽地、沙地、裸地、不用于畜牧业的草地等用地

3.3 城市建设用地分类

3.3.1 城市建设用地共分为 8 大类、35 中类、42 小类。

3.3.2 城市建设用地分类和代码应符合表 3.3.2 的规定。

城市建设用地分类和代码
表 3.3.2

类别代码 大类	中类	小类	类别名称	内　　容
R			居住用地	住宅和相应服务设施的用地
	R1		一类居住用地	设施齐全、环境良好，以低层住宅为主的用地
		R11	住宅用地	住宅建筑用地及其附属道路、停车场、小游园等用地
		R12	服务设施用地	居住小区及小区级以下的幼托、文化、体育、商业、卫生服务、养老助残、公用设施等用地，不包括中小学用地
	R2		二类居住用地	设施较齐全、环境良好，以多、中、高层住宅为主的用地
		R21	住宅用地	住宅建筑用地（含保障性住宅用地）及其附属道路、停车场、小游园等用地
		R22	服务设施用地	居住小区及小区级以下的幼托、文化、体育、商业、卫生服务、养老助残、公用设施等用地，不包括中小学用地
	R3		三类居住用地	设施较欠缺、环境较差，以需要加以改造的简陋住宅为主的用地，包括危房、棚户区、临时住宅等用地
		R31	住宅用地	住宅建筑用地及其附属道路、停车场、小游园等用地
		R32	服务设施用地	居住小区及小区级以下的幼托、文化、体育、商业、卫生服务、养老助残、公用设施等用地，不包括中小学用地
A			公共管理与公共服务设施用地	行政、文化、教育、体育、卫生等机构和设施的用地，不包括居住用地中的服务设施用地
	A1		行政办公用地	党政机关、社会团体、事业单位等办公机构及其相关设施用地
	A2		文化设施用地	图书、展览等公共文化活动设施用地
		A21	图书展览用地	公共图书馆、博物馆、档案馆、科技馆、纪念馆、美术馆和展览馆、会展中心等设施用地
		A22	文化活动用地	综合文化活动中心、文化馆、青少年宫、儿童活动中心、老年活动中心等设施用地
	A3		教育科研用地	高等院校、中等专业学校、中学、小学、科研事业单位及其附属设施用地，包括为学校配建的独立地段的学生生活用地
		A31	高等院校用地	大学、学院、专科学校、研究生院、电视大学、党校、干部学校及其附属设施用地，包括军事院校用地
		A32	中等专业学校用地	中等专业学校、技工学校、职业学校等用地，不包括附属于普通中学内的职业高中用地
		A33	中小学用地	中学、小学用地
		A34	特殊教育用地	聋、哑、盲人学校及工读学校等用地
		A35	科研用地	科研事业单位用地
	A4		体育用地	体育场馆和体育训练基地等用地，不包括学校等机构专用的体育设施用地
		A41	体育场馆用地	室内外体育运动用地，包括体育场馆、游泳场馆、各类球场及其附属的业余体校等用地
		A42	体育训练用地	为体育运动专设的训练基地用地
	A5		医疗卫生用地	医疗、保健、卫生、防疫、康复和急救设施等用地
		A51	医院用地	综合医院、专科医院、社区卫生服务中心等用地
		A52	卫生防疫用地	卫生防疫站、专科防治所、检验中心和动物检疫站等用地
		A53	特殊医疗用地	对环境有特殊要求的传染病、精神病等专科医院用地
		A59	其他医疗卫生用地	急救中心、血库等用地
	A6		社会福利用地	为社会提供福利和慈善服务的设施及其附属设施用地，包括福利院、养老院、孤儿院等用地

续表

类别代码			类别名称	内　容
大类	中类	小类		
A				
	A7		文物古迹用地	具有保护价值的古遗址、古墓葬、古建筑、石窟寺、近代代表性建筑、革命纪念建筑等用地。不包括已作其他用途的文物古迹用地
	A8		外事用地	外国驻华使馆、领事馆、国际机构及其生活设施等用地
	A9		宗教用地	宗教活动场所用地
B			商业服务业设施用地	商业、商务、娱乐康体等设施用地，不包括居住用地中的服务设施用地
	B1		商业用地	商业及餐饮、旅馆等服务业用地
		B11	零售商业用地	以零售功能为主的商铺、商场、超市、市场等用地
		B12	批发市场用地	以批发功能为主的市场用地
		B13	餐饮用地	饭店、餐厅、酒吧等用地
		B14	旅馆用地	宾馆、旅馆、招待所、服务型公寓、度假村等用地
	B2		商务用地	金融保险、艺术传媒、技术服务等综合性办公用地
		B21	金融保险用地	银行、证券期货交易所、保险公司等用地
		B22	艺术传媒用地	文艺团体、影视制作、广告传媒等用地
		B29	其他商务用地	贸易、设计、咨询等技术服务办公用地
	B3		娱乐康体用地	娱乐、康体等设施用地
		B31	娱乐用地	剧院、音乐厅、电影院、歌舞厅、网吧以及绿地率小于 65% 的大型游乐等设施用地
		B32	康体用地	赛马场、高尔夫、溜冰场、跳伞场、摩托车场、射击场，以及通用航空、水上运动的陆域部分等用地
	B4		公用设施营业网点用地	零售加油、加气、电信、邮政等公用设施营业网点用地
		B41	加油加气站用地	零售加油、加气、充电站等用地
		B49	其他公用设施营业网点用地	独立地段的电信、邮政、供水、燃气、供电、供热等其他公用设施营业网点用地
	B9		其他服务设施用地	业余学校、民营培训机构、私人诊所、殡葬、宠物医院、汽车维修站等其他服务设施用地
M			工业用地	工矿企业的生产车间、库房及其附属设施用地，包括专用铁路、码头和附属道路、停车场等用地，不包括露天矿用地
	M1		一类工业用地	对居住和公共环境基本无干扰、污染和安全隐患的工业用地
	M2		二类工业用地	对居住和公共环境有一定干扰、污染和安全隐患的工业用地
	M3		三类工业用地	对居住和公共环境有严重干扰、污染和安全隐患的工业用地

类别代码			类别名称	内　　容
大类	中类	小类		
W			物流仓储用地	物资储备、中转、配送等用地,包括附属道路、停车场以及货运公司车队的站场等用地
	W1		一类物流仓储用地	对居住和公共环境基本无干扰、污染和安全隐患的物流仓储用地
	W2		二类物流仓储用地	对居住和公共环境有一定干扰、污染和安全隐患的物流仓储用地
	W3		三类物流仓储用地	易燃、易爆和剧毒等危险品的专用物流仓储用地
S			道路与交通设施用地	城市道路、交通设施等用地,不包括居住用地、工业用地等内部的道路、停车场等用地
	S1		城市道路用地	快速路、主干路、次干路和支路等用地,包括其交叉口用地
	S2		城市轨道交通用地	独立地段的城市轨道交通地面以上部分的线路、站点用地
	S3		交通枢纽用地	铁路客货运站、公路长途客运站、港口客运码头、公交枢纽及其附属设施用地
	S4		交通场站用地	交通服务设施用地,不包括交通指挥中心、交通队用地
		S41	公共交通场站用地	城市轨道交通车辆基地及附属设施,公共汽(电)车首末站、停车场(库)、保养场,出租汽车场站设施等用地,以及轮渡、缆车、索道等的地面部分及其附属设施用地
		S42	社会停车场用地	独立地段的公共停车场和停车库用地,不包括其他各类用地配建的停车场和停车库用地
	S9		其他交通设施用地	除以上之外的交通设施用地,包括教练场等用地
U			公用设施用地	供应、环境、安全等设施用地
	U1		供应设施用地	供水、供电、供燃气和供热等设施用地
		U11	供水用地	城市取水设施、自来水厂、再生水厂、加压泵站、高位水池等设施用地
		U12	供电用地	变电站、开闭所、变配电所等设施用地,不包括电厂用地。高压走廊下规定的控制范围内的用地应按其地面实际用途归类
		U13	供燃气用地	分输站、门站、储气站、加气母站、液化石油气储配站、灌瓶站和地面输气管廊等设施用地,不包括制气厂用地
		U14	供热用地	集中供热锅炉房、热力站、换热站和地面输热管廊等设施用地
		U15	通信用地	邮政中心局、邮政支局、邮件处理中心、电信局、移动基站、微波站等设施用地
		U16	广播电视用地	广播电视的发射、传输和监测设施用地,包括无线电收信区、发信区以及广播电视发射台、转播台、差转台、监测站等设施用地

类别代码			类别名称	内　容
大类	中类	小类		
U	U2		环境设施用地	雨水、污水、固体废物处理等环境保护设施及其附属设施用地
		U21	排水用地	雨水泵站、污水泵站、污水处理、污泥处理厂等设施及其附属的构筑物用地，不包括排水河渠用地
		U22	环卫用地	生活垃圾、医疗垃圾、危险废物处理（置），以及垃圾转运、公厕、车辆清洗、环卫车辆停放修理等设施用地
	U3		安全设施用地	消防、防洪等保卫城市安全的公用设施及其附属设施用地
		U31	消防用地	消防站、消防通信及指挥训练中心等设施用地
		U32	防洪用地	防洪堤、防洪枢纽、排洪沟渠等设施用地
	U9		其他公用设施用地	除以上之外的公用设施用地，包括施工、养护、维修等设施用地
G			绿地与广场用地	公园绿地、防护绿地、广场等公共开放空间用地
	G1		公园绿地	向公众开放，以游憩为主要功能，兼具生态、美化、防灾等作用的绿地
	G2		防护绿地	具有卫生、隔离和安全防护功能的绿地
	G3		广场用地	以游憩、纪念、集会和避险等功能为主的城市公共活动场地

注：1.《中华人民共和国土地管理法》中将用地分为三大类：农用地、建设用地和未利用地；

　　2.“特殊用地”（H4）中“安保用地”（H42）不包括公安局，该用地应归入“行政办公用地”（A1）；

　　3. 已用作其他用途的文物古迹用地应按其实际用途归类；如北京的故宫和颐和园均为国家级重点文物古迹，但故宫用作博物院，而颐和园用作公园，因此应分别归为“图书展览用地”和“公园绿地”，而不是归为“文物古迹用地”。

4 规划建设用地标准

4.1 一般规定

4.1.1 用地面积应按平面投影计算。每块用地只可计算一次，不得重复。

4.1.2 城市（镇）总体规划宜采用 1/10000 或 1/5000 比例尺的图纸进行建设用地分类计算，控制性详细规划宜采用 1/2000 或 1/1000 比例尺的图纸进行用地分类计算。现状和规划的用地分类计算应采用同一比例尺。

4.1.3 用地的计量单位应为万平方米（公顷），代码为“hm^2”。

数字统计精度应根据图纸比例尺确定，1/10000 图纸应精确至个位，1/5000 图纸应精确至小数点后一位，1/2000 和 1/1000 图纸应精确至小数点后两位。

4.1.4 城市建设用地统计范围与人口统计范围必须一致，人口规模应按常住人口进行统计。

4.2 规划人均城市建设用地面积标准

4.2.1 规划人均城市建设用地面积指标应根据现状人均城市建设用地面积指标、城市（镇）所在的气候区以及规划人口规模，按表 4.2.1 的规定综合确定，并应同时符合表中允许采用的规划人均城市建设用地面积指标和允许调整幅度双因子的限制要求。

规划人均城市建设用地面积指标（m^2/人）　　　　表 4.2.1

气候区	现状人均城市建筑用地面积指标	允许采用的规划人均城市建设用地面积指标	允许调整幅度		
			规划人口规模≤20.0万人	规划人口规模20.1万~50.0万人	规划人口规模>50.0万人
I、II、VI、VII	≤65.0	65.0~85.0	>0.0	>0.0	>0.0
	65.1~75.0	65.0~95.0	+0.1~+20.0	+0.1~+20.0	+0.1~+20.0
	75.1~85.0	75.0~105.0	+0.1~+20.0	+0.1~+20.0	+0.1~+15.0
	85.1~95.0	80.0~110.0	+0.1~+20.0	−5.0~+20.0	−5.0~+15.0
	95.1~105.0	90.0~110.0	−5.0~+15.0	−10.0~+15.0	−10.0~+10.0
	105.1~115.0	95.0~115.0	−10.0~−0.1	−15.0~−0.1	−20.0~−0.1
	>115.0	≤115.0	<0.0	<0.0	<0.0
III、IV、V	≤65.0	65.0~85.0	>0.0	>0.0	>0.0
	65.1~75.0	65.0~95.0	+0.1~+20.0	+0.1~20.0	+0.1~+20.0
	75.1~85.0	75.0~100.0	−5.0~+20.0	−5.0~+20.0	−5.0~+15.0
	85.1~95.0	80.0~110.0	−10.0~+15.0	−10.0~+15.0	−10.0~+10.0
	95.1~105.0	85.0~105.0	−15.0~+10.0	−15.0~+10.0	−15.0~+5.0
	105.1~115.0	90.0~110.0	−20.0~−0.1	−20.0~−0.1	−25.0~−0.1
	>115.0	≤110.0	<0.0	<0.0	<0.0

注：1. 气候区应符合《建筑气候区划标准》GB 50178—93 的规定，具体应按本标准附录 B 执行。

2. 新建城市（镇）、首都的规划人均城市建设用地面积指标不适用本表。

4.2.2 新建城市（镇）的规划人均城市建设用地面积指标宜在 85.1~105.0m^2/人内确定。

4.2.3 首都的规划人均城市建设用地面积指标应在 105.1~115.0m^2/人内确定。

4.2.4 边远地区、少数民族地区城市（镇）以及部分山地城市（镇）、人口较少的工矿业城市（镇）、风景旅游城市（镇）等，不符合表 4.2.1 规定时，应专门论证确定规划人均城市建设用地面积指标，且上限不得大于 150.0m^2/人。

4.2.5 编制和修订城市（镇）总体规划应以本标准作为规划城市建设用地的远期控制标准。

4.3 规划人均单项城市建设用地面积标准

4.3.1 规划人均居住用地面积指标应符合表 4.3.1 的规定。

人均居住用地面积指标（m^2/人）　　　　表 4.3.1

建筑气候区划	I、II、VI、VII气候区	III、IV、V气候区
人均居住用地面积	28.0~38.0	23.0~36.0

4.3.2 规划人均公共管理与公共服务设施用地面积不应小于 5.5m^2/人。

4.3.3 规划人均道路与交通设施用地面积不应小于 12.0m^2/人。

4.3.4 规划人均绿地与广场用地面积不应小于 10.0m^2/人，其中人均公园绿地面积不应小于 8.0m^2/人。

4.3.5 编制和修订城市（镇）总体规划应以本标准作为规划单项城市建设用地的远期控制标准。

4.4 规划城市建设用地结构

4.4.1 居住用地、公共管理与公共服务设施用地、工业用地、道路与交通设施用地和绿地与广场用地五大类主要用地规划占城市建设用地的比例宜符合表 4.4.1 的规定。

规划城市建设用地结构 表 4.4.1

用地名称	占城市建设用地比例（%）
居住用地	25.0～40.0
公共管理与公共服务设施用地	5.0～8.0
工业用地	15.0～30.0
道路与交通设施用地	10.0～25.0
绿地与广场用地	10.0～15.0

例 1-4　（2011-48） 下列有关城市用地分类的叙述，正确的是（　　）。

A　村镇居住用地属于居住用地

B　高压线走廊下规定的控制范围内的用地属于市政公用设施用地

C　中学所属用地应为公共设施用地

D　发电厂用地应为工业用地，不属于市政公共设施用地

解析：《城市用地分类与规划建设用地标准》GB 50137—2011 条文说明第 3.3.2 条，7 公用设施用地，"供电用地"（U12）不包括电厂用地，该用地应归入"工业用地"（M）。

答案：D

例 1-5　（2011-49） 在城市用地分类中，下列功能用地属于公共服务设施用地的是哪项？

A　派出所用地　　　　　　　　　　B　监狱、拘留所、劳改场所用地

C　公安局用地　　　　　　　　　　D　殡仪馆用地

解析：《城市用地分类与规划建设用地标准》GB 50137—2011 条文说明，公安局用地应归入"行政办公用地"（A1），属于公共管理与公共服务设施用地（A）。

答案：C

（四）防洪标准及规划

有关防洪方面的现行国家标准、规范有《防洪标准》GB 50201—2014 和《城市防洪规划规范》GB 51079—2016。

《防洪标准》GB 50201—2014 适用于防洪保护区（城市防护区、乡村防护区），工矿企业（分 4 个防护等级），交通运输设施（铁路、公路、航运、民用机场、管道工程），电力设施（火电厂、核电厂及高压、超高压和特高压输变电设施），环境保护设施（尾矿库工程、贮灰场工程、垃圾处理工程），通信设施（公用长途通信线路、公用通信局、所、公用通信台、站，交通运输，水利水电工程及电力设施等专用的通信设施），文物古迹和

旅游设施，水利水电工程等防护对象。

《防洪标准》GB 50201—2014（节选）

3.0.1 防护对象的防洪标准应以防御的洪水或潮水的重现期表示；对于特别重要的防护对象，可采用可能最大洪水表示。防洪标准可根据不同防护对象的需要，采用设计一级或设计、校核两级。

3.0.2 各类防护对象的防洪标准应根据经济、社会、政治、环境等因素对防洪安全的要求，统筹协调局部与整体、近期与长远及上下游、左右岸、干支流的关系，通过综合分析论证确定。有条件时，宜进行不同防洪标准所可能减免的洪灾经济损失与所需的防洪费用的对比分析。

3.0.3 同一防洪保护区受不同河流、湖泊或海洋洪水威胁时，宜根据不同河流、湖泊或海洋洪水灾害的轻重程度分别确定相应的防洪标准。

3.0.4 防洪保护区内的防护对象，当要求的防洪标准高于防洪保护区的防洪标准，且能进行单独防护时，该防护对象的防洪标准应单独确定，并应采取单独的防护措施。

3.0.5 当防洪保护区内有两种以上的防护对象，且不能分别进行防护时，该防洪保护区的防洪标准应按防洪保护区和主要防护对象中要求较高者确定。

3.0.6 对于影响公共防洪安全的防护对象，应按自身和公共防洪安全两者要求的防洪标准中较高者确定。

3.0.7 防洪工程规划确定的兼有防洪作用的路基、围墙等建筑物、构筑物，其防洪标准应按防洪保护区和该建筑物、构筑物的防洪标准中较高者确定。

3.0.8 下列防护对象的防洪标准，经论证可提高或降低：

　　1 遭受洪灾或失事后损失巨大、影响十分严重的防护对象，可提高防洪标准；

　　2 遭受洪灾或失事后损失和影响均较小、使用期限较短及临时性的防护对象，可降低防洪标准。

3.0.9 按本标准规定的防洪标准进行防洪建设，经论证确有困难时，可在报请主管部门批准后，分期实施、逐步达到。

4.2　城市防护区

4.2.1 城市防护区应根据政治、经济地位的重要性、常住人口或当量经济规模指标分为四个防护等级，其防护等级和防洪标准应按表4.2.1确定。

城市防护区的防护等级和防洪标准　　　　　　　　　　　　　　　表4.2.1

防护等级	重要性	常住人口 （万人）	当量经济规模 （万人）	防洪标准 [重现期（年）]
Ⅰ	特别重要	≥150	≥300	≥200
Ⅱ	重要	<150，≥50	<300，≥100	200～100
Ⅲ	比较重要	<50，≥20	<100，≥40	100～50
Ⅳ	一般	<20	<40	50～20

注：当量经济规模为城市防护区人均GDP指数与人口的乘积，人均GDP指数为城市防护区人均GDP与同期全国人均GDP的比值。

4.2.2 位于平原、湖洼地区的城市防护区，当需要防御持续时间较长的江河洪水或湖泊高水位时，其防洪标准可取本标准表4.2.1规定中的较高值。

4.2.3 位于滨海地区的防护等级为Ⅲ等及以上的城市防护区，当按本标准表4.2.1的防洪标准确定的设计高潮位低于当地历史最高潮位时，还应采用当地历史最高潮位进行校核。

4.3 乡村防护区

4.3.1 乡村防护区应根据人口或耕地面积分为四个防护等级，其防护等级和防洪标准应按表4.3.1确定。

乡村防护区的防护等级和防洪标准

表4.3.1

防护等级	人　口 （万人）	耕地面积 （万亩）	防洪标准 ［重现期（年）］
Ⅰ	≥150	≥300	100～50
Ⅱ	<150，≥50	<300，≥100	50～30
Ⅲ	<50，≥20	<100，≥30	30～20
Ⅳ	<20	<30	20～10

4.3.2 人口密集、乡镇企业较发达或农作物高产的乡村防护区，其防洪标准可提高。地广人稀或淹没损失较小的乡村防护区，其防洪标准可降低。

10.1.1 不耐淹的文物古迹，应根据文物保护的级别分为三个防护等级，其防护等级和防洪标准应按表10.1.1确定。

文物古迹的防护等级和防洪标准

表10.1.1

防护等级	文物保护的级别	防洪标准［重现期（年）］
Ⅰ	世界级、国家级	≥100
Ⅱ	省（自治区、直辖市）级	100～50
Ⅲ	市、县级	50～20

注：世界级文物指列入《世界遗产名录》的世界文化遗产以及世界文化和自然双遗产中的文化遗产部分。

10.1.2 对于特别重要的文物古迹，其防洪标准经充分论证和主管部门批准后可提高。

《城市防洪规划规范》GB 51079—2016（节选）

5.0.1 城市防洪体系应包括工程措施和非工程措施。工程措施包括挡洪工程、泄洪工程、蓄滞洪工程及泥石流防治工程等；非工程措施包括水库调洪、蓄滞洪区管理、暴雨与洪水预警预报、超设计标准暴雨和超设计标准洪水应急措施、防洪工程设施安全保障及行洪通道保护等。

（五）抗震防灾规划

《城市抗震防灾规划标准》GB 50413—2007（节选）

8.2.8 避震疏散场所每位避震人员的平均有效避难面积，应符合：

1 紧急避震疏散场所人均有效避难面积不小于$1m^2$，但起紧急避震疏散场所作用的超高层建筑避难层（间）的人均有效避难面积不小于$0.2m^2$；

2 固定避震疏散场所人均有效避难面积不小于$2m^2$。

8.2.9 避震疏散场地的规模：紧急避震疏散场地的用地不宜小于$0.1hm^2$，固定避震疏散

场地不宜小于 $1hm^2$，中心避震疏散场地不宜小于 $50hm^2$。

8.2.10 紧急避震疏散场所的服务半径宜为 500m，步行大约 10min 之内可以到达；固定避震疏散场所的服务半径宜为 2～3km，步行大约 1h 之内可以到达。

8.2.11 避震疏散场地人员进出口与车辆进出口宜分开设置，并应有多个不同方向的进出口。人防工程应按照有关规定设立进出口，防灾据点至少应有一个进口与一个出口。其他固定避震疏散场所至少应有两个进口与两个出口。

（六）人民防空工程规划

请考生注意：居住区配建各类人防工程的平衡控制指标是按《城市居住区规划设计规范》GB 50180—93（2002 年版）编写，与现行《城市居住区规划设计标准》GB 50180—2018 不一致，故本书不再引用，仅节选与下列四项配建工程有关的技术要求。

《城市居住区人民防空工程规划规范》GB 50808—2013（节选）

5.1 人员掩蔽工程

5.1.1 城市居住区人员掩蔽工程的服务半径不宜大于 200m。

5.1.2 人员掩蔽工程宜设置在地面建筑投影范围以内，当设有多层地下空间时，人员掩蔽工程宜设于最下层。

5.2 医疗救护工程

5.2.1 医疗救护工程宜结合地面医疗卫生设施建设，其中急救医院服务半径不应大于 3km，救护站的服务半径不应大于 1km。

5.2.2 医疗救护工程的战时主要出入口应单独设置，并应直接通向居住小区级以上道路，且宜在出入口地面留有适当开敞空间。

5.3 防空专业队工程

5.3.1 抢险抢修专业队工程服务半径不应大于 1.5km，消防专业队工程服务半径不应大于 2.0km，医疗救护专业队和治安专业队工程服务半径不应大于 3.0km。

5.3.2 防空专业队工程宜靠近保障目标设置，其主要出入口应与居住小区级以上道路相连。

5.3.3 防空专业队队员掩蔽部与装备掩蔽部宜相邻布置，且相互连通。确因条件限制而分开设置时，队员掩蔽部和装备掩蔽部主要出入口的水平直线距离不应超过 200m。

5.4 配套工程

5.4.1 城市居住区人防物资库工程应按综合物资库建设，并应设置在交通便利地区，且宜与附近人员掩蔽工程相连通。

5.4.2 警报站的布局和数量应结合地形条件、居民分布、警报音响覆盖半径等因素，宜结合居住区内建筑设置。

5.4.3 居住区内人防工程的战时供电负荷预测采用单位面积指标法时，单位建筑面积供电负荷指标可按 $10～40W/m^2$ 选取。

5.4.4 区域电站的选址应符合下列要求：

    1 靠近负荷中心；

    2 具有较好的交通运输和取水条件；

    3 具有较好的管线进出条件。

5.4.5 急救医院应设置固定电站；救护站、防空专业队工程、人员掩蔽工程、配套工程等人防工程建筑面积之和大于 $5000m^2$ 时，应设置固定电站或移动电站。移动电站的建筑面积不应小于 0.75m²/kW，固定电站的建筑面积不应小于 0.8m²/kW。

5.4.6 区域供水站宜结合市政工程配套建设的人防工程合并设置。

（七）竖向规划设计

《城乡建设用地竖向规划规范》CJJ 83—2016（节选）

4 竖向与用地布局及建筑布置

4.0.1 城乡建设用地选择及用地布局应充分考虑竖向规划的要求，并应符合下列规定：

1 城镇中心区用地应选择地质、排水防涝及防洪条件较好且相对平坦和完整的用地，其自然坡度宜小于 20%，规划坡度宜小于 15%；

2 居住用地宜选择向阳、通风条件好的用地，其自然坡度宜小于 25%，规划坡度宜小于 25%；

3 工业、物流用地宜选择便于交通组织和生产工艺流程组织的用地，其自然坡度宜小于 15%，规划坡度宜小于 10%；

4 超过 8m 的高填方区宜优先用作绿地、广场、运动场等开敞空间；

5 应结合低影响开发的要求进行绿地、低洼地、滨河水系周边空间的生态保护、修复和竖向利用；

6 乡村建设用地宜结合地形，因地制宜，在场地安全的前提下，可选择自然坡度大于 25% 的用地。

《条文说明》4.0.1 条提供了城乡主要建设用地适宜规划坡度表（表 2）。

城乡主要建设用地适宜规划坡度表（%）　　　　　　　　　　　　表 2

用 地 名 称	最 小 坡 度	最 大 坡 度
工业用地	0.2	10
仓储用地	0.2	10
铁路用地	0	2
港口用地	0.2	5
城镇道路用地	0.2	8
居住用地	0.2	25
公共设施用地	0.2	20
其 他	—	—

4.0.2 根据城乡建设用地的性质、功能，结合自然地形，规划地面形式可分为平坡式、台阶式和混合式。

4.0.3 用地自然坡度小于 5% 时，宜规划为平坡式；用地自然坡度大于 8% 时，宜规划为台阶式；用地自然坡度为 5%～8% 时，宜规划为混合式。

4.0.4 台阶式和混合式中的台地规划应符合下列规定：

1 台地划分应与建设用地规划布局和总平面布置相协调，应满足使用性质相同的用地或功能联系密切的建（构）筑物布置在同一台地或相邻台地的布局要求；

2 台地的长边宜平行于等高线布置；

3 台地高度、宽度和长度应结合地形并满足使用要求确定。

4.0.5 街区竖向规划应与用地的性质和功能相结合,并应符合下列规定:

1 公共设施用地分台布置时,台地间高差宜与建筑层高接近;

2 居住用地分台布置时,宜采用小台地形式;

3 大型防护工程宜与具有防护功能的专用绿地结合设置。

4.0.6 挡土墙高度大于3m且邻近建筑时,宜与建筑物同时设计,同时施工,确保场地安全。

4.0.7 高度大于2m的挡土墙和护坡,其上缘与建筑物的水平净距不应小于3m,下缘与建筑物的水平净距不应小于2m;高度大于3m的挡土墙与建筑物的水平净距还应满足日照标准要求。

此外,《住宅建筑规范》GB 50368—2005安全防护要求如下:

4.5.2 住宅用地的防护工程设置应符合下列规定:

1 台阶式用地的台阶之间应用护坡或挡土墙连接,相邻台地间高差大于1.5m时,应在挡土墙或坡比值大于0.5的护坡顶面加设安全防护设施;

2 土质护坡的坡比值不应大于0.5;

3 高度大于2m的挡土墙和护坡的上缘与住宅间水平距离不应小于3m,其下缘与住宅间的水平距离不应小于2m。

(八)建筑控制线

建筑控制线是指有关法规或详细规划确定的建筑物、构筑物的基底位置不得超出的界线。我国在城乡规划管理中设定了红、橙、黄、绿、蓝、紫、黑7种颜色的控制线,并分别制定了相应的管理办法。

1. 红线

(1)道路红线:规划的城市道路(含居住区级道路)用地的边界线。

(2)用地红线:各类建筑工程项目用地的使用权属范围的边界线。

(3)建筑物及附属设施不得突出道路红线和用地红线建造,不得突出的建筑物为:

1)地下建筑物及附属设施,包括结构挡土墙、挡土墙、地下室、地下室底板及其基础、化粪池等。

2)地上建筑及其附属设施,包括门廊、连廊、阳台、室外楼梯、台阶、坡道、花池、围墙、平台、散水明沟、地下室进风口、地下室出入口、集水井、采光井等。

3)除基地内连接城市的管线、隧道、天桥等市政公共设施外的其他设施。

2. 橙线

通常是指铁路和轨道交通用地范围的控制界线、微波通道及地方政府规定的控制线。

3. 黄线

城市黄线是指对城市发展全局有影响的、城市规划中确定的、必须控制的城市基础设施用地的控制界线。《城市黄线管理办法》所称城市基础设施如下:

(1)城市公共汽车首末站、出租汽车停车场、大型公共停车场;城市轨道交通线、站、场、车辆段、保养维修基地;城市水运码头;机场;城市交通综合换乘枢纽;城市交通广场等城市公共交通设施。

(2)取水工程设施(取水点、取水构筑物及一级泵站)和水处理工程设施等城市供水设施。

（3）排水设施；污水处理设施；垃圾转运站、垃圾码头、垃圾堆肥厂、垃圾焚烧厂、卫生填埋场（厂）；环境卫生车辆停车场和修造厂；环境质量监测站等城市环境卫生设施。

（4）城市气源和燃气储配站等城市供燃气设施。

（5）城市热源、区域性热力站、热力线走廊等城市供热设施。

（6）城市发电厂、区域变电所（站）、市区变电所（站）、高压线走廊等城市供电设施。

（7）邮政局、邮政通信枢纽、邮政支局；电信局、电信支局；卫星接收站、微波站；广播电台、电视台等城市通信设施。

（8）消防指挥调度中心、消防站等城市消防设施。

（9）防洪堤墙、排洪沟与截洪沟、防洪闸等城市防洪设施。

（10）避震疏散场地、气象预警中心等城市抗震防灾设施。

（11）其他对城市发展全局有影响的城市基础设施。

4. 绿线

（1）城市绿线：城市规划确定的，各类绿地范围的控制界线。

（2）现状绿线：建设用地内已建成，并纳入法定规划的各类绿地边界线。

（3）规划绿线：建设用地内依据城市总体规划、城市绿地系统规划、控制性详细规划、修建性详细规划划定的各类绿地范围控制线。

（4）生态控制线：规划区内依据城市总体规划、城市绿地系统规划划定的，对城市生态保育、隔离防护、休闲游憩等有重要作用的生态区域控制线。

5. 蓝线

一般称河道蓝线，是指水域保护区，即城市各级河、渠道用地规划控制线，包括河道水体的宽度、两侧绿化带以及清淤路。

6. 紫线

是指国家历史文化名城内的历史文化街区和省、自治区、直辖市人民政府公布的历史文化街区的保护范围界线，以及历史文化街区外经县级以上人民政府公布保护的历史建筑的保护范围界线。

7. 黑线

一般称为"电力走廊"，指城市电力的用地规划控制线。

注：城市居住区规划设计详见第二章第二节，城市道路设计详见第二章第三节，城市竖向、城市管线规划设计详见第二章第四节。

二、城市设计简述

"城市设计"是城市规划工作的重要内容，贯穿于城市规划建设管理的全过程。通过城市设计，从平面规划到立体空间上统筹城市建筑布局，协调城市景观风貌，体现城市地域特征、民族特色和时代风貌。"城市设计"应尊重城市发展规律，以人为本，保护自然环境，传承历史文化，塑造城市特色，优化城市形态，创造宜居的城市公共空间。

（1）城市设计的阶段划分及具体工作内容详见《建筑设计资料集1》（第三版）。

（2）城市设计的原则、方法、任务详见本书第六章第十二节。

（3）凯文·林奇的《城市意象》成为当代城市设计的基本理论，书中归纳出城市的5

个最基本的形态要素：路径、边界、区域、节点和地标；克拉伦斯·佩里在《邻里单位》一书中提出学校应该成为社区的中心，邻里单位应该围绕学校建设，服务半径约为800m最为合适。其他有关城市设计的理论详见《城市读本》（中文版）第8部分。

第三节 场 地 选 择

对于"场地选择"，考试大纲的要求是：能根据项目建议书，了解规划与市政部门的要求；收集和分析必需的设计基础资料，从技术、经济、社会、文化、环境保护等各方面对场地开发做出比较和评价。

一、民用建筑分类及设计使用年限

民用建筑按照使用功能及属性进行分类，一般分为民用建筑、工业建筑和农业建筑；按照建筑的层数或高度进行分类，一般分为低层建筑、多层建筑、高层建筑和超高层建筑。另外还有按照建筑的规模、重要程度、复杂程度等的分类方法。相应的建筑设计规范、建筑设计防火规范、工程勘察设计收费标准等建筑标准、规范对不同的建筑类型有不同的规定（《民用建筑设计术语标准》GB/T 50504—2009第2.2.1条）。

按照《民用建筑设计统一标准》GB 50352—2019的规定，民用建筑的分类，因防火、等级、规模、收费等的不同要求而有多种分法。该标准按照使用功能将建筑分为居住建筑和公共建筑两大类。其中，居住建筑包括住宅建筑和宿舍。《民用建筑设计统一标准》GB 50352—2019对民用建筑分类及设计使用年限的规定摘录如下：

3.1.2 民用建筑按地上建筑高度或层数进行分类应符合下列规定：

1 建筑高度不大于27.0m的住宅建筑、建筑高度不大于24.0m的公共建筑及建筑高度大于24.0m的单层公共建筑为低层或多层民用建筑；

2 建筑高度大于27.0m的住宅建筑和建筑高度大于24.0m的非单层公共建筑，且高度不大于100.0m的，为高层民用建筑；

3 建筑高度大于100.0m为超高层建筑。

注：建筑防火设计应符合现行国家标准《建筑设计防火规范》GB 50016有关建筑高度和层数计算的规定。

3.1.3 民用建筑等级分类划分应符合国家现行有关标准或行业主管部门的规定。

3.2.1 民用建筑的设计使用年限应符合表3.2.1的规定。

设计使用年限分类 　　　　　　　　　　　　　　　　　　　　表 3.2.1

类别	设计使用年限（年）	示例
1	5	临时性建筑
2	25	易于替换结构构件的建筑
3	50	普通建筑和构筑物
4	100	纪念性建筑和特别重要的建筑

注：此表依据《建筑结构可靠性设计统一标准》GB 50068—2018编制，并与其协调一致，建筑结构的设计基准期应为50年。

结构应满足下列功能要求：

（1）能承受在施工和使用期间可能出现的各种作用。

（2）保持良好的使用性能。

（3）具有足够的耐久性能。

（4）当发生火灾时，在规定的时间内可保持足够的承载力。

（5）当发生爆炸、撞击、人为错误等偶然事件时，结构能保持必要的整体稳固性，不出现与起因不相称的破坏后果，防止出现结构的连续倒塌；结构的整体稳固性设计，可根据《建筑结构可靠性设计统一标准》GB 50068—2018 附录 B 的规定进行。

在设计使用年限内，对于建筑结构而言，可持续发展需要考虑经济、环境和社会三个方面的内容，为了提高可持续性的应用水平，国际上正在作出努力。例如，国际标准化组织编制的国际标准或技术规程有《房屋建筑的可持续性——总原则》ISO 15392、《房屋建筑的可持续性——建筑工程环境性能评估方法框架》ISO/TS 21931。我国执行《建筑结构可靠性设计统一标准》GB 50068—2018，节选如下：

3.1.1 结构的设计、施工和维护应使结构在规定的设计使用年限内以规定的可靠度满足规定的各项功能要求。

3.1.2 结构应满足下列功能要求：

1 能承受在施工和使用期间可能出现的各种作用；

2 保持良好的使用性能；

3 具有足够的耐久性能；

4 当发生火灾时，在规定的时间内可保持足够的承载力；

5 当发生爆炸、撞击、人为错误等偶然事件时，结构能保持必要的整体稳固性，不出现与起因不相称的破坏后果，防止出现结构的连续倒塌；结构的整体稳固性设计，可根据本标准附录 B 的规定进行。

3.1.3 结构设计时，应根据下列要求采取适当的措施，使结构不出现或少出现可能的损坏：

1 避免、消除或减少结构可能受到的危害；

2 采用对可能受到的危害反应不敏感的结构类型；

3 采用当单个构件或结构的有限部分被意外移除或结构出现可接受的局部损坏时，结构的其他部分仍能保存的结构类型；

4 不宜采用无破坏预兆的结构体系；

5 使结构具有整体稳固性。

3.1.4 宜采取下列措施满足对结构的基本要求：

1 采用适当的材料；

2 采用合理的设计和构造；

3 对结构的设计、制作、施工和使用等制定相应的控制措施。

二、场地选择的基本原则及相关法规

（一）所在地域、城乡、乡镇的总体规划

建设项目要符合所在地域、城市、乡镇的总体规划。我国的城乡规划法明确指出："城市规划内的土地利用和各项建设必须符合城市规划。城市规划区内的建设工程的选址和布局必须符合城市规划。"在城市总体规划中已经确定了城市的发展方向，对城市中各

项建设的布局和环境地貌进行了全面的安排，对城市用地有明确的功能分区规定。

《中华人民共和国城乡规划法》第三十二条规定：城乡建设和发展，应当依法保护和合理利用风景名胜资源，统筹安排风景名胜区及周边乡、镇、村庄的建设。

风景名胜区的规划、建设和管理，应当遵守有关法律、行政法规和国务院的规定。

（二）节约土地

节约土地是目前我国经济建设重要的基本国策之一。国家已多次重申：不准占用农村耕地，更不允许占用良田及经济效益高的土地。调控执行要符合国家现行土地管理、环境保护、水土保持等法律的有关规定。

（三）保护环境与景观

要有利于保护环境与景观，首先要执行当地环保部门的规定和要求；修路、建厂应尽量远离风景游览区和自然保护区，维持生态平衡，不污染水源，应有利于废气、废渣、废水的三废处理；若生产建筑会产生振动、噪声、粉尘、有害气体、有毒物质，以及易燃易爆物品，其贮运对环境会产生不良影响，要严守规定，并符合现行环境保护法的有关规定。

《中华人民共和国环境影响评价法》（第四十八号）自 2016 年 9 月 1 日起施行：

第三章　建设项目的环境影响评价

第十六条　国家根据建设项目对环境的影响程度，对建设项目的环境影响评价实行分类管理。建设单位应当按照下列规定组织编制环境影响报告书、环境影响报告表或者填报环境影响登记表（以下统称环境影响评价文件）：

（一）可能造成重大环境影响的，应当编制环境影响报告书，对产生的环境影响进行全面评价；

（二）可能造成轻度环境影响的，应当编制环境影响报告表，对产生的环境影响进行分析或者专项评价；

（三）对环境影响很小、不需要进行环境影响评价的，应当填报环境影响登记表。

建设项目的环境影响评价分类管理名录，由国务院环境保护行政主管部门制定并公布。

第二十条　环境影响评价文件中的环境影响报告书或者环境影响报告表，应当由具有相应环境影响评价资质的机构编制。

任何单位和个人不得为建设单位指定对其建设项目进行环境影响评价的机构。

第二十一条　除国家规定需要保密的情形外，对环境可能造成重大影响、应当编制环境影响报告书的建设项目，建设单位应当在报批建设项目环境影响报告书前，举行论证会、听证会，或者采取其他形式，征求有关单位、专家和公众的意见。

建设单位报批的环境影响报告书应当附具对有关单位、专家和公众的意见采纳或者不采纳的说明。

第二十二条　建设项目的环境影响报告书、报告表，由建设单位按照国务院的规定报有审批权的环境保护行政主管部门审批。

海洋工程建设项目的海洋环境影响报告书的审批，依照《中华人民共和国海洋环境保护法》的规定办理。

审批部门应当自收到环境影响报告书之日起六十日内，收到环境影响报告表之日起三十日内，分别作出审批决定并书面通知建设单位。

国家对环境影响登记表实行备案管理。

审核、审批建设项目环境影响报告书、报告表以及备案环境影响登记表，不得收取任何费用。

（四）关于土地使用权

中华人民共和国实行土地的社会主义公有制，即全民所有制和劳动群众集体所有制。全民所有，即国家所有土地的所有权由国务院代表国家行使；任何单位和个人不得侵占、买卖或者以其他形式非法转让土地。土地使用权可以依法转让。

国家为了公共利益的需要，可以依法对土地实行征收或者征用并给予补偿。

国家依法实行国有土地有偿使用制度。但是，国家在法律规定的范围内划拨国有土地使用权的除外。

《中华人民共和国土地管理法实施条例》规定下列土地属于全民所有，即国家所有：

（1）城市市区的土地。

（2）农村和城市郊区中已经依法没收、征收、征购为国有的土地。

（3）国家依法征收的土地。

（4）依法不属于集体所有的林地、草地、荒地、滩涂及其他土地。

（5）农村集体经济组织全部成员转为城镇居民的，原属于其成员集体所有的土地。

（6）因国家组织移民、自然灾害等原因，农民成建制地集体迁移后不再使用的原属于迁移农民集体所有的土地。

我国现行国有土地使用权的出让方式有四种：招标、拍卖、挂牌及双方协议的方式。

《中华人民共和国城市房地产管理法》（2019年8月26日）：

第八条　土地使用权出让，是指国家将国有土地使用权（以下简称土地使用权）在一定年限内出让给土地使用者，由土地使用者向国家支付土地使用权出让金的行为。

第十三条　土地使用权出让，可以采取拍卖、招标或者双方协议的方式。

商业、旅游、娱乐和豪华住宅用地，有条件的，必须采取拍卖、招标方式；没有条件，不能采取拍卖、招标方式的，可以采取双方协议的方式。

采取双方协议方式出让土地使用权的，出让金不得低于按国家规定所确定的最低价。

第二十三条　土地使用权划拨，是指县级以上人民政府依法批准，在土地使用者缴纳补偿、安置等费用后将该幅土地交付其使用，或者将土地使用权无偿交付给土地使用者使用的行为。

依照本法规定以划拨方式取得土地使用权的，除法律、行政法规另有规定外，没有使用期限的限制。

第二十六条　以出让方式取得土地使用权进行房地产开发的，必须按照土地使用权出让合同约定的土地用途、动工开发期限开发土地。超过出让合同约定的动工开发日期满一年未动工开发的，可以征收相当于土地使用权出让金百分之二十以下的土地闲置费；满二年未动工开发的，可以无偿收回土地使用权；但是，因不可抗力或者政府、政府有关部门的行为或者动工开发必需的前期工作造成动工开发迟延的除外。

《招标拍卖挂牌出让国有建设用地使用权规定》（自2007年9月21日起施行），公布了三种出让方式，新增加了挂牌出让方式。

注：《关于进一步加强房地产用地和建设管理调控的通知》（2010年）：土地出让必须以宗地为单位

提供规划条件、建设条件和土地使用标准，严格执行商品住房用地单宗出让面积规定，不得将两宗以上地块捆绑出让，不得"毛地"出让。

毛地——已完成宗地内基础设施开发，但尚未完成宗地内房屋拆迁补偿安置的土地。

净地——已完成宗地内基础设施开发和场地内拆迁、平整，土地权利单一的土地。

生地——已完成土地使用权批准手续，没进行或部分进行基础设施配套开发和土地平整而未形成建设用地条件的土地。

熟地——已完成土地开发等基础设施建设，具备"几通一平"，形成建设用地条件，可以直接用于建设的土地。

代征用地——建设工程沿道路、铁路、轨道交通、河道、绿化带等公共用地安排建设的，建设单位应当按照本市有关规定代征上述公共用地。代征应当在建设工程规划验收前完成，同步办理移交（参见《北京市城乡规划条例》）。代征用地不纳入建设用地规划范围，不参与建设用地指标的计算。

（五）有关选址意见书的要求

《中华人民共和国城乡规划法》（中华人民共和国主席令 第七十四号，2019 年 4 月 23 日第二次修正）：

第三十六条 按照国家规定需要有关部门批准或者核准的建设项目，以划拨方式提供国有土地使用权的，建设单位在报送有关部门批准或者核准前，应当向城乡规划主管部门申请核发选址意见书。

前款规定以外的建设项目不需要申请选址意见书。

《建设项目选址规划管理办法》（1991 年 8 月 23 日）：

第六条 建设项目选址意见书应当包括下列内容：

（一）建设项目的基本情况主要是建设项目名称、性质、用地与建设规模，供水与能源的需求量，采取的运输方式与运输量，以及废水、废气、废渣的排放方式和排放量。

（二）建设项目规划选址的主要依据

1. 经批准的项目建议书；

2. 建设项目与城市规划布局的协调；

3. 建设项目与城市交通、通讯、能源、市政、防灾规划的衔接与协调；

4. 建设项目配套的生活设施与城市生活居住及公共设施规划的衔接与协调；

5. 建设项目对于城市环境可能造成的污染影响，以及与城市环境保护规划和风景名胜、文物古迹保护规划的协调。

（三）建设项目选址、用地范围和具体规划要求。

第七条 建设项目选址意见书，按建设项目计划审批权限实行分级规划管理。

县人民政府计划行政主管部门审批的建设项目，由县人民政府城市规划行政主管部门核发选址意见书；

地级、县级市人民政府计划行政主管部门审批的建设项目，由该市人民政府城市规划行政主管部门核发选址意见书；

直辖市、计划单列市人民政府计划行政主管部门审批的建设项目，由直辖市、计划单列市人民政府城市规划行政主管部门核发选址意见书；

省、自治区人民政府计划行政主管部门审批的建设项目，由项目所在地县、市人民政府城市规划行政主管部门提出审查意见，报省、自治区人民政府城市规划行政主管部门核发选址意见书；

中央各部门、公司审批的小型和限额以下的建设项目，由项目所在地县、市人民政府城市规划行政主管部门核发选址意见书；

国家审批的大中型和限额以上的建设项目，由项目所在地县、市人民政府城市规划行政主管部门提出审查意见，报省、自治区、直辖市、计划单列市人民政府城市规划行政主管部门核发选址意见书，并报国务院城市规划行政主管部门备案。

（六）有关城乡规划方面的要求

《中华人民共和国城乡规划法》（2019年4月23日修正）的相关规定如下：

第二十四条 城乡规划组织编制机关应当委托具有相应资质等级的单位承担城乡规划的具体编制工作。

从事城乡规划编制工作应当具备下列条件，并经国务院城乡规划主管部门或者省、自治区、直辖市人民政府城乡规划主管部门依法审查合格，取得相应等级的资质证书后，方可在资质等级许可的范围内从事城乡规划编制工作：

（一）有法人资格；

（二）有规定数量的经国务院城乡规划主管部门注册的规划师；

（三）有规定数量的相关专业技术人员；

（四）有相应的技术装备；

（五）有健全的技术、质量、财务管理制度。

编制城乡规划必须遵守国家有关标准。

第三十七条 在城市、镇规划区内以划拨方式提供国有土地使用权的建设项目，经有关部门批准、核准、备案后，建设单位应当向城市、县人民政府城乡规划主管部门提出建设用地规划许可申请，由城市、县人民政府城乡规划主管部门依据控制性详细规划核定建设用地的位置、面积、允许建设的范围，核发建设用地规划许可证。

建设单位在取得建设用地规划许可证后，方可向县级以上地方人民政府土地主管部门申请用地，经县级以上人民政府审批后，由土地主管部门划拨土地。

第三十八条 在城市、镇规划区内以出让方式提供国有土地使用权的，在国有土地使用权出让前，城市、县人民政府城乡规划主管部门应当依据控制性详细规划，提出出让地块的位置、使用性质、开发强度等规划条件，作为国有土地使用权出让合同的组成部分。未确定规划条件的地块，不得出让国有土地使用权。

以出让方式取得国有土地使用权的建设项目，建设单位在取得建设项目的批准、核准、备案文件和签订国有土地使用权出让合同后，向城市、县人民政府城乡规划主管部门领取建设用地规划许可证。

城市、县人民政府城乡规划主管部门不得在建设用地规划许可证中，擅自改变作为国有土地使用权出让合同组成部分的规划条件。

第四十条 在城市、镇规划区内进行建筑物、构筑物、道路、管线和其他工程建设的，建设单位或者个人应当向城市、县人民政府城乡规划主管部门或者省、自治区、直辖市人民政府确定的镇人民政府申请办理建设工程规划许可证。

申请办理建设工程规划许可证，应当提交使用土地的有关证明文件、建设工程设计方案等材料。需要建设单位编制修建性详细规划的建设项目，还应当提交修建性详细规划。对符合控制性详细规划和规划条件的，由城市、县人民政府城乡规划主管部门或者省、自治区、直辖市人民政府确定的镇人民政府核发建设工程规划许可证。

城市、县人民政府城乡规划主管部门或者省、自治区直辖市人民政府确定的镇人民政府应当依法将经审定的修建性详细规划、建设工程设计方案的总平面图予以公布。

（七）有关施工许可

"建筑工程施工许可"应符合《中华人民共和国建筑法》的有关规定：

第七条 建筑工程开工前，建设单位应当按照国家有关规定向工程所在地县级以上人民政府建设行政主管部门申请领取施工许可证；但是，国务院建设行政主管部门确定的限额以下的小型工程除外。

按照国务院规定的权限和程序批准开工报告的建筑工程，不再领取施工许可证。

第八条 申请领取施工许可证，应当具备下列条件（详见第七章第一节"一、"）：

例 1-6 （2011-16） 下列城镇国有土地使用权的出让方式中，何者不符合国家条例的规定？

A 出租 B 拍卖 C 招标 D 协议

解析： 参见上述关于土地使用权的内容，我国现行国有土地使用权的出让方式有四种：招标、拍卖、挂牌及双方协议的方式。

答案： A

例 1-7 （2013-12） 以下关于建筑工程建设程序的叙述正确的是（ ）。

A 建设工程规划许可证取得后，才能取得规划条件通知书

B 建设工程规划许可证取得后，方能申请建设用地规划许可证

C 建设工程规划许可证取得后，即可取得建设用地钉桩通知单

D 建设工程规划许可证取得后，才能取得开工证

解析： 参见《中华人民共和国城乡规划法》及《中华人民共和国建筑法》的有关规定，申请领取施工许可证，应当具备在城市规划区的建筑工程已经取得规划许可证的条件。

答案： D

三、场地选址要点及基础资料搜集

（一）场地选址要点

（1）场址用地性质及容积率、建筑高度等指标应满足城市总体规划和控制性详细规划等要求。

（2）避开断层、地裂缝、岩溶、采空区等不良地质构造地段，山区和丘陵地区的滑坡、泥石流、崩塌等事故易发地段，以及较厚的Ⅲ级大孔土地区、自重湿陷性黄土地区、Ⅰ级膨胀土地区、流沙淤泥地区。

（3）满足防洪要求，如果城市无可靠防洪设施，场址应位于城市设计洪水位以上；地下水对基础无不良影响。

（4）对外交通联系便捷，接驳方便，工程量少；应充分利用场地已有的交通设施；

水、电等基础设施满足场地正常使用要求。

（5）应考虑周围不良环境因素对场地的影响；如项目对气压、湿度、空气含尘量、防磁、防电磁波、防辐射等有特殊要求时，应充分考虑周围已有建筑对项目的影响。

（6）场地形态应满足项目主体建筑平面布局或生产工艺上的特殊需要。

（7）场址对周围环境影响小，并留有发展余地，同时便于分期建设、分期征用。

注：参见《建筑设计资料集1》（第三版）。

（二）基础资料搜集

基础资料搜集内容见表1-1，也可参考《城市规划基础资料搜集规范》GB/T 50831—2012的相关规定。

基础资料搜集清单

表1-1

序号	类别	相关内容
1	综合资料	政府及有关部门制定的法律、法规、规范、政策文件和规划成果等
2	自然条件	地形地貌、地下水、工程地质、植被等
3	历史文化	市域的历史文化名城、名镇、名村，文物保护单位，历史建（构）筑物，非物质文化遗产，世界文化遗产，古树名木等资料
4	土地利用	地价、地籍资料
5	建（构）筑物资料	包括各类建（构）筑物的质量、功能、结构资料
6	综合交通	区域交通设施和城市交通设施的等级、布局、运能、运量等资料
7	供水工程	供水体制以及水源、清水通道、用水量、供水工程设施资料
8	排水工程	排水体制以及污水处理厂、纳污水体、排水管网等资料
9	电力工程	用电负荷、电源、供电方式、电力工程设施及中低压配网等
10	通信工程	通信用户、通信管网、通信工程设施等
11	燃气工程	气源、供气方式、燃气场站设施、燃气管网等资料
12	供热工程	热源、供热方式、供热管网等资料
13	环卫工程	垃圾转运站、垃圾收集点、公共厕所和餐厨垃圾处理设施等
14	综合防灾	防洪、消防、抗震、人防、气象灾害等资料
15	地下空间利用	中心城区地下商业、交通等设施的资料

注：1. 其他资料的收集内容还包括场地的地界、面积、施工条件等；

2. 地形、气象、气候、日照、地质、抗震防灾等内容详见第二章。

房屋修缮工程是在原有房屋和有用户使用的情况下进行的，因此《民用建筑修缮工程查勘与设计标准》JGJ/T 117—2019规定查勘前应收集与工程有关的各项资料，主要是为查勘与设计创造良好的条件。

2.1.1 修缮

为保持和恢复既有房屋的完好状态，以及提高其使用功能，进行维护、维修、改造的各种行为。

3.1.1 修缮查勘前宜收集下列资料：

1 房屋地形图；

2 房屋原始图纸；

3 地质勘察资料；

4 房屋建造及使用信息；

5 历次查勘记录及修缮资料；

6 相关主管部门批文；

7 城市建设规划和市容要求；

8 周边市政与建筑的建造情况。

四、公共建筑场地选择

（一）旅馆用地选择（《旅馆建筑设计规范》JGJ 62—2014）

1. 旅馆建筑的分级

（1）旅馆建筑等级按由低到高的顺序可划分为一级、二级、三级、四级和五级。

（2）旅馆建筑类型按经营特点分为商务旅馆、度假旅馆、会议旅馆、公寓式旅馆等。

1）商务旅馆：主要为从事商务活动的客人提供住宿和相关服务的旅馆建筑；

2）度假旅馆：主要为度假游客提供住宿和相关服务的旅馆建筑；

3）公寓式旅馆：客房内附设有厨房或操作间、卫生间、储藏空间，适合客人较长时间居住的旅馆建筑。

2. 旅馆建筑的选址

（1）旅馆建筑的选址应符合当地城乡总体规划的要求，并应结合城乡经济、文化、自然环境及产业要求进行布局。

（2）旅馆建筑的选址应符合下列规定：

1）应选择工程地质及水文地质条件有利、排水通畅、有日照条件且采光通风较好、环境良好的地段，并应避开可能发生地质灾害的地段；

2）不应在有害气体和烟尘影响的区域内，且应远离污染源和储存易燃、易爆物的场所；

3）宜选择交通便利、附近的公共服务和基础设施较完备的地段。

（3）在历史文化名城、历史文化保护区、风景名胜区及重点文物保护单位附近，旅馆建筑的选址及建筑布局，应符合国家和地方有关保护规划的要求。

3. 旅馆建筑基地的主要要求

（1）旅馆建筑的基地应至少有一面直接邻接城市道路或公路，或应设道路与城市道路或公路相连接。位于特殊地理环境中的旅馆建筑，应设置水路或航路等其他交通方式。

（2）当旅馆建筑设有 200 间（套）以上客房时，其基地的出入口不宜少于 2 个，出入口的位置应符合城乡交通规划的要求。

（二）饮食建筑用地选择（《饮食建筑设计标准》JGJ 64—2017）

（1）本标准适用于新建、扩建和改建的有就餐空间的饮食建筑设计，包括单建和附建在旅馆、商业、办公等公共建筑中的饮食建筑。不适用于中央厨房、集体用餐配送单位、医院和疗养院的营养厨房设计。

（2）饮食建筑按经营方式、饮食制作方式及服务特点划分，饮食建筑可分为餐馆、快餐店、饮品店、食堂等四类。

（3）饮食建筑按建筑规模可分为特大型、大型、中型和小型，并应符合规范（表1.0.4-1 及表1.0.4-2）的规定。餐馆、快餐店、饮品店的建筑规模按建筑面积或用餐区域座位数划分，食堂的建筑规模按用餐区域座位数划分。

（4）饮食建筑的设计必须符合当地城市规划以及食品安全、环境保护和消防等管理部门的要求。

（5）饮食建筑的选址应严格执行当地环境保护和食品药品安全管理部门对粉尘、有害气体、有害液体、放射性物质和其他扩散性污染源距离要求的相关规定。与其他有碍公共卫生的开敞式污染源的距离不应小于 25m。

（6）饮食建筑基地的人流出入口和货流出入口应分开设置。顾客出入口和内部后勤人员出入口宜分开设置。

（7）饮食建筑应采取有效措施防止油烟、气味、噪声及废弃物对邻近建筑物或环境造成污染，并应符合现行行业标准《饮食业环境保护技术规范》HJ 554 的相关规定。

（三）商店建筑用地选择（《商店建筑设计规范》JGJ 48—2014）

（1）商店建筑的规模应按单项建筑内的商店总建筑面积进行划分，并应符合表 1-2 的规定。

商店建筑的规模划分   表 1-2

规模	小型	中型	大型
总建筑面积	<5000m²	5000～20000m²	>20000m²

（2）商店建筑宜根据城市整体商业布局及不同零售业态选择基地位置，并应满足当地城市规划的要求。

（3）大型和中型商店建筑基地宜选择在城市商业区或主要道路的适宜位置。

（4）对于易产生污染的商店建筑，其基地选址应有利于污染的处理或排放。

（5）经营易燃易爆及有毒性类商品的商店建筑不应位于人员密集场所附近，且安全距离应符合现行国家标准《建筑设计防火规范》GB 50016 的有关规定。

（6）商店建筑不宜布置在甲、乙类厂（库）房，甲、乙、丙类液体和可燃气体储罐以及可燃材料堆场附近，且安全距离应符合现行国家标准《建筑设计防火规范》GB 50016 的有关规定。

（7）大型商店建筑的基地沿城市道路的长度不宜小于基地周长的 1/6，并宜有不少于两个方向的出入口与城市道路相连接。

（8）大型和中型商店建筑的主要出入口前，应留有人员集散场地，且场地的面积和尺度应根据零售业态、人数及规划部门的要求确定。

（9）大型和中型商店建筑的基地内应设置专用运输通道，且不应影响主要顾客人流，其宽度不应小于 4m，宜为 7m。运输通道设在地面时，可与消防车道结合设置。

（10）大型和中型商店建筑的基地内应设置垃圾收集处、装卸载区和运输车辆临时停放处等服务性场地。当设在地面上时，其位置不应影响主要顾客人流和消防扑救，不应占用城市公共区域，并应采取适当的视线遮蔽措施。

（11）商店建筑基地内应按现行国家标准《无障碍设计规范》GB 50763 的规定设置无障碍设施，并应与城市道路无障碍设施相连接。

（12）大型商店建筑应按当地城市规划要求设置停车位。在建筑物内设置停车库时，应同时设置地面临时停车位。

（13）商店建筑基地内车辆出入口数量应根据停车位的数量确定，并应符合现行国家标准《汽车库建筑设计规范》JGJ 100 和《汽车库、修车库、停车场设计防火规范》GB 50067 的规定；当设置 2 个或 2 个以上车辆出入口时，车辆出入口不宜设在同一条城市道路上。

（四）步行商业街用地选择（《商店建筑设计规范》JGJ 48—2014）

（1）步行商业街内应设置限制车辆通行的措施，并应符合当地城市规划和消防、交通等部门的有关规定。

（2）将现有城市道路改建为步行商业街时，应保证周边的城市道路交通畅通。

（3）步行商业街除应符合现行国家标准《建筑设计防火规范》GB 50016 的相关规定外，还应符合下列规定：

1）利用现有街道改造的步行商业街，其街道最窄处不宜小于 6m。

2）新建步行商业街应留有宽度不小于 4m 的消防车通道。

3）车辆限行的步行商业街长度不宜大于 500m。

4）当有顶棚的步行商业街上空设有悬挂物时，净高不应小于 4.00m，顶棚和悬挂物的材料应符合现行国家标准《建筑设计防火规范》GB 50016 的相关规定，且应采取确保安全的构造措施。

（4）步行商业街的主要出入口附近应设置停车场（库），并应与城市公共交通有便捷的联系。

（5）步行商业街应进行无障碍设计，并应符合现行国家标准《无障碍设计规范》GB 50763 的规定。

（6）步行商业街应进行后勤货运的流线设计，并不应与主要顾客人流混合或交叉。

（7）步行商业街应配备公用配套设施，并应满足环保及景观要求。

（五）电影院用地选择（《电影院建筑设计规范》JGJ 58—2008）

（1）电影院的规模按总座位数可划分为特大型、大型、中型和小型四个规模。不同规模的电影院应符合下列规定：

1）特大型电影院的总座位数应大于 1800 个，观众厅不宜少于 11 个。

2）大型电影院的总座位数宜为 1201～1800 个，观众厅宜为 8～10 个。

3）中型电影院的总座位数宜为 701～1200 个，观众厅宜为 5～7 个。

4）小型电影院的总座位数宜小于等于 700 个，观众厅不宜少于 4 个。

（2）电影院建筑的等级可分为特、甲、乙、丙四个等级，其中特级、甲级和乙级电影院建筑的设计使用年限不应小于 50 年，丙级电影院建筑的设计使用年限不应小于 25 年。各等级电影院建筑的耐火等级不宜低于二级。

（3）电影院建筑应根据所在地区需求、使用性质、功能定位、服务对象、管理方式等多方面因素合理确定其规模和等级。

（4）电影院选址应符合当地总体规划和文化娱乐设施的布局要求。

（5）基地选择应符合下列规定：

1）基地的主要入口应邻接城镇道路、广场或空地。

2）主要出入口广场前道路的宽度不宜小于电影院建筑内安全出口宽度的总和，且与小型电影院连接的道路宽度不宜小于 8m，与中型电影院连接的道路宽度不宜小于 12m，与大型电影院连接的道路宽度不宜小于 20m，与特大型电影院连接的道路宽度不宜小于 25m。

3）电影院主要出入口前应设有供人员集散用的空地或广场，其面积指标不应小于 $0.2m^2/$ 座，且大型及特大型电影院的集散空地的深度不应小于 10m；特大型电影院的集散空地宜分散设置。

（6）基地内应为消防提供良好道路和工作场地，并应设置照明。内部道路可兼作消防车道。

（六）剧场用地选择（《剧场建筑设计规范》 JGJ 57—2016）

（1）根据使用性质及观演条件，剧场建筑可用于歌舞剧、话剧、戏曲三类戏剧演出。当剧场为多用途时，其技术要求应按其主要使用性质确定，其他用途应适当兼顾。

（2）剧场建筑的规模应按观众座席数量进行划分，并应符合表 1-3 的规定。

剧场建筑规模划分 　　　　　　　　　　　　　　　　　　　　　　表 1-3

规模	观众座席数量（座）	规模	观众座席数量（座）
特大型	＞1500	中型	801～1200
大型	1201～1500	小型	≤800

（3）剧场的建筑等级根据观演技术要求可分为特等、甲等、乙等三个等级。特等剧场的技术指标要求不应低于甲等剧场。

（4）剧场建筑基地选择应符合当地城市规划的要求，且布点应合理。

（5）剧场建筑基地应符合下列规定：

1）宜选择交通便利的区域，并应远离工业污染源和噪声源。

2）基地应至少有一面邻接城市道路，或直接通向城市道路的空地；邻接的城市道路的可通行宽度不应小于剧场安全出口宽度的总和。

3）基地沿城市道路的长度应按建筑规模或疏散人数确定，并不应小于基地周长的 1/6。

4）基地应至少有两个不同方向的通向城市道路的出口。

5）基地的主要出入口不应与快速道路直接连接，也不应直接面对城市主要干道的交叉口。

（6）剧场建筑主要入口前的空地应符合下列规定：

1）剧场建筑从红线的退后距离应符合当地规划的要求，并应按不小于 $0.20m^2/$ 座留出集散空地。

2）绿化和停车场布置不应影响集散空地的使用，并不宜设置障碍物。

（7）当剧场建筑基地邻接两条道路或位于交叉路口时，除主要邻接道路应符合上述第 5 条的规定、基地前集散空地应符合上述第 6 条第（1）款规定外，尚应满足车行视距的要求，且主要入口及疏散口的位置应符合当地交通规划的要求。

（8）剧场总平面布置应符合下列规定：

1）总平面设计应功能分区明确，交通流线合理，避免人流与车流、货流交叉，并应有利于消防、停车和人流集散。

2）布景运输车辆应能直接到达景物搬运出入口。

3）宜为将来的改建和发展留有余地。

4）应考虑安检设施布置需求。

（9）新建、扩建剧场基地内应设置停车场（库），且停车场（库）的出入口应与道路连接方便，停车位的数量应满足当地规划的要求。

（10）剧场总平面道路设计应满足消防车及货运车的通行要求，其净宽不应小于4.00m，穿越建筑物时净高不应小于4.00m。

（11）对于综合建筑内设置的剧场，宜设置通往室外的单独出入口，应设置人员集散空间，并应设置相应的标识。

（七）体育建筑用地选择（《体育建筑设计规范》JGJ 31—2003）

（1）体育建筑等级应根据其使用要求分级，且应符合表1-4规定。

体育建筑等级 表1-4

等 级	主 要 使 用 要 求
特 级	举办亚运会、奥运会及世界级比赛主场
甲 级	举办全国性和单项国际比赛
乙 级	举办地区性和全国单项比赛
丙 级	举办地方性、群众性运动会

（2）体育建筑基地的选择，应符合城镇当地总体规划和体育设施的布局要求，讲求使用效益、经济效益、社会效益和环境效益。

（3）基地选择应符合下列要求：

1）适合开展运动项目的特点和使用要求。

2）交通方便。根据体育设施规模大小，基地至少应分别有一面或两面邻接城市道路。该道路应有足够的通行宽度，以保证疏散和交通。

3）便于利用城市已有基础设施。

4）环境较好。与污染源、高压线路、易燃易爆物品场所之间的距离达到有关防护规定，防止洪涝、滑坡等自然灾害，并注意体育设施使用时对周围环境的影响。

（4）市级体育设施用地面积不应小于表1-5的规定。

市级体育设施用地面积 表1-5

	100万人口以上城市		50万～100万人口城市		20万～50万人口城市		10万～20万人口城市	
	规模（千座）	用地面积（10^3m^2）	规模（千座）	用地面积（10^3m^2）	规模（千座）	用地面积（10^3m^2）	规模（千座）	用地面积（10^3m^2）
体育场	30～50	86～122	20～30	75～97	15～20	69～84	10～15	50～63
体育馆	4～10	11～20	4～6	11～14	2～4	10～13	2～3	10～11
游泳馆	2～4	13～17	2～3	13～16	—	—	—	—
游泳池	—	—	—	—	—	12.5	—	12.5

注：当在特定条件下，达不到规定指标下限时，应利用规划和建筑手段来满足场馆在使用安全、疏散、停车等方面的要求。

（5）出入口和内部道路应符合下列要求：

1）总出入口布置应明显，不宜少于 2 处，并以不同方向通向城市道路。观众出入口的有效宽度不宜小于 0.15m/百人的室外安全疏散指标。

2）观众疏散道路应避免集中人流与机动车流相互干扰，其宽度不宜小于室外安全疏散指标。

3）道路应满足通行消防车的要求。

4）观众出入口处应留有疏散通道和集散场地，场地不得小于 0.2m²/人，可充分利用道路、空地、屋顶、平台等。

（八）图书馆用地选择 （《图书馆建筑设计规范》JGJ 38—2015）

（1）图书馆基地的选择应满足当地总体规划的要求。

（2）图书馆的基地应选择位置适中、交通方便、环境安静、工程地质及水文地质条件较有利的地段。

（3）图书馆基地与易燃易爆、噪声和散发有害气体、强电磁波干扰等污染源之间的距离，应符合国家现行有关安全、消防、卫生、环境保护等标准的规定。

（4）图书馆宜独立建造。当与其他建筑合建时，应满足图书馆的使用功能和环境要求，并宜单独设置出入口。

（5）图书馆建筑的总平面布置应总体布局合理、功能分区明确、各区联系方便、互不干扰，并宜留有发展用地。

（6）图书馆建筑的交通组织应做到人、书、车分流，道路布置应便于读者、工作人员进出及安全疏散，便于图书运送和装卸。

（7）当图书馆设有少年儿童阅览区时，少年儿童阅览区宜设置单独的对外出入口和室外活动场地。

（8）除当地规划部门有专门的规定外，新建公共图书馆的建筑密度不宜大于 40%。

（9）除当地有统筹建设的停车场或停车库外，图书馆建筑基地内应设置供读者和工作人员使用的机动车停车库或停车场地以及非机动车停放场地。

（10）图书馆基地内的绿地率应满足当地规划部门的要求，并不宜小于 30%。

（九）文化馆用地选择 （《文化馆建筑设计规范》JGJ/T 41—2014）

（1）文化馆建筑的规模划分应符合表 1-6 的规定。

文化馆建筑的规模划分　　　　　　　　　　　　　表 1-6

规模	大型馆	中型馆	小型馆
建筑面积（m²）	≥6000	<6000，且≥4000	<4000

（2）文化馆建筑选址应符合当地文化事业发展和当地城乡规划的要求。

（3）新建文化馆宜有独立的建筑基地，当与其他建筑合建时，应满足使用功能的要求，且自成一区，并应设置独立的出入口。

（4）文化馆建筑选址应符合下列规定：

1）应选择位置适中、交通便利、便于群众文化活动的地区。

2）环境应适宜，并宜结合城镇广场、公园绿地等公共活动空间综合布置。

3）与各种污染源及易燃易爆场所的控制距离应符合国家现行有关标准的规定。

4）应选在工程地质及水文地质较好的地段。

（5）基地至少应设有两个出入口，且当主要出入口紧邻城市交通干道时，应符合城乡规划的要求并应留出疏散缓冲距离。

（十）博物馆用地选择（《博物馆建筑设计规范》JGJ 66—2015）

1. 博物馆的分类

1.0.3 按博物馆的藏品和基本陈列内容分类，博物馆可划分为历史类博物馆、艺术类博物馆、科学与技术类博物馆、综合类博物馆四种类型。

1.0.4 博物馆建筑可按建筑规模划分为特大型馆、大型馆、大中型馆、中型馆、小型馆等五类，且建筑规模分类应符合表1.0.4的规定。

博物馆建筑规模分类   表 1.0.4

建筑规模类别	建筑总建筑面积（m²）	建筑规模类别	建筑总建筑面积（m²）
特大型馆	＞50000	中型馆	5001～10000
大型馆	20001～50000	小型馆	≤5000
大中型馆	10001～20000		

2. 博物馆建筑基地选择

3.1.1 博物馆建筑基地的选择应符合下列规定：

　　1 应符合城市规划和文化设施布局的要求；

　　2 基地的自然条件、街区环境、人文环境应与博物馆的类型及其收藏、教育、研究的功能特征相适应；

　　3 基地面积应满足博物馆的功能要求，并宜有适当发展余地；

　　4 应交通便利，公用配套设施比较完备；

　　5 应场地干燥、排水通畅、通风良好；

　　6 与易燃易爆场所、噪声源、污染源的距离，应符合国家现行有关安全、卫生、环境保护标准的规定。

3.1.2 博物馆建筑基地不应选择在下列地段：

　　1 易因自然或人为原因引起沉降、地震、滑坡或洪涝的地段；

　　2 空气或土地已被或可能被严重污染的地段；

　　3 有吸引啮齿动物、昆虫或其他有害动物的场所或建筑附近。

3.1.3 博物馆建筑宜独立建造。当与其他类型建筑合建时，博物馆建筑应自成一区。

3.1.4 在历史建筑、保护建筑、历史遗址上或其近旁新建、扩建或改建博物馆建筑，应遵守文物管理和城市规划管理的有关法律和规定。

3.2.1 博物馆建筑的总体布局原则

　　1 应便利观众使用、确保藏品安全、利于运营管理。

　　2 室外场地与建筑布局应统筹安排，并应分区合理、明确、互不干扰、联系方便。

　　3 应全面规划，近期建设与长远发展相结合。

3.2.2 博物馆建筑的总平面设计应符合下列规定：

　　1 新建博物馆建筑的建筑密度不应超过40%。

　　2 基地出入口的数量应根据建筑规模和使用需要确定，且观众出入口应与藏品、展品进出口分开设置。

3 人流、车流、物流组织应合理；藏品、展品的运输线路和装卸场地应安全、隐蔽，且不应受观众活动的干扰。

4 观众出入口广场应设有供观众集散的空地，空地面积应按高峰时段建筑内向该出入口疏散的观众量的1.2倍计算确定，且不应少于0.4m²/人。

5 特大型馆、大型馆建筑的观众主入口到城市道路出入口的距离不宜小于20m，主入口广场宜设置供观众避雨遮阴的设施。

6 建筑与相邻基地之间应按防火、安全要求留出空地和道路，藏品保存场所的建筑物宜设环形消防车道。

7 对噪声不敏感的建筑、建筑部位或附属用房等宜布置在靠近噪声源的一侧。

(十一) 展览馆用地选择（《展览建筑设计规范》JGJ 218—2010）

1.0.3 展览建筑规模可按基地以内的总展览面积划分为特大型、大型、中型和小型，并应符合表1.0.3的规定。

展览建筑规模   表1.0.3

建筑规模	总展览面积 S（m²）	建筑规模	总展览面积 S（m²）
特大型	S>100000	中型	10000<S≤30000
大型	30000<S≤100000	小型	S≤10000

1.0.4 展厅的等级可按其展览面积划分为甲等、乙等和丙等，并应符合表1.0.4的规定。

展厅的等级   表1.0.4

展厅等级	展厅的展览面积 S（m²）	展厅等级	展厅的展览面积 S（m²）
甲等	S>10000	丙等	S≤5000
乙等	5000<S≤10000		

1.0.5 展览建筑应结合我国国情，根据当地的气候条件和地理位置、经济和技术发展水平等因素，因地制宜地进行设计，并应反映当地建筑艺术、科学技术和文化发展等的先进水平。

3.1 选址

3.1.1 展览建筑的选址应符合城市总体规划的要求，并应结合城市经济、文化及相关产业的要求进行合理布局。

3.1.2 展览建筑的选址应符合下列规定：

1 交通应便捷，且应与航空港、港口、火车站、汽车站等交通设施联系方便；特大型展览建筑不应设在城市中心，其附近宜有配套的轨道交通设施；

2 特大型、大型展览建筑应充分利用附近的公共服务和基础设施；

3 不应选在有害气体和烟尘影响的区域内，且与噪声源及储存易燃、易爆物场所的距离应符合国家现行有关安全、卫生和环境保护等标准的规定；

4 宜选择地势平缓、场地干燥、排水通畅、空气流通、工程地质及水文地质条件较好的地段。

3.2 基地

3.2.1 特大型展览建筑基地应至少有三面直接邻接城市道路；大型、中型展览建筑基地应至少有两面直接邻接城市道路；小型展览建筑基地应至少有一面直接邻接城市道路。基地应至少有一面直接邻接城市主要干道，且城市主要干道的宽度应满足布展、撤展或人员疏散的要求。

3.2.2 展览建筑的主要出入口及疏散口的位置应符合城市交通规划的要求。特大型、大型、中型展览建筑基地应至少有两个不同方向通向城市道路的出口。

3.2.3 基地应具有相应的市政配套条件。

3.3 总平面布置

3.3.1 总平面布置应根据近远期建设计划的要求进行整体规划，并宜留有改建和扩建的余地。

3.3.2 总平面布置应功能分区明确、总体布局合理，各部分联系方便、互不干扰。

3.3.3 交通应组织合理、流线清晰，道路布置应便于人员进出、展品运送、装卸，并应满足消防和人员疏散要求。

3.3.4 展览建筑应按不小于 $0.20m^2$/人配置集散用地。

3.3.5 室外场地的面积不宜少于展厅占地面积的50%。

3.3.6 展览建筑的建筑密度不宜大于35%。

3.3.7 除当地有统筹建设的停车场或停车库外，基地内应设置机动车和自行车的停放场地。

3.3.8 基地应做好绿化设计，绿地率应符合当地有关绿化指标的规定。栽种的树种应根据城市气候、土壤和能净化空气等条件确定。

3.3.9 总平面应设置无障碍设施，并应符合现行行业标准《城市道路和建筑物无障碍设计规范》JGJ 50 的有关规定。

3.3.10 基地内应设有标识系统。

（十二）档案馆用地选择（《档案馆建筑设计规范》JGJ 25—2010）

（1）档案馆可分特级、甲级、乙级三个等级。不同等级档案馆的适用范围应符合表1-7的规定。

档案馆等级与适用范围　　　　　　　　　　　表 1-7

等级	特级	甲级	乙级
适用范围	中央级档案馆	省、自治区、直辖市、计划单列市、副省级市档案馆	地（市）及县（市）档案馆

（2）档案馆基地选址应纳入并符合城市总体规划的要求。

（3）档案馆的基地选址应符合下列规定：

1）应选择工程地质条件和水文地质条件较好的地段，并宜远离洪水、山体滑坡等自然灾害易发生的地段。

2）应远离易燃、易爆场所和污染源。

3）应选择交通方便、城市公用设施较完备的地段。

4）应选择地势较高、场地干燥、排水通畅、空气流通和环境安静的地段。

（4）档案馆的总平面布置应符合下列规定：

1）档案馆建筑宜独立建造。当确需与其他工程合建时，应自成体系并符合本规范的规定。

2）总平面布置宜根据近远期建设计划的要求，进行一次规划、建设，或一次规划、分期建设。

3）基地内道路应与城市道路或公路连接，并应符合消防安全要求。

4）人员集散场地、道路、停车场和绿化用地等室外用地应统筹安排。

（十三）办公建筑用地选择（《办公建筑设计标准》JGJ/T 67—2019）

1.0.3 办公建筑设计应依据其使用要求进行分类，并应符合表 1.0.3 的规定：

办公建筑分类 表 1.0.3

类别	示例	设计使用年限
A类	特别重要办公建筑	100年或50年
B类	重要办公建筑	50年
C类	普通办公建筑	50年或25年

3.1 基地

3.1.1 办公建筑基地的选址，应符合当地土地利用总体规划和城乡规划的要求。

3.1.2 办公建筑基地宜选在工程地质和水文地质有利、市政设施完善且交通和通信方便的地段。

3.1.3 办公建筑基地与易燃易爆物品场所和产生噪声、尘烟、散发有害气体等污染源的距离，应符合国家现行有关安全、卫生和环境保护标准的规定。

3.1.4 A类办公建筑应至少有两面直接邻接城市道路或公路；B类办公建筑应至少有一面直接邻接城市道路或公路，或与城市道路或公路有相连接的通路；C类办公建筑宜有一面直接邻接城市道路或公路。

3.1.5 大型办公建筑群应在基地中设置人员集散空地，作为紧急避难疏散场地。

3.2 总平面

3.2.1 总平面布置应遵循功能组织合理、建筑组合紧凑、服务资源共享的原则，科学合理组织和利用地上、地下空间，并宜留有发展余地。

3.2.2 总平面应合理组织基地内各种交通流线，妥善布置地上和地下建筑的出入口。锅炉房、厨房等后勤用房的燃料、货物及垃圾等物品的运输宜设有单独通道和出入口。

3.2.3 当办公建筑与其他建筑共建在同一基地内或与其他建筑合建时，应满足办公建筑的使用功能和环境要求，分区明确，并宜设置单独出入口。

3.2.4 总平面应进行环境和绿化设计，合理设置绿化用地，合理选择绿化方式。宜设置屋顶绿化与室内绿化，营造舒适环境。绿化与建筑物、构筑物、道路和管线之间的距离，应符合有关标准的规定。

3.2.5 基地内应合理设置机动车和非机动车停放场地（库）。机动车和非机动车泊位配置应符合国家相关规定；当无相关要求时，机动车配置泊位不得少于 0.60 辆/100m²，非机动车配置泊位不得少于 1.2 辆/100m²。

（十四）中小学校用地选择（《中小学校设计规范》GB 50099—2011）

1. 基本规定

（1）各类中小学校建设应确定班额人数，并应符合下列规定：

1）完全小学应为每班 45 人，非完全小学应为每班 30 人。

2）完全中学、初级中学、高级中学应为每班 50 人。

3）九年制学校中 1 年级～6 年级应与完全小学相同，7 年级～9 年级应与初级中学相同。

（2）中小学校建设应为学生身心健康发育和学习创造良好环境。

（3）由当地政府确定为避难疏散场所的学校应按国家和地方相关规定进行设计。

（4）多个学校校址集中或组成学区时，各校宜合建可共用的建筑和场地。分设多个校址的学校可依教学及其他条件的需要，分散设置或在适中的校园内集中建设可共用的建筑和场地。

（5）在改建、扩建项目中宜充分利用原有的场地、设施及建筑。

2. 场地

（1）中小学校应建设在阳光充足、空气流动、场地干燥、排水通畅、地势较高的宜建地段。校内应有布置运动场地和提供设置基础市政设施的条件。

（2）中小学校严禁建设在地震、地质塌裂、暗河、洪涝等自然灾害及人为风险高的地段和污染超标的地段。校园及校内建筑与污染源的距离应符合对各类污染源实施控制的国家现行有关标准的规定。

（3）中小学校建设应远离殡仪馆、医院的太平间、传染病院等建筑。与易燃易爆场所间的距离应符合现行国家标准有关规定。

（4）城镇完全小学的设置应符合当地规划要求，一般在居住区设置，其服务半径宜为 500m；城镇初级中学的服务半径宜为 1000m。

（5）学校周边应有良好的交通条件，有条件时宜设置临时停车场地。学校的规划布局应与生源分布及周边交通相协调。与学校毗邻的城市主干道应设置适当的安全设施，以保障学生安全跨越。

（6）学校教学区的声环境质量应符合现行国家标准的有关规定。学校主要教学用房设置窗户的外墙与铁路路轨的距离不应小于 300m，与高速路、地上轨道交通线或城市主干道的距离不应小于 80m。当距离不足时，应采取有效的隔声措施。

（7）学校周界外 25m 范围内已有邻里建筑处的噪声级不应超过现行国家标准有关规定的限值。

（8）高压电线、长输天然气管道、输油管道严禁穿越或跨越学校校园；当在学校周边敷设时，安全防护距离及防护措施应符合相关规定。

3. 用地

（1）中小学校用地应包括建筑用地、体育用地、绿化用地、道路及广场、停车场用地。有条件时宜预留发展用地。

（2）中小学校的规划设计应合理布局，合理确定容积率，合理利用地下空间，节约用地。

（3）中小学校的规划设计应提高土地利用率，宜以学校可比容积率判断并提高土地利用效率。

（十五）托儿所、幼儿园用地选择【《托儿所、幼儿园建筑设计规范》JGJ 39—2016（2019 年版）】

1.0.3 托儿所、幼儿园的规模应符合表 1.0.3-1 的规定，托儿所、幼儿园的每班人数应符合表 1.0.3-2 的规定。

托儿所、幼儿园的规模　　　　　　　　　表 1.0.3-1

规　模	托儿所（班）	幼儿园（班）
小型	1～3	1～4
中型	4～7	5～8
大型	8～10	9～12

托儿所、幼儿园的每班人数　　　　　　　　表 1.0.3-2

名　称	班　别	人数（人）
托儿所	乳儿班（6 月～12 月）	10 人以下
	托小班（12 月～24 月）	15 人以下
	托大班（24 月～36 月）	20 人以下
幼儿园	小班（3 岁～4 岁）	20～25
	中班（4 岁～5 岁）	26～30
	大班（5 岁～6 岁）	31～35

3.1　基地

3.1.1 托儿所、幼儿园建设基地的选择应符合当地总体规划和国家现行有关标准的要求。

3.1.2 托儿所、幼儿园的基地应符合下列规定：

　　1 应建设在日照充足、交通方便、场地平整、干燥、排水通畅、环境优美、基础设施完善的地段；

　　2 不应置于易发生自然地质灾害的地段；

　　3 与易发生危险的建筑物、仓库、储罐、可燃物品和材料堆场等之间的距离应符合国家现行有关标准的规定；

　　4 不应与大型公共娱乐场所、商场、批发市场等人流密集的场所相毗邻；

　　5 应远离各种污染源，并应符合国家现行有关卫生、防护标准的要求；

　　6 园内不应有高压输电线、燃气、输油管道主干道等穿过。

3.1.3 托儿所、幼儿园的服务半径宜为 300m。

3.2　总平面

3.2.1 托儿所、幼儿园的总平面设计应包括总平面布置、竖向设计和管网综合等设计。总平面布置应包括建筑物、室外活动场地、绿化、道路布置等内容，设计应功能分区合理、方便管理、朝向适宜、日照充足，创造符合幼儿生理、心理特点的环境空间。

3.2.2 四个班及以上的托儿所、幼儿园建筑应独立设置。三个班及以下时，可与居住、养老、教育、办公建筑合建，但应符合下列规定：

　　1 此款删除；

1A 合建的既有建筑应经有关部门验收合格，符合抗震、防火等安全方面的规定，其基地应符合本规范第 3.1.2 条规定；

2 应设独立的疏散楼梯和安全出口；

3 出入口处应设置人员安全集散和车辆停靠的空间；

4 应设独立的室外活动场地，场地周围应采取隔离措施；

5 建筑出入口及室外活动场地范围内应采取防止物体坠落措施。

3.2.3 托儿所、幼儿园应设室外活动场地，并应符合下列规定：

1 幼儿园每班应设专用室外活动场地，人均面积不应小于 $2m^2$。各班活动场地之间宜采取分隔措施。

2 幼儿园应设全园共用活动场地，人均面积不应小于 $2m^2$。

2A 托儿所室外活动场地人均面积不应小于 $3m^2$。

2B 城市人口密集地区改、扩建的托儿所，设置室外活动场地确有困难时，室外活动场地人均面积不应小于 $2m^2$。

3 地面应平整、防滑、无障碍、无尖锐突出物，并宜采用软质地坪。

4 共用活动场地应设置游戏器具、沙坑、30m 跑道等，宜设戏水池，储水深度不应超过 0.30m。游戏器具下地面及周围应设软质铺装。宜设洗手池、洗脚池。

5 室外活动场地应有 1/2 以上的面积在标准建筑日照阴影线之外。

3.2.4 托儿所、幼儿园场地内绿地率不应小于 30%，宜设置集中绿化用地。绿地内不应种植有毒、带刺、有飞絮、病虫害多、有刺激性的植物。

3.2.5 托儿所、幼儿园在供应区内宜设杂物院，并应与其他部分相隔离。杂物院应有单独的对外出入口。

3.2.6 托儿所、幼儿园基地周围应设围护设施，围护设施应安全、美观，并应防止幼儿穿过和攀爬。在出入口处应设大门和警卫室，警卫室对外应有良好的视野。

3.2.7 托儿所、幼儿园出入口不应直接设置在城市干道一侧；其出入口应设置供车辆和人员停留的场地，且不应影响城市道路交通。

3.2.8 托儿所、幼儿园的活动室、寝室及具有相同功能的区域，应布置在当地最好朝向，冬至日底层满窗日照不应小于 3h。

3.2.8A 需要获得冬季日照的婴幼儿生活用房窗洞开口面积不应小于该房间面积的 20%。

3.2.9 夏热冬冷、夏热冬暖地区的幼儿生活用房不宜朝西向；当不可避免时，应采取遮阳措施。

（十六）综合医院用地选择（《综合医院建筑设计规范》GB 51039—2014）

4.1 选址

4.1.1 综合医院选址应符合当地城镇规划、区域卫生规划和环保评估的要求。

4.1.2 基地选择应符合下列要求：

1 交通方便，宜面临 2 条城市道路；

2 宜便于利用城市基础设施；

3 环境宜安静，应远离污染源；

4 地形宜力求规整，适宜医院功能布局；

5 远离易燃、易爆物品的生产和储存区，并应远离高压线路及其设施；

6 不应临近少年儿童活动密集场所；

7 不应污染、影响城市的其他区域。

4.2 总平面

4.2.1 总平面设计应符合下列要求：

1 合理进行功能分区，洁污、医患、人车等流线组织清晰，并应避免院内感染风险；

2 建筑布局紧凑，交通便捷，并应方便管理、减少能耗；

3 应保证住院、手术、功能检查和教学科研等用房的环境安静；

4 病房宜能获得良好朝向；

5 宜留有可发展或改建、扩建的用地；

6 应有完整的绿化规划；

7 对废弃物的处理作出妥善的安排，并应符合有关环境保护法令、法规的规定。

4.2.2 医院出入口不应少于2处，人员出入口不应兼作尸体或废弃物出口。

4.2.3 在门诊、急诊和住院用房等入口附近应设车辆停放场地。

4.2.4 太平间、病理解剖室应设于医院隐蔽处。需设焚烧炉时，应避免风向影响，并应与主体建筑隔离。尸体运送路线应避免与出入院路线交叉。

4.2.5 环境设计应符合下列要求：

1 充分利用地形、防护间距和其他空地布置绿化景观，并应有供患者康复活动的专用绿地；

2 应对绿化、景观、建筑内外空间、环境和室内外标识导向系统等做综合性设计；

3 在儿科用房及其入口附近，宜采取符合儿童生理和心理特点的环境设计。

4.2.6 病房建筑的前后间距应满足日照和卫生间距要求，且不宜小于12m。

4.2.7 在医疗用地内不得建职工住宅。医疗用地与职工住宅用地毗连时，应分隔，并应另设出入口。

（十七）传染病医院用地选择（《传染病医院建筑设计规范》GB 50849—2014）

4.1 选址

4.1.1 新建传染病医院选址应符合当地城镇规划、区域卫生规划和环保评估的要求。

4.1.2 基地选择应符合下列要求：

1 交通应方便，并便于利用城市基础设施；

2 环境应安静，远离污染源；

3 用地宜选择地形规整、地质构造稳定、地势较高且不受洪水威胁的地段；

4 不宜设置在人口密集的居住与活动区域；

5 应远离易燃、易爆产品生产、储存区域及存在卫生污染风险的生产加工区域。

4.1.3 新建传染病医院选址，以及现有传染病医院改建和扩建及传染病区建设时，医疗用建筑物与院外周边建筑应设置大于或等于20m绿化隔离卫生间距。

4.2 总平面

4.2.1 总平面设计应符合下列要求：

1 应合理进行功能分区，洁污、医患、人车等流线组织应清晰，并应避免院内感染；

2 主要建筑物应有良好朝向，建筑物间距应满足卫生、日照、采光、通风、消防等要求；

3 宜留有可发展或改建、扩建用地；

4 有完整的绿化规划；

5 对废弃物妥善处理，并应符合国家现行有关环境保护的规定。

4.2.2 院区出入口不应少于两处。

4.2.3 车辆停放场地应按规划与交通部门要求设置。

4.2.4 绿化规划应结合用地条件进行。

4.2.5 对涉及污染环境的医疗废弃物及污废水，应采取环境安全保护措施。

4.2.6 医院出入口附近应布置救护车冲洗消毒场地。

（十八）宿舍建筑用地选择（《宿舍建筑设计规范》JGJ 36—2016）

（1）宿舍不应建在易发生严重地质灾害的地段。

（2）宿舍基地宜有日照条件，且采光、通风良好。

（3）宿舍基地宜选择较平坦，且不易积水的地段。

（4）宿舍应避免噪声和污染源的影响，并应符合国家现行有关卫生防护标准的规定。

（5）宿舍宜接近工作和学习地点；宜靠近公用食堂、商业网点、公共浴室等配套服务设施，其服务半径不宜超过 250m。

（6）宿舍主要出入口前应设置人员集散场地，集散场地人均面积指标不应小于 $0.20m^2$。宿舍附近宜有集中绿地。

（7）集散场地、集中绿地宜同时作为应急避难场地，可设置备用的电源、水源、厕浴或排水等必要设施。

（8）对人员、非机动车及机动车的流线设计应合理，避免过境机动车在宿舍区内穿行。

（9）居室不应布置在地下室。

（10）中小学宿舍居室不应布置在半地下室，其他宿舍居室不宜布置在半地下室。

（十九）车库用地选择（《车库建筑设计规范》JGJ 100—2015）

（1）机动车车库建筑规模应按停车当量数划分为特大型、大型、中型、小型。车库建筑规模及停车当量数应符合表 1-8 的规定。

车库建筑规模及停车当量数 表 1-8

机动车库规模	特大型	大型	中型	小型
机动车库停车当量数	>1000	301～1000	51～300	≤50

（2）车库基地的选择应符合城镇的总体规划、道路交通规划、环境保护及防火等要求。

（3）车库基地的选择应充分利用城市土地资源，地下车库宜结合城市地下空间开发及地下人防设施进行设置。

（4）专用车库基地宜设在单位专用的用地范围内；公共车库基地应选择在停车需求大的位置，并宜与主要服务对象位于城市道路的同侧。

（5）机动车库的服务半径不宜大于 500m。

（6）特大型、大型、中型机动车库的基地宜临近城市道路；不相邻时，应设置通道连接。

（7）车库基地出入口的设计应符合下列规定：

1）基地出入口的数量和位置应符合现行国家标准《民用建筑设计统一标准》GB 50352—2019的规定及城市交通规划和管理的有关规定。

2）基地出入口不应直接与城市快速路相连接，且不宜直接与城市主干路相连接。

3）基地主要出入口的宽度不应小于4m，并应保证出入口与内部通道衔接的顺畅。

4）当需在基地出入口办理车辆出入手续时，出入口处应设置候车道，且不应占用城市道路；机动车候车道宽度不应小于4m，长度不应小于10m。

5）机动车库基地出入口应具有通视条件，与城市道路连接的出入口地面坡度不宜大于5%。

6）机动车库基地出入口处的机动车道路转弯半径不宜小于6m，且应满足基地通行车辆最小转弯半径的要求。

7）相邻机动车库基地出入口之间的最小距离不应小于15m，且不应小于两出入口道路转弯半径之和。

（二十）停车场

（1）按城市总体规划均匀布置在各个区域性线网的中心处。在旧城区、交通复杂的商业、市中心、城市主要交通枢纽的附近，应优先安排地面停车场用地。若不能满足停车数量，可使用地下停车库。

（2）露天停车场分小客车场、城市公交车场及货车场三类。如遇场地紧张，可建开敞多层停车构筑物，也称停车楼。停车场地上或地下凡在建筑内均称为车库。

《城市综合交通体系规划标准》GB/T 51328—2018：

13.2 非机动车停车场

13.2.1 非机动车停车场应满足非机动车的停放需求，宜在地面设置，并与非机动车交通网络相衔接。可结合需求设置分时租赁非机动车停车位。

13.2.2 公共交通站点及周边，非机动车停车位供给宜高于其他地区。

13.2.3 非机动车路内停车位应布设在路侧带内，但不应妨碍行人通行。

13.2.4 非机动车停车场可与机动车停车场结合设置，但进出通道应分开布设。

13.2.5 非机动车的单个停车位面积宜取 $1.5\sim1.8m^2$。

13.3 机动车停车场

13.3.1 应根据城市综合交通体系协调要求确定机动车基本车位和出行车位的供给，调节城市的动态交通。

13.3.2 应分区域差异化配置机动车停车位，公共交通服务水平高的区域，机动车停车位供给指标应低于公共交通服务水平低的区域。

13.3.3 机动车停车位供给应以建筑物配建停车场为主、公共停车场为辅。

13.3.4 建筑物配建停车位指标的制定应符合以下规定：

1 住宅类建筑物配建停车位指标应与城市机动车拥有量水平相适应；

2 非住宅类建筑物配建停车位指标应结合建筑物类型与所处区位差异化设置。医院等特殊公共服务设施的配建停车位指标应设置下限值，行政办公、商业、商务建筑配建停车位指标应设置上限值。

13.3.5 机动车公共停车场规划应符合以下规定：

1 规划用地总规模宜按人均 0.5～1.0m² 计算，规划人口规模 100 万及以上的城市宜取低值；

2 在符合公共停车场设置条件的城市绿地与广场、公共交通场站、城市道路等用地内可采用立体复合的方式设置公共停车场；

3 规划人口规模 100 万及以上的城市公共停车场宜以立体停车楼（库）为主，并应充分利用地下空间；

4 单个公共停车场规模不宜大于 500 个车位；

5 应根据城市的货车停放需求设置货车停车场，或在公共停车场中设置货车停车位（停车区）。

13.3.6 机动车路内停车位属临时停车位，其设置应符合以下规定：

1 不得影响道路交通安全及正常通行；

2 不得在救灾疏散、应急保障等道路上设置；

3 不得在人行道上设置；

4 应根据道路运行状况及时、动态调整。

13.3.7 地面机动车停车场用地面积，宜按每个停车位 25～30m² 计。停车楼（库）的建筑面积，宜按每个停车位 30～40m² 计。

《汽车库、修车库、停车场设计防火规范》GB 50067—2014：

3.0.1 汽车库、修车库、停车场的分类应根据停车（车位）数量和总建筑面积确定，并应符合表 3.0.1 的规定。

汽车库、修车库、停车场的分类　　　　　　　　表 3.0.1

名 称		Ⅰ	Ⅱ	Ⅲ	Ⅳ
汽车库	停车数量(辆)	>300	151～300	51～150	≤50
	总建筑面积 S(m²)	S>10000	5000<S≤10000	2000<S≤5000	S≤2000
修车库	车位数(个)	>15	6～15	3～5	≤2
	总建筑面积 S(m²)	S>3000	1000<S≤3000	500<S≤1000	S≤500
停车场	停车数量(辆)	>400	251～400	101～250	≤100

注：1. 当屋面露天停车场与下部汽车库共用汽车坡道时，其停车数量应计算在汽车库的车辆总数内；

　　2. 室外坡道、屋面露天停车场的建筑面积可不计入汽车库的建筑面积之内；

　　3. 公交汽车库的建筑面积可按本表的规定值增加 2.0 倍。

6.0.9 除本规范另有规定外，汽车库、修车库的汽车疏散出口总数不应少于 2 个，且应分散布置。

6.0.10 当符合下列条件之一时，汽车库、修车库的汽车疏散出口可设置 1 个：

1 Ⅳ类汽车库；

2 设置双车道汽车疏散出口的Ⅲ类地上汽车库；

3 设置双车道汽车疏散出口、停车数量小于或等于 100 辆且建筑面积小于 4000m² 的地下或半地下汽车库；

4 Ⅱ、Ⅲ、Ⅳ类修车库。

6.0.11 Ⅰ、Ⅱ类地上汽车库和停车数量大于 100 辆的地下、半地下汽车库，当采用错层或斜楼板式，坡道为双车道且设置自动喷水灭火系统时，其首层或地下一层至室外的汽车疏散出口不应少于 2 个，汽车库内其他楼层的汽车疏散坡道可设置 1 个。

6.0.12 Ⅳ类汽车库设置汽车坡道有困难时，可采用汽车专用升降机作汽车疏散出口，升降机的数量不应少于 2 台，停车数量少于 25 辆时，可设置 1 台。

6.0.13 汽车疏散坡道的净宽度，单车道不应小于 3.0m，双车道不应小于 5.5m。

6.0.14 除室内无车道且无人员停留的机械式汽车库外，相邻两个汽车疏散出口之间的水平距离不应小于 10m；毗邻设置的两个汽车坡道应采用防火隔墙分隔。

6.0.15 停车场的汽车疏散出口不应少于 2 个；停车数量不大于 50 辆时，可设置 1 个。

(二十一) 汽车客运站用地选择（《交通客运站建筑设计规范》JGJ/T 60—2012）

（1）汽车客运站的站级分级应根据年平均日旅客发送量划分，并应符合表 1-9 的规定。

汽车客运站的站级分级

表 1-9

分 级	发车位（个）	年平均日旅客发送量（人/d）
一级	≥20	≥10000
二级	13～19	5000～9999
三级	7～12	2000～4999
四级	≤6	300～1999
五级	—	≤299

注：1. 重要的汽车客运站，其站级分级可按实际需要确定，并报主管部门批准；

2. 当年平均日旅客发送量超过 25000 人次时，宜另建汽车客运站分站。

（2）交通客运站选址应符合城镇总体规划的要求，并应符合下列规定：

1）站址应有供水、排水、供电和通信等条件；

2）站址应避开易发生地质灾害的区域；

3）站址与有害物品、危险品等污染源的防护距离，应符合环境保护、安全和卫生等国家现行有关标准的规定。

（3）总平面布置应合理利用地形条件，布局紧凑，节约用地，远、近期结合，并宜留有发展余地；总平面布置应包括站前广场、站房、营运停车场和其他附属建筑等内容。

（4）汽车进站口、出站口应满足营运车辆通行要求，并应符合下列规定：

1）一、二级汽车客运站进站口、出站口应分别设置，三、四级汽车客运站宜分别设置；进站口、出站口净宽不应小于 4.0m，净高不应小于 4.5m。

2）汽车进站口、出站口与旅客主要出入口之间应设不小于 5.0m 的安全距离，并应有隔离措施。

3）汽车进站口、出站口与公园、学校、托幼、残障人使用的建筑及人员密集场所的主要出入口距离不应小于 20.0m。

4）汽车进站口、出站口与城市干道之间宜设有车辆排队等候的缓冲空间，并应满足驾驶员行车安全视距的要求。

(二十二) 城市消防站的布局与选址（《城市消防规划规范》GB 51080—2015）

4.1.3 陆上消防站布局应符合下列规定：

1 城市建设用地范围内普通消防站布局，应以消防队接到出动指令后 5min 内可到达其辖区边缘为原则确定。

2 普通消防站辖区面积不宜大于 7km²；设在城市建设用地边缘地区、新区且道路系统较为畅通的普通消防站，应以消防队接到出动指令后 5min 内可到达其辖区边缘为原则确定其辖区面积，其面积不应大于 15km²；也可通过城市或区域火灾风险评估确定消防站辖区面积。

3 特勤消防站应根据其特勤任务服务的主要对象，设在靠近其辖区中心且交通便捷的位置。特勤消防站同时兼有其辖区灭火救援任务的，其辖区面积宜与普通消防站辖区面积相同。

4 消防站辖区划定应结合城市地域特点、地形条件和火灾风险等，并应兼顾现状消防站辖区，不宜跨越高速公路、城市快速路、铁路干线和较大的河流。当受地形条件限制，被高速公路、城市快速路、铁路干线和较大的河流分隔，年平均风力在 3 级以上或相对湿度在 50% 以下的地区，应适当缩小消防站辖区面积。

4.1.5 陆上消防站选址应符合下列规定：

1 消防站应设置在便于消防车辆迅速出动的主、次干路的临街地段。

2 消防站执勤车辆的主出入口与医院、学校、幼儿园、托儿所、影剧院、商场、体育场馆、展览馆等人员密集场所的主要疏散出口的距离不应小于 50m。

3 消防站辖区内有易燃易爆危险品场所或设施的，消防站应设置在危险品场所或设施的常年主导风向的上风或侧风处，其用地边界距危险品部位不应小于 200m。

（二十三）城市公共设施的布局与选址（《城市公共设施规划规范》GB 50442—2008）

1.0.3 城市公共设施用地分类，应与城市用地分类相对应，分为：行政办公、商业金融、文化娱乐、体育、医疗卫生、教育科研设计和社会福利设施用地。

4.0.2 商业金融设施宜按市级、区级和地区级分级设置，形成相应等级和规模的商业金融中心。

4.0.3 商业金融中心的规划布局应符合下列基本要求：

1 商业金融中心应以人口规模为依据合理配置，市级商业金融中心服务人口宜为 50 万～100 万人，服务半径不宜超过 8km；区级商业金融中心服务人口宜为 50 万人以下，服务半径不宜超过 4km；地区级商业金融中心服务人口宜为 10 万人以下，服务半径不宜超过 1.5km。

2 商业金融中心规划用地应具有良好的交通条件，但不宜沿城市交通主干路两侧布局。

3 在历史文化保护城区不宜布局新的大型商业金融设施用地。

公共建筑除上述 23 类之外，还有城市公交车站、场、厂，城市公厕，城市垃圾转运站以及体育场、馆，物流园区等。所有这些公共建筑的场地选择均可查阅相关设计规范第一章总则以及第二章选址和总平面的相关条文，其他安全防护设施的选址与布局简述如下。

（二十四）人民防空地下室布局与选址（《人民防空地下室设计规范》GB 50038—2005）

（1）本规范适用于新建或改建的属于下列抗力级别范围内的甲、乙类防空地下室以及居住小区内的结合民用建筑易地修建的甲、乙类单建掘开式人防工程设计。

1）防常规武器抗力级别5级和6级（以下分别简称为常5级和常6级）。

2）防核武器抗力级别4级、4B级、5级、6级和6B级（以下分别简称为核4级、核4B级、核5级、核6级和核6B级）。

（2）甲类防空地下室设计必须满足其预定的战时对核武器、常规武器和生化武器的各项防护要求。乙类防空地下室设计必须满足其预定的战时对常规武器和生化武器的各项防护要求。

（3）防空地下室的位置、规模、战时及平时的用途，应根据城市的人防工程规划以及地面建筑规划，地上与地下综合考虑，统筹安排。

（4）人员掩蔽工程应布置在人员居住、工作的适中位置，其服务半径不宜大于200m。

（5）防空地下室距生产、储存易燃易爆物品厂房、库房的距离不应小于50m；距有害液体、重毒气体的贮罐不应小于100m。

（6）根据战时及平时的使用需要，邻近的防空地下室之间以及防空地下室与邻近的城市地下建筑之间应在一定范围内连通。

（7）甲类防空地下室中，其战时作为主要出入口的室外出入口通道的出地面段（即无防护顶盖段），宜布置在地面建筑的倒塌范围以外。甲类防空地下室设计中的地面建筑的倒塌范围，宜按表1-10确定。

甲类防空地下室地面建筑倒塌范围　　　　　　　　　　　表1-10

防核武器抗力级别	地面建筑结构类型	
	砌体结构	钢筋混凝土结构、钢结构
4、4B	建筑高度	建筑高度
5、6、6B	0.5倍建筑高度	5.00m

注：1. 表内"建筑高度"系指室外地平面至地面建筑檐口或女儿墙顶部的高度；
　　2. 核5级、核6级、核6B级的甲类防空地下室，当毗邻出地面段的地面建筑外墙为钢筋混凝土剪力墙结构时，可不考虑其倒塌影响。

人防工程的采光窗井与相邻地面建筑的最小防火间距：一般情况下的人防工程与一、二级耐火等级民用建筑的间距为6m，与高层民用建筑的间距为13m（参见《人民防空工程设计防火规范》GB 50098—2009 表3.2.2的规定）。

（二十五）防灾避难场所的布局与选址（《防灾避难场所设计规范》GB 51143—2015）

3.1　一般规定

3.1.1 防灾避难场所设计应遵循"以人为本、安全可靠、因地制宜、平灾结合、易于通达、便于管理"的原则。

3.1.2 避难场所设计时，应根据城乡规划、防灾规划和应急预案的避难要求以及现状条件分析评估结果，复核避难容量，确定空间布局，设置应急保障基础设施，进行各类功能区设计，配置应急辅助设施及应急保障设备和物资，并应制定建设时序及应急启用转换方案。

3.1.3 避难场所设计应包括总体设计、避难场地设计、避难建筑设计、避难设施设计、应急转换设计等。

3.1.4 避难场所按照其配置功能级别、避难规模和开放时间，可划分为紧急避难场所、固定避难场所和中心避难场所三类。固定避难场所按预定开放时间和配置应急设施的完善程度可划分为短期固定避难场所、中期固定避难场所和长期固定避难场所三类。

3.1.5 避难场所应与应急保障基础设施以及应急医疗卫生救护、物资储备分发等应急服务设施布局相协调，并应符合下列规定：

    1 避难场所的避难容量、应急设施及应急保障设备和物资的规模应满足遭受设定防御标准相应灾害影响时的疏散避难和应急救援需求；

    2 避难场所设计应结合周边的各类防灾和公共安全设施及市政基础设施的具体情况，有效整合场地空间和建筑工程，形成有效、安全的防灾空间格局；

    3 固定避难场所应满足以居住地为主就近疏散避难的需要，紧急避难场所应满足就地疏散避难的需要；

    4 用于应急救灾和疏散困难地区的避难场所，应制定专门的疏散避难方案和实施保障措施。

3.1.6 避难场所设计应根据城市级和责任区级应急功能配置要求及避难宿住需求，按应急功能分区划分避难单元，按本规范附录A和附录B，分类、分级配置应急保障基础设施、应急辅助设施及应急保障设备和物资，并应符合下列规定：

    1 城市级应急指挥管理、医疗卫生救护、物资储备分发等设施应单独设置应急功能区，并宜依次选择设置在中心避难场所、长期固定避难场所或中期固定避难场所；

    2 专业救灾队伍宜单独划定临时驻扎营地，并应设置设备停放区；

    3 相邻或相近的专项避难、救助及安置场所或公共设施可选择统筹整合成一个综合型的中心避难场所或固定避难场所。

3.1.7 用于婴幼儿、高龄老人、行动困难的残疾人和伤病员等特定群体的专门防灾避难场所、专门避难区或专门避难单元应满足无障碍设计要求。

3.1.8 避难场所的设计开放时间不宜超过表3.1.8规定的最长开放时间。

避难场所的设计开放时间   表3.1.8

适用场所	紧急避难场所		固定避难场所			中心避难场所
避难期	紧急	临时	短期	中期	长期	长期
最长开放时间（d）	1	3	15	30	100	100

3.1.10 避难场所应满足其责任区范围内避难人员的避难需求以及城市级应急功能配置要求，并应符合下列规定：

    1 紧急、固定避难场所责任区范围应根据其避难容量确定，且其有效避难面积、避难疏散距离、短期避难容量、责任区建设用地和应急服务总人口等控制指标宜符合表3.1.10的规定；

紧急、固定避难场所责任区范围的控制指标   表3.1.10

项目 类别	有效避难面积 （hm^2）	避难疏散距离 （km）	短期避难容量 （万人）	责任区建设用地 （km^2）	责任区应急服务总人口 （万人）
长期固定避难场所	≥5.0	≤2.5	≤9.0	≤15.0	≤20.0
中期固定避难场所	≥1.0	≤1.5	≤2.3	≤7.0	≤15.0
短期固定避难场所	≥0.2	≤1.0	≤0.5	≤2.0	≤3.5
紧急避难场所	—	≤0.5	—	—	—

2 中心避难场所和中期及长期固定避难场所配置的城市级应急功能服务范围，宜按建设用地规模不大于 $30km^2$、服务总人口不大于 30 万人控制，并不应超过建设用地规模 $50km^2$、服务总人口 50 万人；

3 中心避难场所的城市级应急功能用地规模按总服务人口 50 万人不宜小于 $20hm^2$，按总服务人口 30 万人不宜小于 $15hm^2$。承担固定避难任务的中心避难场所的控制指标尚宜满足长期固定避难场所的要求。

3.2 设防要求

3.2.2 避难场所，设定防御标准所对应的地震影响不应低于本地区抗震设防烈度相应的罕遇地震影响，且不应低于 7 度地震影响。

3.2.3 防风避难场所的设定防御标准所对应的风灾影响不应低于 100 年一遇的基本风压对应的风灾影响，防风避难场所设计应满足临灾时期和灾时避难使用的安全防护要求，龙卷风安全防护时间不应低于 3h，台风安全防护时间不应低于 24h。

3.2.4 位于防洪保护区的防洪避难场所的设定防御标准应高于当地防洪标准所确定的淹没水位，且避洪场地的应急避难区的地面标高应按该地区历史最大洪水水位确定，且安全超高不应低于 0.5m。

4.1 场地选择

4.1.1 避难场所应优先选择场地地形较平坦、地势较高、有利于排水、空气流通、具备一定基础设施的公园、绿地、广场、学校、体育场馆等公共建筑与设施，其周边应道路畅通、交通便利，并应符合下列规定：

1 中心避难场所宜选择在与城镇外部有可靠交通连接、易于伤员转运和物资运送、并与周边避难场所有疏散道路联系的地段；

2 固定避难场所宜选择在交通便利、有效避难面积充足、能与责任区内居住区建立安全避难联系、便于人员进入和疏散的地段；

3 紧急避难场所可选择居住小区内的花园、广场、空地和街头绿地等；

4 固定避难场所和中心避难场所可利用相邻或相近的且抗灾设防标准高、抗灾能力好的各类公共设施，按充分发挥平灾结合效益的原则整合而成。

4.1.2 防风避难场所应选择避难建筑。防洪避难场所可根据淹没水深度、人口密度等条件，通过经济技术比较选用避洪房屋、安全堤防、安全庄台和避水台等形式。

4.1.3 避难场所场址选择应符合现行国家标准《建筑抗震设计规范》GB 50011、《岩土工程勘察规范》GB 50021、《城市抗震防灾规划标准》GB 50413 的有关规定，并应符合下列规定：

1 避难场所用地应避开可能发生滑坡、崩塌、地陷、地裂、泥石流及发震断裂带上可能发生地表位错的部位等危险地段，并应避开行洪区、指定的分洪口、洪水期间进洪或退洪主流区及山洪威胁区；

2 避难场地应避开高压线走廊区域；

3 避难场地应处于周围建（构）筑物倒塌影响范围以外，并应保持安全距离；

4 避难场所用地应避开易燃、易爆、有毒危险物品存放点、严重污染源以及其他易发生次生灾害的区域，距次生灾害危险源的距离应满足国家现行有关标准对重大危险源和防火的要求，有火灾或爆炸危险源时，应设防火安全带；

5 避难场所内的应急功能区与周围易燃建筑等一般火灾危险源之间应设置不小于30m的防火安全带，距易燃易爆工厂、仓库、供气厂、储气站等重大火灾或爆炸危险源的距离不应小于1000m；

6 避难场所内的重要应急功能区不宜设置在稳定年限较短的地下采空区，当无法避开时，应对采空区的稳定性进行评估，并制定利用方案；

7 周边或内部林木分布较多的避难场所，宜通过防火树林带等防火隔离措施防止次生火灾的蔓延。

5.5 消防与疏散

5.5.1 中心避难场所和固定避难场所应设置应急消防水源，配置消防设施，并应符合下列规定：

1 中心避难场所的消防用水量应按不少于2次火灾、每次灭火用水量不小于10L/s、火灾持续时间不小于1.0h设计；

2 固定避难场所当宿住区的避难人数大于等于3.5万人时，消防用水量应按不少于2次火灾、每次灭火用水量不小于10L/s、火灾持续时间不小于1.0h设计；其他情况应按不少于1次火灾、每次灭火用水量不小于10L/s、火灾持续时间不小于1.0h设计。

5.5.2 对于避难场所的防火安全疏散距离，当避难场所有可靠的应急消防水源和消防设施时不应大于50m，其他情况不应大于40m。对于婴幼儿、高龄老人、行动困难的残疾人和伤病员等特定群体的专门避难区的防火安全疏散距离不应大于20m，当避难场所有可靠的应急消防水源和消防设施时不应大于25m。

5.5.3 避难场所内消防通道设置应符合下列规定：

1 供消防车取水的天然水源和消防水池应设置消防取水平台，并应链接车道；

2 消防车道的净宽度和净空高度不应小于4.0m。

5.5.4 避难场所内消防通道设置尚应符合下列规定：

1 避难场所内宜设置环形网状消防通道，应急功能区可供消防车通行的通道间距不宜大于160m；

2 避难场所内可供消防车通行的尽端式通道的长度不宜大于120m，并应设置长度和宽度均不小于12m的回车场地；

3 供消防车停留的车道及空地坡度不宜大于3%。

5.5.5 避难场所的室外消防设施的服务范围应符合现行国家标准《建筑设计防火规范》GB 50016的有关规定，并应满足灾后避难期间消防扑救的需要。

(二十六) 避震疏散场所 (《城市抗震防灾规划标准》GB 50413—2007)

(1) 避震疏散场所每位避震人员的平均有效避难面积，应符合：

1) 紧急避震疏散场所人均有效避难面积不小于1m²，但起紧急避震疏散场所作用的超高层建筑避难层（间）的人均有效避难面积不小于0.2m²。

2) 固定避震疏散场所人均有效避难面积不小于2m²。

(2) 避震疏散场地的规模：紧急避震疏散场地的用地不宜小于0.1hm²，固定避震疏散场地不宜小于1.0hm²，中心避震疏散场地不宜小于50hm²。

(3) 紧急避震疏散场所的服务半径宜为500m，步行大约10min之内可以到达；固定避震疏散场所的服务半径宜为2～3km，步行大约1h之内可以到达。

（4）避震疏散场地人员进出口与车辆进出口宜分开设置，并应有多个不同方向的进出口。人防工程应按照有关规定设立进出口，防灾据点至少应有一个进口与一个出口。其他固定避震疏散场所至少应有两个进口与两个出口。

（二十七）建筑安全防护（《安全防范工程技术标准》GB 50348—2018）

2 术语

2.0.1 安全防范

综合运用人力防范、实体防范、电子防范等多种手段，预防、延迟、阻止入侵、盗窃、抢劫、破坏、爆炸、暴力袭击等事件的发生。

2.0.2 人力防范

具有相应素质的人员有组织的防范、处置等安全管理行为，简称人防。

2.0.3 实体防范

利用建（构）筑物、屏障、器具、设备或其组合，延迟或阻止风险事件发生的实体防护手段，又称物防。

2.0.4 电子防范

利用传感、通信、计算机、信息处理及其控制、生物特征识别等技术，提高探测、延迟、反应能力的防护手段，又称技防。

2.0.22 风险等级

存在于保护对象本身及其周围的、对其安全构成威胁的单一风险或组合风险的大小，以后果和可能性的组合来表达。

2.0.23 防护级别

为保障保护对象的安全所采取的防范措施的水平。

2.0.24 安全等级

安全防范系统、设备所具有的对抗不同攻击的能力水平。

需加以注意的是，规范中没有对风险等级、防护级别、安全等级进行细分，具体等级划分可参见现行国家标准《文物系统博物馆风险等级和安全防护级别的规定》GA 27、《博物馆和文物保护单位安全防范系统要求》GB/T 16571 和《银行营业场所风险等级和防护级别的规定》GA 38 等相关规定。例如：《安全防范工程技术标准》GB 50348—2018条文说明第 6.4.3 条：

1 入侵和紧急报警系统按其性能分为四个安全等级，1 级为最低等级，4 级为最高等级。现行国家标准《入侵和紧急报警系统技术要求》GB/T 32581—2016 中对安全等级进行了划分：

（1）等级 1：低安全等级。入侵者或抢劫者基本不具备入侵和紧急报警系统知识，且仅使用常见、有限的工具。

（2）等级 2：中低安全等级。入侵者或抢劫者仅具备少量入侵和紧急报警系统知识，懂得使用常规工具和便携式工具（如万用表）。

（3）等级 3：中高安全等级。入侵者或抢劫者熟悉入侵和紧急报警系统，可以使用复杂工具和便携式电子设备。

（4）等级 4：高安全等级。入侵者或抢劫者具备实施入侵或抢劫的详细计划和所需的能力或资源，具有所有可获得的设备，且懂得替换入侵和紧急报警系统部件的方法。

5.3 工程设计

5.3.1 安全防范工程初步设计前，建设单位应根据获得批准的可行性研究报告组织编制设计任务书。设计任务书应根据相关的国家法律法规规定、标准规范要求和管理使用需求，明确工程建设的目的及内容、保护对象和防范对象、安全需求、安全防范工程需要防范的风险、安全防范系统功能性能要求等。

5.3.2 建设单位应按照相关法律法规的要求，确定设计单位。

5.3.3 设计单位应会同相关单位进行现场勘察，并编制现场勘察报告。现场勘察报告应经参与勘察的各方确认。

5.3.4 设计单位应根据设计任务书、设计合同和现场勘察报告开展初步设计工作，提出实现项目建设目标、满足安全防范管理要求的具体实施方案。初步设计文件应包括设计说明、初步设计图纸、主要设备和材料清单及工程概算书等。

5.3.5 安全防范工程初步设计完成后，项目管理机构应组织专家对初步设计方案进行评审，并出具评审意见。

5.3.6 安全防范工程初步设计方案评审通过并经项目管理机构确认后，设计单位应根据初步设计方案及评审意见进行施工图设计。

5.3.7 施工图设计文件应满足设备材料采购、非标准设备制作和施工的需要。施工图设计文件应包括设计说明、施工图设计图纸、设备材料清单及工程预算书等。

5.3.8 施工图设计完成后，建设单位应根据政策法规要求将相关资料报建设行政主管部门审查。建设单位应向审查机构提供的资料包括作为勘察设计依据的政府有关部门的批准文件及附件、全套施工图、其他应当提交的材料等。

6.1 一般规定

6.1.1 安全防范工程的设计应运用传感、通信、计算机、信息处理及其控制、生物特征识别、实体防护等技术，构成安全可靠、先进成熟、经济适用的安全防范系统。

6.1.2 安全防范工程的设计应遵循整体纵深防护和（或）局部纵深防护的理念，分别或综合设置建筑物（群）和构筑物（群）周界防护、建筑物和构筑物内（外）区域或空间防护以及重点目标防护系统。

6.1.3 安全防范工程的设计除应满足系统的安全防范效能外，还应满足紧急情况下疏散通道人员疏散的需要。

6.1.4 安全防范工程的设计应以结构化、规范化、模块化、集成化的方式实现，应能适应系统维护和技术发展的需要。

6.1.5 高风险保护对象安全防范工程的设计应结合人防能力配备防护、防御和对抗性设备、设施和装备。

6.3 实体防护设计

6.3.6 周界实体屏障的设计应符合下列规定：

1 应根据场地条件合理规划周界实体屏障的位置；周界实体屏障的防护面一侧的区域内不应有可供攀爬的物体或设施；

2 有防爆安全要求的周界实体屏障，应根据爆炸冲击波对防护区域的破坏力和（或）杀伤力，设置有效的安全距离；

3 根据安全防范管理要求，可按照分级、分区、纵深防护的原则，设置单层或多层周界实体屏障；多层周界实体屏障之间宜建立清除区；宜充分利用天然屏障进行综合设计，可多种类、多形式屏障组合应用；

　　4　有防攀越、防穿越、防拆卸、防破坏、防窥视、防投射物等防护功能的周界实体屏障，其材质、强度、高度、宽度、深度（地面以下）、厚度等应满足防护性能的要求；

　　5　穿越周界的河道、涵洞、管廊等孔洞，应采取相应的实体防护措施。

（二十八）电动汽车充电站站址选择与总平面布置（《电动汽车充电站设计规范》GB 50966—2014）

3.2　站址选择

3.2.1　充电站的总体规划应符合城镇规划、环境保护的要求，并应选在交通便利的地方。

3.2.2　充电站站址宜靠近城市道路，不宜选在城市干道的交叉路口和交通繁忙路段附近。

3.2.3　充电站站址的选择应与城市中低压配电网的规划和建设密切结合，以满足供电可靠性、电能质量和自动化的要求。

3.2.4　充电站应满足环境保护和消防安全的要求。

3.2.5　充电站不应靠近有潜在火灾或爆炸危险的地方，当与有爆炸危险的建筑物毗邻时，应符合现行国家标准《爆炸危险环境电力装置设计规范》GB 50058 的有关规定。

3.2.6　充电站不宜设在多尘或有腐蚀性气体的场所，当无法远离时，不应设在污染源盛行风向的下风侧。

3.2.7　充电站不应设在有剧烈振动的场所。

3.2.8　充电站的环境温度应满足为电动汽车动力蓄电池正常充电的要求。

4.1　一般规定

4.1.1　充电站包括站内建筑、站内外行车道、充电区、临时停车区及供配电设施等。站区总布置应满足总体规划要求，并应符合站内工艺布置合理、功能分区明确、交通便利和节约用地的原则。

4.1.2　总平面布置宜按最终规模进行规划设计。

4.1.3　在保证交通组织顺畅、工艺布置合理的前提下，应根据自然地形布置充电站，尽量减少土石方量。

4.1.4　充电站宜单独设置车辆出入口。

4.2　充电设备及建筑布置

4.2.1　充电设备应靠近充电位布置，以便于充电，设备外廓距充电位边缘的净距不宜小于 0.4m。充电设备的布置不应妨碍其他车辆的充电和通行，同时应采取保护充电设备及操作人员安全的措施。

4.2.2　在用地紧张的区域，充电站内的停车位可采用立体布置。

4.2.3　充电设备的布置宜靠近上级供配电设备，以缩短供电电缆的路径。

4.2.4　充电站内建筑的布置应方便观察充电区域。

4.2.5　充电站宜设置临时停车位置。

4.3　道路

4.3.1　充电站内道路的设置应满足消防及服务车辆通行的要求。充电站的出入口不宜少于 2 个，当充电站的车位不超过 50 个时，可设置 1 个出入口。入口和出口宜分开设置，并应明确指示标识。

4.3.2　充电站内双列布置充电位时，中间行车道宜按行驶车型双车道设置；单列布置充电位时，行车道宜按行驶车型双车道设置。充电站内的单车道宽度不应小于 3.5m，双车道宽度不应小于6m。充电站内道路的转弯半径应按行驶车型确定，且不宜小于9m，道路坡度不应大于6%，且宜坡向站外。充电站内道路不宜采用沥青路面。

4.3.3 充电站的道路设计宜采用城市型道路。

4.3.4 充电站的进出站道路应与站外市政道路顺畅衔接。

（二十九）老年人设施选址与场地规划【《城镇老年人设施规划规范》GB 50437—2007（2018 年版）】

4.2 选址

4.2.1 老年人设施应选择在地形平坦、自然环境较好、阳光充足、通风良好的地段布置。

4.2.2 老年人设施应选择在具有良好基础设施条件的地段布置。

4.2.3 老年人设施应选择在交通便捷、方便可达的地段布置，但应避开对外公路、快速路及交通量大的交叉路口等地段。

4.2.4 老年人设施应远离污染源、噪声源及危险品的生产储运等用地。

5.1 建筑布置

5.1.1 老年人设施的日照标准应符合现行国家标准《城市居住区规划设计标准》GB 50180 的规定。

5.1.2 老年人设施的日照要求应满足相关标准的规定。

5.1.3 独立占地的老年人设施的建筑密度不宜大于30%，场地内建筑宜以多层为主。

5.2 场地与道路

5.2.1 老年人设施室外活动场地应平整防滑、排水畅通，坡度不应大于2.5%。

5.2.2 老年人设施场地内应人车分行，并应设置公共停车位。

5.2.3 老年人设施场地内直接为老年人服务的各类设施均应进行无障碍设计，并应符合《无障碍设计规范》GB 50763 的规定。

5.3 场地绿化

5.3.1 老年人设施场地范围内的绿地率：新建不应低于40%，扩建和改建不应低于35%。

5.3.2 集中绿地内可统筹设置少量老年人活动场地。

5.3.3 绿化植物选择应适应当地气候、土壤条件及植物多样性要求，不应对老年人生活和健康造成危害。

例1-8 （2019-067）防灾避难场所标准设定的防御对象，不包括：

A 地震　　　　B 风灾　　　　C 洪水　　　　D 火灾

解析： 参见《防灾避难场所设计规范》GB 51143—2015 有关设防要求部分，第3.2.2条～第3.2.4条。

A"地震"：避难场所地震影响不应低于本地区抗震设防烈度相应的罕遇地震影响，且不应低于7度地震影响；

B"风灾"：防风避难场所的设定防御标准所对应的风灾影响不应低于100年一遇的基本风压对应的风灾影响；

C"洪水"：防洪避难场所的设定防御标准应高于当地防洪标准所确定的淹没水位……且安全超高不应低于0.5m。

本题的关键在 D "火灾"，规范对"防灾避难场所"自身的防火有具体规定，但"火灾"不是防御对象。

答案：D

例 1-9 (2012-26) 下列关于城市居住区级以上（不含居住区级）的商业金融中心服务半径的说法，错误的是(　　)。

A　特大市级的不宜超过 15km

B　市级的不宜超过 8km

C　区级的不宜超过 4km

D　地区级的不宜超过 1.5km

解析：参见《城市公共设施规划规范》GB 50442—2008 4.0.3 条，商业金融中心的规划布局要求。商业金融中心应以人口规模为依据合理配置，市级商业金融中心服务人口宜为 50 万～100 万人，服务半径不宜超过 8km；区级商业金融中心服务人口宜为 50 万人以下，服务半径不宜超过 4km；地区级商业金融中心服务人口宜为 10 万人以下，服务半径不宜超过 1.5km。

答案：A

例 1-10 (2012-32) 下列关于剧场总平面布置的要求中，错误的是(　　)。

A　基地应至少有一面邻接城镇道路或直接通向城市道路的空地

B　内部道路可兼作消防车道，其净宽度不应小于 4m，穿越建筑物时净高度不应小于 4m

C　布景运输车辆应能直接到达景物出入口

D　剧场建筑的红线退后距离应符合规划的要求，并按不小于 0.5m²/座的标准留出集散空地

解析：《剧场建筑设计规范》JGJ 57—2016 规定：剧场建筑从红线的退后距离应符合当地规划的要求，并应按不小于 0.20m²/座留出集散空地。

答案：D

五、居住建筑场地选择

（一）居住建筑的规划布局、选址与基本要求

《城市居住区规划设计标准》GB 50180—2018

3.0.2 居住区应选择在安全、适宜居住的地段进行建设，并应符合下列规定：

1　不得在有滑坡、泥石流、山洪等自然灾害威胁的地段进行建设；

2　与危险化学品及易燃易爆品等危险源的距离，必须满足有关安全规定；

3　存在噪声污染、光污染的地段，应采取相应的降低噪声和光污染的防护措施；

4　土壤存在污染的地段，必须采取有效措施进行无害化处理，并应达到居住用地土壤环境质量的要求。

3.0.3 居住区规划设计应统筹考虑居民的应急避难场所和疏散通道，并应符合国家有关应急防灾的安全管控要求。

3.0.4 居住区按照居民在合理的步行距离内满足基本生活需求的原则，可分为十五分钟生活圈居住区、十分钟生活圈居住区、五分钟生活圈居住区及居住街坊四级，其分级控制规模应符合表3.0.4的规定。

居住区分级控制规模 表 3.0.4

距离与规模	十五分钟生活圈居住区	十分钟生活圈居住区	五分钟生活圈居住区	居住街坊
步行距离（m）	800～1000	500	300	—
居住人口（人）	50000～100000	15000～25000	5000～12000	1000～3000
住宅数量（套）	17000～32000	5000～8000	1500～4000	300～1000

3.0.5 居住区应根据其分级控制规模，对应规划建设配套设施和公共绿地，并应符合下列规定：

1 新建居住区，应满足统筹规划、同步建设、同期投入使用的要求；

2 旧区可遵循规划匹配、建设补缺、综合达标、逐步完善的原则进行改造。

3.0.6 涉及历史城区、历史文化街区、文物保护单位及历史建筑的居住区规划建设项目，必须遵守国家有关规划的保护与建设控制规定。

3.0.7 居住区应有效组织雨水的收集与排放，并应满足地表径流控制、内涝灾害防治、面源污染治理及雨水资源化利用的要求。

3.0.8 居住区地下空间的开发利用应适度，应合理控制用地的不透水面积并留足雨水自然渗透、净化所需的土壤生态空间。

3.0.9 居住区的工程管线规划设计应符合现行国家标准《城市工程管线综合规划规范》GB 50289 的有关规定；居住区的竖向规划设计应符合现行行业标准《城乡建设用地竖向规划规范》CJJ 83 的有关规定。

（二）控制指标简述

1. 各级生活圈居住用地控制指标

《城市居住区规划设计标准》GB 50180—2018

4.0.1 各级生活圈居住区用地应合理配置、适度开发，其控制指标应符合下列规定：

1 十五分钟生活圈居住区用地控制指标应符合表4.0.1-1的规定；

2 十分钟生活圈居住区用地控制指标应符合表4.0.1-2的规定；

3 五分钟生活圈居住区用地控制指标应符合表4.0.1-3的规定。

由这三张表可以总结出"生活圈居住区用地控制指标"包括：建筑气候区划、住宅建筑平均层数类别、人均居住区用地面积（m²/人）、居住区用地容积率和居住区用地构成（%），共5项内容，其中居住区用地构成又分为住宅用地、配套设施用地、公共绿地、城市道路用地4项。居住区用地容积率大约为0.7～2.0。

2. 居住街坊用地与建筑控制指标

《城市居住区规划设计标准》GB 50180—2018

4.0.2 居住街坊用地与建筑控制指标应符合表4.0.2的规定。

4.0.3 当住宅建筑采用低层或多层高密度布局形式时，居住街坊用地与建筑控制指标应符合表 4.0.3 的规定。

居住街坊用地与建筑控制指标包括：建筑气候区划、住宅建筑平均层数类别、住宅用地容积率、建筑密度最大值（％）、绿地率最小值（％）、住宅建筑高度控制最大值（m）和人均住宅用地面积最大值（m^2／人），共 7 项内容。住宅用地容积率大约为 1.0～3.1。

住宅建筑平均层数类别：低层（1～3 层），多层Ⅰ类（4～6 层）、多层Ⅱ类（7～9层）、高层Ⅰ类（10～18 层）、高层Ⅱ类（19～26 层）。

居住街坊的尺度为 150～250m，相当于原《城市居住区规划设计规范》GB 50180－93 的居住组团规模。由支路等城市道路或用地边界线所围合，是住宅建筑组合形成的基本生活单元。用地规模为 2～4hm²。围合居住街坊的道路皆应为城市道路或开放支路网系统，不可封闭管理。这也是"小街区、密路网"发展要求的具体体现。

（三）配套设施要求
《城市居住区规划设计标准》GB 50180—2018

5.0.1 配套设施应遵循配套建设、方便使用、统筹开放、兼顾发展的原则进行配置，其布局应遵循集中和分散兼顾、独立和混合使用并重的原则，并应符合下列规定：

　　1 十五分钟和十分钟生活圈居住区配套设施，应依照其服务半径相对居中布局。

　　2 十五分钟生活圈居住区配套设施中，文化活动中心、社区服务中心（街道级）、街道办事处等服务设施宜联合建设并形成街道综合服务中心，其用地面积不宜小于 1hm²。

　　3 五分钟生活圈居住区配套设施中，社区服务站、文化活动站（含青少年、老年活动站）、老年人日间照料中心（托老所）、社区卫生服务站、社区商业网点等服务设施，宜集中布局、联合建设，并形成社区综合服务中心，其用地面积不宜小于 0.3hm²。

　　4 旧区改建项目应根据所在居住区各级配套设施的承载能力合理确定居住人口规模与住宅建筑容量；当不匹配时，应增补相应的配套设施或对应控制住宅建筑增量。

5.0.2 居住区配套设施分级设置应符合本标准附录 B 的要求。

5.0.3 配套设施用地及建筑面积控制指标，应按照居住区分级对应的居住人口规模进行控制，并应符合表 5.0.3 的规定。

配套设施控制指标（m²／千人）　　　　　表 5.0.3

类　别		十五分钟 生活圈居住区		十分钟 生活圈居住区		五分钟 生活圈居住区		居住街坊	
		用地面积	建筑面积	用地面积	建筑面积	用地面积	建筑面积	用地面积	建筑面积
总指标		1600～2910	1450～1830	1980～2660	1050～1270	1710～2210	1070～1820	50～150	80～90
其中	公共管理与公共服务 设施 A 类	1250～2360	1130～1380	1890～2340	730～810	—	—	—	—
	交通场站设施 S 类	—	—	70～80	—	—	—	—	—
	商业服务业设施 B 类	350～550	320～450	20～240	320～460	—	—	—	—
	社区服务设施 R12、R22、R32	—	—	—	—	1710～2210	1070～1820	—	—
	便民服务设施 R11、R21、R31	—	—	—	—	—	—	50～150	80～90

　　注：1. 十五分钟生活圈居住区指标不含十分钟生活圈居住区指标，十分钟生活圈居住区指标不含五分钟生活圈居住区指标，五分钟生活圈居住区指标不含居住街坊指标；
　　　　2. 配套设施用地应含与居住区分级对应的居民室外活动场所用地；未含高中用地、市政公用设施用地，市政公用设施应根据专业规划确定。

5.0.4 各级居住区配套设施规划建设应符合本标准附录 C 的规定。

（四）城市居住区技术指标与用地面积计算方法

《城市居住区规划设计标准》GB 50180—2018

A.0.1 居住区用地面积应包括住宅用地、配套设施用地、公共绿地和城市道路用地，其计算方法应符合下列规定：

1 居住区范围内与居住功能不相关的其他用地以及本居住区配套设施以外的其他公共服务设施用地，不应计入居住区用地；

2 当周界为自然分界线时，居住区用地范围应算至用地边界。

3 当周界为城市快速路或高速路时，居住区用地边界应算至道路红线或其防护绿地边界。快速路或高速路及其防护绿地不应计入居住区用地。

4 当周界为城市干路或支路时，各级生活圈的居住区用地范围应算至道路中心线。

5 居住街坊用地范围应算至周界道路红线，且不含城市道路。

6 当与其他用地相邻时，居住区用地范围应算至用地边界。

7 当住宅用地与配套设施（不含便民服务设施）用地混合时，其用地面积应按住宅和配套设施的地上建筑面积占该幢建筑总建筑面积的比率分摊计算，并应分别计入住宅用地和配套设施用地。

A.0.2 居住街坊内绿地面积的计算方法应符合下列规定：

1 满足当地植树绿化覆土要求的屋顶绿地可计入绿地。绿地面积计算方法应符合所在城市绿地管理的有关规定。

2 当绿地边界与城市道路邻接时，应算至道路红线；当与居住街坊附属道路邻接时，应算至路面边缘；当与建筑物邻接时，应算至距房屋墙脚 1.0m 处；当与围墙、院墙邻接时，应算至墙脚。

3 当集中绿地与城市道路邻接时，应算至道路红线；当与居住街坊附属道路邻接时，应算至距路面边缘 1.0m 处；当与建筑物邻接时，应算至距房屋墙脚 1.5m 处。

A.0.3 居住区综合技术指标应符合表 A.0.3 的要求。

（五）住宅建筑选址要求

《住宅设计规范》GB 50096—2011

3.0.1 住宅设计应符合城镇规划及居住区规划的要求，并应经济、合理、有效地利用土地和空间。

3.0.2 住宅设计应使建筑与周围环境相协调，并应合理组织方便、舒适的生活空间。

3.0.3 住宅设计应以人为本，除应满足一般居住使用要求外，尚应根据需要满足老年人、残疾人等特殊群体的使用要求。

3.0.4 住宅设计应满足居住者所需的日照、天然采光、通风和隔声的要求。

《住宅建筑规范》GB 50368—2005

3.0.1 住宅建设应符合城市规划要求，保障居民的基本生活条件和环境，经济、合理、有效地使用土地和空间。

3.0.2 住宅选址时应考虑噪声、有害物质、电磁辐射和工程地质灾害、水文地质灾害等的不利影响。

3.0.3 住宅应具有与其居住人口规模相适应的公共服务设施、道路和公共绿地。

3.0.4 住宅应按套型设计，套内空间和设施应能满足安全、舒适、卫生等生活起居的基本要求。

（六）老年人建筑选址
《老年人照料设施建筑设计标准》JGJ 450—2018

原国家标准《养老设施建筑设计规范》GB 50867—2013 和《老年人居住建筑设计规范》GB 50340—2016 同时废止。

4.1.1 老年人照料设施建筑基地应选择在工程地质条件稳定、不受洪涝灾害威胁、日照充足、通风良好的地段。

4.1.2 老年人照料设施建筑基地应选择在交通方便、基础设施完善、公共服务设施使用方便的地段。

4.1.3 老年人照料设施建筑基地应远离污染源、噪声源及易燃、易爆、危险品生产、储运的区域。

（七）居住区综合技术经济指标
《城市居住区规划设计规范》GB 50180—93（2016 年版）

11.0.1 居住区综合技术经济指标的项目应包括必要指标和可选用指标两类，其项目及计量单位应符合表 11.0.1 规定（可参见本书第六章第九节的附表）。

注：

1. "▲"为必要指标，"△"为选用指标（总建筑面积中的其他建筑面积、高层住宅比率、中高层住宅比率、人口净密度）；

2. 新版规范增加了"年径流总量控制率"的必要指标，根据《海绵城市建设技术指南》的有关要求，结合所在地实际情况，落实年雨水"年径流总量控制率"指标（年径流总量控制率最佳数值为80%～85%，《指南》将我国大陆地区分为 5 个区，并给出了各区年径流总量控制率的最低和最高值）。

六、场地选择参考资料
（一）《城市综合交通体系规划标准》GB/T 51328—2018（节选）

4 综合交通与城市空间布局

4.0.1 城市综合交通体系应与城市空间布局协同规划，通过用地布局优化引导城市职住空间的匹配、合理布局城市各级公共与生活服务设施，将居民出行距离控制在合理范围内，并应符合下列规定：

1 城区的居民通勤出行平均出行距离宜符合表 4.0.1 的规定，规划人口规模超过1000 万人及以上的超大城市可适当提高。

居民通勤出行（单程）平均出行距离的控制要求　　　　　　　　　表 4.0.1

规划人口规模（万人）	≥500	300～500	100～300	50～100	<50
通勤出行距离（km）	≤9	≤7	≤6	≤5	≤4

2 城区内生活出行，采用步行与自行车交通的出行比例不宜低于80%。

7 城市对外交通

7.1.1 城市对外交通衔接应符合以下规定：

1 城市的各主要功能区对外交通组织均应高效、便捷；

2 各类对外客货运系统，应优先衔接可组织联运的对外交通设施，在布局上结合或邻近布置；

3 规划人口规模 100 万及以上城市的重要功能区、主要交通集散点，以及规划人口规模 50 万～100 万的城市，应能 15min 到达高、快速路网，30min 到达邻近铁路、公路枢纽，并至少有一种交通方式可在 60min 内到达邻近机场。

7.1.4 承担国家或区域性综合交通枢纽职能的城市，城市主要综合客运枢纽间交通连接转换时间不宜超过 1h。

9 城 市 公 共 交 通

9.1.1 城市应提供与其经济社会发展相适应的多样化、高品质、有竞争力的城市公共交通服务。

9.1.2 中心城区集约型公共交通服务应符合下列规定：

1 集约型公共交通站点 500m 服务半径覆盖的常住人口和就业岗位，在规划人口规模 100 万以上的城市不应低于 90％；

2 采用集约型公共交通方式的通勤出行，单程出行时间宜符合表 9.1.2 的规定。

采用集约型城市公共交通的通勤出行单程出行时间控制要求　　　　表 9.1.2

规划人口规模（万人）	采用集约型公交 95％的通勤出行时间最大值（min）
≥500	60
300～500	50
100～300	45
50～100	40
20～50	35
<20	30

3 城市公共交通不同方式、不同线路之间的换乘距离不宜大于 200m，换乘时间宜控制在 10min 以内。

10 步行与非机动车交通

10.2 步行交通

10.2.1 步行交通是城市最基本的出行方式。除城市快速路主路外，城市快速路辅路及其他各级城市道路红线内均应优先布置步行交通空间。

10.2.2 根据地形条件、城市用地布局和街区情况，宜设置独立于城市道路系统的人行道、步行专用通道与路径。

10.2.3 人行道最小宽度不应小于 2.0m，且应与车行道之间设置物理隔离。

10.2.4 大型公共建筑和大、中运量城市公共交通站点 800m 范围内，人行道最小通行宽度不应低于 4.0m；城市土地使用强度较高地区，各类步行设施网络密度不宜低于 14km/km²，其他地区各类步行设施网络密度不应低于 8km/km²。

10.3 非机动车交通

10.3.1 非机动车交通是城市中、短距离出行的重要方式，是接驳公共交通的主要方式，并承担物流末端配送的重要功能。

10.3.2 适宜自行车骑行的城市和城市片区，除城市快速路主路外，城市快速路辅路及其他各级城市道路均应设置连续的非机动车道。并宜根据道路条件、用地布局与非机动车交通特征设置非机动车专用路。

10.3.3 适宜自行车骑行的城市和城市片区，非机动车道的布局与宽度应符合下列规定：

1 最小宽度不应小于2.5m；

2 城市土地使用强度较高和中等地区各类非机动车道网络密度不应低于8km/km²；

3 非机动车专用路、非机动车专用休闲与健身道、城市主次干路上的非机动车道，以及城市主要公共服务设施周边、客运走廊500m范围内城市道路上设置的非机动车道，单向通行宽度不宜小于3.5m，双向通行不宜小于4.5m，并应与机动车交通之间采取物理隔离；

4 不在城市主要公共服务设施周边及客运走廊500m范围内的城市支路，其非机动车道宜与机动车交通之间采取非连续性物理隔离，或对机动车交通采取交通稳静化措施。

10.3.4 当非机动车道内电动自行车、人力三轮车和物流配送非机动车流量较大时，非机动车道宽度应适当增加。

（二）《城乡建设用地竖向规划规范》CJJ 83—2016（节选）

3　基 本 规 定

3.0.1 城乡建设用地竖向规划应与城乡建设用地选择及用地布局同时进行，使各项建设在平面上统一和谐、竖向上相互协调；有利于城乡生态环境保护及景观塑造；有利于保护历史文化遗产和特色风貌。

3.0.2 城乡建设用地竖向规划应符合下列规定：

1 低影响开发的要求；

2 城乡道路、交通运输的技术要求和利用道路路面纵坡排除超标雨水的要求；

3 各项工程建设场地及工程管线敷设的高程要求；

4 建筑布置及景观塑造的要求；

5 城市排水防涝、防洪以及安全保护、水土保持的要求；

6 历史文化保护的要求；

7 周边地区的竖向衔接要求。

3.0.3 乡村建设用地竖向规划应有利于风貌特色保护。

3.0.4 城乡建设用地竖向规划在满足各项用地功能要求的条件下，宜避免高填、深挖，减少土石方、建（构）筑物基础、防护工程等的工程量。

3.0.5 城乡建设用地竖向规划应合理选择规划地面形式与规划方法。

3.0.6 城乡建设用地竖向规划对起控制作用的高程不得随意改动。

3.0.7 同一城市的用地竖向规划应采用统一的坐标和高程系统。

5　竖向与道路、广场

5.0.1 道路竖向规划应符合下列规定：

1 与道路两侧建设用地的竖向规划相结合，有利于道路两侧建设用地的排水及出入口交通联系，并满足保护自然地貌及塑造城市景观的要求；

2 与道路的平面规划进行协调；

3 结合用地中的控制高程、沿线地形地物、地下管线、地质和水文条件等作综合考虑；

4 道路跨越江河、湖泊或明渠时，道路竖向规划应满足通航、防洪净高要求；道路与道路、轨道及其他设施立体交叉时，应满足相关净高要求；

5 应符合步行、自行车及无障碍设计的规定。

5.0.2 道路规划纵坡和横坡的确定，应符合下列规定：

1 城镇道路机动车车行道规划纵坡应符合表5.0.2-1的规定；山区城镇道路和其他特殊性质道路，经技术经济论证，最大纵坡可适当增加；积雪或冰冻地区快速路最大纵坡不应超过3.5%，其他等级道路最大纵坡不应大于6.0%。内涝高风险区域，应考虑排除超标雨水的需求。

城镇道路机动车车行道规划纵坡 表5.0.2-1

道路类别	设计速度（km/h）	最小纵坡（%）	最大纵坡（%）
快 速 路	60～100		4～6
主 干 路	40～60	0.3	6～7
次 干 路	30～50		6～8
支（街坊）路	20～40		7～8

2 村庄道路纵坡应符合现行国家标准《村庄整治技术标准》GB 50445的规定。

3 非机动车车行道规划纵坡宜小于2.5%。大于或等于2.5%时，应按表5.0.2-2的规定限制坡长。机动车与非机动车混行道路，其纵坡应按非机动车车行道的纵坡取值。

非机动车车行道规划纵坡与限制坡长（m） 表5.0.2-2

限制坡长（m）　　车种 坡度（%）	自行车	三轮车
3.5	150	—
3.0	200	100
2.5	300	150

4 道路的横坡宜为1%～2%。

5.0.3 广场竖向规划除满足自身功能要求外，尚应与相邻道路和建筑物相协调。广场规划坡度宜为0.3%～3%。地形困难时，可建成阶梯式广场。

5.0.4 步行系统中需要设置人行梯道时，竖向规划应满足建设完善的步行系统的要求，并应符合下列规定：

1 人行梯道按其功能和规模可分为三级：一级梯道为交通枢纽地段的梯道和城镇景观性梯道；二级梯道为连接小区间步行交通的梯道；三级梯道为连接组团间步行交通或入户的梯道；

2 梯道宜设休息平台，每个梯段踏步不应超过18级，踏步最大步高宜为0.15m；二、三级梯道连续升高超过5.0m时，除设置休息平台外，还宜设置转向平台，且转向平台的深度不应小于梯道宽度；

3 各级梯道的规划指标宜符合表 5.0.4 的规定。

梯道的规划指标表

表 5.0.4

规划指标 项目 级别	宽度 (m)	坡度 (%)	休息平台深度 (m)
一	≥10.0	≤25	≥2.0
二	≥4.0，<10.0	≤30	≥1.5
三	≥2.0，<4.0	≤35	≥1.5

6 竖向与排水

6.0.1 城乡建设用地竖向规划应结合地形、地质、水文条件及降水量等因素，并与排水防涝、城市防洪规划及水系规划相协调；依据风险评估的结论选择合理的场地排水方式及排水方向，重视与低影响开发设施和超标径流雨水排放设施相结合，并与竖向总体方案相适应。

6.0.2 城乡建设用地竖向规划应符合下列规定：

1 满足地面排水的规划要求；地面自然排水坡度不宜小于 0.3%；小于 0.3% 时应采用多坡向或特殊措施排水；

2 除用于雨水调蓄的下凹式绿地和滞水区等之外，建设用地的规划高程宜比周边道路的最低路段的地面高程或地面雨水收集点高出 0.2m 以上，小于 0.2m 时应有排水安全保障措施或雨水滞蓄利用方案。

6.0.3 当建设用地采用地下管网有组织排水时，场地高程应有利于组织重力流排水。

6.0.4 当城乡建设用地外围有较大汇水汇入或穿越时，宜用截、滞、蓄等相关设施组织用地外围的地面汇水。

6.0.5 乡村建设用地排水宜结合建筑散水、道路生态边沟、自然水系等自然排水设施组织场地内的雨水排放。

6.0.6 冰雪冻融地区的用地竖向规划宜考虑冰雪解冻时对城乡建设用地可能产生的威胁与影响。

9 竖向与城乡环境景观

9.0.1 城乡建设用地竖向规划应贯穿景观规划设计理念，并符合下列规定：

1 保留城乡建设用地范围内具有景观价值或标志性的制高点、俯瞰点和有明显特征的地形、地貌；

2 结合低影响开发理念，保持和维护城镇生态、绿地系统的完整性，保护有自然景观或人文景观价值的区域、地段、地点和建（构）筑物；

3 保护城乡重要的自然景观边界线，塑造城乡建设用地内部的景观边界线。

9.0.2 城乡建设用地做分台处理时应重视景观要求，并应符合下列规定：

1 挡土墙、护坡的尺度和线形应与环境协调；

2 公共活动区宜将挡土墙、护坡、踏步和梯道等室外设施与建筑作为一个有机整体进行规划；

3 地形复杂的山区城镇，挡土墙、护坡、梯道等室外设施较多，其风格、形式、材料、构造等宜突出地域特色，其比例、尺度、节奏、韵律等宜符合美学规律；

4 挡土墙高于 1.5m 时，宜作景观处理或以绿化遮蔽。

9.0.3 滨水地区的竖向规划应结合用地功能保护滨水区生态环境，形成优美的滨水景观。

9.0.4 乡村竖向建设宜注重使用当地材料、采用生态建设方式和传统工艺。

（三）山地建筑的场地选择（节选自《建筑设计资料集·6》第二版）

1. 山地建筑规划设计要点与地形

（1）我国是一个丘陵、盆地、高原、高山较多的国家，在设计中如何利用山地丘陵地区特点，充分利用山坡薄土、荒地作为建设用地，不占或少占良田好土，尽量减少土石方工程量，节约建设投资，具有十分重要的意义（一般地形分为平原、丘陵、山地、高原、盆地）。

注：《工程测量规范》GB 50026—2007 规定，根据地面的倾角大小，确定地形类别。

（2）山区地形起伏多变，地质复杂，在选择建设用地时，要注意地形变化的特点，防止出现不良地质现象，必须进行认真勘查，然后确定取舍，以确保建筑物使用安全。

（3）山区地形按其范围可分为大地形与小地形。大地形指相当地区内的大片地形，一般按特性可分为浅丘地带、浅丘兼深丘地带及深丘地带。大地形的选择及其特征主要与城市规划有关。小地形指局部小片地形，对居住区群体布置和用地组织影响较大，一般按其地貌分为山丘、山冈、山嘴、山坳、坪台、夹谷、盆地、山垭等形态。

（4）建筑群体布置，要注意解决合理利用地形、少开土石方、节约用地和投资，同满足各类建筑总体设计的功能使用要求的矛盾；同时也要考虑日照、通风、防火及道路、绿化、环境等技术要求。因此，要结合地形特点，根据不同情况，采取多种多样的布置方式和处理手法，有效地组织建筑空间和丰富建筑造型，创造出一个高低错落、重点突出，与山势起伏、绿化掩映相配合的建筑风貌。

（5）单体建筑设计如何利用地势特点，灵活组织建筑物内部空间的竖向关系，有多种处理手法，如筑台、掉层、错层、跌落、架空等，综合利用这些手法能使建筑物与地形有机地结合起来，既节约土石方量，扩大使用面积，又能满足采光、通风、交通组织及便利生产、生活等功能要求，妥善解决建筑物与地形等多方面的矛盾。

2. 山地地形特征

（1）坡度分级标准（表 1-11）

坡度分级标准   表 1-11

类　型	坡　度	建筑区布置及设计基本特征
平坡地	3%以下	基本上是平地，道路及房屋可自由布置，但须注意排水
缓坡地	3%～10%	建筑区内车道可以纵横自由布置，不需要梯级，建筑群布置不受地形的约束
中坡地	10%～25%	建筑区内须设梯级，车道不宜垂直等高线布置，建筑群布置受一定限制
陡坡地	25%～50%	建筑区内车道须与等高线成较小锐角布置 建筑群布置及设计受到较大的限制
急坡地	50%～100%	车道须曲折盘旋而上，梯道须与等高线成斜角布置，建筑设计需作特殊处理
悬崖坡地	100%以上	车道及梯道布置极困难，修建房屋工程费用大，一般不适于用作建筑用地

（2）山区大地形特征（表 1-12）

类 型	特 征
浅丘地带	地形变化不大,自然坡度较平缓,为 10%～30%,相对高程在 20～50m 以内
浅丘兼深丘地带	除浅丘外,地区内有若断若续的较大山丘,山丘之间往往有江河贯穿,沿河两岸地势平坦,自然坡度有缓有陡,一般为 10%～60%,也有高达 100%的陡坡,相对高程在 100m 左右
深丘地带	地形起伏变化大,陡坡、断层、冲沟多,相对高程达 150m 以上

（3）山地地形地貌基本形式（表 1-13）

山地地形地貌基本形式　　　　　　　　　　表 1-13

类型	特征	平面、断面简图	鸟瞰
山丘形	局部隆起的地形称为山丘	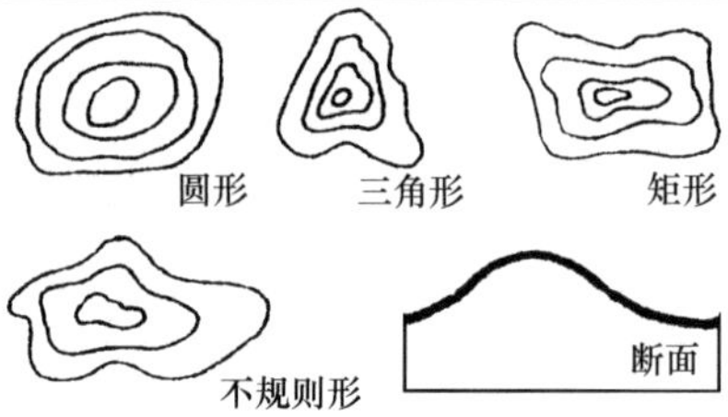 圆形　三角形　矩形　不规则形　断面	
山冈形	条形隆起的地形称为山冈,在山冈脊梁部分称梁	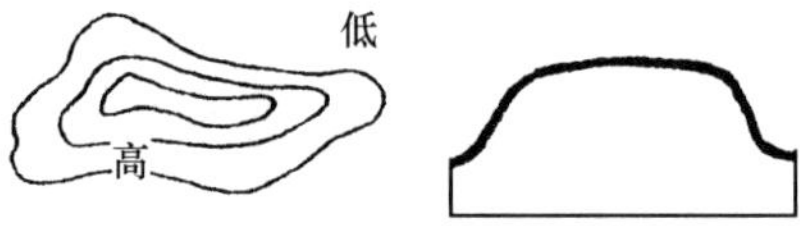 低　高	
山嘴形	如半岛形三面为下坡的突出高地称山嘴	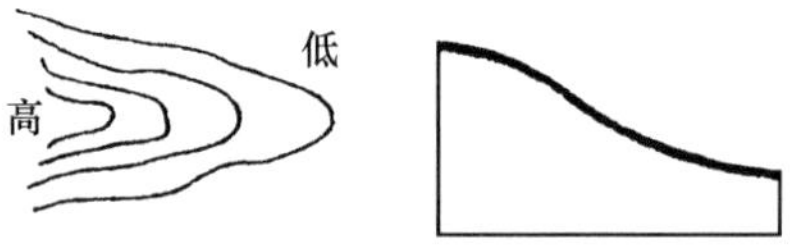 高　低	
山坳形	三面为上坡所围的地形称山坳	 高　低	
坪台形	山顶较平部分称为坪,较高地段上,范围较大的平缓地区称坪,山腰较平部分称台	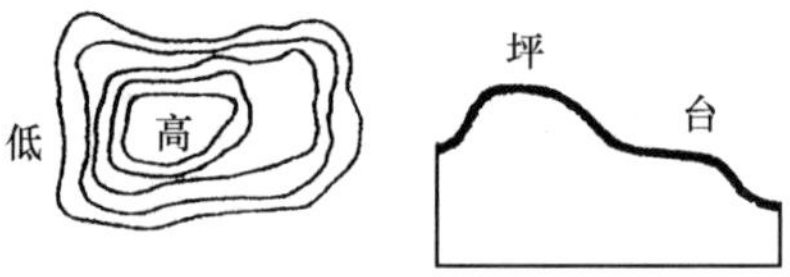 低　高　坪　台	
夹谷形	两侧为上坡所夹的谷地称为夹谷,沟谷部分称为沟或溪	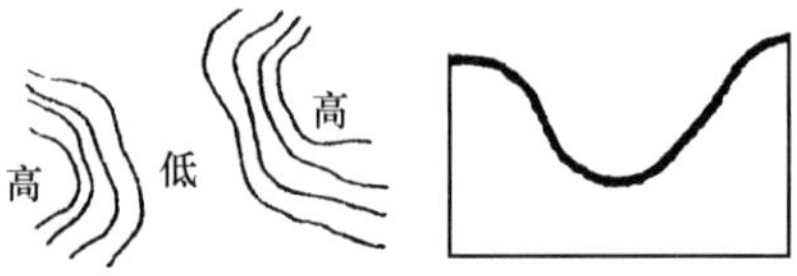 高　低　高	
盆地形	四面被上坡所围的低地称为盆地	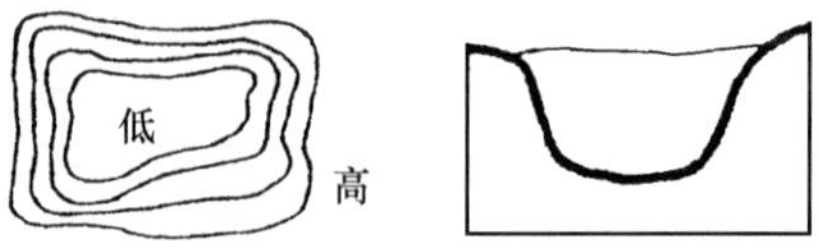 低　高	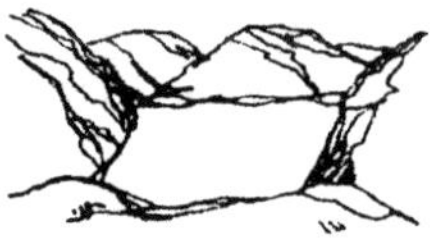

74

类 型	特 征	平面、断面简图	鸟 瞰
山垭形	两侧为隆起的山丘所形成的地形称山垭		

第四节　建　筑　策　划

对于"建筑策划"，考试大纲的要求是：能根据项目建议书及设计基础资料，提出项目构成及总体构想，包括：项目构成、空间关系、使用方式、环境保护、结构选型、设备系统、建筑规模、经济分析、工程投资、建设周期等，为进一步发展设计提供依据。

一、建筑策划概述

（一）策划的概念

策划是一种程序，在本质上是一种理性行为。基本上所有的策划都关乎未来的事务，也就是说策划是针对未来要发生的事情做当前的决策。换言之，策划是找出事务的因果关系，衡度未来可采取之途径，以作为目前决策之依据。策划如同一座桥，它连接着我们目前所在之地与未来我们要往之处。

（二）关于"建筑策划"的几种观点

罗伯特·G·赫什伯格所撰写的《建筑策划与前期管理》认为"建筑策划是对一个客户机构、设施使用者以及周边社区内在相互关联的价值、目标、事实、需求全面而系统的评价。一个构思良好的策划将引导高品质的设计"。

在房屋建造过程之初，建筑设计前期，全面分析研究建造活动的周边条件和相关者，在公共利益维护、客体利益保障和投资主体利益的追求中寻求一个最佳的权衡点，让投资者能获得一个合法的最大利益的筹划过程，这就是建筑策划（参见：曹亮功．建筑策划[M]．北京：中国建筑工业出版社，2017.）。建筑策划是设计前期工作的重要组成内容，是建设投资主体对建设投资进行决策的依据和决策过程。

庄惟敏所著的《建筑策划与设计》《建筑策划与后评估》（全国注册建筑师继续教育必修教材）结合中国的实际状况，详细论述了建筑策划的定义、原理、方法和应用；并且比较了美国、英国、德国、日本的建筑策划机制，分析了我国建筑策划教育的现状，提出"通过建筑策划课程促进建筑师职业化"的发展目标。

目前我国的建设程序在项目前期策划及使用后评估方面还有待改进，有关"使用后评估"的具体内容本书不再详述，请参阅本书第三章第五节或详见《建筑设计资料集1》（第三版）的有关章节。

（三）建筑策划的定义

建筑策划是指在建筑学领域内，建筑师根据总体规划的目标设定，从建筑学的学科角度出发，不仅依赖于经验和规范，更以实态调查为基础，运用计算机等近现代科技手段对研究目标进行客观分析，最终定量地得出实现既定目标所应遵循的方法及程序的研究工作。简言之，建筑策划就是将建筑学的理论研究与近现代科技手段相结合，为总体规划立项之后的建筑设计提供科学严谨的设计依据（参见：全国科学技术名词审定委员会．建筑学名词 2014. 北京：科学出版社，2014.）。

随着国家经济体制发生的重大变化，国内建筑市场也在发生变化。业主邀请建筑师参与项目建议书、可行性研究报告的编制；同时，建筑师也会尽其所能，为建设项目的后续发展提前启动建筑策划。为业主拟定设计任务书，就是建筑策划之后的一项任务。同时建筑师也会提出对建设项目的设想方案，也就是我们通常所说的"概念设计方案"。这种探讨性的方案设计属于建筑策划的范畴，为建筑策划的其他内容提供参考，而不是建设项目的正式方案设计。

建筑策划是介于总体规划项目立项和建筑设计之间的一个环节，起到承上启下的作用。设计任务书是建筑策划的产物。建筑策划的概念如图 1-4 所示。

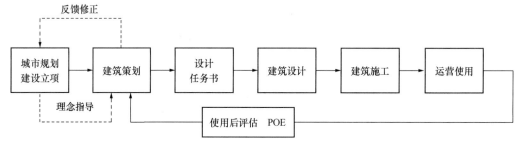

图 1-4　建筑创作全过程简图

二、建筑策划的工作阶段及内容

（一）目前国际上泛指的策划工作阶段

（1）美国策划师米利特（John D. Millett）提出策划过程不少于 3 个阶段：a. 设定一个目标或一个目的；b. 评价为实现这一目标所能使用的手段和资源；c. 为达到这一目标准备实施的计划。

（2）经济策划专家加洛韦（Ceorge B. Galloway）认为策划是为了达到目标的手段调整过程，他将策划工作的过程划分为 5 个阶段：a. 决定应追求的目标；b. 为解决问题进行调查研究；c. 发现思考点；d. 制定政策，从若干草案中选择最佳方案；e. 对所选方案作细致的执行计划与物资资源的利用方案。

（二）建筑策划的工作阶段

1. 明确建设目标　（由建设投资主体提出项目构成要素）

建设目标可细分为功能性目标、经济性目标及识别性目标。

2. 现状调查与分析

调查的内容可归纳为 4 个方面：建设基地的物理环境、非物理环境、建筑产品的市场接受度、建设投资人或开发企业的能力。

3. 寻找制约点（现状条件中对目标实现的制约点）

4. 产生创意、构想

创意、构想是建筑策划的价值核心，它要解决现实条件与建设目标的矛盾，是要具备创造性和突破性的，创意是建筑策划的灵魂。

5. 完善创意构想，形成策划方案

将创意成果体系化，按逻辑关系梳理成系统，以目标为核心整理，成为让别人能理解、能看到的策划方案。

6. 概念方案

建筑策划书中应包含概念方案，因为建筑师的语言是图，很多创意是很难用文字语言描述清楚的。一般情况下，美国的建筑策划是不包括概念性方案的，而我国的建筑策划并无统一或基本公认的模式。

（1）设计说明书，包括各专业设计说明及投资估算。

（2）总体布局应处理好各要素之间的平面及空间关系，包括场地功能分区、建筑布局、主要场地出入口、交通组织、景观与绿化分析；同时，要满足日照、绿色节能、环境保护、消防、人防及各类管线的要求。其中场地绿化是环境保护的重要措施，应遵守《环境保护部基本建设项目管理办法》（2012 年）的规定。

（3）单体或群体建筑的功能组合、使用方式与风格造型要满足人的行为要求，但人的活动规律受到环境的直接和间接影响。好的建筑立意，应从环境入手，充分做到人、功能与环境的统一。

（4）对结构选型、给水排水、供暖通风及空气调节、电气等设备系统进行分析。

（5）在综合技术经济指标计算中最主要的是建筑面积计算（参见《建筑工程建筑面积计算规范》GB/T 50353—2013 或本系列教材《第 5 分册　建筑经济 施工与设计业务管理》第二十五章建筑经济）。

7. 编写建筑策划书

一般建筑策划书包含下列内容：①概述；②市场调查与经济分析；③对建设目标的理解；④场地条件的分析与评价；⑤策划创意与构思；⑥概念方案及验证；⑦工程投资估算、建设周期安排；⑧结论与建议。

建筑策划书中应包括项目进度计划表，通常采用网络计划图法或甘特图表法。网络计划按代号的不同，可分为单代号和双代号网络计划。若按目标的多少，可分为单目标和多目标网络计划（图 1-5）。

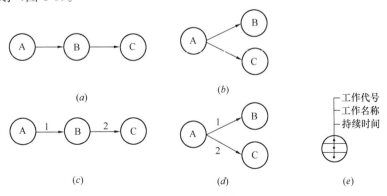

图 1-5　网络计划图

（a）单代号单目标；（b）单代号多目标；（c）双代号单目标；

（d）双代号多目标；（e）目标节点

建筑师及业主依靠实践经验安排建设周期，将整个工程时间进度顺序排定，争取达到工程建设的预期目标，并采用甘特图表示（表1-14）。

项目开发总体进度计划表　　　　　　　　表1-14

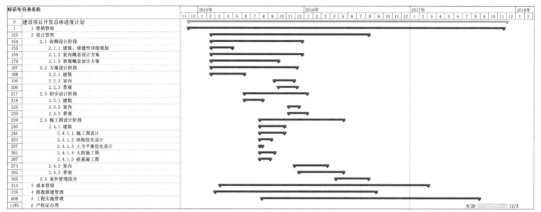

例1-11　（2004-22）建筑策划的主要任务是（　　　）。

A　收集基础资料和规划条件　　　　　　B　提出问题

C　确定工程任务书和初步设想　　　　　D　为解决专业问题提供办法

解析： 参见图1-3，建筑策划是根据项目建议书及设计基础资料，提出项目构成及总体构想，即确定工程任务书和初步设想，为进一步发展设计提供依据。

答案： C

例1-12　（2004-23）建筑策划不应满足以下哪种要求？

A　工程项目的任务书要求　　　　　　　B　业主对投资风险的分析

C　确定建筑物的平、立、剖面图设计　　D　工程进度的预测

解析： 参见上述关于建筑策划的内容，确定建筑的平、立、剖面图设计属于建筑方案设计业务范围。

答案： C

例1-13　（2001-29）在建筑策划阶段，城市规划部门要提出规划条件，下列哪一项通常不提？

A　建筑系数　　　　　　　　　　　　　B　建筑限高

C　容积率　　　　　　　　　　　　　　D　建筑层数

解析： 建筑系数是建筑占地系数的简称，建筑系数一般用于工业建筑。建筑系数＝（建筑物占地面积＋构筑物占地面积＋露天堆场占地面积）/项目用地面积×100%。建筑密度通常用于民用建筑。规划部门控制建筑的高度，不需要控制层数。

答案： D

第五节 绿色生态与环境保护

一、绿色生态城区

绿色生态城区是指在空间布局、基础设施、建筑、交通、生态和绿地、产业等方面，按照资源节约、环境友好的要求进行规划、建设、运营的城市建设区。

《绿色生态城区评价标准》GB/T 51255—2017（节选）

1.0.3 绿色生态城区评价应遵循因地制宜的原则，结合城区所在地域的气候、环境、资源、经济及文化等特点，对城区的土地利用、生态环境、绿色建筑、资源与碳排放、绿色交通、信息化管理、产业与经济、人文等元素进行综合评价。

3.1 基 本 要 求

3.1.1 绿色生态城区的评价应以城区为评价对象，并应明确规划用地范围。

3.1.2 绿色生态城区评价应分为规划设计评价、实施运管评价两个阶段。

3.1.3 绿色生态城区规划设计评价阶段应具备下列条件：

1 相关城市规划应符合绿色、生态、低碳发展要求，或城区已按绿色、生态、低碳理念编制完成绿色生态城区专项规划，并建立相应的指标体系；

2 城区内新建建筑应全面按现行国家标准《绿色建筑评价标准》GB/T 50378 中一星级及以上的标准执行；

3 制定规划设计评价后三年的实施方案。

3.1.4 绿色生态城区实施运管评价阶段应具备下列条件：

1 城区内主要道路、管线、公园绿地、水体等基础设施建成并投入使用；

2 城区内主要公共服务设施建成并投入使用；

3 城区内具备涵盖绿色生态城区主要实施运管数据的监测或评估系统；

4 比照批准的相关规划，规划方案实施完成率不低于 60%。

3.1.5 申请评价方应对城区绿色生态低碳发展建设情况进行经济技术分析，并提交相应分析、测试报告和相关文件，基本内容应包括：城区规模、交通系统、能源使用与生态建设，选用的技术、设备和材料，对规划、设计、施工、运管进行管控的情况。

3.1.6 评价机构应按本标准的有关要求，对申请评价方提交的报告、文件进行审查，并应进行现场考察，确定评价等级，出具评价报告。

3.2 评价与等级划分

3.2.1 绿色生态城区评价指标体系应包括土地利用、生态环境、绿色建筑、资源与碳排放、绿色交通、信息化管理、产业与经济、人文 8 类指标，以及技术创新。土地利用、生态环境、绿色建筑、资源与碳排放、绿色交通、信息化管理、产业与经济、人文等指标均应包括控制项和评分项，评分项总分应为 100 分。技术创新项应为加分项。

3.2.2 控制项的评定结果应为满足或不满足。评分项的评定结果应为根据条、款规定确定得分值或不得分。技术创新项的评定结果应为某得分值或不得分。

3.2.3 评价指标体系 8 类指标各自的评分项得分 Q_1、Q_2、Q_3、Q_4、Q_5、Q_6、Q_7、Q_8，应按参评城区的评分项实际得分值除以适用于该城区的评分项总分值再乘以 100 分计算。

3.2.4 技术创新项的附加得分 Q_{chx} 应按本标准第 12 章的有关规定确定。

3.2.5 绿色生态城区评价的总得分可按式（3.2.5）进行计算，其中评价指标体系 8 类指标评分项的权重 $W_1 \sim W_8$ 应按表 3.2.5 取值。

3.2.6 绿色生态城区评价应按总得分确定等级。绿色生态城区评价结果应分为一星级、二星级、三星级 3 个等级。3 个等级的绿色生态城区均应满足本标准所有控制项的要求。当绿色生态城区总得分分别达到 50 分、65 分、80 分时，绿色生态城区评价等级应分别为一星级、二星级、三星级。

关于绿色生态城区，需要大致了解以下三个方面的内容：

1. 土地利用

城区规划应注重土地功能的复合性，建设用地至少包含居住用地（R 类）、公共管理与公共服务设施用地（A 类）、商业服务业设施用地（B 类）等三类。

2. 生态环境

应制定城区地形地貌、生物多样性等自然生境和生态空间管理措施和指标。应制定城区大气、水、噪声、土壤等环境质量控制措施和指标。应实行雨污分流排水体制，城区生活污水收集处理率达到 100%。垃圾无害化处理率应达到 100%。应无黑臭水体。

3. 绿色交通

城区的交通规划应对降低交通碳排放与提高绿色交通出行提出指导性措施与总体控制指标。在规划设计阶段应制定城区或执行所在城市步行、自行车、公共交通、智能交通等交通专项规划。城区应建立相对独立、完整的步行及自行车系统，并采取有效的管理措施。

二、海绵城市

（一）海绵城市的建设原则与途径

海绵城市是指城市能够像海绵一样，在适应环境变化和应对自然灾害等方面具有良好的"弹性"。下雨时，吸水、蓄水、渗水、净水；需要时，将蓄存的水"释放"并加以利用。

海绵城市建设应遵循生态优先等原则，将自然途径与人工措施相结合，在确保城市排水防涝安全的前提下，最大限度地实现雨水在城市区域的积存、渗透和净化，促进雨水资源的利用和生态环境保护。在海绵城市建设过程中，应统筹自然降水、地表水和地下水的系统性，协调给水、排水等水循环利用的各个环节，并考虑其复杂性和长期性。

海绵城市的建设途径主要有以下几方面：

1. 对城市原有生态系统的保护

最大限度地保护原有的河流、湖泊、湿地、坑塘、沟渠等水生态敏感区；留有足够的涵养水源和足以应对较大强度降雨的林地、草地、湖泊和湿地；维持城市开发前的自然水文特征。这是海绵城市建设的基本要求。

2. 生态恢复和修复

对在传统粗放式的城市建设模式下，已经受到破坏的水体和其他自然环境，运用生态的手段进行恢复和修复，并维持一定比例的生态空间。

3. 低影响开发

按照对城市生态环境影响最低的开发建设理念，合理控制开发强度；在城市中保留足够的生态用地，控制城市的不透水面积比例，最大限度地减少对城市原有水生态环境的破坏；同时，根据需求适当开挖河湖沟渠，增加水域面积，促进雨水的积存、渗透和净化。

（二）低影响开发雨水系统的概念

低影响开发（Low Impact Development，LID）指在场地开发过程中采用源头、分散式措施维持场地开发前的水文特征，也称为低影响设计或低影响城市设计和开发（Low Impact Urban Design and Development，LIUDD）。其核心是维持场地开发前后水文特征不变，包括径流总量、峰值流量、峰现时间等（图1-6）。

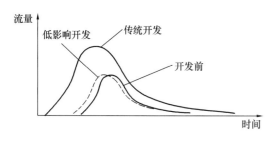

图1-6 低影响开发水文原理示意图

从广义来讲，低影响开发指在城市开发建设过程中采用源头削减、中途转输、末端调蓄等多种手段，通过渗、滞、蓄、净、用、排等多种技术，实现城市良性水文循环，提高对径流雨水的渗透、调蓄、净化、利用和排放能力，维持或恢复城市的"海绵"功能。

（三）海绵城市——低影响开发雨水系统的构建途径

海绵城市——低影响开发雨水系统的构建需统筹协调城市开发建设的各个环节。在城市各层级、各相关规划中均应遵循低影响开发理念，明确低影响开发的控制目标，结合城市开发区域或项目特点，确定相应的规划控制指标，落实低影响开发设施建设的主要内容。

设计阶段应对不同低影响开发设施及其组合进行科学合理的平面与竖向设计，在建筑与小区、城市道路、绿地与广场、水系等的规划建设中，应统筹考虑景观水体、滨水带等开放空间，建设低影响开发设施，构建低影响开发雨水系统。

低影响开发雨水系统的构建与所在区域的规划控制目标及水文、气象、土地利用条件等关系密切。因此，选择低影响开发雨水系统的流程、单项设施或其组合系统时，需要进行技术经济分析和比较，优化设计方案。低影响开发设施建成后应明确维护管理责任单位，落实设施管理人员，细化日常维护管理内容，确保低影响开发设施运行正常。

注：《海绵城市建设技术指南——低影响开发雨水系统构建（试行）》，以下简称《指南》。

1. 规划要求

城市人民政府应作为落实海绵城市——低影响开发雨水系统构建的责任主体，统筹协调规划、国土、排水、道路、交通、园林、水文等职能部门，在各相关规划编制过程中落实低影响开发雨水系统的建设内容。

城市总体规划应创新规划理念与方法，将低影响开发雨水系统作为新型城镇化和生态文明建设的重要手段。编制分区规划的城市应在总体规划的基础上，按低影响开发的总体要求和控制目标，将低影响开发雨水系统的相关内容纳入其分区规划中。

详细规划（控制性详细规划、修建性详细规划）应落实城市总体规划及相关专项（专业）规划确定的低影响开发控制目标与指标，因地制宜，落实涉及雨水渗、滞、蓄、净、用、排等用途的低影响开发设施用地；并结合用地功能和布局，分解和明确各地块单位面积控制容积、下沉式绿地率及其下沉深度、透水铺装率、绿色屋顶率等低影响开发主要控制指标，指导下层级规划设计或地块出让与开发。

低影响开发雨水系统的径流总量控制一般采用年径流总量控制率作为控制目标。年径流总量控制率与设计降雨量为一一对应关系，具体方法参见《指南》附录2。附录2同时给出了部分城市年径流总量控制率及其对应的设计降雨量。

（1）径流总量控制目标

自然地貌往往按照绿地考虑，一般情况下，绿地的年径流总量外排率为15％～20％（相当于年雨量径流系数为0.15～0.20）。因此，借鉴发达国家的实践经验，年径流总量最佳控制率为80％～85％。这一目标主要通过控制频率较高的中、小降雨事件来实现。以北京市为例，当年径流总量控制率为80％和85％时，对应的设计降雨量为27.3mm和33.6mm，分别对应约0.5年一遇和1年一遇的1小时降雨量。

（2）年径流总量控制率分区

《指南》未对年径流总量控制率提出统一的要求。对我国近200个城市1983～2012年日降雨量统计分析，分别得到各城市年径流总量控制率及其对应的设计降雨量值关系。基于上述数据分析，《指南》将我国大陆地区大致分为5个区，并给出了各区年径流总量控制率α的最低和最高限值，即Ⅰ区（85％≤α≤90％）、Ⅱ区（80％≤α≤85％）、Ⅲ区（75％≤α≤85％）、Ⅳ区（70％≤α≤85％）、Ⅴ区（60％≤α≤85％）。

注：Ⅰ区（拉萨、乌鲁木齐）、Ⅱ区（西安、太原、长春）、Ⅲ区（北京、上海、长沙）、Ⅳ区（武汉）、Ⅴ区（海口）。

（3）径流峰值控制目标

为保障城市安全，在低影响开发设施的建设区域，城市雨水管渠和泵站的设计重现期、径流系数等设计参数仍然应当按照《室外排水设计规范》GB 50014的相关标准执行。

（4）径流污染控制目标

应结合城市水环境质量要求、径流污染特征等确定径流污染综合控制目标和污染物指标，污染物指标可采用悬浮物（SS）、化学需氧量（COD）、总氮（TN）、总磷（TP）等。

2. 设计基本要求

城市建筑与小区、道路、绿地与广场、水系低影响开发雨水系统建设项目，应以相关职能主管部门、企事业单位作为责任主体，落实有关低影响开发雨水系统的设计。城市规划建设相关部门应在城市规划、施工图设计审查、建设项目施工、监理、竣工验收备案等管理环节，加强对低影响开发雨水系统建设情况的审查。《指南》的"建筑与小区"一节对场地设计的具体要求如下。

1）应充分结合现状地形地貌进行场地设计与建筑布局，保护并合理利用场地内原有的湿地、坑塘、沟渠等。

2）应优化不透水硬化面与绿地空间布局，建筑、广场、道路周边宜布置可消纳径流雨水的绿地。建筑、道路、绿地等竖向设计应有利于径流汇入低影响开发设施。

3）除应选择生物滞留设施、雨水罐、渗井等小型、分散的低影响开发设施外，还可结合集中绿地设计渗透塘、湿塘、雨水湿地等相对集中的低影响开发设施，并衔接整体场地竖向与排水设计。

4）景观水体补水、循环冷却水补水及绿化灌溉、道路浇洒用水的非传统水源宜优先选择雨水。按绿色建筑标准设计的建筑与小区，其非传统水源利用率应满足《绿色建筑评价标准》GB/T 50378的要求，其他建筑与小区宜参照该标准执行。

5）有景观水体的小区，景观水体宜具备雨水调蓄功能，景观水体的规模应根据降雨规律、水面蒸发量、雨水回用量等,通过全年水量平衡分析确定(详见《指南》第四章第八节)。

6)雨水进入景观水体之前应设置前置塘、植被缓冲带等预处理设施;同时,可采用植草沟转输雨水,以降低径流污染负荷。景观水体宜采用非硬质池底及生态驳岸,为水生动植物提供栖息或生长条件,并通过水生动植物对水体进行净化,必要时可采取人工土壤渗滤等辅助手段对水体进行循环净化。

《指南》在"设计程序、建筑与小区、城市道路、城市绿地与广场、城市水系、技术选择、设施规模计算"方面皆有详细规定。

低影响开发设施的规模应根据控制目标及设施在具体应用中发挥的主要功能,选择容积法、流量法或水量平衡法等方法通过计算确定。按照径流总量、径流峰值与径流污染综合控制目标进行设计的低影响开发设施,应综合运用以上方法进行计算,并选择其中较大的规模作为设计规模;有条件的可利用模型模拟的方法确定设施规模。

注:《指南》还提出了"工程建设、维护管理"方面的基本要求,本节不再详述。

3. 《海绵城市建设评价标准》 GB/T 51345—2018 内容简述

海绵城市的建设效果应从项目建设与实施的有效性及能否实现海绵效应等方面进行评价,评价内容与要求应符合《海绵城市建设评价标准》GB/T 51345—2018 表 4.0.1 的规定,7 项评价内容如下:

(1)年径流总量控制率及径流体积控制。

(2)源头减排项目实施的有效性(建筑小区,道路、停车场及广场,公园与防护绿地)。

(3)路面积水控制与内涝防治。

(4)城市水体环境质量。

(5)自然生态格局管控与水体生态性岸线保护。

(6)地下水埋深变化趋势。

(7)城市热岛效应缓解。

三、绿色建筑

绿色建筑是指在全寿命期内,节约资源、保护环境、减少污染,为人们提供健康、适用、高效的使用空间,最大限度地实现人与自然和谐共生的高质量建筑。

绿色建筑的评价是以"四节一环保"为基本约束,以"以人为本"为核心要求,对建筑的安全耐久、健康舒适、生活便利、资源节约、环境宜居等方面的性能进行综合评价。

《绿色建筑评价标准》GB/T 50378—2019(节选)

1.0.3 绿色建筑评价应遵循因地制宜的原则,结合建筑所在地域的气候、环境、资源、经济和文化等特点,对建筑全寿命期内的安全耐久、健康舒适、生活便利、资源节约、环境宜居等性能进行综合评价。

1.0.4 绿色建筑应结合地形地貌进行场地设计与建筑布局,且建筑布局应与场地的气候条件和地理环境相适应,并应对场地的风环境、光环境、热环境、声环境等加以组织和利用。

3 基 本 规 定

3.1 一般规定

3.1.1 绿色建筑评价应以单栋建筑或建筑群为评价对象。评价对象应落实并深化上位法定规划及相关专项规划提出的绿色发展要求；涉及系统性、整体性的指标，应基于建筑所属工程项目的总体进行评价。

3.1.2 绿色建筑评价应在建筑工程竣工后进行。在建筑工程施工图设计完成后，可进行预评价。

3.1.3 申请评价方应对参评建筑进行全寿命期技术和经济分析，选用适宜技术、设备和材料，对规划、设计、施工、运行阶段进行全过程控制，并应在评价时提交相应分析、测试报告和相关文件。申请评价方应对所提交资料的真实性和完整性负责。

3.1.4 评价机构应对申请评价方提交的分析、测试报告和相关文件进行审查，出具评价报告，确定等级。

3.1.5 申请绿色金融服务的建筑项目，应对节能措施、节水措施、建筑能耗和碳排放等进行计算和说明，并应形成专项报告。

3.2 评价与等级划分

3.2.1 绿色建筑评价指标体系应由安全耐久、健康舒适、生活便利、资源节约、环境宜居5类指标组成，且每类指标均包括控制项和评分项；评价指标体系还统一设置加分项。

3.2.2 控制项的评定结果应为达标或不达标；评分项和加分项的评定结果应为分值。

3.2.3 对于多功能的综合性单体建筑，应按本标准全部评价条文逐条对适用的区域进行评价，确定各评价条文的得分。

3.2.4 绿色建筑评价的分值设定应符合表3.2.4的规定。

3.2.5 绿色建筑评价的总得分应按下式进行计算：

$$Q = (Q_0 + Q_1 + Q_2 + Q_3 + Q_4 + Q_5 + Q_A)/10 \qquad (3.2.5)$$

式中　Q——总得分；

　　　Q_0——控制箱基础分值，当满足所有控制项的要求时取400分；

　　　$Q_1 \sim Q_5$——分别为评价指标体系5类指标（安全耐久、健康舒适、生活便利、资源节约、环境宜居）评分项得分；

　　　Q_A——提高与创新加分项得分。

3.2.6 绿色建筑划分应为基本级、一星级、二星级、三星级4个等级。

3.2.7 当满足全部控制项要求时，绿色建筑等级应为基本级。

3.2.8 绿色建筑星级等级应按下列规定确定：

　1 一星级、二星级、三星级3个等级的绿色建筑均应满足本标准全部控制项的要求，且每类指标的评分项得分不应小于其评分项满分值的30%；

　2 一星级、二星级、三星级3个等级的绿色建筑均应进行全装修，全装修工程质量、选用材料及产品质量应符合国家现行有关标准的规定；

　3 当总得分分别达到60分、70分、85分且应满足表3.2.8的要求时，绿色建筑等级分别为一星级、二星级、三星级。

8 环 境 宜 居

Ⅰ 场地生态与景观

8.2.1 充分保护或修复场地生态环境，合理布局建筑及景观，评价总分值为10分，并按下列规则评分：

1 保护场地内原有的自然水域、湿地、植被等，保持场地内的生态系统与场地外生态系统的连贯性，得10分。

2 采取净地表层土回收利用等生态补偿措施，得10分。

3 根据场地实际状况，采取其他生态恢复或补偿措施，得10分。

8.2.2 规划场地地表和屋面雨水径流，对场地雨水实施外排总量控制，评价总分值为10分。场地年径流总量控制率达到55%，得5分；达到70%，得10分。

8.2.3 充分利用场地空间设置绿化用地，评价总分值为16分，并按下列规则评分：

1 住宅建筑按下列规则分别评分并累计：

　1）绿地率达到规划指标105%及以上，得10分；

　2）住宅建筑所在居住街坊内人均集中绿地面积，按表8.2.3的规则评分，最高得6分。

2 公共建筑按下列规则分别评分并累计：

　1）公共建筑绿地率达到规划指标105%及以上，得10分；

　2）绿地向公众开放，得6分。

8.2.5 利用场地空间设置绿色雨水基础设施，评价总分值为15分，并按下列规则分别评分并累计：

1 下凹式绿地、雨水花园等有调蓄雨水功能的绿地和水体的面积之和占绿地面积的比例达到40%，得3分；达到60%，得5分；

2 衔接和引导不少于80%的屋面雨水进入地面生态设施，得3分；

3 衔接和引导不少于80%的道路雨水进入地面生态设施，得4分；

4 硬质铺装地面中透水铺装面积的比例达到50%，得3分。

Ⅱ　室 外 物 理 环 境

8.2.6 场地内的环境噪声优于现行国家标准《声环境质量标准》GB 3096的要求，评价总分值为10分，并按下列规则评分：

1 环境噪声值大于2类声环境功能区标准限值，且小于或等于3类声环境功能区标准限值，得5分。

2 环境噪声值小于或等于2类声环境功能区标准限值，得10分。

8.2.7 建筑及照明设计避免产生光污染，评价总分值为10分，并按下列规则分别评分并累计：

1 玻璃幕墙的可见光反射比及反射光对周边环境的影响符合《玻璃幕墙光热性能》GB/T 18091的规定，得5分；

2 室外夜景照明光污染的限制符合现行国家标准《室外照明干扰光限制规范》GB/T 35626和现行行业标准《城市夜景照明设计规范》JGJ/T 163的规定，得5分。

《民用建筑绿色设计规范》JGJ/T 229—2010节选

3 基 本 规 定

3.0.1 绿色设计应综合建筑全寿命周期的技术与经济特性，采用有利于促进建筑与环境可持续发展的场地、建筑形式、技术、设备和材料。

3.0.2 绿色设计应体现共享、平衡、集成的理念。在设计过程中，规划、建筑、结构、给水排水、暖通空调、燃气、电气与智能化、室内设计、景观、经济等各专业应紧密配合。

3.0.3 绿色设计应遵循因地制宜的原则，结合建筑所在地域的气候、资源、生态环境、经济、人文等特点进行。

3.0.4 民用建筑绿色设计应进行绿色设计策划。

3.0.5 方案和初步设计阶段的设计文件应有绿色设计专篇，施工图设计文件中应注明对绿色建筑施工与建筑运营管理的技术要求。

3.0.6 民用建筑在设计理念、方法、技术应用等方面应积极进行绿色设计创新。

4 绿色设计策划

4.2.1 绿色设计策划应包括下列内容：

1 前期调研；

2 项目定位与目标分析；

3 绿色设计方案；

4 技术经济可行性分析。

4.2.2 前期调研应包括下列内容：

1 场地调研：包括地理位置、场地生态环境、场地气候环境、地形地貌、场地周边环境、道路交通和市政基础设施规划条件等；

2 市场调研：包括建设项目的功能要求、市场需求、使用模式、技术条件等；

3 社会调研：包括区域资源、人文环境、生活质量、区域经济水平与发展空间、公众意见与建议、当地绿色建筑激励政策等。

4.2.3 项目定位与目标分析应包括下列内容：

1 明确项目自身特点和要求；

2 确定达到现行国家标准《绿色建筑评价标准》GB/T 50378 或其他绿色建筑相关标准的相应等级或要求；

3 确定适宜的实施目标，包括节地与室外环境的目标、节能与能源利用的目标、节水与水资源利用的目标、节材与材料资源利用的目标、室内环境质量的目标、运营管理的目标等。

4.2.4 绿色设计方案的确定宜符合下列要求：

1 优先采用被动设计策略；

2 选用适宜、集成技术；

3 选用高性能建筑产品和设备；

4 当实际条件不符合绿色建筑目标时，可采取调整、平衡和补充措施。

4.2.5 经济技术可行性分析应包括下列内容：

1 技术可行性分析；

2 经济效益、环境效益与社会效益分析；

3 风险评估。

5 场地与室外环境

5.4.3 场地声环境设计应符合现行国家标准《声环境质量标准》GB 3096 的规定。应对场地周边的噪声现状进行检测，并应对项目实施后的环境噪声进行预测，当存在超过标准的噪声源时，应采取下列措施：

1 噪声敏感建筑物应远离噪声源；

2 对固定噪声源，应采用适当的隔声和降噪措施；

3 对交通干道的噪声，应采取设置声屏障或降噪路面等措施。

5.4.4 场地设计时，宜采取下列措施改善室外热环境：

1 种植高大乔木为停车场、人行道和广场等提供遮阳；

2 建筑物表面宜为浅色，地面材料的反射率宜为 0.3～0.5，屋面材料的反射率宜为 0.3～0.6；

3 采用立体绿化、复层绿化，合理进行植物配置，设置渗水地面，优化水景设计；

4 室外活动场地、道路铺装材料的选择除应满足场地功能要求外，宜选择透水性铺装材料及透水铺装构造。

6 建筑设计与室内环境

6.1.1 建筑设计应按照被动措施优先的原则，优化建筑形体和内部空间布局，充分利用天然采光、自然通风，采用围护结构保温、隔热、遮阳等措施，降低建筑的采暖、空调和照明系统的负荷，提高室内舒适度。

6.1.2 根据所在地区地理与气候条件，建筑宜采用最佳朝向或适宜朝向。当建筑处于不利朝向时，宜采取补偿措施。

6.1.3 建筑形体设计应根据周围环境、场地条件和建筑布局，综合考虑场地内外建筑日照、自然通风与噪声等因素，确定适宜的形体。

6.1.4 建筑造型应简约，并应符合下列要求：

1 应符合建筑功能和技术的要求，结构及构造应合理；

2 不宜采用纯装饰性构件；

3 太阳能集热器、光伏组件及具有遮阳、导光、导风、载物、辅助绿化等功能的室外构件应与建筑进行一体化设计。

6.2.1 建筑设计应提高空间利用效率，提倡建筑空间与设施的共享。在满足使用功能的前提下，宜减少交通等辅助空间的面积，并宜避免不必要的高大空间。

6.2.2 建筑设计应根据功能变化的预期需求，选择适宜的开间和层高。

6.2.3 建筑设计应根据使用功能要求，充分利用外部自然条件，并宜将人员长期停留的房间布置在有良好日照、采光、自然通风和视野的位置，住宅卧室、医院病房、旅馆客房等空间布置应避免视线干扰。

6.2.4 室内环境需求相同或相近的空间宜集中布置。

四、环境保护与规划

（一）环境保护简述

1. 环境

指影响人类生存和发展的各种天然的和经过人工改造的自然因素的总体；包括大气、水、海洋、土地、矿藏、森林、草原、野生生物、自然遗迹、人文遗迹、自然保护区、风景名胜区、城市和乡村等。

2. 环境保护

指有关防止自然环境恶化，改善环境，使之适用于人类劳动和生活的工作。

3. 法律规定

（1）建设污染环境的项目，必须遵守国家有关建设项目环境保护管理的规定。

（2）建设项目的环境影响报告书，必须对建设项目产生的污染和对环境的影响做出评价，规定防治措施，经项目主管部门预审并依照规定的程序报环境保护行政主管部门批准。

（3）建设项目中防治污染的设施，必须与主体工程同时设计、同时施工、同时投产使用。防治污染的设施必须经原审批环境影响报告书的环境保护行政主管部门验收合格后，该建设项目方可投入生产或者使用。

注：《中华人民共和国环境保护法》。

（二）环境风险

1. 环境风险

指突发性事故对环境造成的危害程度及可能性。

2. 环境风险潜势

对建设项目潜在环境危害程度的概化分析表达，是基于建设项目涉及的物质和工艺系统危险性及其所在地环境敏感程度的综合表征。

3.《建设项目环境风险评价技术导则》 HJ 169—2018 内容简述

为贯彻《中华人民共和国环境保护法》和《中华人民共和国环境影响评价法》，规范环境风险评价工作，加强环境风险防控，制定本标准（以下简称《导则》）。《导则》规定了建设项目环境风险评价的一般性原则、内容、程序和方法。

环境风险评价应以突发性事故导致的危险物质环境急性损害防控为目标，对建设项目的环境风险进行分析、预测和评估，提出环境风险预防、控制、减缓措施，明确环境风险监控及应急建议要求，为建设项目环境风险防控提供科学依据。

环境风险评价工作等级划分为一级、二级、三级。根据建设项目涉及的物质及工艺系统危险性和所在地的环境敏感性确定环境风险潜势，按照表 1-15 确定评价工作等级。风险潜势为Ⅳ及以上，进行一级评价；风险潜势为Ⅲ，进行二级评价；风险潜势为Ⅱ，进行三级评价；风险潜势为Ⅰ，可开展简单分析。

评价工作等级划分　　　　　　　　　　　　　　　　表 1-15

环境风险潜势	Ⅳ、Ⅳ⁺	Ⅲ	Ⅱ	Ⅰ
评价工作等级	一	二	三	简单分析[a]

注：a 是相对于详细评价工作而言，在描述危险物质、环境影响途径、环境危害后果、风险防范措施等方面给出定性的说明。见《导则》附录 A。

（三）环境规划

1. 城市环境规划

主要包括城市生态空间规划和城市环境保护规划；规划范围应包括市域、城市规划区或城镇开发边界两个层次范围。

（1）城市生态空间规划包括城市生态空间、生态控制线、城市生态修复。

（2）城市环境保护规划包括城市的水环境、大气环境、声环境、土壤环境、固体废物及其他污染，共 6 个方面。

2. 城市绿线

是城市规划确定的各类绿地范围的控制线。城市绿线应分为现状绿线、规划绿线和生态控制线。绿线应为闭合线。

3. 自然保护区

是指对有代表性的自然生态系统、珍稀濒危野生动植物物种的天然集中分布区、有特殊意义的自然遗迹等保护对象所在的陆地、陆地水体或者海域，依法划出一定面积予以特殊保护和管理的区域。

（1）在自然保护区的核心区和缓冲区内，不得建设任何生产设施。

（2）在自然保护区的实验区内，不得建设污染环境、破坏资源或景观的生产设施；建设其他项目，其污染物排放不得超过国家和地方规定的污染物排放标准。

（3）在自然保护区的外围保护地带建设的项目，不得损害自然保护区内的环境质量。

4. 历史文化环境的保护规划

主要是对历史文化名城、历史文化街区、文物保护单位及历史建筑的保护规划，以及非历史文化名城的历史城区、历史地段、文物古迹等的保护规划。保护规划必须应保尽保，并应遵循下列原则：

（1）保护历史真实载体的原则。

（2）保护历史环境的原则。

（3）合理利用、永续发展的原则。

（4）统筹规划、建设、管理的原则。

注：《城市环境规划标准》GB/T 51329—2018、《城市绿线划定技术规范》GB/T 51163—2016、《自然保护区条例》（2017 年 10 月 7 日修改）、《历史文化名城保护规划标准》GB/T 50357—2018。

5. 古树名木保护

《城市古树名木保护管理办法》（建城〔2000〕192 号）（节选）

第三条　本办法所称的古树，是指树龄在一百年以上的树木。本办法所称的名木，是指国内外稀有的以及具有历史价值和纪念意义及重要科研价值的树木。

第四条　古树名木分为一级和二级。凡树龄在 300 年以上，或者特别珍贵稀有，具有重要历史价值和纪念意义，重要科研价值的古树名木，为一级古树名木；其余为二级古树名木。

第十二条　任何单位和个人不得以任何理由、任何方式砍伐和擅自移植古树名木。

因特殊需要，确需移植二级古树名木的，应当经城市园林绿化行政主管部门和建设行政主管部门审查同意后，报省、自治区建设行政主管部门批准；移植一级古树名木的，应经省、自治区建设行政主管部门审核，报省、自治区人民政府批准。

直辖市确需移植一、二级古树名木的，由城市园林绿化行政主管部门审核，报城市人民政府批准移植所需费用，由移植单位承担。

第六节　建筑经济与建设工程项目管理

一、经济分析简述

经济分析的核心内容是经济评价。经济评价是在拟定的建设工程项目方案、投资估算和融资方案的基础上，对项目方案计算期内各种有关技术经济因素和方案投入、产出的有关财务、经济数据进行调查、分析、预测，对工程项目方案的经济效果进行计算和评价。

建筑工程的技术经济指标是评价和衡量某项工程设计是否经济合理的重要标准之一。在新建或扩建类工程项目立项、编制可行性研究报告中，它是估算建设投资、审核概算的基础；同时，也是有关主管部门和建设单位掌握各项经济指标、确立经济概念、进行建设宏观决策的参考依据。

技术经济指标从内容上可分为反映建设项目总体特征的技术经济指标、反映单项工程特征的技术经济指标、反映单位工程特征的技术经济指标。从形式上可分为单位造价类指标、单位三材消耗类指标、投资或费用构成比例类指标、相对造价类指标。

对工程项目方案经济效果的评价，一方面取决于基础数据的完整性和可靠性，另一方面则取决于所选取的评价指标体系的合理性。按是否考虑资金的时间价值，可将经济评价指标分为两类：静态经济评价指标（不考虑时间价值）和动态经济评价指标。

注：1. "建设项目的经济评价"可参见第一章第一节"一、基本建设程序"；
　　2. 除建设工程造价条件外，对其他条件因素的分析参见本书第一章、第二章的其他节。

二、建设工程计价

建设项目总投资包括固定资产和流动资产两部分，建设项目总投资中的固定资产投资与建设项目的工程造价在量上是相等的。建设工程造价具有单件性计价、多次性计价、按工程结构的分布组合计价的特点。按照规定的建设程序，分阶段进行建设时，应依据建设程序中各个设计和建设阶段进行多次性计价，如图1-7所示。

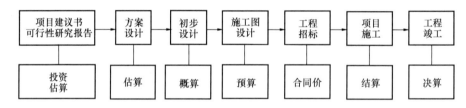

图1-7　工程多次性计价示意图

按工程构成的分部组合计价，决定了工程造价计价的过程是一个逐步组合的过程。其计算过程和计算顺序是：分部分项工程单价→单位工程造价→单项工程造价→建设项目总造价。

注：建设工程定额是指在正常施工条件、合理的施工工艺和施工组织的条件下，完成一定计量单位的合格建筑产品，所必须消耗的人工、材料、机械设备等资源及其资金的数量标准。

《建设工程造价咨询规范》GB/T 51095—2015（节选）

4.2 投资估算编制

4.2.2 项目建议书阶段的投资估算可采用生产能力指数法、系数估算法、比例估算法、指标估算法或混合法进行编制；可行性研究阶段的投资估算宜采用指标估算法进行编制。

5.2 设计概算编制

5.2.11 各子目综合单价的计算可采用概算定额法和概算指标法。

条文说明　**5.3** 施工图预算编制

5.3.1 施工图预算一般只针对建筑或安装两大类按单位工程编制施工图预算。但也可按照委托合同的要求，参照估算和概算的编制方法，汇总编制施工图综合预算和总预算。其编制所采用的表格形式、项目内容及各项费用组成，可按照综合概算和总概算的编制方法进行汇总编制。

投资估算指标对应的单价应采用全费用综合单价，应包括人工费、材料费、施工机械费等直接费，以及管理费、利润、规费和税金等间接费。

三、建设工程造价

（一）基本术语

1. 招标工程签约合同价

是指中标价或其修正价。

2. 非招标工程签约合同价

是指双方按发承包工程范围，在合同签订过程中商谈约定的价格。

签约合同价包括分部分项工程费、措施项目费、其他项目费、规费和税金的合同总金额。

3. 工程竣工决算

以实物数量和货币指标为计量单位，综合反映竣工建设项目全部建设费用、建设成果和财务状况的总结性文件。工程竣工决算依据应包括合同文件、工程竣工结算书、设计变更文件及经济签证等。可参见《建设项目工程竣工决算编制规程》CECA/GC 9—2013、《建设项目工程结算编审规程》CECA/GC 3—2010、《建设工程项目管理规范》GB/T 50326—2017、《建设工程造价咨询规范》GB/T 51095—2015。

4. 工程结算

发承包双方依据约定的合同价款的确定和调整以及索赔等事项，对合同范围内部分完成、中止、竣工工程项目进行计算和确定工程价款的文件（也可参见《工程造价术语标准》GB/T 50875—2013 第 3.4.9 条）。

5. 竣工结算

承包人按照合同约定的内容完成全部工作，经发包人或有关机构验收合格后，发承包双方依据约定的合同价款的确定和调整以及索赔等事项，最终计算和确定竣工项目工程价款的文件（也可参见《工程造价术语标准》GB/T 50875—2013 第 3.4.10 条）。按委托内容可分为建设项目的竣工结算、单项工程竣工结算及单位工程竣工结算。

（二）建设工程造价

1. 工程造价

工程项目在建设期预计或实际支出的建设费用，有如下两层含义：

第一层含义，从业主的角度看，是指进行某项工程建设花费的全部费用。

第二层含义，从承包者的角度看，是指为建成一项工程，预计或实际在土地、设备、技术、劳务以及承包等市场交易活动中，形成的建筑安装工程价格和建设工程总价格。

《工程造价术语标准》GB/T 50875—2013 条文说明第 2.1.1 条，工程造价是指工程项目从投资决策开始到竣工投产所需的建设费用，可以指建设费用中的某个组成部分，如建筑安装工程费，也可以是所有建设费用的总和，如建设投资和建设期利息之和。工程造价按照工程项目所指范围的不同，可以是一个建设项目的造价，一个或多个单项工程或单位工程的造价，以及一个或多个分部分项工程的造价。工程造价在工程建设的不同阶段有具体的称谓，如投资决策阶段为投资估算，设计阶段为设计概算、施工图预算，招投标阶段为招标控制价、投标报价、合同价，施工阶段为竣工结算等。在合同价形成之前都是一种预期的价格，在合同价形成并履行后则成为实际费用。

建设工程造价咨询虽然不在建筑师的业务范围内，但可以简单了解一下《建设工程造价咨询规范》GB/T 51095—2015 的逻辑框架，如图 1-8 所示。

建设工程造价在建筑经济中是指建设投资，一个建设项目的总投资由建设投资和项目

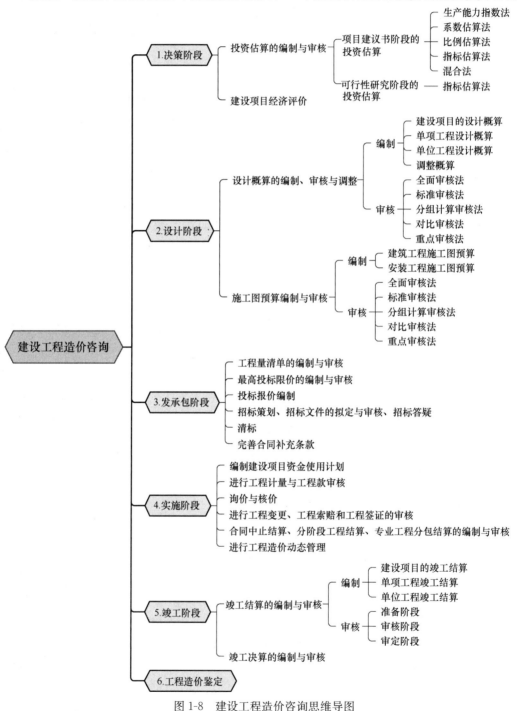

图 1-8　建设工程造价咨询思维导图

建成投产后所需全部流动资金（总额的 30% 为铺底流动资金）两大部分组成。

2. 建设项目总投资

建设项目总投资是指为完成工程项目建设并达到使用要求或生产条件，在建设期内预计或实际投入的全部费用的总和。建设投资是指为完成工程项目建设，在建设期内投入且形成现金流出的全部费用。

建设项目总投资的构成如图 1-9 所示。

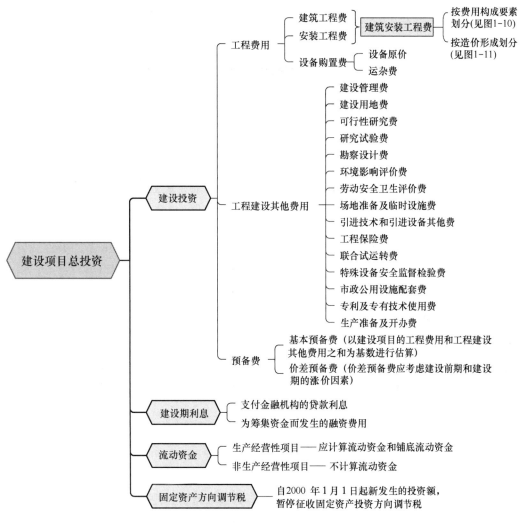

图 1-9　建设项目总投资示意图

此外还需注意《建筑安装工程费用项目组成》（建标〔2013〕44 号）的规定：

（1）建筑安装工程费用项目按费用构成要素组成，划分为人工费、材料费、施工机具使用费、企业管理费、利润、规费和税金。

（2）为指导工程造价专业人员计算建筑安装工程造价，将建筑安装工程费用按工程造价形成顺序，划分为分部分项工程费、措施项目费、其他项目费、规费和税金（即建设工程发承包及实施阶段的工程造价）。

具体内容详见本套教材《第 5 分册 建筑经济 施工与设计业务管理》第二十五章建筑经济。并应符合《建设工程工程量清单计价规范》GB 50500—2013 及《建设工程造价咨询规范》GB/T 51095—2015 的相关规定。

注：

1. 工程量清单是指载明建设工程分部分项工程项目、措施项目、其他项目的名称和相应数量以及规费、税金项目等内容的明细清单。

2.《建设工程工程量清单计价规范》GB 50500—2013 第 7.1.3 条规定：实行工程量清单计价的工程，应采用单价合同；建设规模较小、技术难度较低、工期较短且施工图设计已审查批准的建设工程可采用**总价合同**。

3.《建设工程造价咨询规范》GB/T 51095—2015 第 8.2.5 条规定：施工合同类型可分为总价合同、单价合同、成本加酬金合同。

总价合同是指发承包双方以**施工图及其预算**和有关条件进行合同价款计算、调整和确认的施工合同。单价合同是指发承包双方约定以工程量清单及其综合单价进行合同价款计算、调整和确认的施工合同。

4. 一般对于建筑工程设计文件编制的要求：方案设计提供总投资估算表，初步设计提供概算书（单独成册），施工图设计提供工程预算书（合同要求时）。

5. 为了使建设项目概、预算的编制项目清楚、费用明晰，一般将基本建设项目分为单项工程、单位工程、分部工程、分项工程以及其他工程费用项目。一个单位工程可以是一个建筑工程或设备与安装工程，因此也被称为"建安工程"。

6. "单位工程"在不同规范中的定义不同，可参考本章第一节"一、基本建设程序"的相关内容。

四、建筑安装工程费

建筑安装工程费是指为完成工程项目建造、生产性设备及配套工程安装所需的费用。建筑安装工程费按照专业工程类别分为建筑工程费和安装工程费，如图 1-9 所示。

建筑工程费在民用建筑中还应包括电气、采暖、通风空调、给水排水、通信及建筑智能化等建筑设备及其安装工程费。

安装工程费是指用于设备、工器具、交通运输设备、生产家具等的安装或组装，以及配套工程安装而发生的全部费用。

建筑安装工程费用项目可按费用的构成要素组成，划分为人工费、材料费、施工机具使用费、企业管理费、利润、规费和税金（图 1-10）。

为指导工程造价专业人员计算建筑安装工程造价，将建筑安装工程费用按工程造价形成顺序，划分为分部分项工程费、措施项目费、其他项目费、规费和税金（图 1-11）。

五、建设工程项目管理

建设工程项目管理是指运用系统的理论和方法，对建设工程项目进行的计划、组织、指挥、协调和控制等专业化活动，简称为项目管理。现行国家规范主要有《建设工程项目管理规范》GB/T 50326—2017 与《建设项目工程总承包管理规范》GB/T 50358—2017。

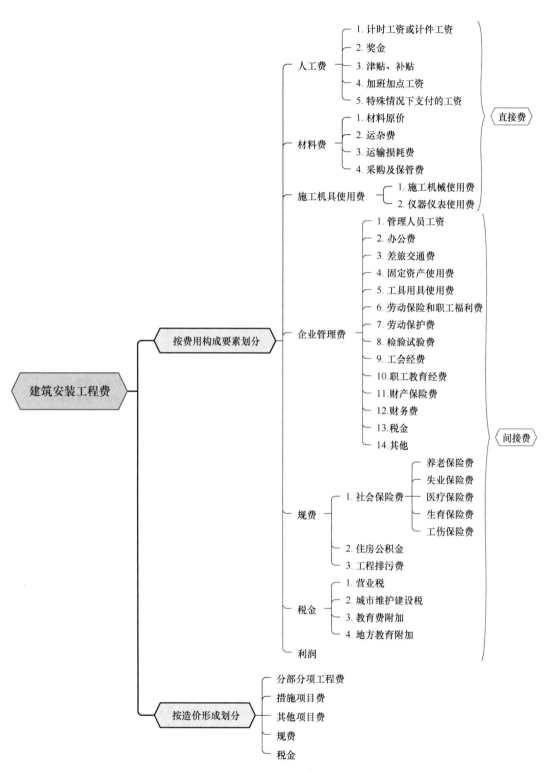

图 1-10　按费用构成要素组成划分

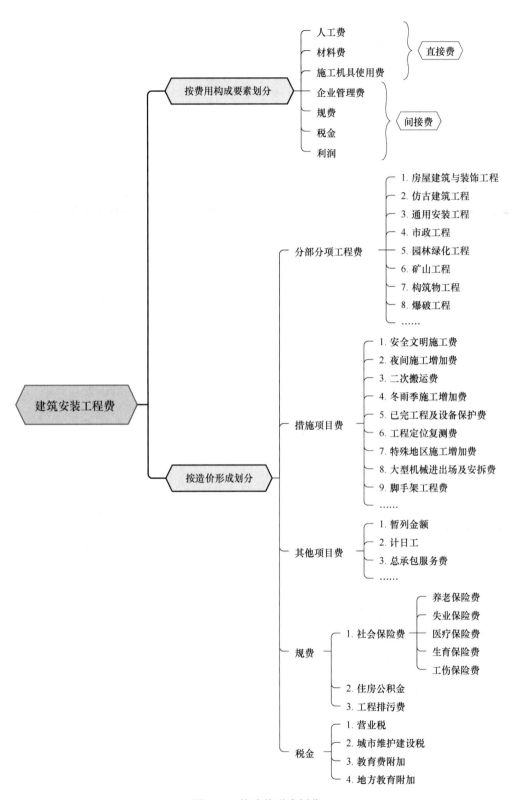

図 1-11　按造价形成划分

《建设工程项目管理规范》GB/T 50326—2017（节选）

8.2　设计管理

8.2.1　设计管理应根据项目实施过程，划分下列阶段：

1　项目方案设计；

2　项目初步设计；

3　项目施工图设计；

4　项目施工；

5　项目竣工验收与竣工图；

6　项目后评价。

8.2.2　组织应依据项目需求和相关规定组建或管理设计团队，明确设计策划，实施项目设计、验证、评审和确认活动，或组织设计单位编写设计报审文件，并审查设计人提交的设计成果，提出设计评估报告。

8.2.3　项目方案设计阶段，项目管理机构应配合建设单位明确设计范围、划分设计界面、设计招标工作，确定项目设计方案，做出投资估算，完成项目方案设计任务。

8.2.4　项目初步设计阶段，项目管理机构应完成项目初步设计任务，做出设计概算，或对委托的设计承包人初步设计内容实施评审工作，并提出勘察工作需求，完成地勘报告申报管理工作。

8.2.5　项目施工图设计阶段，项目管理机构应根据初步设计要求，组织完成施工图设计或审查工作，确定施工图预算，并建立设计文件收发管理制度和流程。

8.2.6　项目施工阶段，项目管理机构应编制施工组织设计，组织设计交底、设计变更控制和深化设计，根据施工需求组织或实施设计优化工作，组织关键施工部位的设计验收管理工作。

8.2.7　项目竣工验收与竣工图阶段，项目管理机构应组织项目设计负责人参与项目竣工验收工作，并按照约定实施或组织设计承包人对设计文件进行整理归档，编制竣工决算，完成竣工图的编制、归档、移交工作。

8.2.8　项目后评价阶段，项目管理机构应实施或组织设计承包人针对项目决策至项目竣工后运营阶段设计工作进行总结，对设计管理绩效开展后评价工作。

9.2　进度计划

9.2.1　项目进度计划编制依据应包括下列主要内容：

1　合同文件和相关要求；

2　项目管理规划文件；

3　资源条件、内部与外部约束条件。

9.2.2　组织应提出项目控制性进度计划。项目管理机构应根据组织的控制性进度计划，编制项目的作业性进度计划。

9.2.2　条文说明

控制性进度计划可包括以下种类：

1　项目总进度计划；

2　分阶段进度计划；

3　子项目进度计划和单体进度计划；

4 年（季）度计划。

作业性进度计划可包括下列种类：

1 分部分项工程进度计划；

2 月（周）进度计划。

9.2.3 各类进度计划应包括下列内容：

1 编制说明；

2 进度安排；

3 资源需求计划；

4 进度保证措施。

《建设项目工程总承包管理规范》GB/T 50358—2017（节选）

4.3.3 项目管理计划应包括下列主要内容：

1 项目概况；

2 项目范围；

3 项目管理目标；

4 项目实施条件分析；

5 项目的管理模式、组织机构和职责分工；

6 项目实施的基本原则；

7 项目协调程序；

8 项目的资源配置计划；

9 项目风险分析与对策；

10 合同管理。

习 题

1-1 **(2019-001)** 下列对指定城市建设用地前期资料收集的说法，错误的是（ ）。

A 应收集其相邻建设用地的现状建筑状况，不需要考虑相邻用地在控规中的用地性质及用地指标

B 地震地区应收集地块及周边地震断裂带的资料

C 应收集地块周边的市政条件状况及地块内的原有各类管线情况

D 应收集项目所在地主导风向的相关资料

1-2 **(2019-004)** 建设用地内的二级古树因特殊需要确需移植，可采取的处理方式是（ ）。

A 经省、自治区建设行政主管部门审核后，报省、自治区人民政府批准移植

B 经城市园林绿化行政主管部门和建设行政主管部门审查同意后，报省、自治区建设行政主管部门批准移植

C 经城市园林绿化行政主管部门批准移植

D 由建设单位主管部门批准移植

1-3 **(2019-013)** 关于代征用地的说法，正确的是（ ）。

A 代征用地纳入建设用地容积率的核算范围

B 代征用地纳入建设用地的规划范围

C 代征用地纳入建设用地建筑密度的核算范围

D 代征用地纳入建设单位代为拆迁的范围

1-4 **(2019-014)** 关于民用建筑绿色设计原则的说法，错误的是(　　)。

A　优先采用主动技术策略

B　选用适宜、集成技术体系

C　选用高性能建筑产品和设备

D　当实际条件不符合绿色建筑目标时，可采取调整、平衡和补充措施

1-5 **(2019-015)** 开展装配式建筑工程技术策划的最适宜阶段是(　　)。

A　方案设计阶段

B　初步设计阶段

C　施工图设计阶段

D　施工图设计后的专项设计阶段

1-6 **(2019-016)** 中小学校的建设选址要求中，错误的是(　　)。

A　严禁建设在暗河地段

B　严禁建设在地质塌裂的地段

C　高压电线严禁跨越校园

D　校园应远离社区医院门诊楼

1-7 **(2019-017)** 居住区按照居民在合理的步行距离内满足基本生活需求的原则进行分级，其中十分钟生活圈居住区的步行距离应控制在(　　)。

A　1500m

B　800～1000m

C　500m

D　300m

1-8 **(2019-018)** 不适合作为避难场所选址的是(　　)。

A　居住小区内的花园、空地

B　高压线走廊区域的绿化、空地

C　稳定年限较长的地下采空区

D　体育场馆

1-9 **(2019-019)** 以下基地与城市道路的关系，错误的是(　　)。

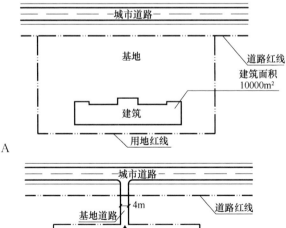

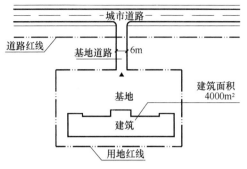

C

D

1-10 **(2019-021)** 建设项目选址的主要依据是(　　)。

A 立项报告
B 与城市规划布局的协调
C 环境评估报告
D 项目可行性报告

1-11 **(2019-022)** 关于老年人照料设施选址与建造要求的说法，错误的是(　　)。

A 应设在日照充足、通风良好的地段

B 应设在交通方便、基础设施完善、方便使用公共服务设施的地段

C 其公共活动用房、康复和医疗用房可设在地下一层

D 不得与其他建筑上、下组合建造

1-12 **(2019-023)** 下列工作程序中，不属于建筑策划内容的是(　　)。

A 目标的确定
B 外部和内部条件的把握
C 具体的构想和表现
D 确定项目建设的实施方案

1-13 **(2019-024)** 城镇老年人设施规划时，老年人设施中养老院、老年公寓与老年人护理院配置的总床位数量的计算依据是(　　)。

A 老年人口数量
B 所在城镇行政级别
C 城镇人口数量
D 建设地点

1-14 **(2019-025)** 根据民用建筑绿色设计标准要求，不属于空间合理利用的内容是(　　)。

A 各类空间应共享

B 选择适宜的开间和层高

C 宜避免不必要的高大空间

D 室内环境需求相同或相近的空间宜集中布置

1-15 **(2019-026)** 关于地下商业空间尺度设计要求的说法，错误的是(　　)。

A 经济型层高宜采用 5～6m

B 人行通道的净高宜采用 2.7～3.3m

C 人行通道的宽高比宜采用 1.5～2.0

D　地下空间高度应统一

1-16　**(2019-030)** 下列新建公共建筑的建筑密度较为适宜的是(　　)。

A　博物馆 0.42　　　　B　博物馆 0.51　　　　C　展览馆 0.32　　　　D　展览馆 0.45

1-17　**(2019-031)** 下列指标中，不属于详细规划阶段海绵城市低影响开发单项控制指标的是(　　)。

A　下沉式绿地率及下沉深度　　　　　　B　透水铺装率

C　绿色屋顶率　　　　　　　　　　　　D　绿化覆盖率

1-18　**(2019-032)** 关于建设项目环境保护管理要求的说法，错误的是(　　)。

A　国家根据建设项目对环境的影响程度，按照规定对建设项目的环境保护实行分类管理

B　建设项目的初步设计，应当按照环境保护设计规范要求，编制环境保护篇章

C　建设项目对环境可能造成重大影响的，应当编制环境影响报告书

D　建设项目对环境可能造成轻度影响的，应当填报环境影响登记表

1-19　**(2019-033)** 关于绿色建筑室外环境评价评分项的说法，错误的是(　　)。

A　夜景照明灯具朝向居室方向的发光强度不应大于规定值

B　公共建筑采取垂直绿化、屋顶绿化等方式

C　硬质铺装地面中透水铺装面积的比例达到 50％

D　有调蓄雨水功能的绿地和水体的面积之和占绿地面积的比例达到 20％

1-20　**(2019-037)** 关于建筑结构设计使用年限的说法，错误的是(　　)。

A　结构在规定的设计使用年限内，应具有足够的可靠度

B　结构在正常施工和正常使用时，能承受可能出现的各种作用

C　结构在正常使用时，应具有良好的工作性能

D　在设计规定的偶然事件发生后，仍保持必需的局部和整体稳定性

1-21　**(2019-038)** 关于装配式钢结构建筑的说法，错误的是(　　)。

A　应满足建筑全寿命期的使用维护要求

B　应采用模块及模块组合的设计方法，遵循多规格、少组合的原则

C　结构系统应按传力可靠、构造简单、施工方便和确保耐久性的原则进行设计

D　设备与管线宜采用集成化技术，标准化设计，当采用集成化新技术、新产品时应有可靠依据

1-22　**(2019-040)** 关于场地中文物古迹保护级别和防洪标准［重现期（年）］关系的说法，错误的是(　　)。

A　世界级≥100 年　　　　　　　　　　B　国家级≥100 年

C　省级 100～50 年　　　　　　　　　　D　市、县级 10 年

1-23　**(2019-041)** 下列地块中（题 1-23 图）电动汽车充电站（丙类厂房二级）选址较适宜的是(　　)。

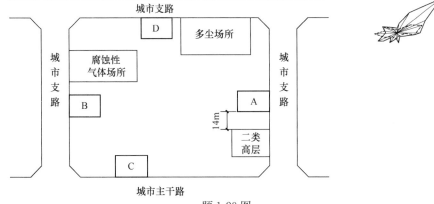

题 1-23 图

A　A 地块　　　　　B　B 地块　　　　　C　C 地块　　　　　D　D 地块

1-24　**(2019-042)** 根据城市消防站站址选择的要求，题 1-24 图中较为适宜的地块是(　　)。

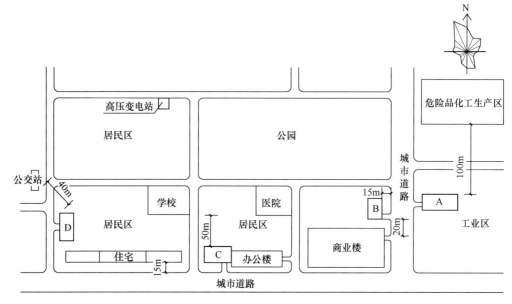

题 1-24 图

A　A 地块　　　　　B　B 地块　　　　　C　C 地块　　　　　D　D 地块

1-25　**(2019-043)** 某城镇在现有布局基础上，拟建一所综合医院，题 1-25 图中最符合要求的地块是(　　)。

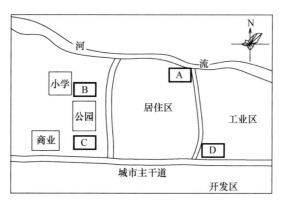

题 1-25 图

A　A 地块　　　　　B　B 地块　　　　　C　C 地块　　　　　D　D 地块

1-26　**(2019-046)** 关于历史文化街区保护规划必须遵循的原则，错误的是(　　)。

　　A　保护历史真实载体　　　　　　　　B　保护历史环境

　　C　采用现代建造技术　　　　　　　　D　合理利用、永续发展

1-27　**(2019-047)** 工程建设总估算中的"其他费用"，不包括(　　)。

　　A　征地，拆迁，临时水、电、道路（三通一平）费

　　B　建设单位管理费、生产职工培训费

　　C　检验试验费、二次搬运费

D 施工监理费、标底编制及审查费

1-28 **(2019-048)** 建设项目可行性研究阶段投资估算的编制方法是(   )。

    A 混合估算法   B 系数估算法   C 比例估算法   D 指标估算法

1-29 **(2019-049)** 项目管理计划不包括的内容是(   )。

    A 项目实施要点   B 项目概况   C 项目范围   D 合同管理

1-30 **(2019-050)** 项目控制性进度计划的内容不包括(   )。

    A 月(周)进度计划

    B 年(季)度计划

    C 子项目进度计划和单体进度计划

    D 项目总进度计划

1-31 **(2019-052)** 城市居住区人防工程设置医疗救护工程的说法,正确的是(   )。

    A 宜结合教育设施设置   B 宜结合商业设施设置

    C 宜结合社区服务设施设置   D 宜结合行政管理设施设置

1-32 **(2019-053)** 防洪堤墙、排洪沟与截洪沟等城市防洪设施用地的控制界线是(   )。

    A 城市黄线   B 城市绿线   C 城市紫线   D 城市蓝线

1-33 **(2019-057)** 关于中小学校主要教学用房设置窗户的外墙与城市主干路的最小距离的说法,正确的是(   )。

    A 50m   B 60m   C 70m   D 80m

1-34 **(2019-058)** 关于传染病医院医疗用建筑物与院外周边建筑物的最小绿化隔离卫生间距的要求,正确的是(   )。

    A 10m   B 20m   C 30m   D 40m

1-35 **(2019-059)** 根据《民用建筑设计统一标准》,允许突出道路红线和用地红线建造的是(   )。

    A 地下建筑

    B 地下挡土墙

    C 地上建筑物的附属设施

    D 基地内连接城市的管线、隧道、天桥等市政公共设施

1-36 **(2019-065)** 关于某幼儿园规划的说法,错误的是(   )。

    A 出入口不应直接设置在城市干道一侧

    B 出入口应设置供车辆和人员停留的场地

    C 与大型商场合建时,应设置在底层并设独立出入口

    D 幼儿生活用房不应设置在下沉式庭院的地下部分

1-37 **(2019-067)** 防灾避难场所标准设定的防御对象,不包括(   )。

    A 地震   B 风灾   C 洪水   D 火灾

1-38 **(2019-068)** 下列场所中,不属于防灾避难场所类型的是(   )。

    A 紧急避难场所   B 临时避难场所

    C 固定避难场所   D 中心避难场所

1-39 **(2019-074)** 关于居住建筑用地自然坡度较大时采用台阶式处理的说法,错误的是(   )。

    A 台地之间宜采用护坡或挡土墙连接

    B 宜采用小台地形式

    C 台地间高差应与建筑层高接近

    D 相邻台地间高差大于0.7m时,宜在挡土墙墙顶或坡比值大于0.5的护坡顶设置安全防护设施

1-40 **(2019-076)** 城乡建设用地竖向坡度要求最缓的是(   )。

| A 城镇中心区用地 | B 居住用地 |
| C 工业、物流用地 | D 乡村建设用地 |

1-41 (2019-085) 下列关于地下室顶板上活动场地铺装的要求中，不符合绿色设计要求的是(　　)。

A 采用植草砖铺装

B 采用下凹式草坪铺装

C 采用导水板排除地下室顶板上的积水

D 采用设有封层的透水沥青铺装

1-42 (2021-001) 既有居住建筑在实施全面节能改造前，应进行的技术评估不包括(　　)。

| A 抗震性能评估 | B 防火性能评估 |
| C 结构性能评估 | D 投资效能评估 |

1-43 (2021-003) 关于古树名木保护的说法，错误的是(　　)。

A 单株树的保护范围，为距树干基部外缘水平 5 倍胸径宽范围

B 成林地带的保护范围为外缘树树冠垂直投影以外 5m 所围合的范围

C 保护范围内，不应损坏表土层和改变地表高程，除树木保护及加固设施外

D 保护范围内，不应设置建筑物、构筑物及架（埋）设各种过境管线

1-44 (2021-005) 关于被动式太阳能建筑的说法，错误的是(　　)。

A 以采暖为主的地区，宜在建筑冬季主导风向一侧设置挡风屏障

B 以采暖为主的地区，当仅采用被动式太阳能集热部件供暖时，集热部件在冬至日应有 2h 以上日照

C 以降温为主的地区，建筑应朝向夏季主导风向

D 以降温为主的地区，应利用道路、景观通廊等措施引导夏季通风

1-45 (2021-013) 根据国家土地管理法的规定，永久基本农田确需转为建设用地的，需由哪一级政府批准？(　　)

A 国务院

B 省、自治区、直辖市人民政府

C 地、市级人民政府

D 县级人民政府

1-46 (2021-014) 下列建设项目环境影响报告书的编制要求，正确的是(　　)。

A 所有项目都应编制

B 规模很小的项目可不编制

C 对环境影响很小的项目可不编制

D 所有项目都不强制编制

1-47 (2021-015) 某大城市主干路旁，拟建一栋建筑面积 4000m² 的商业建筑，下列几个地块中，机动车出入口不能满足建设需求的是(　　)。

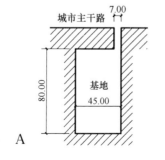

A

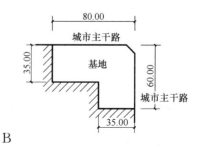

B

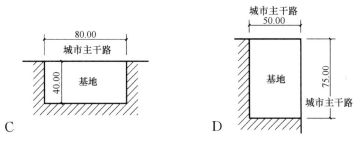

C   D

1-48 (**2021-016**) 北方某城市下列幼儿园备选用地中，最适宜的是（   ）。

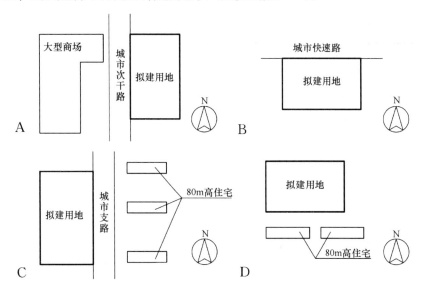

1-49 (**2021-021**) 关于新建传染病医院选址的说法，错误的是（   ）。

  A 交通方便，并便于利用城市基础设施

  B 宜选择地形规整、地质构造稳定、地势较高且不受洪水威胁的地段

  C 不宜设置在人口密集的居住与活动区域

  D 医疗用建筑物与院外周边建筑应设置≥18m绿化隔离卫生间距

1-50 (**2021-022**) 建设项目选址报告的内容，不包括（   ）。

  A 备选厂址的综合分析和结论

  B 城市主管部门提供的规划设计条件

  C 当地主管部门对厂址的意见

  D 区域位置规划图

1-51 (**2021-023**) 关于厂址选择要求的说明，错误的是（   ）。

  A 符合工艺流程和厂内外运输条件的要求

  B 用地紧凑，地形规整

  C 应充分利用地形，因地制宜

  D 尽量选择起伏小的场地，厂址地面坡度一般以 5‰为宜，丘陵不宜大于 40‰

1-52 (**2021-024**) 关于社区卫生服务中心、站建设标准要求的说法，下列正确的是（   ）。

  A 卫生服务中心建设规模按病床床位数确定

  B 卫生服务站建设规模按病床床位数确定

  C 卫生服务中心与公共建筑合并建设时，应设置在相对独立区域的楼层

D 卫生服务站与公共建筑合并建设时，应设置在首层

1-53 (2021-025) 关于居住区用地各类控制指标的说法，下列错误的是（　　）。

A 人均用地的控制指标与建筑气候区划有关

B 人均用地的控制指标与建筑层数有关

C 城市道路用地所占比例与居住区住宅建筑层数有关

D 配套设施用地所占比例与居住区住宅建筑层数有关

1-54 (2021-028) 关于街区规划空间层次基本要素的说法，下列错误的是（　　）。

A 自然生态要素包括河道、水面、地形、绿地及开敞空间等

B 历史文化要素包括历史文化走廊、历史文化名城等

C 基础设施要素包括公共交通站、城市道路、市政公用工程设施等

D 城市功能要素包括居住、商业、办公、工业建筑及物流仓储设施等

1-55 (2021-031) 关于绿色建筑后评估的说法，下列错误的是（　　）。

A 对屋顶绿化，热回收技术应用的落实评价

B 对运维阶段的实施效果，建成使用满意度及人行为影响因素进行主客观评价

C 对交通组织、功能配套、场地生态进行评价

D 对建筑运行中能耗、水耗、材料消耗水平进行评价

1-56 (2021-032) 关于海绵型城市绿地设计规定的说法，下列错误的是（　　）。

A 城市绿地的雨水利用宜以入渗和景观水体补水与净化回用为主

B 土壤入渗率低的城市绿地应以储存、回用设施为主

C 优先使用简单、非结构性、低成本的源头径流控制设施

D 为防止融雪剂对环境的影响，应设置初期雨水回收利用设施

1-57 (2021-033) 按照国家安监总局 77 号令《建设项目安全设施"三同时"监督管理暂行办法》在可研阶段不需要对其安全和生产条件进行论证和安全预评价的建设项目是（　　）。

A 军工、轨道交通项目

B 长输管道输送危险化学品的项目

C 金属冶炼项目

D 生产、存储危险化学品的项目

1-58 (2021-034) 关于传染病医院设计的说法，下列错误的是（　　）。

A 院区出入口不应少于两处

B 车辆停放场地应按规划与交通部门要求设置

C 对涉及污染环境的医疗废弃物及废污水，应采取环境安全保护措施

D 医院出入口附近宜布置救护车冲洗消毒场地

参考答案及解析

1-1 **解析**：参见《民用建筑设计统一标准》GB 50352—2019 第 4.2.3 条，建筑基地内建筑物的布局应符合控制性详细规划对建筑控制线的规定。

答案：A

1-2 **解析**：参见《城市古树名木保护管理办法》（建城〔2000〕192 号）：

第十二条 任何单位和个人不得以任何理由、任何方式砍伐和擅自移植古树名木。因特殊需要，确需移植二级古树名木的，应当经城市园林绿化行政主管部门和建设行政主管部门审查同意后，报省、自治区建设行政主管部门批准；移植一级古树名木的，应经省、自治区建设行政主管部门审核，报省、自治区人民政府批准。直辖市确需移植一、二级古树名木的，由城市园林绿化行政主管部门审核，报城市人民政府批准移植所需费用，由移植单位承担。

答案：B

1-3 **解析：**"代征用地"可理解为建设工程实施征地时，一并征用（代征用、代拆迁、代安置）毗邻区域一定数量的规划道路、广场、公共绿地等公共用地。"代征用地"不参与指标的计算，也不纳入建设用地规划范围。

答案：D

1-4 **解析：**参见《民用建筑绿色设计规范》JGJ/T 229—2010 第4.2.4条，绿色设计方案的确定宜符合下列要求：

1 优先采用被动设计策略；

2 选用适宜、集成技术；

3 选用高性能建筑产品和设备；

4 当实际条件不符合绿色建筑目标时，可采取调整、平衡和补充措施。

答案：A

1-5 **解析：**参见《建筑工程设计文件编制深度规定》（2016年11月）第1.0.12条，装配式建筑工程设计中宜在方案阶段进行"技术策划"，其深度应符合本规定相关章节的要求。预制构件生产之前应进行装配式建筑专项设计，包括预制混凝土构件加工详图设计。主体建筑设计单位应对预制构件深化设计进行会签，确保其荷载、连接以及对主体结构的影响均符合主体结构设计的要求。

答案：A

1-6 **解析：**参见《中小学校设计规范》GB 50099—2011 第4.1.3条，中小学校建设应远离殡仪馆、医院的太平间、传染病院等建筑，所以D选项错误；其他选项正确，参见规范的下列条款：

第4.1.2条，中小学校严禁建设在地震、地质塌裂、暗河、洪涝等自然灾害及人为风险高的地段和污染超标的地段。

第4.1.8条，高压电线、长输天然气管道、输油管道严禁穿越或跨越学校校园；当在学校周边敷设时，安全防护距离及防护措施应符合相关规定。

答案：D

1-7 **解析：**居住区按照居民在合理的步行距离内满足基本生活需求的原则，可分为十五分钟生活圈居住区、十分钟生活圈居住区、五分钟生活圈居住区及居住街坊四级，其分级控制规模应符合《城市居住区规划设计标准》GB 50180—2018 表3.0.4的规定；故C正确。

居住区分级控制规模 表3.0.4

距离与规模	十五分钟生活圈居住区	十分钟生活圈居住区	五分钟生活圈居住区	居住街坊
步行距离（m）	800～1000	500	300	—
居住人口（人）	50000～100000	15000～25000	5000～12000	1000～3000
住宅数量（套）	17000～32000	5000～8000	1500～4000	300～1000

答案：C

1-8 **解析：**避难场地应避开高压线走廊区域，故B错误，参见《防灾避难场所设计规范》GB 51143—2015：

第4.1.1条，避难场所应优先选择场地地形较平坦、地势较高、有利于排水、空气流通、具备一定基础设施的公园、绿地、广场、学校、体育场馆等公共建筑与设施，其周边应道路畅通、交通便利……故选项A、D适合作为避难场所。

第4.1.3条，避难场所场址选择应符合现行国家标准《建筑抗震设计规范》GB 50011、《岩土工程勘察规范》GB 50021、《城市抗震防灾规划标准》GB 50413 的有关规定，并应符合下列规定：

1 避难场所用地应避开可能发生滑坡、崩塌、地陷、地裂、泥石流及发震断裂带上可能发生地表位错的部位等危险地段，并应避开行洪区、指定的分洪口、洪水期间进洪或退洪主流区及山洪威胁区；

2 <u>避难场地应避开高压线走廊区域（故选项 B 不适合）；</u>

3 避难场地应处于周围建（构）筑物倒塌影响范围以外，并应保持安全距离；

4 避难场所用地应避开易燃、易爆、有毒危险物品存放点、严重污染源以及其他易发生次生灾害的区域，距次生灾害危险源的距离应满足国家现行有关标准对重大危险源和防火的要求，有火灾或爆炸危险源时，应设防火安全带；

5 避难场所内的应急功能区与周围易燃建筑等一般火灾危险源之间应设置不小于 30m 的防火安全带，距易燃易爆工厂、仓库、供气厂、储气站等重大火灾或爆炸危险源的距离不应小于 1000m；

6 避难场所内的重要应急功能区不宜设置在稳定年限较短的地下采空区，当无法避开时，应对采空区的稳定性进行评估，并制定利用方案（故选项 C 适合）；

7 周边或内部林木分布较多的避难场所，宜通过防火树林带等防火隔离措施防止次生火灾的蔓延。

答案：B

1-9 **解析：** C 选项建筑面积为 4000m²，只有一条宽度为 6m 的连接道路，道路宽度不符合《民用建筑设计统一标准》GB 50352—2019 第 4.2.1 条的规定。

第 4.2.1 条，建筑基地应与城市道路或镇区道路相邻接，否则应设置连接道路，并应符合下列规定：

1 当建筑基地内建筑面积小于或等于 3000m² 时，其连接道路的宽度不应小于 4.0m；

2 当建筑基地内建筑面积大于 3000m²，且只有一条连接道路时，其宽度不应小于 7.0m；当有两条或两条以上连接道路时，单条连接道路宽度不应小于 4.0m。

答案：C

1-10 **解析：** 参考本教材有关《建设项目选址规划管理办法》部分，建设项目规划选址的主要依据应当包括下列内容：

1 经批准的项目建议书；

2 <u>建设项目与城市规划布局的协调；</u>

3 建设项目与城市交通、通信、能源、市政、防灾规划的衔接与协调；

4 建设项目配套的生活设施与城市生活居住及公共设施规划的衔接与协调；

5 建设项目对于城市环境可能造成的污染影响，以及与城市环境保护规划和风景名胜、文物古迹保护规划的协调。

答案：B

1-11 **解析：** 老年人照料设施建筑可以与其他建筑上下组合建造，所以 D 选项错误，详见《老年人照料设施建筑设计标准》JGJ 450—2018 的有关规定：

第 3.0.3 条，<u>与其他建筑上下组合建造或设置在其他建筑内的老年人照料设施应位于独立的建筑分区内，且有独立的交通系统和对外出入口。</u>

第 4.1.1 条，老年人照料设施建筑基地应选择在工程地质条件稳定、不受洪涝灾害威胁、日照充足、通风良好的地段。

第 4.1.2 条，老年人照料设施建筑基地应选择在交通方便、基础设施完善、公共服务设施使用方便的地段。

第4.1.3条，老年人照料设施建筑基地应远离污染源、噪声源及易燃、易爆、危险品生产、储运的区域。

第5.1.2条，老年人照料设施的老年人居室和老年人休息室不应设置在地下室、半地下室。

答案：D

1-12 解析：对于"建筑策划"，考试大纲的要求是：能根据项目建议书及设计基础资料，提出项目构成及总体构想，包括：项目构成、空间关系、使用方式、环境保护、结构选型、设备系统、建筑规模、经济分析、工程投资、建设周期等，为进一步发展设计提供依据。由此可以看出"建筑策划"提出的是项目的构成及总体构想，还没有达到能确定项目建设的实施方案的深度。

答案：D

1-13 解析：参见《城镇老年人设施规划规范》GB 50437—2007（2018年版）第3.2.1条，老年人设施中养老院、老年养护院应按所在地城市规划常住人口规模配置，每千名老人不应少于40床。

答案：C

1-14 解析：关于空间合理利用可参见《民用建筑绿色设计规范》JGJ/T 229—2010的有关规定：

第6.2.1条，建筑设计应提高空间利用效率，提倡建筑空间与设施的共享。在满足使用功能的前提下，宜减少交通等辅助空间的面积，并宜避免不必要的高大空间。

第6.2.2条，建筑设计应根据功能变化的预期需求，选择适宜的开间和层高。

第6.2.4条，室内环境需求相同或相近的空间宜集中布置。

"建筑空间与设施"是指建筑中休息空间、交往空间、会议设施、健身设施等，而不是"各类空间"，所以A错误。

答案：A

1-15 解析：不同使用功能的空间其层高是不同的，这样才能做到经济合理，所以D选项错误，可参见《城市地下商业空间设计导则》T/CECS 481—2017的有关规定：

第4.6.1条，城市地下商业空间的人行通道宽度应满足人流集散和行走的需要，其宽高比宜采用1.5～2.0（C项正确），其宽度宜采用4.0～6.5m。

第4.6.2条，城市地下商业空间的人行通道长度不宜大于500m，当大于500m时，应设置转折空间或休息停顿的节点空间。

第4.6.3条，城市地下商业空间的经济型层高宜采用5～6m（A项正确），展示厅、电影院、溜冰场等特定功能空间的层高宜采用商业空间标准层高的2～3倍。

第4.6.4条，城市地下商业空间的营业厅净高宜采用3.6～4.5m；人行通道的净高宜采用2.7～3.3m（B项正确）；卫生间净高宜采用2.5～3.0m；管理用房净高宜采用2.5～3.0m；设备用房净高应根据最大设备的尺寸及安装操作需求而确定（D项错误）。

第4.6.5条，城市地下商业空间的店铺使用面积宜采用50～150m²，店铺进深宜采用8～15m，店铺面宽与进深比宜大于2：1。

第4.6.6条，城市地下商业空间的中庭宽度宜采用16～18m；中庭周边回廊宽度宜采用4～5m；中庭内人行天桥宽度宜采用3.5～4.0m。中庭、休息区等服务空间的净空尺寸宜大于相邻的人行通道的净空尺寸。

答案：D

1-16 解析：A、B选项可参见《博物馆建筑设计规范》JGJ 66—2015第3.2.2条，博物馆建筑的总平面设计应符合下列规定：新建博物馆建筑的建筑密度不应超过40%。C、D选项可参见《展览建筑设计规范》JGJ 218—2010第3.3.6条，展览建筑的建筑密度不宜大于35%。

答案：C

1-17 解析：参见《海绵城市建设技术指南——低影响开发雨水系统构建（试行）》第三章第一节的有关要求：详细规划（控制性详细规划、修建性详细规划）应落实城市总体规划及相关专项（专业）规划确定的低影响开发控制目标与指标，因地制宜，落实涉及雨水渗、滞、蓄、净、用、排等用途的低影响开发设施用地；并结合用地功能和布局，分解和明确各地块单位面积控制容积、下沉式绿地率及其下沉深度、透水铺装率、绿色屋顶率等低影响开发主要控制指标，指导下层级规划设计或地块出让与开发。

答案：D

1-18 解析：D选项"应当编制环境影响报告书"，故错误。参见《中华人民共和国环境影响评价法》（2018年12月29日修改）第三章第十六条的有关规定：

第十六条 国家根据建设项目对环境的影响程度，对建设项目的环境影响评价实行分类管理。建设单位应当按照下列规定组织编制环境影响报告书、环境影响报告表或者填报环境影响登记表（以下统称环境影响评价文件）：

（一）可能造成重大环境影响的，应当编制环境影响报告书，对产生的环境影响进行全面评价；

（二）可能造成轻度环境影响的，应当编制环境影响报告表，对产生的环境影响进行分析或者专项评价；

（三）对环境影响很小、不需要进行环境影响评价的，应当填报环境影响登记表。建设项目的环境影响评价分类管理名录，由国务院环境保护行政主管部门制定并公布。

答案：D

1-19 解析：D选项的20%比例不能达到得分条件，所以D错误。详见《绿色建筑评价标准》GB/T 50378—2019 第8.2.5条，利用场地空间设置绿色雨水基础设施，评价总分值为15分，并按下列规则分别评分并累计：

1 下凹式绿地、雨水花园等有调蓄雨水功能的绿地和水体的面积之和占绿地面积的比例达到40%，得3分；达到60%，得5分（D项错误）；

2 衔接和引导不少于80%的屋面雨水进入地面生态设施，得3分；

3 衔接和引导不少于80%的道路雨水进入地面生态设施，得4分；

4 硬质铺装地面中透水铺装面积的比例达到50%，得3分（C项正确）。

第8.2.7条，建筑及照明设计避免产生光污染，评价总分值为10分，并按下列规则分别评分并累计：

1 玻璃幕墙的可见光反射比及反射光对周边环境的影响符合《玻璃幕墙光热性能》GB/T 18091的规定，得5分；

2 室外夜景照明光污染的限制符合现行国家标准《室外照明干扰光限制规范》GB/T 35626和现行行业标准《城市夜景照明设计规范》JGJ/T 163的规定，得5分。

另参见《城市夜景照明设计规范》JGJ/T 163—2008 第7.0.2条，光污染的限制应符合下列规定：夜景照明灯具朝居室方向的发光强度不应大于表7.0.2-2的规定值（A项正确）。

夜景照明灯具朝居室方向的发光强度的最大允许值 表7.0.2-2

照明技术参数	应用条件	环境区域			
		E1区	E2区	E3区	E4区
灯具发光强度 I（cd）	熄灯时段前	2500	7500	10000	25000
	熄灯时段	0	500	1000	2500

答案：D

1-20 解析：参见《建筑结构可靠性设计统一标准》GB 50068—2018 第3.1.1条，结构的设计、施工和维护应使结构在规定的设计使用年限内以规定的可靠度满足规定的各项功能要求（A项正确）。

第3.1.2条，结构应满足下列功能要求：

1 能承受在施工和使用期间可能出现的各种作用（B项正确）；

2 保持良好的使用性能（C项正确）；

3 具有足够的耐久性能；

4 当发生火灾时，在规定的时间内可保持足够的承载力；

5 当发生爆炸、撞击、人为错误等偶然事件时，结构能保持必要的整体稳固性（D项错误），不出现与起因不相称的破坏后果，防止出现结构的连续倒塌；结构的整体稳固性设计，可根据本标准附录B的规定进行。

答案：D

1-21 解析：参见《装配式钢结构建筑技术标准》GB/T 51232—2016第3.0.2条，装配式钢结构建筑应按照通用化、模数化、标准化的要求，以少规格、多组合的原则，实现建筑及部品部件的系列化和多样化。

答案：B

1-22 解析：文物古迹保护防洪重现期没有小于20年的，所以D错误，参见《防洪标准》GB 50201—2014第10.1.1条，不耐淹的文物古迹，应根据文物保护的级别分为三个防护等级，其防护等级和防洪标准应按表10.1.1确定。

文物古迹的防护等级和防洪标准 表10.1.1

防护等级	文物保护的级别	防洪标准［重现期（年）］
Ⅰ	世界级、国家级	≥100
Ⅱ	省（自治区、直辖市）级	100～50
Ⅲ	市、县级	50～20

注：世界级文物指列入《世界遗产名录》的世界文化遗产以及世界文化和自然双遗产中的文化遗产部分。

答案：D

1-23 解析：参见《电动汽车充电站设计规范》GB 50966—2014第3.2.6条，充电站不宜设在多尘或有腐蚀性气体的场所，当无法远离时，不应设在污染源盛行风向的下风侧。另据《建筑设计防火规范》GB 50016—2014（2018年版）表3.4.1要求丙类厂房（一、二级）与二类高层的防火间距为15m，所以A、B、D错误，本题应选C。

厂房之间及与乙、丙、丁、戊类仓库、民用建筑等的防火间距（m） 表3.4.1

名 称			甲类厂房 单、多层 一、二级	乙类厂房（仓库） 单、多层 一、二级	乙类厂房（仓库） 单、多层 三级	乙类厂房（仓库） 高层 一、二级	丙、丁、戊类厂房（仓库） 单、多层 一、二级	丙、丁、戊类厂房（仓库） 单、多层 三级	丙、丁、戊类厂房（仓库） 单、多层 四级	丙、丁、戊类厂房（仓库） 高层 一、二级	民用建筑 裙房，单、多层 一、二级	民用建筑 裙房，单、多层 三级	民用建筑 裙房，单、多层 四级	民用建筑 高层 一类	民用建筑 高层 二类
丙类厂房	单、多层	一、二级	12	10	12	13	10	12	14	13	10	12	14	20	15
丙类厂房	单、多层	三级	14	12	14	15	12	14	16	15	12	14	16	25	20
丙类厂房	单、多层	四级	16	14	16	17	14	16	18	17	14	16	18	25	20
丙类厂房	高层	一、二级	13	13	15	13	13	15	17	13	13	15	17	20	15

答案：C

1-24 解析：A 不满足 300m 间距，B 不满足 50m 间距，D 未标 15m 且与公交站台的间距不满足≥50m 要求，只有 C 满足规范。参见《城市消防站建设标准》建标 152—2017 第三章第十五条，消防站的选址应符合下列规定：

一、应设在辖区内适中位置和便于车辆迅速出动的临街地段，并应尽量靠近城市应急救援通道。

二、消防站执勤车辆主出入口两侧宜设置交通信号灯、标志、标线等设施，距医院、学校、幼儿园、托儿所、影剧院、商场、体育场馆、展览馆等公共建筑的主要疏散出口不应小于 50m。

三、辖区内有生产、贮存危险化学品单位的，消防站应设置在常年主导风向的上风或侧风处，其边界距上述危险部位一般不宜小于 300m。

四、消防站车库门应朝向城市道路，后退红线不宜小于 15m，合建的小型站除外。

另据《城市消防站设计规范》GB 51054—2014 的下述规定：

第 3.0.1 条，消防站的执勤车辆主出入口应设在便于车辆迅速出动的部位，且距医院、学校、幼儿园、托儿所、影剧院、商场、体育场馆、展览馆等人员密集场所的公共建筑的主要疏散出口和公交站台不应小于 50m。

第 3.0.2 条，消防站与加油站、加气站等易燃易爆危险场所的距离不应小于 50m。

第 3.0.3 条，辖区内有生产、贮存危险化学品单位的，消防站应设置在常年主导风向的上风或侧风处，其边界距生产、贮存危险化学品的危险部位不宜小于 200m。

第 3.0.4 条，消防站车库门直接临街的应朝向城市道路，且应后退道路红线不小于 15m。

答案：C

1-25 解析：其中 A、B 地块只面临 1 条城市道路，交通不便；C、D 地块临 2 条城市道路，但 D 地块临近工业区，有污染，所以选 C。参见《综合医院建筑设计规范》GB 51039—2014 第 4.1.2 条，基地选择应符合下列要求：

1 交通方便，宜面临 2 条城市道路；

2 宜便于利用城市基础设施；

3 环境宜安静，应远离污染源；

4 地形宜力求规整，适宜医院功能布局；

5 远离易燃、易爆物品的生产和储存区，并应远离高压线路及其设施；

6 不应临近少年儿童活动密集场所；

7 不应污染、影响城市的其他区域。

答案：C

1-26 解析：参见《历史文化名城保护规划标准》GB/T 50357—2018 第 1.0.3 条，保护规划必须应保尽保，并应遵循下列原则：

1 保护历史真实载体的原则；

2 保护历史环境的原则；

3 合理利用、永续发展的原则；

4 统筹规划、建设、管理的原则。

答案：C

1-27 解析：参见本章图 1-10～图 1-11，可知检验试验费属于企业管理费，二次搬运费属于措施项目费；所以 C 错误。

答案：C

1-28 解析：详见《建设工程造价咨询规范》GB/T 51095—2015 第 4.2.2 条，项目建议书阶段的投资估算可采用生产能力指数法、系数估算法、比例估算法、指标估算法或混合法进行编制；可行性研究阶段的投资估算宜采用指标估算法进行编制。

另参见《建设项目投资估算编审规程》CECA/GC 1—2015 第 6.3.1 条，可行性研究阶段建设项目投资估算原则上应采用指标估算法。对于对投资有重大影响的主体工程应估算出分部分项工程量，参考相关综合定额（概算指标）或概算定额编制主要单项工程的投资估算。

答案：D

1-29 解析：参见《建设项目工程总承包管理规范》GB/T 50358—2017 第 4.3.3 条，项目管理计划应包括下列主要内容：（1）项目概况；（2）项目范围；（3）项目管理目标；（4）项目实施条件分析；（5）项目的管理模式、组织机构和职责分工；（6）项目实施的基本原则；（7）项目协调程序；（8）项目的资源配置计划；（9）项目风险分析与对策；（10）合同管理。

答案：A

1-30 解析：A 选项属于作业性进度计划，参见《建设工程项目管理规范》GB/T 50326—2017 条文说明第 9.2.2 条，控制性进度计划可包括以下种类：（1）项目总进度计划；（2）分阶段进度计划；（3）子项目进度计划和单体进度计划；（4）年（季）度计划。

作业性进度计划可包括下列种类：（1）分部分项工程进度计划；（2）月（周）进度计划。

答案：A

1-31 解析：虽然"社区服务设施"包括卫生服务（选项 C）、商业服务设施（选项 B），但选项 C 最符合以下 2 本规范的相关要求。参见《城市居住区人民防空工程规划规范》GB 50808—2013 第 5.2.1 条，医疗救护工程宜结合地面医疗卫生设施建设，其中急救医院服务半径不应大于 3km，救护站的服务半径不应大于 1km。

另参见《城市居住区规划设计标准》GB 50180—2018 第 2.0.10 条"社区服务设施"，五分钟生活圈居住区内，对应居住人口规模配套建设的生活服务设施，主要包括托幼、社区服务及文体活动、卫生服务、养老助残、商业服务等设施。

答案：C

1-32 解析：城市黄线是指对城市发展全局有影响的、城市规划中确定的、必须控制的城市基础设施用地的控制界线，所以选 A。参见本教材第一章第二节有关"建筑控制线"的部分，另见《城市黄线管理办法》，其所称城市基础设施包括：

（一）城市公共汽车首末站、出租汽车停车场、大型公共停车场；城市轨道交通线、站、场、车辆段、保养维修基地；城市水运码头；机场；城市交通综合换乘枢纽；城市交通广场等城市公共交通设施。

（二）取水工程设施（取水点、取水构筑物及一级泵站）和水处理工程设施等城市供水设施。

（三）排水设施；污水处理设施；垃圾转运站、垃圾码头、垃圾堆肥厂、垃圾焚烧厂、卫生填埋场（厂）；环境卫生车辆停车场和修造厂；环境质量监测站等城市环境卫生设施。

（四）城市气源和燃气储配站等城市供燃气设施。

（五）城市热源、区域性热力站、热力线走廊等城市供热设施。

（六）城市发电厂、区域变电所（站）、市区变电所（站）、高压线走廊等城市供电设施。

（七）邮政局、邮政通信枢纽、邮政支局；电信局、电信支局；卫星接收站、微波站；广播电台、电视台等城市通信设施。

（八）消防指挥调度中心、消防站等城市消防设施。

（九）防洪堤墙、排洪沟与截洪沟、防洪闸等城市防洪设施。

（十）避震疏散场地、气象预警中心等城市抗震防灾设施。

（十一）其他对城市发展全局有影响的城市基础设施。

答案：A

1-33 解析：参见《中小学校设计规范》GB 50099—2011 第 4.1.6 条，学校教学区的声环境质量应符合现行国家标准《民用建筑隔声设计规范》GB 50118 的有关规定。学校主要教学用房设置窗户的外墙与铁路路轨的距离不应小于 300m，与高速路、地上轨道交通线或城市主干道的距离不应小于 80m。当距离不足时，应采取有效的隔声措施。

答案：D

1-34 解析：参见《传染病医院建筑设计规范》GB 50849—2014 第 4.1.3 条，新建传染病医院选址，以及现有传染病医院改建和扩建及传染病区建设时，医疗用建筑物与院外周边建筑应设置大于或等于 20m 绿化隔离卫生间距。

另据《防灾避难场所设计规范》GB 51143—2015 条文说明第 6.3.1 条规定，重症治疗、卫生防疫、医疗垃圾处置周边需要设置卫生防疫分隔，空旷场地利用时按不小于 20m 卫生间距进行分隔处理。

答案：B

1-35 解析：参见《民用建筑设计统一标准》GB 50352—2019 第 4.3.1 条，除骑楼、建筑连接体、地铁相关设施及连接城市的管线、管沟、管廊等市政公共设施以外，建筑物及其附属的下列设施不应突出道路红线或用地红线建造：

1 地下设施，应包括支护桩、地下连续墙、地下室底板及其基础、化粪池、各类水池、处理池、沉淀池等构筑物及其他附属设施等；

2 地上设施，应包括门廊、连廊、阳台、室外楼梯、凸窗、空调机位、雨篷、挑檐、装饰构架、固定遮阳板、台阶、坡道、花池、围墙、平台、散水明沟、地下室进风及排风口、地下室出入口、集水井、采光井、烟囱等。

答案：D

1-36 解析：幼儿园不能与大型商场合建，所以 C 错误，参见《托儿所、幼儿园建筑设计规范》JGJ 39—2016（2019 年版）。

第 3.2.2 条，四个班及以上的托儿所、幼儿园建筑应独立设置。三个班及以下时，可与居住、养老、教育、办公建筑合建，但应符合下列规定：

1 此款删除；

1A 合建的既有建筑应经有关部门验收合格，符合抗震、防火等安全方面的规定，其基地应符合本规范第 3.1.2 条规定；

2 应设独立的疏散楼梯和安全出口；

3 出入口处应设置人员安全集散和车辆停靠的空间；

4 应设独立的室外活动场地，场地周围应采取隔离措施；

5 建筑出入口及室外活动场地范围内应采取防止物体坠落措施。

第 3.2.7 条，托儿所、幼儿园出入口不应直接设置在城市干道一侧；其出入口应设置供车辆和人员停留的场地，且不应影响城市道路交通（A、B 项正确）。

第 4.1.3 条，托儿所、幼儿园中的生活用房不应设置在地下室或半地下室（D 项正确）。

答案：C

1-37 解析：参见《防灾避难场所设计规范》GB 51143—2015 有关设防要求部分，以下 3 条均为强条。

第 3.2.2 条，避难场所，设定防御标准所对应的地震影响不应低于本地区抗震设防烈度相应的罕遇地震影响，且不应低于 7 度地震影响。

第 3.2.3 条，防风避难场所的设定防御标准所对应的风灾影响不应低于 100 年一遇的基本风压对应的风灾影响，防风避难场所设计应满足临灾时期和灾时避难使用的安全防护要求，龙卷风安全防护时间不应低于 3h，台风安全防护时间不应低于 24h。

第3.2.4条，位于防洪保护区的防洪避难场所的设定防御标准应高于当地防洪标准所确定的淹没水位，且避洪场地的应急避难区的地面标高应按该地区历史最大洪水水位确定，且安全超高不应低于0.5m。

答案：D

1-38 **解析**：参见《防灾避难场所设计规范》GB 51143—2015 第3.1.4条，避难场所按照其配置功能级别、避难规模和开放时间，可划分为紧急避难场所、固定避难场所和中心避难场所三类。另参见该规范表3.1.8，其中紧急避难场所又分为就近紧急避难场所（开放时间不超过1d）和临时避难场所（开放时间不超过3d）；所以B选项不正确。

避难场所的最长开放时间 表 3.1.8

适用场所	紧急避难场所		固定避难场所			中心避难场所
避难期	紧急	临时	短期	中期	长期	长期
最长开放时间（d）	1	3	15	30	100	100

答案：B

1-39 **解析**：C选项是公共设施用地分台布置规定，而不是居住建筑用地分台布置规定，故C错误；D选项虽然下述两本规范所做的规定不同，但通常都按新版规范或更严格的要求执行，故D正确。

《城乡建设用地竖向规划规范》CJJ 83—2016：

第4.0.5条，街区竖向规划应与用地的性质和功能相结合，并应符合下列规定：

1 公共设施用地分台布置时，台地间高差宜与建筑层高接近；

2 居住用地分台布置时，宜采用小台地形式（B项正确）；

3 大型防护工程宜与具有防护功能的专用绿地结合设置。

第8.0.4条，台阶式用地的台地之间宜采用护坡或挡土墙连接（A项正确）。相邻台地间高差大于0.7m时，宜在挡土墙墙顶或坡比值大于0.5的护坡顶设置安全防护设施（D项正确）。

《住宅建筑规范》GB 50368—2005：

第4.5.2条，住宅用地的防护工程设置应符合下列规定：

1 台阶式用地的台阶之间应用护坡或挡土墙连接，相邻台地间高差大于1.5m时，应在挡土墙或坡比值大于0.5的护坡顶面加设安全防护设施；

2 土质护坡的坡比值不应大于0.5；

3 高度大于2m的挡土墙和护坡的上缘与住宅间水平距离不应小于3m，其下缘与住宅间的水平距离不应小于2m。

答案：C

1-40 **解析**：工业、物流用地的竖向坡度要求最缓，所以选C；其他选项参见《城乡建设用地竖向规划规范》CJJ 83—2016 的有关规定，也可参考条文说明第4.0.1条的附表。

第4.0.1条，城乡建设用地选择及用地布局应充分考虑竖向规划的要求，并应符合下列规定：

1 城镇中心区用地应选择地质、排水防涝及防洪条件较好且相对平坦和完整的用地，其自然坡度宜小于20%，规划坡度宜小于15%；

2 居住用地宜选择向阳、通风条件好的用地，其自然坡度宜小于25%，规划坡度宜小于25%；

3 工业、物流用地宜选择便于交通组织和生产工艺流程组织的用地，其自然坡度宜小于15%，规划坡度宜小于10%；

4 超过8m的高填方区宜优先用作绿地、广场、运动场等开敞空间；

5 应结合低影响开发的要求进行绿地、低洼地、滨河水系周边空间的生态保护、修复和竖向利用；

6 乡村建设用地宜结合地形，因地制宜，在场地安全的前提下，可选择自然坡度大于 25％ 的用地。

答案：C

1-41 **解析：** 参见《民用建筑绿色设计规范》JGJ/T 229—2010 第 5.4.4 条，场地设计时，宜采取下列措施改善室外热环境：

1 种植高大乔木为停车场、人行道和广场等提供遮阳；

2 建筑物表面宜为浅色，地面材料的反射率宜为 0.3～0.5，屋面材料的反射率宜为 0.3～0.6；

3 采用立体绿化、复层绿化，合理进行植物配置，设置渗水地面，优化水景设计；

4 室外活动场地、道路铺装材料的选择除应满足场地功能要求外，宜选择透水性铺装材料及透水铺装构造。

答案：C

1-42 **解析：** 既有建筑的改造安全是最重要的，参见《既有居住建筑节能改造技术规程》JGJ/T 129—2012 第 2.0.3 条，既有居住建筑在实施全面节能改造前，应先进行抗震、结构、防火等性能的评估，其主体结构的后续使用年限不应少于 20 年。本条的条文说明为"既有居住建筑节能改造需要投入大量的人力物力，尤其是全面的改造成本较大，应该考虑投资回收期。因此，提出了实施节能改造后的建筑还要保证 20 年以上的使用寿命"。所以，按规范应进行 A、B、C 3 项评估；因已经考虑了投资效能评估，故不需对 D 进行单独评估。

答案：D

1-43 **解析：**《公园设计规范》GB 51192—2016 第 4.1.8 条，古树名木的保护应符合下列规定：

1 古树名木保护范围的划定应符合下列规定：

1）成林地带为外缘树树冠垂直投影以外 5m 所围合的范围（B 正确）；

2）单株树应同时满足树冠垂直投影以外 5m 宽和距树干基部外缘水平距离为胸径 20 倍以内（A 错误）。

2 保护范围内，不应损坏表土层和改变地表高程，除树木保护及加固设施外，不应设置建筑物、构筑物及架（埋）设备种过境管线，不应栽植缠绕古树名木的藤本植物（C、D 正确）。

答案：A

1-44 **解析：** 参见《被动式太阳能建筑技术规范》JGJ/T 267—2012 的相关规定：

4.2.2 以采暖为主地区的被动式太阳能建筑规划应符合下列规定：

1 当仅采用被动式太阳能集热部件供暖时，集热部件在冬至日应有 4h 以上日照（B 错误）；

2 宜在建筑冬季主导风向一侧设置挡风屏障（A 正确）。

4.2.3 以降温为主地区的被动式太阳能建筑规划应符合下列规定：

1 建筑应朝向夏季主导风向，充分利用自然通风（C 正确）；

2 应利用道路、景观通廊等措施引导夏季通风，满足夏季被动式降温的要求（D 正确）。

答案：B

1-45 **解析：** 参见《中华人民共和国土地管理法》（第三次修正，2020 年 1 月 1 日起施行）第三十五条的规定，永久基本农田经依法划定后，任何单位和个人不得擅自占用或者改变其用途。国家能源、交通、水利、军事设施等重点建设项目选址确实难以避让永久基本农田，涉及农用地转用或者土地征收的，必须经国务院批准。禁止通过擅自调整县级土地利用总体规划、乡（镇）土地利用总体规划等方式，规避永久基本农田农用地转用或者土地征收的审批。

答案：A

1-46 **解析**：项目的规模大小与其对环境的影响没有必然关联，详见《建设项目环境保护管理条例》第七条，国家根据建设项目对环境的影响程度，按照下列规定对建设项目的环境保护实行分类管理：

（一）建设项目对环境可能造成重大影响的，应当编制环境影响报告书，对建设项目产生的污染和对环境的影响进行全面、详细的评价；

（二）建设项目对环境可能造成轻度影响的，应当编制环境影响报告表，对建设项目产生的污染和对环境的影响进行分析或者专项评价；

（三）建设项目对环境影响很小，不需要进行环境影响评价的，应当填报环境影响登记表。

答案：C

1-47 **解析**：本题考核商店建筑基地出入口的数量、宽度及位置，需要了解以下两本规范的相关要求。由两本规范可知：基地出入口设置 1 个，其宽度需要 7.0m，距离主干路交叉口 70.0m。

由《商店建筑设计规范》JGJ 48—2014 第 1.0.4 条表 1.0.4 可知，本题建筑面积≤5000m²，商店的建筑规模属于小型，不需要两个方向的出入口与城市道路相连接。

当建筑基地内建筑面积大于 3000m² 时，机动车出入口的数量及位置要求详见《民用建筑设计统一标准》GB 50352—2019 第 4.2.1 条及第 4.2.4 条。

4.2.1 建筑基地应与城市道路或镇区道路相邻接，否则应设置连接道路，并应符合下列规定：

2 当建筑基地内建筑面积大于 3000m²，且只有一条连接道路时，其宽度不应小于 7.0m；当有两条或两条以上连接道路时，单条连接道路宽度不应小于 4.0m。

4.2.4 建筑基地机动车出入口位置，应符合所在地控制性详细规划，并应符合下列规定：

1 中等城市、大城市的主干路交叉口，自道路红线交叉点起沿线 70.0m 范围内不应设置机动车出入口。

答案：D

1-48 **解析**：参见《托儿所、幼儿园建筑设计规范》JGJ 39—2016（2019 年版）第 3.1.2 条，托儿所、幼儿园的基地应符合下列规定：

1 应建设在日照充足、交通方便、场地平整、干燥、排水通畅、环境优美、基础设施完善的地段；

2 不应置于易发生自然地质灾害的地段；

3 与易发生危险的建筑物、仓库、储罐、可燃物品和材料堆场等之间的距离应符合国家现行有关标准的规定；

4 不应与大型公共娱乐场所、商场、批发市场等人流密集的场所相毗邻；

5 应远离各种污染源，并应符合国家现行有关卫生、防护标准的要求；

6 园内不应有高压输电线、燃气、输油管道主干道等穿过。

此外，《全国民用建筑工程设计技术措施 规划·建筑·景观》（2009 年版）的要求为：居住区配套的幼儿园、小学校出入口不应开向城市交通干道，和住宅之间应有便利安全的通行系统，并需考虑与周边共享。

答案：C

1-49 **解析**：参见《传染病医院建筑设计规范》GB 50849—2014 第 4.1.3 条，新建传染病医院选址，以及现有传染病医院改建和扩建及传染病区建设时，医疗用建筑物与院外周边建筑应设置大于或等于 20m 绿化隔离卫生间距。

答案：D

1-50 **解析**：参见本教材第一章第三节，详见《建设项目选址管理办法》第六条。

答案：C

1-51 解析：A、B、C选项可参见《工业企业总平面设计规范》GB 50187—2012；D选项的"丘陵地"多为中缓坡地，自然坡度为10％～25％；故D选项错误。

答案： D

1-52 解析：参见《城市居住区规划设计标准》GB 50180—2018第5.0.4条，各级居住区配套设施规划建设应符合本标准附录C的规定。

第5.0.4条文说明（4）社区医疗卫生设施，在人口较多、服务半径较大、社区卫生服务中心难以覆盖的社区，需要设置社区卫生站加以补充。社区卫生服务站可与药店、托老所综合设置，并安排在建筑首层，有独立出入口。

答案： D

1-53 解析：参见《城市居住区规划设计标准》GB 50180—2018第4.0.1条及表4.0.1-1～表4.0.1-3。其中，十五分钟生活圈、十分钟生活圈、五分钟生活圈的人均用地控制指标、城市道路及配套设施用地所占比例分别与建筑气候区划、住宅建筑平均层数类别和居住区用地容积率有关。故B选项"与建筑层数有关"错误。

答案： B

1-54 解析：开敞空间不是自然生态要素，用排除法选A。

答案： A

1-55 解析：参见《绿色建筑后评估技术指南》（办公和商店建筑版），绿色建筑后评估是对绿色建筑投入使用后的效果评价，包括建筑运行中的能耗、水耗、材料消耗水平评价（故D正确），建筑提供的室内外声环境、光环境、热环境、空气品质、交通组织、功能配套、场地生态的评价（故C正确），以及建筑使用者干扰与反馈的评价。绿色建筑后评估即对绿色建筑运维阶段的实施效果、建成使用满意度及人行为影响因素进行主客观的综合评估（故B正确）。与《绿色建筑评价标准》GB/T 50378—2019不同的是，该指南重在评价各项绿色技术与措施的综合实施效果，如能耗、水耗、建筑使用者反馈等评价指标，而非单项技术（屋顶绿化、热回收技术的应用与否等评价指标）的落实评价（故A错误）；因此，该指南更好地体现了建筑作为一个有机集成系统在节能环保方面的作用。

答案： A

1-56 解析：参见《城市绿地设计规范》GB 50420—2007（2016年版）第3.0.15A条：

3　应优先使用简单、非结构性、低成本的源头径流控制设施；故C正确。

4　绿地的雨水利用宜以入渗和景观水体补水与净化回用为主，避免建设维护费用高的净化设施。土壤入渗率低的城市绿地应以储存、回用设施为主；城市绿地内景观水体可作为雨水调蓄设施并与景观设计相结合。故A、B正确。

5　应考虑初期雨水和融雪剂对绿地的影响，设置初期雨水弃流等预处理设施；故选项D"应设置初期雨水回收利用设施"错误。

答案： D

1-57 解析：参见《建设项目安全设施"三同时"监督管理办法》（2015年修改版）第七条，下列建设项目在进行可行性研究时，生产经营单位应当按照国家规定，进行安全预评价：

（一）非煤矿矿山建设项目；

（二）生产、储存危险化学品（包括使用长输管道输送危险化学品，下同）的建设项目；

（三）生产、储存烟花爆竹的建设项目；

（四）金属冶炼建设项目；

（五）使用危险化学品从事生产并且使用量达到规定数量的化工建设项目（属于危险化学品生产的除外）；

（六）法律、行政法规和国务院规定的其他建设项目。

答案：A

1-58 解析：参见本教材第一章第三节，参见《传染病医院建筑设计规范》GB 50849—2014 第4.2.2条，院区出入口不应少于两处（故A正确）；第4.2.3条，车辆停放场地应按规划与交通部门的要求设置（故B正确）；第4.2.5条，对涉及污染环境的医疗废弃物及污废水，应采取环境安全保护措施（故C正确）；第4.2.6条，医院出入口附近应布置救护车冲洗消毒场地（D选项为"宜布置"，故D错误）。

答案：D

第二章 场 地 设 计

对于"场地设计",考试大纲的要求是:理解场地的地形、地貌、气象、地质、交通情况、周围建筑及空间特征;解决好建筑物布置、道路交通、停车、广场、竖向设计、管线及绿化布置,并符合法规、标准的规定。

场地设计是对建筑用地内的建筑布局、道路广场、竖向、绿化及工程管线等进行综合性设计,又称总图设计或总平面设计。可参考阅读《建筑设计资料集 1》(第三版),学习场地设计知识。通常情况下的场地设计程序如图 2-1 所示:

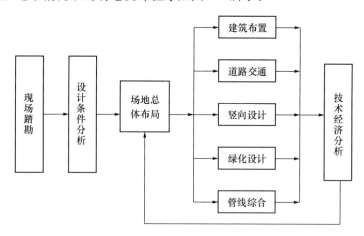

图 2-1 场地设计程序

第一节 地形、气象、气候、日照、地质及防灾

一、场地地形及地形分析

(一) 地形、地貌、地物、地形图及比例尺

(1) 地形:地表面起伏的状态(地貌)和位于地表面的所有固定性物体(地物)的总体,是地貌和地物的总称。

(2) 地貌:地面上各种起伏形态的总称。

(3) 地物:地面上固定性物体的总称。包括人工建造的和自然形成的,如建筑物、构筑物、道路、江河、植被等。

(4) 地形图:用符号、注记及等高线表示地物、地貌及其他地理要素平面位置和高程,并按一定比例绘制的正射投影图,如图 2-2 所示。

(5) 地形图比例尺:亦称为测图比例尺、成图比例尺。为地形图上某一线段的长度与实地相应线段水平长度之比。若用符号表示比例尺的公式为:1∶M 或 1/M,M 为比例尺

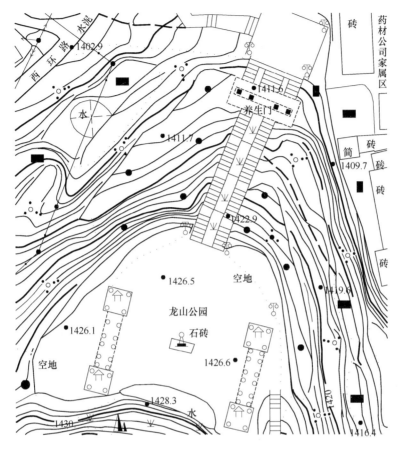

图 2-2　地形图示例

的分母；M 越大，表示比例尺越小。区域性地形图常用比例尺为 1∶5000～1∶10000，工程总图常用比例尺为 1∶500～1∶1000。1∶500～1∶10000 地形图适用设计阶段如表 2-1 所示。

1∶500～1∶10000 地形图适用设计阶段　　　　　　　　　　　　　　　表 2-1

比例尺	1∶500	1∶1000	1∶2000	1∶5000	1∶10000
适用设计阶段	建设用地现状图、详细规划、方案设计、初步设计、施工图设计图和竣工验收等		可行性研究、详细规划、方案设计和初步设计	可行性研究、总体规划、大型厂址选择、初步设计等	

注：引自《建筑设计资料集1》（第三版）。

（6）地形图图示：详见现行国家标准《国家基本比例尺地图图示　第1部分：1∶500 1∶1000 1∶2000 地形图图示》GB/T 20257.1，部分常用地形图图示见表 2-2、表 2-3。

（二）坐标系

（1）大地坐标系：以椭球中心为原点，起始子午面和赤道面为基准面的坐标系。

（2）2000 国家大地坐标系（CGCS2000）：由国家建立的高精度、动态、实用、统一的地心大地坐标系，其原点为包括海洋和大气的整个地球的质量中心。

符号名称		符号式样			简要说明
		1：500	1：1000	1：2000	
测量控制点					
三角点	a. 土堆上的张湾岭、黄土岗——点名 156.718、203.623——高程 5.0——比高		3.0　△　张湾岭 156.718 a　5.0　⧊　黄土岗 203.623		利用三角测量方法和精密导线测量方法测定的国家等级三角点和精密导线点；设在土堆上的且土堆不依比例尺表示的用符号 a 表示
小三角点	a. 土堆上的摩天岭、张庄——点名 294.91、156.71——高程 4.0——比高		3.0　▽　摩天岭 294.91 a　4.0　▽　张庄 156.71		测量精度为 5″或 10″小三角点和同等精度的其他控制点；设在土堆上的且土堆不依比例尺表示的用符号 a 表示
导线点	a. 土堆上的 I16、I23——等级、点号 84.46、94.40——高程 2.4——比高		2.0　⊙　I16 84.46 a　2.4　⊕　I23 94.40		利用导线测量方法测定的控制点；一、二、三级导线点用此符号表示；设在土堆上的且土堆不依比例尺表示的用符号 a 表示
埋石图根点	a. 土堆上的 12、16——点号 275.46、175.64——高程 2.5——比高		2.0　⊞　12 275.46 a　2.5　⊞　16 175.64		埋石的或天然岩石上凿有标志的、精度低于小三角点的图根点；设在土堆上的且土堆不依比例尺表示的用符号 a 表示
不埋石图根点	19——点号 84.47——高程		2.0　⊡　19 84.47		不埋石的图根点根据用途需要表示
水准点	Ⅱ——等级 京石 5——点名点号 32.805——高程		2.0　⊗　Ⅱ京石5 32.805		利用水准测量方法测定的国家级的高程控制点
卫星定位等级点	B——等级 14——点号 495.263——高程		3.0　△　B14 495.263		利用卫星定位技术测定的国家级控制点，包括 A～E 级
独立天文点	照壁山——点名 24.54——高程		4.0　☆　照壁山 24.54		利用天文观测的方法直接测定其地理坐标和方位角的控制点；测有大地坐标的天文点用三角点符号表示
水系					
地面河流	a. 岸线 b. 高水位岸线 清江——河流名称				地面上的终年有水的自然河流；岸线是水面与陆地的交界线，又称水涯线；高水位岸线系常年雨季的高水面与陆地的交界线
时令河	a. 不固定水涯线 (7-9)——有水月份				季节性有水的自然河流

符号名称		符号式样			简要说明
		1：500	1：1000	1：2000	
运河、沟渠	a. 运河 b. 沟渠 b1. 渠首				人工修建的供灌溉、引水、排水、航运的水道；灌溉渠系的源头，抬高水道并有抽水设备的渠首用符号 b1 表示
沟堑	a. 以加固的 b. 未加固的 2.6——比高				沟渠通过高地或山隘处经人工开挖形成两侧坡面很陡的地段；坡度大于 70° 的用陡坎符号表示；沟堑比高大于 2m 的应标注比高
湖泊	龙湖——湖泊名称 （咸）——水质				陆地上洼地积水形成的水域宽阔、水量变化缓慢的水体
池塘					人工挖掘的积水水体或自然形成的面积较小的洼地积水水体
水库	a. 毛湾水库——水库名称 b. 溢洪口 54.7——溢洪道堰底面高程 c. 泄洪洞口、出水口 d. 拦水坝、堤坝 d1. 拦水坝 d2. 堤坝 水泥——建筑材料 75.2——坝顶高程 59——坝长（m）				因建造坝、闸、堤、堰等水利工程拦蓄河川径流而形成的水体及建筑物； a. 水库岸线以常水位岸线表示，并需加注名称注记； b. 溢洪道是水库的泄洪水道，用以排泄水库设计蓄水高度以上的洪水； c. 泄洪洞口是水库坝体上修建的排水洞口； d. 水库坝体是横截河流或围挡水体以提高水位的堤坝式构筑物，用拦水坝符号表示
贮水池、水窖、地热池	a. 高出地面的 b. 低于地面的净——净化池 c. 有盖的				用于贮水的人工池或水窖
堤	a. 堤顶宽依比例尺 24.5——坝顶高程 b. 堤顶宽不依比例尺 2.5——比高				人工修建的用于防洪、防潮的挡水构筑物；堤顶宽度在图上大于 1mm 的依比例尺表示，0.5～1mm 用符号 b1 表示，小于 0.5mm 的用符号 b2 表示

注：本表根据现行国家标准《国家基本比例尺地形图图式 第 1 部分：1：500 1：1000 1：2000 地形图图式》GB/T 20257.1 编制。

符号名称		符号式样			简要说明
		1：500	1：1000	1：2000	
地貌					
等高线及其注记	a. 首曲线 b. 计曲线 c. 间曲线 25——高程				等高线是地面上高程相等的各相邻点所连成的闭合曲线。等高线分为首曲线、计曲线、间曲线
示坡线					指示斜坡降落的方向线，它与等高线垂直相交
高程点及其注记	1520.3、−15.3——高程				根据高程基准面测定高程的地面点
特殊高程点及其注记	113.5——最大洪水位高程 1986.6——发生年月				具有特殊需要和意义的高程点，如洪水位、大潮潮位等处的高程点
土堆、贝壳堆、矿渣堆	a. 依比例尺的 b. 不依比例尺的 3.5——比高				由泥土、贝壳、矿渣堆积而成的堆积物
石堆					由石块堆积而成的堆积物
岩溶漏斗、黄土漏斗					在岩溶地区受水的溶蚀或岩层塌陷而在地面形成的漏斗状或碟形的封闭洼地
坑穴	a. 依比例尺的 b. 不依比例尺的 2.6、2.3——深度				地表面突然凹下的部分，坑壁较陡，坑口有较明显的边缘
冲沟	3.4、4.5——比高				地面长期被雨水急流冲蚀而形成的大小沟壑，沟壁较陡，攀登困难
地裂缝	a. 依比例尺的 2.1——裂缝宽 5.3——裂缝深 b. 不依比例尺的				由地壳运动引起的地裂或采掘矿物后的采空区塌陷造成的地表裂缝

124

符号名称		符号式样			简要说明
		1：500	1：1000	1：2000	
陡崖、陡坎	a. 土质的 b. 石质的 18.6、22.5——比高				形态壁立、难于攀登的陡峭崖壁或各种天然形成的坎（坡度在70°以上），分为土质和石质两种
人工陡坎	a. 未加固的 b. 已加固的				由人工修成的坡度在70°以上的陡峻地段
山洞、溶洞	a. 依比例尺的 b. 不依比例尺的				山洞指山体中的洞穴；溶洞指受水溶蚀或岩层塌陷而形成的地下空洞
平沙地					平坦沙地或起伏不明显的沙地
石垄	a. 依比例尺的 b. 不依比例尺的				在山坡或河滩地上用大小不同的石块，由人工堆积而成的狭长石围
滑坡					斜坡表层由于地下水和地表水的影响，在重力作用下向下滑动的地段
斜坡	a. 未加固的 b. 已加固的				各种天然形成和人工修筑的坡度在70°以下的坡面地段
梯田坎	2.5——比高				依山坡或谷地由人工修筑的阶梯式农田陡坎
	植被与土壤				
稻田	a. 田埂				种植水稻的耕地

符号名称		符号式样			简要说明
		1:500	1:1000	1:2000	
旱地			1.3 2.5 ⊥⊥ 　　　　⊥⊥ 　　　　　　　10.0 ⊥⊥ 　　⊥⊥ 10.0		稻田以外的农作物耕种地，包括撂荒未满3年的轮歇地
菜地			⋎　　　⋎ 　　　　　10.0 ⋎　　⋎ 10.0		以种植蔬菜为主的耕地
水生作物地	a. 非常年积水的 菱——品种名称	⋎ 菱 ⋎　⋎	a ⋎ 菱 　⋎		比较固定的以种植水生作物为主的用地，如菱角、莲藕、茭白地等
行树	a. 乔木行树 b. 灌木行树	a ○　○　○　○ 　　○ ○ ○ b ○ 　○			沿道路、沟渠和其他线状地物一侧或两侧成行种植的树木或灌木
成林	松6——树种及平均树高	○　　　　○ 　○ 松6 　　　　　　○ ○　　○ 10.0 10.0			林木进入成熟期、树冠覆盖地面的程度在0.3以上、林龄在20年以上、林木的内部结构特征能影响周围环境的生物群落，包括各种针叶林、阔叶林
幼林、苗圃	幼——幼林	○　　　　○ 　1.0 幼 　　　　　10.0 ○　　○ 10.0			林木处于生长发育阶段，通常树龄在20年以下，尚未达到成熟的林分；苗圃指固定的林木育苗地

注：本表根据现行国家标准《国家基本比例尺地形图图式　第1部分：1:500 1:1000 1:2000 地形图图式》GB/T 20257.1编制。

（3）城市坐标系统是为了满足城市建设、规划和工程施工的需要而建立，包括城市平面坐标系统和高程系统。为减小投影变形所建立的城市平面坐标系统往往相对独立，但需要与国家坐标系统建立联系，即所建立的城市高程系统宜与国家法定高程基准一致，采用的参考椭球应与CGCS2000坐标系定义的参考椭球一致。

（4）测量平面直角坐标系：在平面上，两条相互垂直的直线组成坐标系。X轴正方向为该带中央子午线北方向；Y轴正方向为赤道东方向（X表示南北方向轴线，Y表示东西方向轴线）。

（5）城市测量应采用该城市统一的平面坐标系统和高斯－克吕格投影。当采用地方平面坐标系统时，应与国家平面坐标系统建立联系。城市统一的平面坐标系统的投影长度变形值不应大于25mm/km，以确保平面坐标系能满足1:500地形图和基础地理信息数据，以及城市工程测量的要求。

（6）数字地形图可采用DLG（数字线划图）或数字化的模拟地形图。

注：

1. 我国的坐标系统主要有 1954 北京坐标系、1980 西安坐标系、CGCS2000 国家大地坐标系。

2.《总图制图标准》GB/T 50103—2010 中的表 3.0.1 总平面图例，其中"坐标"的图例 1 表示地形测量坐标系，图例 2 表示自设坐标系。《建筑工程设计文件编制深度规定》（2016 年版）要求总平面图采用测量坐标网。

> **例 2-1**　（2006-14、2011-12）规划管理部门提供的场地地形图的坐标网应是（　　）。
>
> A　建筑坐标网　　　　　　　B　城市坐标网
> C　测量坐标网　　　　　　　D　假定坐标网
>
> **解析**：城市测量采用该城市统一的平面坐标系统绘制"地形图"，而在"总平面图"设计中使用"测量坐标网（系）"。
>
> **答案**：B

（三）高程、等高线、标高

（1）**高程**：地面点至高程基准面的铅锤距离。

（2）**高程基准**：由特定验潮站平均海水面确定的测量高程的起算面以及依据该面所决定的水准原点高程。

（3）**水准原点**：国家高程控制网的起算点。

（4）**测区平均高程面**：以测区高程平均值计算的高程面。

（5）**1985 国家高程基准**：采用青岛水准原点和根据青岛验潮站 1952～1979 年的验潮数据确定的黄海平均海水面所定义的高程基准。其水准原点起算高程为 72.260m，由于水准原点实际高程不是"零"米，国家测绘局 2006 年在青岛设立"中华人民共和国水准零点"。测区的高程系统宜采用 1985 国家高程基准。在已有高程控制网的地区测量时，可沿用原有的高程系统；当小测区联测有困难时，也可采用假定高程系统。

注：

1. 城市高程系统通过城市等级水准网进行建设，宜基于城市区域内合理布设的 GPS 水准网，建立高精度、高分辨率的似大地水准面模型。城市似大地水准面参考基准的大地坐标系采用 CGCS2000 坐标系，高程基准采用 1985 国家高程基准，重力基准采用 2000 国家重力基本网。似大地水准面是指从地面点沿正常重力线量取正常高度所得端点构成的封闭曲面。

2. 海拔是地理学名词，是地面某点高出平均海平面的垂直距离。

水准高程系统换算参数表（表 2-4）的取值为全国平均值，其目的是为竖向规划工作提供一个参考值，具体工作中应采用当地精密水准网点高程基准换算值。在进行城市竖向规划的同时，可以构建 DEM 数据库。

水准高程系统换算参数表　　　　　　　　　　　表 2-4

换算参数 原高程系统　＼　转换后高程系统	1956 黄海高程	1985 国家高程基准	吴淞高程基准	珠江高程基准
1956 黄海高程		+0.029m	−1.688m	+0.586m
1985 国家高程基准	−0.029m		−1.717m	+0.557m

127

换算参数 转换后高程系统 原高程系统	1956 黄海高程	1985 国家高程基准	吴淞高程基准	珠江高程基准
吴淞高程基准	+1.688m	+1.717m		+2.274m
珠江高程基准	-0.586m	-0.557m	-2.274m	

注：1. 高程基准之间的差值为各地区精密水准网点之间的差值平均值；
　　2. 转换后高程系统＝原高程系统＋换算参数。

（6）**等高线**：地面上高程相等的相邻点所连成的闭合曲线，等高线上的高程注记数值字头朝向上坡方向（图 2-3）。等高线间距随地形起伏而有疏密变化，地形起伏越大，等高线越密。等高线向较低方向凸出，形成山脊；反之，形成山谷［图 2-4（a）］；为了区分出山顶、凹地，在制作地形图时表示凹地的等高线一定要加绘示坡线，山顶可加可不加［图 2-4（b）］。两条闭合等高线，如果标高相同，其距离最近处只能相切，而不可能互相交错。

注：**示坡线**是指与等高线垂直相连的线段。等高线相连的一端指的是上坡方向；与等高线不相连的一端指的是下坡方向，即指向高程降低的方向。

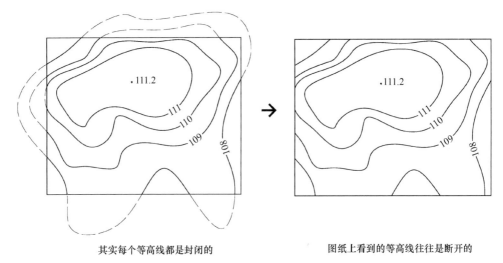

其实每个等高线都是封闭的　　　　　　　图纸上看到的等高线往往是断开的

图 2-3　封闭的等高线

（7）**等高距**：地形图上相邻首曲线间的高程差，等高距及等高线间距如图 2-5 所示。对于某张地形图来说，该图纸中的等高距是固定的数值；而等高线间距一般是变化不定的，除非地形是个斜平面或非常有规律的起伏面，才会出现相等的等高线间距。等高线间距的大小相当于坡地自然坡度线的水平长度（图 2-5），或者说是从 A 点流水到等高线 277.40 形成的痕迹之简化直线后的水平长度（图 2-6）。能取得这条水痕迹线就相当于得到了有关此等高线间距的解答，地形图上的等高线间距绘制方法，详见图 2-6、图 2-7。

（8）**首曲线**：高程值是等高距整倍数的等高线（图 2-8）。

（9）**计曲线**：为了便于读图，从高程基准面起，每隔四条（或三条）首曲线加粗的等高线（图 2-8），又称为"加粗等高线"。

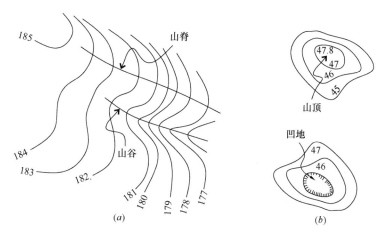

图 2-4 山脊和山谷及山顶和凹地示意图

(a) 山脊和山谷；(b) 山顶和凹地

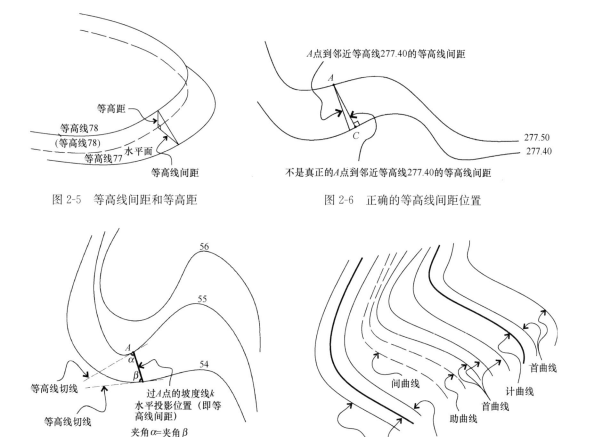

图 2-5 等高线间距和等高距

图 2-6 正确的等高线间距位置

图 2-7 等高线间距位置的求解

图 2-8 等高线的表示

注：上述部分概念及附图引自：闫寒．建筑学场地设计．第四版．北京：中国建筑工业出版社，2017。

（10）**标高**：以某一水平面作为基准，并做零点（水准原点）起算地面（楼面）至基准面的垂直高度。标高分为相对标高和绝对标高。

1）相对标高是假定建筑物某一楼（地）面的完成表面为起始点，称为相对标高的零点。相对标高一般表示建筑物各楼层地面及主要构件等与首层室内地面的高度关系。

2）绝对标高是相对于某海平面的高差，在中国以青岛黄海的平均海平面为起始点。绝对标高一般用在地形图和总图设计中。

注：上述部分概念引自《民用建筑设计术语标准》GB/T 50504—2009。

3）《**房屋建筑制图统一标准**》**GB/T 50001—2017** 对标高的相关规定如下：

11.8.1 标高符号应以等腰直角三角形表示，并应按图 11.8.1（*a*）所示形式用细实线绘制，如标注位置不够，也可按图 11.8.1（*b*）所示形式绘制。

11.8.2 总平面图室外地坪标高符号宜用涂黑的三角形表示，具体画法可按图 11.8.2 所示。

11.8.4 标高数字应以米为单位，注写到小数点以后第三位。在总平面图中，可注写到小数点以后第二位。

11.8.5 零点标高应注写成±0.000，正数标高不注"＋"，负数标高应注"－"，例如 3.000、－0.600。

11.8.6 在图样的同一位置需表示几个不同标高时，标高数字可按图 11.8.6 的形式注写。

《房屋建筑制图统一标准》GB/T 50001—2017 的标高图例参见图 2-9，《总图制图标准》GB/T 50103—2010 的标高图例参见图 2-10。

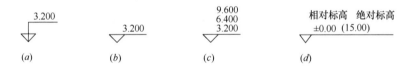

图 2-9　房屋建筑制图标高图例

（*a*）、（*b*）楼地面设计标高；（*c*）同一位置注写多个标高数字；（*d*）相对标高与绝对标高

图 2-10　总图制图标高图例

（*a*）室内地坪标高；（*b*）室外地坪标高；（*c*）、（*d*）道路中心线交叉点设计标高

（四）地形类别

从自然地理宏观角度划分地形的类别，大体有山地、丘陵与平原三类［参见《城市规划原理》（第四版）］。而"工程测量地形"的类别划分和对地形图的基本等高距的确定，则应分别符合下列规定：

（1）应根据地面倾角（*α*）大小，确定地形类别。

（2）地形图的基本等高距，应按表 2-5 选用。

地形图的基本等高距（m）   表 2-5

地形类别	比例尺			
	1：500	1：1000	1：2000	1：5000
平坦地 $\alpha<3°$	0.5	0.5	1	2
丘陵地 $3°\leqslant\alpha<10°$	0.5	1	2	5
山地 $10°\leqslant\alpha<25°$	1	1	2	5
高山地 $\alpha\geqslant25°$	1	2	2	5

注：本表依据《工程测量规范》GB 50026—2007 编制。《城市测量规范》CJJ/T 8—2011 对地形类别的划分与本表
　　一致，但坡度数值有所不同。

（3）场地地形分析如图 2-11 所示。

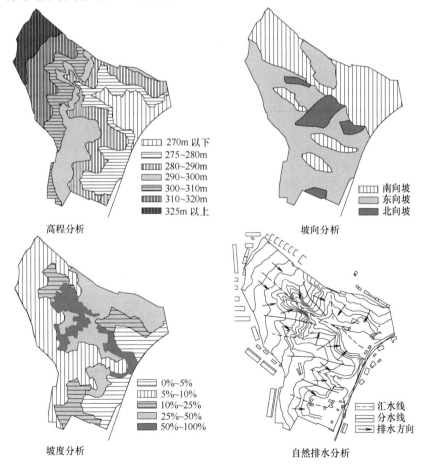

图 2-11　场地地形分析

例2-2 (2012-4) 居住区建设用地宜采用台地式规划布置的地形为：

A 平坡地　　　　B 陡坡地　　　　C 中坡地　　　　D 急坡地

解析：《建筑设计资料集6》（第二版）中的坡度分级表将自然地形划分为：平坡地（3%以下）、缓坡地（3%～10%）、中坡地（10%～25%）。《城乡建设用地竖向规划规范》CJJ 83—2016第4.0.1条规定，居住用地自然坡度宜小于25%，规划坡度宜小于25%。《城市居住区规划设计标准》GB 50180—2018第3.0.9条规定，居住区的竖向规划设计应符合现行行业标准《城乡建设用地竖向规划规范》CJJ 83的有关规定。

答案：C

例2-3 (2009) 从宏观角度来划分地形，以下哪种划分的分类是正确的(　　　)

A 山地、平原　　　　　　　　　　B 山地、丘陵、平原

C 山地、平原、盆地　　　　　　　D 山地、丘陵、盆地

解析：从自然地理宏观角度划分地形的类型，大体有"山地、丘陵与平原"三类；而工程测量地形的类别划分为"平坦地、丘陵地、山地、高山地"四类。

答案：B

例2-4 (2001-73) 在1∶500丘陵地的地形图上，等高线所采用的基本等高距是：

A 5.0m　　　　B 2.0m　　　　C 1.0m　　　　D 0.5m

解析：参见表2-5。

答案：D

二、气象、气候、日照

气象：是指发生在天空中的一切大气的物理状态或现象，如大气中的冷、热、干、湿、风云、雨雪、雾霜、雷电、光等。

气候：大气物理特征的长期平均状态，与天气不同，它具有稳定性。时间尺度为月、季、年、数年到数百年以上。

气候区划：根据气候的不同类型，按一定指标将全球或某一地区划分为若干气候特征相似的区域。

（一）温度、湿度

（1）温度（℃）：最冷月平均、最热月平均、最热月14时平均、极端最高、极端最低、年平均日较差、室外计算温度（冬季采暖、夏季通风）。

（2）相对湿度（%）：最冷月平均、最热月平均、最热月14时平均。

（二）降水、冻土深度、天气现象

（1）降水：一日最大降雨量（mm）、平均年总降水量（mm）、最大积雪深度（cm）。

按降水强度可分为六级：小雨、中雨、大雨、暴雨、大暴雨、特大暴雨；

小雪、中雪、大雪、暴雪、大暴雪、特大暴雪。

（2）冻土深度：最大冻土深度（cm）。

（3）天气现象：年雪暴日数、年沙暴日数、年雾日数。

（三）风象

风级、风速、最多风向及其频率。

（1）风级：应根据风速确定相应的级别，见表2-6。

风力等级表   表 2-6

风 级	风 名	相当风速（m/s）	地面上物体的象征
0	无 风	0～0.2	炊烟直上，树叶不动
1	软 风	0.3～1.5	风信不动，烟能表示风向
2	轻 风	1.6～3.3	脸感觉有微风，树叶微响，风信开始转动
3	微 风	3.4～5.4	树叶及微枝摇动不息，旌旗飘展
4	和 风	5.5～7.9	地面尘土及纸片飞扬，树的小枝摇动
5	清 风	8.0～10.7	小树枝摇动，水面起波
6	强 风	10.8～13.8	大树枝摇动，电线呼呼作响，举伞困难
7	疾 风	13.9～17.1	大树动摇，迎风步行感到阻力
8	大 风	17.2～20.7	可折断树枝，迎风步行感到阻力很大
9	烈 风	20.8～24.4	屋瓦吹落，稍有破坏
10	狂 风	24.5～28.4	树木连根拔起或摧毁建筑物，陆上少见
11	暴 风	28.5～32.6	有严重破坏力，陆上很少见
12	飓 风	32.6 以上	摧毁力极大，陆上极少见

（2）风速（m/s）：夏季平均、冬季平均、30年一遇最大。

（3）最多风向及其频率（%）：七月、一月。

风力等级表是根据平地上离地10m处的风速值大小制定的。在一般情况下以"0"至"12"共13个级别表示，但在特殊情况下存在13级以上的风力等级（"蒲福风级"是英国人弗朗西斯·蒲福于1805年，根据风对地面物体或海面的影响程度而定出的风力等级。按风力强弱，划分为"0"至"17"共18个等级）。

风向即风吹来的方向。某月、季、年、数年某一方向来风次数占同期观测风向发生总次数的百分比，即称该方位的风向频率。将各方位的风向频率按比例绘制在方向坐标图上，形成封闭的折线图形，即为风向（频率）玫瑰图。以风向分8、16、32个方位，又有夏、冬和全年不同风频图形表示（图2-12）。

注：

1. 风玫瑰图的说明：

风玫瑰图上所表示的风的吹向，是自外吹向中心；中心圈内的数值为全年的静风频率；静风指距地面10m高处，平均风速小于0.5m/s的气象条件；风玫瑰图中每个圆圈的间隔为频率5%。

夏季：6月、7月、8月这三个月风速的平均值。

冬季：12月、1月、2月这三个月风速的平均值。

全年：历年年风速的平均值。

2. 主要城镇的风玫瑰图参见《建筑设计资料集1》（第三版）。

（4）污染系数：用来表示污染源下风向污染程度的大小。例如，某方位下风向受污染的时间与该方位的风向频率成正比，而污染浓度与该方位的平均风速成反比。空气污染系数综合了风向和风速的作用，代表了某方位下风向空气污染的程度。故而，相对污染受体，污染源应设在污染系数最小的方位的上侧。污染系数可用下式表达：

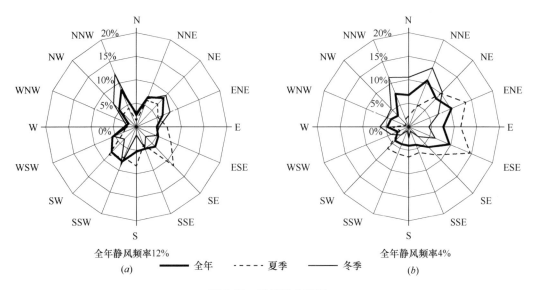

全年静风频率12%
(a)　　　　　全年　-----夏季　——冬季　　　(b)
全年静风频率4%

图 2-12　城镇风玫瑰图
(a) 北京；(b) 上海

$$污染系数 = \frac{风向频率}{平均风速} \tag{2-1}$$

（5）局地风：地形、地物错综复杂引起的风向、风速改变，形成局地风；如水陆风、山谷风、顺坡风、越山风、林源风、街巷风等。对此局部风效应与地区风向玫瑰图可能会完全不一样。

（6）风向与建筑布局（图 2-13）

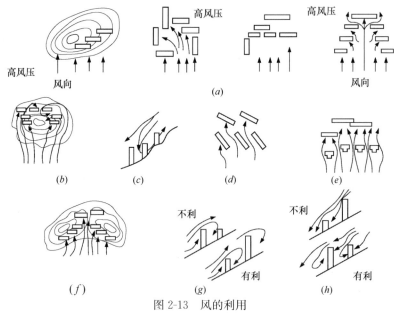

图 2-13　风的利用
(a) 利用和组织风向高压区所产生的旁侧压力，使一部分气流改变方向；
(b) 利用涡风；(c) 利用绕山风；(d) 利用斜列式迎风；(e) 利用点式建筑减少挡风面；
(f) 利用地形"兜"风；(g) 在迎风坡；(h) 在逆风坡

（四）气候分区及其对建筑的基本要求

《民用建筑设计统一标准》GB 50352—2019 将中国建筑气候区划分为七类，详见表 2-7。

不同区划对建筑的基本要求　　　　　　　　　　　　　　　表 2-7

建筑气候区划名称	热工区划名称	建筑气候区划主要指标	建筑基本要求
Ⅰ	ⅠA ⅠB ⅠC ⅠD	严寒地区	1月平均气温≤−10℃ 7月平均气温≤25℃ 7月平均相对湿度≥50%	1. 建筑物必须充分满足冬季保温、防寒、防冻等要求； 2. ⅠA、ⅠB区应防止冻土、积雪对建筑物的危害； 3. ⅠB、ⅠC、ⅠD区的西部，建筑物应防冰雹、防风沙
Ⅱ	ⅡA ⅡB	寒冷地区	1月平均气温−10~0℃ 7月平均气温18~28℃	1. 建筑物应满足冬季保温、防寒、防冻等要求，夏季部分地区应兼顾防热； 2. ⅡA区建筑物应防热、防潮、防暴风雨，沿海地带应防盐雾侵蚀
Ⅲ	ⅢA ⅢB ⅢC	夏热冬冷地区	1月平均气温0~10℃ 7月平均气温25~30℃	1. 建筑物应满足夏季防热、遮阳、通风降温要求，并应兼顾冬季防寒； 2. 建筑物应满足防雨、防潮、防洪、防雷电等要求； 3. ⅢA区应防台风、暴雨袭击及盐雾侵蚀； 4. ⅢB、ⅢC区北部冬季积雪地区建筑物的屋面应有防积雪危害的措施
Ⅳ	ⅣA ⅣB	夏热冬暖地区	1月平均气温>10℃ 7月平均气温25~29℃	1. 建筑物必须满足夏季遮阳、通风、防热要求； 2. 建筑物应防暴雨、防潮、防洪、防雷电； 3. ⅣA区应防台风、暴雨袭击及盐雾侵蚀
Ⅴ	ⅤA ⅤB	温和地区	1月平均气温0~13℃ 7月平均气温18~25℃	1. 建筑物应满足防雨和通风要求； 2. ⅤA区建筑物应注意防寒，ⅤB区应特别注意防雷电
Ⅵ	ⅥA ⅥB	严寒地区	1月平均气温0~−22℃ 7月平均气温<18℃	1. 建筑物应充分满足保温、防寒、防冻的要求； 2. ⅥA、ⅥB区应防冻土对建筑物地基及地下管道的影响，并应特别注意防风沙； 3. ⅥC区的东部，建筑物应防雷电
	ⅥC	寒冷地区		
Ⅶ	ⅦA ⅦB ⅦC	严寒地区	1月平均气温−5~−20℃ 7月平均气温≥18℃ 7月平均相对湿度<50%	1. 建筑物必须充分满足保温、防寒、防冻的要求； 2. 除ⅦD区外，应防冻土对建筑物地基及地下管道的危害； 3. ⅦB区建筑物应特别注意积雪的危害； 4. ⅦC区建筑物应特别注意防风沙，夏季兼顾防热； 5. ⅦD区建筑物应注意夏季防热，吐鲁番盆地应特别注意隔热、降温
	ⅦD	寒冷地区		

居住区所属的建筑气候区划应符合现行国家标准《建筑气候区划标准》GB 50178 的有关规定。

（五）日照

日照是指太阳光直接照射到物体表面的现象，在日照设计中要充分利用日光的有利因素，限制不利因素，满足室内光环境和卫生要求。

太阳辐射光谱辐照度请参考《建筑设计资料集1》（第三版）。按太阳辐射波长范围分为紫外辐射（300~380nm，占3%~4%）、可见光辐射（380~780nm，占44%~46%）、红外辐射（780～2500nm，占 50％～53％）。

注：日照的定义引自《建筑照明术语标准》JGJ/T 119—2008。

1. 基本术语

（1）建筑日照：太阳光直接照射到建筑物（场地）上的状况。

（2）日照标准日：用来测定和衡量建筑日照时数的特定日期。

（3）日照时间计算起点：为规范建筑日照时间计算所规定的建筑物（场地）上的计算位置。

（4）日照时数：在有效日照时间带内，建筑物（场地）计算起点位置获得日照的连续时间值或各时间段的累加值。

（5）日照率（日照百分率）：一定时段内，实际日照总时数占可照总时数的百分率。

2. 日照计算建模

根据《建筑日照计算参数标准》GB/T 50947—2014，日照计算建模时应重点注意以下几点：

（1）所有模型应采用统一的平面和高程基准。

（2）所有建筑的墙体应按外墙轮廓线建立模型。

（3）遮挡建筑的阳台、檐口、女儿墙、屋顶等造成遮挡的部分均应建模。

（4）日照基准年应选取公元 2001 年。

（5）日照计算应采用真太阳时，时间段可累积计算，可计入的最小连续日照时间不应小于 5.0min。

（6）日照时间的计算起点应符合《城市居住区规划设计规范》的有关规定。

注：真太阳时（AT）是指太阳连续两次经过当地观测点的上中天（当地正午 12 时）的时间间隔为 1 真太阳日，1 真太阳日分为 24 真太阳时。

3. 日照间距计算

日照间距系数是日照间距与前栋建筑物计算高度之比值。

注：日影长度 L 与城市的纬度、赤纬角、太阳时角、太阳方位角、太阳高度角有关。

4. 建筑日照标准

《民用建筑设计统一标准》GB 50352—2019 条文说明

5.1.2.2　建筑和场地日照标准在现行国家标准《城市居住区规划设计标准》GB 50180 中有明确规定，住宅、宿舍、托儿所、幼儿园、宿舍、老年人居住建筑、医院病房楼等类型建筑也有相关日照标准，并应执行当地城市规划行政主管部门依照日照标准制定的相关规定。

《老年人照料设施建筑设计标准》JGJ 450—2018

5.2.1　居室应具有天然采光和自然通风条件，日照标准不应低于冬至日日照时数 2h。当居室日照标准低于冬至日日照时数 2h 时，老年人居住空间日照标准应按下列规定之一确定：

1　同一照料单元内的单元起居厅日照标准不应低于冬至日日照时数 2h。

2　同一生活单元内至少 1 个居住空间日照标准不应低于冬至日日照时数 2h。

《托儿所、幼儿园建筑设计规范》JGJ 39—2016（2019 年版）

3.2.8　托儿所、幼儿园的活动室、寝室及具有相同功能的区域，应布置在当地最好朝向，冬至日底层满窗日照不应小于 3h。

3.2.8A 需要获得冬季日照的婴幼儿生活用房窗洞开口面积不应小于该房间面积的 20%。

3.2.9 夏热冬冷、夏热冬暖地区的幼儿生活用房不宜朝西向；当不可避免时，应采取遮阳措施。

《疗养院建筑设计标准》JGJ/T 40—2019

4.2.4.3 疗养室应能获得良好的朝向、日照，建筑间距不宜小于 12m。

《中小学校设计规范》GB 50099—2011

4.3.3 普通教室冬至日满窗日照不应少于 2h。

4.3.4 中小学校至少应有 1 间科学教室或生物实验室的室内能在冬季获得直射阳光。

《宿舍建筑设计规范》JGJ 36—2016

3.1.2 宿舍基地宜有日照条件，且采光、通风良好。

4.1.3 宿舍应满足自然采光、通风要求。宿舍半数及半数以上的居室应有良好朝向。

条文说明 4.1.3 良好的建筑朝向是满足室内具有良好日照和自然通风的基本条件，也是被动式节能的重要措施。设计时应尽量将好朝向布置为居室。各地的地理环境和自然条件不同，对朝向有不同要求。严寒地区如哈尔滨、长春等地，因冬季低气温时间长，为避免无日照的北向，而将宿舍东西向布置，以争取全部居室都能获得日照。炎热地区，则由于夏季炎热天数多，居室西向时，其热难当，故应避免朝西布置居室；若不可避免时，应有遮阳设施。

《综合医院建筑设计规范》GB 51039—2014

4.2.6 病房建筑的前后间距应满足日照和卫生间距要求，且不宜小于 12m。

注：《综合医院建筑设计规范》第 5.1.7 条规定：50% 以上的病房日照应符合现行国家标准《民用建筑设计通则》GB 50352 的有关规定，但现行《民用建筑设计统一标准》GB 50352—2019 已经取消了这方面的规定。

5. 住宅建筑日照标准

《城市居住区规划设计标准》GB 50180—2018

4.0.9 住宅建筑的间距应符合表 4.0.9 的规定；对特定情况，还应符合下列规定：

1 老年人居住建筑日照标准不应低于冬至日日照时数 2h；

2 在原设计建筑外增加任何设施不应使相邻住宅原有日照标准降低，既有住宅建筑进行无障碍改造加装电梯除外；

3 旧区改建项目内新建住宅建筑日照标准不应低于大寒日日照时数 1h。

住宅建筑日照标准 　　　　　　　　　　　　　　　表 4.0.9

建筑气候区划	Ⅰ、Ⅱ、Ⅲ、Ⅶ气候区		Ⅳ气候区		Ⅴ、Ⅵ气候区
城区常住人口（万人）	≥50	<50	≥50	<50	无限定
日照标准日	大寒日			冬至日	
日照时数（h）	≥2	≥3		≥1	
有效日照时间带（当地真太阳时）	8时～16时			9时～15时	
计算起点	底层窗台面				

注：底层窗台面是指距室内地坪 0.9m 高的外墙位置。

6. 日照计算

（1）日照间距计算（图 2-14）

设 L 为日照间距，H 为遮挡建筑计算高度，h 为太阳高度角，r 为被遮挡建筑与太阳方位所夹的角。

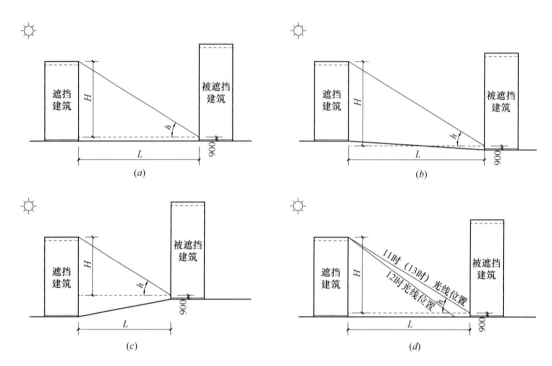

图 2-14　日照间距示意图

（a）遮挡建筑与被遮挡建筑的高程一致的情况；（b）遮挡建筑比被遮挡建筑的高程高的情况；

（c）遮挡建筑比被遮挡建筑的高程低的情况；

（d）遮挡建筑与被遮挡建筑高程一致的情况下 11 时、12 时的光线位置

日照间距：
$$L = H \cdot \coth \cdot \cos r \qquad (2\text{-}2)$$

日照间距系数：
$$l_0 = \frac{L}{H} = \coth \cdot \cos r \qquad (2\text{-}3)$$

日照间距系数（l_0）为日照标准确定的被遮挡房屋间距与遮挡房屋高度的比值。当建筑朝向为南向，太阳方位线与墙面法线重合时，$r = 0$；太阳方位线与墙面法线偏东或偏西 A 度时，$r = A$。

注：图中计算起点为底层窗台面，底层窗台面是指距室内地坪 0.9m 高的外墙位置。

（2）住宅建筑正面间距

住宅建筑可参考全国主要城市不同日照标准的间距系数来确定日照间距，不同方位的日照间距系数控制可采用表 2-9 所提供的折减系数进行换算。"不同方位的日照间距折减"是指以日照时数为标准，按不同方位布置的住宅折算成不同日照间距。住宅建筑可参考表 2-8 来确定日照间距。

序号	城市名称	纬度（北纬）	冬至日			大寒日		
			正午影长率	日照 1h	正午影长率	日照 1h	日照 2h	日照 3h
1	北京	39°57′	1.99	1.86	1.75	1.63	1.67	1.74
2	上海	31°12′	1.41	1.32	1.26	1.17	1.21	1.26
3	广州	23°08′	1.06	0.99	0.95	0.89	0.92	0.97

注：1. 本表按沿纬度方向平行布置的 6 层条式住宅（楼高 18.18m，首层窗台距室外地面 1.35m）计算；

　　2. 表中数据为 20 世纪 90 年代初的调查数据。

（3）日照间距在不同方位的折减（表 2-9）

不同方位的日照间距折减是指以日照时数为标准，将不同方位布置的住宅折算成不同的日照间距。表 2-8、表 2-9 通常应用于条式平行布置的新建住宅建筑，作为推荐指标仅供规划设计人员参考，对于精确的日照间距和复杂的建筑布置形式需另作测算。

方　　位	0°～15°	15°～30°	30°～45°	45°～60°	>60°
折减系数	1.0L	0.9L	0.8L	0.9L	0.95L

注：1. 表中方位为正南向（0°）偏东、偏西的方位角；

　　2. L 为当地正南向住宅的标准日照间距（m）；

　　3. 本表指标仅适用于无其他日照遮挡的平行布置的条式住宅建筑。

7. 太阳位置

（1）太阳高度角与方位角

太阳高度角 h，指太阳直射光线与地平面之间的夹角；太阳方位角 A，即太阳直射光线在地平面上的投影线与地平面正南方向所夹的角，关于太阳高度角及方位角的计算公式、原理图，参见闫寒所著的《建筑学场地设计》（第四版）4.3 节。

（2）太阳赤纬角与时角

太阳赤纬角 δ 是太阳光线垂直照射的地点与地球赤道所夹的圆心角，赤纬角的数值每日、每时均在变化。太阳时角 Ω 引自天文学术语，是从观测点天球子午圈沿天赤道量至太阳所在时圈的角距离。

（3）太阳位置图

将太阳在天球上的运行轨迹以及天球上太阳高度角、方位角和时角的坐标投影到地平面上，综合绘制而成的日照图即为太阳位置图。可参考《建筑设计资料集 1》（第三版）"太阳位置图作图原理和方法部分"。

（4）大寒日、冬至日太阳位置

大寒日是二十四节气中的最后一个节气，它与小寒节气一样，都是反映天气寒冷程度的节气，在每年的 1 月 20 日左右；冬至日是一年中日照时间最短的一天，在每年的 12 月 21 日左右。请仔细分析表 2-10 的数据，并对照图 2-15～图 2-17，理解日影变化的规律。

城市	季节	太阳位置	12时	11时	10时	9时	8时
				13时	14时	15时	16时
北京 北纬 39°57′ 东经 116°19′	大寒 （小雪）	h	29°54′	28°18′	23°42′	16°43′	7°58′
		A	0°	16°01′	30°50′	43°53′	55°11′
	冬至	h	26°36′	25°14′	20°42′	13°59′	5°31′
		A	0°	15°12′	29°22′	41°57′	52°57′
上海 北纬 31°14′ 东经 121°28′	大寒 （小雪）	h	38°37′	36°38′	31°06′	22°54′	12°52′
		A	0°	17°38′	33°15′	46°06′	56°31′
	冬至	h	35°19′	33°28′	28°14′	20°23′	10°43′
		A	0°	16°32′	31°22′	43°48′	53°57′

注：h—太阳高度角，A—太阳方位角；太阳方位角以正南方向为 0°。

（5）等照时线图（图 2-15、图 2-16）

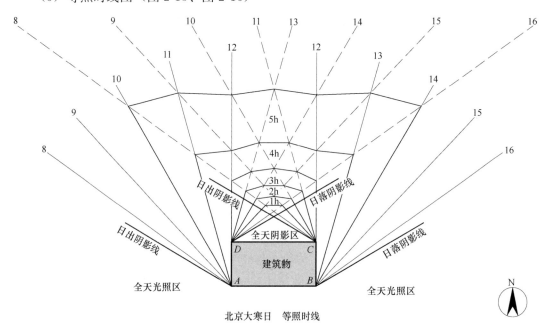

北京大寒日　等照时线

图 2-15　等照时线示意图（一）

（6）建筑阴影轮廓图（图 2-17）

（7）日影曲线图

日影曲线图又称为棒（竿）影曲线图，利用的是"棒影"计算原理。设棒上一点 P 在水平地面上的日影移动轨迹点为 p，连接全天太阳移动时 p 点的日影轨迹，即为一天的日影曲线。日影曲线可参考图 2-18，但需作南北或上下镜像，曲线上的数值为棒（竿）的高度。

（8）水平日照曲线图

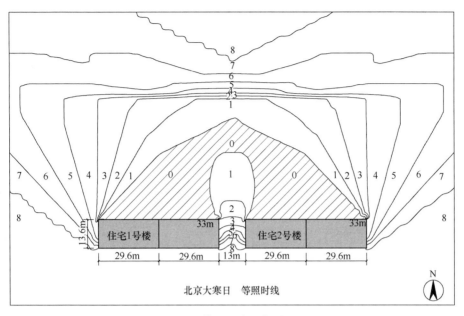

图 2-16　等照时线示意图（二）

注：计算机计算的等照时线，0 区为全天无光照区。

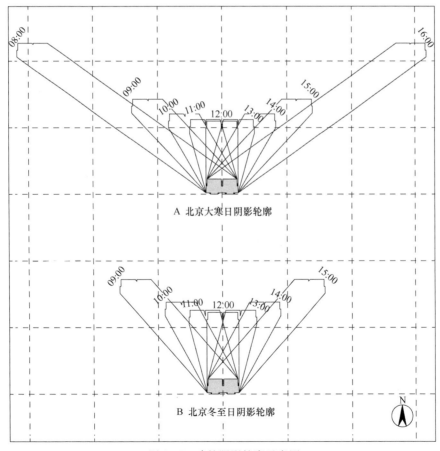

图 2-17　建筑阴影轮廓示意图

从水平面上一点 O 观察太阳运行轨迹，形成以 O 点为顶点的圆锥面（日照光锥面），用高度相等的水平面与圆锥面相交形成空间的曲线，通过其在水平面上的投影曲线（日照曲线），即可绘制成水平日照曲线图，可参考《建筑设计资料集1》（第三版）。

日照曲线图可分为：①水平日照曲线图（图2-18）；②垂直日照曲线图，包括南向垂直面日照曲线图、东向（西向）垂直面日照曲线图、东偏南45°（西偏南45°）垂直面日照曲线图等。

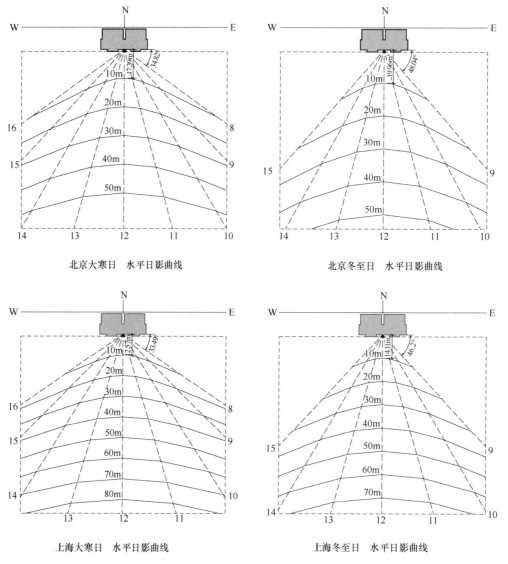

图 2-18　水平日照曲线图

（六）场地设计需了解的气候条件
《建筑设计资料集1》（第三版）

（1）气候区划：了解建筑场地所处的建筑气候区的气候特点以及对建筑和场地布局的基本要求。

（2）风象：了解当地风玫瑰图及场地有无局部风效应。

（3）日照：了解当地日照标准、日照间距系数、日照时数、日照百分率。

（4）气温：了解当地常年绝对最高和最低气温、历年最热月和最冷月的月平均气温及最大冻土深度等。

（5）降水：了解当地平均年总降水量、最大日降水量、暴雨强度、最大历时及积雪厚度等。

（6）湿度：了解当地最冷月、最热月，以及最热月 14 时的平均相对湿度。

（7）防雷：了解当地雷电活动规律及防雷减灾的相关要求。

《建筑设计资料集》（第二版）

1. 气温和湿度

（1）各年逐月平均最高、最低及平均气温。

（2）各年逐月极端最高、最低气温。

（3）最热月的最高干球与湿球温度。

（4）各年逐月平均最大最小相对湿度和绝对湿度。

（5）严寒期日数（温度在－10℃以下时期）。

（6）采暖期日数（温度在＋5℃以下时期）。

（7）不采暖地区连续最冷 5 天的平均温度。

（8）冬季第一天结冻和春季最后一天解冻的日期。

（9）历年一般及最大冻土深度。

（10）土壤深度在 0.7～1m 处的最热月平均温度。

（11）最热月份 13 时平均温度及相对湿度。

2. 降水量

（1）当地采用的雨量计算公式。

（2）历年和逐月的平均、最大、最小降雨量。

（3）一昼夜、一小时、十分钟最大强度降雨量。

（4）一次暴雨持续时间及其最大雨量，以及连续最长降雨天数。

（5）初、终雪日期，积雪日期，积雪深度，积雪密度。

3. 风

（1）历年各风向频率（全年、夏季、冬季）、静风频率、风玫瑰图。

（2）历年的年、季、月平均及最大风速、风力。

（3）风的特殊情况，风暴、大风情况及其原因，山区小气候风向变化情况。

4. 云雾及日照

（1）历年来的全年晴天及阴天日数。

（2）逐月阴天的平均、最多、最少日数及雾天日数。

5. 气压

（1）历年逐月最高、最低平均气压。

（2）历年最热三个月平均气压的平均值。

例 2-5　（2010-13）建筑选址收集大气降水资料时，以下何者是不需要的？

　　A　历年和逐月的平均、最大和最小降雨量

B 一次暴雨持续时间及其最大雨量以及持续最长降雨天数

C 五分钟的最大强度降雨量

D 初、终雪日期，积雪日期，积雪强度与密度

解析： 参见上述关于气象资料的内容，详见建筑设计资料集，应为一昼夜、一小时、十分钟最大强度降雨量。

答案： C

例 2-6 （**2011-5**）每 12 小时降水量在 15～30mm 范围内的降雨等级应为（　　）。

A 中雨　　　　　B 大雨　　　　　C 暴雨　　　　　D 特大暴雨

解析： 每 12 小时降雨量 R(mm)，小雨($R<5$)，中雨($5\leqslant R<10$)，大雨($10\leqslant R<30$)，暴雨($30\leqslant R<70$)，大暴雨($70\leqslant R<140$)，特大暴雨($140\leqslant R$)。

每 24 小时降雨量 R(mm)，小雨($R<10$)，中雨($10\leqslant R<25$)，大雨($25\leqslant R<50$)，暴雨($50\leqslant R<100$)，大暴雨($100\leqslant R<200$)，特大暴雨($200\leqslant R$)。

答案： B

三、地质

地质泛指地球的性质和特征。主要是指地球的物质组成、结构、构造、发育历史等，包括地球的圈层分异、物理性质、化学性质、岩石性质、矿物成分、岩层和岩体的产出状态、接触关系、地球的构造发育史、生物进化史、气候变迁史，以及矿产资源的赋存状况和分布规律等。

场地地面下一定深度内是由土、沙、岩石等组成，其不同特性以及地上或地下水的高度状况直接影响建筑地基承载力，当地基承载力小于 100kPa，应注意地基的变形问题。

（一）不良地质现象（表 2-11）

不良地质现象一览表　　　　　　　　　　　　　　　　　　表 2-11

类别	特　征	处理方式
冲沟	是由间断流水在地表冲刷形成的沟槽	工程处理
崩塌	陡坡或悬崖的岩土在重力作用下，突然向下崩落并顺山坡猛烈地翻滚跳跃、撞击破碎，最后堆于坡脚的现象	工程处理
滑坡	斜坡上的岩层或土体受自然或人为因素的影响，在重力作用下失去稳定，沿贯通的破坏面（或带）整体或分散下滑的现象	工程处理
泥石流	在山区或其他沟谷深壑，地形险峻的地区，因暴雨、暴雪或其他自然灾害引发的山体滑坡并携带有大量泥沙以及石块的特殊洪流	避让
断层	是岩层受力达到一定强度而产生破裂，并沿破裂面有明显相对移动的构造现象	避让
地裂缝	地面裂缝的简称；是地表岩层、土体在自然或人为的因素作用下，产生开裂，并在地面形成一定长度和宽度的裂缝的一种宏观地表破坏现象	避让
湿陷性黄土	属于特殊土；是指在上覆土层自重应力的作用下，或者在自重应力及附加应力的共同作用下，因浸水后土的结构破坏而发生显著附加变形的土	工程处理
膨胀土	是一种非饱和的、结构不稳定的黏性土，其黏粒成分主要是由亲水性矿物质组成，具有显著的吸水膨胀和失水收缩变形的特征	工程处理

类别	特　征	处理方式
岩溶	又名喀斯特；是可溶性岩层以被水溶解为主的化学溶蚀作用，伴以流水、潜蚀等机械作用而形成沟槽、裂隙、洞穴以及洞顶塌落，使地表产生陷穴等一系列现象和作用的总称	避让
人工采空区	地下矿藏经过开发后，形成人工采空区；采空区的地层结构受到破坏而引起的崩落、弯曲、下沉等现象称采空区陷落	避让

（二）水文及水文地质

在场地设计时要了解场地所在地区江、河、湖泊、水库等地表水体流速、水位变化情况和防洪要求，并研究其对场地有无影响以及在设计中利用水体美化环境的可能性；了解场地地下水的存在形式、含水层厚度、矿化度、硬度、地下水位及其变化引起地面沉降等情况。

注：

1. **水文**：自然界中水的各种变化和运动等的现象。

2. **水文地质学**：研究地下水的形成、分布、运动、资源特征、开发利用等与地质环境相互关系的学科。

3. **水文气象学**：研究水文循环和水分平衡中与降水、蒸发有关问题的学科，是气象学与水文学之间的边缘学科。

四、地震及抗震防灾

地震是指大地震动，包括天然地震（构造地震、火山地震、陷落地震），诱发地震（矿山采掘活动、水库蓄水等引发的地震）和人工地震（爆破、核爆炸、物体坠落等产生的地震）。

（1）震级：是对地震大小的量度。对外发布的震级应用 M 表示，不应加"里氏震级""矩震级"等附加信息。

（2）地震烈度：按建筑物等受影响破坏的程度分为 12 度。

（3）基本烈度：是某地区，50 年内，超越概率为 10％的地震，重现期约为 475 年。

（4）抗震设防烈度：是按国家规定的权限，批准作为一个地区抗震设防依据的地震烈度。一般情况下，取 50 年内超越概率为 10％的地震烈度（参见《地震动参数区划图》）。

（5）抗震设防的所有建筑应按现行国家标准《建筑工程抗震设防分类标准》GB 50223 确定其抗震设防类别及其抗震设防标准。对于浅源地震，地震震级为 6 级时，对应的地震烈度约为 7～8 度。抗震设防烈度为 9 度的地区不宜建设，8 度以下地震区，设计时要注意建筑的高度、防火、疏散等方面的限制要求。

（6）抗震设防烈度为 6 度及以上地区的建筑，必须进行抗震设计。

（7）抗震设计选择建筑场地时，应根据工程需要和地震活动情况、工程地质和地震地质的有关资料，对抗震有利、一般、不利和危险地段作出综合评价。对不利地段，应提出避开要求；当无法避开时，应采取有效的措施。对危险地段，严禁建造甲、乙类的建筑，不应建筑丙类的建筑。当地面下存在饱和砂土和饱和粉土时，除六度外，应进行液化判别；存在液化土层的地基，应根据建筑的抗震设防类别、地基的液化等级，结合具体情况采取相应的措施。

（8）地震断裂带

场地内存在发震断裂时，对符合下列规定之一的情况，可忽略发震断裂错动对地面建筑的影响：①抗震设防烈度小于8度；②非全新世活动断裂。抗震设防烈度为8度和9度时，隐伏断裂的土层覆盖厚度分别大于60m和90m。对不符合规定的情况，应避开主断裂带，其避让距离不宜小于《建筑抗震设计规范》GB 50011—2010表4.1.7的规定。

注：

1. 建筑工程分为四个抗震设防类别：①特殊设防类，简称甲类；②重点设防类，简称乙类；③标准设防类，简称丙类；④适度设防类，简称丁类。

2. 建筑的场地类别，应根据土层等效剪切波速和场地覆盖层厚度分为四类：Ⅰ类、Ⅱ类、Ⅲ类、Ⅳ类。

3. 液化等级与液化指数存在对应关系，当液化指数为0～6时为轻微，6～18时为中等，大于18时为严重。抗液化措施应符合《建筑抗震设计规范》GB 50011—2010（2016年版）表4.3.6的规定。

例2-7　（2011-26） 在建筑场地的抗震危险地段可以考虑建造下列何种建筑？

A　特殊设防类建筑（甲类建筑）　　　　B　重点设防类建筑（乙类建筑）

C　标准设防类建筑（丙类建筑）　　　　D　适度设防类建筑（丁类建筑）

解析： 根据《建筑抗震设计规范》GB 50011—2010（2016年版）第3.1.2条规定，抗震危险地带严禁建造甲、乙类建筑，不应建造丙类建筑。

答案： D

第二节　场地分析与布局原则

一、场地分析

（一）前期要素分析

首先要对场地条件（详见第一节内容）进行分析，此外还应符合城市规划条件的要求，如各类控制线的要求、建设用地分类要求等。城市规划条件中主要控制要素包括规定性指标和指导性指标，详见表2-12［引自：《建筑设计资料集1》（第三版）］。

城市规划控制要素　　　　　　　　　　　　　　　　　表2-12

规定性要素	指导性要素
用地：边界、用地性质、退距	人口容量：人口毛密度、净密度
容积率：最大容积率	配套设施：市政、行政管理、商业设施
密度：场地允许建设的最大建筑密度	建筑形态：形式、体量、风格、群体组合
高度：允许建设的最大建筑高度	建筑色彩：建筑外立面的颜色
绿地率：最小绿地率	其他环境要求：场地绿化、小品、铺装设施
交通：道路、出入口、停车数、场地	

（二）住区前期要素分析

主要包括：基地建设条件分析、城市规划要素分析、自然环境分析、社会人文分析、市场分析，具体内容详见《建筑设计资料集2》（第三版）居住。

二、城市规划控制要素

场地设计中，建筑密度、容积率和绿地率是规划控制土地开发强度、环境容量和质量的三项重要指标，是建设方获得土地使用许可时，城乡规划主管部门根据所在地控制性详细规划对基地提出的"规划条件"。

《民用建筑设计统一标准》GB 50352—2019（节选）

4.2.3 建筑物与相邻建筑基地及其建筑物的关系应符合下列规定：

1 建筑基地内建筑物的布局应符合控制性详细规划对建筑控制线的规定；

2 建筑物与相邻建筑基地之间应按建筑防火等国家现行相关标准留出空地或道路；

3 当相邻基地的建筑物毗邻建造时，应符合现行国家标准《建筑设计防火规范》GB 50016 的有关规定；

4 新建建筑物或构筑物应满足周边建筑物的日照标准；

5 紧贴建筑基地边界建造的建筑物不得向相邻建筑基地方向开设洞口、门、废气排除口及雨水排泄口。

（一）容积率

《民用建筑设计统一标准》GB 50352—2019 对容积率的定义为：在一定用地及计容范围内，建筑面积总和与用地面积的比值。《城市居住区规划设计标准》GB 50180—2018 表 4.0.1-1 注释："居住区用地容积率是生活圈内，住宅建筑及其配套设施地上建筑面积之和与居住区用地总面积的比值"。

（1）住宅用地容积率是居住街坊内，住宅建筑及其便民服务设施地上建筑面积之和与住宅用地总面积的比值；

（2）建筑密度是居住街坊内，住宅建筑及其便民服务设施建筑基底面积与该居住街坊用地面积的比率（%）；

（3）绿地率是居住街坊内绿地面积之和与该居住街坊用地面积的比率（%）。

《建设用地容积率管理办法》（建规〔2012〕22 号）（节选）

第一条 为进一步规范建设用地容积率的管理，根据《中华人民共和国城乡规划法》《城市、镇控制性详细规划编制审批办法》等法律法规，制定本办法。

第二条 在城市、镇规划区内以划拨或出让方式提供国有土地使用权的建设用地的容积率管理，适用本办法。

第四条 以出让方式提供国有土地使用权的，在国有土地使用权出让前，城市、县人民政府城乡规划主管部门应当依据控制性详细规划，提出容积率等规划条件，作为国有土地使用权出让合同的组成部分。未确定容积率等规划条件的地块，不得出让国有土地使用权。容积率等规划条件未纳入土地使用权出让合同的，土地使用权出让合同无效。

以划拨方式提供国有土地使用权的建设项目，建设单位应当向城市、县人民政府城乡规划主管部门提出建设用地规划许可申请，由城市、县人民政府城乡规划主管部门依据控制性详细规划核定建设用地容积率等控制性指标，核发建设用地规划许可证。建设单位在取得建设用地规划许可证后，方可向县级以上地方人民政府土地主管部门申请用地。

第五条 任何单位和个人都应当遵守经依法批准的控制性详细规划确定的容积率指标，不得随意调整。确需调整的，应当按本办法的规定进行，不得以政府会议纪要等形式代替规定程序调整容积率。

第七条　国有土地使用权一经出让或划拨，任何建设单位或个人都不得擅自更改确定的容积率。符合下列情形之一的，方可进行调整：

（一）因城乡规划修改造成地块开发条件变化的。

（二）因城乡基础设施、公共服务设施和公共安全设施建设需要导致已出让或划拨地块的大小及相关建设条件发生变化的。

（三）国家和省、自治区、直辖市的有关政策发生变化的。

（四）法律、法规规定的其他条件。

第八条　国有土地使用权划拨或出让后，拟调整的容积率不符合划拨或出让地块控制性详细规划要求的，应当符合以下程序要求：

（一）建设单位或个人向控制性详细规划组织编制机关提出书面申请并说明变更理由。

（二）控制性详细规划组织编制机关应就是否需要收回国有土地使用权征求有关部门意见，并组织技术人员、相关部门、专家等对容积率修改的必要性进行专题论证。

（三）控制性详细规划组织编制机关应当通过本地主要媒体和现场进行公示等方式征求规划地段内利害关系人的意见，必要时应进行走访、座谈或组织听证。

（四）控制性详细规划组织编制机关提出修改或不修改控制性详细规划的建议，向原审批机关专题报告，并附有关部门意见及论证、公示等情况。经原审批机关同意修改的，方可组织编制修改方案。

（五）修改后的控制性详细规划应当按法定程序报城市、县人民政府批准。报批材料中应当附具规划地段内利害关系人意见及处理结果。

（六）经城市、县人民政府批准后，城乡规划主管部门方可办理后续的规划审批，并及时将变更后的容积率抄告土地主管部门。

第九条　国有土地使用权划拨或出让后，拟调整的容积率符合划拨或出让地块控制性详细规划要求的，应当符合以下程序要求：

（一）建设单位或个人向城市、县城乡规划主管部门提出书面申请报告，说明调整的理由并附拟调整方案，调整方案应表明调整前后的用地总平面布局方案、主要经济技术指标、建筑空间环境、与周围用地和建筑的关系、交通影响评价等内容。

（二）城乡规划主管部门应就是否需要收回国有土地使用权征求有关部门意见，并组织技术人员、相关部门、专家对容积率修改的必要性进行专题论证。

专家论证应根据项目情况确定专家的专业构成和数量，从建立的专家库中随机抽取有关专家，论证意见应当附专家名单和本人签名，保证专家论证的公正性、科学性。专家与申请调整容积率的单位或个人有利害关系的，应当回避。

（三）城乡规划主管部门应当通过本地主要媒体和现场进行公示等方式征求规划地段内利害关系人的意见，必要时应进行走访、座谈或组织听证。

（四）城乡规划主管部门依法提出修改或不修改建议并附有关部门意见、论证、公示等情况报城市、县人民政府批准。

（五）经城市、县人民政府批准后，城乡规划主管部门方可办理后续的规划审批，并及时将变更后的容积率抄告土地主管部门。

第十条　城市、县城乡规划主管部门应当将容积率调整程序、各环节责任部门等内容在办公地点和政府网站上公开。在论证后，应将参与论证的专家名单公开。

第十三条 因建设单位或个人原因提出申请容积率调整而不能按期开工的项目，依据土地闲置处置有关规定执行。

（二）人口密度

是单位土地面积上的人口数量，通常使用的计量单位有两种：人/km²、人/hm²。

（三）建筑密度

在一定范围内，建筑物的基底面积占用地面积的百分比。

（四）建筑高度

《民用建筑设计统一标准》GB 50352—2019 对建筑高度的规定：

4.5 建筑高度

4.5.1 建筑高度不应危害公共空间安全和公共卫生，且不宜影响景观，下列地区应实行建筑高度控制，并应符合下列规定：

1 对建筑高度有特别要求的地区，建筑高度应符合所在地城乡规划的有关规定；

2 沿城市道路的建筑物，应根据道路红线的宽度及街道空间尺度控制建筑裙楼和主体的高度；

3 当建筑位于机场、电台、电信、微波通信、气象台、卫星地面站、军事要塞工程等设施的技术作业控制区内及机场航线控制范围内时，应按净空要求控制建筑高度及施工设备高度；

4 建筑处在历史文化名城名镇名村、历史文化街区、文物保护单位、历史建筑和风景名胜区、自然保护区的各项建设，应按规划控制建筑高度。

注：建筑高度控制尚应符合所在地城市规划行政主管部门和有关专业部门的规定。

4.5.2 建筑高度的计算应符合下列规定：

1 本标准第4.5.1条第3款、第4款控制区内建筑，建筑高度应以绝对海拔高度控制建筑物室外地面至建筑物和构筑物最高点的高度。

2 非本标准第4.5.1条第3款、第4款控制区内建筑，平屋顶建筑高度应按建筑物主入口场地室外设计地面至建筑女儿墙顶点的高度计算，无女儿墙的建筑物应计算至其屋面檐口；坡屋顶建筑高度应按建筑物室外地面至屋檐和屋脊的平均高度计算；当同一座建筑物有多种屋面形式时，建筑高度应按上述方法分别计算后取其中最大值；下列突出物不计入建筑高度内：

    1） 局部突出屋面的楼梯间、电梯机房、水箱间等辅助用房占屋顶平面面积不超过1/4者；

    2） 突出屋面的通风道、烟囱、装饰构件、花架、通信设施等；

    3） 空调冷却塔等设备。

《建筑设计防火规范》GB 50016—2014（2018 年版）对建筑高度的规定：

A.0.1 建筑高度的计算应符合下列规定：

1 建筑屋面为坡屋面时，建筑高度应为建筑室外设计地面至其檐口与屋脊的平均高度。

2 建筑屋面为平屋面（包括有女儿墙的平屋面）时，建筑高度应为建筑室外设计地面至其屋面面层的高度。

3 同一座建筑有多种形式的屋面时，建筑高度应按上述方法分别计算后，取其中最大值。

4 对于台阶式地坪，当位于不同高程地坪上的同一建筑之间有防火墙分隔，各自有符合规范规定的安全出口，且可沿建筑的两个长边设置贯通式或尽头式消防车道时，可分别计算各自的建筑高度。否则，应按其中建筑高度最大者确定该建筑的建筑高度。

5 局部突出屋顶的瞭望塔、冷却塔、水箱间、微波天线间或设施、电梯机房、排风和排烟机房以及楼梯出口小间等辅助用房占屋面面积不大于1/4者，可不计入建筑高度。

6 对于住宅建筑，设置在底部且室内高度不大于2.2m的自行车库、储藏室、敞开空间，室内外高差或建筑的地下或半地下室的顶板面高出室外设计地面的高度不大于1.5m的部分，可不计入建筑高度。

A.0.2 建筑层数应按建筑的自然层数计算，下列空间可不计入建筑层数：

1 室内顶板面高出室外设计地面的高度不大于1.5m的地下或半地下室；

2 设置在建筑底部且室内高度不大于2.2m的自行车库、储藏室、敞开空间；

3 建筑屋顶上突出的局部设备用房、出屋面的楼梯间等。

（五）绿地率及其设置要求

（1）《民用建筑设计术语标准》GB/T 50504—2009 对绿地率的定义是：在一定范围内，各类绿地总面积占该用地总面积的百分比。

（2）《民用建筑设计统一标准》GB 50352—2019 对绿地率的定义是：在一定地区范围内，各类绿地总面积占该用地总面积的比率（％）。应注意区分"绿地率"和"绿化覆盖率"。绿化覆盖率是包括树冠覆盖的范围和屋面绿化的。

（3）《城市居住区规划设计标准》GB 50180—2018

4.0.4 新建各级生活圈居住区应配套规划建设公共绿地，并应集中设置具有一定规模，且能开展休闲、体育活动的居住区公园；公共绿地控制指标应符合表4.0.4的规定。

公共绿地控制指标 表4.0.4

类别	人均公共绿地面积（m²/人）	居住区公园		备注
		最小规模（hm²）	最小宽度（m）	
十五分钟生活圈居住区	2.0	5.0	80	不含十分钟生活圈及以下级居住区的公共绿地指标
十分钟生活圈居住区	1.0	1.0	50	不含五分钟生活圈及以下级居住区的公共绿地指标
五分钟生活圈居住区	1.0	0.4	30	不含居住街坊的绿地指标

注：居住区公园中应设置10%～15%的体育活动场地。

4.0.5 当旧区改建确实无法满足表4.0.4的规定时，可采取多点分布以及立体绿化等方式改善居住环境，但人均公共绿地面积不应低于相应控制指标的70％。

4.0.6 居住街坊内的绿地应结合住宅建筑布局设置集中绿地和宅旁绿地；绿地的计算方法应符合本标准附录A第A.0.2条的规定。

4.0.7 居住街坊内集中绿地的规划建设，应符合下列规定：

1 新区建设不应低于0.50m²/人，旧区改建不应低于0.35m²/人；

2 宽度不应小于8m；

3 在标准的建筑日照阴影线范围之外的绿地面积不应少于1/3，其中应设置老年人、儿童活动场地。

7.0.4 居住区内绿地的建设及其绿化应遵循适用、美观、经济、安全的原则，并应符合下列规定：

1 宜保留并利用已有的树木和水体；

2 应种植适宜当地气候和土壤条件、对居民无害的植物；

3 应采用乔、灌、草相结合的复层绿化方式；

4 应充分考虑场地及住宅建筑冬季日照和夏季遮阴的需求；

5 适宜绿化的用地均应进行绿化，并可采用立体绿化的方式丰富景观层次、增加环境绿量；

6 有活动设施的绿地应符合无障碍设计要求并与居住区的无障碍系统相衔接；

7 绿地应结合场地雨水排放进行设计，并宜采用雨水花园、下凹式绿地、景观水体、干塘、树池、植草沟等具备调蓄雨水功能的绿化方式。

7.0.5 居住区公共绿地活动场地、居住街坊附属道路及附属绿地的活动场地的铺装，在符合有关功能性要求的前提下应满足透水性要求。

A.0.2 居住街坊内绿地面积的计算方法应符合下列规定：

1 满足当地植树绿化覆土要求的屋顶绿地可计入绿地。绿地面积计算方法应符合所在城市绿地管理的有关规定。

2 当绿地边界与城市道路邻接时，应算至道路红线；当与居住街坊附属道路邻接时，应算至路面边缘；当与建筑物邻接时，应算至距房屋墙脚1.0m处；当与围墙、院墙邻接时，应算至墙脚。

3 当集中绿地与城市道路邻接时，应算至道路红线；当与居住街坊附属道路邻接时，应算至距路面边缘1.0m处；当与建筑物邻接时，应算至距房屋墙脚1.5m处。

A.0.3 居住区综合技术指标应符合表A.0.3的要求。

（4）公共建筑绿地率的相关规定

对于大多数新建公共建筑基地内的绿地率不宜小于30%。新建的综合医院的绿地率不应低于35%；改、扩建综合医院的绿地率不应低于30%。

（5）城市绿地设计及其分类的相关规定

关于"城市绿地设计"详见《城市绿地设计规范》GB 50420—2007（2016年版）；关于取消"公共绿地"的说明参见《城市绿地分类标准》CJJ/T 85—2017（但其他现行规范及行政文件对"公共绿地"仍有相应的规定和要求）。

城市绿地分类简述（《城市绿地分类标准》CJJ/T 85—2017）——绿地应按主要功能进行分类，并与城市用地分类相对应，采用大类、中类、小类三个层次，共5大类（G1公园绿地、G2防护绿地、G3广场绿地、XG附属绿地、EG区域绿地）。

1）城市绿地设计内容应包括：总体设计、单项设计、单体设计等；

2）城市开放绿地的出入口、主要道路、主要建筑等应进行无障碍设计，并与城市道路无障碍设施连接；

3）地震烈度6度以上（含6度）的地区，城市开放绿地必须结合绿地布局设置专用防灾、救灾设施和避难场地。

（六）道路用地

1. 城市用地分类中的道路用地

城市建设用地分类的 S 大类为道路与交通设施用地，其内容为：城市道路、交通设施等用地，不包括居住用地、工业用地等内部的道路、停车场等用地。

2. 居住区用地内的道路用地

《城市居住区规划设计标准》GB 50180—2018

居住区道路是城市道路交通系统的组成部分，也是承载城市生活的主要公共空间。居住区道路的规划建设应体现以人为本，提倡绿色出行，综合考虑城市交通系统特征和交通设施发展水平，满足城市交通通行的需要，融入城市交通网络，采取尺度适宜的道路断面形式，优先保证步行和非机动车的出行安全、便利和舒适，形成宜人宜居、步行友好的城市街道。

A.0.1 居住区用地面积应包括住宅用地、配套设施用地、公共绿地和城市道路用地，其计算方法应符合下列规定：

1 居住区范围内与居住功能不相关的其他用地以及本居住区配套设施以外的其他公共服务设施用地，不应计入居住区用地；

2 当周界为自然分界线时，居住区用地范围应算至用地边界。

3 当周界为城市快速路或高速路时，居住区用地边界应算至道路红线或其防护绿地边界。快速路或高速路及其防护绿地不应计入居住区用地。

4 当周界为城市干路或支路时，各级生活圈的居住区用地范围应算至道路中心线。

5 居住街坊用地范围应算至周界道路红线，且不含城市道路。

6 当与其他用地相邻时，居住区用地范围应算至用地边界。

7 当住宅用地与配套设施（不含便民服务设施）用地混合时，其用地面积应按住宅和配套设施的地上建筑面积占该幢建筑总建筑面积的比率分摊计算，并应分别计入住宅用地和配套设施用地。

条文说明 A.0.1 本条规定了居住区用地范围的计算规则。

生活圈居住区范围内通常会涉及不计入居住区用地的其他用地，主要包括：企事业单位用地、城市快速路和高速路及防护绿带用地、城市级公园绿地及城市广场用地、城市级公共服务设施及市政设施用地等，这些不是直接为本居住区生活服务的各项用地，都不应计入居住区用地。

生活圈居住区用地范围划定规则可参照图 1、图 2。

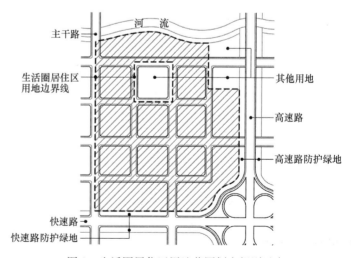

图 1 生活圈居住区用地范围划定规则示意

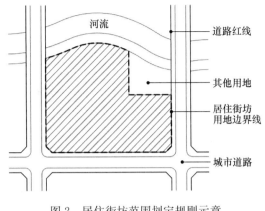

图2 居住街坊范围划定规则示意

三、场地总体布局原则

场地总体布局是在场地条件分析的基础上，对场地建设与使用过程中需要解决的主要矛盾，进行综合安排及用地布局，确定场地各项内容的空间位置、相互关系及基本形态，并作出总平面布置。

（一）场地分区

基本思路是从场地组成内容的功能要求出发进行功能分区，从基地利用的角度进行用地划分和安排，还要考虑各分区间的交通联系和空间位置关系。

（二）建筑布局

通常建筑布局要考虑地域因素（历史文化、自然地理）、区位因素（区域环境、周围环境）、用地因素（场地的大小及形状，地形及地质，植被及水体，场地的小气候和建设现状）、建筑朝向（日照、风向、道路走向、环境景观）、建筑间距（日照间距、通风、防火、防噪、视线干扰、管线布置、抗震、卫生隔离、节地要求）等因素。

1. 单体建筑布局

有两种布局方式：一种是建筑居中布置，一种是建筑沿周边布置。

2. 群体建筑布局

有两种布局方式：一种是以空间为核心，建筑围合空间；另一种是建筑与空间穿插布置。

（三）公共建筑的群体组合方式

公共建筑的群体组合方式有对称式、自由式、庭院式和综合式〔详见《建筑设计资料集1》（第三版）场地设计部分的群体建筑布局〕。

（四）住区空间结构模式

共有7种基本模式：片块式、轴向式、向心式、周边式、集约式、自由式、街坊式，如图2-19所示。

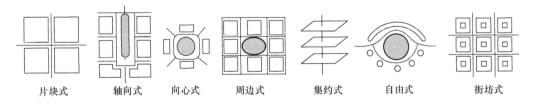

片块式　　　轴向式　　　向心式　　　周边式　　　集约式　　　自由式　　　街坊式

图2-19　住区空间结构模式图

（五）住宅群体空间组织

住宅群体空间组织应满足功能（日照、通风、朝向、安全、安静、方便）、经济、空间环境三个方面的要求，并实现三者的协调统一。

1. 低层住宅群体空间组织

低层住宅分为独立式住宅、联排住宅，以及双拼住宅和三拼住宅等多种类型，是不同密度的住宅产品。其空间组织模式有街道型（直线形式、曲线形式）、尽端型、庭院围合型三种模式，如图 2-20 所示。

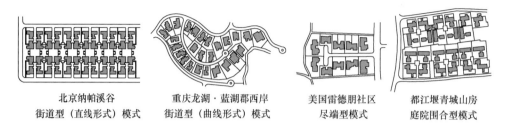

北京纳帕溪谷　　　　重庆龙湖·蓝湖郡西岸　　　美国雷德朋社区　　　都江堰青城山房
街道型（直线形式）模式　街道型（曲线形式）模式　　尽端型模式　　　庭院围合型模式

图 2-20　低层住宅群体组织模式图

2. 集合住宅群体空间组织

集合住宅包括中低层、多层（含中高层）和高层的单元住宅类型。其中，作为主导的多层（含中高层）和高层住宅群体基本组合形式，可分为行列式、周边式、点群式和混合式四种。

（1）行列式

行列式是指板式多层（含中高层）或高层单元住宅按一定朝向和间距成排布置的群体空间组织形式。其基本组织模式可分为平行排列、交错排列、单元错接、成组改变朝向、变化间距 5 种（图 2-21）。

平行排列　　　　交错排列　　　　单元错接　　　成组改变朝向　　　变化间距

图 2-21　行列式空间组织模式图

（2）周边式

住宅沿院落或街坊周边布置，形成封闭或半封闭的内院空间，院内安静、安全、方便，有利于布置室外活动场地、小块公共绿地和小型公建等居民交往场所。因其防寒、防风沙效果好，故比较适于寒冷、多风沙地区采用。其基本组织模式可分为群体内部的庭院围合、外围街道界面为主导的单周边，以及兼顾内部庭院围合和街道界面的双周边两种(图 2-22)。

（3）点群式

多层点式住宅或高层塔式住宅自成组团或围绕中心公共空间布置，运用得当时，可形成独特的住区群体空间。点群式住宅布置灵活自由，能有效利用地形条件，适应山地复杂地形地貌；在滨水地区有利于水域景观向住区内部空间的渗透。其基本组织模式可分为规则型和自由型两种（图 2-23）。

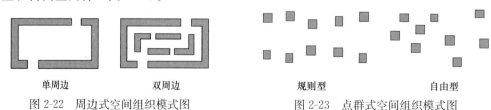

单周边　　　　双周边　　　　　　规则型　　　　自由型
图 2-22　周边式空间组织模式图　　　　图 2-23　点群式空间组织模式图

（4）混合式

混合式是综合运用行列式、周边式、点群式三种基本形式的结合或变形的组合形式。混合式结合了各种空间组织方式的优点，更加适应复杂地段的地形条件和功能需要，使得空间类型更加丰富多样(图2-24)。

杭州金色海岸居住组团（高层）

日本大阪住宅区居住组团（多层）

广州南海四季花城居住组团（多层）

图2-24 混合式空间组织模式图

（六）商住混合住区的建筑群体空间组织

其商业功能布局模式可分为底层大型商业型、周边商业型、围合内街型以及混合型4种模式，并可与行列式、周边式、点群式的住宅群体空间组织模式进行组合。

（七）开放街区

开放街区可实现城市公共资源共享，与城市功能空间有机融合，营造富有活力的城市氛围和完善的城市功能，具有混合多种功能、鼓励文化交融的特点，与传统封闭式小区的做法有着本质的区别。通过增强街区的管理与环境营造，使居民生活、邻里关系获得改善，构建一种能使多种功能集中地融入邻里和地区生活中的、紧凑的、适合步行的、可混合使用的新型社区（图2-25）。

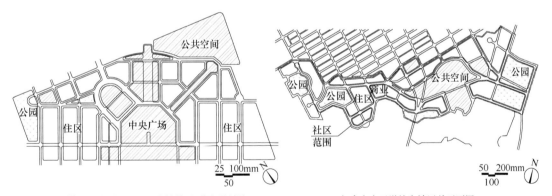
美国佛罗里达州SEASIDE小镇总平面图（局部）   加拿大太平洋协和社区总平面图

图2-25 开放街区规划示意图

（八）建筑布局的相关规范要求

以下规范对场地的建筑布局作了如下相关规定：

《民用建筑设计统一标准》GB 50352—2019

5 场 地 设 计

5.1 建筑布局

5.1.1 建筑布局应使建筑基地内的人流、车流与物流合理分流，防止干扰，并应有利于消防、停车、人员集散以及无障碍设施的设置。

5.1.2 建筑间距应符合下列规定：

1 建筑间距符合现行国家标准《建筑设计防火规范》GB 50016的规定及当地城市规划要求；

2 建筑间距应符合本标准第7.1节建筑用房天然采光的规定，有日照要求的建筑和场地应符合国家相关日照标准的规定。

5.1.3 建筑布局应根据地域气候特征，防止和抵御寒冷、暑热、疾风、暴雨、积雪和沙尘等灾害侵袭，并应利用自然气流组织好通风，防止不良小气候产生。

5.1.4 根据噪声源的位置、方向和强度，应在建筑功能分区、道路布置、建筑朝向、距离以及地形、绿化和建筑物的屏障作用等方面采取综合措施，防止或降低环境噪声。

5.1.5 建筑物与各种污染源的卫生距离，应符合国家现行有关卫生标准的规定。

5.1.6 建筑布局应按国家及地方的相关规定对文物古迹和古树名木进行保护，避免损毁破坏。

《城市古树名木养护和复壮工程技术规范》GB/T 51168—2016

3.0.1 古树名木单株和群株保护范围的划分应符合下列规定：

1 单株应为树冠垂直投影外延5m范围内；

2 群株应为其边缘植株树冠外侧垂直投影外延5m连线范围内。

《公园设计规范》GB 51192—2016

4.1.8 古树名木的保护应符合下列规定：

1 古树名木保护范围的划定应符合下列规定：

1） 成林地带为外缘树树冠垂直投影以外5m所围合的范围；

2） 单株树应同时满足树冠垂直投影以外5m宽和距树干基部外缘水平距离为胸径20倍以内。

2 保护范围内，不应损坏表土层和改变地表高程，除树木保护及加固设施外，不应设置建筑物、构筑物及架（埋）设各种过境管线，不应栽植缠绕古树名木的藤本植物。

《城市居住区规划设计标准》GB 50180—2018

7.0.1 居住区规划设计应尊重气候及地形地貌等自然条件，并应塑造舒适宜人的居住环境。

7.0.2 居住区规划设计应统筹庭院、街道、公园及小广场等公共空间形成连续、完整的公共空间系统，并应符合下列规定：

1 宜通过建筑布局形成适度围合、尺度适宜的庭院空间；

2 应结合配套设施的布局塑造连续、宜人、有活力的街道空间；

3 应构建动静分区合理、边界清晰连续的小游园、小广场；

4 宜设置景观小品，美化生活环境。

条文说明第7.0.2条：本条明确了居住区规划设计应遵守的空间布局原则。

7.0.3 居住区建筑的肌理、界面、高度、体量、风格、材质、色彩应与城市整体风貌、居住区周边环境及住宅建筑的使用功能相协调，并应体现地域特征、民族特色和时代风貌。

7.0.7 居住区规划设计应结合当地主导风向、周边环境、温度湿度等微气候条件，采取有效措施降低不利因素对居民生活的干扰，并应符合下列规定：

1 应统筹建筑空间组合、绿地设置及绿化设计，优化居住区的风环境；

2 应充分利用建筑布局、交通组织、坡地绿化或隔声设施等方法，降低周边环境噪声对居民的影响；

3 应合理布局餐饮店、生活垃圾收集点、公共厕所等容易产生异味的设施，避免气味、油烟等对居民产生影响。

（九）建筑朝向

良好的建筑朝向是满足室内具有良好日照和自然通风的基本条件，也是被动式节能的重要措施，设计时应尽量将好朝向布置为居室。各地的地理环境和自然条件不同，对朝向有不同要求。建筑应朝向夏季主导风向，避免冬季寒风，充分利用自然通风。仅少数地区，如纬度低于25°的地区，将通风、视线干扰等问题作为主要考虑因素。

影响建筑朝向的因素主要包含：日照、风向、道路走向、周围环境、用地形状等。

（十）建筑间距

建筑间距即两建筑相邻外墙间的距离，设计中应考虑日照、通风、防火、防噪、视线干扰、管线布置、抗震间距、卫生隔离、视线干扰以及节地等要求。

住宅建筑间距分正面间距和侧面间距两个方面。凡泛称的住宅间距，皆指正面间距。住宅建筑和公共服务设施中的托、幼、学校、医院病房楼等建筑的正面间距均以日照标准的要求为基本依据。

（1）防火间距的相关要求参见《建筑设计防火规范》GB 50016—2014（2018 年版）及《汽车库、修车库、停车场设计防火规范》GB 50067—2014。

《建筑设计防火规范》GB 50016—2014（2018 年版）

3.4 厂房的防火间距

3.4.1 除本规范另有规定外，厂房之间及与乙、丙、丁、戊类仓库、民用建筑等的防火间距不应小于表 3.4.1 的规定，与甲类仓库的防火间距应符合本规范第 3.5.1 条的规定。

厂房之间及与乙、丙、丁、戊类仓库、民用建筑等的防火间距（m）　　表 3.4.1

名称			甲类厂房	乙类厂房（仓库）		丙、丁、戊类厂房（仓库）				民用建筑				
			单、多层	单、多层	高层	单、多层			高层	裙房，单、多层			高层	
			一、二级	一、二级	三级	一、二级	一、二级	三级	四级	一、二级	一、二级	三级	四级	一类	二类
甲类厂房	单、多层	一、二级	12	12	14	13	12	14	16	13	25			50	
乙类厂房	单、多层	一、二级	12	10	12	13	10	12	14	13					
		三级	14	12	14	15	12	14	16	15					
	高层	一、二级	13	13	15	13	13	15	17	13					

名称			甲类厂房	乙类厂房（仓库）		丙、丁、戊类厂房（仓库）				民用建筑				
			单、多层	单、多层	高层	单、多层			高层	裙房，单、多层			高层	
			一、二级	一、二级	三级	一、二级	一、二级	三级	四级	一、二级	一、二级	三级	四级	一类	二类
丙类厂房	单、多层	一、二级	12	10	12	13	10	12	14	13	10	12	14	20	15
丙类厂房	单、多层	三级	14	12	14	15	12	14	16	15	12	14	16	25	20
丙类厂房	单、多层	四级	16	14	16	17	14	16	18	17	14	16	18	25	20
丙类厂房	高层	一、二级	13	13	15	13	13	15	17	13	13	15	17	20	15
丁、戊类厂房	单、多层	一、二级	12	10	12	13	10	12	14	13	10	12	14	15	13
丁、戊类厂房	单、多层	三级	14	12	14	15	12	14	16	15	12	14	16	18	15
丁、戊类厂房	单、多层	四级	16	14	16	17	14	16	18	17	14	16	18	18	15
丁、戊类厂房	高层	一、二级	13	13	15	13	13	15	17	13	13	15	17	15	13
室外变、配电站	变压器总油量（t）	≥5，≤10	25	25	25	25	12	15	20	12	15	20	25	20	20
室外变、配电站	变压器总油量（t）	>10，≤50	25	25	25	25	15	20	25	15	20	25	30	25	25
室外变、配电站	变压器总油量（t）	>50	25	25	25	25	20	25	30	20	25	30	35	30	30

注：1. 乙类厂房与重要公共建筑的防火间距不宜小于50m；与明火或散发火花地点，不宜小于30m。单、多层戊类厂房之间及与戊类仓库的防火间距可按本表的规定减少2m，与民用建筑的防火间距可将戊类厂房等同于民用建筑按本规范第5.2.2条的规定执行。为丙、丁、戊类厂房服务而单独设置的生活用房应按民用建筑确定，与所属厂房的防火间距不应小于6m。确需相邻布置时，应符合本表注2、3的规定。

2. 两座厂房相邻较高一面外墙为防火墙，或相邻两座高度相同的一、二级耐火等级建筑中相邻任一侧外墙为防火墙且屋顶的耐火极限不低于1.00h时，其防火间距不限，但甲类厂房之间不应小于4m。两座丙、丁、戊类厂房相邻两面外墙均为不燃性墙体，当无外露的可燃性屋檐，每面外墙上的门、窗、洞口面积之和各不大于外墙面积的5%，且门、窗、洞口不正对开设时，其防火间距可按本表的规定减少25%。甲、乙类厂房（仓库）不应与本规范第3.3.5条规定外的其他建筑贴邻。

3. 两座一、二级耐火等级的厂房，当相邻较低一面外墙为防火墙且较低一座厂房的屋顶无天窗，屋顶的耐火极限不低于1.00h，或相邻较高一面外墙的门、窗等开口部位设置甲级防火门、窗或防火分隔水幕或按本规范第6.5.3条的规定设置防火卷帘时，甲、乙类厂房之间的防火间距不应小于6m；丙、丁、戊类厂房之间的防火间距不应小于4m。

5.2.2 民用建筑之间的防火间距不应小于表5.2.2的规定，与其他建筑的防火间距，除应符合本节规定外，尚应符合本规范其他章的有关规定。

民用建筑之间的防火间距（m）　　　　表5.2.2

建筑类别		高层民用建筑	裙房和其他民用建筑		
		一、二级	一、二级	三级	四级
高层民用建筑	一、二级	13	9	11	14

建筑类别		高层民用建筑	裙房和其他民用建筑		
		一、二级	一、二级	三级	四级
裙房和其他民用建筑	一、二级	9	6	7	9
	三级	11	7	8	10
	四级	14	9	10	12

注：1. 相邻两座单、多层建筑，当相邻外墙为不燃性墙体且无外露的可燃性屋檐，每面外墙上无防火保护的门、窗、洞口不正对开设且该门、窗、洞口的面积之和不大于外墙面积的 5% 时，其防火间距可按本表的规定减少 25%。

2. 两座建筑相邻较高一面外墙为防火墙，或高出相邻较低一座一、二级耐火等级建筑的屋面 15m 及以下范围内的外墙为防火墙时，其防火间距不限。

3. 相邻两座高度相同的一、二级耐火等级建筑中相邻任一侧外墙为防火墙，屋顶的耐火极限不低于 1.00h 时，其防火间距不限。

4. 相邻两座建筑中较低一座建筑的耐火等级不低于二级，相邻较低一面外墙为防火墙且屋顶无天窗，屋顶的耐火极限不低于 1.00h 时，其防火间距不应小于 3.5m；对于高层建筑，不应小于 4m。

5. 相邻两座建筑中较低一座建筑的耐火等级不低于二级且屋顶无天窗，相邻较高一面外墙高出较低一座建筑的屋面 15m 及以下范围内的开口部位设置甲级防火门、窗，或设置符合现行国家标准《自动喷水灭火系统设计规范》GB 50084 规定的防火分隔水幕或本规范第 6.5.3 条规定的防火卷帘时，其防火间距不应小于 3.5m；对于高层建筑，不应小于 4m。

6. 相邻建筑通过连廊、天桥或底部的建筑物等连接时，其间距不应小于本表的规定。

7. 耐火等级低于四级的既有建筑，其耐火等级可按四级确定。

5.2.4 除高层民用建筑外，数座一、二级耐火等级的住宅建筑或办公建筑，当建筑物的占地面积总和不大于 2500m² 时，可成组布置，但组内建筑物之间的间距不宜小于 4m。组与组或组与相邻建筑物的防火间距不应小于本规范第 5.2.2 条的规定。

5.2.6 建筑高度大于 100m 的民用建筑与相邻建筑的防火间距。当符合本规范第 3.4.5 条、第 3.5.3 条、第 4.2.1 条和第 5.2.2 条允许减小的条件时，仍不应减小。

《汽车库、修车库、停车场设计防火规范》GB 50067—2014

4.2.1 除本规范另有规定外，汽车库、修车库、停车场之间及汽车库、修车库、停车场与除甲类物品仓库外的其他建筑物的防火间距，不应小于表 4.2.1 的规定。其中，高层汽车库与其他建筑物、汽车库、修车库与高层建筑的防火间距应按表 4.2.1 的规定值增加 3m；汽车库、修车库与甲类厂房的防火间距应按表 4.2.1 的规定值增加 2m。

汽车库、修车库、停车场之间及汽车库、修车库、停车场
与除甲类物品仓库外的其他建筑物的防火间距（m） 表 4.2.1

名称和耐火等级	汽车库、修车库		厂房、仓库、民用建筑		
	一、二级	三级	一、二级	三级	四级
一、二级汽车库、修车库	10	12	10	12	14
三级汽车库、修车库	12	14	12	14	16
停车场	6	8	6	8	10

注：1. 防火间距应按相邻建筑物外墙的最近距离算起，如外墙有凸出的可燃物构件时，则应从其凸出部外外缘算起，停车场从靠近建筑物的最近停车位置边缘算起。

2. 厂房、仓库的火灾危险性分类应符合现行国家标准《建筑设计防火规范》GB 50016 的有关规定。

（2）日照间距的相关要求参见《民用建筑设计统一标准》GB 50352—2019 及《城市居住区规划设计规范》GB 50180—2018。

（3）其他间距要求

1）《城市居住区规划设计标准》GB 50180—2018

4.0.8 住宅建筑与相邻建、构筑物的间距应在综合考虑日照、采光、通风、管线埋设、视觉卫生、防灾等要求的基础上统筹确定，并应符合现行国家标准《建筑设计防火规范》GB 50016 的有关规定。

2）高度大于 2m 的挡土墙和护坡的上缘与建筑间的水平距离不应小于 3m，其下缘与建筑间的水平距离不应小于 2m。

3）停车场与一、二级耐火等级的汽车库、修车库、厂房、仓库（除甲类物品仓库外）、民用建筑的防火间距为 6m。

第三节　出入口、道路、停车场（库）、城市广场

一、出入口、道路

（一）基地出入口

以下规范对场地的基地出入口作了如下相关规定：

《民用建筑设计统一标准》GB 50352—2019

4.2.4 建筑基地机动车出入口位置，应符合所在地控制性详细规划，并应符合下列规定：

1 中等城市、大城市的主干路交叉口，自道路红线交叉点起沿线 70.0m 范围内不应设置机动车出入口；

2 距人行横道、人行天桥、人行地道（包括引道、引桥）的最近边缘线不应小于 5.0m；

3 距地铁出入口、公共交通站台边缘不应小于 15.0m；

4 距公园、学校及有儿童、老年人、残疾人使用建筑的出入口最近边缘不应小于 20.0m。

4.2.5 大型、特大型交通、文化、体育、娱乐、商业等人员密集的建筑基地应符合下列规定：

1 建筑基地与城市道路邻接的总长度不应小于建筑基地周长的 1/6；

2 建筑基地的出入口不应少于 2 个，且不宜设置在同一条城市道路上；

3 建筑物主要出入口前应设置人员集散场地，其面积和长宽尺寸应根据使用性质和人数确定；

4 当建筑基地设置绿化、停车或其他构筑物时，不应对人员集散造成障碍。

基地出入口附近通常会有过街设施，可分为平面过街设施和立体过街设施两种，过街设施与基地的出入口有如下间距要求：

《城市步行和自行车交通系统规划标准》GB/T 51439—2021

6.1.3 过街设施的设置应符合下列规定：

1 一般区域人行过街设施最大间距不得超过 300m；

2 与学校、幼儿园、医院、养老院出入口的距离不宜大于 30m，且不应大于 80m；

3 与公交站及轨道车站出入口的距离不宜大于30m，且不应大于100m；

4 与居住区、大型商业设施、公共活动中心等建筑出入口的距离不宜大于50m，且不应大于120m。

《城市居住区规划设计标准》GB 50180—2018

6.0.4 居住街坊内附属道路的规划设计应满足消防、救护、搬家等车辆的通达要求，并应符合下列规定：

1 主要附属道路至少应有两个车行出入口连接城市道路，其路面宽度不应小于4.0m；其他附属道路的路面宽度不宜小于2.5m；

2 人行出入口间距不宜超过200m；

3 最小纵坡不应小于0.3%，最大纵坡应符合表6.0.4的规定；机动车与非机动车混行的道路，其纵坡宜按照或分段按照非机动车道要求进行设计。

《地铁设计规范》GB 50157—2013

9.5.1 车站出入口的数量，应根据吸引与疏散客流的要求设置；每个公共区直通地面的出入口数量不得少于两个，每个出入口宽度应按远期或客流控制期分向设计客流量乘以1.1~1.25不均匀系数计算确定。

9.5.2 车站出入口布置应与主客流的方向相一致，且宜与过街天桥、过街地道、地下街、邻近公共建筑物相结合或连通，宜统一规划，可同步或分期实施，并应采取地铁夜间停运时的隔断措施。当出入口兼有过街功能时，其通道宽度及其站厅相应部位设计应计入过街客流量。

9.5.3 设于道路两侧的出入口，与道路红线的间距，应按当地规划部门要求确定。当出入口朝向城市主干道时，应有一定面积的集散场地。

9.5.4 地下车站出入口、消防专用出入口和无障碍电梯的地面标高，应高出室外地面300~450mm，并应满足当地防淹要求；当无法满足时，应设防淹闸槽，槽高可根据当地最高积水位确定。

9.5.5 车站地面出入口的建筑形式，应根据所处的具体位置和周边规划要求确定。地面出入口可为合建式或独立式，并宜采用与地面建筑合建式。

9.5.6 地下出入口通道应力求短、直，通道的弯折不宜超过三处，弯折角度不宜小于90°。地下出入口通道长度不宜超过100m，当超过时应采取能满足消防疏散要求的措施。

《中小学校设计规范》GB 50099—2011

8.3.1 中小学校的校园应设置两个出入口。

8.3.2 中小学校校园出入口应与市政交通衔接，但不应直接与城市主干道连接。校园主要出入口应设置缓冲场地。

(二) 道路设计

1. 道路分类

（1）公路：分为高速公路、一级公路、二级公路、三级公路以及四级公路共5个等级。

（2）城市道路：分为（干线道路、集散道路、支线道路）3个大类，4个中类和8个小类。

（3）城市人行道与非机动车道：分为步Ⅰ级、步Ⅱ级、自Ⅰ级、自Ⅱ级。

步Ⅰ级：人流量大，街道界面友好，是步行网络的主要组成部分。主要分布在城市中心区和功能区，中型及以上公共设施、轨道车站、交通枢纽周边，人员活动聚集区等地区。

步Ⅱ级：以步行直接通过为主，街道界面活跃度较低，人流量较小，是步Ⅰ级网络的延伸和补充。

自Ⅰ级：自行车流量较大、贯通性好，是自行车交通的主要通道。

自Ⅱ级：自行车流量较少，以集散和到发为主。

注：详见《城市步行和自行车交通系统规划标准》GB/T 51439—2021。

《城市综合交通体系规划标准》GB/T 51328—2018

12.2.1 按照城市道路所承担的城市活动特征，城市道路应分为干线道路、支线道路，以及联系两者的集散道路三个大类；城市快速路、主干路、次干路和支路四个中类和八个小类。不同城市应根据城市规模、空间形态和城市活动特征等因素确定城市道路类别的构成，并应符合下列规定：

1 干线道路应承担城市中、长距离联系交通，集散道路和支线道路共同承担城市中、长距离联系交通的集散和城市中、短距离交通的组织。

2 应根据城市功能的连接特征确定城市道路中类。城市道路中类划分与城市功能连接、城市用地服务的关系应符合表12.2.1的规定。

不同连接类型与用地服务特征所对应的城市道路功能等级 表12.2.1

用地服务 连接类型	为沿线用地服务很少	为沿线用地服务较少	为沿线用地服务较多	直接为沿线用地服务
城市主要中心之间连接	快速路	主干路	—	—
城市分区（组团）间连接	快速路/主干路	主干路	主干路	—
分区（组团）内连接	—	主干路/次干路	主干路/次干路	—
社区级渗透性连接	—	—	次干路/支路	次干路/支路
社区到达性连接	—	—	支路	支路

12.2.2 城市道路小类划分应符合表12.2.2的规定。

城市道路功能等级划分与规划要求 表12.2.2

大类	中类	小类	功能说明	设计速度 （km/h）	高峰小时服务 交通量推荐 （双向 pcu）
干线道路	快速路	Ⅰ级快速路	为城市长距离机动车出行提供快速、高效的交通服务	80～100	3000～12000
		Ⅱ级快速路	为城市长距离机动车出行提供快速交通服务	60～80	2400～9600
	主干路	Ⅰ级主干路	为城市主要分区（组团）间的中、长距离联系交通服务	60	2400～5600
		Ⅱ级主干路	为城市分区（组团）间中、长距离联系以及分区（组团）内部主要交通联系服务	50～60	1200～3600
		Ⅲ级主干路	为城市分区（组团）间联系以及分区（组团）内部中等距离交通联系提供辅助服务，为沿线用地服务较多	40～50	1000～3000

大类	中类	小类	功能说明	设计速度（km/h）	高峰小时服务交通量推荐（双向 pcu）
集散道路	次干路	次干路	为干线道路与支线道路的转换以及城市内中、短距离的地方性活动组织服务	30～50	300～2000
支线道路	支路	Ⅰ级支路	为短距离地方性活动组织服务	20～30	—
		Ⅱ级支路	为短距离地方性活动组织服务的街坊内道路、步行、非机动车专用路等	—	—

12.9 其他功能道路

12.9.1 承担城市防灾救援通道的道路应符合下列规定：

1 次干路及以上等级道路两侧的高层建筑应根据救援要求确定道路的建筑退线；

2 立体交叉口宜采用下穿式；

3 道路宜结合绿地与广场、空地布局；

4 7度地震设防的城市每个疏散方向应有不少于2条对外放射的城市道路；

5 承担城市防灾救援的通道应适当增加通道方向的道路数量。

12.9.2 城市滨水道路规划应符合下列规定：

1 结合岸线利用规划滨水道路，在道路与水岸之间宜保留一定宽度的自然岸线及绿带；

2 沿生活性岸线布置的城市滨水道路，道路等级不宜高于Ⅲ级主干路，并应降低机动车设计车速，优先布局城市公共交通、步行与非机动车空间；

3 通过生产性岸线和港口岸线的城市道路，应按照货运交通需要布局。

12.9.3 旅游道路、公交专用路、非机动车专用路、步行街等具有特殊功能的道路，其断面应与承担的交通需求特征相符合。以旅游交通组织为主的道路应减少其所承担的城市交通功能。

（4）城市轨道：分为地铁、轻轨、单轨、有轨电车、磁悬浮、自动导向轨道和市域快速轨道共7类（《城市公共交通分类标准》CJJ/T 114—2007）。

（5）城市居住区道路：应采取"小街区、密路网"的交通组织方式，分为居住区内各级城市道路、居住街坊内附属道路。

《城市居住区规划设计标准》GB 50180—2018 有关路网的规定：

6.0.1 居住区内道路的规划设计应遵循安全便捷、尺度适宜、公交优先、步行友好的基本原则，并应符合现行国家标准《城市综合交通体系规划标准》GB/T 51328 的有关规定。

6.0.2 居住区的路网系统应与城市道路交通系统有机衔接，并应符合下列规定：

1 居住区应采取"小街区、密路网"的交通组织方式，路网密度不应小于 8km/km^2；城市道路间距不应超过300m，宜为 150～250m，并应与居住街坊的布局相结合。

2 居住区内的步行系统应连续、安全、符合无障碍要求，并应便捷连接公共交通站点；

3 在适宜自行车骑行的地区，应构建连续的非机动车道；

4 旧区改建，应保留和利用有历史文化价值的街道、延续原有的城市肌理。

《中共中央、国务院关于进一步加强城市规划建设管理工作的若干意见》

（十六）优化街区路网结构。加强街区的规划和建设，分梯级明确新建街区面积，推动发展开放便捷、尺度适宜、配套完善、邻里和谐的生活街区。新建住宅要推广街区制，原则上不再建设封闭住宅小区。已建成的住宅小区和单位大院要逐步打开，实现内部道路公共化，解决交通路网布局问题，促进土地节约利用。树立"窄马路、密路网"的城市道路布局理念，建设快速路、主次干路和支路级配合理的道路网系统。打通各类"断头路"，形成完整路网，提高道路通达性。科学、规范设置道路交通安全设施和交通管理设施，提高道路安全性。到 2020 年，城市建成区平均路网密度提高到 8km/km²，道路面积率达到15％。积极采用单行道路方式组织交通。加强自行车道和步行道系统建设，倡导绿色出行。合理配置停车设施，鼓励社会参与，放宽市场准入，逐步缓解停车难问题。

（6）厂矿道路：分为厂外道路、厂内道路和露天矿山道路。

2. 道路平面设计

（1）场地流线的组织方式如图 2-26 所示。

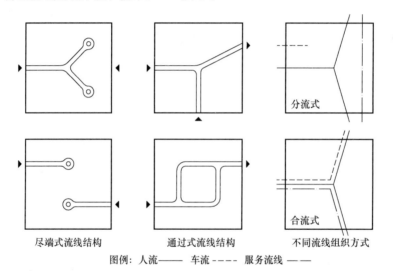

尽端式流线结构　　　　通过式流线结构　　　　不同流线组织方式

图例：人流——　　车流----　　服务流线——

图 2-26　场地流线的组织方式示意图

（2）转弯半径及交叉口视距

首先应明确两个概念，**机动车最小转弯半径与机动车道路转弯半径。**

《车库建筑设计规范》JGJ 100—2015 规定：

2.0.22　机动车最小转弯半径

机动车回转时，当转向盘转到极限位置，机动车以最低稳定车速转向行驶时，外侧转向轮的中心平面在支承平面上滚过的轨迹圆半径，表示机动车能够通过狭窄弯曲地带或绕过不可越过的障碍物的能力。

2.0.27　机动车道路转弯半径

能够保持机动车辆正常行驶与转弯状态下的弯道内侧道路边缘处半径。

3.1.6　车库及地出入口的设计应符合下列规定：

6　机动车库基地出入口处的机动车道路转弯半径不宜小于 6m，且应满足基地通行车辆最小转弯半径的要求；

7　相邻机动车库基地出入口之间的最小距离不应小于15m，且不应小于两出入口道路转弯半径之和。

3.2.6　机动车道路转弯半径应根据通行车辆种类确定。微型、小型车道路转弯半径不应小于3.5m；消防车道转弯半径应满足消防车辆最小转弯半径要求。

条 文 说 明

3.2.6　不同尺寸的机动车最小转弯半径不同，因此场地内道路最小转弯半径应依据通行的机动车最小转弯半径进行设计。小型车辆的最小转弯半径约为6.0m，机动车环形时最内点至环道内边安全距离宜大于等于250mm，根据计算结果，其行驶的道路内侧转弯半径不小于3.5m。

兼作消防道路的场地道路最小转弯半径，应满足当地消防车转弯半径的要求。消防车道转弯半径与消防车的尺寸有关，消防车辆一般分为轻、中和重三种系列，车辆最小转弯轨迹半径分别为7m、8.5m和12m，弯道外侧需保留一定的空间，以保证消防车紧急通行，其控制范围为弯道处外侧宽度。通过计算，其转弯最外侧控制半径分别为8.5m、11.5m和14.5m。由于场地内道路转弯半径通常较小，小型车道内侧转弯半径最小可做到3.5m；此时，可采用图10示意做法，控制范围内部不允许修建任何地面构筑物，不应布置重要管线、种植灌木和乔木，道路缘石高度应不大于12cm。

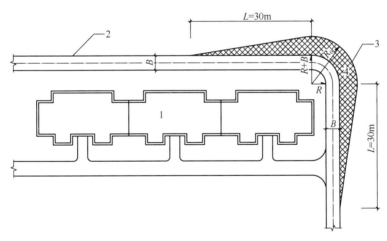

图10　场地内消防车道的弯道设计示意图

1—建筑轮廓；2—道路缘石线；3—弯道外侧构筑物控制边线；4　控制范围

B—道路宽度；R—道路转弯半径；R_0—消防车道转弯最外侧控制半径；L—渐变段长度

《城市道路交叉口设计规程》CJJ 152—2010 规定：

4.3.2　平面交叉口转角处缘石宜为圆曲线或复曲线，其转弯半径应满足机动车和非机动车的行驶要求，可按表4.3.2选定。当平面交叉口为非机动车专用路交叉口时，路缘石转弯半径可取5～10m。

路缘石转弯半径　　　　　　　　　　　　　　　　　　　　　　表 4.3.2

右转弯设计速度（km/h）	30	25	20	15
无非机动车道缘石推荐半径（m）	25	20	15	10

注：普通消防车的转弯半径为9m，登高车的转弯半径为12m，一些特种车辆的转弯半径为16～20m［见《建筑设计防火规范》GB 50016—2014（2018年版）条文说明第7.1.9条］。

道路交叉口的停车视距应符合《城市道路工程设计规范》CJJ 37—2012（2016 年版）的规定：

6.2.7 视距应符合下列规定：

1 停车视距应大于或等于表 6.2.7 规定值，积雪或冰冻地区的停车视距宜适当增长。

2 当车行道上对向行驶的车辆有会车可能时，应采用会车视距，其值应为表 6.2.7 中停车视距的两倍。

3 对货车比例较高的道路，应验算货车的停车视距。

4 对设置平、纵曲线可能影响行车视距的路段，应进行视距验算。

停车视距　　　　　　　　　　　　　　　　　　　　　表 6.2.7

设计速度（km/h）	100	80	60	50	40	30	20
停车视距（m）	160	110	70	60	40	30	20

注：《城市道路交叉口设计规程》CJJ 152—2010 表 4.3.3 交叉口视距三角形要求的停车视距与此表有所不同。

7.2.3 平面交叉口设计应符合下列规定：

1 新建平面交叉口不得出现超过 4 叉的多路交叉口、错位交叉口、畸形交叉口以及交角小于 70°（特殊困难时为 45°）的斜交交叉口。已有的错位交叉口、畸形交叉口应加强交通组织与管理，并应加以改造。

7.2.7 汽车驶近平面交叉口时，驾驶员应能看清整个交叉道路上车辆的行驶情况，以便能顺利地驶过交叉口或及时停车，避免发生碰撞。这段距离必须大于或等于停车视距（S_s）。视距三角区应以最不利情况绘制，在三角形范围内，不准有任何妨碍视线的各种障碍物。十字形和 X 形交叉口视距三角形范围如图 3 所示。

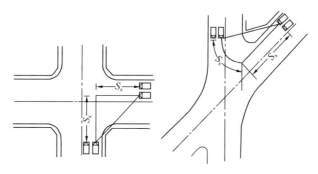

图 3　交叉口视距三角形

（3）回车场

居住区尽端式道路的长度不宜大于 120m，并应在尽端设不小于 12m×20m 的回车场，如图 2-27 所示。尽头式消防车道应设置回车道或回车场，回车场的面积不应小于 12m×12m；对于高层建筑，不宜小于 15m×15m；供重型消防车使用时，不宜小于 18m×18m。

（4）道路与建筑物、构筑物的间距

1）基地内设有室外消火栓时，车行道路与建筑物的间距应符合防火规范的有关规定。

2）基地内道路边缘至建筑物、构筑物的最小距离应符合现行国家标准《城市居住区规划设计规范》GB 50180—2018 的有关规定。

6.0.5 居住区道路边缘至建筑物、构筑物的最小距离，应符合表 6.0.5 的规定。

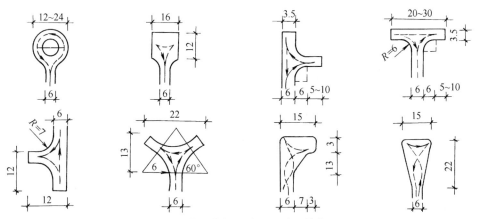

图 2-27　各类回车场形式及尺寸（单位：m）

居住区道路边缘至建筑物、构筑物最小距离（m）　　　　　　表 6.0.5

与建、构筑物关系		城市道路	附属道路
建筑物面向道路	无出入口	3.0	2.0
	有出入口	5.0	2.5
建筑物山墙面向道路		2.0	1.5
围墙面向道路		1.5	1.5

注：道路边缘对于城市道路是指道路红线；附属道路分两种情况：道路断面设有人行道时，指人行道的外边线；
　　道路断面未设人行道时，指路面边线。

3.道路横断面设计

（1）城市道路

《城市道路工程设计规范》CJJ 37—2012（2016 年版）规定如下：

5.2　横断面布置

5.2.1　横断面可分为单幅路、两幅路、三幅路、四幅路及特殊形式的断面（图 5.2.1）。

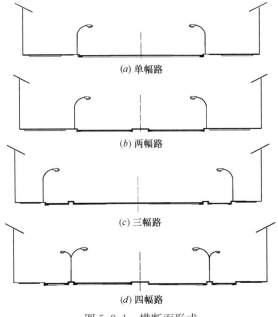

(a) 单幅路

(b) 两幅路

(c) 三幅路

(d) 四幅路

图 5.2.1　横断面形式

5.3 横断面组成及宽度

5.3.1 横断面宜由机动车道、非机动车道、人行道、分车带、设施带、绿化带等组成，特殊断面还可包括应急车道、路肩和排水沟等。

5.3.2 机动车道宽度应符合下列规定：

1 一条机动车道最小宽度应符合表5.3.2的规定。

一条机动车道最小宽度 表5.3.2

车型及车道类型	设计速度（km/h）	
	＞60	≤60
大型车或混行车道（m）	3.75	3.50
小客车专用车道（m）	3.50	3.25

2 机动车道路面宽度应包括车行道宽度及两侧路缘带宽度，单幅路及三幅路采用中间分隔物或双黄线分隔对向交通时，机动车道路面宽度还应包括分隔物或双黄线的宽度。

5.3.3 非机动车道宽度应符合下列规定：

1 一条非机动车道宽度应符合表5.3.3的规定。

一条非机动车道宽度 表5.3.3

车辆种类	自行车	三轮车
非机动车道宽度（m）	1.0	2.0

2 与机动车道合并设置的非机动车道，车道数单向不应小于2条，宽度不应小于2.5m。

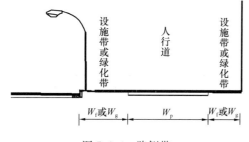

图 5.3.4 路侧带

3 非机动车专用道路面宽度应包括车道宽度及两侧路缘带宽度，单向不宜小于3.5m，双向不宜小于4.5m。

5.3.4 路侧带可由人行道、绿化带、设施带等组成（图5.3.4），路侧带的设计应符合下列规定：

1 人行道宽度必须满足行人安全顺畅通过的要求，并应设置无障碍设施。人行道最小宽度应符合表5.3.4的规定。

人行道最小宽度 表5.3.4

项　　目	人行道最小宽度（m）	
	一般值	最小值
各级道路	3.0	2.0
商业或公共场所集中路段	5.0	4.0
火车站、码头附近路段	5.0	4.0
长途汽车站	4.0	3.0

2 绿化带的宽度应符合现行行业标准《城市道路绿化规划与设计规范》CJJ 75 的相关要求。当绿化带内设置雨水调蓄设施时，绿化带的宽度还应满足所设置设施的宽度要求。

5.4 路拱与横坡

5.4.1 道路横坡应根据路面宽度、路面类型、纵坡及气候条件确定，宜采用 1.0%～2.0%；快速路及降雨量大的地区宜采用 1.5%～2.0%；严寒积雪地区、透水路面宜采用 1.0%～1.5%。保护性路肩横坡度可比路面横坡度加大 1.0%。

5.4.2 单幅路应根据道路宽度采用单向或双向路拱横坡；多幅路应采用由路中线向两侧的双向路拱横坡，人行道宜采用单向横坡，坡向应朝向雨水设施设置位置的一侧。

5.5 缘石

5.5.1 缘石应设置在中间分隔带、两侧分隔带及路侧带两侧，缘石可分为立缘石和平缘石。

5.5.2 立缘石宜设置在中间分隔带、两侧分隔带及路侧带两侧。当设置在中间分隔带及两侧分隔带时，外露高度宜为 15～20cm；当设置在路侧带两侧时，外露高度宜为 10～15cm。排水式立缘石尺寸、开孔形状等应根据设计汇水量计算确定。

5.5.3 平缘石宜设置在人行道与绿化带之间，以及有无障碍要求的路口或人行横道范围内。

《城市步行和自行车交通系统规划标准》GB/T 51439—2021 规定如下：

5.3.3 人行道宽度应符合表 5.3.3 的规定。

城市人行道的最小宽度　　　　　　　　　　　　表 5.3.3

项　目		人行道最小宽度（m）	
		一般值	最小值
步Ⅰ级		4.0	3.0
步Ⅱ级		3.0	2.0
特殊路段	商场、医院、学校等公共场所集中路段	5.0	4.0
	火车站、码头所在路段	5.0	4.0
	轨道车站出入口、长途汽车站快速公交车站所在路段	4.0	3.0

注：1. 历史文化街区、风貌协调区等需要保护的特色地区的支路，沿街建筑不允许拆除、道路无法拓宽的，最小宽度可以酌情缩减；
　　2. 对行道树池进行平整化处理的，行道树池的 1/2 有效宽度计入人行道宽度。

5.3.5 非机动车道和自行车专用道的最小宽度应符合表 5.3.5 的规定。

城市非机动车道的最小宽度　　　　　　　　　　表 5.3.5

项　目		非机动车道最小宽度（m）	
		一般值	最小值
自Ⅰ级		4.5	3.5
自Ⅱ级		3.5	2.5
自行车专用道	双向	4.5	3.5
	单向	3.5	2.5

注：历史文化街区、风貌协调区等需要保护的特色地区的支路，沿街建筑不允许拆除、道路无法拓宽的，最小宽度可以酌情缩减。

5.4.3 步行和自行车交通与轨道车站出入口的衔接应符合现行国家标准《城市轨道交通线网规划标准》GB/T 50546 的相关要求，并符合以下规定：

    1 轨道车站出入口宜设置客流集散广场，面积不宜小于 30m²；

    2 轨道车站出入口确需占用人行道时，人行道的剩余宽度不得小于 3m；

    3 轨道车站出入口附近 20m 范围内不宜设置墙体、围挡、护栏等设施；

    4 轨道车站出入口与自行车停放设施的接驳距离不应大于 50m，自行车停放设施应方便可达，规模应结合轨道交通接驳详细规划确定，停放位置与自行车进出主流线不得阻碍行人的通行。

5.5.2 人行道设置阻车柱应满足以下设置要求：

    1 交叉口人行道边缘、地块机动车出入口边缘等行人流量集中点应设置阻车柱，阻车柱的间距宜为 1.3~1.5m，高度宜为 0.6~0.7m；

    2 缘石坡道、与路面等高的安全岛等待区，应设置阻车柱。

5.6.2 步行和自行车的通行空间应保障净空高度，最小净高为 2.5m。

    （2）基地内道路

《民用建筑设计统一标准》GB 50352—2019 规定如下：

4.2.1 建筑基地应与城市道路或镇区道路相邻接，否则应设置连接道路，并应符合下列规定：

    1 当建筑基地内建筑面积小于或等于 3000m² 时，其连接道路的宽度不应小于 4.0m；

    2 当建筑基地内建筑面积大于 3000m²，且只有一条连接道路时，其宽度不应小于 7.0m；当有两条或两条以上连接道路时，单条连接道路宽度不应小于 4.0m。

5.2.1 基地道路应符合下列规定：

    1 基地道路与城市道路连接处的车行路面应设限速设施，道路应能通达建筑物的安全出口；

    2 沿街建筑应设连通街道和内院的人行通道，人行通道可利用楼梯间，其间距不宜大于 80.0m；

    3 当道路改变方向时，路边绿化及建筑物不应影响行车有效视距；

    4 当基地内设有地下停车库时，车辆出入口应设置显著标志；标志设置高度不应影响人、车通行；

    5 基地内宜设人行道路，大型、特大型交通、文化、娱乐、商业、体育、医院等建筑，居住人数大于 5000 人的居住区等车流量较大的场所应设人行道路。

5.2.2 基地道路设计应符合下列规定：

    1 单车道路宽不应小于 4.0m，双车道路宽住宅区内不应小于 6.0m，其他基地道路宽不应小于 7.0m；

    2 当道路边设停车位时，应加大道路宽度且不应影响车辆正常通行；

    3 人行道路宽度不应小于 1.5m，人行道在各路口、入口处的设计应符合现行国家标准《无障碍设计规范》GB 50763 的相关规定；

    4 道路转弯半径不应小于 3.0m，消防车道应满足消防车最小转弯半径要求；

    5 尽端式道路长度大于 120.0m 时，应在尽端设置不小于 12.0m×12.0m 的回车场地。

5.2.3 基地道路与建筑物的关系应符合下列规定：

1 当道路用作消防车道时，其边缘与建（构）筑物的最小距离应符合现行国家标准《建筑设计防火规范》GB 50016 的相关规定；

2 基地内不宜设高架车行道路，当设置与建筑平行的高架车行道路时，应采取保护私密性的视距和防噪声的措施。

5.2.4 建筑基地内地下机动车车库出入口与连接道路间宜设置缓冲段，缓冲段应从车库出入口坡道起坡点算起，并应符合下列规定：

1 出入口缓冲段与基地内道路连接处的转弯半径不宜小于 5.5m；

2 当出入口与基地道路垂直时，缓冲段长度不应小于 5.5m；

3 当出入口与基地道路平行时，应设不小于 5.5m 长的缓冲段再汇入基地道路；

4 当出入口直接连接基地外城市道路时，其缓冲段长度不宜小于 7.5m。

（3）居住区道路

《城市居住区规划设计标准》GB 50180—2018 规定如下：

6.0.3 居住区内各级城市道路应突出居住使用功能特征与要求，并应符合下列规定：

1 两侧集中布局了配套设施的道路，应形成尺度宜人的生活性街道；道路两侧建筑退线距离，应与街道尺度相协调；

2 支路的红线宽度，宜为 14～20m；

3 道路断面形式应满足适宜步行及自行车骑行的要求，人行道宽度不应小于 2.5m；

4 支路应采取交通稳静化措施，适当控制机动车行驶速度。

（4）《车库建筑设计规范》JGJ 100—2015 第 3.2.5 条规定：车库总平面内，单向行驶的机动车道宽度不应小于 4m，双向行驶的小型车道不应小于 6m，双向行驶的中型车以上车道不应小于 7m；单向行驶的非机动车道宽度不应小于 1.5m，双向行驶的非机动车道宽度不宜小于 3.5m。

4. 道路纵断面设计

（1）城市道路

《城市道路工程设计规范》CJJ 37—2012（2016 年版）规定如下：

6.3.1 机动车道最大纵坡应符合表 6.3.1 的规定，并应符合下列规定：

机动车道最大纵坡　　　　　　　　　　　表 6.3.1

设计速度（km/h）		100	80	60	50	40	30	20
最大纵坡（%）	一般值	3	4	5	5.5	6	7	8
	极限值	4	5	6		7		8

1 新建道路应采用小于或等于最大纵坡一般值；改建道路、受地形条件或其他特殊情况限制时，可采用最大纵坡极限值。

2 除快速路外的其他等级道路，受地形条件或其他特殊情况限制时，经技术经济论证后，最大纵坡极限值可增加 1.0%。

3 积雪或冰冻地区的快速路最大纵坡不应大于 3.5%，其他等级道路最大纵坡不应大于 6.0%。

注：《城乡建设用地竖向规划规范》CJJ 83—2016 的要求与上表基本一致，参见本书第一章第二节。

6.3.2 道路最小纵坡不应小于 0.3%；当遇特殊困难纵坡小于 0.3% 时，应设置锯齿形边沟或采取其他排水设施。

6.3.3 纵坡的最小坡长应符合表 6.3.3 规定。

最小坡长   表 6.3.3

设计速度（km/h）	100	80	60	50	40	30	20
最小坡长（m）	250	200	150	130	110	85	60

6.3.4 当道路纵坡大于本规范表 6.3.1 所列的一般值时，纵坡最大坡长应符合表 6.3.4 的规定。道路连续上坡或下坡，应在不大于表 6.3.4 规定的纵坡长度之间设置纵坡缓和段。缓和段的纵坡不应大于 3%，其长度应符合本规范表 6.3.3 最小坡长的规定。

最大坡长   表 6.3.4

设计速度（km/h）	100	80	60			50			40		
纵坡（%）	4	5	6	6.5	7	6	6.5	7	6.5	7	8
最大坡长（m）	700	600	400	350	300	350	300	250	300	250	200

6.3.5 非机动车道纵坡宜小于 2.5%。

（2）基地内道路

《民用建筑设计统一标准》GB 50352—2019 规定如下：

5.3.2 建筑基地内道路设计坡度应符合下列规定：

1 基地内机动车道的纵坡不应小于 0.3%，且不应大于 8%，当采用 8% 坡度时，其坡长不应大于 200.0m。当遇特殊困难纵坡小于 0.3% 时，应采取有效的排水措施；个别特殊路段，坡度不应大于 11%，其坡长不应大于 100.0m，在积雪或冰冻地区不应大于 6%，其坡长不应大于 350.0m；横坡宜为 1%～2%。

2 基地内非机动车道的纵坡不应小于 0.2%，最大纵坡不宜大于 2.5%；困难时不应大于 3.5%，当采用 3.5% 坡度时，其坡长不应大于 150.0m；横坡宜为 1%～2%。

3 基地内步行道的纵坡不应小于 0.2%，且不应大于 8%，积雪或冰冻地区不应大于 4%；横坡应为 1%～2%；当大于极限坡度时，应设置为台阶步道。

4 基地内人流活动的主要地段，应设置无障碍通道。

5 位于山地和丘陵地区的基地道路设计纵坡可适当放宽，且应符合地方相关标准的规定，或经当地相关管理部门的批准。

（3）居住区道路

《城市居住区规划设计标准》GB 50180—2018 规定如下：

6.0.4 居住街坊内附属道路的规划设计应满足消防、救护、搬家等车辆的通达要求，并应符合下列规定：

3 最小纵坡不应小于 0.3%；最大纵坡应符合表 6.0.4 的规定；机动车与非机动车混行的道路，其纵坡宜按照或分段按照非机动车道要求进行设计。

道路类别及其控制内容	一般地区	积雪或冰冻地区
机动车道	8.0	6.0
非机动车道	3.0	2.0
步行道	8.0	4.0

5. 路基和路面

《城市道路工程设计规范》CJJ 37—2012（2016 年版）规定：

12.2.1 道路路基应符合下列规定：

1 路基必须密实、均匀，应具有足够的强度、稳定性、抗变形能力和耐久性；并应结合当地气候、水文和地质条件，采取防护措施。

2 路基工程应节约用地、保护环境，减少对自然、生态环境的影响。

3 路基断面形式应与沿线自然环境和城市环境相协调，不得深挖、高填；同时应因地制宜，合理利用当地材料和工业废料修筑路基。

4 路基工程应包括排水系统、防排水设施和防护设施的设计。

5 对特殊路基，应查明情况，分析危害，结合当地成功经验，采取相应措施，增强工程可靠性。

12.3.1 路面可分为面层、基层和垫层。路面结构层所选材料应满足强度、稳定性和耐久性的要求，并应符合下列规定：

1 面层应满足结构强度、高温稳定性、低温抗裂性、抗疲劳、抗水损害及耐磨、平整、抗滑、低噪声等表面特性的要求。

2 基层应满足强度、扩散荷载的能力以及水稳定性和抗冻性的要求。

3 垫层应满足强度和水稳定性的要求。

12.3.2 路面面层类型的选用应符合表 12.3.2 的规定，并应符合下列规定：

路面面层类型及适用范围　　　　　　表 12.3.2

面层类型	适用范围
沥青混凝土	快速路、主干路、次干路、支路、城市广场、停车场
水泥混凝土	快速路、主干路、次干路、支路、城市广场、停车场
贯入式沥青碎石、上拌下贯式沥青碎石、沥青表面处治和稀浆封层	支路、停车场
砌块路面	支路、城市广场、停车场

1 道路经过景观要求较高的区域或突出显示道路线形的路段，面层宜采用彩色。

2 综合考虑雨水收集利用的道路，路面结构设计应满足透水性的要求，并应符合现行行业标准《透水砖路面技术规程》CJJ/T 188、《透水沥青路面技术规程》CJJ/T 190 和《透水水泥混凝土路面技术规程》CJJ/T 135 的有关规定。

3 道路经过噪声敏感区域时，宜采用降噪路面。

4 对环保要求较高的路段或隧道内的沥青混凝土路面，宜采用温拌沥青混凝土。

注：在抗震设防地区，居住区内的主要道路宜采用柔性路面。

6. 消防车道及救援场地

《建筑设计防火规范》GB 50016—2014 规定：

7.1 消防车道

7.1.1 街区内的道路应考虑消防车的通行，道路中心线间的距离不宜大于160m。

当建筑物沿街道部分的长度大于150m或总长度大于220m时，应设置穿过建筑物的消防车道。确有困难时，应设置环形消防车道。

7.1.2 高层民用建筑，超过3000个座位的体育馆，超过2000个座位的会堂，占地面积大于3000m²的商店建筑、展览建筑等单、多层公共建筑应设置环形消防车道，确有困难时，可沿建筑的两个长边设置消防车道；对于高层住宅建筑和山坡地或河道边临空建造的高层民用建筑，可沿建筑的一个长边设置消防车道，但该长边所在建筑立面应为消防车登高操作面。

7.1.3 工厂、仓库区内应设置消防车道。

高层厂房，占地面积大于3000m²的甲、乙、丙类厂房和占地面积大于1500m²的乙、丙类仓库，应设置环形消防车道，确有困难时，应沿建筑物的两个长边设置消防车道。

7.1.4 有封闭内院或天井的建筑物，当内院或天井的短边长度大于24m时，宜设置进入内院或天井的消防车道；当该建筑物沿街时，应设置连通街道和内院的人行通道（可利用楼梯间），其间距不宜大于80m。

7.1.5 在穿过建筑物或进入建筑物内院的消防车道两侧，不应设置影响消防车通行或人员安全疏散的设施。

7.1.7 供消防车取水的天然水源和消防水池应设置消防车道。消防车道的边缘距离取水点不宜大于2m。

7.1.8 消防车道应符合下列要求：

1 车道的净宽度和净空高度均不应小于4.0m；

2 转弯半径应满足消防车转弯的要求；

3 消防车道与建筑之间不应设置妨碍消防车操作的树木、架空管线等障碍物；

4 消防车道靠建筑外墙一侧的边缘距离建筑外墙不宜小于5m；

5 消防车道的坡度不宜大于8%。

7.1.9 环形消防车道至少应有两处与其他车道连通。尽头式消防车道应设置回车道或回车场，回车场的面积不应小于12m×12m；对于高层建筑，不宜小于15m×15m；供重型消防车使用时，不宜小于18m×18m。

消防车道的路面、救援操作场地、消防车道和救援操作场地下面的管道和暗沟等，应能承受重型消防车的压力。

消防车道可利用城乡、厂区道路等，但该道路应满足消防车通行、转弯和停靠的要求。

7.1.10 消防车道不宜与铁路正线平交，确需平交时，应设置备用车道，且两车道的间距不应小于一列火车的长度。

7.2 救援场地和入口

7.2.1 高层建筑应至少沿一个长边或周边长度的1/4且不小于一个长边长度的底边连续布置消防车登高操作场地，该范围内的裙房进深不应大于4m。

建筑高度不大于50m的建筑，连续布置消防车登高操作场地确有困难时，可间隔布置，但间隔距离不宜大于30m，且消防车登高操作场地的总长度仍应符合上述规定。

7.2.2 消防车登高操作场地应符合下列规定：

1 场地与厂房、仓库、民用建筑之间不应设置妨碍消防车操作的树木、架空管线等障碍物和车库出入口。

2 场地的长度和宽度分别不应小于15m和10m。对于建筑高度大于50m的建筑，场地的长度和宽度分别不应小于20m和10m。

3 场地及其下面的建筑结构、管道和暗沟等，应能承受重型消防车的压力。

4 场地应与消防车道连通，场地靠建筑外墙一侧的边缘距离建筑外墙不宜小于5m且不应大于10m，场地的坡度不宜大于3%。

7.2.3 建筑物与消防车登高操作场地相对应的范围内，应设置直通室外的楼梯或直通楼梯间的入口。

7.2.4 厂房、仓库、公共建筑的外墙应在每层的适当位置设置可供消防救援人员进入的窗口。

7.2.5 供消防救援人员进入的窗口的净高度和净宽度均不应小于1.0m，下沿距室内地面不宜大于1.2m，间距不宜大于20m且每个防火分区不应少于2个，设置位置应与消防车登高操作场地相对应。窗口的玻璃应易于破碎，并应设置可在室外易于识别的明显标志。

7. 无障碍道路

《无障碍设计规范》GB 50763—2012 规定：

4 城 市 道 路

4.1.1 城市道路无障碍设计的范围应包括：

1 城市各级道路；

2 城镇主要道路；

3 步行街；

4 旅游景点、城市景观带的周边道路。

4.1.2 城市道路、桥梁、隧道、立体交叉中人行系统均应进行无障碍设计，无障碍设施应沿行人通行路径布置。

4.1.3 人行系统中的无障碍设计主要包括人行道、人行横道、人行天桥及地道、公交车站。

7 居住区、居住建筑

7.1.1 居住区道路进行无障碍设计的范围应包括居住区路、小区路、组团路、宅间小路的人行道。

7.1.2 居住区级道路无障碍设计应符合本规范第4章的有关规定。

注：闫寒所著的《建筑学场地设计》的第六章，对道路部分有更为详尽、全面的论述。

> **例2-8 （2010-63）** 在住宅基地道路的交通设计中，宅间小路的路面宽度最小宜为：
>
> A 1.5m　　　B 2.0m　　　C 2.5m　　　D 3.0m

解析：《城市居住区规划设计规范》GB 50180—2018 第 6.0.3 条规定，宅间小路路面宽不宜小于 2.5m。

答案：C

例 2-9 （2011-67） 下列有关停车场车位面积的叙述，错误的是：

A　地面小汽车停车场，每个停车位宜为 25～30m²

B　小汽车停车楼和地下小汽车停车库，每个停车位宜为 30～35m²

C　摩托车停车场，每个停车位宜为 3.0～3.5m²

D　自行车公共停车场，每个停车位宜为 1.5～1.8m²

解析：《城市综合交通体系规划标准》GB/T 51328—2018 规定如下：

第 13.2.5 条，非机动车的单个停车位面积宜取 1.5～1.8m²。

第 13.3.7 条，地面机动车停车场用地面积，宜按每个停车位 25～30m² 计。停车楼（库）的建筑面积，宜按每个停车位 30～40m² 计。

按新规范，B 错误；按《城市综合交通体系规划标准》GB/T 51328—2018 表 A.0.1，两轮摩托车的换算系数是 0.4，三轮摩托车的换算系数是 0.6，自行车的换算系数是 0.2，C 错误。

《城市停车规划规范》GB/T 51149—2016 第 2.0.10 条表 1 的注释有如下 3 条内容：

1　三轮摩托车可按微型汽车尺寸计算；

2　两轮摩托车可按自行车尺寸计算；

3　车辆换算系数是按面积换算。

三轮摩托车的换算系数是 0.7，两轮摩托车可按自行车尺寸计算，C 错误。

注：原《城市道路交通规划设计规范》GB 50220—95 第 8.1.7 条规定，摩托车停车场，每个停车位宜为 2.5～2.7m²。

答案：B、C

二、公共停车场与城市广场

（一）《城市综合交通体系规划标准》GB/T 51328—2018

13.2　非机动车停车场

13.2.1　非机动车停车场应满足非机动车的停放需求，宜在地面设置，并与非机动车交通网络相衔接。可结合需求设置分时租赁非机动车停车位。

13.2.2　公共交通站点及周边，非机动车停车位供给宜高于其他地区。

13.2.3　非机动车路内停车位应布设在路侧带内，但不应妨碍行人通行。

13.2.4　非机动车停车场可与机动车停车场结合设置，但进出通道应分开布设。

13.2.5　非机动车的单个停车位面积宜取 1.5～1.8m²。

13.3　机动车停车场

13.3.1　应根据城市综合交通体系协调要求确定机动车基本车位和出行车位的供给，调节城市的动态交通。

13.3.2 应分区域差异化配置机动车停车位，公共交通服务水平高的区域，机动车停车位供给指标应低于公共交通服务水平低的区域。

13.3.3 机动车停车位供给应以建筑物配建停车场为主、公共停车场为辅。

13.3.4 建筑物配建停车位指标的制定应符合以下规定：

    1 住宅类建筑物配建停车位指标应与城市机动车拥有量水平相适应；

    2 非住宅类建筑物配建停车位指标应结合建筑物类型与所处区位差异化设置。医院等特殊公共服务设施的配建停车位指标应设置下限值，行政办公、商业、商务建筑配建停车位指标应设置上限值。

13.3.5 机动车公共停车场规划应符合以下规定：

    1 规划用地总规模宜按人均 $0.5\sim1.0\mathrm{m}^2$ 计算，规划人口规模 100 万及以上的城市宜取低值；

    2 在符合公共停车场设置条件的城市绿地与广场、公共交通场站、城市道路等用地内可采用立体复合的方式设置公共停车场；

    3 规划人口规模 100 万及以上的城市公共停车场宜以立体停车楼（库）为主，并应充分利用地下空间；

    4 单个公共停车场规模不宜大于 500 个车位；

    5 应根据城市的货车停放需求设置货车停车场，或在公共停车场中设置货车停车位（停车区）。

13.3.6 机动车路内停车位属临时停车位，其设置应符合以下规定：

    1 不得影响道路交通安全及正常通行；

    2 不得在救灾疏散、应急保障等道路上设置；

    3 不得在人行道上设置；

    4 应根据道路运行状况及时、动态调整。

13.3.7 地面机动车停车场用地面积，宜按每个停车位 $25\sim30\mathrm{m}^2$ 计。停车楼（库）的建筑面积，宜按每个停车位 $30\sim40\mathrm{m}^2$ 计。

（二）城市道路工程设计规范 CJJ 37—2012（2016 年版）[❶]

11.2 公共停车场

11.2.1 在大型公共建筑、交通枢纽、人流车流量大的广场等处均应布置适当容量的公共停车场。

11.2.2 公共停车场的规模应按服务对象、交通特征等因素确定。

11.2.3 停车场平面设计应有效地利用场地，合理安排停车区及通道，应满足消防要求，并留出辅助设施的位置。

11.2.4 按停放车辆类型，公共停车场可分为机动车停车场与非机动车停车场。

11.2.5 机动车停车场的设计应符合下列规定：

    1 机动车停车场设计应根据使用要求分区、分车型设计。如有特殊车型，应按实际

---

    ❶ 《城市道路工程技术规范》GB 51286—2018 修改补充了部分内容，如针对 11.2.5 条第 2 款，改为"4m"的防火通道。

车辆外廓尺寸进行设计。

2 机动车停车场内车位布置可按纵向或横向排列分组安排，每组停车不应超过50veh。当各组之间无通道时，应留出大于或等于6m的防火通道。

3 机动车停车场的出入口不宜设在主干路上，可设在次干路或支路上，并应远离交叉口；不得设在人行横道、公共交通停靠站及桥隧引道处。出入口的缘石转弯曲线切点距铁路道口的最外侧钢轨外缘不应小于30m；距人行天桥和人行地道的梯道口不应小于50m。

4 停车场出入口位置及数量应根据停车容量及交通组织确定，且不应少于2个，其净距宜大于30m；条件困难或停车容量小于50veh时，可设一个出入口，但其进出口应满足双向行驶的要求。

5 停车场进出口净宽，单向通行的不应小于5m，双向通行的不应小于7m。

6 停车场出入口应有良好的通视条件，视距三角形范围内的障碍物应清除。

7 停车场的竖向设计应与排水相结合，坡度宜为0.3%～3.0%。

8 机动车停车场出入口及停车场内应设置指明通道和停车位的交通标志、标线。

11.2.6 非机动车停车场的设计应符合下列规定：

1 非机动车停车场出入口不宜少于2个。出入口宽度宜为2.5～3.5m。场内停车区应分组安排，每组场地长度宜为15～20m。

2 非机动车停车场坡度宜为0.3%～4.0%。停车区宜有车棚、存车支架等设施。

11.3 城市广场

11.3.1 城市广场按其性质、用途可分为公共活动广场、集散广场、交通广场、纪念性广场与商业广场等。

11.3.2 广场设计应按城市总体规划确定的性质、功能和用地范围，结合交通特征、地形、自然环境等进行，应处理好与毗连道路及主要建筑物出入口的衔接，以及和四周建筑物协调，并应体现广场的艺术风貌。

11.3.3 广场设计应按高峰时间人流量、车流量确定场地面积，按人车分流的原则，合理布置人流、车流的进出通道、公共交通停靠站及停车等设施。

11.3.4 广场竖向设计应符合下列规定：

1 竖向设计应根据平面布置、地形、周围主要建筑物及道路标高、排水等要求进行，并兼顾广场整体布置的美观。

2 广场设计坡度宜为0.3%～3.0%。地形困难时，可建成阶梯式。

3 与广场相连接的道路纵坡宜为0.5%～2.0%。困难时纵坡不应大于7.0%，积雪及寒冷地区不应大于5.0%。

4 出入口处应设置纵坡小于或等于2.0%的缓坡段。

11.3.5 广场与道路衔接的出入口设计应满足行车视距的要求。

11.3.6 广场应布置分隔、导流等设施，并应配置完善的交通标识系统。

11.3.7 广场排水应结合地形、广场面积、排水设施，采用单向或多向排水，且应满足城市防洪、排涝的要求。

（三）《城市停车规划规范》GB/T 51149—2016

5.1.3 城市公共停车场应重视停车资源共享和高效利用，停车场设置的管理用房、停车辅助设施等建筑面积应按照不高于1m²/机动车停车位的标准设置，且管理用房、停车辅助设施的占地面积不应大于城市公共停车场总用地面积的5%。

5.1.4 地面机动车停车场标准车停放面积宜采用 25～30m²，地下机动车停车库与地上机动车停车楼标准车停放建筑面积宜采用 30～40m²，机械式机动车停车库标准车停放建筑面积宜采用 15～25m²。

5.1.5 非机动车单个停车位建筑面积宜采用 1.5～1.8m²。

5.2.9 城市公共停车场宜布置在客流集中的商业区、办公区、医院、体育场馆、旅游风景区及停车供需矛盾突出的居住区，其服务半径不应大于300m。同时，应考虑车辆噪声、尾气排放等对周边环境的影响。

5.2.10 机动车换乘停车场应结合城市中心区以外的轨道交通车站、公交枢纽站和公交首末站布设，机动车换乘停车场停车位供给规模应综合考虑接驳站点客流特征和周边交通条件确定，其中与轨道交通结合的机动车换乘停车场停车位的供给总量不宜小于轨道交通线网全日客流量的 1‰，且不宜大于 3‰。

5.2.11 非机动车停车场布局应考虑停车需求、出行距离因素，结合道路、广场和公共建筑布置，其服务半径宜小于100m，不应大于200m，并应满足使用方便、停放安全的要求。

6.0.4 规划人口规模大于 50 万人的城市的普通商品房配建机动车停车位指标可采取 1 车位/户，配建非机动车停车位指标可采取 2 车位/户；医院的建筑物配建机动车停车位指标可采取 1.2 车位/100m² 建筑面积，配建非机动车停车位指标可采取 2 车位/100m² 建筑面积；办公类建筑物配建机动车停车位指标可采取 0.65 车位/100m² 建筑面积，配建非机动车停车位指标可采取 2 车位/100m² 建筑面积；其他类型建筑物配建停车位指标可结合城市特点确定。

（四）《城市居住区规划设计标准》GB 50180—2018

5.0.5 居住区相对集中设置且人流较多的配套设施应配建停车场（库），并应符合下列规定：

1 停车场（库）的停车位控制指标，不宜低于表5.0.5的规定；

2 商场、街道综合服务中心机动车停车场（库）宜采用地下停车、停车楼或机械式停车设施；

3 配建的机动车停车场（库）应具备公共充电设施安装条件。

配建停车场（库）的停车位控制指标（车位/100m²建筑面积）　　表 5.0.5

名称	非机动车	机动车
商场	≥7.5	≥0.45
菜市场	≥7.5	≥0.30
街道综合服务中心	≥7.5	≥0.45
社区卫生服务中心 （社区医院）	≥1.5	≥0.45

5.0.6 居住区应配套设置居民机动车和非机动车停车场（库），并应符合下列规定：

1 机动车停车应根据当地机动化发展水平、居住区所处区位、用地及公共交通条件综合确定，并应符合所在地城市规划的有关规定；

2 地上停车位应优先考虑设置多层停车库或机械式停车设施，地面停车位数量不宜超过住宅总套数的10%；

3 机动车停车场（库）应设置无障碍机动车位，并应为老年人、残疾人专用车等新型交通工具和辅助工具留有必要的发展余地；

4 非机动车停车场（库）应设置在方便居民使用的位置；

5 居住街坊应配置临时停车位；

6 新建居住区配建机动车停车位应具备充电基础设施安装条件。

三、停车库

车库建筑按所停车辆类型分为机动车库和非机动车库，按建设方式可划分为独立式和附建式。

（一）机动车库

（1）机动车车库建筑规模应按停车当量数划分为特大型、大型、中型、小型，非机动车库应按停车当量数划分为大型、中型、小型。车库建筑规模及停车当量数应符合表 2-13 的规定。

车库建筑规模及停车当量数 表 2-13

当量数\规模\类型	特大型	大型	中型	小型
机动车库停车当量数	＞1000	301～1000	51～300	≤50
非机动车库停车当量数	—	＞500	251～500	≤250

（2）机动车库应根据停放车辆的设计车型外廓尺寸进行设计。机动车设计车型的外廓尺寸可按表 2-14 取值。

机动车设计车型的外廓尺寸 表 2-14

尺寸\设计车型		外廓尺寸（m）		
		总长	总宽	总高
微型车		3.80	1.60	1.80
小型车		4.80	1.80	2.00
轻型车		7.00	2.25	2.75
中型车	客车	9.00	2.50	3.20
	货车	9.00	2.50	4.00
大型车	客车	12.00	2.50	3.50
	货车	11.50	2.50	4.00

注：专用机动车库可以按所停放的机动车外廓尺寸进行设计。

（3）机动车库应以小型车为计算当量进行停车当量的换算，各类车辆的换算当量系数应符合表 2-15 的规定。

机动车换算当量系数 表 2-15

车型	微型车	小型车	轻型车	中型车	大型车
换算系数	0.7	1.0	1.5	2.0	2.5

（4）机动车最小转弯半径应符合表 2-16 的规定。

机动车最小转弯半径

表 2-16

车 型	最小转弯半径 r_1（m）	车 型	最小转弯半径 r_1（m）
微型车	4.50	中型车	7.20～9.00
小型车	6.00	大型车	9.00～10.50
轻型车	6.00～7.20		

（5）机动车之间以及机动车与墙、柱、护栏之间的最小净距应符合表 2-17 的规定。

机动车之间以及机动车与墙、柱、护栏之间最小净距

表 2-17

项目 \ 机动车类型		微型车、小型车	轻型车	中型车、大型车
平行式停车时机动车间纵向净距（m）		1.20	1.20	2.40
垂直式、斜列式停车时机动车间纵向净距（m）		0.50	0.70	0.80
机动车间横向净距（m）		0.60	0.80	1.00
机动车与柱间净距（m）		0.30	0.30	0.40
机动车与墙、护栏及其他构筑物间净距（m）	纵向	0.50	0.50	0.50
	横向	0.60	0.80	1.00

注：1. 纵向指机动车长度方向、横向指机动车宽度方向；

2. 净距指最近距离，当墙、柱外有突出物时，从其突出部分外缘算起。

（6）按出入方式，机动车库出入口可分为平入式、坡道式、升降梯式三种类型。

（7）车辆出入口的最小间距不应小于 15m，并宜与基地内部道路相接通，当直接通向城市道路时，应符合以下规定：

1）基地出入口的数量和位置应符合现行国家标准《民用建筑设计统一标准》GB 50352 的规定及城市交通规划和管理的有关规定；

2）基地出入口不应直接与城市快速路相连接，且不宜直接与城市主干路相连接；

3）基地主要出入口的宽度不应小于 4m，并应保证出入口与内部通道衔接的顺畅；

4）当需在基地出入口办理车辆出入手续时，出入口处应设置候车道，且不应占用城市道路；机动车候车道宽度不应小于 4m，长度不应小于 10m，非机动车应留有等候空间；

5）机动车库基地出入口应具有通视条件，与城市道路连接的出入口地面坡度不宜大于 5%；

6）机动车库基地出入口处的机动车道路转弯半径不宜小于 6m，且应满足基地通行车辆最小转弯半径的要求；

7）相邻机动车库基地出入口之间的最小距离不应小于 15m，且不应小于两出入口道路转弯半径之和；

8）机动车库基地出入口应设置减速安全设施。

（8）车辆出入口宽度，双向行驶时不应小于 7m，单向行驶时不应小于 4m。

（9）车辆出入口及坡道的最小净高应符合表 2-18 的规定。

车辆出入口及坡道的最小净高

表 2-18

车 型	最小净高（m）	车 型	最小净高（m）
微型车、小型车	2.20	中型、大型客车	3.70
轻型车	2.95	中型、大型货车	4.20

注：净高指从楼地面面层（完成面）至吊顶、设备管道、梁或其他构件底面之间的有效使用空间的垂直高度。

（10）机动车库出入口和车道数量应符合表 2-19 的规定，且当车道数量大于等于 5 且停车当量大于 3000 辆时，机动车出入口数量应经过交通模拟计算确定。

机动车库出入口和车道数量 表 2-19

规模 停车当量 出入口和车道数量	特大型	大型		中型		小型	
	≥1000	501～ 1000	301～ 500	101～ 300	51～ 100	25～ 50	<25
机动车出入口数量	≥3	≥2		≥2	≥1	≥1	
非居住建筑出入口车道数量	≥5	≥4	≥3	≥2		≥2	≥1
居住建筑出入口车道数量	≥3	≥2	≥2	≥2		≥2	≥1

（11）坡道式出入口应符合下列规定：

1）出入口可采用直线坡道、曲线坡道和直线与曲线组合坡道，其中直线坡道可选用内直坡道式、外直坡道式。

2）出入口可采用单车道或双车道，坡道最小净宽应符合表 2-20 的规定。

坡道最小净宽 表 2-20

形式	最小净宽（m）	
	微型、小型车	轻型、中型、大型车
直线单行	3.0	3.5
直线双行	5.5	7.0
曲线单行	3.8	5.0
曲线双行	7.0	10.0

注：此宽度不包括道牙及其他分隔带宽度。当曲线比较缓时，可以按直线宽度进行设计。

3）坡道的最大纵向坡度应符合表 2-21 的规定。

坡道的最大纵向坡度 表 2-21

车 型	直线坡道		曲线坡道	
	百分比（%）	比值（高∶长）	百分比（%）	比值（高∶长）
微型车 小型车	15.0	1∶6.67	12	1∶8.3
轻型车	13.3	1∶7.50	10	1∶10.0
中型车	12.0	1∶8.3		
大型客车 大型货车	10.0	1∶10	8	1∶12.5

4）当坡道纵向坡度大于 10% 时，坡道上、下端均应设缓坡坡段，其直线缓坡段的水平长度不应小于 3.6m，缓坡坡度应为坡道坡度的 1/2；曲线缓坡段的水平长度不应小于 2.4m，曲率半径不应小于 20m，缓坡段的中心为坡道原起点或止点(图 2-28)；大型车的坡道应根据车型确定缓坡的坡度和长度。

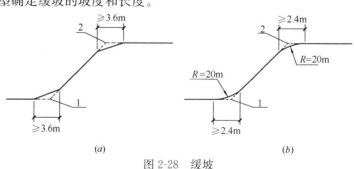

图 2-28 缓坡
1—坡道起点；2—坡道止点
(a) 直线缓坡；(b) 曲线缓坡

5）微型车和小型车的坡道转弯处的最小环形车道内半径（r_0）不宜小于表 2-22 的规定。

坡道转弯处的最小环形车道内半径   表 2-22

半径 ＼ 角度	坡道转向角度（α）		
	$\alpha \leqslant 90°$	$90° < \alpha < 180°$	$\alpha \geqslant 180°$
最小环形车道内半径（r_0）	4m	5m	6m

注：坡道转向角度为机动车转弯时的连续转向角度。

（12）停车方式可采用平行式、斜列式（倾角 30°、45°、60°）和垂直式（图 2-29），或混合式。

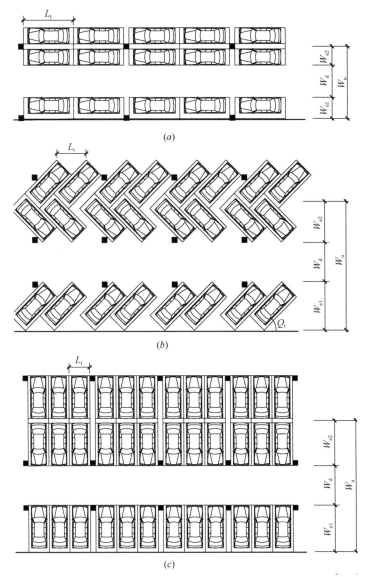

图 2-29　停车方式
（a）平行式；（b）斜列式；（c）垂直式

注：W_u 为停车带宽度；W_{e1} 为停车位毗邻墙体或连续分隔物时，垂直于通（停）车道的停车位尺寸；W_{e2} 为停车位毗邻时，垂直于通（停）车道的停车位尺寸；W_d 为通车道宽度；L_t 为平行于通车道的停车位尺寸；Q_t 为机动车倾斜角度。

（13）机动车最小停车位、通（停）车道宽度可通过计算或作图法求得，且库内通车道宽度应大于或等于 3.0m。小型车的最小停车位、通（停）车道宽度宜符合表 2-23 的规定。

小型车的最小停车位、通（停）车道宽度　　　　表 2-23

停车方式		垂直通车道方向的最小停车位宽度（m）		平行通车道方向的最小停车位宽度 L_t（m）	通（停）车道最小宽度 W_d（m）
		W_{e1}	W_{e2}		
平行式	后退停车	2.4	2.1	6.0	3.8
斜列式	30° 前进（后退）停车	4.8	3.6	4.8	3.8
	45° 前进（后退）停车	5.5	4.6	3.4	3.8
	60° 前进停车	5.8	5.0	2.8	4.5
	60° 后退停车	5.8	5.0	2.8	4.2
垂直式	前进停车	5.3	5.1	2.4	9.0
	后退停车	5.3	5.1	2.4	5.5

（二）非机动车库

（1）非机动车设计车型的外廓尺寸可按表 2-24 的规定取值。

非机动车设计车型外廓尺寸　　　　表 2-24

车型 ＼ 几何尺寸	车辆几何尺寸（m）		
	长度	宽度	高度
自行车	1.90	0.60	1.20
三轮车	2.50	1.20	1.20
电动自行车	2.00	0.80	1.20
机动轮椅车	2.00	1.00	1.20

（2）非机动车及二轮摩托车应以自行车为计算当量进行停车当量的换算，且车辆换算的当量系数应符合表 2-25 的规定。

非机动车及二轮摩托车车辆换算当量系数　　　　表 2-25

车型	非机动车				二轮摩托车
	自行车	三轮车	电动自行车	机动轮椅车	
换算当量系数	1.0	3.0	1.2	1.5	1.5

（3）非机动车库不宜设在地下二层及以下，当地下停车层地坪与室外地坪高差大于 7m 时，应设机械提升装置。机动轮椅车、三轮车宜停放在地面层，当条件限制需停放在其他楼层时，应设坡道式出入口或设置机械提升装置；其坡道式出入口的坡度应符合现行行业标准《城市道路工程设计规范》CJJ 37 的规定。

（4）非机动车库停车当量数量不大于 500 辆时，可设置一个直通室外的带坡道的车辆出入口；超过 500 辆时应设两个或以上出入口，且每增加 500 辆宜增设一个出入口。

（5）非机动车库出入口宜与机动车库出入口分开设置，且出地面处的最小距离不应小于 7.5m。当中型和小型非机动车库受条件限制，其出入口坡道需与机动车出入口设置在一起时，应设置安全分隔设施，且应在地面出入口外 7.5m 范围内设置不遮挡视线的安全隔离栏杆。

（6）自行车和电动自行车车库出入口净宽不应小于 1.80m，机动轮椅车和三轮车车库单向出入口净宽不应小于车宽加 0.60m。

（7）非机动车库车辆出入口可采用踏步式出入口或坡道式出入口。

（8）非机动车库出入口宜采用直线形坡道，当坡道长度超过 6.8m 或转换方向时，应设休息平台，平台长度不应小于 2.00m，并应能保持非机动车推行的连续性。

（9）踏步式出入口推车斜坡的坡度不宜大于 25％，单向净宽不应小于 0.35m，总净宽度不应小于 1.80m。坡道式出入口的斜坡坡度不宜大于 15％，坡道宽度不应小于 1.80m。

（10）自行车的停车方式可采取垂直式和斜列式。自行车停车位的宽度、通道宽度应符合表 2-26 的规定（图 2-30），其他类型非机动车应按本表相应调整。

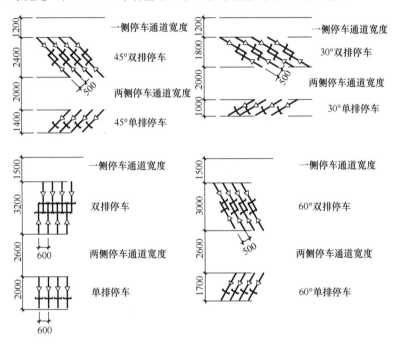

图 2-30　自行车停车宽度和通道宽度

自行车停车位的宽度和通道宽度　　　　　　　　　　　　表 2-26

停车方式		停车位宽度（m）		车辆横向间距（m）	通道宽度（m）	
		单排停车	双排停车		一侧停车	两侧停车
垂直排列		2.00	3.20	0.60	1.50	2.60
斜排列	60°	1.70	3.00	0.50	1.50	2.60
	45°	1.40	2.40	0.50	1.20	2.00
	30°	1.00	1.80	0.50	1.20	2.00

注：角度为自行车与通车道夹角。

（11）非机动车库的停车区域净高不应小于 2.0m。

（12）建筑物配建停车位指标参见《城市停车规划规范》GB/T 51149—2016 条文说明第 6.0.2～6.0.4 条表 4 及《城市居住区规划设计规范》GB 50180—2018 表 5.0.5。

四、基地内室外活动场地与设施

规范要求的几类室外活动场地（设施）节选如下：

《托儿所、幼儿园建筑设计规范》JGJ 39—2016（2019 年版）

3.2.3 托儿所、幼儿园应设室外活动场地，并应符合下列规定：

1 幼儿园每班应设专用室外活动场地，人均面积不应小于 $2m^2$。各班活动场地之间宜采取分隔措施。

2 幼儿园应设全园共用活动场地，人均面积不应小于 $2m^2$。

2A 托儿所室外活动场地人均面积不应小于 $3m^2$。

2B 城市人口密集地区改、扩建的托儿所，设置室外活动场地确有困难时，室外活动场地人均面积不应小于 $2m^2$。

3 地面应平整、防滑、无障碍、无尖锐突出物，并宜采用软质地坪。

4 共用活动场地应设置游戏器具、沙坑、30m 跑道等，宜设戏水池，储水深度不应超过 0.30m。游戏器具下地面及周围应设软质铺装。宜设洗手池、洗脚池。

5 室外活动场地应有 1/2 以上的面积在标准建筑日照阴影线之外。

3.2.4 托儿所、幼儿园场地内绿地率不应小于 30%，宜设置集中绿化用地。绿地内不应种植有毒、带刺、有飞絮、病虫害多、有刺激性的植物。

《中小学校设计规范》GB 50099—2011

4.3.6 中小学校体育用地的设置应符合下列规定：

1 各类运动场地应平整，在其周边的同一高程上应有相应的安全防护空间。

2 室外田径场及足球、篮球、排球等各种球类场地的长轴宜南北向布置。长轴南偏东宜小于 20°，南偏西宜小于 10°。

3 相邻布置的各体育场地间应预留安全分隔设施的安装条件。

4 中小学校设置的室外田径场、足球场应进行排水设计。室外体育场地应排水通畅。

5 中小学校体育场地应采用满足主要运动项目对地面要求的材料及构造做法。

6 气候适宜地区的中小学校宜在体育场地周边的适当位置设置洗手池、洗脚池等附属设施。

4.3.7 各类教室的外窗与相对的教学用房或室外运动场地边缘间的距离不应小于 25m。

4.3.8 中小学校的广场、操场等室外场地应设置供水、供电、广播、通信等设施的接口。

4.3.9 中小学校应在校园的显要位置设置国旗升旗场地。

《特殊教育学校建筑设计标准》JGJ 76—2019

8.1.1 室外运动场地及设施应包括田径场地、球类场地、运动器械场地等，有条件的学校可设置戏水池，运动场附近应设置卫生间、体育器材库和运动场地维护管理所需工具库房等设施。

8.1.2 室外运动场地周边应设置绿化带或其他隔声设施，田径跑道与缓冲带之间不得有突起物，盲校的田径场在跑道的边线及弯道转弯处应设置地面触感标识。

8.1.3 应根据学生的特点确定需要设置的运动器械的种类、数量及位置。

8.1.4 运动场地周边和各项活动场地之间应设置宽度不小于 1.50m 的草坪隔离。

8.1.5 屋顶设置运动场时，周边应设置高度不低于 3.00m、网孔径不大于 0.05m 且无法攀爬的防护网。当需要隔声时，应设置隔声板。

8.1.6 当设置室外戏水池时，应符合下列规定：

1 戏水池附近应设置安全监控设施；

2 戏水池水深不应超过 0.25m，盲校戏水池周边地面距池边 1.00m 处应设提示边界的地面触感标识；

3 水质应符合现行行业标准《游泳池水质标准》CJ/T 244 所规定的游泳池水质标准；

4 戏水池所使用的消毒剂和消毒设备必须取得生产企业卫生许可证或卫生许可批件，禁止使用氯制剂、二氧化氯制剂、臭氧等对皮肤黏膜产生刺激作用的消毒剂及消毒设备；

5 水池池底及距离水池外沿 1.00m 范围内的地面应使用防滑材料铺砌。

8.2.1 室外游戏场地包括游戏场地和固定玩具设施，其设置应符合下列规定：

1 固定玩具设施应确保其使用的安全性。盲校游戏场地边缘应设置宽度不小于 1.50m 的草坪。

2 游戏场地地面宜采用弹性地面材料或草坪。

3 游戏场地周边宜设置 12 个座位以上的休息座椅。

8.2.2 室外康复训练场地的设置应符合下列规定：

1 室外康复训练场地应根据学生身体特点决定场地的面积、形状及设置器械的种类等；

2 场地周边宜设置维护栏杆和 12 个座位以上的休息座椅，器械周边危险部位应设防止学生碰伤的保护措施；

3 盲校室外定向行走训练场地宜结合校园环境设置，室外定向行走训练场地应在边界内 1.00m 处设置提示边界的地面触感标识；

4 轮椅学生的康复训练场地可结合运动场地设置，场地一侧宜设扶手。

8.2.3 当设置室外职业技术训练场地时，应符合下列规定：

1 训练场地的位置宜临近职业技能训练用房；

2 场地应包括较宽裕的训练空间、准备空间和器材存放场所，场地内的简易、临时性设施应保证其安全性。

《疗养院建筑设计标准》JGJ/T 40—2019 条文说明

4.2.8 室外活动用地是疗养院建设用地不可缺少的重要组成部分，是疗养员进行室外体疗的主要场所，根据基地条件合理设置日光浴、空气浴、海水浴、淡水浴、运动场等室外活动场地。通常情况下，日光浴和空气浴场地按疗养院总床位的 50%～60% 计算床位数，日光浴场的面积按 4.5㎡/床计算；空气浴场的面积按 3.5㎡/床计算，日光浴场和空气浴场也可以设在疗养院用地之外。海水浴、淡水浴场地的面积主要根据基地条件确定，而运动场地的面积除受基地条件限制外，还要根据疗养院的使用要求确定运动项目，满足运动设施的使用要求。

《城市消防站设计规范》GB 51054—2014

3.0.13 消防站内应设置室外训练场地，场地内设施宜包括：业务训练设施、体能训练设施和心理训练设施。业务训练设施宜包括：训练塔、模拟训练场等；体能训练设施宜包括：篮球场、训练跑道等。应根据场地特点合理布置模拟训练场、心理素质训练场、训练塔等设施。室外训练场面积宜符合表 3.0.13 的规定，且不得小于 1000㎡。

<table>
<tr><td colspan="4" style="text-align:center">室外训练场面积　　　　　　　　　　表 3.0.13</td></tr>
</table>

消防站类别	普通消防站		特勤消防站
	一级普通消防站	二级普通消防站	
面积（m²）	2000	1500	2800

注：1. 有条件的消防站，应设置宽度大于或等于15m、长度宜为150m的训练场地；
　　2. 在执行表 3.0.13 的规定确有困难时，其面积可适当减小，并应根据需要在若干此类消防站的适中地点设置宽度大于或等于15m、长度宜为150m训练场地的消防站。

五、无障碍设计

《无障碍设计规范》GB 50763—2012 共有 9 章和 3 个附录，主要技术内容有：总则，术语，无障碍设施的设计要求，城市道路，城市广场，城市绿地，居住区、居住建筑，公共建筑以及历史文物保护建筑无障碍建设与改造。

（一）术语

2.0.1　缘石坡道

位于人行道口或人行横道两端，为了避免人行道路缘石带来的通行障碍，方便行人进入人行道的一种坡道。

2.0.2　盲道

在人行道上或其他场所铺设的一种固定形态的地面砖，使视觉障碍者产生盲杖触觉及脚感，引导视觉障碍者向前行走和辨别方向以到达目的地的通道。

2.0.3　行进盲道

表面呈条状形，使视觉障碍者通过盲杖的触觉和脚感，指引视觉障碍者可直接向正前方继续行走的盲道。

2.0.4　提示盲道

表面呈圆点形，用在盲道的起点处、拐弯处、终点处和表示服务设施的位置，以及提示视觉障碍者前方将有不安全或危险状态等，具有提醒注意作用的盲道。

2.0.5　无障碍出入口

在坡度、宽度、高度上以及地面材质、扶手形式等方面方便行动障碍者通行的出入口。

2.0.6　平坡出入口

地面坡度不大于 1：20 且不设扶手的出入口。

2.0.7　轮椅回转空间

为方便乘轮椅者旋转以改变方向而设置的空间。

2.0.8　轮椅坡道

在坡度、宽度、高度、地面材质、扶手形式等方面方便乘轮椅者通行的坡道。

2.0.9　无障碍通道

在坡度、宽度、高度、地面材质、扶手形式等方面方便行动障碍者通行的通道。

2.0.10　轮椅通道

在检票口或结算口等处为方便乘轮椅者设置的通道。

（二）无障碍设施的设计要求

规范的这一章包括 16 节，分别为：1. 缘石坡道；2. 盲道；3. 无障碍出入口；4. 轮椅坡道；5. 无障碍通道、门；6. 无障碍楼梯、台阶；7. 无障碍电梯、升降平台；8. 扶手；9. 公共厕所、无障碍厕所；10. 公共浴室；11. 无障碍客房；12. 无障碍住房及宿舍；

13. 轮椅席位；14. 无障碍机动车停车位；15. 低位服务设施；16. 无障碍标识系统、信息无障碍。应重点掌握前4节，其内容详见本书第七章第三节。

3.1 缘石坡道

3.1.1 缘石坡道应符合下列规定：

1 缘石坡道的坡面应平整、防滑；

2 缘石坡道的坡口与车行道之间宜没有高差；当有高差时，高出车行道的地面不应大于10mm；

3 宜优先选用全宽式单面坡缘石坡道。

3.1.2 缘石坡道的坡度应符合下列规定：

1 全宽式单面坡缘石坡道的坡度不应大于1∶20；

2 三面坡缘石坡道正面及侧面的坡度不应大于1∶12；

3 其他形式的缘石坡道的坡度均不应大于1∶12。

3.1.3 缘石坡道的宽度应符合下列规定：

1 全宽式单面坡缘石坡道的宽度应与人行道宽度相同；

2 三面坡缘石坡道的正面坡道宽度不应小于1.20m；

3 其他形式的缘石坡道的坡口宽度均不应小于1.50m。

3.2 盲道

3.2.1 盲道应符合下列规定：

1 盲道按其使用功能可分为行进盲道和提示盲道；

2 盲道的纹路应凸出路面4mm高；

3 盲道铺设应连续，应避开树木（穴）、电线杆、拉线等障碍物，其他设施不得占用盲道；

4 盲道的颜色宜与相邻的人行道铺面的颜色形成对比，并与周围景观相协调，宜采用中黄色；

5 盲道型材表面应防滑。

3.2.2 行进盲道应符合下列规定：

1 行进盲道应与人行道的走向一致；

2 行进盲道的宽度宜为250～500mm；

3 行进盲道宜在距围墙、花台、绿化带250～500mm处设置；

4 行进盲道宜在距树池边缘250～500mm处设置；如无树池，行进盲道与路缘石上沿在同一水平面时，距路缘石不应小于500mm，行进盲道比路缘石上沿低时，距路缘石不应小于250mm；盲道应避开非机动车停放的位置；

5 行进盲道的触感条规格应符合表3.2.2的规定。

3.2.3 提示盲道应符合下列规定：

1 行进盲道在起点、终点、转弯处及其他有需要处应设提示盲道，当盲道的宽度不大于300mm时，提示盲道的宽度应大于行进盲道的宽度；

2 提示盲道的触感圆点规格应符合表3.2.3的规定。

3.3 无障碍出入口

3.3.1 无障碍出入口包括以下几种类别：

1 平坡出入口；

2 同时设置台阶和轮椅坡道的出入口；

3 同时设置台阶和升降平台的出入口。

3.3.2 无障碍出入口应符合下列规定：

1 出入口的地面应平整、防滑；

2 室外地面滤水箅子的孔洞宽度不应大于15mm；

3 同时设置台阶和升降平台的出入口宜只应用于受场地限制无法改造坡道的工程，并应符合本规范第3.7.3条的有关规定；

4 除平坡出入口外，在门完全开启的状态下，建筑物无障碍出入口的平台的净深度不应小于1.50m；

5 建筑物无障碍出入口的门厅、过厅如设置两道门，门扇同时开启时两道门的间距不应小于1.50m；

6 建筑物无障碍出入口的上方应设置雨篷。

3.3.3 无障碍出入口的轮椅坡道及平坡出入口的坡度应符合下列规定：

1 平坡出入口的地面坡度不应大于1：20，当场地条件比较好时，不宜大于1：30；

2 同时设置台阶和轮椅坡道的出入口，轮椅坡道的坡度应符合本规范第3.4节的有关规定。

3.4 轮椅坡道

3.4.1 轮椅坡道宜设计成直线形、直角形或折返形。

3.4.2 轮椅坡道的净宽度不应小于1.00m，无障碍出入口的轮椅坡道净宽度不应小于1.20m。

3.4.3 轮椅坡道的高度超过300mm且坡度大于1：20时，应在两侧设置扶手，坡道与休息平台的扶手应保持连贯，扶手应符合本规范第3.8节的相关规定。

3.4.4 轮椅坡道的最大高度和水平长度应符合表3.4.4的规定。

轮椅坡道的最大高度和水平长度　　　　　　　　　　　表3.4.4

坡度	1：20	1：16	1：12	1：10	1：8
最大高度(m)	1.20	0.90	0.75	0.60	0.30
水平长度(m)	24.00	14.40	9.00	6.00	2.40

注：其他坡度可用插入法进行计算。

3.4.5 轮椅坡道的坡面应平整、防滑、无反光。

3.4.6 轮椅坡道起点、终点和中间休息平台的水平长度不应小于1.50m。

3.4.7 轮椅坡道临空侧应设置安全阻挡措施。

3.4.8 轮椅坡道应设置无障碍标志，无障碍标志应符合本规范第3.16节的有关规定。

注意区分"无障碍坡道"与"无障碍通道"。无障碍通道的宽度：① 室内走道不应小于1.20m，人流较多或较集中的大型公共建筑的室内走道宽度不宜小于1.80m；② 室外通道不宜小于1.50m；③ 检票口、结算口轮椅通道不应小于900mm（参见《无障碍设计规范》GB 50763—2012第3.5.1条）。

（三）无障碍实施的场所

规范要求在下列场所实施无障碍：

1. 城市道路

(1) 城市道路无障碍设计的范围应包括城市各级道路、城镇主要道路、步行街，以及旅游景点、城市景观带的周边道路。

(2) 城市道路、桥梁、隧道、立体交叉中的人行系统均应进行无障碍设计，无障碍设施应沿行人通行路径布置。

(3) 人行系统中的无障碍设计主要包括人行道、人行横道、人行天桥及地道、公交车站。

2. 城市广场

城市广场进行无障碍设计的范围应包括公共活动广场和交通集散广场。

3. 城市绿地

城市绿地进行无障碍设计的范围应包括下列内容：

(1) 城市中的各类公园，包括综合公园、社区公园、专类公园、带状公园、街旁绿地等；

(2) 附属绿地中的开放式绿地；

(3) 对公众开放的其他绿地。

4. 居住绿地

7.2.1 居住绿地的无障碍设计应符合下列规定：

1 居住绿地内进行无障碍设计的范围及建筑物类型包括：出入口、游步道、休憩设施、儿童游乐场、休闲广场、健身运动场、公共厕所等；

2 基地地坪坡度不大于5%的居住区的居住绿地均应满足无障碍要求，地坪坡度大于5%的居住区，应至少设置1个满足无障碍要求的居住绿地；

3 满足无障碍要求的居住绿地，宜靠近设有无障碍住房和宿舍的居住建筑设置，并通过无障碍通道到达。

7.2.2 出入口应符合下列规定：

1 居住绿地的主要出入口应设置为无障碍出入口；有3个以上出入口时，无障碍出入口不应少于2个；

2 居住绿地内主要活动广场与相接的地面或路面高差小于300mm时，所有出入口均应为无障碍出入口；高差大于300mm时，当出入口少于3个，所有出入口均应为无障碍出入口，当出入口为3个或3个以上，应至少设置2个无障碍出入口；

3 组团绿地、开放式宅间绿地、儿童活动场、健身运动场出入口应设提示盲道。

7.2.3 游步道及休憩设施应符合下列规定：

1 居住绿地内的游步道应为无障碍通道，轮椅园路纵坡不应大于4%；轮椅专用道不应大于8%；

2 居住绿地内的游步道及园林建筑、园林小品如亭、廊、花架等休憩设施不宜设置高于450mm的台明或台阶；必须设置时，应同时设置轮椅坡道并在休憩设施入口处设提示盲道；

3 绿地及广场设置休息座椅时，应留有轮椅停留空间。

7.2.4 活动场地应符合下列规定：

1 林下铺装活动场地，以种植乔木为主，林下净空不得低于2.20m；

2 儿童活动场地周围不宜种植遮挡视线的树木，保持较好的可通视性，且不宜选用硬质叶片的丛生植物。

5. 公共建筑

（1）建筑基地内总停车数在 100 辆以下时应设置不少于 1 个无障碍机动车停车位，100 辆以上时应设置不少于总停车数 1％的无障碍机动车停车位。

（2）公共建筑的主要出入口宜设置坡度小于 1：30 的平坡出入口。

6. 历史文物保护建筑无障碍建设与改造

历史文物保护建筑进行无障碍设计的范围，应包括开放参观的历史名园、开放参观的古建博物馆、使用中的庙宇、开放参观的近现代重要史迹及纪念性建筑、开放的复建古建筑等。

第四节 竖向、管线、绿化

一、竖向设计

竖向设计是为了满足道路交通、排水防涝、建筑布置、环境景观、综合防灾以及经济效益等方面的综合要求，对自然地形进行利用、改造，确定坡度、控制高程和平衡土石方等而进行的设计（规划）。

（一）竖向设计内容与方法

（1）确定场地的竖向布置形式。

（2）确定建筑物室内外地坪标高，构筑物关键部位的标高，广场、活动场地等的整平标高。

（3）确定道路标高和坡度。

（4）绿地地形设计。

（5）组织地面排水系统。

（6）安排场地的土方工程。

（7）设置必要的工程构筑物与排水构筑物。

（8）解决场地的防洪工程问题。

《全国民用建筑工程设计技术措施 规划·建筑·景观》（2009 年版）

3.1.3 不同类型场地竖向设计宜按照以下步骤进行：

1 场地的设计高程，应依据相应的现状高程(如城市道路标高、基地附近原有水系的常年水位和最高洪水位、临海地区的海潮防护标高、周围市政管线接口标高等)进行竖向设计。

2 地形平坦的场地，首先依据周边控制高程，确定室外地坪设计标高及建筑室内地坪标高。

3 地形复杂的场地，首先对场地地形进行分析，确定地形不同分类（如陡坡、中坡、缓坡等），以及各类用地的不同功能（如建筑用地、道路、绿地等），进行场地竖向设计，确定各地形高程与周边控制高程的联系。

4 大型公共建筑群依据周边控制高程，确定不同性质建筑的室内外标高，并进行场地竖向设计。

（二）竖向规划的地面形式

《城乡建设用地竖向规划规范》CJJ 83—2016

4.0.2 根据城乡建设用地的性质、功能，结合自然地形，规划地面形式可分为平坡式、台阶式和混合式。

4.0.3 用地自然坡度小于5%时，宜规划为平坡式；用地自然坡度大于8%时，宜规划为台阶式；用地自然坡度为5%～8%时，宜规划为混合式。

4.0.4 台阶式和混合式中的台地规划应符合下列规定：

1 台地划分应与建设用地规划布局和总平面布置相协调，应满足使用性质相同的用地或功能联系密切的建（构）筑物布置在同一台地或相邻台地的布局要求；

2 台地的长边宜平行于等高线布置；

3 台地高度、宽度和长度应结合地形并满足使用要求确定。

4.0.5 街区竖向规划应与用地的性质和功能相结合，并应符合下列规定：

1 公共设施用地分台布置时，台地间高差宜与建筑层高接近；

2 居住用地分台布置时，宜采用小台地形式；

3 大型防护工程宜与具有防护功能的专用绿地结合设置。

《城市居住区规划设计标准》GB 50180—2018

3.0.9 ……居住区的竖向规划设计应符合现行行业标准《城乡建设用地竖向规划规范》CJJ 83 的有关规定。

（三）防护工程

防止用地受自然危害或人为活动影响造成岩土体破坏而设置的保护性工程。如护坡、挡土墙、堤坝等。

（1）护坡

防止用地岩土体边坡变迁而设置的斜坡式防护工程，如土质或砌筑型等护坡工程。

注：自然放坡时，为保证土体和岩石的稳定，斜坡面必须具有稳定的坡度，称为边坡坡度。

（2）挡土墙

防止用地岩土体边坡坍塌而砌筑的墙体。

注：坡比值是指坡面（或梯道）的上缘与下缘之间垂直高差与其水平距离的比值。

（3）防护设计要求

《城乡建设用地竖向规划规范》CJJ 83—2016

4.0.6 挡土墙高度大于3m且邻近建筑时，宜与建筑物同时设计，同时施工，确保场地安全。

4.0.7 高度大于2m的挡土墙和护坡，其上缘与建筑物的水平净距不应小于3m，下缘与建筑物的水平净距不应小于2m；高度大于3m的挡土墙与建筑物的水平净距还应满足日照标准要求。

8.0.3 街区用地的防护应与其外围道路工程的防护相结合。

8.0.4 台阶式用地的台地之间宜采用护坡或挡土墙连接。相邻台地间高差大于0.7m时，宜在挡土墙墙顶或坡比值大于0.5的护坡顶设置安全防护设施。

8.0.5 相邻台地间的高差宜为1.5～3.0m，台地间宜采取护坡连接，土质护坡的坡比值不应大于0.67，砌筑型护坡的坡比值宜为0.67～1.0；相邻台地间的高差大于或等于3.0m时，宜采取挡土墙结合放坡方式处理，挡土墙高度不宜高于6m；人口密度大、工程地质条件差、降雨量多的地区，不宜采用土质护坡。

8.0.6 在建（构）筑物密集、用地紧张区域及有装卸作业要求的台地应采用挡土墙防护。

（四）设计标高

1. 标高设计要点

（1）场地设计标高应高于或等于城市设计防洪、防涝标高；沿海或受洪水泛滥威胁地区，场地设计标高应高于设计洪水水位 0.50～1.00m，否则必须采取相应的措施。

（2）场地设计标高应高于多年平均地下水位。

（3）场地设计标高应比周边道路的最低路段高程高出 0.2m 以上。

（4）场地设计标高与住宅建筑首层地面标高之间的高差宜为 0.15m；在湿陷性黄土地区、易下沉软地基地区应适当加大其高差，多层建筑的室内地坪应高出室外地坪 0.45m。

（5）与路面、广场等硬化地面相连接的下凹式绿地，宜低于硬化地面 100～200mm，当有排水要求时，绿地内宜设置雨水口，其顶面标高应高于绿地 50～100mm。

2. 道路设计标高

（1）场地道路标高一般与场地地形标高一致，与相连道路协调过渡。

（2）道路下设管道收集雨水时，道路中心线标高应低于地形 0.2～0.3m。

（3）如雨水需排至周围绿地时，可使道路路面略高于地形。

3. 建筑物室内外设计标高

建筑室内外地坪的高差一般根据建筑的类型，宿舍、住宅为 0.15～0.75m，办公楼为 0.50～0.60m，学校、医院为 0.30～0.90m。

4. 建筑结合地形的技术处理方法

场地室内外高差较大，布置建筑单体时，不需要把地形变成整平面，而是运用改变建筑物内部结构的方法，使建筑适应地形的变化，其布置方法主要有：提高勒脚、跌落、错层、错叠、掉层等。

（五）场地排水

场地雨水排除方式主要有自然排水、明沟排水和暗管排水等，应首先采取自然排水，尽可能使雨水下渗。

1. 场地排水坡度及排水方案

（1）场地排水坡度

《城乡建设用地竖向规划规范》CJJ 83—2016

6.0.2 城乡建设用地竖向规划应符合下列规定：

1 满足地面排水的规划要求；地面自然排水坡度不宜小于 0.3%；小于 0.3% 时应采用多坡向或特殊措施排水；

2 除用于雨水调蓄的下凹式绿地和滞水区等之外，建设用地的规划高程宜比周边道路的最低路段的地面高程或地面雨水收集点高出 0.2m 以上，小于 0.2m 时应有排水安全保障措施或雨水滞蓄利用方案。

6.0.3 当建设用地采用地下管网有组织排水时，场地高程应有利于组织重力流排水。

6.0.4 当城乡建设用地外围有较大汇水汇入或穿越时，宜用截、滞、蓄等相关设施组织用地外围的地面汇水。

（2）场地排水方案

场地总体排水方向一般与地形坡向一致，局部场地根据各自的功能及景观需要确定排水方向。在确定排水方向后，还要确定雨水口、排水管、排水明（暗）沟等设施。广场排水的基本形式见图 2-31。

2. 道路、广场排水坡度

（1）城乡道路及广场

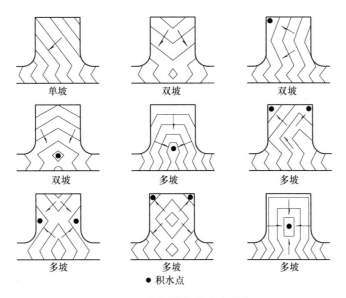

图 2-31 广场排水的基本形式

● 积水点

《城乡建设用地竖向规划规范》CJJ 83—2016

5.0.2 道路规划纵坡和横坡的确定，应符合下列规定：

1 城镇道路机动车车行道规划纵坡应符合表 5.0.2-1 的规定；山区城镇道路和其他特殊性质道路，经技术经济论证，最大纵坡可适当增加；积雪或冰冻地区快速路最大纵坡不应超过 3.5%，其他等级道路最大纵坡不应大于 6.0%。内涝高风险区域，应考虑排除超标雨水的需求。

3 非机动车车行道规划纵坡宜小于 2.5%。大于或等于 2.5% 时，应按表 5.0.2-2 的规定限制坡长。机动车与非机动车混行道路，其纵坡应按非机动车车行道的纵坡取值。

4 道路的横坡宜为 1%～2%。

5.0.3 广场竖向规划除满足自身功能要求外，尚应与相邻道路和建筑物相协调。广场规划坡度宜为 0.3%～3%。地形困难时，可建成阶梯式广场。

注：上述广场竖向规划要求与《城市道路工程设计规范》CJJ 37—2012（2016 年版）第 11.3.4 条内容基本一致，详见本书第二章第三节"二、公共停车场与城市广场"。

（2）基地内道路、停车场及场地

《民用建筑设计统一标准》GB 50352—2019

5.2.5 室外机动车停车场应符合下列规定：

1 停车场地应满足排水要求，排水坡度不应小于 0.3%。

5.3.1 建筑基地场地设计应符合下列规定：

1 当基地自然坡度小于 5% 时，宜采用平坡式布置方式；当大于 8% 时，宜采用台阶式布置方式，台地连接处应设挡墙或护坡；基地临近挡墙或护坡的地段，宜设置排水沟，且坡向排水沟的地面坡度不应小于 1%。

2 基地地面坡度不宜小于 0.2%；当坡度小于 0.2% 时，宜采用多坡向或特殊措施排水。

3 场地设计标高不应低于城市的设计防洪、防涝水位标高；沿江、河、湖、海岸或受洪水、潮水泛滥威胁的地区，除设有可靠防洪堤、坝的城市、街区外，场地设计标高不应低于设计洪水位 0.5m，否则应采取相应的防洪措施；有内涝威胁的用地应采取可靠的防、排内涝水措施，否则其场地设计标高不应低于内涝水位 0.5m。

4 当基地外围有较大汇水汇入或穿越基地时，宜设置边沟或排（截）洪沟，有组织进行地面排水。

5 场地设计标高宜比周边城市市政道路的最低路段标高高 0.2m 以上；当市政道路标高高于基地标高时，应有防止客水进入基地的措施。

6 场地设计标高应高于多年最高地下水位。

7 面积较大或地形较复杂的基地，建筑布局应合理利用地形，减少土石方工程量，并使基地内填挖方量接近平衡。

5.3.3 建筑基地地面排水应符合下列规定：

1 基地内应有排除地面及路面雨水至城市排水系统的措施，排水方式应根据城市规划的要求确定。有条件的地区应充分利用场地空间设置绿色雨水设施，采取雨水回收利用措施。

2 当采用车行道排泄地面雨水时，雨水口形式及数量应根据汇水面积、流量、道路纵坡等确定。

3 单侧排水的道路及低洼易积水的地段，应采取排雨水时不影响交通和路面清洁的措施。

5.3.4 下沉庭院周边和车库坡道出入口处，应设置截水沟。

5.3.5 建筑物底层出入口处应采取措施防止室外地面雨水回流。

3. 排水设施

（1）雨水口

按进水方式分类，雨水口有立箅式、平箅式、联合式或横向雨箅等形式（图 2-32）。一个雨水口的汇水面积约为 $2500 \sim 5000 \mathrm{m}^2$。雨水口的底标高要低于地面或路面，并使周围路面（场地）坡向雨水口。道路纵坡与雨水口的间距有对应关系，雨水口间距宜为 $25 \sim 50\mathrm{m}$。当道路纵坡大于 0.02 时，雨水口的间距可大于 50m，道路纵坡≤0.3％时，雨水口间距为 $20 \sim 30\mathrm{m}$。同等级道路交叉路口的雨水口布置见图 2-33。

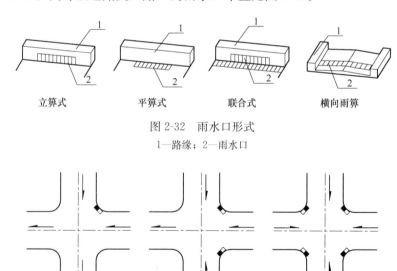

图 2-32 雨水口形式

1—路缘；2—雨水口

图 2-33 同等级道路交叉路口的雨水口布置

（2）截水沟

为截引坡顶上方的地面径流，需设置截水沟，沟中心与坡顶间一般有5m左右的安全距离，若土质好、边坡不高、沟内有铺砌时，可小于5m。

（3）排洪渠（沟）

当建设用地位于山脚处，受山体围合时，为保证场地内建筑不受洪水侵袭，需在场地外围坡脚下设置排洪沟泄洪。

注：排水沟的设计内容和要求详见《建筑设计资料集1》（第三版）。

（六）土方量计算与土石方平衡

1. 土方量计算

主要有两种计算方法：方格网和横断面计算法。

（1）方格网计算法（图2-34）

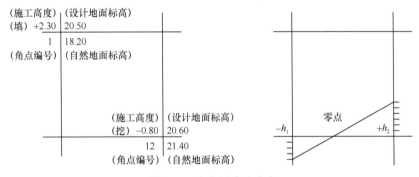

图2-34　方格网表达内容

（2）横断面计算法（图2-35）

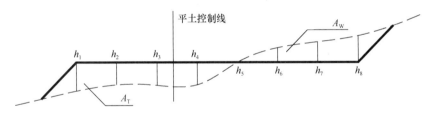

图2-35　断面法土方工程量计算示意图

2. 土石方平衡

土石方平衡是指组织调配土石方，使某一地域内挖方数量与填方数量基本相等，确定取土、弃土场地的工作。城乡建设用地土石方平衡应遵循"就近合理平衡"（运距以250～400m为宜）的原则，根据规划建设时序，分工程或分地段充分利用周围有利的取土和弃土条件进行平衡。

3. 土石方量平衡标准指标

$$土石方平衡标准＝挖、填方量／土石方工程量×100\%　　　　　（2-3）$$

平原地区5%～10%；

浅、中丘地区7%～15%；

深丘、高山地区10%～20%。

二、管线布置

关于"管线布置与管线综合规划"有两本主要规范:《城市工程管线综合规划规范》GB 50289—2016 和《民用建筑设计统一标准》GB 50352—2019;居住区的工程管线规划设计应符合现行国家标准《城市工程管线综合规划规范》GB 50289—2016 的有关规定;其他参见《城市地下综合管廊管线工程技术规程》T/CECS 532—2018。

(一) 基本术语

1. 工程管线

"工程管线"为满足生活、生产需要,地下或架空敷设的各种专业管道和缆线的总称,但不包括工业工艺性管道。

2. 覆土深度

"覆土深度"指工程管线顶部外壁到地表面的垂直距离。

3. 水平净距

"水平净距"指工程管线外壁(含保护层)之间或工程管线外壁与建(构)筑物外边缘之间的水平距离。

4. 垂直净距

"垂直净距"指工程管线外壁(含保护层)之间或工程管线外壁与建(构)筑物外边缘之间的垂直距离。

(二) 城市工程管线

《城市工程管线综合规划规范》GB 50289—2016

3.0.1 城市工程管线综合规划的主要内容应包括:协调各工程管线布局;确定工程管线的敷设方式;确定工程管线敷设的排列顺序和位置,确定相邻工程管线的水平间距、交叉工程管线的垂直间距;确定地下敷设的工程管线控制高程和覆土深度等。

3.0.2 城市工程管线综合规划应能够指导各工程管线的工程设计,并应满足工程管线的施工、运行和维护的要求。

3.0.3 城市工程管线宜地下敷设,当架空敷设可能危及人身财产安全或对城市景观造成严重影响时应采取直埋、保护管、管沟或综合管廊等方式地下敷设。

3.0.4 工程管线的平面位置和竖向位置均应采用城市统一的坐标系统和高程系统。

3.0.6 区域工程管线应避开城市建成区,且应与城市空间布局和交通廊道相协调,在城市用地规划中控制管线廊道。

3.0.7 编制工程管线综合规划时,应减少管线在道路交叉口处交叉。当工程管线竖向位置发生矛盾时,宜按下列规定处理:

1 压力管线宜避让重力流管线;

2 易弯曲管线宜避让不易弯曲管线;

3 分支管线宜避让主干管线;

4 小管径管线宜避让大管径管线;

5 临时管线宜避让永久管线。

4 地 下 敷 设

4.1 直埋、保护管及管沟敷设

4.1.1 严寒或寒冷地区给水、排水、再生水、直埋电力及湿燃气等工程管线应根据土壤冰冻深度确定管线覆土深度；非直埋电力、通信、热力及干燃气等工程管线以及严寒或寒冷地区以外地区的工程管线应根据土壤性质和地面承受荷载的大小确定管线的覆土深度。

工程管线的最小覆土深度应符合表4.1.1的规定。当受条件限制不能满足要求时，可采取安全措施减少其最小覆土深度。

工程管线的最小覆土深度（m）

表4.1.1

管线名称		给水管线	排水管线	再生水管线	电力管线		通信管线		直埋热力管线	燃气管线	管沟
					直埋	保护管	直埋及塑料、混凝土保护管	钢保护管			
最小覆土深度	非机动车道（含人行道）	0.60	0.60	0.60	0.70	0.50	0.60	0.50	0.70	0.60	—
	机动车道	0.70	0.70	0.70	1.00	0.50	0.90	0.60	1.00	0.90	0.50

注：聚乙烯给水管线机动车道下的覆土深度不宜小于1.00m。

4.1.2 工程管线应根据道路的规划横断面布置在人行道或非机动车道下面。位置受限制时，可布置在机动车道或绿化带下面。

4.1.3 工程管线在道路下面的规划位置宜相对固定，分支线少、埋深大、检修周期短和损坏时对建筑物基础安全有影响的工程管线应远离建筑物。工程管线从道路红线向道路中心线方向平行布置的次序宜为：电力、通信、给水（配水）、燃气（配气）、热力、燃气（输气）、给水（输水）、再生水、污水、雨水。

4.1.4 工程管线在庭院内由建筑线向外方向平行布置的顺序，应根据工程管线的性质和埋设深度确定，其布置次序宜为：电力、通信、污水、雨水、给水、燃气、热力、再生水。

4.1.5 沿城市道路规划的工程管线应与道路中心线平行，其主干线应靠近分支管线多的一侧。工程管线不宜从道路一侧转到另一侧。道路红线宽度超过40m的城市干道，宜两侧布置配水、配气、通信、电力和排水管线。

4.1.6 各种工程管线不应在垂直方向上重叠敷设。

4.1.7 沿铁路、公路敷设的工程管线应与铁路、公路线路平行。工程管线与铁路、公路交叉时宜采用垂直交叉方式布置；受条件限制时，其交叉角宜大于60°。

4.1.9 工程管线之间及其与建（构）筑物之间的最小水平净距应符合本规范表4.1.9的规定。当受道路宽度、断面以及现状工程管线位置等因素限制难以满足要求时，应根据实际情况采取安全措施后减少其最小水平净距。大于1.6MPa的燃气管线与其他管线的水平净距应按现行国家标准《城镇燃气设计规范》GB 50028执行。

4.1.11 对于埋深大于建（构）筑物基础的工程管线，其与建（构）筑物之间的最小水平距离，应按下式计算，并折算成水平净距后与表4.1.9的数值比较，采用较大值。

$$L = \frac{(H-h)}{\tan\alpha} + \frac{B}{2}$$

式中 L——管线中心至建（构）筑物基础边水平距离（m）；

H——管线敷设深度（m）；

h——建（构）筑物基础底砌置深度（m）；

B——沟槽开挖宽度（m）；

α——土壤内摩擦角（°）。

表 4.1.9

工程管线之间及其与建(构)筑物之间的最小水平净距(m)

序号	管线及建(构)筑物名称	1 建(构)筑物	2 给水管线 d≤200mm	2 给水管线 d>200mm	3 污水、雨水管线	4 再生水管线	5 燃气 低压	5 中压B	5 中压A	5 次高压B	5 次高压A	6 直埋热力管线	7 电力 直埋	7 电力 保护管	8 通信 直埋	8 通信 管道、通道	9 管沟	10 乔木	11 灌木	12 通信照明及<10kV	12 高压铁塔基础边 ≤35kV	12 >35kV	13 道路侧石边缘	14 有轨电车钢轨	15 铁路钢轨(或坡脚)
1	建(构)筑物	—	1.0	3.0	2.5	1.0	0.7	1.0	1.5	5.0	13.5	3.0	0.6	0.5	1.0	1.5	0.5	—	—	—	—	—	—	—	—
2	给水管线 d≤200mm	1.0	—	—	1.0	0.5	0.5	0.5	0.5	1.0	1.5	1.5	0.5	0.5	1.0	1.0	1.5	1.5	1.0	0.5	3.0	3.0	1.5	2.0	5.0
2	给水管线 d>200mm	3.0	—	—	1.5	0.5	0.5	0.5	0.5	1.0	1.5	1.5	0.5	0.5	1.0	1.0	1.5	1.5	1.0	0.5	3.0	3.0	1.5	2.0	5.0
3	污水、雨水管线	2.5	1.0	1.5	—	0.5	1.0	1.2	1.2	1.5	2.0	1.5	0.5	0.5	1.0	1.0	1.5	1.5	1.0	0.5	1.5	1.5	1.5	2.0	5.0
4	再生水管线	1.0	0.5	0.5	0.5	—	0.5	0.5	0.5	1.0	1.5	1.0	0.5	0.5	1.0	1.0	1.5	1.0	1.0	0.5	3.0	3.0	1.5	2.0	5.0
5	燃气管线 低压 P<0.01MPa	0.7	0.5	0.5	1.0	0.5	DN≤300mm 0.4 DN>300mm 0.5					1.0	0.5	1.0	0.5	1.0	1.0	0.75	0.75	1.0	1.0	2.0	1.5	2.0	5.0
5	中压 B 0.01MPa≤P≤0.2MPa	1.0	0.5	0.5	1.2	0.5						1.0	0.5	1.0	0.5	1.0	1.5	0.75	0.75	1.0	1.0	2.0	1.5	2.0	5.0
5	中压 A 0.2MPa<P≤0.4MPa	1.5	0.5	0.5	1.2	0.5						1.0	0.5	1.0	0.5	1.0	1.5	0.75	0.75	1.0	1.0	2.0	1.5	2.0	5.0
5	次高压 B 0.4MPa<P≤0.8MPa	5.0	1.0	1.0	1.5	1.0						1.5	1.0	1.0	1.0	1.0	2.0	0.75	0.75	1.0	5.0	5.0	1.5	2.0	5.0
5	次高压 A 0.8MPa<P≤1.6MPa	13.5	1.5	1.5	2.0	1.5						2.0	1.5	1.5	1.5	1.5	4.0	1.2	1.2	1.0	5.0	5.0	2.5	2.0	5.0

注:表中第 5 项燃气管线之间的最小水平净距为 DN≤300mm 时 0.4m，DN>300mm 时 0.5m。

200

续表

序号	管线及建(构)筑物名称		1 建(构)筑物	2 给水管线	3 污水、雨水管线	4 再生水管线	5 燃气管线（低压/中压B/中压A/次高压B/次高压A）	6 直埋热力管线	7 电力管线（直埋/保护管）	8 通信管线（直埋/管道、通道）	9 管沟	10 乔木	11 灌木	12 地上杆柱 通信照明及<10kV	12 地上杆柱 高压铁塔基础边（≤35kV/>35kV）	13 道路侧石边缘	14 有轨电车钢轨	15 铁路钢轨(或坡脚)
6	直埋热力管线		3.0	1.5	1.5	1.0	1.0/1.0/1.5/1.5/2.0	—	2.0	1.0	1.5	1.5	1.5	1.0	3.0（＜330kV 5.0）	1.5	2.0	5.0
7	电力管线	直埋	0.6	0.5	0.5	0.5	0.5/0.5/1.0/1.0/1.5	2.0	0.25/0.1	<35kV 0.5；≥35kV 2.0	1.0	—	0.7	1.0	2.0	1.5	2.0	10.0（非电气化 3.0）
		保护管	0.6	0.5	0.5	0.5	0.5/0.5/1.0/1.0/1.5	2.0	0.1/0.1	<35kV 0.5；≥35kV 2.0	1.0	—	0.7	1.0	2.0	1.5	2.0	10.0（非电气化 3.0）
8	通信管线	直埋	1.0	1.0	1.0	1.0	0.5/0.5/1.0/1.0/1.5	1.0	<35kV 0.5；≥35kV 2.0	0.5	1.0	1.5	1.0	0.5	0.5/2.5	1.5	2.0	2.0
		管道、通道	1.5	1.0	1.0	1.0	0.5/0.5/1.0/1.0/1.5	1.0	<35kV 0.5；≥35kV 2.0	0.5	1.0	1.5	1.0	0.5	0.5/2.5	1.5	2.0	2.0
9	管沟		0.5	1.5	1.5	1.5	1.0/1.5/1.5/2.0/4.0	1.5	1.0	1.0	—	1.5	1.0	1.0	3.0	1.5	2.0	5.0
10	乔木		—	1.5	1.5	1.0	0.75/0.75/0.75/1.2/1.2	1.5	0.7	1.5	1.5	—	—	—	—	0.5	—	—
11	灌木			1.0	1.0	1.0		—	—	1.0	1.0	—	—	—	—	—	—	—

序号	管线及建(构)筑物名称		1 建(构)筑物	2 给水管线 d≤200mm	2 给水管线 d>200mm	3 污水、雨水管线	4 再生水管线	5 燃气管线 低压	中压 B	中压 A	次高压 B	次高压 A	6 直埋热力管线	7 电力管线 直埋	7 保护管	8 通信管线 直埋	8 管道通道	9 管沟	10 乔木	11 灌木	12 地上杆柱 通信照明及<10kV	高压铁塔基础边 ≤35kV	>35kV	13 道路侧石边缘	14 有轨电车钢轨	15 铁路钢轨(或坡脚)
12	地上杆柱	通信照明及<10kV	—	0.5	0.5	0.5	0.5	1.0					1.0	1.0		0.5		1.0	—							
12	高压塔基础边	≤35kV	—		3.0	1.5	3.0	1.0			5.0		3.0 (>330kV 5.0)	2.0		0.5		3.0	—					0.5		
12	高压塔基础边	>35kV	—		3.0	1.5	3.0		2.0			5.0		2.0		2.5		3.0	—					0.5		
13	道路侧石边缘		—	1.5	1.5	1.5	1.5	1.5			2.5		1.5	1.5		1.5		1.5	0.5	—	0.5			—	0.5	—
14	有轨电车钢轨		—	2.0	2.0	2.0	2.0	2.0					2.0	2.0		2.0		2.0	—	—				—	—	—
15	铁路钢轨(或坡脚)		—	5.0	5.0	5.0	5.0	5.0					5.0	10.0(非电气化 3.0)		2.0		3.0	3.0	—				—	—	—

注:1. 地上杆柱与建(构)筑物最小水平净距应符合本规范表 5.0.8 的规定;

2. 管线距建筑物距离,除次高压燃气管道为其至建筑物外墙面距离外,均为其至建筑物基础的距离,当次高压燃气管道采取有效的安全防护措施或增加管壁厚度时,管道距建筑物外墙面不应小于 3.0m;

3. 地下燃气管线与铁塔基础边的水平净距,还应符合现行国家标准《城镇燃气设计规范》GB 50028 地下燃气管线和交流电力线接地线体净距的规定;

4. 燃气管线采用聚乙烯管材时,燃气管线与热力管线的最小水平净距应按现行行业标准《聚乙烯燃气管道工程技术标准》CJJ 63 执行;

5. 直埋蒸汽管道与乔木最小水平间距为 2.0m。

4.1.12 当工程管线交叉敷设时，管线自地表面向下的排列顺序宜为：通信、电力、燃气、热力、给水、再生水、雨水、污水。给水、再生水和排水管线应按自上而下的顺序敷设。

4.1.13 工程管线交叉点高程应根据排水等重力流管线的高程确定。

4.1.14 工程管线交叉时的最小垂直净距，应符合本规范表4.1.14的规定。当受现状工程管线等因素限制难以满足要求时，应根据实际情况采取安全措施后减少其最小垂直净距。

工程管线交叉时的最小垂直净距（m）　　　　　　　表 4.1.14

序号	管线名称		给水管线	污水、雨水管线	热力管线	燃气管线	通信管线		电力管线		再生水管线
							直埋	保护管及通道	直埋	保护管	
1	给水管线		0.15								
2	污水、雨水管线		0.40	0.15							
3	热力管线		0.15	0.15	0.15						
4	燃气管线		0.15	0.15	0.15	0.15					
5	通信管线	直埋	0.50	0.50	0.25	0.50	0.25	0.25			
		保护管、通道	0.15	0.15	0.25	0.15	0.25	0.25			
6	电力管线	直埋	0.50*	0.50*	0.50*	0.50*	0.50*	0.50*	0.50*	0.25	
		保护管	0.25	0.25	0.25	0.25	0.25	0.25	0.25	0.25	
7	再生水管线		0.50	0.40	0.15	0.15	0.15	0.15	0.50*	0.25	0.15
8	管沟		0.15	0.15	0.15	0.15	0.15	0.15	0.50*	0.25	0.15
9	涵洞（基底）		0.15	0.15	0.15	0.15	0.25	0.25	0.50*	0.25	0.15
10	电车（轨底）		1.00	1.00	1.00	1.00	1.00	1.00	1.00	1.00	1.00
11	铁路（轨底）		1.00	1.20	1.20	1.20	1.50	1.50	1.00	1.00	1.00

注：* 用隔板分隔时不得小于0.25m。

4.2 综合管廊敷设

4.2.1 当遇下列情况之一时，工程管线宜采用综合管廊敷设。

　　1 交通流量大或地下管线密集的城市道路以及配合地铁、地下道路、城市地下综合体等工程建设地段；

　　2 高强度集中开发区域、重要的公共空间；

　　3 道路宽度难以满足直埋或架空敷设多种管线的路段；

　　4 道路与铁路或河流的交叉处或管线复杂的道路交叉口；

　　5 不宜开挖路面的地段。

4.2.2 综合管廊内可敷设电力、通信、给水、热力、再生水、天然气、污水、雨水管线等城市工程管线。

4.2.3 干线综合管廊宜设置在机动车道、道路绿化带下，支线综合管廊宜设置在绿化带、人行道或非机动车道下。综合管廊覆土深度应根据道路施工、行车荷载、其他地下管线、绿化种植以及设计冰冻深度等因素综合确定。

5 架 空 敷 设

5.0.1 沿城市道路架空敷设的工程管线,其线位应根据规划道路的横断面确定,并不应影响道路交通、居民安全以及工程管线的正常运行。

5.0.2 架空敷设的工程管线应与相关规划结合,节约用地并减小对城市景观的影响。

5.0.3 架空线线杆宜设置在人行道上距路缘石不大于1.0m的位置,有分隔带的道路,架空线线杆可布置在分隔带内,并应满足道路建筑限界要求。

5.0.4 架空电力线与架空通信线宜分别架设在道路两侧。

5.0.8 架空管线之间及其与建(构)筑物之间的最小水平净距应符合表5.0.8的规定。

　　注:架空电力线与其他管线及建(构)筑物的最小水平净距为最大计算风偏情况下的净距。

5.0.9 架空管线之间及其与建(构)筑物之间的最小垂直净距应符合表5.0.9的规定。

　　注:1. 架空电力线及架空通信线与建(构)物及其他管线的最小垂直净距为最大计算弧垂情况下的净距;

　　2. 括号内为特指与道路平行,但不跨越道路时的高度。

5.0.10 高压架空电力线路规划走廊宽度可按表5.0.10确定,35kV电力线路规划走廊宽度为15~20m。

《民用建筑设计统一标准》GB 50352—2019

5.5 工程管线布置

5.5.1 工程管线宜在地下敷设;在地上架空敷设的工程管线及工程管线在地上设置的设施,必须满足消防车辆通行及扑救的要求,不得妨碍普通车辆、行人的正常活动,并应避免对建筑物、景观的影响。

5.5.2 与市政管网衔接的工程管线,其平面位置和竖向标高均应采用城市统一的坐标系统和高程系统。

5.5.3 工程管线的敷设不应影响建筑物的安全,并应防止工程管线受腐蚀、沉陷、振动、外部荷载等影响而损坏。

5.5.4 在管线密集的地段,应根据其不同特性和要求综合布置,宜采用综合管廊布置方式。对安全、卫生、防干扰等有影响的工程管线不应共沟或靠近敷设。互有干扰的管线应设置在综合管廊的不同沟(室)内。

5.5.5 地下工程管线的走向宜与道路或建筑主体相平行或垂直。工程管线应从建筑物向道路方向由浅至深敷设。干管宜布置在主要用户或支管较多的一侧,工程管线布置应短捷、转弯少,减少与道路、铁路、河道、沟渠及其他管线的交叉,困难条件下其交角不应小于45°。

三、绿化布置与种植设计

　　场地绿化设计是在场地总体布局确定后,对场地绿化及相关设施进行的设计,包括绿化布置、种植设计等。

　　(一)绿化作用

　　绿化对环境温度、湿度及气流起着调节作用;还具有净化空气、保护环境的功能;吸收二氧化碳,产生氧气;吸收有害气体,滤尘杀菌;净化水土;隔离噪声。同时,还能够起到美化环境,为游人提供休息、游览的活动场地的作用。总之绿化对于维持自然生态平衡具有重要作用。

（二）绿化布置

绿化的布置原则是"以人为本，因地制宜，整体协调，经济安全"。绿地的基本形态有点状、线状及面状，绿化布置包括规则式、自由式和混合式。

草地、花卉、灌木、乔木植物，为城市和建筑环境配置出多样化的公共绿地、专用绿地、街道绿地、防护绿地等环境。绿化是环境保护的重要措施，要有利于创造良好的生产和生活环境。因地制宜地发挥绿化效益的同时，不要影响地上交通和地上、下管线的埋设、运行和维修。

根据以往的考试题目，请大家注意规范对绿化布置的要求，参见《城市居住区规划设计标准》GB 50180—2018第4章"用地与建筑"和第7章"居住环境"。

（三）绿化设计要求

1. 道路、广场、停车场绿化

《城市道路工程设计规范》CJJ 37—2012（2016年版）

16.2.2 道路绿化设计应符合下列规定：

1 道路绿化设计应选择种植位置、种植形式、种植规模，采用适当的树种、草皮、花卉。绿化布置应将乔木、灌木与花卉相结合，层次鲜明。

2 道路绿化应选择能适应当地自然条件和城市复杂环境的地方性树种，应避免不适合植物生长的异地移植。设置雨水调蓄设施的道路绿化用地内植物宜根据水分条件、径流雨水水质等进行选择，宜选择耐淹、耐污等能力较强的植物。

3 对宽度小于1.5m分隔带，不宜种植乔木。对快速路的中间分隔带上，不宜种植乔木。

4 主、次干路中间分车绿带和交通岛绿地不应布置成开放式绿地。

5 被人行横道或道路出入口断开的分车绿带，其端部应满足停车视距要求。

16.2.3 广场绿化应根据广场性质、规模及功能进行设计。结合交通导流设施，可采用封闭式种植。对休憩绿地，可采用开敞式种植，并可相应布置建筑小品、座椅、水池和林荫小路等。

16.2.4 停车场绿化应有利于汽车集散、人车分隔、保证安全、不影响夜间照明，并应改善环境，为车辆遮阳。

2. 居住区公共绿地与集中绿地

参见《城市居住区规划设计标准》GB 50180—2018或本章"绿地率及其设置要求"部分。

（四）种植设计简述

（1）植物依其外部形态分为乔木、灌木、藤本植物、草本植物、竹类和花卉六类。观赏树木又分为林木、花木、果木、叶木、荫木、蔓木。植物的配置组合有孤植、对植、行植、丛植、群植、树林、植篱、花坛、花境、草坪。设计表达有象形图示法、文字标注法以及数字标注法，详见《建筑设计资料集1》（第三版）。

（2）种植间距，如行道树定植株距，应以其树种壮年期冠幅为准，最小种植株距应为4m，行道树树干中心至路缘石外侧最小距离宜为0.75m；绿化带最小宽度一般不小于1.5m。

居住区内地下管线不宜横穿公共绿地和庭院绿地，与绿化树种间的最小水平净距，宜符合表 2-27 的规定。

管线、其他设施与绿化树种间的最小水平净距（m）　　　表 2-27

管 线 名 称	最小水平净距	
	至乔木中心	至灌木中心
给水管、闸井	1.5	1.5
污水管、雨水管、探井	1.0	1.5
燃气管、探井	1.2	1.5
电力电缆、电信电缆	1.0	1.0
电信管道	1.5	1.0
热力管	1.5	1.5
地上杆柱（中心）	2.0	2.0
消防龙头	1.5	1.2
道路侧石边缘	0.5	0.5

一般情况下，树木与架空电力线路导线（1～10kV）的最下垂直距离不小于 1.5m。

（3）儿童游乐园严禁配置有毒、有刺等易对儿童造成伤害的植物。

（4）未经处理或处理未达标的生活污水和生产废水不得排入绿地水体。在污染区及其邻近地区不得设置水体。

第五节　制　图　标　准

一、《总图制图标准》GB/T 50103—2010（节选）

（一）总图常用比例（表 2-28）

总图常用比例　　　　表 2-28

图　名	比　例
现状图	1∶500、1∶1000、1∶2000
地理交通位置图	1∶25000～1∶200000
总体规划、总体布置、区域位置图	1∶2000、1∶5000、1∶10000、1∶25000、1∶50000
总平面图、竖向布置图、管线综合图、土方图、铁路、道路平面图	1∶300、1∶500、1∶1000、1∶2000
场地园林景观总平面图、场地园林景观竖向布置图、种植总平面图	1∶300、1∶500、1∶1000
铁路、道路纵断面图	垂直：1∶100、1∶200、1∶500 水平：1∶1000、1∶2000、1∶5000
铁路、道路横断面图	1∶20、1∶50、1∶100、1∶200
场地断面图	1∶100、1∶200、1∶500、1∶1000
详图	1∶1、1∶2、1∶5、1∶10、1∶20、1∶50、1∶100、1∶200

（二）计量单位

2.3.1　总图中的坐标、标高、距离以米为单位。坐标以小数点标注三位，不足以"0"补齐；标高、距离以小数点后两位数标注，不足以"0"补齐。详图可以毫米为单位。

2.3.2 建筑物、构筑物、铁路、道路方位角（或方向角）和铁路、道路转向角的度数，宜注写到"秒"，特殊情况应另加说明。

2.3.3 铁路纵坡度宜以千分计，道路纵坡度、场地平整坡度、排水沟沟底纵坡度宜以百分计，并应取小数点后一位，不足时以"0"补齐。

（三）坐标标注

2.4.1 总图应按上北下南方向绘制。根据场地形状或布局，可向左或右偏转，但不宜超过45°。总图中应绘制指北针或风玫瑰图。

2.4.4 表示建筑物、构筑物位置的坐标应根据设计不同阶段要求标注，当建筑物与构筑物与坐标轴线平行时，可注其对角坐标。与坐标轴线成角度或建筑平面复杂时，宜标注三个以上坐标，坐标宜标注在图纸上。根据工程具体情况，建筑物、构筑物也可用相对尺寸定位。

2.4.5 在一张图上，主要建筑物、构筑物用坐标定位时，根据工程具体情况也可用相对尺寸定位。

2.4.6 建筑物、构筑物、铁路、道路、管线等应标注下列部位的坐标或定位尺寸：

1 建筑物、构筑物的外墙轴线交点；

2 圆形建筑物、构筑物的中心；

3 皮带走廊的中线或其交点；

4 铁路道岔的理论中心，铁路、道路的中线或转折点；

5 管线（包括管沟、管架或管桥）的中线交叉点和转折点；

6 挡土墙起始点、转折点墙顶外侧边缘（结构面）。

（四）标高注法

2.5.1 建筑物应以接近地面处的±0.00标高的平面作为总平面。字符平行于建筑长边书写。

2.5.2 总图中标注的标高应为绝对标高，当标注相对标高，则应注明相对标高与绝对标高的换算关系。

2.5.3 建筑物、构筑物、铁路、道路、水池等应按下列规定标注有关部位的标高：

1 建筑物标注室内±0.00处的绝对标高在一栋建筑物内宜标注一个±0.00标高；当有不同地坪标高，以相对±0.00的数值标注；

2 建筑物室外散水，标注建筑物四周转角或两对角的散水坡脚处标高；

3 构筑物标注其有代表性的标高，并用文字注明标高所指的位置；

4 铁路标注轨顶标高；

5 道路标注路面中心线交点及变坡点标高；

6 挡土墙标注墙顶和墙趾标高，路堤、边坡标注坡顶和坡脚标高，排水沟标注沟顶和沟底标高；

7 场地平整标注其控制位置标高，铺砌场地标注其铺砌面标高。

（五）名称和编号

2.6.1 总图上的建筑物、构筑物应注写名称，名称宜直接标注在图上。当图样比例小或图面无足够位置时，也可编号列表标注在图内。当图形过小时，可标注在图形外侧附近处。

（六）总平面图例（表 2-29）

总平面图例 表 2-29

序号	名 称	图 例	备 注
1	新建 建筑物	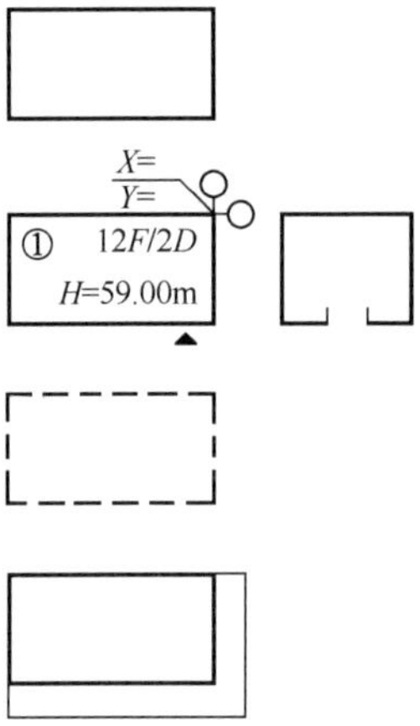	新建建筑物以粗实线表示与室外地坪相接处±0.00外墙定位轮廓线 建筑物一般以±0.00高度处的外墙定位轴线交叉点坐标定位。轴线用细实线表示，并标明轴线号 根据不同设计阶段标注建筑编号，地上、地下层数，建筑高度，建筑出入口位置（两种表示方法均可，但同一图纸采用一种表示方法） 地下建筑物以粗虚线表示其轮廓 建筑上部（±0.00以上）外挑建筑用细实线表示 建筑物上部连廊用细虚线表示并标注位置
2	原有 建筑物	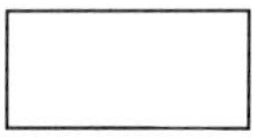	用细实线表示
3	计划扩建 的预留地 或建筑物		用中粗虚线表示
4	拆除的 建筑物		用细实线表示
5	建筑物下面 的通道	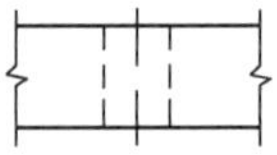	
6	散状材料 露天堆场	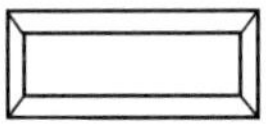	需要时可注明材料名称
7	其他材料 露天堆场或 露天作业场	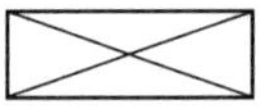	需要时可注明材料名称
8	铺砌场地	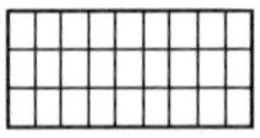	—
9	敞棚或敞廊	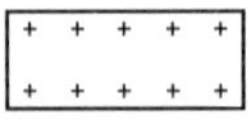	—
10	高架式料仓	 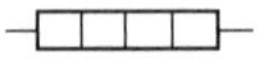	—
11	漏斗式贮仓		左、右图为底卸式 中图为侧卸式

208

序号	名　称	图　例	备　注
12	冷却塔（池）		应注明冷却塔或冷却池
13	水塔、贮罐	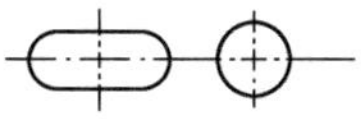	左图为卧式贮罐 右图为水塔或立式贮罐
14	水池、坑槽		也可以不涂黑
15	明溜矿 槽（井）	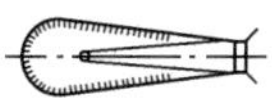	—
16	斜井或平硐	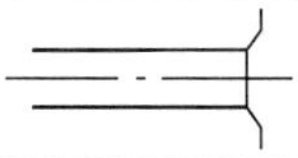	—
17	烟囱		实线为烟囱下部直径，虚线为基础，必要时可注写烟囱高度和上、下口直径
18	围墙及大门		—
19	挡土墙	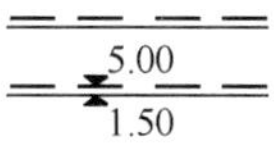 5.00 1.50	挡土墙根据不同设计阶段的需要标注 墙顶标高 墙底标高
20	挡土墙上 设围墙		—
21	台阶及 无障碍坡道	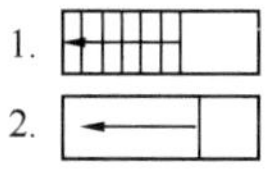 1. 2.	1. 表示台阶（级数仅为示意） 2. 表示无障碍坡道
22	露天桥式 起重机	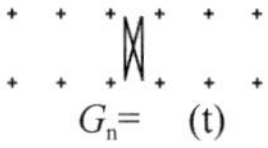 $G_n=$　(t)	起重机起重量 G_n，以吨计算 "＋"为柱子位置
23	露天电动 葫芦	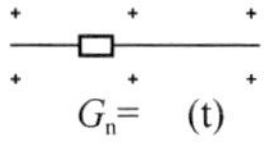 $G_n=$　(t)	起重机起重量 G_n，以吨计算 "＋"为支架位置
24	门式起重机	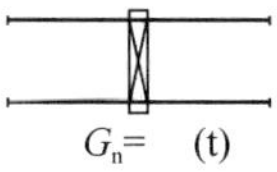 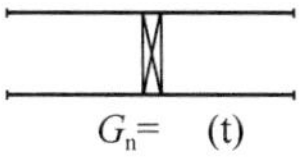 $G_n=$　(t) $G_n=$　(t)	起重机起重量 G_n，以吨计算 上图表示有外伸臂 下图表示无外伸臂
25	架空索道		"Ⅰ"为支架位置
26	斜坡 卷扬机道		—
27	斜坡栈桥 （皮带廊等）	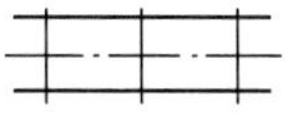	细实线表示支架中心线位置

序号	名　称	图　例	备　注
28	坐标	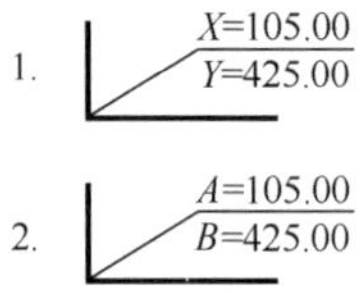 1. $X=105.00$ $Y=425.00$ 2. $A=105.00$ $B=425.00$	1. 表示地形测量坐标系 2. 表示自设坐标系 坐标数字平行于建筑标注
29	方格网 交叉点标高	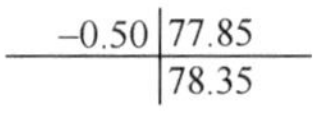 $-0.50\|77.85$ 78.35	"78.35"为原地面标高 "77.85"为设计标高 "−0.50"为施工高度 "−"表示挖方（"+"表示填方）
30	填方区、 挖方区、 未整平区 及零线	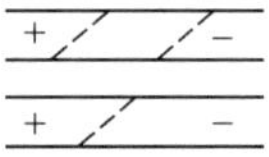	"+"表示填方区 "−"表示挖方区 中间为未整平区 点画线为零点线
31	填挖边坡		—
32	分水脊线 与谷线	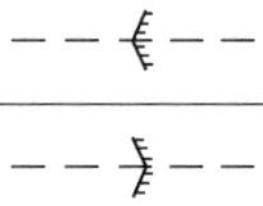	上图表示脊线 下图表示谷线
33	洪水淹没线		洪水最高水位以文字标注
34	地表 排水方向		—
35	截水沟	 40.00	"1"表示 1‰的沟底纵向坡度，"40.00"表示变坡点间距离，箭头表示水流方向
36	排水明沟	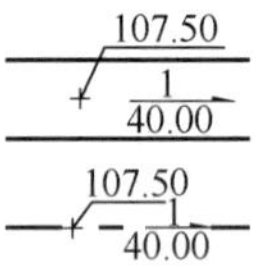 107.50 $\frac{1}{40.00}$ 107.50 $\frac{1}{40.00}$	上图用于比例较大的图面 下图用于比例较小的图面 "1"表示 1‰的沟底纵向坡度，"40.00"表示变坡点间距离，箭头表示水流方向 "107.50"表示沟底变坡点标高（变坡点以"+"表示）
37	有盖板 的排水沟	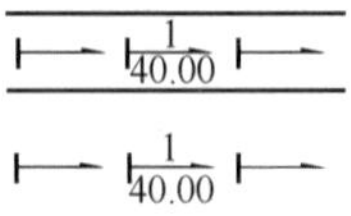 $\frac{1}{40.00}$ $\frac{1}{40.00}$	—
38	雨水口	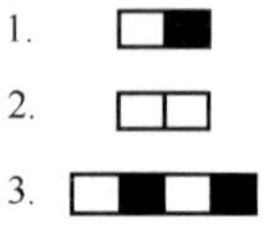 1. 2. 3.	1. 雨水口 2. 原有雨水口 3. 双落式雨水口
39	消火栓井		—

序号	名　称	图　例	备　注
40	急流槽		箭头表示水流方向
41	跌水	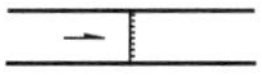	
42	拦水（闸）坝	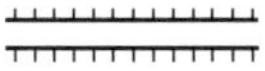	—
43	透水路堤		边坡较长时，可在一端或两端局部表示
44	过水路面	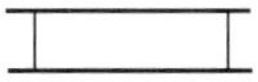	—
45	室内地坪标高	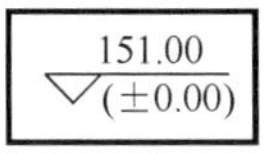 151.00 (±0.00)	数字平行于建筑物书写
46	室外地坪标高	 143.00	室外标高也可采用等高线
47	盲道		—
48	地下车库入口	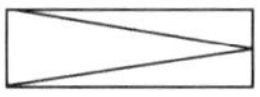	机动车停车场
49	地面露天停车场		—
50	露天机械停车场	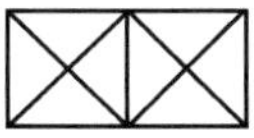	露天机械停车场

（七）道路与铁路图例（表2-30）

道路与铁路图例　　　　　表2-30

序号	名　称	图　例	备　注
1	新建的道路	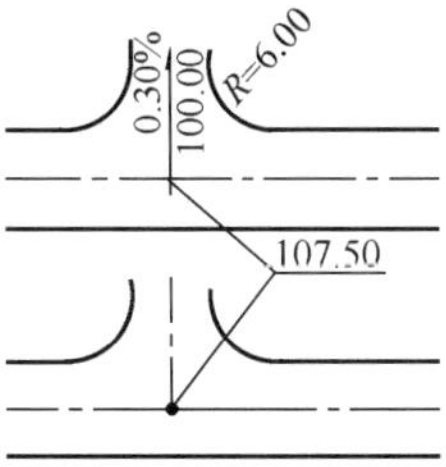	"R＝6.00"表示道路转弯半径；"107.50"为道路中心线交叉点设计标高，两种表示方式均可，同一图纸采用一种方式表示；"100.00"为变坡点之间距离，"0.30%"表示道路坡度，⟶表示坡向
2	道路断面	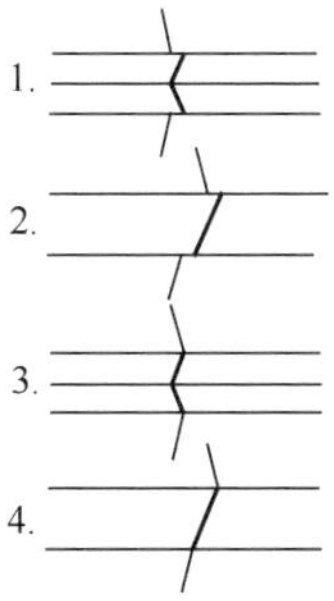	1. 为双坡立道牙 2. 为单坡立道牙 3. 为双坡平道牙 4. 为单坡平道牙

211

序号	名 称	图 例	备 注
3	原有道路	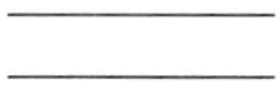	—
4	计划扩建的道路		—
5	拆除的道路	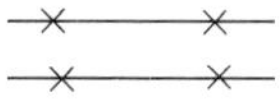	—
6	人行道		—
7	道路曲线段	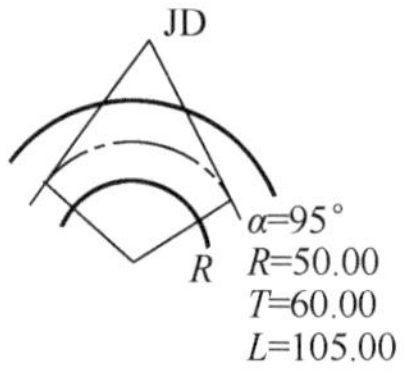 JD α=95° R=50.00 T=60.00 L=105.00	主干道宜标以下内容： JD 为曲线转折点，编号应标坐标 α 为交点 T 为切线长 L 为曲线长 R 为中心线转弯半径 其他道路可标转折点、坐标及半径
8	道路隧道	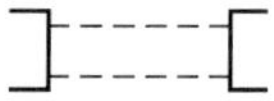	
9	汽车衡	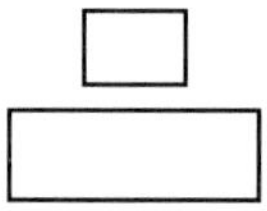	—
10	汽车洗车台	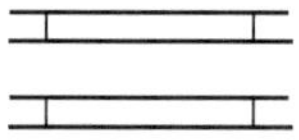 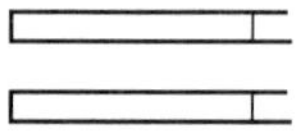	上图为贯通式 下图为尽头式
11	运煤走廊	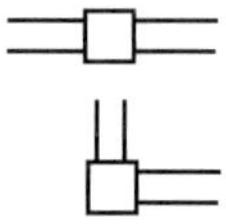	—
12	新建的标准轨距铁路		
13	原有的标准轨距铁路		—
14	计划扩建的标准轨距铁路		
15	拆除的标准轨距铁路		
16	原有的窄轨铁路	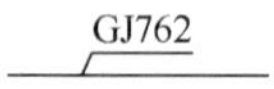 GJ762	—
17	拆除的窄轨铁路	 GJ762	"GJ762" 为轨距（以 mm 计）
18	新建的标准轨距电气铁路		

序号	名　称	图　例	备　注
19	原有的标准轨距电气铁路		—
20	计划扩建的标准轨距电气铁路		—
21	拆除的标准轨距电气铁路		—
22	原有车站		—
23	拆除原有车站		—
24	新设计车站		—
25	规划的车站		—
26	工矿企业车站		—
27	单开道岔		
28	单式对称道岔		"1/n"表示道岔号数 n表示道岔号
29	单式交分道岔		
30	复式交分道岔		

序号	名　称	图　例	备　注
31	交叉渡线	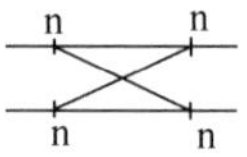	
32	菱形交叉		
33	车挡	 	上图为土堆式 下图为非土堆式
34	警冲标		—
35	坡度标	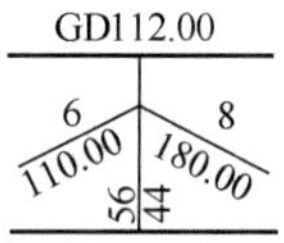 GD112.00	"GD112.00"为轨顶标高，"6""8"表示纵向坡度为6‰、8‰，倾斜方向表示坡向，"110.00""180.00"为变坡点间距离，"56""44"为至前后百尺标距离
36	铁路曲线段	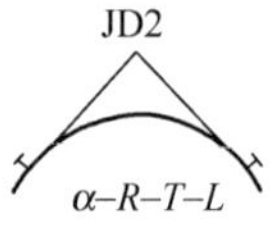 JD2 α–R–T–L	"JD2"为曲线转折点编号，"α"为曲线转向角，"R"为曲线半径，"T"为切线长，"L"为曲线长
37	轨道衡	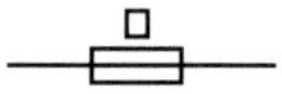	粗线表示铁路
38	站台		—
39	煤台	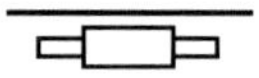	
40	灰坑或检查坑		粗线表示铁路
41	转盘	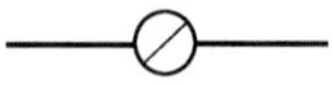	
42	高柱色灯信号机	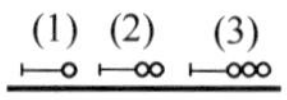 (1) (2) (3)	(1) 表示出站、预告 (2) 表示进站 (3) 表示驼峰及复式信号
43	矮柱色灯信号机	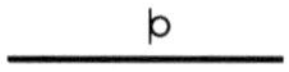	
44	灯塔		左图为钢筋混凝土灯塔 中图为木灯塔 右图为铁灯塔

序号	名　称	图　例	备　注
45	灯桥	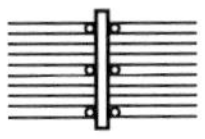	—
46	铁路隧道		—
47	涵洞、涵管	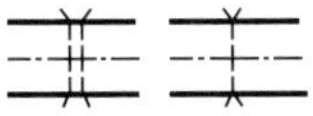	上图为道路涵洞、涵管，下图为铁路涵洞、涵管 左图用于比例较大的图面，右图用于比例较小的图面
48	桥梁		用于旱桥时应注明 上图为公路桥，下图为铁路桥
49	跨线桥	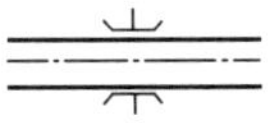	道路跨铁路
		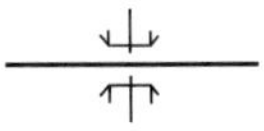	铁路跨道路
		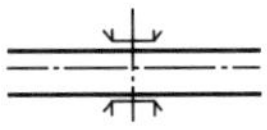	道路跨道路
		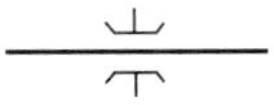	铁路跨铁路
50	码头		上图为固定码头 下图为浮动码头
51	运行的发电站		—
52	规划的发电站		—
53	规划的变电站、配电所		—
54	运行的变电站、配电所		—

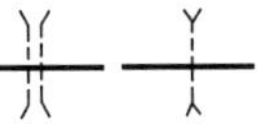

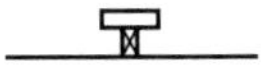

(八) 管线图例（表 2-31）

管线图例　　　　　　　　　　　　表 2-31

序号	名　　称	图　　例	备　　注
1	管线	——代号——	管线代号按国家现行有关标准的规定标注 线型宜以中粗线表示
2	地沟管线	═══代号═══ ├──代号──┤	—
3	管桥管线	┼─代号─┼	管线代号按国家现行有关标准的规定标注
4	架空电力、电信线	─○─代号─○─	"○"表示电杆 管线代号按国家现行有关标准的规定标注

(九) 园林景观绿化图例（表 2-32）

园林景观绿化图例　　　　　　　　　　　表 2-32

序号	名　　称	图　　例	备　　注
1	常绿针叶乔木	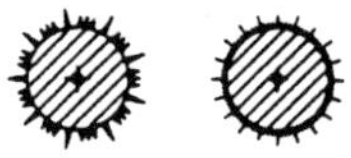	—
2	落叶针叶乔木		—
3	常绿阔叶乔木	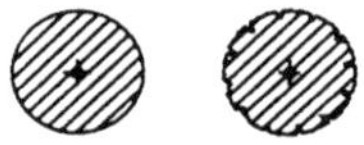	—
4	落叶阔叶乔木	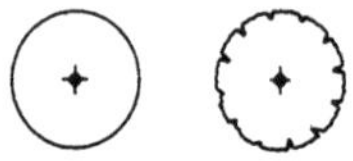	—
5	常绿阔叶灌木		—
6	落叶阔叶灌木		—
7	落叶阔叶乔木林		—
8	常绿阔叶乔木林		—
9	常绿针叶乔木林	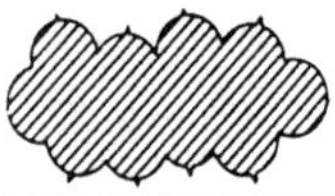	—

序号	名　称	图　例	备　注
10	落叶针叶乔木林		—
11	针阔混交林		—
12	落叶灌木林		—
13	整形绿篱		—
14	草坪	1. 2. 3.	1. 草坪 2. 表示自然草坪 3. 表示人工草坪
15	花卉		—
16	竹丛		—
17	棕榈植物		
18	水生植物		—
19	植草砖		

序号	名　称	图　例	备　注
20	土石假山		包括："土包石""石包土"及假山
21	独立景石		—
22	自然水体		表示河流以箭头表示水流方向
23	人工水体		—
24	喷泉		—

例 2-10　（2017）下列总平面图例，哪个是空调系统的冷却塔？

A ○　　　B ⊘　　　C ⊗　　　D ⊕

解析：参见《总图制图标准》GB/T 50103—2010 第 3.0.1 条及 3.0.2 条的表，上述四个总平面图例分别是：A 变电站、变电所，B 冷却塔（池），C 漏斗式贮仓（底卸式）及 D 烟囱。

答案：B

（十）总图方向与坐标

（1）总图应按上北下南方向绘制。根据场地形状或布局，可向左或右偏转，但不宜超过 45°。总图中应绘制指北针或风玫瑰图。

（2）坐标网格应以细实线表示。测量坐标网应画成交叉十字线，坐标代号宜用"X、Y"表示；建筑坐标网应画成网格通线，自设坐标代号宜用"A、B"表示（图 2-36）。坐标值为负数时，应注"一"号，为正数时，"＋"号可以省略。

（3）总平面图上有测量和建筑两种坐标系统时，应在附注中注明两种坐标系统的换算公式。

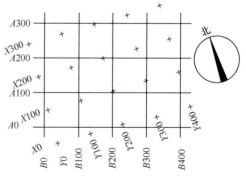

图 2-36　坐标网格

注：图中 X 为南北方向轴线，X 的增量在 X 轴线上；Y 为东西方向轴线，Y 的增量在 Y 轴线上，A 轴相当于测量坐标网中的 X 轴，B 轴相当于测量坐标网中的 Y 轴。

二、《城市规划制图标准》CJJ/T 97—2003（略）

第六节 工 程 勘 察

一、工程勘察

建设工程勘察的基本内容是工程测量、水文地质勘察和工程地质勘察。先勘察，后设计，再施工，是工程建设必须遵守的程序，是国家一再强调的十分重要的基本政策。

工程测量定义：工程建设和资源开发的勘察设计、施工和运营管理各阶段，应用测绘学的理论和技术进行的各种测量工作。

工程地质勘察是指："研究、评价建设场地的工程地质条件所进行的地质测绘、勘探、室内实验、原位测试等工作的统称。它为工程建设的规划、设计、施工提供必要的地质依据及参数"。按专业可分为城乡规划、房屋建筑、轨道交通、市政工程、水利工程、港口工程、铁路工程和核电站工程以及地下工程等。虽然都是工程地质勘察，但它们的目的、要求、方法、评价等均有所不同，有它们各自的侧重点和特点。

本节将介绍与房屋建筑工程联系紧密的"岩土工程勘察"知识和城乡规划阶段的工程地质勘察要求。需要了解的"工程地质勘察"方面的主要国家和行业标准有《岩土工程勘察规范》GB 50021—2001（2009年版）和《城乡规划工程地质勘察规范》CJJ 57—2012。

注：

1. 2013年版《工程勘察资质标准》规定：工程勘察综合甲级资质承担各类建设工程项目的岩土工程、水文地质勘察、工程测量业务（海洋工程勘察除外），其规模不受限制（岩土工程勘察丙级项目除外）。

2. 现行《工程勘察收费标准》分为通用工程勘察收费标准和专业工程勘察收费标准。通用工程勘察收费标准适用于工程测量、岩土工程勘察、岩土工程设计与检测监测、水文地质勘察等，其中最重要的是岩土工程勘察。专业工程勘察收费标准分别适用于煤炭、水利水电、电力、长输管道、铁路、公路、通信等。

3. 关于水文地质勘察的内容本书不做详述。

1. 基本概念

（1）岩土工程

以工程地质、水文地质、岩石力学等为理论基础，涉及岩石和土的利用、改良、灾害防治和环境保护的科学技术。

（2）岩土工程勘察

为解决岩土工程问题而进行的工程地质测绘、勘探、测试、分析、评价，以及形成岩土工程勘察报告的活动。

（3）工程地质条件

与工程建设有关的地质条件，包括岩土的工程特性、地下水、不良地质作用、地质灾害等内容。

2. 勘察设计规范摘录

《岩土工程勘察规范》GB 50021—2001（2009年版）

1.0.2 本规范适用于除水利工程、铁路、公路和桥隧工程以外的工程建设岩土工程勘察。

1.0.3 各项建设工程在设计和施工之前，必须按基本建设程序进行岩土工程勘察。

1.0.3A 岩土工程勘察应按工程建设各勘察阶段的要求，正确反映工程地质条件，查明不良地质作用和地质灾害，精心勘察、精心分析，提出资料完整、评价正确的勘察报告。

2.1.1 岩土工程勘察

根据建设工程的要求，查明、分析、评价建设场地的地质、环境特征和岩土工程条件，编制勘察文件的活动。

2.1.2 工程地质测绘

采用搜集资料、调查访问、地质测量、遥感解译等方法，查明场地的工程地质要素，并绘制相应的工程地质图件。

4.1.1 房屋建筑和构筑物（以下简称建筑物）的岩土工程勘察，应在搜集建筑物上部荷载、功能特点、结构类型、基础形式、埋置深度和变形限制等方面资料的基础上进行。其主要工作内容应符合下列规定：

1 查明场地和地基的稳定性、地层结构、持力层和下卧层的工程特性、土的应力历史和地下水条件以及不良地质作用等；

2 提供满足设计、施工所需的岩土参数，确定地基承载力，预测地基变形性状；

3 提出地基基础、基坑支护、工程降水和地基处理设计与施工方案的建议；

4 提出对建筑物有影响的不良地质作用的防治方案建议；

5 对于抗震设防烈度等于或大于6度的场地，进行场地与地基的地震效应评价。

4.1.2 建筑物的岩土工程勘察宜分阶段进行，可行性研究勘察应符合选择场址方案的要求；初步勘察应符合初步设计的要求；详细勘察应符合施工图设计的要求；场地条件复杂或有特殊要求的工程，宜进行施工勘察。

场地较小且无特殊要求的工程可合并勘察阶段。当建筑物平面布置已经确定，且场地或其附近已有岩土工程资料时，可根据实际情况，直接进行详细勘察。

4.1.5 初步勘察的勘探工作应符合下列要求：

1 勘探线应垂直地貌单元、地质构造和地层界线布置；

2 每个地貌单元均应布置勘探点，在地貌单元交接部位和地层变化较大的地段，勘探点应予加密；

3 在地形平坦地区，可按网格布置勘探点；

4 对岩质地基，勘探线和勘探点的布置，勘探孔的深度，应根据地质构造、岩体特性、风化情况等，按地方标准或当地经验确定；对土质地基，应符合本节第4.1.6条～第4.1.10条的规定。

4.1.6 初步勘察勘探线、勘探点间距可按表4.1.6确定，局部异常地段应予加密。

初步勘察勘探线、勘探点间距（m） 表4.1.6

地基复杂程度等级	勘探线间距	勘探点间距
一级（复杂）	50～100	30～50
二级（中等复杂）	75～150	40～100
三级（简单）	150～300	75～200

注：1. 表中间距不适用于地球物理勘探；
2. 控制性勘探点宜占勘探点总数的1/5～1/3，且每个地貌单元均应有控制性勘探点。

4.1.11 详细勘察应按单体建筑物或建筑群提出详细的岩土工程资料和设计、施工所需的岩土参数；对建筑地基作出岩土工程评价，并对地基类型、基础形式、地基处理、基坑支护、工程降水和不良地质作用的防治等提出建议。主要应进行下列工作：

1 搜集附有坐标和地形的建筑总平面图，场区的地面整平标高，建筑物的性质、规模、荷载、结构特点，基础形式、埋置深度，地基允许变形等资料；

2 查明不良地质作用的类型、成因、分布范围、发展趋势和危害程度，提出整治方案的建议；

3 查明建筑范围内岩土层的类型、深度、分布、工程特性，分析和评价地基的稳定性、均匀性和承载力；

4 对需进行沉降计算的建筑物，提供地基变形计算参数，预测建筑物的变形特征；

5 查明埋藏的河道、沟浜、墓穴、防空洞、孤石等对工程不利的埋藏物；

6 查明地下水的埋藏条件，提供地下水位及其变化幅度；

7 在季节性冻土地区，提供场地土的标准冻结深度；

8 判定水和土对建筑材料的腐蚀性。

4.1.15 详细勘察勘探点的间距可按表 4.1.15 确定。

详细勘察勘探点的间距（m）   表 4.1.15

地基复杂程度等级	勘探点间距	地基复杂程度等级	勘探点间距
一级（复杂）	10～15	三级（简单）	30～50
二级（中等复杂）	15～30		

注：

1. 《岩土工程勘察术语标准》JGJ/T 84—2015 条文说明："建设工程勘察"是指根据建设工程的要求，查明、分析、评价建设场地的地质地理环境特征和岩土工程条件，编制建设工程勘察文件的活动"。这里定义的"建设工程勘察"，内涵较"岩土工程勘察"更宽泛。

2. 《高层建筑岩土工程勘察标准》JGJ/T 72—2017 规定：高层建筑岩土工程勘察的勘察等级，应根据高层建筑的规模和特征，场地、地基的复杂程度，以及破坏后果的严重程度，划分为特级、甲级和乙级三个等级；

3. 建筑边坡地质环境复杂程度按现行国家标准《建筑边坡工程技术规范》GB 50330 的划分判定；

4. 场地复杂程度和地基复杂程度的等级按现行国家标准《岩土工程勘察规范》GB 50021 判定；

5. 基坑支护结构的安全等级按现行标准《建筑基坑支护技术规程》JGJ 120 判定。

14.3.3 岩土工程勘察报告应根据任务要求、勘察阶段、工程特点和地质条件等具体情况编写，并应包括下列内容：

1 勘察目的、任务要求和依据的技术标准；

2 拟建工程概况；

3 勘察方法和勘察工作布置；

4 场地地形、地貌、地层、地质构造、岩土性质及其均匀性；

5 各项岩土性质指标，岩土的强度参数、变形参数、地基承载力的建议值；

6 地下水埋藏情况、类型、水位及其变化；

7 土和水对建筑材料的腐蚀性；

8 可能影响工程稳定的不良地质作用的描述和对工程危害程度的评价；

9 场地稳定性和适宜性的评价；

14.3.4 岩土工程勘察报告应对岩土利用、整治和改造的方案进行分析论证，提出建议；对工程施工和使用期间可能发生的岩土工程问题进行预测，提出监控和预防措施的建议。

14.3.5 成果报告应附下列图件：

    1 勘探点平面布置图；

    2 工程地质柱状图；

    3 工程地质剖面图；

    4 原位测试成果图表；

    5 室内试验成果图表。

    注：当需要时，尚可附综合工程地质图、综合地质柱状图、地下水等水位线图、素描、照片、综合分析图表以及岩土利用、整治和改造方案的有关图表、岩土工程计算简图及计算成果图表等。

《高层建筑岩土工程勘察标准》JGJ/T 72—2017

3.0.3 勘察阶段的划分应符合下列规定：

    1 对勘察等级为特级或复杂场地、复杂地基的高层建筑岩土工程勘察，勘察阶段应划分为可行性研究勘察、初步勘察、详细勘察三阶段；

    2 当场地勘察资料缺乏、建筑总平面布置未定，对勘察等级为甲级的单体高层建筑，或勘察等级为甲级和乙级的高层建筑群的岩土工程勘察，勘察阶段应分为初步勘察和详细勘察两阶段；

    3 当场地已有勘察资料能满足初步设计要求，且建筑总平面位置已定时，对甲级和乙级的单体高层建筑，可将初步勘察和详细勘察两阶段合并为一阶段，直接进行详细勘察；

    4 当场地和地基复杂，施工中可能出现或已出现有关岩土工程问题时，应进行施工勘察；

    5 基槽开挖到底后，应进行施工验槽和验桩。

《城乡规划工程地质勘察规范》CJJ 57—2012

    注：《中华人民共和国城乡规划法》（2019年4月23日修正）对城乡规划管理提出了更高要求，其中第二十五条规定：编制城乡规划，应当具备国家规定的勘察、测绘、气象、地震、水文、环境等基础资料。

3.0.1 城乡规划编制前，应进行工程地质勘察，并应满足不同阶段规划的要求。

3.0.2 规划勘察的等级可根据城乡规划项目重要性等级和场地复杂程度等级，按本规范附录A划分为甲级和乙级。

3.0.3 规划勘察应按总体规划、详细规划两个阶段进行。专项规划或建设工程项目规划选址，可根据规划编制需求和任务要求进行专项规划勘察。

4.1.1 总体规划勘察应以工程地质测绘和调查为主，并辅以必要的地球物理勘探、钻探、原位测试和室内试验工作。

4.1.2 总体规划勘察应调查规划区的工程地质条件，对规划区的场地稳定性和工程建设适宜性进行总体评价。

4.2.4 总体规划勘察的勘探点布置应符合下列规定：

    1 勘探线、点间距可根据勘察任务要求及场地复杂程度等级，按表4.2.4确定；

    2 每个评价单元的勘探点数量不应少于3个；

3 钻入稳定岩土层的勘探孔数量不应少于勘探孔总数的 1/3。

勘探线、点间距（m）　　　　　　　　　　　　　　　表 4.2.4

场地复杂程度等级	勘探线间距	勘探点间距
一级场地（复杂场地）	400～600	＜500
二级场地（中等复杂场地）	600～1000	500～1000
三级场地（简单场地）	800～1500	800～1500

4.2.5 总体规划勘察的勘探孔深度应满足场地稳定性和工程建设适宜性分析评价的需要，并应符合下列规定：

1 勘探孔深度不宜小于 30m，当深层地质资料缺乏时勘探孔深度应适当增加；

2 在勘探孔深度内遇基岩时，勘探孔深度可适当减浅；

3 当勘探孔底遇软弱土层时，勘探孔深度应加深或穿透软弱土层。

5.1.1 详细规划勘察应根据场地复杂程度、详细规划编制对勘察工作的要求，采用工程地质测绘和调查、地球物理勘探、钻探、原位测试和室内试验等综合勘察手段。

5.1.2 详细规划勘察应在总体规划勘察成果的基础上，初步查明规划区的工程地质与水文地质条件，对规划区的场地稳定性和工程建设适宜性作出分析与评价。

详细规划勘察的勘探线、点的布置的勘探线、点间距可按表 5.2.4 确定。

勘探线、点间距（m）　　　　　　　　　　　　　　　表 5.2.4

场地复杂程度等级	勘探线间距	勘探点间距
一级场地（复杂场地）	100～200	100～200
二级场地（中等复杂场地）	200～400	200～300
三级场地（简单场地）	400～800	300～600

房屋修缮工程查勘与设计是具体贯彻房屋修缮政策和确定修缮范围的重要环节，它所提供的设计文件，既是修缮工程制定方案和编制预算的依据，又是指导施工的具体任务书，其工作好坏直接关系到投资的合理与浪费。因此，制定本标准的目的是要求在房屋修缮中做到安全适用、技术先进、经济合理、确保质量，并以此作为本行业有关设计与施工人员工作的依据。

根据房屋修缮查勘与设计特点，它不同于新建设计，其具体内涵系对确认需修的房屋作详尽的查勘，以提高房屋完好等级和改善使用功能的要求。

注：建筑高度超过 100m 的民用建筑修缮工程，由于其特殊性，暂时不列入本标准的适用范围。文物建筑、历史保护建筑，不适用本标准。

《民用建筑修缮工程查勘与设计标准》JGJ/T 117—2019

3.1.2 修缮查勘应符合下列规定：

1 应对房屋的建筑、结构、设备设施、附加设施等完损情况进行全面检查，应对房屋定期的或季节性的查勘所提供的损坏项目进行重点复核；

2 可采用观测、鉴别和测试等手段，查明损坏程度，分析损坏原因，根据不同修缮标准，采用相应的修缮方法，确定修缮方案；

3 在确定修缮方案的基础上，应对需修房屋的部位、范围、数量、修缮方法、用料标准、旧料利用和改善要求等作详细的查勘记录。

3.1.3 修缮查勘时应查明房屋的下列情况：

1 荷载和使用条件的变化；

2 房屋屋面、外墙面及卫生间等部位的渗漏情况；

3 木构架的倾斜变形及节点连接等主体结构的损坏情况；

4 外墙饰面层、阳台、栏杆、雨篷、装饰物等易坠构件的完损情况；

5 室内外给水、排水管线与电气设备的完损情况；

6 房屋各类附加设施的完好情况及其连接节点的牢固程度。

3.1.4 查勘中，发现房屋存在安全隐患或危险点，影响使用安全时，应进一步检测鉴定，查明部位、范围、原因和程度，并采取解危排险措施。

二、工程测量

（一）测量学概述

测量学是研究地球的形状和大小以及确定地面（包含空中、地下和海底）点位的科学。其内容包括"测定"和"测设"两个部分。测量学按照研究范围和对象的不同，有许多分支科学，例如：大地测量学（测量小范围地球表面形状时，不顾及地球曲率的影响，把地球局部表面当作平面看待所进行的测量工作，属于普通测量学）、摄影测量学、海洋测绘学等。其中研究工程建设的各种测量工作，属于工程测量学的范畴。

（二）工程测量基本术语

1. 测量控制网

由控制点以一定几何图形所构成的具有一定可靠性的网，简称控制网。

2. 测量平面直角坐标系

详见本章第一节。

3. 建筑坐标系

属测量平面直角坐标系的一种，其纵坐标轴方向和原点值根据需要确定。

4. 平面控制网

由相互联系的平面控制点所构成的测量控制网。

（三）地形图测量

地形图可分为数字地形图和纸质地形图。地形图测图的比例尺，根据工程的设计阶段、规模大小和运营管理需要，所做的地形类别划分和地形图基本等高距的确定等内容详见本章第二节。

1. 平面控制测量

平面控制网的建立，可采用卫星定位测量、导线测量、三角形网测量等方法。平面控制网精度等级的划分：卫星定位测量控制网依次为二、三、四等和一、二级；导线及导线网依次为三、四等和一、二、三级；三角形网依次为二、三、四等和一、二级。平面控制网的坐标系统，应在满足测区内投影长度变形不大于 25mm/km 的要求下，作下列选择：

（1）采用统一的高斯投影 3°带平面直角坐标系统。

（2）采用高斯投影 3°带，投影面为测区抵偿高程面或测区平均高程面的平面直角坐标系统；或任意带，投影面为 1985 国家高程基准面的平面直角坐标系统。

（3）小测区或有特殊精度要求的控制网，可采用独立坐标系统。

（4）在已有平面控制网的地区，可沿用原有的坐标系统。

（5）厂区内可采用建筑坐标系统。

2. 高程控制测量

（1）高程控制测量精度等级的划分，依次为二、三、四、五等。各等级高程控制宜采用水准测量，四等及以下等级可采用电磁波测距三角高程测量，五等也可采用 GPS 拟合高程测量。

（2）测区的高程系统，宜采用 1985 国家高程基准。在已有高程控制网的地区测量时，可沿用原有的高程系统；当小测区联测有困难时，也可采用假定高程系统。

（3）高程控制点间的距离，一般地区应为 1～3km，工业厂区、城镇建筑区宜小于 1km。但一个测区及周围至少应有 3 个高程控制点。

3. 地形测量

地形测图，可采用全站仪测图、GPS-RTK 测图和平板测图等方法；也可采用各种方法的联合作业模式或其他作业模式。一般地区宜采用全站仪或 GPS-RTK 测图，也可采用平板测图。

各类建（构）筑物及其主要附属设施均应进行测绘。居民区可根据测图比例尺大小或用图需要，对测绘内容和取舍范围适当加以综合。临时性建筑可不测。建（构）筑物宜用其外轮廓表示，房屋外廓以墙角为准。当建（构）筑物轮廓凸凹部分在 1：500 比例尺图上小于 1mm 或在其他比例尺图上小于 0.5mm 时，可用直线连接。

4. 城市测量

城市测量应采用该城市统一的平面坐标系统，并应符合下列规定：

（1）投影长度变形值不应大于 25mm/km。

（2）当采用地方平面坐标系统时，应与国家平面坐标系统建立联系。城市测量应采用高斯-克吕格投影。城市测量应采用统一的高程基准；当采用地方高程基准时，应与国家高程基准建立联系。

注：

1. 上述部分内容引自《工程测量规范》GB 50026—2007、《工程测量基本术语标准》GB/T 50228—2011、《城市测量规范》CJJ/T 8—2011、《岩土工程勘察》（中国建筑工业出版社，2016 年 4 月第二版）、《测量学》（中国建筑工业出版社，1995 年 6 月第四版）。

2. **测定**：使用测量仪器和工具，通过测量和计算，得到一系列测量数据，或把地球表面的地形缩绘成地形图。

3. **测设**：把图纸上规划设计好的建筑物、构筑物的位置在地面上标定出来，作为施工的依据。

习　题

2-1　(2019-002) 房屋建筑岩土工程详细勘察报告的勘察成果，不包含（　　）。

　　A　拟建场地的地下水水位情况　　　　B　确定拟建场地的基坑支护方式

　　C　拟建场地水、土腐蚀性的评价　　　D　建议的地基基础形式

2-2　(2019-003) 在 35kV 高压走廊范围内可设置（　　）。

　　A　单层永久建筑　　B　单层施工临建　　C　高大乔木　　　　D　城市道路

2-3　**(2019-005)** 题 2-3 图为某城市的风玫瑰图，仅从风向考虑，在居住区设计时，采暖锅炉房应设置在居住区的哪个方向(　　)。

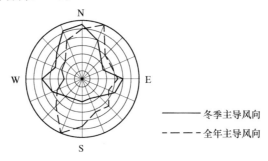

题 2-3 图

A　南向　　　　　　B　西向　　　　　　C　东向　　　　　　D　北向

2-4　**(2019-006)** 某高层住宅区项目开展设计时，建筑总平面尚未最终确定、地勘工作还未开展，该项目的工程勘察工作阶段可划分为(　　)。

A　可行性研究、初步勘察、详细勘察三阶段

B　参考周边勘察资料和详细勘察两阶段

C　初步勘察和详细勘察两阶段

D　合并为详细勘察一阶段

2-5　**(2019-007)** 地下水位对建筑工程有多方面的影响，与地下水位深度无关的是(　　)。

A　地下工程防水做法、措施　　　　　　B　地基及基础施工方案

C　结构地基、基础计算　　　　　　　　D　场地排水设计

2-6　**(2019-008)** 关于城市用地防洪(潮)的说法，错误的是(　　)。

A　地面排水坡度小于 0.2% 时，宜采用多坡向或者特殊措施排水

B　地面的规划高程应比周边道路的最低路段高程高出 0.1m 以上

C　用地的规划高程应高于多年平均地下水位

D　雨水排出口内顶高程宜高于受纳水体的多年平均水位

2-7　**(2019-009)** 关于题 2-7 图所示项目用地的描述，错误的是(　　)。

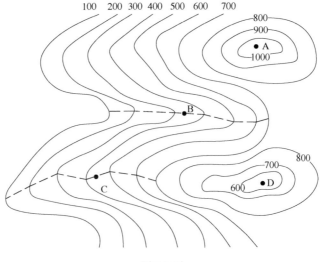

题 2-7 图

A　A是山顶　　　　B　B是山谷　　　　C　C是山谷　　　　D　D是洼地

2-8 (2019-010) 在大地坐标系的总图中，某一点的坐标表示为 $X=310235.734$、$Y=501449.087$，对这一坐标理解正确的是(　　)。

A　X 表示东西方向轴线，Y 表示南北方向轴线

B　X 表示南北方向轴线，Y 表示东西方向轴线

C　X 表示图面中水平方向，Y 表示垂直方向

D　X 表示图面中垂直方向，Y 表示水平方向

2-9 (2019-011) 建设场地标高测量及土方平衡时，最常采用的方法是(　　)。

A　方格网法　　　　B　等高线法　　　　C　箭头法　　　　D　坡面分解法

2-10 (2019-012) 题 2-10 图中多层住宅间（两条点划线之间的区域）的街坊内集中绿地最大面积是（绿地边界算至距房屋墙脚 1.5m 处）(　　)。

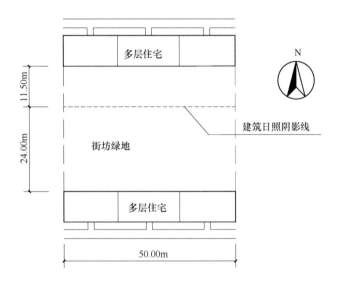

题 2-10 图

A　1000m²　　　　B　1500m²　　　　C　1625m²　　　　D　1775m²

2-11 (2019-020) 居住区规划中各楼关系见题 2-11 图，甲为现状塔式住宅，1 号、2 号、3 号楼为规划高层塔式住宅；日照计算时发现甲住宅西向阴影部分的居室大寒日日照不足，且周围没有其他遮挡建筑。从场地布置上分析导致该部分日照不足的规划建筑是(　　)。

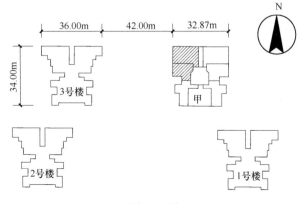

题 2-11 图

A 1号楼　　　　　B 2号楼　　　　　C 3号楼　　　　　D 三栋楼的综合影响

2-12 **(2019-027)** 关于住宅建筑间距的说法，正确的是(　　)。

A 在原设计建筑外增加任何设施时不应使相邻住宅原有日照标准降低，既有住宅建筑进行无障碍改造加装电梯除外

B 日照标准计算起点是距离室内地坪0.8m高的外墙底层窗台面

C V气候区日照标准是大寒日日照时数大于或等于1h

D 旧区改建项目内新建住宅日照标准不应低于冬至日日照时数1h

2-13 **(2019-028)** 影响住宅间距最小的因素是(　　)。

A 防火间距　　　　　　　　　　B 道路设置要求

C 日照和通风　　　　　　　　　D 视觉卫生

2-14 **(2019-029)** 在Ⅳ气候区老年人居住建筑日照标准不应低于(　　)。

A 大寒日日照2h　　　　　　　　B 冬至日日照2h

C 大寒日日照3h　　　　　　　　D 冬至日日照3h

2-15 **(2019-034)** 关于城市地铁出入口设置的说法，错误的是(　　)。

A 每个公共区直通地面的出入口数量不得少于两个

B 车站出入口布置宜与过街天桥、过街地道、地下街、邻近公共建筑物相结合或连通

C 地铁出入口不应朝向城市主干道

D 地下出入口通道长度不宜超过100m，当超过时应采取能满足消防疏散要求的措施

2-16 **(2019-035)** 下列图中基地机动车出入口与其他设施的距离，错误的是(　　)。

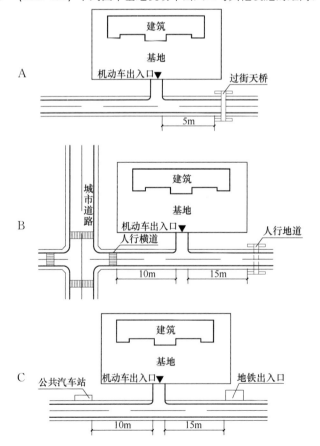

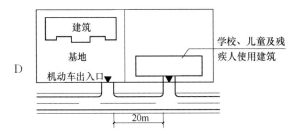

D

2-17 （2019-036）下列优化街区路网结构的规划管理措施中，不符合要求的是（   ）。

A 住宅建设要推广小区制

B 树立"窄马路、密路网"的城市道路布局理念

C 城市建成区平均路网密度提高到 $8km/km^2$，道路面积率达到 15%

D 加强自行车道和步行道系统建设，倡导绿色出行

2-18 （2019-039）关于山地建筑考虑风向影响的图示说法，错误的是（   ）。

A 利用斜列式迎风

B 利用绕山风

C 利用点式建筑减少挡风面

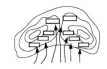

D 利用地形"兜"风

2-19 （2019-044）关于调整容积率的说法，错误的是（   ）。

A 应当遵守经依法批准的控制性详细规划确定的容积率指标，不得随意调整

B 容积率调整应当由当地政府召开专门会议研究确定并形成会议纪要后执行

C 因城乡基础设施建设需要导致相关建设条件发生变化时，可以进行调整

D 因城乡规划修改造成地块开发条件变化时，可以进行调整

2-20 （2019-045）建筑容积率不变，开发商要增加住宅面积，设计所应采取最恰当的方式是（   ）。

A 增加住宅进深，减少住宅面宽

B 降低住宅层高，增加住宅层数

C 开发利用地下空间，将公用设施和部分配套公建设在地下

D 尽可能压缩配套公共设施与管理用房面积，扩大非配套公建面积

2-21 （2019-051）关于停车场与一、二级民用建筑之间最小防火间距的说法，正确的是（   ）。

A 5m   B 6m   C 9m   D 13m

2-22 （2019-054）总图制图中，关于计量单位的说法，正确的是（   ）。

A 总图中的坐标、标高、距离以毫米为单位

B 总图中的坐标、标高、距离以厘米为单位

C 总图中的坐标、标高、距离以米为单位

D 总图中的坐标、标高以米为单位，距离以毫米为单位

2-23 **(2019-55)** 根据《总图制图标准》，不属于总图制图中应标注坐标或定位尺寸的是(　　)。

A 建筑物、构筑物的外墙外边线交点

B 圆形建筑物、构筑物的中心

C 道路的中线或转折点

D 管线的中线交叉点和转折点

2-24 **(2019-056)** 相邻两座高度相同的一、二级耐火等级民用建筑中，相邻任一侧为防火墙，屋顶的耐火极限不低于1.00h，其防火间距的说法，正确的是(　　)。

A 防火间距不应小于3.5m　　　　　　B 防火间距不应小于4.0m

C 防火间距可适当减少　　　　　　　D 防火间距不限

2-25 **(2019-060)** 关于基地内道路设置的说法，错误的是(　　)。

A 单车道路宽度不应小于4m，双车道路宽度不应小于7m

B 人行道路的宽度不应小于1.5m

C 不得利用道路边设置汽车停车位

D 车行道路改变方向时，应满足车辆最小转弯半径的要求

2-26 **(2019-061)** 关于消防登高操作场地可间隔布置的条件的说法，正确的是(　　)。

A 建筑高度不大于50m的建筑　　　　B 建筑高度不大于80m的建筑

C 建筑高度不大于100m的建筑　　　　D 住宅建筑

2-27 **(2019-062)** 关于消防车道与铁路正线平交时，消防车道与备用车道间距的说法，正确的是(　　)。

A 不应小于80m　　　　　　　　　　B 不应小于160m

C 不应小于220m　　　　　　　　　　D 不应小于一列火车的长度

2-28 **(2019-063)** 关于消防车登高操作场地的说法，正确的是(　　)。

A 场地的长度和宽度分别不小于10m和15m

B 场地的长度和宽度分别不应小于15m和10m

C 对于建筑高度大于50m的建筑，场地的长度和宽度分别不应小于18m和15m

D 对于建筑高度大于50m的建筑，场地的长度和宽度分别不应小于15m和18m

2-29 **(2019-064)** 关于无障碍设施的说法，错误的是(　　)。

A 无障碍出入口的轮椅坡道净宽度不应小于1.50m

B 轮椅坡道中间休息平台的水平长度不应小于1.50m

C 室外无障碍通道宽度不应小于1.50m

D 建筑物无障碍出入口的平台的净深度（在门完全开启状态下）不应小于1.50m

2-30 **(2019-066)** 下列建筑不要求设置环形消防车道的是(　　)。

A 高层公共建筑　　　　　　　　　　B 高层厂房

C 占地面积为1000m² 丙类仓库　　　　D 100辆停车位的汽车库

2-31 **(2019-069)** 总图制图中，关于标高标注的说法，错误的是(　　)。

A 建筑物标注室内±0.00处的相对标高

B 构筑物标注其有代表性的标高，并用文字注明标高所指的位置

C 道路标注路面中心线交点及变坡点标高

D 场地平整标注其控制位置标高，铺砌场地标注其铺砌面标高

2-32 **(2019-070)** 消防救援场地地坪适宜的最大坡度是(　　)。

A 1%　　　　　　B 3%　　　　　　C 8%　　　　　　D 10%

2-33 **(2019-071)** 在地势较为平缓的场地进行竖向设计时，首先应(　　)。

A 根据周边控制高程确定室外地坪设计标高和建筑室内地坪标高

B 根据室外地坪设计标高确定建筑室内地坪标高及周边控制高程

C　根据建筑室内标高确定室外地坪设计标高及周边控制高程

D　根据业主的要求确定建筑室内、外地坪设计标高和周边控制高程

2-34　(2019-072) 关于多雪严寒地区基地步行道的纵坡最大坡度的说法，正确的是(　　)。

A　2%　　　　　B　4%　　　　　C　5%　　　　　D　8%

2-35　(2019-073) 关于基地地面雨水排水措施的说法，错误的是(　　)。

A　基地地面及路面的雨水应直接排向城市道路或周边区域，避免造成基地内积水

B　有条件的地区应采取雨水回收和利用措施

C　采取车行道排泄地面雨水时，雨水口的形式及数量应根据汇水面积、流量、道路纵坡等确定

D　单侧排水的道路及低洼易积水的地段，应采取排雨水时不影响交通和路面清洁的措施

2-36　(2019-075) 住宅主要出入口的无障碍平坡出入口的坡度不应大于(　　)。

A　1∶12　　　　B　1∶16　　　　C　1∶20　　　　D　1∶30

2-37　(2019-077) 关于综合管廊敷设位置的说法，正确的是(　　)。

A　干线综合管廊宜设置在机动车道的下面

B　支线综合管廊宜设置在机动车道的下面

C　支线综合管廊不宜设置在非机动车道的下面

D　支线综合管廊不宜设置在人行道的下面

2-38　(2019-078) 与市政管网相接的工程管线，其平面位置和竖向标高均应采用的坐标系统和高程系统是(　　)。

A　全国统一　　　　　　　　　　B　全省统一

C　城市统一　　　　　　　　　　D　根据工程要求确定

2-39　(2019-079) 严寒或寒冷地区，直埋敷设的工程管线中需根据土壤冰冻深度确定管线埋设覆土深度的是(　　)。

A　给水、排水、湿燃气　　　　　B　给水、排水、热力

C　给水、排水、通信　　　　　　D　热力、通信、电力电缆

2-40　(2019-080) 直埋工程管线最适宜布置在规划道路的部位是(　　)。

A　机动车道或非机动车道下　　　B　非机动车道或人行道下

C　人行道或绿化带下　　　　　　D　机动车道或绿化带下

2-41　(2019-081) 下列地下管线交叉布置时，应布置在最下面的管线是(　　)。

A　可燃气体　　　B　热力管道　　　C　电力电缆　　　D　给水管道

2-42　(2019-082) 在严寒或寒冷地区以外地区确定管线覆土深度时不需要考虑的因素是(　　)。

A　埋设方式　　　B　管线材质　　　C　土壤性质　　　D　地面承载大小

2-43　(2019-083) 离开建筑外墙距离要求最大的埋地管线是(　　)。

A　直径 300mm 给水管　　　　　B　中压燃气管

C　直埋电力电缆　　　　　　　　D　通信管线

2-44　(2019-084) 关于成林地带古树名木最小保护范围的说法，正确的是(　　)。

A　外缘树树冠垂直投影所围合的范围

B　外缘树树冠垂直投影以外 2m 所围合的范围

C　外缘树树冠垂直投影以外 5m 所围合的范围

D　外缘树树冠垂直投影以外 10m 所围合的范围

2-45　(2019-086) 关于居住街坊内绿地（非集中绿地）面积计算时绿地边界起算范围的说法，错误的是(　　)。

A　与城市道路邻接时，应算至道路红线

B　与居住街坊附属道路邻接时，应算至路面边缘

C　与建筑物邻接时，应算至房屋墙脚

D　与围墙、院墙邻接时，应算至墙脚

2-46 （2019-087）题2-46图为一、二级耐火等级的民用建筑，其防火间距（L）的最小值，正确的是（　　）。

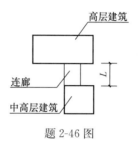

题 2-46 图

A　4m 　　　　B　6m 　　　　C　9m 　　　　D　13m

2-47 （2019-088）某高度为80m的民用建筑设置消防登高场地的做法，错误的是（　　）。

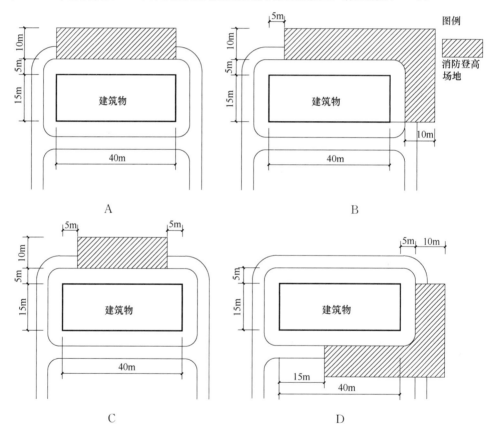

2-48 （2019-089）关于总图中方格网交叉点标高的表示，正确的是（　　）。

2-49 （2019-090）下图表示单坡立道牙道路断面的是（　　　）。

2-50 （2021-002）某房屋建筑项目进行岩土工程详细勘察，设计单位应向勘察单位提供的资料不包括（　　　）。

 A　建筑总平面图   B　建筑物的层数

 C　建筑支护方案   D　建筑物的性质

2-51 （2021-004）拟建居住小区项目建筑日照计算应收集的相邻地块数据，不应采用的是（　　　）。

 A　地形图   B　地块的修建性详细规划图

 C　建筑方案图   D　建筑施工图

2-52 （2021-006）关于在滑坡区或潜在滑坡区进行工程建设和滑坡整治的说法，错误的是（　　　）。

 A　以防为主，防治结合，建房与治坡应同步完成

 B　应根据滑坡特征采取治坡与治水相结合的措施

 C　选择确保坡体整体稳定和减小坡体变形的方案

 D　建筑物的基础宜采用桩基础或桩锚基础等方案

2-53 （2021-007）建设用地的地下水位高低，对建设工程的直接影响不包括（　　　）。

 A　结构设计   B　施工组织

 C　护坡处理   D　地下室平面布置

2-54 （2021-008）在湿陷性黄土地区，场地土质情况对建筑的影响不包括（　　　）。

 A　地基处理措施   B　建筑层数和高度

 C　埋地管道与建筑物的距离   D　建筑防水措施

2-55 （2021-009）场地总图中，室外地坪标高正确的表示方法是（　　　）。

 A　▼143.00   B　▽143.00

 C　▼143.000   D　▽143.000

2-56 （2021-010）关于国家坐标系统和城市坐标系统的说法，正确的是（　　　）。

 A　两者之间的坐标是简单的差值转换关系

 B　城市坐标系统的投影变形更小，精度更高

 C　城市坐标系统的建立只在平面上，与高程无关

 D　城市坐标系统只是一定时期内国家坐标系统不完善的产物，国家坐标系统完善后，其将失去存在意义

2-57 （2021-011）某建设用地建筑密度限值为30%，受限高限制，地上计容层数只能做到9层，下列关于此地块容积率的说法，正确的是（　　　）。

 A　容积率达不到3.0

 B　容积率可达到3.0，将地下两层车库建筑面积也计入容积率

 C　容积率可达到3.0，通过二层以上局部出挑的方法实现

 D　容积率可达到3.0，建筑密度可适当突破

2-58 **(2021-012)** 下列区域内建（构）筑物的建设高度，可不以最高点计算的是（ ）。

  A 机场航线范围内的建筑物

  B 城市主干道沿线的建筑物

  C 历史文化街区内的建筑物

  D 自然保护区内的构筑物

图示中粗实线围合的场地为拟建设用地，根据图中内容作答第 2-59～2-62 题：

2-59 **(2021-017)** 场地中现有的管线 ←○→ 是（ ）。

  A 架空热力管   B 地上配电线

  C 地下水管   D 地下电缆线

2-60 **(2021-018)** 根据场地的地形状况，项目规划地面形式宜为（ ）。

  A 平坡式   B 台阶式

  C 台地式   D 混合式

2-61 **(2021-019)** 图中的场地高程采用的国家高程基准年份是（ ）。

  A 1956   B 1979

  C 1985   D 2020

2-62 **(2021-020)** 项目规划机动车出入口应设置在（ ）。

  A A处   B B处

  C C处   D D处

2-63 **(2021-026)** 关于工程管线宜采用地下综合管廊敷设的说法，下列错误的是（ ）。

  A 交通流量大或地下管线密集的城市道路

  B 高强度集中开发区域、重要的公共空间

  C 道路长度难以满足直埋或架空敷设多种管线的路段

D 道路与铁路或河流交叉处或管线复杂的道路交叉口

2-64 (2021-027) 关于教学用房最小净高的说法，下列错误的是( )。

A 小学普通教室 2.8m
B 小学舞蹈教室 4.5m
C 高中普通教室 3.1m
D 高中实验室 3.1m

参考答案及解析

2-1 解析：参见《岩土工程勘察规范》GB 50021—2001（2009 年版）第 2.1.1 条，岩土工程勘察是根据建设工程的要求，查明、分析、评价建设场地的地质、环境特征和岩土工程条件，编制勘察文件的活动；另参见该规范第 4.1.1 条第 3 款，提出地基基础、基坑支护、工程降水和地基处理设计与施工方案的建议。而确定具体的基坑支护方式则应执行《建筑基坑支护技术规程》JGJ 120—2012 的有关规定。

答案：B

2-2 解析：依据下述法规与设计规范，A、B、C 选项均不可设置，所以只能选 D。

①《66kV 及以下架空电力线路设计规范》GB 50061—2010 条文说明第 3.0.3 条，《电力设施保护条例》规定新建线路应尽量不跨越房屋建筑，并规定在现有电力线路下面不得营造各种建筑物。

②《电力设施保护条例》（2011 年 1 月 8 日第二次修正）：

第十五条 任何单位或个人在架空电力线路保护区内，必须遵守下列规定：

（一）不得堆放谷物、草料、垃圾、矿渣、易燃物、易爆物及其他影响安全供电的物品；

（二）不得烧窑、烧荒；

（三）不得兴建建筑物、构筑物；

（四）不得种植可能危及电力设施安全的植物。

第十六条 任何单位或个人在电力电缆线路保护区内，必须遵守下列规定：

（一）不得在地下电缆保护区内堆放垃圾、矿渣、易燃物、易爆物，倾倒酸、碱、盐及其他有害化学物品，兴建建筑物、构筑物或种植树木、竹子；

（二）不得在海底电缆保护区内抛锚、拖锚；

（三）不得在江河电缆保护区内抛锚、拖锚、炸鱼、挖沙。

第十七条 任何单位或个人必须经县级以上地方电力管理部门批准，并采取安全措施后，方可进行下列作业或活动：

（一）在架空电力线路保护区内进行农田水利基本建设工程及打桩、钻探、开挖等作业；

（二）起重机械的任何部位进入架空电力线路保护区进行施工；

（三）小于导线距穿越物体之间的安全距离，通过架空电力线路保护区；

（四）在电力电缆线路保护区内进行作业。

答案：D

2-3 解析：采暖锅炉房在冬季使用时会产生烟尘、有害气体，应设置在冬季主导风向的下风侧，由题 2-3 图可以看出在南侧，所以选 A。参见《锅炉房设计规范》GB 50041—2008 第 4.1.1.6 款，锅炉房位置的选择，应根据下列因素分析后确定：应有利于减少烟尘、有害气体、噪声和灰渣对居民区和主要环境保护区的影响，全年运行的锅炉房应设置于总体最小频率风向的上风侧，季节性运行的锅炉房应设置于该季节最大频率风向的下风侧，并应符合环境影响评价报告提出的各项要求。

新版规范《锅炉房设计标准》GB 50041—2020 第 4.1.1 条第 6 款没有变化，对本题同样适用。

答案：A

2-4 解析：参见《高层建筑岩土工程勘察标准》JGJ/T 72—2017，根据表 3.0.2 高层建筑岩土工程勘察等级划分，高层住宅区属于乙级；依据题目条件，该项目符合第 3.0.3.2 款的规定"当场地勘察资料缺乏、建筑总平面布置未定，对勘察等级为甲级的单体高层建筑或勘察等级为甲级和乙级的高层建筑群的岩土工程勘察，勘察阶段应分为初步勘察和详细勘察两阶段"。

答案：C

2-5 解析：参见《地下工程防水技术规范》GB 50108—2008 第 3.1.7 条，地下工程的防水设计，应根据工程的特点和需要搜集下列资料：最高地下水位的高程、出现的年代、近几年的实际水位高程和随季节变化情况，A 与地下水位深度有关；《建筑地基基础工程施工规范》GB 51004—2015 第 7.1.6 条，降水过程中，应对地下水位变化和周边地表及建（构）筑物变形进行动态监测，根据监测数据进行信息化施工，B 与地下水位深度有关；《建筑地基基础设计规范》GB 50007—2011 第 3.0.4 条，地基基础设计前应进行岩土工程勘察，岩土工程勘察报告应提供下列资料：地下水埋藏情况、类型和水位变化幅度及规律，以及对建筑材料的腐蚀性，C 与地下水位深度有关。

答案：D

2-6 解析：参见《民用建筑设计统一标准》GB 50352—2019 第 5.3.1 条，场地设计标高宜比周边城市市政道路的最低路段标高高 0.2m 以上，所以 B 选项错误。另参见《城市排水工程规划规范》GB 50318—2017 第 3.5.6 条，排水管渠出水口内顶高程宜高于受纳水体的多年平均水位。有条件时宜高于设计防洪（潮）水位，故 D 选项正确。

答案：B

2-7 解析：C 为山脊，参见本教材第二章第一节，等高线向较低方向凸出，形成山脊；反之，形成山谷。

答案：C

2-8 解析：X 轴正方向为该带中央子午线北方向，Y 轴正方向为赤道东方向；所以 X 表示南北方向轴线，Y 表示东西方向轴线；故 B 正确。依据《总图制图标准》GB/T 50103—2010 第 2.4.1 条，总图应按上北下南方向绘制。根据场地形状或布局，可向左或右偏转，但不宜超过 45°。总图中应绘制指北针或风玫瑰图，所以 D 不一定正确。

答案：B

2-9 解析：详见《建筑工程设计文件编制深度规定》（2016 年版）第 4.2.6.3 款：土石方图一般用方格网法（也可采用断面法），20m×20m 或 40m×40m（也可采用其他方格网尺寸）方格网及其定位，各方格点的原地面标高、设计标高、填挖高度、填区和挖区的分界线，各方格土石方量、总土石方量。

答案：A

2-10 解析：计算依据《城市居住区规划设计标准》GB 50180—2018 第 A.0.2.3 款：当集中绿地与城市道路邻接时，应算至道路红线；当与居住街坊附属道路邻接时，应算至距路面边缘 1.0m 处；当与建筑物邻接时，应算至距房屋墙脚 1.5m 处。第 4.0.7.3 款，居住街坊内集中绿地的规划建设，在标准的建筑日照阴影线范围之外的绿地面积不应少于 1/3。设所求最大集中绿地面积为 S，日照阴影线外的集中绿地面积为 S_1；$S_1 = (11.5 - 1.5) \times 50 = 500m^2$，根据规范，$S_1 \geqslant 1/3S$，所以 $S \leqslant 3S_1$，所以 S 最大为 $3S_1$，即 $1500m^2$。

答案：B

2-11 解析：题 2-11 图中现状住宅楼的南向存在自身遮挡，而上午至中午无采光，题目要求计算大寒日日照，大寒日的有效日照时间带（当地真太阳时）为 8 时～16 时。若太阳的方位角以正南方向为 0°，北京（北纬 39°57′）14 时的太阳方位角约为 30°48′，16 时的太阳方位角约为 55°07′。不考虑时差及太阳高度角（题目未给出楼的高度），2 号楼有可能导致现状住宅楼西北部分日照不足。题2-11解图从左至右所示分别是北京14时、15时、16时的日照情况。

参考本教材第二章第一节,利用"等照时线图"进行判断,能发现3号楼在有效日照时间带内并未遮挡东北侧的现状住宅楼;也可参考闫寒所著的《建筑学场地设计》(第四版)"4.3.2棒影图原理"部分,利用日影曲线图来检验建筑遮挡范围和时间。

题2-11解图 日照分析图

答案:B

2-12 **解析**:B应该是0.9m,C应该是冬至日,D应该是大寒日,所以只有A正确;详见《城市居住区规划设计标准》GB 50180—2018第4.0.9条,住宅建筑的间距应符合表4.0.9的规定;对特定情况,还应符合下列规定:

1 老年人居住建筑日照标准不应低于冬至日日照时数2h;

2 在原设计建筑外增加任何设施不应使相邻住宅原有日照标准降低,既有住宅建筑进行无障碍改造加装电梯除外;

3 旧区改建项目内新建住宅建筑日照标准不应低于大寒日日照时数1h。

住宅建筑日照标准　　　　　　　　　　　　　　　　　　表4.0.9

建筑气候区划	Ⅰ、Ⅱ、Ⅲ、Ⅶ气候区		Ⅳ气候区		Ⅴ、Ⅵ气候区
城区常住人口(万人)	≥50	<50	≥50	<50	无限定
日照标准日	大寒日			冬至日	
日照时数(h)	≥2		≥3		≥1
有效日照时间带 (当地真太阳时)	8时~16时			9时~15时	
计算起点	底层窗台面				

注:底层窗台面是指距室内地坪0.9m高的外墙位置。

答案:A

2-13 **解析**:规范中有关住宅建筑间距的条款并未提及"道路设置要求",所以选择B;参见《城市居住区规划设计标准》GB 50180—2018条文说明第4.0.8条,本条明确了住宅建筑间距控制应遵循的一般原则。本标准明确了住宅建筑间距应综合考虑日照、采光、通风、防灾、管线埋设和视觉卫生等要求……同时,还应通过规划布局和建筑设计满足视觉卫生的需求(一般情况下不宜低于18m),营造良好居住环境。

另参见《住宅建筑规范》GB 50368—2005第4.1.1条,住宅间距,应以满足日照要求为基础,综合考虑采光、通风、消防、防灾、管线埋设、视觉卫生等要求确定。

答案:B

2-14 **解析**:参见《城市居住区规划设计标准》GB 50180—2018第4.0.9.1款,住宅建筑的间距应符合表4.0.9的规定;对特定情况,还应符合老年人居住建筑日照标准不应低于冬至日日照时数

2h 的规定。

答案：B

2-15 **解析**：依据《地铁设计规范》GB 50157—2013 第 9.5.1 条，车站出入口的数量，应根据吸引与疏散客流的要求设置；每个公共区直通地面的出入口数量不得少于两个，每个出入口宽度应按远期或客流控制期分向设计客流量乘以 1.1～1.25 不均匀系数计算确定。故 A 正确。

　　第 9.5.2 条，车站出入口布置应与主客流的方向相一致，且宜与过街天桥、过街地道、地下街、邻近公共建筑物相结合或连通，宜统一规划，可同步或分期实施，并应采取地铁夜间停运时的隔断措施。当出入口兼有过街功能时，其通道宽度及其站厅相应部位设计应计入过街客流量。故 B 正确。

　　第 9.5.3 条，设于道路两侧的出入口，与道路红线的间距，应按当地规划部门要求确定。当出入口朝向城市主干道时，应有一定面积的集散场地。故 C 错误。

　　第 9.5.6 条，地下出入口通道应力求短、直，通道的弯折不宜超过三处，弯折角度不宜小于 90°。地下出入口通道长度不宜超过 100m，当超过时应采取能满足消防疏散要求的措施。故 D 正确。

答案：C

2-16 **解析**：参见《民用建筑设计统一标准》GB 50352—2019 第 4.2.4 条，建筑基地机动车出入口位置，应符合所在地控制性详细规划，并应符合下列规定：

1　中等城市、大城市的主干路交叉口，自道路红线交叉点起沿线 70.0m 范围内不应设置机动车出入口；

2　距人行横道、人行天桥、人行地道（包括引道、引桥）的最近边缘线不应小于 5.0m；

3　距地铁出入口、公共交通站台边缘不应小于 15.0m；

4　距公园、学校及有儿童、老年人、残疾人使用建筑的出入口最近边缘不应小于 20.0m。

答案：C

2-17 **解析**：原则上不再建设封闭住宅小区，所以 A 错误，参见《中共中央、国务院关于进一步加强城市规划建设管理工作的若干意见》：

（十六）优化街区路网结构。加强街区的规划和建设，分梯级明确新建街区面积，推动发展开放便捷、尺度适宜、配套完善、邻里和谐的生活街区。新建住宅要推广街区制，原则上不再建设封闭住宅小区。已建成的住宅小区和单位大院要逐步打开，实现内部道路公共化，解决交通路网布局问题，促进土地节约利用。树立"窄马路、密路网"的城市道路布局理念，建设快速路、主次干路和支路级配合理的道路网系统。打通各类"断头路"，形成完整路网，提高道路通达性。科学、规范设置道路交通安全设施和交通管理设施，提高道路安全性。到 2020 年，城市建成区平均路网密度提高到 8km/km²，道路面积率达到 15％。积极采用单行道路方式组织交通。加强自行车道和步行道系统建设，倡导绿色出行。合理配置停车设施，鼓励社会参与，放宽市场准入，逐步缓解停车难问题。

答案：A

2-18 **解析**：参见《建筑设计资料集 1》（第三版）"场地设计"，B 选项应该是涡风，山地建筑布置考虑风向影响如本章图 2-13 所示。

答案：B

2-19 **解析**：不得以政府会议纪要等形式代替规定程序调整容积率，所以 B 错误。参见《建设用地容积率管理办法》（建规〔2012〕22 号）第五条，任何单位和个人都应当遵守经依法批准的控制性详细规划确定的容积率指标，不得随意调整。确需调整的，应当按本办法的规定进行，不得以政府会议纪要等形式代替规定程序调整容积率。

答案：B

2-20 解析：因为容积率不变，所以尽可能将非住宅的面积安排在地下，所以选择 C。A 选项能省密度，但对增加住宅面积没有贡献；B 选项增加住宅层数与增加住宅面积无关；C 选项将公用设施和部分配套公建设在地下，腾出了部分计容面积，可以增加住宅面积；D 选项缩小部分公共设施与管理用房面积，扩大非配套公建面积，与增加住宅面积无关。

答案：C

2-21 解析：间距为 6m，参见《汽车库、修车库、停车场设计防火规范》GB 50067—2014 的表 4.2.1。

汽车库、修车库、停车场之间及汽车库、修车库、停车场与除甲类
物品仓库外的其他建筑物的防火间距（m）　　　　　　表 4.2.1

名称和耐火等级	汽车库、修车库		厂房、仓库、民用建筑		
	一、二级	三级	一、二级	三级	四级
一、二级汽车库、修车库	10	12	10	12	14
三级汽车库、修车库	12	14	12	14	16
停车场	6	8	6	8	10

答案：B

2-22 解析：参见《总图制图标准》GB/T 50103—2010 第 2.3.1 条，总图中的坐标、标高、距离以米为单位。坐标以小数点标注三位，不足以"0"补齐；标高、距离以小数点后两位数标注，不足以"0"补齐。详图可以毫米为单位。

答案：C

2-23 解析：《总图制图标准》GB/T 50103—2010 第 2.4.6 条，建筑物、构筑物、铁路、道路、管线等应标注下列部位的坐标或定位尺寸：

　　1　建筑物、构筑物的外墙轴线交点；

　　2　圆形建筑物、构筑物的中心；

　　3　皮带走廊的中线或其交点；

　　4　铁路道岔的理论中心，铁路、道路的中线或转折点；

　　5　管线（包括管沟、管架或管桥）的中线交叉点和转折点；

　　6　挡土墙起始点、转折点墙顶外侧边缘（结构面）。

答案：A

2-24 解析：题目中未给出建筑高度，A、B、C 选项均可排除，参见《建筑设计防火规范》GB 50016—2014（2018 年版）表 5.2.2 的注释：

　　1　相邻两座单、多层建筑，当相邻外墙为不燃性墙体且无外露的可燃性屋檐，每面外墙上无防火保护的门、窗、洞口不正对开设且该门、窗、洞口的面积之和不大于外墙面积的 5% 时，其防火间距可按本表的规定减少 25%。

　　2　两座建筑相邻较高一面外墙为防火墙，或高出相邻较低一座一、二级耐火等级建筑的屋面 15m 及以下范围内的外墙为防火墙时，其防火间距不限。

　　3　相邻两座高度相同的一、二级耐火等级建筑中，相邻任一侧外墙为防火墙，屋顶的耐火极限不低于 1.00h 时，其防火间距不限。

　　4　相邻两座建筑中较低一座建筑的耐火等级不低于二级，相邻较低一面外墙为防火墙且屋顶无天窗，屋顶的耐火极限不低于 1.00h 时，其防火间距不应小于 3.5m；对于高层建筑，不应小于 4m。

　　5　相邻两座建筑中较低一座建筑的耐火等级不低于二级且屋顶无天窗，相邻较高一面外墙高出较低一座建筑的屋面 15m 及以下范围内的开口部位设置甲级防火门、窗，或设置符合现行国家标准《自动喷水灭火系统设计规范》GB 50084 规定的防火分隔水幕或本规范第 6.5.3 条规定的防火卷帘时，其防火间距不应小于 3.5m；对于高层建筑，不应小于 4m。

6 相邻建筑通过连廊、天桥或底部的建筑物等连接时，其间距不应小于本表的规定。

7 耐火等级低于四级的既有建筑，其耐火等级可按四级确定。

答案：D

2-25 **解析**：《民用建筑设计统一标准》GB 50352—2019 未提及不得利用道路边设置汽车停车位，故选项 C 错误。

其他选项参见第 5.2.2 条，基地道路设计应符合下列规定：

1 单车道路宽不应小于 4.0m，双车道路宽住宅区内不应小于 6.0m，其他基地道路宽不应小于 7.0m；

2 当道路边设停车位时，应加大道路宽度且不应影响车辆正常通行；

3 人行道路宽度不应小于 1.5m，人行道在各路口、入口处的设计应符合现行国家标准《无障碍设计规范》GB 50763 的相关规定；

4 道路转弯半径不应小于 3.0m，消防车道应满足消防车最小转弯半径要求；

5 尽端式道路长度大于 120.0m 时，应在尽端设置不小于 12.0m×12.0m 的回车场地。

答案：C

2-26 **解析**：参见《建筑设计防火规范》GB 50016—2014（2018 年版）第 7.2.1 条，高层建筑应至少沿一个长边或周边长度的 1/4 且不小于一个长边长度的底边连续布置消防车登高操作场地，该范围内的裙房进深不应大于 4m。建筑高度不大于 50m 的建筑，连续布置消防车登高操作场地确有困难时，可间隔布置，但间隔距离不宜大于 30m，且消防车登高操作场地的总长度仍应符合上述规定。

答案：A

2-27 **解析**：参见《建筑设计防火规范》GB 50016—2014（2018 年版）第 7.1.10 条，消防车道不宜与铁路正线平交；确需平交时，应设置备用车道，且两车道的间距不应小于一列火车的长度。

答案：D

2-28 **解析**：参见《建筑设计防火规范》GB 50016—2014（2018 年版）第 7.2.2 条，消防车登高操作场地应符合下列规定：

1 场地与厂房、仓库、民用建筑之间不应设置妨碍消防车操作的树木、架空管线等障碍物和车库出入口。

2 场地的长度和宽度分别不应小于 15m 和 10m。对于建筑高度大于 50m 的建筑，场地的长度和宽度分别不应小于 20m 和 10m。

3 场地及其下面的建筑结构、管道和暗沟等，应能承受重型消防车的压力。

4 场地应与消防车道连通，场地靠建筑外墙一侧的边缘距离建筑外墙不宜小于 5m，且不应大于 10m，场地的坡度不宜大于 3%。

答案：B

2-29 **解析**：A 选项规范要求净宽度不应小于 1.20m，参见《无障碍设计规范》GB 50763—2012 的下列条款。

第 3.3.2 条，无障碍出入口应符合下列规定：

4 除平坡出入口外，在门完全开启的状态下，建筑物无障碍出入口的平台的净深度不应小于 1.50m（D 项正确）；

5 建筑物无障碍出入口的门厅、过厅如设置两道门，门扇同时开启时两道门的间距不应小于 1.50m；

6 建筑物无障碍出入口的上方应设置雨篷。

第 3.4.2 条，轮椅坡道的净宽度不应小于 1.00m，无障碍出入口的轮椅坡道净宽度不应小于 1.20m（A 项错误）。

第 3.4.6 条，轮椅坡道起点、终点和中间休息平台的水平长度不应小于 1.50m（B 项正确）。

第 3.5.1 条，无障碍通道的宽度应符合下列规定：

1 室内走道不应小于 1.20m，人流较多或较集中的大型公共建筑的室内走道宽度不宜小于 1.80m；

2 室外通道不宜小于 1.50m（C 项正确）；

3 检票口、结算口轮椅通道不应小于 900mm。

答案：A

2-30 解析：A、B 选项是高层建筑，应设置环形消防车道，D 选项是 Ⅲ 类汽车库（51～150 辆），也要求设置环形消防车道；可参考以下两本规范：

《建筑设计防火规范》GB 50016—2014（2018 年版）：

第 7.1.2 条，高层民用建筑，超过 3000 个座位的体育馆，超过 2000 个座位的会堂，占地面积大于 3000m² 的商店建筑、展览建筑等单、多层公共建筑应设置环形消防车道，确有困难时，可沿建筑的两个长边设置消防车道；对于高层住宅建筑和山坡地或河道边临空建造的高层民用建筑，可沿建筑的一个长边设置消防车道，但该长边所在建筑立面应为消防车登高操作面。

第 7.1.3 条，工厂、仓库区内应设置消防车道。高层厂房，占地面积大于 3000m² 的甲、乙、丙类厂房和占地面积大于 1500m² 的乙、丙类仓库，应设置环形消防车道，确有困难时，应沿建筑物的两个长边设置消防车道。

《汽车库、修车库、停车场设计防火规范》GB 50067—2014：

第 3.0.1 条，汽车库、修车库、停车场的分类应根据停车（车位）数量和总建筑面积确定，并应符合表 3.0.1 的规定。

汽车库、修车库、停车场的分类　　　　　　　　　　　　　　　　表 3.0.1

名称		Ⅰ	Ⅱ	Ⅲ	Ⅳ
汽车库	停车数量（辆）	>300	151～300	51～150	≤50
	总建筑面积 S(m²)	S>10000	5000<S≤10000	2000<S≤5000	S≤2000
修车库	车位数（个）	>15	6～15	3～5	≤2
	总建筑面积 S(m²)	S>3000	1000<S≤3000	500<S≤1000	S≤500
停车场	停车数量（辆）	>400	251～400	101～250	≤100

第 4.3.2 条，消防车道的设置应符合下列要求：

1 除 Ⅳ 类汽车库和修车库以外，消防车道应为环形，当设置环形车道有困难时，可沿建筑物的一个长边和另一边设置；

2 尽头式消防车道应设置回车道或回车场，回车场的面积不应小于 12m×12m；

3 消防车道的宽度不应小于 4m。

答案：C

2-31 解析：A 选项应该标注"绝对标高"，参见《总图制图标准》GB/T 50103—2010 第 2.5.3 条，建筑物、构筑物、铁路、道路、水池等应按下列规定标注有关部位的标高：

1 建筑物标注室内±0.00 处的绝对标高，在一栋建筑物内宜标注一个±0.00 标高；当有不同地坪标高，以相对±0.00 的数值标注（A 项错误）；

2 建筑物室外散水，标注建筑物四周转角或两对角的散水坡脚处标高；

3 构筑物标注其有代表性的标高，并用文字注明标高所指的位置（B 项正确）；

4 铁路标注轨顶标高；

5 道路标注路面中心线交点及变坡点标高（C 项正确）；

6 挡土墙标注墙顶和墙趾标高，路堤、边坡标注坡顶和坡脚标高，排水沟标注沟顶和沟底标高；

7 场地平整标注其控制位置标高，铺砌场地标注其铺砌面标高（D项正确）。

答案：A

2‑32 解析：参见《建筑设计防火规范》GB 50016—2014（2018 年版）第 7.2.2.4 款，消防车登高操作场地应与消防车道连通，场地靠建筑外墙一侧的边缘距离建筑外墙不宜小于 5m，且不应大于 10m，场地的坡度不宜大于 3％。

答案：B

2‑33 解析：参见《全国民用建筑工程设计技术措施 规划·建筑·景观》（2009 年版）第 3.1.3 条，不同类型场地竖向设计宜按照以下步骤进行：

　　1 场地的设计高程，应依据相应的现状高程（如城市道路标高、基地附近原有水系的常年水位和最高洪水位、临海地区的海潮防护标高、周围市政管线接口标高等）进行竖向设计。

　　2 地形平坦的场地，首先依据周边控制高程，确定室外地坪设计标高及建筑室内地坪标高。

　　3 地形复杂的场地，首先对场地地形进行分析，确定地形不同分类（如陡坡、中坡、缓坡等），以及各类用地的不同功能（如建筑用地、道路、绿地等），进行场地竖向设计，确定各地形高程与周边控制高程的联系。

　　4 大型公共建筑群依据周边控制高程，确定不同性质建筑的室内外标高，并进行场地竖向设计。

答案：A

2‑34 解析：《民用建筑设计统一标准》GB 50352—2019 第 5.3.2.3 款，建筑基地内道路设计坡度应符合下列规定：基地内步行道的纵坡不应小于 0.2％，且不应大于 8％，积雪或冰冻地区不应大于 4％；横坡应为 1％～2％；当大于极限坡度时，应设置为台阶步道。

答案：B

2‑35 解析：不应直接排向城市道路或周边区域，所以 A 错误。参见《民用建筑设计统一标准》GB 50352—2019 第 5.3.3 条，建筑基地地面排水应符合下列规定：

　　1 基地内应有排除地面及路面雨水至城市排水系统的措施，排水方式应根据城市规划的要求确定。有条件的地区应充分利用场地空间设置绿色雨水设施，采取雨水回收利用措施（A 项错误、B 项正确）。

　　2 当采用车行道排泄地面雨水时，雨水口形式及数量应根据汇水面积、流量、道路纵坡等确定（C 项正确）。

　　3 单侧排水的道路及低洼易积水的地段，应采取排雨水时不影响交通和路面清洁的措施（D 项正确）。

答案：A

2‑36 解析：参见《无障碍设计规范》GB 50763—2012 第 3.3.3 条，无障碍出入口的轮椅坡道及平坡出入口的坡度应符合下列规定：

　　1 平坡出入口的地面坡度不应大于 1∶20，当场地条件比较好时，不宜大于 1∶30；

　　2 同时设置台阶和轮椅坡道的出入口，轮椅坡道的坡度应符合本规范第 3.4 节的有关规定。

答案：C

2‑37 解析：参见《城市工程管线综合规划规范》GB 50289—2016 第 4.2.3 条，干线综合管廊宜设置在机动车道、道路绿化带下，支线综合管廊宜设置在绿化带、人行道或非机动车道下。综合管廊覆土深度应根据道路施工、行车荷载、其他地下管线、绿化种植以及设计冰冻深度等因素综合确定。

答案：A

2‑38 解析：参见《民用建筑设计统一标准》GB 50352—2019 第 5.5.2 条，与市政管网衔接的工程管线，其平面位置和竖向标高均应采用城市统一的坐标系统和高程系统。

答案：C

2-39 解析：参见《城市工程管线综合规划规范》GB 50289—2016第4.1.1条，<u>严寒或寒冷地区给水、排水、再生水、直埋电力及湿燃气等工程管线应根据土壤冰冻深度确定管线覆土深度</u>；非直埋电力、通信、热力及干燃气等工程管线以及严寒或寒冷地区以外地区的工程管线应根据土壤性质和地面承受荷载的大小确定管线的覆土深度。

答案：A

2-40 解析：参见《城市工程管线综合规划规范》GB 50289—2016第4.1.2条，工程管线应根据道路的规划横断面<u>布置在人行道或非机动车道下面</u>。位置受限制时，可布置在机动车道或绿化带下面。

答案：B

2-41 解析：参见《城市工程管线综合规划规范》GB 50289—2016第4.1.12条，当工程管线交叉敷设时，管线自地表面向下的排列顺序宜为：通信、电力、燃气、热力、给水、再生水、雨水、污水。给水、再生水和排水管线应按自上而下的顺序敷设。

答案：D

2-42 解析：参见《城市工程管线综合规划规范》GB 50289—2016第4.1.1条，严寒或寒冷地区给水、排水、再生水、直埋电力及湿燃气等工程管线应根据土壤冰冻深度确定管线覆土深度；非直埋电力、通信、热力及干燃气等工程管线以及严寒或寒冷地区以外地区的工程管线应根据<u>土壤性质和地面承受荷载的大小确定管线的覆土深度</u>（C项、D项是需要考虑的因素）。

工程管线的最小覆土深度应符合表4.1.1的规定。当受条件限制不能满足要求时，可采取安全措施减少其最小覆土深度。由该表可知，A项、B项也是需要考虑的因素。

工程管线的最小覆土深度（m）　　　　　　表 4.1.1

管线名称		给水管线	排水管线	再生水管线	电力管线		通信管线		直埋热力管线	燃气管线	管沟
					直埋	保护管	直埋及塑料、混凝土保护管	钢保护管			
最小覆土深度	非机动车道（含人行道）	0.60	0.60	0.60	0.70	0.50	0.60	0.50	0.70	0.60	—
	机动车道	0.70	0.70	0.70	1.00	0.90	0.90	0.60	1.00	0.90	0.50

注：聚乙烯给水管线机动车道下的覆土深度不宜小于1.00m。

答案：无

2-43 解析：A是3.0m，B是1.0m或1.5m，C是0.6m，D是1.0m或1.5m；所以选A。参见《城市工程管线综合规划规范》GB 50289—2016第4.1.9条，工程管线之间及其与建（构）筑物之间的最小水平净距应符合本规范表4.1.9的规定。当受道路宽度、断面以及现状工程管线位置等因素限制难以满足要求时，应根据实际情况采取安全措施后减少其最小水平净距。大于1.6MPa的燃气管线与其他管线的水平净距应按现行国家标准《城镇燃气设计规范》GB 50028执行。

答案：A

2-44 解析：参见《城市古树名木养护和复壮工程技术规范》GB/T 51168—2016第3.0.1条，古树名木单株和群株保护范围的划分应符合下列规定：

1　<u>单株应为树冠垂直投影外延5m范围内</u>；

2　群株应为其边缘植株树冠外侧垂直投影外延5m连线范围内。

另据《公园设计规范》GB 51192—2016第4.1.8条，古树名木的保护应符合下列规定：

1 古树名木保护范围的划定应符合下列规定：

1）成林地带为外缘树树冠垂直投影以外 5m 所围合的范围；

2）单株树应同时满足树冠垂直投影以外 5m 宽和距树干基部外缘水平距离为胸径 20 倍以内。

2 保护范围内，不应损坏表土层和改变地表高程，除树木保护及加固设施外，不应设置建筑物、构筑物及架（埋）设备种过境管线，不应栽植缠绕古树名木的藤本植物。

答案：C

2-45 **解析**：C 应算至房屋墙角 1.0m 处，故 C 说法错误。参见《城市居住区规划设计标准》GB 50180—2018 附录 A 技术指标与用地面积计算方法，第 A.0.2.2 款，居住街坊内绿地面积的计算方法：当绿地边界与城市道路邻接时，应算至道路红线；当与居住街坊附属道路邻接时，应算至路面边缘；当与建筑物邻接时，应算至距房屋墙脚 1.0m 处；当与围墙、院墙邻接时，应算至墙脚。

答案：C

2-46 **解析**：参见《建筑设计防火规范》GB 50016—2014（2018 年版）第 5.2.2 条，民用建筑之间的防火间距不应小于表 5.2.2 的规定，与其他建筑的防火间距，除应符合本节规定外，尚应符合本规范其他章的有关规定。应注意表后的注释："6 相邻建筑通过连廊、天桥或底部的建筑物等连接时，其间距不应小于本表的规定"。

民用建筑之间的防火间距（m） 表 5.2.2

建筑类别		高层民用建筑	裙房和其他民用建筑		
		一、二级	一、二级	三级	四级
高层民用建筑	一、二级	13	9	11	14
裙房和其他民用建筑	一、二级	9	6	7	9
	三级	11	7	8	10
	四级	14	9	10	12

答案：D

2-47 **解析**：建筑高度为 80m，消防车登高操作场地长度小于长边长度，所以 C 图错误；参见《建筑设计防火规范》GB 50016—2014（2018 年版）的下列条款。

第 7.2.1 条，高层建筑应至少沿一个长边或周边长度的 1/4 且不小于一个长边长度的底边连续布置消防车登高操作场地，该范围内的裙房进深不应大于 4m。建筑高度不大于 50m 的建筑，连续布置消防车登高操作场地确有困难时，可间隔布置，但间隔距离不宜大于 30m，且消防车登高操作场地的总长度仍应符合上述规定。

第 7.2.2 条，消防车登高操作场地应符合下列规定：

1 场地与厂房、仓库、民用建筑之间不应设置妨碍消防车操作的树木、架空管线等障碍物和车库出入口。

2 场地的长度和宽度分别不应小于 15m 和 10m。对于建筑高度大于 50m 的建筑，场地的长度和宽度分别不应小于 20m 和 10m。

3 场地及其下面的建筑结构、管道和暗沟等，应能承受重型消防车的压力。

4 场地应与消防车道连通，场地靠建筑外墙一侧的边缘距离建筑外墙不宜小于 5m，且不应大于 10m，场地的坡度不宜大于 3%。

答案：C

2-48 **解析**：参见《总图制图标准》GB/T 50103—2010 表 3.0.1 第 29 项，如表图所示。

总平面图例（节选）　　　　　　　　　　　　　　　表 3.0.1

序号	名　称	图　例	备　注
29	方格网 交叉点标高	−0.50 | 77.85 78.35	"78.35"为原地面标高 "77.85"为设计标高 "−0.50"为施工高度 "−"表示挖方（"+"表示填方）

答案：A

2-49 **解析：**参见《总图制图标准》GB/T 50103—2010 表 3.0.2 第 2 项，如表图所示。

道路与铁路图例（节选）　　　　　　　　　　　　　表 3.0.2

序号	名　称	图　例	备　注
2	道路断面	1.　　　　　2. 3.　　　　　4.	1. 为双坡立道牙 2. 为单坡立道牙 3. 为双坡平道牙 4. 为单坡平道牙

答案：B

2-50 **解析：**参见《岩土工程勘察规范》GB 50021—2001（2009 年版）第 4.1.11 条，详细勘察应按单体建筑物或建筑群提出详细的岩土工程资料和设计、施工所需的岩土参数……主要应进行下列工作：1 搜集附有坐标和地形的建筑总平面图，场区的地面整平标高，建筑物的性质、规模、荷载、结构特点，基础形式、埋置深度，地基允许变形等资料。另据第 4.1.1 条，房屋建筑和构筑物（以下简称建筑物）的岩土工程勘察，应在搜集建筑物上部荷载、功能特点、结构类型、基础形式、埋置深度和变形限制等方面资料的基础上进行。由此可知设计单位应提供的资料包括 A、B、D，不包括 C。

答案：C

2-51 **解析：**参见《建筑日照计算参数标准》GB/T 50947—2014，本题未明确表述相邻地块的建设阶段，实际工程中进行日照计算应有相邻地块的遮挡或被遮挡建筑的相关数据及场地的高程等数据。

　　3.0.3　在确定日照计算范围时应根据详细规划或规划条件，对尚未建设或将改建的相邻地块进行评估，并应在必要时纳入计算范围。

　　3.0.4　计算数据来源应包括测量数据、存档数据和报批数据，数据来源的选取顺序宜根据工程建设阶段，按表 3.0.4 的规定确定。

数据来源选取顺序　　　　　　　　　　　　　　　表 3.0.4

建设阶段	建筑 实测图	建筑 竣工图	地形图 (1∶500～1∶2000)	建筑 施工图	建筑 方案图	修建性详 细规划图	报批图
已建建筑	Ⅰ	Ⅱ	Ⅲ	Ⅳ	—	—	—
在建建筑	—	—	—	Ⅰ	Ⅱ	—	—
已批未建建筑	—	—	—	Ⅰ	Ⅱ	Ⅲ	—
规划拟建建筑	—	—	—	—	—	—	Ⅰ

注：1. Ⅰ、Ⅱ、Ⅲ、Ⅳ表示优先选用的次序，当计算对象处于不同的建设阶段时，分别选取对应的数据来源；
　　2. 实测图应由具有测量资质的机构按现行国家标准测绘；
　　3. 表中的建筑实测图为测量数据，审批通过的修建性详细规划图、建筑方案图、建筑施工图、建筑竣工图、地形图为存档数据，待审批的各类报批图为报批数据。

答案：B

2-52 解析：参见《建筑边坡工程技术规范》GB 50330—2013 第17.1.2条，在滑坡区或潜在滑坡区进行工程建设和滑坡整治时应以防为主，防治结合，<u>先治坡，后建房</u>。应根据滑坡特性采取治坡与治水相结合的措施，合理有效地综合整治滑坡。

答案：A

2-53 解析：参见《地下工程防水技术规范》GB 50108—2008 第3.1.2条，地下工程防水方案应根据工程规划、结构设计、材料选择、结构耐久性和施工工艺等确定，故应包括 A 选项。另据《建筑边坡工程技术规范》GB 50330—2013 第16.1.3条，地下排水措施宜根据边坡水文地质和工程地质条件选择，当其在地下水位以上时应采取措施防止渗漏，故应包括 C 选项。第18.2.1条，边坡工程的施工组织设计应包括下列基本内容：1 工程概况：边坡环境及邻近建（构）筑物基础概况、场区地形、工程地质与水文地质特点、施工条件、边坡支护结构特点、必要的图件及技术难点；故应包括 B 选项。

答案：D

2-54 解析：参见《湿陷性黄土地区建筑标准》GB 50025—2018 第3.0.1条，湿陷性黄土场地上的建筑物分类应符合下列规定：

1 拟建建筑物应根据重要性、高度、体形、地基受水浸湿可能性大小和对不均匀沉降限制的严格程度等分为四类，并应符合表3.0.1的规定。

2 根据基础结构形式、变形刚度、连接方式及重要性等，建筑物各单元可划分为不同类别，也可划分为同一类别。建筑物类别的划分可结合本标准附录A确定。

建筑物分类

表 3.0.1

建筑物类别	划分标准
甲类	高度大于 60m 和 14 层及 14 层以上体形复杂的建筑 高度大于 50m 且地基受水浸湿可能性大或较大的构筑物 高度大于 100m 的高耸结构 特别重要的建筑 地基受水浸湿可能性大的重要建筑 对不均匀沉降有严格限制的建筑
乙类	高度为 24～60m 建筑 高度为 30～50m，且地基受水浸湿可能性大或较大的构筑物 高度为 50～100m 的高耸结构 地基受水浸湿可能性较大的重要建筑 地基受水浸湿可能性大的一般建筑
丙类	除甲类、乙类、丁类以外的一般建筑和构筑物
丁类	长高比不大于 2.5 且总高度不大于 5m，地基受水浸湿可能性小的单层辅助建筑，次要建筑

第3.0.2条，防止或减小建筑物地基浸水湿陷的设计措施，应根据建筑物类别和岩土工程勘察对场地和地基的湿陷性评价结果综合确定。设计措施可分为地基基础措施、防水措施、结构措施三种。

答案：C

2-55 解析：《总图制图标准》GB/T 50103—2010 第3.0.1条，总平面图例应符合表3.0.1的规定。

序号	名称	图 例	备 注
45	室内地坪标高	151.00 (±0.00)	数字平行于建筑物书写
46	室外地坪标高	143.00 ▼	室外标高也可采用等高线
47	盲道		—
48	地下车库入口		机动车停车场
49	地面露天停车场		—
50	露天机械停车场		露天机械停车场

答案：A

2-56 解析：因为地球是椭球体，所以地面并不是平的，城市测量平面坐标系统与其投影变形和高程均有关，且对平面投影变形控制值有限制，因此 B、C 选项不正确，详见《城市测量规范》CJJ/T 8—2011 的如下条款：

3.1.1 城市测量应采用该城市统一的平面坐标系统，并应符合下列规定：

1 投影长度变形值不应大于 25mm/km；

2 当采用地方平面坐标系统时，应与国家平面坐标系统建立联系。

3.1.2 城市测量应采用高斯-克吕格投影。

3.1.3 城市测量应采用统一的高程基准；当采用地方高程基准时，应与国家高程基准建立联系。

3.1.4 城市测量的时间应采用公元纪年、北京时间。

两者之间的坐标不是简单的差值换算关系，应符合《中华人民共和国测绘法》第十条的有关规定，故选项 A 不正确。

第十条 国家建立全国统一的大地坐标系统、平面坐标系统、高程系统、地心坐标系统和重力测量系统，确定国家大地测量等级和精度以及国家基本比例尺地图的系列和基本精度。具体规范和要求由国务院测绘地理信息主管部门会同国务院其他有关部门、军队测绘部门制定。

另据《城市测量规范》CJJ/T 8—2011 的条文说明，城市平面控制网要采用国家统一坐标系统，必须具备 3 个条件，同时满足 3 个条件的城市为数不多，由于历史的原因没有采用统一 3°带，而是采用任意带建立了城市的地方坐标系，并且一直在沿用；故选项 D 正确。

答案：D

2-57 解析：容积率是指用地范围内各类建筑地上建筑面积之和与用地总面积的比值；建筑密度是用地范围内建筑物基底面积与该用地面积的比率（％）。因容积率不涉及地下建筑面积，故 B 错误。另据《民用建筑设计统一标准》GB 50352—2019 第 4.1.1 条，建筑项目的用地性质、容积率、建筑密度、绿地率、建筑高度及其建筑基地的年径流总量控制率等控制指标，应符合所在

247

地控制性详细规划的有关规定；故 D 错误。

答案：C

2-58 **解析**：详见《民用建筑设计统一标准》GB 50352—2019 第 4.5.1 条，建筑高度不应危害公共空间安全和公共卫生，且不宜影响景观，下列地区应实行建筑高度控制，并应符合下列规定：

1 对建筑高度有特别要求的地区，建筑高度应符合所在地城乡规划的有关规定；

2 沿城市道路的建筑物，应根据道路红线的宽度及街道空间尺度控制建筑裙楼和主体的高度；

3 当建筑位于机场、电台、电信、微波通信、气象台、卫星地面站、军事要塞工程等设施的技术作业控制区内及机场航线控制范围内时，应按净空要求控制建筑高度及施工设备高度；

4 建筑处在历史文化名城名镇名村、历史文化街区、文物保护单位、历史建筑和风景名胜区、自然保护区的各项建设，应按规划控制建筑高度。

注：建筑高度控制尚应符合所在地城市规划行政主管部门和有关专业部门的规定。

答案：B

2-59 **解析**：参见本书第二章第一节及《国家基本比例尺地图图示　第 1 部分：1∶500 1∶1000 1∶2000 地形图图示》GB/T 20257.1—2017，如下表所示：

4　符号与注记

编号	符号名称	符号式样			符号细部图	多色图色值
		1∶500	1∶1000	1∶2000		
4.5	管线					
4.5.1 4.5.1.1	高压输电线 架空的 　a. 电杆 　　35——电压（kV）		a 4.0 ──35		0.8　30°　0.8 1.0　　1.0	K100
4.5.1.2	地面下的 　a. 电缆标	a 8.0　1.0　4.0			0.4　0.2 0.7　2.0 0.3 1.0	K100
4.5.1.3	输电线入地口 　a. 依比例尺的 　b. 不依比例尺的		a b		1.0　2.0 0.6	
4.5.2 4.5.2.1	配电线 架空的 　a. 电杆		a 8.0		1.0　2.0 0.6	K100
4.5.2.2	地面下的 　a. 电缆标	a 8.0　1.0　4.0				
4.5.2.3	配电线入地口					

答案：B

2-60 **解析**：参见《民用建筑设计统一标准》GB 50352—2019 第 5.3.1 条，建筑基地场地设计应符合下列规定：1 当基地自然坡度小于 5% 时，宜采用平坡式布置方式；当大于 8% 时，宜采用台阶式布置方式，台地连接处应设挡墙或护坡；基地临近挡墙或护坡的地段，宜设置排水沟，且坡向排水沟的地面坡度不应小于 1%。图中所示场地平均标高约在 39.50m，仅局部有较低的场地

（在现状水沟附近），故可局部采用台阶式。

答案：B

2-61 **解析**：参见《城市测量规范》CJJ/T 8—2011 第 5.1.1 条，一个城市应采用统一的高程基准，宜采用 1985 国家高程基准或沿用 1956 年黄海高程系，也可采用地方高程系。第 5.1.1 条文说明，很多城市由于历史的原因还在沿用地方高程系，因此本次规范修订时增加了可采用地方高程系的规定。当城市高程系统采用地方高程系时，应与国家高程系统建立联系。现在的地形图通常采用 1985 国家高程基准。

答案：C

2-62 **解析**：参见《民用建筑设计统一标准》GB 50352—2019 第 4.2.4.1 款，建筑基地机动车出入口位置，应符合所在地控制性详细规划，并应符合下列规定：中等城市、大城市的主干路交叉口，自道路红线交叉点起沿线 70.0m 范围内不应设置机动车出入口。

答案：C

2-63 **解析**：详见《城市工程管线综合规划规范》GB 50289—2016 第 4.2.1 条，当遇下列情况之一时，工程管线宜采用综合管廊敷设：

1　交通流量大或地下管线密集的城市道路以及配合地铁、地下道路、城市地下综合体等工程建设地段（A 正确）；

2　高强度集中开发区域、重要的公共空间（B 正确）；

3　道路宽度难以满足直埋或架空敷设多种管线的路段；

4　道路与铁路或河流的交叉处或管线复杂的道路交叉口（D 正确）；

5　不宜开挖路面的地段。

答案：C

2-64 **解析**：本题可采用排除法进行判断。学校建筑的最小净高通常都大于 3m，选 A，参见《中小学校设计规范》GB 50099—2011 第 7.2.1 条及表 7.2.1。

7.2.1　中小学校主要教学用房的最小净高应符合表 7.2.1 的规定。

主要教学用房的最小净高（m）　　　　　　　　　　　　　表 7.2.1

教　室	小学	初中	高中
普通教室、史地、美术、音乐教室	3.00	3.05	3.10
舞蹈教室	4.50		
科学教室、实验室、计算机教室、劳动教室、技术教室、合班教室	3.10		
阶梯教室	最后一排（楼地面最高处）距顶棚或上方突出物最小距离为 2.20m		

答案：A

第三章　建　筑　设　计　原　理

考试大纲对本专题的考核要求是："系统掌握建筑设计的各项基础理论、公共建筑和居住建筑设计原理；掌握建筑类别等级的划分及各阶段的设计深度要求（详见本书第七章第一节）；掌握技术经济综合评价标准（详见本套教材第 5 分册第二十五章建筑经济）；理解建筑与室内外环境、建筑与技术、建筑与人的行为方式的关系"。

第一节　公共建筑设计原理

建筑师要处理好公共建筑的总体环境布局、功能关系与空间组合、造型艺术、技术经济等问题。

一、公共建筑的总体环境布局

1. 总体环境布局的基本组成

创造室外空间环境时，主要考虑公共建筑的内在因素和外在因素。公共建筑自身的功能、经济及美观属于内在因素，而城市规划、周围环境、地段状况等属于外在因素。室外空间环境包括下列几个基本组成部分：建筑群体、广场道路、绿化设施、雕塑壁画、建筑小品、灯光造型的艺术效果等。此外，建筑师还应处理好室外环境空间与建筑、场所、绿地的关系。

2. 总体环境布局的空间与环境

勒·柯布西耶认为"……对空间的占有是存在之第一表征；然而任何空间都存在于环境之中，故提高人造环境的物理素质及其艺术性，就必然成为提高现代生活质量的重要构成因素"。在设计公共建筑时，其空间组合不能脱离总体环境孤立地进行，而应把它放在特定的环境之中，即考虑自然环境与人工环境的结合。

3. 群体建筑环境的空间组合

公共建筑群体空间组合，一般包含两个方面：一是在特定的条件下，需要采用比较分散的布局，而产生群体空间组合；二是以公共建筑群组成各种形式的组团或中心，如市政中心（加拿大多伦多市政厅、巴西的巴西利亚三权广场）、商业中心（瑞典魏林比商业中心、英国伦敦哈罗城市中心）、展览中心（美国西雅图世界博览会）及娱乐中心等。

二、公共建筑的功能关系与空间组合

公共建筑是人们进行社会活动的场所，在公共建筑的功能问题中，功能分区、人流疏散、空间组成以及建筑与室外环境的联系等，是核心问题。其中最突出的则是建筑空间的使用性质和人流活动的问题。

（一）公共建筑的空间组成

各种公共建筑的使用性质和类型尽管不同，但都可以分成主要使用部分、次要使用部分（或称辅助部分）和交通联系部分。设计中应首先抓住这三大部分的关系进行排列组合，逐一解决各种矛盾问题，以求得功能关系的合理与完善。在这三部分的构成关系中，交通联系空间的配置往往起到关键作用。

交通联系部分一般可分为：水平交通、垂直交通和枢纽交通三种基本空间形式。

1. 水平交通

常采用过道、过厅、通廊等空间形式。设计时应直截了当，忌曲折多变。与各部分空间均应有密切联系，具备良好的采光与通风。

2. 垂直交通

常采用楼梯（直跑、双跑或三跑楼梯）、电梯、自动扶梯，以及坡道等形式。公共建筑中楼梯的位置与数量应依据功能需要和消防要求而定。应靠近交通枢纽，布置均匀、有主次且应与使用者的人流量相适应。

3. 枢纽交通

考虑到人流的集散、方向的转换、空间的过渡，以及与通道、楼梯等空间的衔接等，需要设置门厅、过厅等空间形式，起到交通枢纽与空间过渡的作用。使用方便、空间得体、结构合理、装修适当、经济有效。应兼顾使用功能和空间意境的创造。

（二）公共建筑的功能分区

功能分区的概念是，将空间按不同功能要求进行分类，并根据它们之间联系的密切程度加以组合、划分。

功能分区的原则是：分区明确、联系方便，并按主、次，内、外，闹、静关系合理安排，使其各得其所；同时还要根据实际使用要求，按人流活动的顺序关系安排位置。空间组合、划分时要以主要空间为核心，次要空间的安排要有利于主要空间功能的发挥；对外联系的空间要靠近交通枢纽，内部使用的空间要相对隐蔽；空间的联系与隔离要在深入分析的基础上恰当处理。

（三）公共建筑的人流聚集与疏散

公共建筑在人流组织上，可以归纳为平面和立体两种方式。中小型公共建筑的人流活动比较简单，多采用平面组织方式。有些公共建筑，由于功能要求比较复杂，需要采用立体方式组织人流活动，如大型交通建筑。

公共建筑的人流疏散，有连续性的（医院、商店、旅馆）、集中性的（影剧院、会堂、体育馆）、兼有连续和集中性的（展览馆、学校、铁路客运站）。

（四）公共建筑的空间组合

1. 分隔性空间组合

分隔性空间组合的特点是以交通空间为联系手段，组合各类房间。常称之为"走道式"建筑布局，广泛运用于办公、学校、医院、宿舍等建筑。有内廊式（走道在中间，联系两侧房间）和外廊式（走道位于一侧，联系单面房间）两种布置方式。

2. 连续性空间组合

展览类型的公共建筑，为满足参观路线的要求，在空间组合上要求有一定的连续性。基本上可分为5种形式：串联式、放射式、串联兼通道式、串联兼放射式、综合性大厅式。

注：以上内容参见：天津大学张文忠．公共建筑设计原理．第四版．北京：中国建筑工业出版社，2008。

3. 观演性空间组合

观演类型的公共建筑（体育馆、影剧院、音乐厅、歌舞厅、娱乐城），一般有大型的空间作为组合的中心，围绕大型空间布置服务性空间。服务性空间与大型空间应联系密切，并构成空间整体。

4. 高层性空间组合

高层公共建筑（酒店、办公楼、多功能大厦）的空间组合反映在交通组织上，是以垂直交通系统为主，有板式和塔式两种（而低层公共建筑的空间组合，常以水平交通为主）。

5. 综合性空间组合

一些功能要求复杂的公共建筑，常采用综合形式的空间组合，如文化宫、俱乐部、大型会议和办公场所；这类公共建筑的空间与体形是相辅相成的，应灵活运用各种空间组合手段。

三、公共建筑的造型艺术

公共建筑的造型不仅有下面所列三个方面的内容，还包括民族形式、地域文化、构图技巧以及形式美的规律等。

（一）公共建筑造型艺术的基本特点

多样统一既是建筑艺术形式普遍认同的法则，自然也是公共建筑造型创作的重要依据。形式美的法则用于建筑艺术形式的创作时，常被称为"建筑构图原理"。建筑的空间与实体是对立统一的两个方面，运用一定的构图技巧把它解决好，是建筑艺术创作中的核心问题。只有处理好"多样统一""形式与内容的统一""正确对待传统与革新"等问题，才能创作出好的建筑作品。

（二）室内空间环境艺术

《公共建筑设计原理》（第五版）着重分析了室内空间与比例尺度的关系、围透划分与序列导向的关系这两方面问题。其中西班牙巴塞罗那博览会德国馆，采用了围中有透、透中有围、围透结合的方法，从而创造出流动性的空间。

（三）室外空间环境艺术

公共建筑的形体与空间是建筑造型艺术中矛盾的两个方面，它们之间互为依存，不可分割。公共建筑外部形体的艺术形式离不开统一与变化的构图原则。构图中应注意"主从关系、对比与协调、均衡与稳定、节奏与韵律"等方面的关系。常用的韵律手法有连续的韵律、渐变的韵律、起伏的韵律、交错的韵律（巴塞罗那博览会德国馆）等。

四、公共建筑的技术与经济问题

建筑空间和体形的构成要以一定的工程技术条件作为手段。建筑的空间要求和建筑技术的发展是相互促进的。选择技术形式时要满足功能要求，符合经济原则。

（一）公共建筑与结构技术

公共建筑常用的三种结构形式：混合结构、框架结构、空间结构。

1. 混合结构

常为砖砌墙体、钢筋混凝土梁板体系，梁板跨度不大，承重墙平面呈矩形网格布置，适用于房间不大、层数不多的建筑（如学校、办公楼、医院）。其承重墙要尽量均匀、交圈，上下层对齐，洞口大小有限，墙体高厚比要合理，大房间在上，小房间在下。

2. 框架结构

承重与非承重构件分工明确，空间处理灵活，适用于高层或空间组合复杂的建筑。

3. 空间结构（大跨度结构）

充分发挥材料性能，提供中间无柱的巨大空间，满足特殊的使用要求。

悬索、空间薄壁、充气薄膜、空间网架等，结合结构、构造课程，了解受力特点和造型的关系，记住国内外著名实例。

（二）公共建筑与设备

公共建筑的设备布置包含恰当安排设备用房，解决好建筑、结构与设备上的各种矛盾，注意减噪、防火、隔热。结合设备课程，了解采暖、空调、照明各种系统的选型原则和适用范围。

1. 采暖系统

热水系统舒适、稳定，适用于居住建筑和托幼。蒸汽系统加热快，适用于间歇采暖建筑如会堂、剧场。

2. 空调系统

集中空调服务面大，机房集中，管理方便，风速及噪声低，但机房大，风道粗，层高要求大，风量不易调节，运行费用大，不适用于小风量的复杂空间。风机盘管系统，室温可调，适用于空间复杂、灵活并需调温的建筑（如宾馆、实验室）。

3. 人工照明

保证舒适而又科学的照度、适宜的亮度分布和防止眩光，创造良好的空间气氛；此外，还要考虑灯具本身的美观。

（三）公共建筑与经济

应当把一定的建筑标准作为考虑建筑经济问题的基础，设计要符合国家规定的建筑标准，防止铺张浪费，也不可片面追求低标准而降低建筑质量。

要注意节约建筑面积和体积，计算和控制建筑的有效面积系数、使用面积系数、结构面积系数和体积系数等指标，节约用地，降低造价，以期获得较好的经济效益。

建议结合建筑经济课程深入学习。

五、公共建筑的无障碍设计

1. 基本理念和原则

无障碍设计的基本理念是：尽最大可能考虑所有人群的使用要求，做到真正的"以人为本"，包括各类残疾人、老年人、儿童、孕妇、外国人和有临时障碍的普通人。

无障碍设计的基本原则是：满足各类障碍人群或特定目标人群在室外空间、交通空间、卫生设施、生活空间、专有公共空间的通行与使用要求，尤以视力障碍、肢体障碍、听力障碍人群为主。

2. 公共建筑外环境与场地的无障碍设计

（1）场地无障碍设计

必须做好从城市无障碍空间到建筑空间的衔接，应设置无障碍标识，并形成系统。

（2）停车场无障碍设计

将通行方便、距离建筑出入口最近的停车位安排给残疾人使用。

3. 公共建筑交通空间的无障碍设计

（1）出入口和坡道

应保证建筑室内外无障碍设计的连续性，尤其是无障碍通行路线的畅通衔接。尽量采用平坡出入口，无障碍坡道应设在方便和醒目位置，并保障在任何气候条件下的安全方便。

（2）无障碍通道

首先要满足轮椅正常通行和回转的宽度，人流较多或者较长的公共走廊还要考虑两个轮椅交错的宽度。通道应尽可能做成正交形式。医院、诊所等障碍人士较多的建筑空间需在两侧墙面 850～900mm 和 650～700mm 两个高度设连续的走廊扶手。通道界面应使用高对比色彩。

（3）无障碍楼梯与台阶

不宜采用弧形楼梯，楼梯两侧宜设双侧扶手，保持连贯；踏面应采用防滑材料和构造。楼梯照明和色彩应能够突显踏面位置，并设置必要标识和提示。

（4）无障碍电梯

建筑内设电梯时，至少应设一部无障碍电梯，电梯轿厢尺寸、控制按钮、扶手、照明应适合无障碍使用要求。

4. 公共建筑卫生设施的无障碍设计

分为专用独立式无障碍卫生间和无障碍厕位两类。科研、办公、司法、体育、医疗康复、大型交通建筑内的公众区域至少要有一个专用无障碍卫生间。独立式无障碍卫生间要能满足残疾人、需陪护不同性别家人、携带婴儿以及其他一些特殊情况人士的使用。无障碍厕位包括男、女至少各一套卫生设备，门宜外开，并保证轮椅的回转空间；无障碍厕位应设坐便和安全抓杆。

例 3-1 （2010）作为大型观演性公共建筑，影剧院不同于体育馆的特点是（　　）。

A　观众环绕表演区观赏

B　有视线和声学方面的设计要求

C　围绕大型空间均匀布置服务性空间

D　按照门厅、观赏区、表演区的空间序列布局

解析： 参见《公共建筑设计原理》（第五版）P128，影剧院在空间组合上区别于其他大跨空间的独特形式，通常以门厅、观众厅、舞台等几个空间序列进行布置。故本题应选 D。

A 选项"观众环绕表演区观赏"是体育建筑的典型空间组合形式。B 选项"有视线和声学方面的设计要求"是观演建筑观众区的共有特征，只是具体质量要求有

所差别。C选项"围绕大型空间均匀布置服务性空间"，并要求与大型空间有比较密切的联系，使之构成完整的空间整体，是观演建筑的共有特征。

答案：D

例3-2 （2021）维特鲁威提出的建筑三原则是（ ）。

A 适用、坚固、美观   B 适用、经济、美观

C 经济、适用、坚固   D 经济、坚固、美观

解析：参见《公共建筑设计原理》（第五版）卷首语。公元前1世纪，古罗马建筑理论家维特鲁威在其著作《建筑十书》中明确指出建筑应具备三个基本要求：适用、坚固、美观。

答案：A

第二节 住宅设计原理

一、住宅套型与家庭人口构成

住宅建筑应能提供不同的套型居住空间供各种不同户型的住户使用。户型是根据住户家庭人口构成（如人口规模、代际数和家庭结构）的不同而划分的住户类型。套型则是指为满足不同户型住户的生活居住需要而设计的不同类型的居住空间。

（一）家庭人口构成

不同的家庭人口构成形成不同的住户户型，而不同的住户户型则需要不同的住宅套型设计。进行住宅套型设计时，首先必须了解住户的家庭人口构成情况。家庭人口构成可从户人口规模、户代际数和家庭人口结构等三方面考量。

1. 户人口规模

户人口规模指住户家庭人口的数量，对住宅套型的建筑面积指标和需布置的床位数具有决定意义。在具体时期和地区的住宅建设中，不同户人口规模在总户数中所占比例将影响不同住宅套型的修建比例。

2. 户代际数

户代际数指住户家庭常住人口的代际数。随着社会发展，多代户家庭趋于分解。在住宅套型设计中，要使几代人能够各得其所、相对独立，又要使其相互联系、相互关照。

3. 家庭人口结构

家庭人口结构指住户家庭成员的关系网络。由于性别、辈分、姻亲关系等不同，可分为单身户、夫妻户、核心户、主干户、联合户及其他户。核心户是指一对夫妻和其未婚子女所组成的家庭；主干户是指一对夫妻和其一对已婚子女所组成的家庭；联合户是指一对夫妻和其多对已婚子女所组成的家庭。

（二）套型与家庭生活模式

住户的家庭生活行为模式是影响住宅套型空间组合的主要因素。家庭生活行为模式可分为家务型、休养型、交际型、家庭职业型、文化型、"宾馆"型等。

（三）套型居住环境与生理

住宅套型作为一户居民家庭的居住空间环境，其空间形式必须满足人的生理活动需求，其空间的环境质量也必须符合人体生理上的需要。应当按照人的生理需要划分空间，同时保证良好的套型空间环境质量。

（四）套型居住环境与心理

人对居住空间环境的共同心理需求可归纳为：安全感与心理健康、私密性与开放性、自主性与灵活性、意境与趣味、自然回归性等。

二、住宅套型设计

（一）住宅各功能空间

1. 居住空间

一套住宅根据不同的套型标准和居住对象，可以划分为卧室、起居室、工作学习室、餐室等。

2. 厨卫空间

厨卫空间是住宅设计的核心部分，它对住宅的功能与质量起着关键作用。

3. 交通及其他辅助空间

（1）交通联系空间

包括门斗或前室、过道、过厅及户内楼梯等。

（2）贮藏空间

一套住宅中可以合理利用空间布置贮藏设施。

（3）室外空间

住宅的室外活动空间，包括阳台、露台以及低层住宅的户内庭院。

（4）其他设施

包括晾晒设施、垃圾处理等。

（二）住宅套型空间组合设计

1. 户内功能分区

（1）内外分区。按空间使用功能的私密程度的层次划分，卧室、书房、主人卫生间等为私密区，应安排在最内部。

（2）动静分区。会客厅、起居室、餐厅、厨房和家务室是住宅中的动区；卧室、书房是静区。有时也可将父母与孩子的活动按动静分区来考虑。

（3）洁污分区。主要体现为有烟气、污水及垃圾污染的区域和清洁卫生区域的区分。

（4）合理分室

住宅的合理分室是把不同的功能空间分别独立出来，避免空间功能的合用与重叠。合理分室包括生理分室和功能分室两方面。生理分室与家庭成员的性别、年龄、人数、辈分、婚姻关系等因素有关。功能分室是把不同的功能空间分离，避免互相干扰，提高使用质量。

2. 套型朝向及通风组织

（1）单朝向套型

一套住宅只有一个朝向时，应避免最不利朝向，如北方地区应避免北向，南方地区应避免西向。单朝向时，套内通风较难解决，可用于对通风要求不高的北方地区；在严寒地区还有利于防寒。

（2）每套有相对或相邻两个朝向

此类套型有利于组织套内通风，但应注意厨房、卫生间与居室间的气流组织，避免油烟等有害气体对居住环境的污染。

（3）利用平面凹凸及设置内天井来组织朝向及通风

这种处理方式常可起到增加房屋进深的作用，有利于节约用地。

3. 套型的空间组织

套型的空间组织千变万化。目前常见的大致有：

（1）餐室厨房型（DK 型）

是指炊事与就餐合用同一空间的形式，适用于小面积、人口少的住户。采用 DK 式空间，必须注意油烟的排除及采光通风问题的解决。另有一种 D·K 型，将就餐空间与厨房紧邻并适当隔离，使就餐与炉灶分开，避免油烟污染。

（2）小方厅型（B·D 型）

用兼作就餐和家务的小方厅组织套内空间。家庭人口多、卧室不足、生活标准较低时采用。

（3）起居型（LBD 型）

将起居空间独立出来，并以其为中心组织套内空间，有利于动静分区。这种形式又可分为以下几种：

1）L·BD 型：仅将起居独立，睡眠与用餐合一；

2）L·B·D 型：将起居、用餐、睡眠均分离开来；

3）B·LD 型：将睡眠独立，起居、用餐合一。

（4）起居、餐厨合一型（LDK 型）

将起居、用餐、炊事等活动设于同一空间中，国外较多见，但不大符合我国生活习惯。主要是我国烹饪时油烟较大，易对起居产生污染。

（5）三维空间组合型

包括变层高住宅、复式住宅和跃层住宅等形式。

4. 空间可灵活分隔的住宅体系

（1）SAR 体系住宅

由荷兰建筑师提出的一套住宅设计理论和方法，也叫支撑体住宅体系。它将住宅的设计和建造分为两部分：支撑体和填充体。SAR 体系住宅具有很大的灵活性和可变性。套型面积可大可小，套型单元可分可合，并为居住者参与设计提供了可能。

（2）大开间住宅

这种住宅使用大开间结构，一般将楼梯间、厨房、卫生间相对固定，其余空间不作分隔，而由住户自行选择空间划分形式。

三、住宅建筑类型的特点与设计

（一）低层住宅设计

低层住宅一般指 1～3 层的住宅建筑。可分为低层住宅（一般标准低层住宅）和别墅（较高标准低层住宅）。低层住宅接近自然，有较强的认同感和归属感，但建设经济性差。

一般有水平组合和垂直组合两种。水平组合包括独立式住宅、并联式住宅、联排式住宅、聚合式住宅。垂直组合又包括两种：一种是各层平面相同或相似，在垂直方向上进行重复或悬挑叠加；另一种是不同户在垂直方向上交叉组合，共同形成一个住宅单元体。

（二）多层住宅设计

1. 平面类型和特点

多层住宅是指4~6层的住宅。按交通廊的组织可分为梯间式、外廊式、内廊式、跃廊式；按拼联方式可分为拼联式、独立单元式（点式）；按垂直组合形式可分为台阶式、跃层式、复式、变层高式等。

2. 适应性与可变性

适应性是指住宅实体空间的用途具有多种可能性，以适应不同住户居住。可变性是指住宅空间具有一定可改性，住户可以在使用中根据需要改变住宅空间。

3. 标准化与多样性

住宅建筑既要便于社会化大生产，又要满足住户多样化需求。前者是手段，后者是目的，两者相辅相成。

（三）高层住宅设计

建筑高度大于27m的住宅称为高层住宅，按平面类型分为塔式、单元式和通廊式。塔式一般每层布置4~8户，平面紧凑灵活，私密性较差；单元式通常由多个住宅单元组合而成，一般一个单元只设一部楼梯，电梯每层服务2~4户，组合灵活，私密性强；通廊式高层住宅是由共用廊道联系多组竖向交通核，包括内廊式、外廊式、跃廊式。

例3-3　（2010）制约住宅起居室开间大小的主要因素为(　　)。

　　A　观看电视的适当距离　　　　　B　坐在沙发上交谈的距离
　　C　沙发的大小尺寸　　　　　　　D　沙发摆放方式

　　解析：参见《住宅建筑设计原理》（第四版）P16，起居室的平面尺寸与住宅套型面积标准，家庭成员多寡，看电视、听音响的适宜距离以及空间给人的视觉感受有关。

　　答案：A

第三节　建筑构图原理

建筑的发展表现为复杂的矛盾运动形式，建筑的形式与内容是对立统一的辩证关系。建筑发展演进的三个主导因素是：功能和使用要求、精神和审美要求，以及以必要的物质技术手段来达到前面的两个要求。

应结合彭一刚院士的《建筑空间组合论》（第三版）学习本节内容，并应掌握以下几方面知识：

（一）功能与空间

建筑总是有它具体的目的和使用要求的，这在建筑中被称为"功能"，所以美国芝加哥学派的现代主义建筑大师路易斯·沙利文提出了"形式追随功能"的理念。

人们经常提及的"建筑形式"，是由空间、体形、轮廓、虚实、凹凸、色彩、质地、装饰等要素集合而形成的复杂的概念。这些要素有的和功能保持着紧密而直接的联系；有的和功能的联系并不直接、紧密；有的则几乎和功能没有联系。基于这一事实，我们不能笼统地认为一切形式均来自功能。

1. 功能对空间形式的规定性

容器有盛放物品的功能；反过来，这一功能对容器的空间形式也具有以下三个方面的规定性：

（1）量的规定性：具有合适的大小和容量，足以容纳物品。

（2）形的规定性：具有合适的形状以适应所盛放的特定物品。

（3）质的规定性：所围合的空间具有适当的物理条件，如温、湿度等，以防止物品受到损害或变质。

2. 功能对于单一空间形式的规定性

房间是组成建筑最基本的单位，它通常是以单一空间的形式存在的。不同性质的房间，具有不同的空间形式。如果把"房间或厅堂"看成是容器，它盛放的是人或人们的活动，那么它也必须具有上述三个方面的规定性。

3. 功能对于多空间组合形式的规定性

空间组合形式是千变万化的，但是不论这种变化是何等复杂，它终究要反映不同功能联系的特点。基于此，可以概括出下列 5 种具有典型意义的空间组合形式：

（1）用"走道"来连接各使用空间。

（2）各使用空间围绕着"楼梯"来布置。

（3）以"广厅"直接连接各使用空间。

（4）各使用空间互相串联套，直接连通。

（5）以大空间为中心，周围环绕小空间。

（二）空间与结构

建筑空间，是人们凭借着一定的物质材料，从自然空间中围隔出来的——由原来的自然空间变为人造空间。所围隔的空间必须具有确定的量（大小、容积）、确定的形（形状）、确定的质（能避风雨、御寒暑、可通风采光等）。空间可分为：符合使用功能的适用空间、符合审美要求的视觉空间、符合材料性能和力学规律的结构空间。

不同的结构形式不仅能适应不同的功能要求，而且也各具独特的表现力。美籍芬兰裔建筑师埃罗·沙里宁认为"每一个时代都是用它当代的技术来创造自己的建筑。但是没有任何一个时代拥有过像我们现在处理建筑上所拥有的这样神奇的技术"。

（1）以墙和柱承重的梁板结构体系。

（2）框架结构体系。

（3）大跨度结构体系。

（4）悬挑结构体系。

（5）其他结构体系（剪力墙、井筒、充气结构等）。

（三）形式美的原则

1. 形式美的原则——多样统一

古今中外的建筑，尽管在形式处理方面有极大差别，但凡属优秀作品，必然遵循一个共同的准则——多样统一。多样统一，也称有机统一，也就是在统一中求变化，在变化中求统一。强调有秩序的变化。应当指出"形式美的原则"与"审美观念"是两种不同范畴；前者是绝对的，后者是相对的。

2. 形式美的若干基本范畴

（1）以简单的几何形状求统一

古代美学家认为，简单、肯定的几何形状可以引起人的美感。现代建筑大师勒·柯布西耶也强调："原始的体形是美的体形，因为它能使我们清晰地辨认。"这些观点可以从古今中外的许多建筑实例中得到证实。

（2）主从与重点

在由若干要素组成的整体中，每一要素在整体中所占的比重和所处的地位，将会影响到整体的统一性。倘使所有要素都竞相突出自己，或者都处于同等重要地位，不分主次，就会削弱整体的完整统一性。在一个有机统一体中，各组成部分应当有主与从的差别；有重点与一般的差别；有核心与外围组织的差别。否则难免流于松散、单调而失去统一。

（3）均衡与稳定

人类从与重力做斗争的实践中逐渐形成一整套与重力有联系的审美观念，这就是均衡与稳定。对称的形式天然就是均衡的，但也可以用不对称的形式来保持均衡。除了静态的均衡外，也可依靠运动来求得平衡，这种形式的均衡称为动态均衡。古典建筑的设计思想更多的是从静态均衡的角度来考虑问题，近现代建筑师还往往用动态均衡的观点来考虑问题。

和均衡相关联的是稳定。均衡所涉及的主要是建筑构图中各要素左与右、前与后之间相对轻重关系的处理，稳定所涉及的则是建筑整体上下轻重关系的处理。

（4）对比与微差

建筑功能和技术赋予建筑以各种形式上的差异性。对比与微差研究的是如何利用这些差异性来求得建筑形式上的完美统一。对比指的是要素之间显著的差异，微差指的是不显著的差异。就形式美而言，两者都是不可缺少的。对比可以借彼此之间的烘托陪衬来突出各自的特点以求得变化，微差则可以借助相互之间的共同性以求得和谐。

对比和微差只限于同一性质的差异之间。

（5）韵律与节奏

爱好节奏和谐之类的美的形式是人类生来就有的自然倾向。韵律美是一种以具有条理性、重复性和连续性为特征的美的形式。韵律美有几种不同的类型：①连续的韵律；②渐变韵律；③起伏韵律；④交错韵律。借助韵律，既可加强整体的统一性，又可以求得丰富多彩的变化。

（6）比例与尺度

比例研究的是物体长、宽、高三个方向量度之间关系的问题。和谐的比例可以产生美感。怎样才能获得和谐的比例，人类至今并无统一的看法。有人用圆、正方形、正三角形等具有定量制约关系的几何图形作为判别比例关系的标准；至于长方形的比例，有人提出 $1:1.618$ 的"黄金分割"或称"黄金比"；现代建筑师勒·柯布西耶把比例和人体尺度结合起来，提出一种独特的"模度"体系。毕达哥拉斯学派（亦称南意大利学派）最早发现了"黄金分割"规律。

然而，还不能仅从形式本身来判别怎样的比例才能产生美的效果。脱离材料的力学性能而追求一种绝对的、抽象的比例是荒唐的。良好的比例一定要正确反映事物内在的逻辑性。功能对于比例的影响也不容忽视。美不能离开目的性，"美"和"善"是不可分割的。不同的民族由于文化传统的不同，往往也会创造出独特的比例形式。构成良好比例的因素是极其复杂的，既有绝对的一面，又有相对的一面，企图找到一个放在任何地方都适合的、绝对美的比例，事实上是办不到的。

和比例相联系的另一个范畴是尺度。尺度所研究的是建筑物的整体或局部给人感觉上的大小印象和其真实大小之间的关系问题。尺度涉及真实大小和尺寸，但不能把尺寸的大小和尺度的概念混为一谈。尺度一般不是指要素真实尺寸的大小，而是指要素给人感觉上的大小印象和其真实大小之间的关系。

（四）内部空间处理

单一空间的体量与尺度、形状与比例、围与透、分隔与界面处理、色彩与质感。

多空间组合中的对比与变化、重复与再现、衔接与过渡、渗透与层次、引导与暗示、节奏与序列。

建筑空间有内、外之分，在一般情况下，人们常常用有无屋顶当作区分内、外部空间的标志。日本建筑师芦原义信在《外部空间设计》一书中也是用这种方法来区分的。

（五）外部体形处理

外部体形是内部空间的反映，要考虑建筑个性与性格特征的表现，体量组合与立面处理（主从分明，有机结合、对比与变化、稳定与均衡、比例与尺度、虚实凹凸、色彩与质感、装饰与细部）。

（六）群体组合

建筑与环境关系要有机联系、统一和谐。建筑要结合地形设计。运用对称、轴线引导与转折、向心等手法，可通过结合地形、体形重复、形式与风格一致等手段获得统一与和谐。

（七）当代西方建筑的审美特点

从近代到 20 世纪末的近二百年历史中，建筑的审美观念发生了两次重大转折：

1. 从古典建筑的构图原理到现代建筑的技术美学

古典建筑的美学思想历史悠久，古希腊的亚里士多德系统论述了形式美的原则，即"多样统一"，毕达哥拉斯学派提出了"黄金分割"规律。1924 年，拉普森所著《建筑构图原理》在英国出版。工业革命后，建筑功能日趋复杂，新的建筑类型日益增多；再也不能把它容纳到古典建筑简单的空间形式之中，于是便引发了新建筑运动。古典建筑形式虽然遭到了否定，但是它所依据的美学思想却依然存在。

2. 从现代建筑的技术美学到当代建筑的审美特点

（1）变异的美学特征

1）追求多义与含混，例如日本建筑师黑川纪章设计的名古屋市现代美术馆，在建筑形式上运用各种要素相互冲突又相互包容，创造出包含模糊信息的建筑区域。

2）追求个性表现，例如美国建筑师盖里设计的加利福尼亚航天博物馆，用各种几何形体塑造出奇特怪异的形象，使建筑像一个无法复制的雕塑品，充分表现了作者独特的个性。

3）怪诞与滑稽，如高松伸设计的"织阵"像一个怪异的"仿生机器"，功能失去了对形式的制约，表现出极大的随意性。

4）残破、扭曲、畸变，如盖里的自宅，设计力图造成一种不完美、残缺的形象。

（2）多元化的创作倾向

1）历史主义的倾向；

2）乡土主义倾向；

3）追求高技术的倾向；

4）解构主义倾向；

5）有机综合和可持续发展。

第四节　室　内　设　计　原　理

（一）室内设计基本概念

室内设计是指运用一定的物质技术手段与经济能力，根据对象所处的特定环境，对内部空间进行创造与组织，形成安全、卫生、舒适、优美、生态的内部环境，满足人们对物质与精神生活的需要。

1. 室内设计的演化　（室内简史）

室内设计是与建筑设计同步产生的，两者的发展息息相关。室内设计的演化与两大因素有关：一是地理因素，二是文化因素。

（1）中国传统室内设计特征

中国传统室内设计的基本特征：内外空间一体化、建筑布局灵活化、陈设多样化、构件装饰化、图案象征化。

（2）西方室内设计学科的确立与发展

西方室内设计涉及范围广泛，内容丰富多彩。20 世纪初期，现代主义建筑运动兴起，室内设计也受到影响，终于从单纯装饰的束缚中解脱出来，并促成了室内设计的相对独立发展。1957 年，美国室内设计师学会成立，标志着室内设计学科的确立。

（3）晚期现代主义对室内设计的影响

现代建筑从形式单一逐渐演变成形式的多样化，路易斯·康认为一个建筑应该由两部分构成——"服务空间"和"被服务空间"，这种做法已经偏离了沙利文"形式追随功能"的初衷，把结构和构造转变为了一种装饰。

注：

1. 在美国，引领现代主义室内设计的三个主要学派：格罗皮乌斯领导下的哈佛学派、密斯指引下的国际式风格，以及克兰布鲁克艺术学院的所谓"匡溪学派"。

2. 其他室内设计风格或流派的具体内容，详见《建筑设计资料集 1》（第三版）和《室内设计原理》。

2. 室内设计的程序

室内设计的过程可分为以下几个阶段，即：设计准备阶段、方案设计阶段、深化设计（初步设计）阶段、施工图设计阶段、现场配合阶段、评价阶段。

（二）室内环境与质量控制

1. 室内空间环境要素

室内空间环境要素包括：家具、陈设、绿化、标志等，除了实用功能外，还有组织空间、丰富空间和营造宜人环境的作用。

2. 室内的设备控制

室内各类设备的控制对保持室内环境质量有着重要的作用，如：温度、湿度、洁净度等。需精准控制的主要设备系统包括：给排水系统、电气设备系统、空调系统等。

3. 室内的声学要求

（1）在室内空间和界面设计方面应避免产生各种声学缺陷。

（2）在材料选择方面应该合理使用吸声材料，以便为室内空间创造舒适的声环境。

4. 室内的光学要求

主要是采光和照明。

5. 材料与构造

（1）材料选择主要考虑室内空间特性（公共性、私密性）和材料性能（保温、吸声、隔声、防火、防水等）。

（2）构造设计要注意"安全可靠、坚固适用；造型美观、具有特色；造价合适、便于施工；考虑工业化、装配化"。

（三）室内设计原则

1. 空间的组织

室内空间的限定与组织的主要处理方式：围合、界面差异、界面升降、界面倾斜、多重限定、并联、串联、中心放射、主从关系、包含、减法、变形、穿插等。

2. 形式美的原则

多样统一是形式美的原则；具体来说，又包含以下几个方面：均衡与稳定，韵律与节奏，对比与微差，重点与一般。

（四）室内设计评价原则

室内设计评价在发达国家已经发展成比较成熟的体系，在我国还处于起步阶段。评价的原则主要有：功能原则、美学原则、技术经济原则、人性化原则、生态可持续原则、继承与创新原则等。

（五）室内设计与心理学

1. 马斯洛层次需求理论

该理论是美国著名社会心理学家、第三代心理学的开创者亚伯拉罕·马斯洛（A. H. Maslow）提出的。马斯洛认为人都潜藏着 7 种不同层次的需要：生理、安全、社交、尊重、认知、审美和自我实现。

2. 气泡理论

该理论是萨默（R. Sommer）提出的，包括：密切距离、个人距离、社会（社交）距离和公共（公众）距离。

有关"环境心理学"的具体内容，详见本章第七节。

第五节　建筑色彩知识

色彩是人眼所看见的光色和物色现象的产物，以电磁波的形式引起的视觉体验，其中可见光只是整个电磁波中 380～780nm 的很小一部分（1nm＝10^{-9}m）〔参见：《建筑设计资料集 1》（第三版）〕。

（一）色彩的基础知识

1. 光与色彩的关系

所有色彩都是由可见光谱中不同波长的光波组成。当光照射到物体上时，一部分被吸收，一部分被反射，反射的光色即人眼所见到的物体表面的色彩。

2. 光色与物色

色彩的三原色分为光色的三原色及物色的三原色。两个光色原色的混合色与一个物色的原色相同。两个物色原色的混合色与一个光色的原色相同。

光色的混合称为加色混合。两个光色混合时，其色相在二色之间，明度是二色的明度之和，彩度弱于二色中的强色。光色三原色等量混合时为白色。

颜色的混合称为减色混合。当两个颜色混合时，其色相在二色之间，明度低于二色，彩度不一定减弱。颜色三原色等量混合时为黑色或灰色。

3. 色彩三要素

用明度（V）、色相（H）、彩度（C）的物理量来衡量色彩。

（1）明度：色彩的深浅或明暗程度称为明度。

（2）色相：红、橙、黄、绿、青、蓝、紫等色调称为色相。

（3）彩度：色彩的纯度或鲜艳程度称为彩度。

4. 色彩系统与色卡

色彩大致可以分为两类，第一类是以色度学理论为基础的表色系统，如美国的孟塞尔颜色系统、CIE 颜色系统、瑞典 NCS 色彩系统、中国 CNCS 色彩系统等。第二类是以应用为目的的各种实物的色卡体系，如德国的 RAL 工业标准色彩体系、美国的 PANTONE 色彩体系、日本的 DIC 色彩体系等。

（二）色彩的认知

不同的色彩并置时，由于人的视觉器官或视觉联想的作用，会给人带来不同的主观感受。

1. 色彩的温度感

不同的色彩常会产生不同的温度感。例如红、黄色令人感觉温暖，青、绿色令人感觉寒冷。故前者称为暖色系，后者称为冷色系。但色彩的冷暖又是相对的。紫与橙并列，紫就倾向于冷色，紫与青并列紫就倾向于暖色。绿、紫在彩度高时近于冷色，而黄绿、紫红在彩度高时近于暖色。

2. 色彩的对比现象

同一色彩在背景色彩或相邻色彩不同时，会产生不同的感觉，这种现象称为同时对比，在并列的两种色彩的接触边缘上最显著，故接触周边越长或面积相差越大时，影响越大。一块色彩的明度高于背景，或与冷色背景互补时，这块色彩有扩大感，反之则有缩小感。此即所谓光渗现象。

当色彩的面积增大时，在感觉上有彩度增强、明度升高的现象，因此在确定大面积色彩时，不能以小面积色彩样板来决定。

在注视甲色 20～30s 后，迅速移视乙色时，感觉乙色带有甲色的补色。例如看了黄色墙壁后再看红花，感觉红花带有紫色。这种现象称为连续对比。在注视一个色彩图形一段时间之后，忽然移视任意背景，即出现一个同样形状的补色图形，即补色的残像。

在建筑色彩设计时，要经常利用或避免这种现象，来提高视觉条件或消除视觉疲劳等。

在医院中一般避免使用与紫色邻近的色彩，以防病人相视时，面部蒙上不健康的黄绿色。在手术室里为了避免医生在高照度下注视血色过久而产生的补色残像，宜采用淡青绿色（或淡青色）为室内背景。为了使运动员的动作看得更清晰，在体育馆内宜采用青绿色等的装修背景。

两色并列时的对比变化：

明度对比：两个明暗不同的色彩并列时，明的更明，暗的更暗。

彩度对比：两个强弱不同的色彩并列时，强的更强，弱的更弱。

色相对比：两个色相不同的色彩并列时，在色相环上有分别向相反方向偏移的感觉。

3. 色彩的空间感

色彩的距离感觉，以色相和明度影响最大。一般高明度的暖色系色彩感觉凸出、扩大，称为凸出色或近感色；低明度的冷色系色彩感觉后退、缩小，称为后退色或远感色。如白和黄的明度最高，凸出感也最强，青和紫的明度最低，后退感最显著。但色彩的距离感也是相对的，且与其背景色彩有关，如绿色在较暗处也有凸出的倾向。

在建筑色彩设计时，常利用色彩的距离感来调整建筑物的尺度感和距离感。

将一个色彩图样置于另一个色彩背景上，在观测条件相同时，能清楚地识别图样色彩的最大距离，称为色彩的识别距离。它随着图样与背景两色之间的明度差、色相差及彩度差的增大而增大。其中以明度差的影响最大。

4. 色彩的重量感

色彩的重量感以明度的影响最大，一般是暗色感觉重而明色感觉轻。同时彩度强的暖色感觉重，彩度弱的冷色感觉轻。

在建筑色彩设计中，为了达到安定、稳重的效果，宜采用重感色，如机械设备的基座及各种装修台座等。为了要达到灵活、轻快的效果，宜采用轻感色，如行走在车间上部的吊车、悬挂在顶棚上的灯具、风扇等。通常室内的色彩处理多是自上而下，由轻到重的。

5. 色彩的醒目性

色彩的醒目性指其易于引起人们注意的性质，具有醒目性的色彩，从较远处就能识别出来。建筑色彩的醒目性主要受其色相的影响，同时也取决于其与背景色之间的关系。

色彩的诱目性指在眼睛无意观看的情况下，易于引起注意的性质。具有诱目性的色彩，从较远处能明显地识别出来。建筑色彩的诱目性主要受其色相的影响。

光色的诱目性顺序是红＞青＞黄＞绿＞白；物体色的诱目性是红色＞橙色与黄色。例如：殿堂、牌楼等的红色柱子，走廊、楼梯间铺设的红色地毯等就特别诱目。

建筑色彩的诱目性还取决于它本身和其背景色彩的关系，例如在黑色或中灰色的背景下，诱目的顺序是黄、橙、红、绿、青，在白色背景下的顺序是青、绿、红、橙、黄。各种安全标志常利用色彩的诱目性。

6. 照明效果

色彩在照度高的地方，明度升高，彩度增强；在照度低的地方，则明度感觉随着色相不同而变。一般绿、青绿及青色系的色彩显得明亮，而红、橙及黄色系的色彩发暗。

室内配色的明度对室内的照度影响很大，故可应用色彩（主要是明度）来调节室内的照度及照度分布，同时由于照度的不同，色彩的效果也不同。

如中国古建筑的配色，墙、柱、门窗多为红色，而檐下额枋、雀替、斗栱都是青绿色，晴天时明暗对比很强，青绿色使檐下不致漆黑，阴天时青绿色有深远的效果，能增强立体感。

7. 色彩疲劳感

色彩的彩度越强，对人的刺激越大，就越易使人疲劳。一般暖色系的色彩，疲劳感较冷色系的色彩大，绿色则不显著。许多色相在一起，明度差或彩度差较大时，易感觉疲劳。故建筑色彩设计时，色相数不宜过多，彩度不宜过高。

色彩的疲劳感能引起彩度减弱，明度升高，逐渐呈灰色（略带黄），此为色觉的褪色现象。

8. 混色效果

将不同的色彩交错均匀布置时，从远处看去，呈现此二色的混合感觉。在建筑色彩设计时，要考虑远近相宜的色彩组合，如黑白石子掺和的水刷石呈现灰色，青砖勾红缝的清水砖墙呈现紫褐色等。

9. 安全色

安全色是表达安全信息含义的颜色，能使人迅速发现或分辨安全标志和提醒注意，以防发生事故。适用于各类公共建筑及场所、工矿企业、交通运输等。但不适用于灯光、荧光颜色和航空、航海、内河航运及其他目的而使用的颜色。

安全色规定为红、蓝、黄、绿四种颜色。

安全色的含义及使用范围：

（1）红色

含义为：禁止、停止、防火和危险。

使用范围：禁止标志、停止信号、消防设施。

（2）蓝色

含义为：指令、必须遵守的规定。

使用范围：指令标志。

（3）黄色

含义为：警告、注意。

使用范围：警告标志、行车道中线、起重设备的外伸、悬吊部分、警戒标志、安全帽。

（4）绿色

含义为：提示、安全状态、通行。

使用范围：提示标志、车间内安全通道、安全防护设备的位置。

例 3-4　（2009） 在较长时间看了红色的物体后看白色的墙面，会感到墙面带有（　　）。

A　红色　　　　　B　橙色　　　　　C　灰色　　　　　D　绿色

解析：参见《建筑设计资料集》（第三版）P27"色彩的对比"，在注视某种颜色后，再转移注视第二种颜色，第二种颜色就会受第一种颜色的补色影响，即补色残像现象。红色的补色是绿色，所以墙面会感到带有绿色。

答案：D

第六节　生态可持续建筑

考试大纲对本专题的考核要求是："理解建筑与室内外环境、建筑与技术、建筑与人的行为方式的关系"的要求。同时在主要参考书目里新增《生态可持续建筑》和《环境心理学》两本教材。与此相应地，本教材也增补了相关知识。与节能、太阳能和生态可持续建筑有关的内容详见本节，人的行为心理和环境之间关系的内容详见第七节。

（一）节能建筑和太阳能建筑

20世纪70年代，全球范围的"能源危机"导致了节能建筑的出现。节能的含义：狭义的理解是节约传统能源；广义的理解是"开发利用可持续能源"和"有效用能"。节能建筑在技术处理上有两种处理方式，一类是加强围护结构的绝热性能，另一类是利用太阳能。

太阳能是一种典型的可持续能源，具有清洁、安全、长期性的特征。太阳能建筑是指经过良好的设计，达到优化利用太阳能效果的建筑。以供暖为主的太阳能建筑可分为主动系统和被动系统两大类。

1. 主动系统

主动式供暖系统主要由集热器、管道、储热物质以及散热器等组成。系统的循环动力由水泵或风机提供。这种系统初次投资较大，单纯采暖时较少采用，可用于提供热水或兼作采暖系统。

2. 被动系统

其特点是，将建筑物的全部或一部分既作为集热器，又作为贮热器和散热器，无需管道和风机、水泵。被动式系统又分为间接得热系统和直接得热系统两类。

（1）间接得热系统有：特朗伯（Trombe）集热墙、水墙、载水墙（充水墙）和毗连日光间或温室四种类型。

1）特朗伯墙的主要构造为：在建筑物向阳面设400mm厚的混凝土集热墙，墙的向阳面涂以深色涂层，以加强吸热。墙的上、下设可关闭的通风口，从而构成主要的集热、储热和散热器。为保证集热效果，并保护墙面不受室外环境污染与侵蚀，在集热墙外80mm处装玻璃或透明材料，以构成空气间层。

2）水墙是利用水的比热较混凝土大得多的特点，以其取代混凝土作储热体的一种做法。由于水具有对流传热的性能，会把所吸收的太阳辐射热较快地传到墙体内表面，造成室温的较大波动，故储热性能不如混凝土稳定。

3）载水墙（充水墙）采用向混凝土墙的空腔内充水的办法，兼有水的储热容量大和固体材料无对流传热两方面的集热优势。

4）毗连日光间既可以提高主要空间的使用效果，又可大幅度减少房屋的热损失；此外，日光间还可以构成良好的生态环境。夏季，日光间可以开窗通风并采用遮阳措施，避免室内过热；因而具有较好的推广前景。

（2）直接得热系统一般利用向阳面的玻璃窗直接得到太阳辐射热，是一种最简单的太阳能建筑形式。为了减少热损失，夜间应覆盖绝热窗帘。夏季白天将采光部位以外的透明部分用绝热材料覆盖，以减少进热；夜间则将绝热层全部移除，以利于向外散热。对于居住建筑，窗面积与地面面积比（窗地比）应为 1/5～1/3。墙、地板以及其他储热构件的表面面积至少应 5 倍于向阳面玻璃的面积。

（二）提高资源效率的建筑设计原则

建筑对资源消耗巨大，提高资源利用效率是未来建筑的发展趋势。在建筑领域，提高资源效能包括节能、节地、节水、节材、节工、节时以及低碳减排措施，这里主要讨论从建筑形体、围护系统、总体布局等方面提高建筑资源效率。

1. 建筑维护结构的节能

建筑冬季采暖室内外的失热量与室内外温差、散热面积，以及散热时间成正比，而与维护结构的总热阻成反比。也就是说建筑总体热阻具有很大的节能潜力。

2. 建筑平面形式的节能

（1）建筑体形系数

建筑热工学将建筑物的散热面积与建筑体积之比值称为该建筑的"体形系数"。体形系数越小越有利于节能。从建筑平面形式看，圆形最有利于节能；正方形也是良好的节能型平面；长宽比大的是耗能型平面。这一点，无论从冬季失热还是从夏季得热的角度，分析的结果都是一样的。耗能型平面的建筑，从总图上看相对的周边长度大，占地较多；围护结构消耗的材料、人工等费用相对也高。

（2）太阳能建筑的体形系数

太阳能建筑的体形系数应该考虑方向性，即应当分析不同方向的外围面积与建筑体积的比值与建筑节能的关系。例如，一座供白天使用的东西向建筑，东向体形系数大一些好，因为可以早得太阳热、多得太阳热，便于上午直接使用，并可贮热下午用。同理，如果是晚上使用为主的居住建筑，西向体形系数大些会更有利。

（3）建筑容积系数

对于太阳能建筑而言，还应当考虑建筑容积系数，即考虑建筑物的散热外表面积与建筑的内部容积的比值。建筑容积等于建筑体积减去围护结构体积。在体形系数相等的情况下，容积系数大的使用空间小、围护结构体积大，也就是使用面积小，结构面积大，构造方案欠佳。

3. 建筑群体布局的节能

（1）通过简单分析可知，在面积与体积相同的情况下，分散布置的建筑外墙面积是集中布置的建筑外墙面积的 3 倍，因而两种布置的建筑能耗比也是 3：1。

（2）分散布置的建筑，人流、物流路线较长，交通运输的能耗较大。

（3）集中布置的建筑在用地、耗材和造价等方面均低于分散布置的建筑。

（4）两种布置方案在噪声控制和自然通风组织上的差别并不明显，集中布置的方案完全可以处理好，从而获得很好的效益。

（5）集中布置建筑占地少，可以争取较大的绿地面积；污染性能源消耗少，对环境的污染也少；所以集中布置有利环保。

（三）生态可持续建筑

20世纪80年代后期，由于人口、能源、土地、环境等危机日益突显，危及全球的生态平衡和可持续发展，迫使人们寻求新的对策。

生态可持续建筑主要涉及：综合用能、多能转换、三向发展、增效资源、自然空调、立体绿化、生态平衡、智能运行、持续发展、卫生、安全等。

注：生态通常是指生物的生活状态，即生物在一定的自然环境下生存和发展的状态。

1. 联合国可持续发展目标

17个发展目标改变我们的世界，如表3-1所示。

联合国可持续发展目标   表3-1

1. 无贫穷	2. 零饥饿	3. 良好健康与福祉
4. 优质教育	5. 性别平等	6. 清洁饮水和卫生设施
7. 经济适用的清洁能源	8. 体面工作和经济增长	9. 产业、创新和基础设施
10. 减少不平等	11. 可持续城市和社区	12. 负责任消费和生产
13. 气候行动	14. 水下生物	15. 陆地生物
16. 和平、正义与强大机构	17. 促进目标实现的伙伴关系	—

2. 绿色建筑

绿色建筑是指：在建筑的全寿命周期内，最大限度地节约资源（节能、节地、节水、节材），保护环境和减少污染，为人们提供健康、适用、高效的使用空间，与自然和谐共生的建筑。

为贯彻国家相关的技术经济政策，节约资源，保护环境，规范绿色建筑的评价，推进可持续发展，国家制定了《绿色建筑评价标准》GB/T 50378—2014。绿色建筑的评价应以单栋建筑或建筑群作为评价对象。评价体系由7类指标组成，每类指标均包括控制项与评分项；评价指标体系还统一设置了加分项（详见本书第七章）。

例3-5　（2008）太阳能采暖建筑分为（　　　）。

A　主动式和被动式　　　　　　B　吸热式和蓄热式

C　连续式和间歇式　　　　　　D　机械式和自然式

解析：参见《生态与可持续建筑》P44，以供暖为主的太阳能建筑可分为主动系统与被动系统两大类。

答案：A

第七节　环境心理学

20世纪50～60年代，西方国家的城市环境严重恶化，对人的身心健康和行为产生了各种消极影响，引起多个学科领域研究者的密切关注。

"环境—行为研究"起源于 20 世纪 60 年代的北美，此后在欧洲（英国、法国、瑞典等国）展开并逐步扩大到世界其他地方；最终形成了"环境心理学"这门新兴的独立学科。

"环境心理学"首先由心理学家普洛尚斯基（H. Proshansky）和伊特尔森（W. H. Ittelson）等提出。因涉及多个学科，所以"环境心理学"有多个指称：建筑心理学、环境设计研究、环境与行为、人与环境研究等。其中英国是起步最早的国家，主要代表人物是特伦斯·李（Terence Lee）和戴维·坎特（David Canter）等。

该学科研究人的行为与人所处的物质环境之间的相互关系，并应用这方面的知识改善物质环境。提高人类的生活质量是环境心理学的基本任务。提高人类对自身及其所处环境的认识，建立和谐的人与环境之间的关系，是"环境—行为研究"的永恒主题，也是建筑师必须关注的课题之一。

（一）环境心理学的主要特点

1. 学科的主要特点

（1）把"环境—行为关系"作为一个整体加以研究，强调的是一种交互作用的关系。

（2）几乎所有的研究课题都以实际问题为导向，其基础理论和内容都来源于实际。

（3）具有浓厚的多学科性质，以现场研究为主，采用来自多学科的、富有创新精神的折中研究方法。

2. 新的研究方向

（1）自然环境对行为的积极影响。

（2）亲环境行为研究（指对环境表示友好的行为，具体有环境保护、节约能源……）。

（3）景观的偏爱与评价。

（4）各类特殊场所中的环境行为问题。

（二）知觉理论

1. 感觉

人的认识活动从感觉开始，通过感觉我们能了解客观事物的各种属性，如物体的形状、颜色、气味、质感等。感觉是意识和心理活动的重要依据，也是人脑与外部世界的直接联系。

2. 知觉

把感觉到的所有个别属性的信息进行综合，加上经验的参与，就形成了一个对事物的整体印象，这种信息整合的过程就是知觉；知觉的产生是以各种形式感觉的存在为前提的。

注：有关"知觉定式""习惯化（适应）""对变化的知觉"等的具体知识，参见：胡正凡，林玉莲．环境心理学．第三版．北京：中国建筑工业出版社，2012。

3. 认知

认知是指获得知识的过程，包括感知、表象、记忆、思维等；而思维是它的核心。让·皮亚杰（J. Piaget）提出了发生认知论，强调"图式"的作用。在皮亚杰的理论中，动作的结构或组织（即固有的知识或经验）被称为"图式"。图式的形成是以时间为代价的。

4. 注意

注意是心理活动对一定对象的指向和集中。客观事物是否引起人的注意，一方面取决于刺激的特点，另一方面也取决于人的自身状态。

（三）环境知觉

环境知觉着重研究个人或群体对环境信息所产生的即时而又直接的反应。在场、即时和直接分别代表了空间、时间和感知方式。

1. 生态知觉理论

美国心理学家吉布森（J·Gibson）与杰克（Eleanor Jack）研究后认为：环境信息精确而又丰富，人类在感知有关信息时具有直觉，是一种因生存适应而产生的本能。生态知觉理论基于知觉和本能，将环境的特点与人的知觉与行动直接联系起来，对环境设计具有明确的指导意义。

2. 适应水平理论

沃尔威（Wohlwill）认为，对于主观感受来说，适中水平的刺激最为重要，每个人基于自身条件和过去的经验，都具有自身的最佳适应水平。如城市居民对拥挤的适应水平就高于农村居民。

3. 唤醒理论

唤醒理论强调，环境会与人的情感相互作用。环境刺激通过脑干的网状结构提高了大脑皮层的兴奋性，并同时加强了肌肉的紧张状态。

（1）维度的来源

与场所有关的形容词大致可分为两类，一类与评价有关（如美丽、愉悦等），另一类与唤醒程度有关（如激动、刺激等）。这些经过统计分析得出的基本类别，成为"维度"。

（2）情绪三因子

情绪是由行为、心理变化和主观体验组成的复杂概念。情绪三因子包含三个独立的维度：快乐—不快乐，控制—屈从，唤醒—欲眠。

（3）情绪反应的维度

双维度体系：认为人本能地保持良好的心情，减少不愉快的感觉。情绪会影响个人对环境的偏爱和选择。"愉悦—不快"与"唤醒—欲眠"形成双维度体系。

四维度体系：认为人对场所的情感评价由四个突出的维度组成，"愉悦—不快""唤醒—欲眠""激动—麻木""狂野—放松"形成四维度体系。

（4）唤醒水平与任务绩效

唤醒水平不仅影响情感体验，也会影响日常的任务绩效。一般只有在唤醒处于中等水平时，才能达到最高绩效。

（四）环境认知

环境认知是研究人如何识别和理解环境，包括环境意向、找路寻址、距离判断、场所命名等。人能在记忆中重现客观事物的形象，心理学称之为"意向"，具体空间环境的意向称为"认知地图"。

1. 城市认知地图

美国城市规划专家凯文·林奇（Kevin Lynch）提出城市认知地图由5个基本要素组成，即：路径、标志、节点、区域和边界。

2. 空间定向

要了解不同场所在空间中的位置，并从某一场所前往另一场所，就要建立定向系统，包括位置感、方向感和距离感。定向系统存在文化差异，并受自然环境特征的影响。

3. 认知距离

人心中所意识到的距离与实际距离是有差别的，认知距离就是研究人们怎样在头脑中凭记忆判断距离的长短，也称为"主观距离"。

（五）场景和场所

人在环境中从事富有意义的活动，从而形成了不同的场所和场所感。

1. 行为场景

勒温（Kurt Lewem）提出：人的行为是人（P）和环境（E）的函数。行为场景可定义为：特定环境的一部分与其中发生的一组固定的行为模式所形成的整体单元；而且，固定的行为模式与特定环境之间具有相适应的同步形态。

2. 场所和场所感

坎特（D. Canter）将"场所"定义为环境体验的基本单元，是包含社会、心理、物质三方面特征的统一体。

场所感是指人对日常生活所接触的各类场所的体验，包含感性思维和理性思维，是生理、心理、社会文化和价值观念等多种因素综合后的产物。场所感包含场所依赖、场所认同、场所依恋三个维度。

（六）空间行为

1. 个人空间和人际距离

个人空间是个人心理上所需的最小空间范围，对这一空间的侵犯和干扰会引起焦虑和不安。个人空间会影响交往时的人际距离。人际距离可概括为：密切距离（0～0.45m）、个人距离（0.45～1.20m）、社会距离（1.20～3.60m）和公共距离（3.60～7.60m）。

2. 私密性

私密性是对生活和交往方式的选择与控制。私密性的主要作用是有助于沉思、恢复活力、倾诉谈心、提高自主性、有利于创造性；还有助于建立自我认同感，保证人居环境的和谐与宁静。

3. 领域性

领域性是个体或群体为满足某种需要，拥有或占用某一场所或某一区域，并对其加以人格化和防卫的行为模式。领域性是所有高等动物的天性。领域可分为主要领域、次要领域和公共领域三类。领域性具有认知和社会功能、控制感和安全防卫功能。

4. 密度与拥挤感

保持物质空间不变，改变实用空间的人数，称为"社会密度"改变；保持实用空间的人数不变，改变物质空间的大小，称为"空间密度"改变。高密度会引起消极情绪、攻击性，并影响对复杂事务的处理绩效。拥挤感与个人因素、情绪因素、社会因素有关。

（七）城市外部公共空间活动研究

1. 外部空间中的行为习性

（1）动作性行为习性：抄近路、逆时针转向、依靠性等。

（2）体验性行为习性：看人也为人所看、围观、安静与凝思等。

（3）认知性行为习性：靠右（左）侧通行、归巢性和兜圈子行为、探索性行为。

（4）行为习性的差异：情境、群体、文化和亚文化差异。

2. 基于行为的设计建议

（1）平衡公共性和私密性空间。

（2）注重外部空间的生态联系。

（3）合理满足人的行为习性。

（4）预防和减少不良破坏行为。

（八）城市环境的影响

城市环境的积极影响多于消极影响，有关人员提出了一些理论与假设，包括超载假设、城市环境应激、行为约束和多场分析。而城市的实际问题包括城市区域的安全防卫、社会网络、场所依恋和城市更新。

1. 城市区域安全防卫

20 世纪 60 年代，美国建筑师简·雅各布斯（Jane Jacobs）在《美国大城市的死与生》一书中把城市规划与安全防卫联系起来，认为维护安全是城市居住区和街道的基本功能之一。美国建筑师奥斯卡·纽曼（Oscar Newman）提出了"能防卫的空间"的概念并著有《可防御空间》一书。

城市区域安全防卫的四项原则：

（1）形成易于被感知并有助于防卫的领域。

（2）自然的监视。

（3）形成有利于安全防卫的建筑意象。

（4）改善居住区的社会环境。

2. 城市更新与造城运动

城市更新可定义为"为了在环境、经济、社会三个方面维护和改善城市区域，并使之达到正常状态，而对环境所作的大量实际改变"。由美国建筑师雅马萨奇（又译作山崎实，M. Yamasaki）设计并在 1954 年建成的圣路易斯市的普鲁伊特-艾格（Pruitt-Igoe）住宅区是这方面的典型，住宅区于 1970 年被拆除，拆除的原因成为多学科探讨的课题。

国内对城市更新（又称旧城改造或再开发）有两种意见，一种是拆除旧城建筑再重建；另一种是迁走工厂，在郊区进行"再工业化"；或舍弃原有中心，然后择地进行"再中心化"等。最终演变成大规模的"造城运动"。从全局看，城市更新是用来解决城市问题的有效手段，但对被迫搬迁的居民来说，付出的代价往往太大。

古希腊哲学家亚里士多德说过："人们来到城市，是为了生活；人们留在城市，是为了更好的生活"。

（九）建筑环境与行为

20 世纪 80 年代，环境心理学在建筑学中的应用，又称为"环境—行为研究"。从建筑设计原理的角度来看，环境—行为研究是"适用"的现代术语。这种以使用者为出发点的建筑审美研究——"体验美学"或称"符号美学"，是对传统的建筑"形式美学"的重要补充。

1. 基于行为的建筑设计过程

环境心理学家提出过许多改进的建筑设计过程，其中以蔡塞尔（J. Ziesel）归纳出的"设计循环模型"为代表。它特别强调三点：

（1）初步设计阶段，着重收集包括环境—行为信息在内的设计资料，并制定相应的设计标准。

（2）在工程竣工并使用一段时间后进行使用后的评价（POE），并将评价结果——"诊断资料"反馈应用于下一个设计项目。

（3）持续实施"假设—实施—验证—反馈"这一循环模式，形成系统的设计资料。

注：使用后的评价参见本书第一章"建筑策划"部分。

2. 建筑体验研究

（1）知觉理论与建筑体验，在知觉理论中，对建筑体验影响较大的主要有视错觉［线段的横竖错觉、缪勒-莱耶错觉（Muller Lyer Illusion）、德勃夫错觉（Dolboef Illusion）、赫氏方格等］，格式塔的视觉组织规律和生态知觉理论。

（2）建筑体验的研究方法有：多项分类、SD法、问卷、实验室实验、历史资料调查等。

（3）影响建筑体验的因素很多，如自然景观、建筑的历史、建筑之间的"协调感"等。

（4）室内空间的体验。

1）空间的宽敞感

经验证明，行为特点对宽敞感的影响也不容忽视。宽敞感与人体尺度、动作、潜在的行为习性有关。

2）空间的围合感

对象高度与观察距离之比，与围合感之间存在一定的经验关系：

比例为1：1时，产生完全的围合感；

比例为1：2时，是围合感的临界值；

比例为1：3时，具有最低程度的围合感；

比例为1：4时，失去围合感。

界面的特点对空间的围合感也具有重要影响。建筑师还必须注意社会和文化因素对建筑体验的影响：对于同一量度的室内空间，不同地域的不同人群会有完全不同的空间开敞感。

3）减少拥挤感的对策

适当进行分隔，减少人们的互相接触，并降低环境信息的输入水平；

减少刺激超载，人眼的边缘视觉会夸大眼角以外的运动，这种夸大的运动感会造成刺激超载，并可能进而引起拥挤感；减少相互间的眼睛接触也能减少刺激超载；

减少对行为的限制，使人的行为具有多种自由度，可能减少拥挤感带来的消极影响。

3. 建筑认知研究

（1）建筑意象

建筑作为城市的重要标志物，自然会引起特别的关注，研究结果表明，人们首先记住建筑的使用特点及其意义，其次才是可见性和形式特点。

（2）使用者的建筑综合意向

在日常生活中，人们对"需要什么样的建筑"所表达的意图称之为"建筑综合意向"，区别于记忆中的建筑形象。

（3）室内的认知距离

人们认为距离相等的坡路路程比平坦路程更长，此外在不同场所中还存在烦恼距离。

（4）室内空间定向

包括建筑的识别性、引导标志、建筑平面拓扑复杂性等。

注：在《环境心理学》（第四版）一书中，对"特定建筑类型（居住场所、老年人福利设施、博物馆、图书馆、办公场所）与行为"有详细描述。

例 3-6 （2004）"可防卫空间"理论是由何人提出的？

A 简·雅各布斯　　　　　　　B 厄斯金

C 纽曼　　　　　　　　　　D 克里斯托夫·亚历山大

解析：参见《环境心理学》P212，"可防卫空间"理论是由美国建筑师纽曼提出的。

答案：C

习　　题

3-1 （2021）维特鲁威提出的建筑三原则是（　　）。

A 适用、坚固、美观　　　　　　　B 适用、经济、美观

C 经济、适用、坚固　　　　　　　D 经济、坚固、美观

3-2 （2021）题 3-2 图表现的是（　　）。

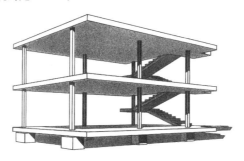

题 3-2 图

A 勒·柯布西耶多米诺体系　　　　　B 风格派的时空构成

C 包豪斯的时空构成　　　　　　　D 勒·柯布西耶的雪铁龙住宅

3-3 （2021）以下关于赖特的罗伯茨住宅，说法错误的是（　　）。

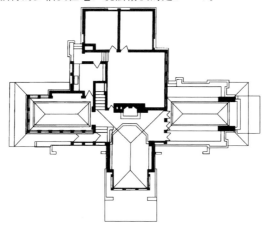

题 3-3 图　罗伯茨住宅平面图

A 草原风格 B 以壁炉为中心

C 采用一字形平面 D 屋檐出挑深远

3-4 **(2021)** 勒·柯布西耶设计的法国马赛公寓在住宅形式上属于( )。

A 内廊式住宅 B 外廊式住宅

C 内廊跃层式住宅 D 外廊跃层式住宅

3-5 **(2021)** 以下建筑空间组织形式为序列式的建筑类型是( )。

A 宿舍楼 B 办公楼 C 教学楼 D 航站楼

3-6 **(2021)** 以下哪种空间最有利于声场分布均匀( )。

A 正八边形 B 三角形 C 圆形 D 长方形

3-7 **(2021)** 以下突出体现建筑体型适应气候环境特点的设计作品是( )。

A 日本东京中银舱体大楼 B 日本神户六甲集合住宅

C 印度孟买干城章嘉公寓 D 加拿大蒙特利尔 Habitat

3-8 **(2021)** 以下不属于"服务"与"被服务"空间分离的建筑作品是( )。

A 索尔克生物研究所 B 理查德医学研究中心

C 劳埃德大厦 D 华盛顿国家美术馆东馆

3-9 **(2021)** 关于混合结构的公共建筑设计的说法，错误的是( )。

A 承重墙的布置应当均匀，应符合规范

B 围护结构门洞大小应有一定的限制

C 楼层上下承重墙应尽量对齐，避免大空间压到小空间上

D 墙体的高度和厚度应在合理允许范围之内

3-10 **(2021)** 为减少对城市的干扰，城市中心商业综合体建筑的停车设计不宜采用( )。

A 地下停车库 B 路边停车场

C 屋面停车场 D 多层停车库

3-11 **(2021)** 以下关于老年人住宅设计的说法，错误的是( )。

A 应远离普通住宅居住区独立设置

B 应与所提供的养老服务和运行模式相适应

C 应布置在日照、通风条件较好的地段

D 应具备灵活性和可变性

3-12 **(2021)** 关于为视觉障碍者考虑的设计做法，错误的是( )。

A 设置连续且具有引导作用的装饰材料

B 设置发声标志

C 楼梯踏步采用光滑的材料

D 盲文铭牌可用于无障碍电梯的低位横向按钮

3-13 **(2021)** "低碳"的概念是( )。

A 减少对煤炭的使用，减少二氧化碳的浓度

B 降低室内二氧化碳的浓度，提高空气质量

C 减少二氧化碳的排放，降低温室效应

D 减少含碳材料的使用

3-14 **(2021)** 下列材料全部属于"绿色建材"的是( )。

A 玻璃，钢材，石材 B 钢材，黏土砖，生土

C 钢材，木材，生土 D 铝材，混凝土，石材

3-15 **(2019)** 分割、削减手法可使简单的形体变得丰富，下列哪个作品主要采用了这一手法( )。

A 拉维莱特公园

B Casa Rotonda

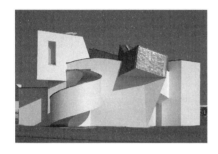

C 德国 Vitra 家具博物馆

D 加拿大蒙特利尔 Habitat 67

3-16 **(2019)** 柯布西耶把比例和人体尺度结合在一起，提出独特的（ ）。

A "模度"体系

B 相似要素

C 原始体形

D 黄金比例

3-17 **(2019)** 题 3-17 图所示建筑群平面图采用的是哪种空间组织形式?（ ）

A 单元式和网格式

B 轴线式和网格式

C 庭院式和网格式

D 轴线式和庭院式

3-18 **(2019)** 下列建筑均采用连续性空间组织方式的是（ ）。

A 歌舞厅，剧院，陈列馆

B 体育馆，影剧院，音乐堂

C 博物馆，陈列馆，美术馆

D 办公，学校，酒店

3-19 **(2019)** 题 3-19 图所示图底反转地图用于分析（ ）。

A 建筑实体与外部空间

B 建筑内部空间

C 建筑功能空间

D 城市机动车交通组织

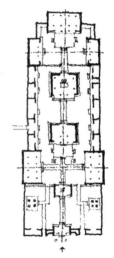

题 3-17 图

题 3-19 图

3-20 (2019) 路易斯·康设计的理查德医学研究楼采取的空间组织方式是(   )。

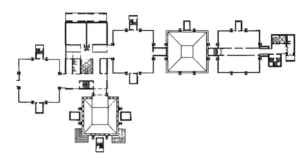

题 3-20 图

A 轴线对称式　　　　B 庭院式　　　　C 网格式　　　　D 单元式

3-21 (2019) "少就是多"的言论出自于(   )。

A 赖特　　　　　　　　　　　B 格罗皮乌斯

C 密斯·凡·德·罗　　　　　　D 柯布西耶

3-22 (2019) 炎热地区不利于组织住宅套型内部通风的平面是(   )。

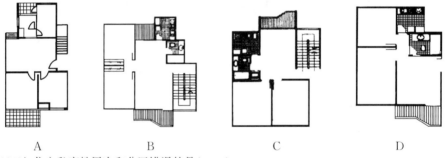

A　　　　　　　B　　　　　　　C　　　　　　　D

3-23 (2019) 住宅私密性层次和分区错误的是(   )。

A 户外走道、楼梯间是公共区域　　　B 会客厅、餐厅是半公共区

C 次卧、家庭娱乐室是半私密区　　　D 主卧室、卫生间是私密区

3-24 (2019) 北京紫禁城中位于中轴线三层汉白玉台阶上的三大殿是(   )。

A 太和殿，乾清宫，保和殿　　　　　B 太和殿，中和殿，保和殿

C 太和股，保和殿，交泰殿　　　　　D 太和殿，交泰殿，坤宁宫

3-25 (2019) 题 3-25 图所示，适合办公人员沟通交流的布局方式是(   )。

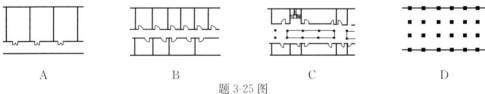

A　　　　　　　B　　　　　　　C　　　　　　　D

题 3-25 图

A 外廊式　　　　B 内走道式　　　　C 内天井式　　　　D 开放式

3-26 (2019) 下图所示黑色部分为核心筒，哪种核心筒布局方式有利于高层办公楼筒体结构抵抗侧力和各向自然采光?(   )

A 中央型　　　　B 单侧型　　　　C 分散型　　　　D 两侧型

3-27 (2019) 下图所示住宅套型的餐厅和厨房组合关系中，不利于烹饪油烟隔离的是（ 　　）。

A　　　　　　B　　　　　　C　　　　　　D

3-28 (2019) 下图所示，属于拜占庭建筑室内风格的是（ 　　）。

3-29 (2019) 关于室内装修选材的说法，错误的是（ 　　）。

A　室内装修石材包括天然石材和人造石材

B　陶板和釉面砖都属于陶瓷材料

C　快餐厅室内空间通常选用柔软的地毯材料

D　幼儿园适合选用木质墙身下护角

3-30 (2019) 下图所示，藏族民居的室内是（ 　　）。

A　　　　　　B　　　　　　C　　　　　　D

3-31 (2019) 下述哪类公共建筑的室内需要利用灯具和舒适的阴影效果来增强物体的立体感和艺术效果？（ 　　）

A　美术馆的陈列室　　　　　　B　体育馆的比赛大厅

C　教学楼的教室　　　　　　　D　医院的手术室

3-32 (2019) 关于色彩温度感的描述，错误的是（ 　　）。

	A 紫色与橙色并列时，紫色倾向于暖色	B 紫色与青色并列时，紫色倾向于暖色
	C 红色与绿色并列时，红色倾向于暖色	D 蓝色与绿色并列时，蓝色倾向于冷色

3-33 **(2019)** 低层住宅的层数是(　　)。

A 四至七层　　　　B 三至六层　　　　C 三至五层　　　　D 一至三层

3-34 **(2019)** 下列不属于一类高层民用建筑的是(　　)。

A 建筑高度 50m 的住宅建筑

B 建筑高度 55m 的办公建筑

C 建筑高度 30m 的医院建筑

D 建筑高度 30m 存书 100 万册的图书馆

3-35 **(2019)** 工程设计中，编制概算书属于下列哪个阶段(　　)。

A 方案设计　　　　B 技术设计　　　　C 初步设计　　　　D 施工图设计

3-36 **(2019)** 以下关于室内设计图纸，错误的是(　　)。

A 平面图中应标明房间名称、门窗编号

B 平面铺地应标明尺寸、材质、颜色、标高等

C 顶平面图中应该包括灯具、喷淋等设施

D 顶平面图中应反映平、立面图中的门窗位置和编号

3-37 **(2019)** 下列关于评价建筑面积指标经济性的说法正确的是(　　)。

A 有效面积越大，越经济

B 结构面积越大，越经济

C 交通面积越大，越经济

D 用地面积越大，越经济

3-38 **(2019)** 下列关于格式塔视觉理论的说法，正确的是(　　)。

A 大面积比小面积易成图形

B 开放形态比封闭系统易成图形

C 不对称形态易成图形

D 水平和垂直形态比斜向形态易成图形

3-39 **(2019)** 以下中国民居建筑中对干热性气候有较好适应性的是(　　)。

A 北京四合院

B 新疆阿以旺

C 云南干阑式建筑

D 福建土楼

3-40 **(2019)** 下列不属于可再生能源的是(　　)。

A 太阳能　　　　B 生物能　　　　C 潮汐能　　　　D 天然气

3-41 **(2019)** 下列建筑材料不属于可循环利用的是(　　)。

A 门窗玻璃　　　　B 黏土砖　　　　C 钢结构　　　　D 铝合金门窗

3-42 **(2019)** 在绿色建筑全生命周期中碳排放主要在(　　)。

A 建筑材料运输过程

B 建筑施工过程

C 建筑使用过程

D 建筑拆除过程

3-43 **(2019)** 根据中国建筑热工气候分区，武汉和天津分别属于(　　)。

A 夏热冬暖，夏热冬冷

B 温和地区，寒冷地区

C 湿热型，干热型

D 夏热冬冷，寒冷

参考答案及解析

3-1 **解析：** 参见《公共建筑设计原理》(第五版)卷首语。公元前 1 世纪，古罗马建筑理论家维特鲁威在其著作《建筑十书》中明确指出建筑应具备三个基本要求：适用、坚固、美观。

答案： A

3-2 **解析：** 勒·柯布西耶对空间的解放基于框架结构承重这一技术手段的支持。他于 1914 年就构思了"多米诺系统"，用钢筋混凝土柱承重取代了墙体承重。建筑师可以随意划分室内空间，设计出室内空间连通流动、室内外空间交融的建筑作品。

答案： A

3-3 **解析：** 罗伯茨住宅是赖特设计的"草原住宅"中最具代表性的作品。建筑采用十字形平面，壁

炉在十字形平面的中央。根据房间使用要求的不同，其横、竖两翼分别为一层和两层两种高度。室内空间丰富；建筑立面横向舒展，墙体高低错落，屋檐出挑深远。

答案：C

3-4 **解析：**马赛公寓在住宅形式上属于内廊跃层式住宅。内廊跃式高层住宅每隔一到两层设有公共走道，电梯可以隔一或两层停靠，大大提高了电梯的利用率，既节约交通面积，又减少干扰。

答案：C

3-5 **解析：**序列式平面布局是指呈序列排布的平面形式，有明确的通道流线和顺序关系。A、B、C三类建筑都是走道式平面布局。只有航站楼因为进、出站的交通流线和功能需求，其空间组织具有非常明确的序列关系。

答案：D

3-6 **解析：**圆形空间容易造成声聚焦；三角形和长方形空间的声场分布均匀度都不及正八边形。

答案：A

3-7 **解析：**查尔斯·柯里亚设计的印度孟买干城章嘉公寓位于孟买附近的海滨区域，建筑朝向以西为主，朝西开窗，这是主导风向和主要景观的朝向。柯里亚提出"中间区域"的概念，在居住区域与室外之间创造了一个具有保护作用的区域，遮挡下午的阳光并阻挡季风；中间区域主要由两层的花园平台构成。在这栋高层塔楼的设计中，柯里亚完美地解决了季风、西晒和景观这三个主要矛盾。

答案：C

3-8 **解析：**路易斯·康设计的索尔克生物研究中心、理查德医学研究中心都突出体现了"服务"与"被服务"空间分离的概念。理查德·罗杰斯设计的劳埃德大厦也包括三个主塔和三个服务性质的塔体的分离空间形式。

答案：D

3-9 **解析：**混合结构的公共建筑设计，为了保持结构的合理性，应尽量避免大空间上布置小空间。C选项与此原则相反，因此是错误的。

答案：C

3-10 **解析：**路边停车场的设置会导致道路通行能力降低、城市道路环境景观恶化、交通事故发生率提高，对城市干扰较大，故不适合在城市中心商业综合体设置路边停车场。

答案：B

3-11 **解析：**根据《老年人照料设施建筑设计标准》JGJ 450—2018第1.0.8条，老年人照料设施建筑设计应适应运营模式，保证照料服务有效开展；故B正确。第4.1.1条，老年人照料设施建筑基地应选择在日照充足、通风良好的地段；故C正确。第4.1.2条，老年人照料设施建筑基地应选择在交通方便、基础设施完善、公共服务设施使用方便的地段；故A错误。

答案：A

3-12 **解析：**根据《无障碍设计规范》GB 50763—2012第3.6.1条，无障碍楼梯的踏面应平整防滑或在踏面前缘设防滑条；故选项C错误。

答案：C

3-13 **解析：**根据《京都议定书》，面对全球气候变化，亟须世界各国协同降低或控制二氧化碳排放；这也是"低碳"概念的由来。

答案：C

3-14 **解析：**绿色建材，又称生态建材、环保建材和健康建材，指健康型、环保型、安全型的建筑材料。石材不可再生，存在辐射危险，不属于绿色建材；黏土砖破坏土地资源；玻璃、混凝土生产能耗大、污染多；故A、B、D都不属于绿色建材，故本题应选C。

答案：C

3-15 **解析：** B是马里奥·博塔设计的位于瑞士斯塔比奥的圆房子（Casa Rotonda），该建筑采用了分割与削减相结合的形体处理手法。

答案：B

3-16 **解析：** 参见《建筑空间组合论》第四章 形式美的原则"六、比例与尺度"：著名的现代建筑大师勒·柯布西耶把比例和人体尺度结合在一起，提出了独特的"模度"体系。模度既是数学与美学的结合（黄金分割、直角规线、斐波那契数列），又与人体关联，模度的每一个数值都与人体的某一个部位吻合，符合人体的尺度比例。模度的四个关键数值分别为人的垂手高86cm、脐高113cm、身高183cm和举手高226cm。模度体系被广泛应用于诸如马赛公寓、母亲住宅等柯布西耶的建筑作品中。

答案：A

3-17 **解析：** 题3-3图所示是一座具有明确中轴线、多进院落布局的中国古代建筑群体组合平面图，故采用的是轴线式和庭院式空间组织形式。

答案：D

3-18 **解析：** 参见《公共建筑设计原理》第5.2节 连续性的空间组合，观展类型的公共建筑，如博物馆、陈列馆、美术馆等，为了满足参观路线的要求，在空间组合上多要求有一定的连续性。这种类型的空间布局又可分为以下5种形式：串联式、放射式、串联兼通道式、兼有放射和串联式，以及综合性大厅式。

答案：C

3-19 **解析：** 参见《城市规划原理》第3节 城市设计的基本理论与方法"1.1图底理论"P559：图底理论从分析建筑实体和开放虚体之间的相对比例关系着手，试图通过比较不同时期城市图底关系的变化，分析城市空间发展的规律和方向。故选项A正确。

答案：A

3-20 **解析：** 理查德医学研究楼采取了单元式平面组合形式。该建筑反映了路易斯·康的"服务与被服务"空间之间的理想关系，即各自独立并通过结构和机械系统连接起来。服务空间（辅助用房、楼梯间）被分离出来，以塔楼的形式与被服务空间（实验室、工作室）组合成一个功能单元，这种单元组合方式不仅使各生物实验室相对独立，也使建筑得以"自由生长"（该楼落成两年后，又在医学楼旁加建出了生物楼）。

答案：D

3-21 **解析：** 密斯·凡·德·罗与格罗皮乌斯、勒·柯布西耶、赖特齐名，并称20世纪中期现代建筑四大师。1928年，密斯曾提出著名的"少就是多"的建筑处理原则。这个原则在他的巴塞罗那世界博览会德国馆的设计中得到了充分体现。

答案：C

3-22 **解析：** A、B、C三个住宅平面均为南北通透（或东西通透）的套型平面，有利于户内通风；而D属于一梯多户的塔楼住宅平面，塔楼建筑密度高，但容易出现暗厨、暗卫，在炎热地区不利于组织住宅套型内部通风。

答案：D

3-23 **解析：** 参见《住宅建筑设计原理》（第四版）"1.3.1 套型空间的组合分析"，在住宅建筑设计中，户门外的走道、平台、公共楼梯间等空间属于公共区；会客、宴请、与客人共同娱乐及客用卫生间等空间属于半公共区；家务活动、儿童教育和家庭娱乐等区域是半私密区；书房、卧室、卫生间属于私密区。故C选项将次卧归为半私密区是错误的。

答案：C

3-24 **解析：** 北京紫禁城中位于中轴线上的三大殿是太和殿、中和殿、保和殿，这三座大殿在整个都城中轴线最核心位置，是明清封建王朝国家权力机构的核心所在。

答案：B

3-25 解析：在办公建筑的平面布置中，如仅从方便人员沟通交流的角度考虑，外廊、内走道及内天井式的布局，都不如开放式空间更便于人员的沟通与交流。

答案：D

3-26 解析：办公建筑设计应尽量使办公用房得到充分的自然采光和通风。题中 4 个高层结构核心筒布局中，只有 A 选项能够既满足结构抗侧力要求，又能使有效的自然采光和通风的办公面积最大化。

答案：A

3-27 解析：题目所示 4 种住宅套型餐、厨组合平面图中，就烹饪油烟隔离而言，A、B、C 户型都能实现厨房烹饪油烟的隔离；只有 D 户型的开敞式厨房布局，对中餐制作无法实现油烟的有效隔离。

答案：D

3-28 解析：参见《外国建筑史》第 6 章，拜占庭建筑的第一个特点是集中式建筑形制；第二个特点是穹顶、帆拱、鼓座的运用；第三个特点是希腊十字式平面；第四个特点是内部装饰——于平整的墙面贴彩色大理石板，穹顶的弧形表面装饰马赛克或粉画。B 图符合上述特点；A 图是古罗马的万神庙，C 图是拉丁十字式巴西利卡，D 图是哥特式教堂。

答案：B

3-29 解析：快餐厅地面装修材料的选用应优先考虑环保、易清理、耐磨的材料，C 选项在快餐厅室内选用地毯显然不妥。

答案：C

3-30 解析：题目中 A 图是陕北民居窑洞的室内，C 图是蒙古包内景，D 图是满汉宅邸厅堂的典型布置；B 图展示的是藏族民居的室内。

答案：B

3-31 解析：柔和的灯光和适度的阴影效果在体育馆的比赛厅、教学楼的教室和医院手术室中采用，均无法达到相应的视物功能要求。而柔和舒适的灯光所营造出的立体感和艺术效果，比较符合美术馆陈列室的功能需要。

答案：A

3-32 解析：色彩本身并无冷暖的温度差别，是视觉色彩引起人们对冷暖感觉的心理联想。暖色是指红、红橙、橙、黄橙、红紫等色彩；冷色是指蓝、蓝紫、蓝绿等色彩。当紫色与橙色并列时，紫色应该是偏冷的，所以 A 错误。

答案：A

3-33 解析：参考《民用建筑设计统一标准》GB 50352—2019 条文说明第 3.1.2 条，民用建筑高度和层数的分类主要是按照现行国家标准《建筑设计防火规范》GB 50016 和《城市居住区规划设计标准》GB 50180 来划分的。当建筑高度是按照防火标准分类时，其计算方法按现行国家标准《建筑设计防火规范》GB 50016 执行。一般建筑按层数划分时，公共建筑和宿舍建筑 1~3 层为低层，4~6 层为多层，大于或等于 7 层为高层；住宅建筑 1~3 层为低层，4~9 层为多层，10层及以上为高层。

答案：D

3-34 解析：参见《建筑设计防火规范》GB 50016—2014（2018 年版）第 5.1.1 条，高层民用建筑根据其建筑高度、使用功能和楼层的建筑面积可分为一类和二类，民用建筑的分类应符合表 5.1.1 的规定。

名称	高层民用建筑		单、多层民用建筑
	一类	二类	
住宅建筑	建筑高度大于 54m 的住宅建筑（包括设置商业服务网点的住宅建筑）	建筑高度大于 27m，但不大于 54m 的住宅建筑（包括设置商业服务网点的住宅建筑）	建筑高度不大于 27m 的住宅建筑（包括设置商业服务网点的住宅建筑）
公共建筑	1. 建筑高度大于 50m 的公共建筑； 2. 建筑高度 24m 以上部分任一楼层建筑面积大于 1000m² 的商店、展览、电信、邮政、财贸金融建筑和其他多种功能组合的建筑； 3. 医疗建筑、重要公共建筑、独立建造的老年人照料设施； 4. 省级以上的广播电视和防灾指挥调度建筑、网局级和省级电力调度建筑； 5. 藏书超过 100 万册的图书馆、书库	除一类高层公共建筑外的其他高层公共建筑	1. 建筑高度大于 24m 的单层公共建筑； 2. 建筑高度不大于 24m 的其他公共建筑

答案：A

3-35 解析：参见《建筑工程设计文件编制深度规定》（2016 年版）第 3.1.1 条，初步设计文件应包括以下内容：

1　设计说明书，包括设计总说明、各专业设计说明；对于涉及建筑节能、环保、绿色建筑、人防、装配式建筑等，其设计说明应有相应的专项内容；

2　有关专业的设计图纸；

3　主要设备或材料表；

4　工程概算书；

5　有关专业计算书（计算书不属于必须交付的设计文件，但应按本规定相关条款的要求编制）。

答案：C

3-36 解析：根据建筑制图规范要求，顶平面应以仰视角度反映出顶棚平面图，顶平面图无法反映低于顶棚标高的平、立面图中的门窗位置和编号。

答案：D

3-37 解析：建筑的有效面积是评价建筑面积经济性的指标之一。建筑平面的设计布局应能在满足功能需求的前提下，得到最大化的有效使用面积，所以有效面积越大，越经济。

答案：A

3-38 解析：格式塔心理学派的创始人最早提出了五项格式塔原则，分别是简单、接近、相似、闭合、连续。后来又延伸出一些其他的格式塔原则，比如对称性原则、主体/背景原则、命运共同体原则等。本题 D 选项正是对应了这五项原则中的"简单"原则，即水平和垂直形态比斜向形态易成图形。

答案：D

3-39 解析：南疆气候干燥炎热、风沙大、雨水少，且日照时间长、昼夜温差大；这一区域的建筑应特别注意防风沙兼顾防热。阿以旺就形成于南疆的干热地区。这种房屋连成一片，庭院在四周。带天窗的前室称阿以旺，又称"夏室"，有起居、会客等多种用途；后室又称冬室，做卧室，一般不开窗。

答案：B

3-40 **解析：** 天然气是地球在长期演化过程中，需在一定区域且特定条件下，经历漫长的地质演化才能形成的自然资源；一旦消耗，在相当长时间内不可再生；故 D 选项天然气属于不可再生能源。而太阳能、潮汐能、生物能（植物、动物及其排泄物、垃圾及有机废水等）均属于可再生能源。

答案：D

3-41 **解析：** 门窗玻璃、钢结构的钢材和铝合金门窗型材都是可回收、可循环利用的建筑材料。而黏土砖的原材料是由挖掘土壤得到的，对耕地造成破坏；因此，黏土砖也是国家明令禁止使用的建筑材料。

答案：B

3-42 **解析：** 绿色建筑全生命周期是指建筑从建造、使用到拆除的全过程。因建筑设计合理使用年限一般能达到 50 年甚至更长，所以碳排放主要是在建筑的使用过程中产生。

答案：C

3-43 **解析：** 参见《民用建筑热工设计规范》GB 50176—2016 中表 4.1.2 的规定，并经查附录 A 表 A.0.1 可知，武汉属于夏热冬冷 A 区（3A 气候区），天津属于寒冷 B 区（2B 气候区），故 D 选项是正确的。

答案：D

第四章 中国古代建筑史

中国建筑是世界上传统延续最长的建筑体系。这一方面是因为中国的封建社会时期特别长，社会变化缓慢；另一方面是中国的地理环境比较封闭，周边有大海、高山、沙漠的阻隔，在交通不便的古代，很少受到很大的外来影响。更因为中国的文化一般高于相邻国家或民族的文化，即使某些外来因素传入中国，也会很自然地融入，而成为中国自己的东西。中国建筑自其萌芽，直到今世，一脉相承，可以说是具有很大的稳定性，与历史上西欧建筑的剧烈变化大不相同。中国古代建筑是中国传统文化的重要组成部分，与中医、国画、民乐等相似，有中国自己特有的传统，是延续数千年的独特体系。从都城的规划建设，到建筑的设计施工，乃至于装修装饰，都有自己的理论与方法，在世界上独树一帜，有着很卓越的成就。它不仅是珍贵的历史文化遗产，认真加以研究总结，还可以为当今的建设提供可贵的借鉴。

第一节 中国古代建筑的发展历程

一、原始社会时期（约距今 9000~4000 年）

在新石器时代的后期，人类从栖息于巢与穴，进步到有意识地建造房屋，出现了干阑式与木骨泥墙的房屋。干阑的实例如浙江余姚河姆渡村发现的建筑遗址，距今约六七千年，已有榫卯技术。木骨泥墙房屋实例以西安半坡村和陕西临潼姜寨最具代表性。姜寨有五座"大房子"共同面向一个广场，每座"大房子"周围环绕着若干或圆或方的小房子，其布局反映了母系氏族社会聚落的特色。二者属于仰韶文化时期的居住遗址，其中的"大房子"是仰韶文化时期母系氏族社会议事的地方。龙山文化时期的居住遗址以西安客省庄的一座吕字形平面的房屋为例，房屋面积比仰韶时期的变小，室内有供存贮的窖穴，表现了父系氏族社会私有财产的出现，建筑技术的进步是地面上铺有"白灰面"。近年在浙江余杭区的瑶山与汇观山发现有祭坛，为土筑的，呈长方形。在内蒙古大青山和辽宁喀左县东山嘴发现用石块堆成的方形和圆形的祭坛；在辽宁建平县发现了一处内中有女神像的中国最古老的神庙遗址。这些考古发现，使人们对于中国原始社会的建筑水平，有了进一步的了解。

二、奴隶社会时期（公元前 21 世纪~前 476 年）

此阶段包括夏、商、西周、春秋时期。

（一）夏（约公元前 2070~前 1600 年）

夏代的城市遗址在河南王城岗、山西夏县及河南淮阳平粮台有所发现。有人认为河南偃师市二里头遗址是夏代都城之一。已发现宫殿遗址两处，其中一号宫殿最大，是我国迄今发现的规模较大的廊院式建筑，二号宫殿是一座更为完整的廊院式建筑。

（二）商（公元前 1600～前 1046 年）

商代是我国奴隶社会大发展的时期，青铜工艺已达到纯熟程度，已有甲骨文等文字记述的历史。建筑技术明显提高。著名遗址有：①郑州商城，可能是商王仲丁时的隞都。②黄陂盘龙城商城遗址，夯土台基上平行排列三座殿堂，可能是商代某一诸侯国的宫殿。③河南偃师市尸乡沟早商城址。已发掘出两座庭院式建筑。④殷墟，是商代晚期的都城遗址，位于河南安阳小屯村。中国考古界多年来对殷墟做过细致的考古发掘工作，对于它的宫殿、墓葬等已有较清楚的认识。它的建筑建于长方形土台上，长面朝前，有纵有横，说明布局已具庭院的雏形。它的墓葬为土圹木椁墓，深达十几米，四出羡道，有很多随葬的人与物。安阳殷墟已列入世界文化遗产名录。

（三）西周（公元前 1046～前 771 年）

西周时在奴隶主内部已有按宗法分封的制度，规定了严格的等级。表现在城市的规模上就是诸侯的城按公、侯、伯、子、男的等级，分别不准超过王城的 1/3、1/5、1/9。否则即是"僭越"。西周最具代表性的建筑遗址是陕西岐山凤雏村的"中国第一四合院"，是一处二进院的宗庙建筑。另外在湖北圻春出土了一处建筑遗址，为干阑式建筑。西周在建筑上突出的成就是瓦的发明，使建筑脱离了"茅茨土阶"的简陋状态。

（四）春秋（公元前 770～前 476 年）

春秋时期宫殿建筑的特色是"高台榭、美宫室"。这一方面是高台建筑有利于防刺客、防洪水、可供帝王享受登临之乐；另一方面也是由于建筑技术的原因，当时要修建高大的建筑，要依傍土台才能建造成功。近年对秦国都城雍城的考古工作中出土了 36cm×14cm×6cm 的青灰色砖和质地坚硬有花纹的空心砖，说明我国早在春秋时期已开始了用砖的历史。此时期杰出的工匠为公输般——鲁班（姓公输，名般，鲁国人，因古时"般"与"班"通用，故又常被后人称为鲁班），被后世奉为多种行业工匠的祖师爷。

三、封建社会初期（公元前 475～公元 581 年）

此阶段包括：战国、秦、汉、三国、两晋、南北朝。

（一）战国（公元前 475～前 221 年）

战国时战乱频仍，"筑城以卫君，造郭以守民"，此前对诸侯国城址大小的限制已失去控制。城市规模扩大是这一时期的特点。战国七雄各国的都城都很大，以齐国的临淄为例：大城南北长 5km、东西宽约 4km，城内居民达 7 万户，街道上车毂相碰，人肩相摩。大城西南角有小城，推测是齐国宫殿所在地，其中有高达 16m 的夯土台。在陕西咸阳市东郊发掘的秦咸阳一号宫殿是一座以夯土台为核心，周围用空间较小的木构架建筑环绕的台榭式建筑。该建筑具有采暖、排水、冷藏、洗浴等设施，显示了战国时期高级建筑已达到的水平。当时的木工技术，从近年河南、湖南等地出土的战国墓的棺椁上，可看到已有形式多样的榫卯，说明木工已达到很高的水平。在河北平山县的战国中山王𰀁的墓中出土了一块铜板错银的"兆域图"，该图大体上是按一定比例制作的，有名称、尺寸、地形位置的说明，并有国王诏令。此图被誉为中国现在已知的最早的建筑总平面图。

（二）秦（公元前 221～前 206 年）

秦始皇灭六国，统一天下。他每灭一国，就在咸阳北坂上仿建那一国的宫室，这在建筑技术、建筑风格上起到了交流融会作用。秦代的都城与宫殿均不遵周礼，而是在跨渭水南北广阔地区，弥山跨谷地修建。脍炙人口的阿房宫是秦始皇拟建的朝宫的前殿。《史记》记载："先作前殿阿房，东西五百步，南北五十丈，上可以坐万人，下可以建五丈旗。周驰为阁道，自殿下直抵南山。表南山之巅以为阙。络为复道，自阿房渡渭、属之咸阳……"把数千米以外的天然地形，组织到建筑空间中来。这种超尺度的构图手法，气魄之大，正是秦这个伟大帝国气势的反映。秦始皇的陵墓——骊山陵，尚未进行考古发掘，陵体遗存边长 350 余米，残高仍在 43m 以上。附近农民耕地时，常有一些建筑构件出土，近年在墓东侧发掘出的"兵马俑"，轰动世界，"秦俑学"已成为一种专门学科。史书中说墓中具有天文地理、宫观百官、奇珍异宝，当非臆测。修驰道、筑长城、也是秦代的重要建设。

（三）汉（公元前 206～公元 220 年，包括王莽新朝）

西汉在渭水南岸建长安城，其中包括了秦代未毁的部分宫殿。又受地形限制，城市的外轮廓曲折，附会为北像北斗、南像南斗，俗称"斗城"。城内布局全未按礼制对都城的规定，宫殿与民居杂处。全城面积 36km²，有城门 12 座，城内有五座宫城、八街九陌、168 闾里。在汉长安南郊出土了 11 座"礼制建筑"，应为王莽九庙遗址。其中一座周边有圜水的建筑，仍属有土台核心的木构建筑。汉代的陵墓仍属土圹木椁墓，用"黄肠题凑"。陵侧建陵邑，迁各地豪富及外戚等来居住。名为替先帝守陵，实为强干弱枝，便于控制管理。汉代陵邑共有七座，其中以长陵、安陵、阳陵、茂陵、平陵最著名，称"五陵"，后来诗文中常以五陵喻为一种豪门聚居之地，内中子弟称"五陵少年"。

东汉于公元 25 年定都洛阳。都城内有东西二宫，两宫之间以阁道相通。文献上记载东汉的宫室中有椒房、温室殿、冰室等防寒祛暑的房屋，说明建筑的进步，已然注意到居住条件的改善。汉代遗存至今的地面以上建筑有墓前的石阙、墓表、石享堂、石象生，如：四川雅安高颐墓阙、北京西郊东汉幽州书佐秦君墓表、山东肥城孝堂山郭巨墓石享堂等。另外就是崖墓、砖石墓等中的明器、画像砖、画像石、壁画等间接的建筑形象资料。石墓中的石制仿木构件，显示了一些汉代建筑信息，但因石与木性质的不同，形象表现受局限，只能供参考。

（四）三国（公元 220～265 年）

此时期是东汉末魏、蜀、吴三国鼎立的战乱年代。位于河北临漳县的邺城，原是齐桓公所置的城，后属晋。三国时曹操以此为南征北战的大本营，城市的建设具有新的格局，文献上对此城记述颇多，城的面积为 6.5km²，有中轴线，有明确的分区，是中国第一座轮廓方正的都城。此城早已毁于兵燹，再加上漳河屡次泛滥，地上遗存已很少，有人认为它是隋唐长安城的蓝本。

（五）两晋、南北朝（公元 265～581 年）

此阶段包括：西晋 $\begin{cases} 十六国、北魏 \begin{cases} 东魏—北齐 \\ 西魏—北周 \end{cases} \\ 东晋、宋、齐、梁、陈 \end{cases}$

佛寺、佛塔及石窟寺的出现，是本时期建筑最大的成就。佛教虽然于西汉末年已传入中国，但未兴盛。直到此时，由于战乱，百姓不堪其苦，寄希望于来世；帝王崇佛，大力提倡佛教，佛教才得以大兴。文献记载：南朝佛寺有 500 余所，北朝仅洛阳一地，就有佛寺 1367 所。公元 516 年，北魏胡灵太后在洛阳建的永宁寺塔，是一座方形平面的 9 层木塔，高达 40 余丈，《洛阳伽蓝记》对其描述甚详。现存的河南登封嵩山嵩岳寺塔，建于北魏正光四年（公元 523 年），是一座 15 层的密檐式塔，是我国地面之上真正的建筑遗存中最早的一座。石窟寺自印度传入，与中国开凿崖墓技术结合，很快地得到推广。敦煌莫高窟、大同云冈石窟、洛阳龙门石窟是最著名的三处。石窟中有许多反映当时建筑形象的雕刻，如塔、殿宇的屋顶、斗栱、柱等。在河北定兴有一座北齐的义慈惠石柱、柱顶上有一座小殿，有梭柱、平直檐口、屋面瓦脊等建筑细部的形象，是研究北朝建筑的重要资料。南朝仅存有陵墓，以地面上的石刻墓表及石象生、辟邪较为出色。

综观此阶段历时 900 余年，以汉代为高潮。中国建筑作为一个独特的体系，到汉代已经确立。木构架体系、院落式布局等特点已基本定型。后期由于佛教哲学与艺术的传入，以及中国社会中玄学的兴起，建筑形象趋于雄浑而带巧丽的风格。东晋和南朝是我国自然式山水风景园林的奠基时期。

四、封建社会中期（公元 581～1279 年）

此阶段包括隋、唐、五代、宋、辽、金。

（一）隋（公元 581～618 年）

隋代最突出的建筑成就就是新建一座都城——大兴城。隋文帝杨坚以汉长安城内宫殿与民居杂处，不便于民，水苦涩，不宜饮用为由，在汉长安的东南创建了一座全新的都城。城的面积达 84km²。城的外廓方正，城内有纵横干道各三条，称为"六街"。中轴线北端是宫城，宫城前是皇城。全城设 108 个坊和两个市。每个坊都有坊墙围绕。城的东南隅曲江所在的低洼地段，辟为供居民游赏的园林，这在世界城市建设史上，都是值得称赞的举措。大兴城布局严整，街道平直，功能分区明确，规划设计得井井有条。这主要出自哲匠宇文恺之手。宇文恺是一位杰出的建筑家，隋代的东都也是由他规划设计的。他考证"明堂"，广引文献，并用 1/100 比例尺制图、做模型。他还有许多具有巧思的建筑创作。隋代对佛教十分重视，隋文帝建国之初，曾诏令全国各州建"仁寿塔"，是方形平面五层的楼阁式木塔，可能有标准图，今塔已无一遗存。隋代遗存至今最著名的建筑是河北赵县的安济桥，是一座敞肩拱桥，它比欧洲同样类型的桥要早 700 年。桥由 28 道石券并列而成，跨度达 37.47m。"两涯嵌四穴，盖以杀怒水之激荡"。这种两端做成空腹拱的做法，不仅可减轻桥的自重，更可以减低洪水的冲击力。此桥在技术上，造型上都达到了很高的水平。桥的建造人是隋匠李春，这在中国一向不重视工匠的古代，能留下匠人的名字，是极难能可贵的。隋代遗存的另一建筑是山东济南柳埠的神通寺四门塔，是一座平面为方形的单层石塔，建于隋大业七年（公元 611 年）。

（二）唐（公元 618～907 年）

唐代将隋代的大兴城改称长安城，作为都城，继续加以完善。后来因为宫殿不敷使用，在长安城东北隅城墙之外龙首原上修建了一座大明宫，大明宫逐渐成为唐代的政治中心。大明宫遗址已经考古发掘，其中的主要建筑含元殿、麟德殿等按遗址做了复原设计。大明宫的尺度比明清北京紫禁城的尺度要大得多，就是非主殿的麟德殿也是明清正殿太和殿面积的 3 倍。唐代最宏伟的木构建筑当推武则天所建的"明堂"。文献记载它的平面为方形，约合 98m 见方，高约合 86m，是一座底部为方形而顶部为圆形的三层楼阁。建造如此复杂的高层建筑，工期只用 10 个月，由此可见当时的建筑设计与施工技术已臻于成熟。据近年对明堂遗址的考古发掘，其平面尺寸与结构同文献记载基本一致。

中国历史上曾有过多次"灭法"，即消灭宗教的活动，如著名的"三武一宗"灭佛（北魏太武帝灭佛、北周武帝灭佛、唐武宗灭佛、后周世宗灭佛）。从北魏到五代，佛教建筑被拆毁殆尽，再加上木构建筑材料本身的不耐久，致使中国现存的木构佛殿很少有年代很早的。最早的一座是山西五台的南禅寺大殿（唐建中三年、公元782年）。建于唐大中十一年（公元857年）的佛光寺东大殿是唐代会昌灭法以后所建。佛光寺东大殿是现存唐代木构建筑中规模最大，质量最好的一座，但以之与敦煌壁画上所绘的唐代佛寺中殿阁楼台恢宏的建筑群相比，仍不免简约。不过仅就佛光寺东大殿来看，其结构的有机、木构件的雄劲，已能让人领会到唐代木构建筑所达到的高水平。它的木构用料已具模数、斗栱功能分明，尤其是脊檩之下只用大叉手而不施侏儒柱，表明唐代匠人已经了解三角形为稳定形的原理。它的屋顶平缓、出檐深远，造型庄重美观，建筑技术与艺术达到了和谐统一。

唐代的木塔无一幸存到今天，砖塔则尚有数座，如西安大慈恩寺的大雁塔、长安区的兴教寺玄奘墓塔，这两座塔属于楼阁式塔。西安荐福寺小雁塔、河南登封法王寺塔和云南大理崇圣寺千寻塔，三者属于密檐式塔。唐代的单层塔多属于高僧的墓塔，如河南登封净藏禅师塔、山西平顺海会院明惠大师塔等。唐塔一般是方形平面，单层塔壁，以木楼板木扶梯分层。净藏禅师塔是八角形平面，是已知唐塔中用八角形平面的首例。

唐代帝陵的特点是"因山为穴"。18座唐陵中有16座是利用天然山体凿隧道修筑的。以唐高宗李治与武则天的乾陵为例，以阙及神道形成前导空间，在建筑布局上有显著进步。每座陵都有若干陪葬墓。经考古发掘的永泰公主墓等若干陪葬墓中的壁画、明器等为了解唐代宫廷生活与唐代建筑形象提供了珍贵资料。

唐代对各等级住宅的堂、舍、门屋的间数、架数、屋顶形式以及装饰等，均有制度规定。盛唐时，显贵住宅趋于奢丽。安史之乱后，长安有些豪宅修建过度，规模庞大，装修华丽，使用高级木料，一时号为"木妖"。

（三）五代（公元907～960年）

这又是一个多战乱的时代，北方尤甚。相对地说南方的吴越、前蜀、南汉等较为稳定。此时期重要的建筑遗物如：苏州虎丘的云岩寺塔。该塔原为9层，现存7层，是一座八角形平面，双层塔壁的砖塔。它是砖塔由唐代的方形平面单层塔壁，向宋塔的多边形平面、有塔心室转变的首例。南京栖霞山舍利塔也是此时期的遗物。前蜀王建墓位于成都近郊，是中国属于王一级的墓最早被正式考古发掘的，在建筑史上有一定价值，墓中棺床的石刻较著名。

（四）宋（公元960～1279年）

宋代建都汴梁，即今开封，汴梁原为州治所在，作为国都过于狭隘。再加上宋代手工业商业活跃繁荣，自古以来的城市里坊制度被突破，拆除坊墙，临街设市肆，沿巷建住房，形成开放性城市。这是中国城市史上一个重要的转折点。宋代的建筑风格趋向于精致绮丽，屋顶形式丰富多样，装修细巧，门、窗、勾阑等棂格花样很多。留存至今的木构殿堂尚有不少，常以山西太原晋祠圣母殿（宋天圣年间初建，崇宁元年重建）和河北正定隆兴寺摩尼殿（宋皇祐四年即公元1052年建）为宋代建筑的代表作。其实，它们尚不能充分地表现出宋代建筑的风格与实际达到的水平。可以从宋代的"界画"上看到宋代的重楼飞阁是如何的华丽繁复。汴梁地处南北两种建筑风格之间，同时受北方唐代的壮硕与南方五代秀丽风格的影响，形成了宋代建筑的风格。

宋塔遗存至今的尚有许多，有砖塔、石塔还有琉璃贴面的琉璃塔。如：河北定县开元寺料敌塔，是现存最高的砖塔，高84m。河南开封祐国寺塔，俗称铁塔，是第一座砌琉璃面砖的塔。福建泉州开元寺双石塔，是现存最高的石塔。

宋崇宁二年（公元1103年）颁布的《营造法式》，内容包括了"以材为祖"的木作做法及各工种的功限料例，附有图样。全书共34卷，是一部极有价值的术书，作者是宋代的将作监李诫。李诫字明仲，河南管城县人。李诫是很有学问的人，他广读文献，并深入工匠做了解，写成此书。据传他参考的书中有一本《木经》是五代哲匠喻皓所著。

自南北朝时胡床、交椅等高足坐具传入中原以来，室内家具日渐多样，桌椅等垂足坐家具逐渐取代了供跪坐的几案等。从五代《韩熙载夜宴图》上可见一斑。至宋代，垂足坐家具已基本普及，这影响建筑的室内高度。

宋代的造园之风甚炽，从宫廷、州县公署到市肆和一般士庶，都热衷于造园。宋徽宗的"艮岳"更成为亡宋的导火线。

南宋定都临安，即今杭州。建筑规模不大，但精致，属南方风格，多采用穿斗架，即使是官方所建寺观，也具南方地方风格。

（五）辽（公元907～1125年）

辽是由北方契丹族统治的朝代，与北宋对峙。辽的统治者积极吸取汉族文化，辽代建筑可视为唐代建筑的延续。辽代遗留至今的两处最著名的古建筑，一处是天津蓟县独乐寺的山门和观音阁（公元984年），另一处是山西应县佛宫寺释迦塔（公元1056年）。前者是现存最大的木构楼阁的精品，后者是现存年代最早而且是独一无二的楼阁式木塔。观音阁外观二层，内部三层，中间有一夹层。释迦塔俗名应县木塔，塔高67.31m，斗栱式样有60余种，外观5层，有四个夹层，实为9层，夹层中均有斜撑构件，结构合乎力学原理。由辽代这两座木构建筑的技术与艺术所达到的水平，可以反过来推断唐及北宋中原地区木构建筑达到了何等的高水平。

（六）金（公元1115～1234年）

金破宋都汴梁时，拆迁若干宫殿苑囿中的建筑及太湖石等至中都，并带去图书、文物及工匠等。在中都兴建的宫殿被称为"工巧无遗力，所谓穷奢极侈者"。宫殿用彩色琉璃瓦屋面，红色墙垣，白色汉白玉华表、石阶、栏杆，色彩浓郁亮丽，开中国建筑用色强烈之始。金代的地方建筑中用减柱造、移柱造之风盛行，被认为"制度不经"。如五台山佛光寺文殊殿，内柱仅留两根，是减柱造极端之例。北京西郊的卢沟桥，长265m，是金代所建的一座联拱石桥。桥栏望柱头上的石狮子极多，以数不清到底有多少而著称。

综观此阶段历时700余年，以唐代为高潮。长安城规模之大，列为人类进入资本主义社会之前城市中的世界第一。这时期遗留下来的陵墓、木构佛殿、石窟寺、塔、桥及城市宫殿遗址，在布局上、造型上都是气概雄伟、技术与艺术均有很高水平，建筑物中的雕塑、壁画尤为精美。唐代是中国建筑发展的最高峰，唐代的大建筑群布局舒展，前导空间流畅，个体建筑结构合理有机，斗栱雄劲。建筑风格明朗、雄健、伟丽。本阶段中国建筑体系达到成熟。

五、封建社会后期（公元1279～1911年）

此阶段包括元、明、清。

（一）元（公元 1279～1368 年）

元代是由蒙古族统治的朝代，是中国由少数民族建立的列入正统的第一个统一的大帝国。此前的各少数民族建立的国家只是局部的地方政权。元代在建筑上最重大的成就是完全新建了一座都城——大都。元大都基本上符合《周礼·考工记》中所述的"王城之制"。它位于金中都的东北方，城的外廓近于方形，除北面开二门外，其余三面都是开三门。宫城靠南，宫城以北是漕运终点的商业区，太庙在东侧，社稷坛在西侧，布局上基本符合"方九里，旁三门……面朝后市、左祖右社"的规矩。大都的街道取棋盘状，在南北走向的干道之间平行排列着称为"胡同"的小巷，是成排四合院住宅院落之间的通道。元大都是一座规划周密的城市，街道平直，市政工程完备，郭守敬引西山和昌平水源解决了漕运问题。元大都的规划设计人有刘秉忠和阿拉伯人也黑迭耳。元代的宫殿多用工字殿，这是继承宋代传统。元代宫殿的特色是使用多彩琉璃、高级木料紫檀、金色红色装饰、壁上挂毛或丝制品的帐幕等。宫殿中出现盝顶殿、棕毛殿、畏吾儿殿、石造浴室、石皮藏室等。

元代的木构建筑趋于简化，用料及加工都较粗放。主要表现是斗栱缩小，柱与梁直接联络，多做彻上明造，减柱仍在采用。通常以山西洪洞县广胜寺下寺正殿作为元代建筑的代表作。山西芮城的道观永乐宫是元初的建筑，以内中的壁画著称。永乐宫原址在山西永济，因修三门峡水库而移建芮城，是我国文物保护迁建古建筑较成功的一例。

元代引进了若干新的建筑类型，如大都中的大圣寿万安寺（妙应寺）白塔，是一座覆钵式塔（喇嘛塔），是尼泊尔匠人阿尼哥所建。在河南登封有一座由郭守敬建造的观星台，是中国最早的一座天文台。居庸关云台原是一座过街塔的塔座，上面原有三座覆钵式塔。元代的戏曲极盛行，元曲与唐诗、宋词并称，与之相应的戏台建筑很多，至今在山西临汾等多处仍有元代戏台留存。

（二）明（公元 1368～1644 年）

明代曾在南京、临濠（凤阳）、北京先后三次建造都城和宫殿，建设经验丰富，有一批熟练的工官与工匠。明成祖在元大都的基址上建设北京城。在用砖砌元大都的土城时，去掉了北边不发达的五里，向南边扩展一里。到嘉靖年间加建外城时，从南郊开始，中途收口，形成了北京城特有的凸字形外轮廓。北京城有一条从南到北约长 7.5 公里的中轴线。中轴线通过紫禁城，最重要的建筑都位于这条中轴线上。紫禁城宫殿规划设计严整，造型壮丽，功能完备，是院落式建筑群的最高典范。明代在北京还建造了各种坛庙，如：太庙、社稷、天、地、日、月、先农、先蚕等坛。并修建了衙署、仓廪、寺观、府邸等。重要建筑均采用楠木，规模及造型严谨规整。明代的 13 座陵墓位于昌平天寿山麓。它的地形选择和神道等前导空间的处理都很成功。明长陵的祾恩殿木构架中的 12 根金丝楠木柱，柱高约 23m，最大柱径达 1.17m，蔚为壮观。

明代制砖的数量与质量均有很大提高，不仅把大都的土墙改为砖砌，万里长城以及许多州、府、县的砖城墙也多是明代所建。砌砖技术的大发展，出现了完全不用木料，以砖拱券为结构的无梁殿。最著名的一处是南京灵谷寺的无量殿。明代的琉璃制品也达到了极高水平，色彩及纹饰丰富。南京报恩寺塔，高 80 余米，塔身遍饰有佛像、力士、飞天等纹饰的彩色琉璃砖，绚丽壮观，被列为当时世界七大建筑奇迹之一，可惜在太平天国时被毁。山西大同的九龙壁和山西洪洞广胜寺上寺飞虹塔也是明代的琉璃建筑，可以略见明代琉璃的风采。

在明代，中国佛塔增加一种类型，即在北京大正（真）觉寺仿印度佛陀伽耶大塔建造的一座金刚宝座式塔。

明代家具用花梨、紫檀等质地坚实的名贵木料，构件断面小，榫卯严紧密实，不多加装饰，造型与受力情况和谐一致。美观高雅，明式家具驰誉世界。

明初朱元璋曾明令禁止宅旁多留隙地营造花园，但明中叶后，江南富庶之地，私家造园之风甚炽。明末吴江人计成著有《园冶》一书，记述反映了明代造园理论与艺术水平。

明代修建北京宫殿、坛庙、陵墓的工匠来自全国各地，其中主力来自江南，以徐杲、蒯祥最为杰出。蒯祥能"目量意营"，"随手图之无不称上意"，人称"蒯鲁班"。

（三）清（公元 1644～1911 年）

清代定都北京，没有沿用过去每改朝换代均要焚毁前朝宫室以煞王气的传统，继续使用了明代的紫禁城，在使用中加以完善。清代在建筑方面最突出的成就表现在皇家苑囿的建设上。除了在北京城内的三海多有建树之外，在西郊所建的三山五园和在承德所建的避暑山庄都达到了很高的水平。私家园林也大有发展，江南园林达到极盛。中国园林影响所及，不仅是近邻的日本、朝鲜，18 世纪时更远及欧洲。中国园林成为世界园林渊源之一。

清代为满族统治的朝代，为了团结蒙、藏兄弟民族，在西藏、青海、甘肃、蒙古等地修建了若干喇嘛庙。清初在拉萨修建的布达拉宫，在呼和浩特修建的席力图召，都是汉藏混合式的建筑。在承德避暑山庄周围修建的"外八庙"结合山坡地形，仿建布达拉宫等建筑，融合了汉藏两式建筑而有所创新，使中国建筑有了一个新的发展。

清代于雍正十二年（公元 1734 年）颁布了工部《工程做法则例》，列出了 27 种单体官式建筑的各种构件的尺寸。改宋式的以"材""栔"为模数的方法为以"斗口"为模数，简化了计算，标准化程度提高，有利于预制构件、缩短工期，程式化程度加大了。清代承担宫廷建筑设计的是七世世袭的"样房"雷氏家族，人称"样式雷"，他们制作的建筑模型称为"烫样"。

民居、祠堂、会馆书院等民间建筑，尚有少量的明代实物遗存，主要是清代的。其中在技术上、艺术上，以及反映时代生活方面，蕴藏着很多宝贵的经验，值得学习汲取。这方面的研究探索工作也已然起步，有待于进一步开展。

综观此阶段历经 600 余年，其中元代除受宋代影响外，呈现出若干新的趋向。明清建筑则成为中国封建社会建筑的最后一个高潮。明代在经历数个少数民族统治的朝代之后以一切恢复正统为国策，在建筑方面制定了各类建筑的等级标准。明代修建的紫禁城宫殿、天坛、太庙、陵墓等都是规则严整的杰出之作。清代的造园和创造出体量极大的汉藏混合式建筑也是值得肯定的发展。

第二节　中国古代建筑的特征

（一）木构架体系，"墙倒屋不塌"

中国建筑中的重要建筑都是采用木构架的，墙只起围护作用。木构架的主要类型有抬梁式、穿斗式两种。由此体系而派生出以下特点：

1. 重视台基

为防止木柱根部受潮（包括土墙）需台基高出地面。逐渐台基的高低与形式成为显示建筑物等级的标志。如王府台基高度有规定、太和殿用三层须弥座汉白玉台基等。

台基露出地面的部分称为台明。在宋代《营造法式》中有四种地盘概念，即单槽、双槽、分心槽和金箱斗底槽。辽代建筑山西应县佛宫寺释迦塔、天津蓟县独乐寺观音阁及山西五台唐代遗构佛光寺东大殿都是金箱斗底槽。按柱网分布，一般明清建筑平面由明间（宋称当心间）、次间、稍间、尽间等对称构成。

2. 屋身灵活

由于墙不承重，可以任意设置或取消，可亭可仓可室可厅。墙体可厚可薄，开窗可大可小，以适应各种不同的使用要求与气候。

屋身墙体及檐柱，汉唐至宋元时期注重使用侧脚（角）与收分（又称收溜）做法，以提高建筑稳定性。柱身收分在明清时期逐渐取代唐宋梭柱流行的卷杀做法，工匠口诀"溜多少，升多少"即指侧脚与收溜做法。

3. 屋顶呈曲线或曲面

"上欲尊，而宇欲卑，吐水疾而霤远。"屋顶以举折或举架形成上陡下缓的坡度曲线，以取得屋面雨水以最快的速度下注而远离屋身。檐部平缓又取得"反宇向阳"多纳日照的好处。中国建筑的曲线坡屋顶有如建筑的冠冕，优美而实惠。屋角起翘、"如鸟斯革、如翚斯飞"。

屋顶翼角有"冲三翘四"之说。组合屋顶在宋代多见，如清代尚存的十字脊等。屋顶除硬山、悬山、攒尖、歇山及庑殿之外，还有盝顶、囤顶、半坡及盘顶（平顶）等多种做法；民间及园林建筑中常有勾连搭或抱厦做法，以解决大空间问题；另有砖石生土发券、穹窿及无梁殿做法等。

4. 重要建筑使用斗栱

斗栱原为起承重作用的构件，随着结构功能的变化，斗栱成为建筑物等级的标志。

斗栱按位置主要分为柱头科、平身科及角科，分别对应《营造法式》的柱头铺作、补间铺作和转角铺作。单"攒"单"朵"斗栱可分解为斗形（斗、升）、弓形（栱类）、方形截面（枋类）和板类四大构件类型。斗栱可使屋檐出挑深远，并具有较好的装饰作用；此外，它还具有突出的抗震性能，也是唐宋至明清官式建筑定义下的典型等级象征。

5. 装饰构造而不去构造装饰

仅对必需的构造加以艺术处理，而不是另外添加装饰物。如在石柱础上加以雕饰，梁、柱做卷杀，形成梭柱、月梁。屋顶尖端接缝处加屋脊。脊端、屋檐等有穿钉处加设吻兽、垂兽、仙人走兽、帽钉等以防雨、防滑落。甚至油漆彩画也是由于木材需要防腐而引起的，在必需的条件下，加以美化处理，而非纯粹的装饰。

例 4-1　（2021）中国古代木构建筑的外檐柱及角柱在前、后檐及两山处向内倾斜的做法称为（　　）。

　　A　生起　　　　　B　侧脚　　　　　C　举折　　　　　D　推山

解析：参见《中国建筑史》（第七版）第 8.2.1 节："宋、辽建筑的檐柱由当心间向两端升高，因此檐口呈一缓和曲线，这在《营造法式》中称为生起""为使建筑有较好的稳定性，宋代建筑规定外檐柱在前、后檐均向内倾斜柱高的10/1000，在两山向内倾斜8/1000，而角柱则两个方向都有倾斜。这种做法称为侧脚"；故B正确。

另据第8.2.4节"在计算屋架举高时，由于各檩升高的幅度不一致，所以求得的屋面横断面坡度不是一根直线，而是若干折线组成的，宋称举折""推山是庑殿建筑处理屋顶的一种特殊手法。由于立面上的需要，将正脊向两端推出，从而四条垂脊由45°斜直线变为柔和曲线，并使屋顶正面和山面的坡度与步架距离都不一致"。

答案：B

（二）院落式布局

用单体建筑围合成院落，建筑群以中轴线为基准由若干院落组合，利用单体建筑的体量大小和在院中所居位置来区别尊卑内外，符合中国封建社会的宗法观念。中国的宫殿、庙宇、衙署、住宅都属院落式。另外，院落式平房比单幢的高层木楼阁在防救火灾方面大为有利。

（三）有规划的城市

历史上大多数朝代的都城都比附于《周礼考工记》的王城之制，虽不是完全体现，但大多数都是外形方正，街道平直，按一定规划建造的。包括州县等城市也是如此。只有在自然条件极为特殊的地段，才偶然有不规则形状的城存在。

（四）山水式园林

中国园林园景构图采用曲折的自由布局，因借自然，模仿自然，与中国的山水画、山水诗文有共同的意境。与欧洲大陆的古典园林惯用的几何图形、树木修剪、人为造作的气氛，大异其趣。强调"虽由人作，宛自天开"。

（五）特有的建筑观

视建筑等同于舆服车马，不求永存。从来不把建筑作为一种学术。崇尚俭朴，把"大兴土木"一贯列为劳民伤财的事。对于崇伟新巧的建筑，贬多于褒。技术由师徒相传，以实地操作、心传口授为主。读书人很少有人关心建筑，术书极少，这些建筑观影响了中国建筑的进步。

第三节　中国建筑历史知识

（一）城市

都城的制度。"匠人营国，方九里，旁三门，国中九经九纬，经涂九轨，左祖右社，面朝后市……"（《周礼·考工记·匠人》）（图4-1）。

中国历代都城规模大小的顺序：①隋大兴城（唐长安城，图4-2）；②北魏洛阳城（图4-3）；③明、清北京城（图4-4、图4-5）；④元大都（图4-6）；⑤隋、唐洛阳；⑥明南京城（图4-7）；⑦汉长安城（图4-8）。

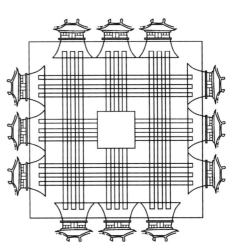

图4-1　《三礼图》中的周王城图

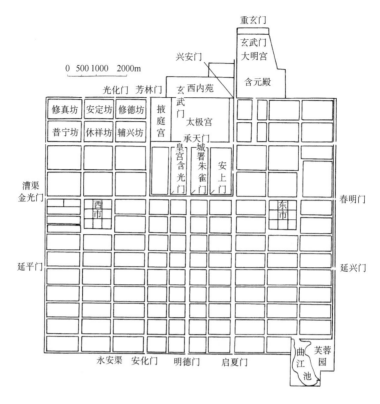

图 4-2 唐长安城复原图

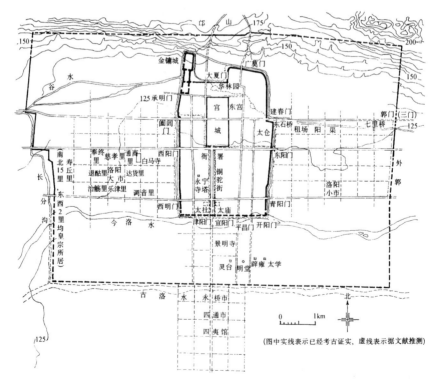

(图中实线表示已经考古证实，虚线表示据文献推测)

图 4-3 北魏洛阳城平面推想图

296

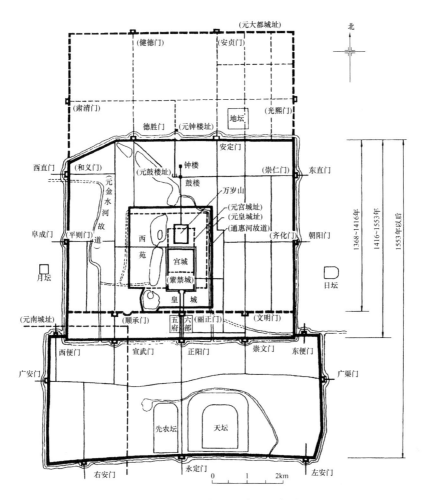

图 4-4　明北京发展三阶段示意图

中国第一座轮廓方正的都城曹魏邺城（图4-9）。

北宋东京平面想象图（图4-10）。

中国五大古都：西安、洛阳、开封、南京、北京；

中国七大古都：以上五处加安阳、杭州。

金中都、元大都、明清北京城址变迁图（应会默画）。元大都是与周礼考工记王城之制最接近的。列入世界文化遗产的中国城市：平遥古城、丽江古城。

唐长安城为里坊制，为封闭型，宋汴梁、临安转变为开放型，沿街设市，沿巷建住房。

（二）宫殿

周制三朝五门：外朝——决定国家大事，治朝——王视事之朝，内朝——办理皇族内部事务、宴会。

外朝　　　　　｜　　　　治朝　　　　　｜　　　　内朝

皋门　库门　雉门　应门　　　　　路门
　　　　　　｜　　　　　　　　　　　　　　　｜

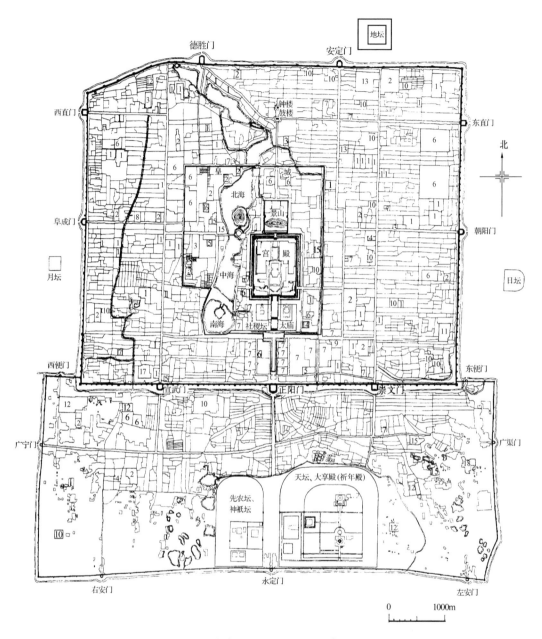

图 4-5　清代北京城平面图（乾隆时期）

1—亲王府；2—佛寺；3—道观；4—清真寺；5—天主教堂；6—仓库；7—衙署；8—历代帝王庙；9—满洲堂子；10—官手工业局及作坊；11—贡院；12—八旗营房；13—文庙、学校；14—皇史宬（档案库）；15—马圈；16—牛圈；17—驯象所；18—义地、养育堂

东西堂制：大朝居中，两侧为常朝。汉代开东西堂制之先声，晋、南北朝（北周除外）均行东西堂制。隋及以后均行三朝纵列之周制。

隋、唐的三朝五门：承天门、太极门、朱明门、两仪门、甘露门。外朝承天门、中朝太极殿、内朝两仪殿。

唐代宫殿雄伟，尺度大。大明宫主殿含元殿建于龙首原上，前有长达 75m 的龙尾道。麟德殿面积达 5000 余平方米，约为清太和殿的 3 倍（图 4-11）。

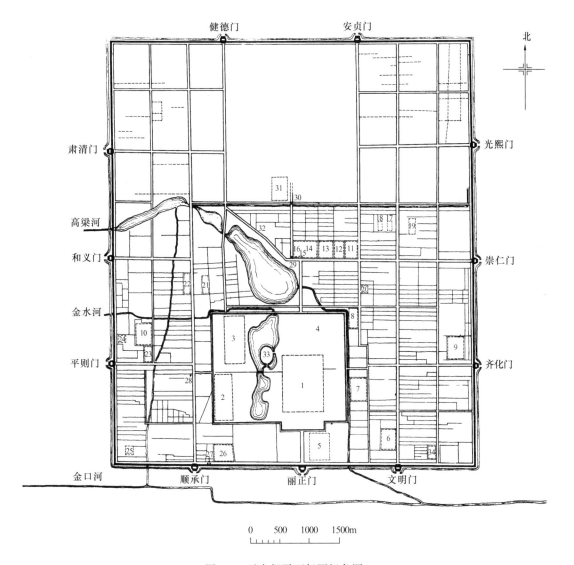

图 4-6　元大都平面复原想象图

1—大内；2—隆福宫；3—兴圣宫；4—御苑；5—南中书省；6—御史台；7—枢密院；8—崇真万寿宫（天师宫）；9—
太庙；10—社稷；11—大都路总管府；12—巡警二院；13—倒钞库；14—大天寿万宁寺；15—中心阁；16—中心台；
17—文宣王庙；18—国子监学；19—柏林寺；20—太和宫；21—大崇国寺；22—大承华普庆寺；23—大圣寿万安寺；
24—大永福寺（青塔寺）；25—都城隍庙；26—大庆寿寺；27—海云可庵双塔；28—万松老人塔；29—鼓楼；
30—钟楼；31—北中书省；32—斜街；33—琼华岛；34—太史院

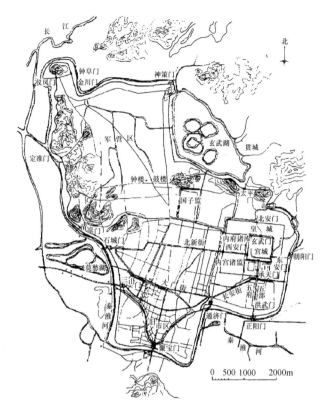

图 4-7　明南京城复原图

明南京城的规划突破隋唐以来方整对称的都城形制，结合地形和城防
需要，保留旧城，新辟新区，形成不规则的格局

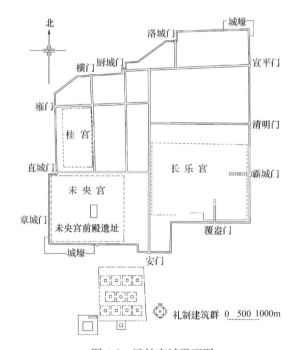

礼制建筑群

图 4-8　汉长安城平面图

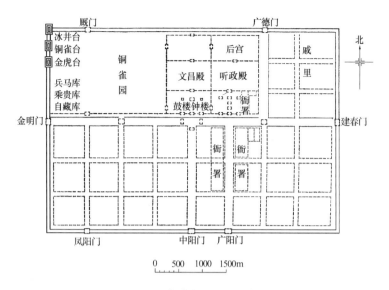

图 4-9　曹魏邺城平面想象图

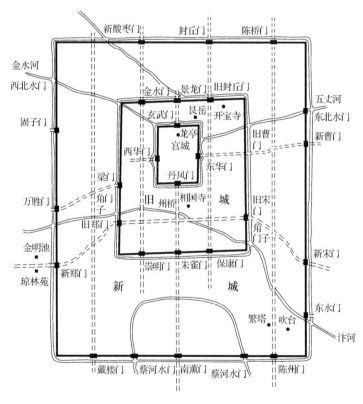

图 4-10　北宋东京平面想象图

宋代宫殿创造性发展是御街千步廊制度。另一特点是使用工字形殿。

轴心舍：即工字形殿的唐代名称，用于官署。

元代宫殿喜用工字形殿。受游牧生活、喇嘛教及西亚建筑影响，用多种色彩的琉璃、金、红色装饰，挂毡毯毛皮帷幕。建盝顶殿，棕毛殿，畏吾儿殿，石造浴室等。

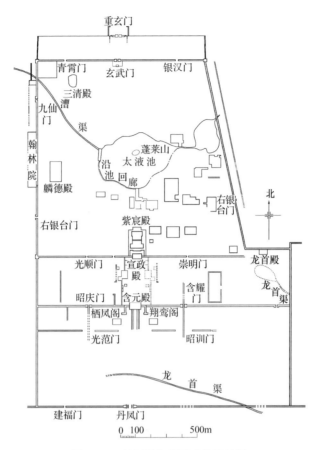

图 4-11 唐大明宫重要建筑遗址图

明、清紫禁城宫殿（应做全面了解），清北京故宫总平面如图 4-12 所示。

（三）坛庙

坛。祭祀天、地、日、月、桑、农等自然物的建筑。

庙。祭祀帝王祖先的建筑。

大祭，皇帝亲自祭祀。中祭，皇帝派大臣代祭。望祭，不设庙，只朝所祭方向遥祭。

圜丘。祭天的坛。

天坛（图 4-13、图 4-14）（应了解其历史概况，默绘其总平面示意图，指出其设计成功之处）。

孔庙（应了解孔庙布局的特点）。

（四）陵墓

四出羡道。商、周帝王陵墓的形制，由东西南北四方，以斜坡道及踏步由地面通向墓室（图 4-15）。

封土。帝王陵墓地表以上陵体。

方上。累土为堆，呈截顶方锥体形的封土。

中国已发现最早的一幅建筑总平面图：河北平山县战国中山国王響墓出土的一块铜板兆域图。

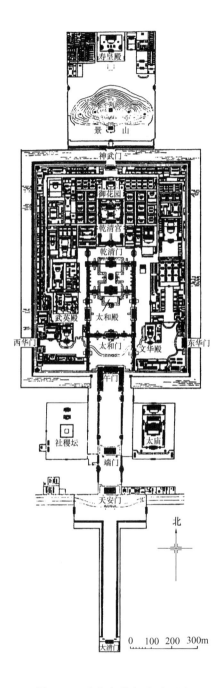

寿皇殿

景 山

神武门

御花园

乾清宫

乾清门

武英殿   太和殿

西华门   东华门

太和门   文华殿

午门

社稷坛   端门   太庙

天安门

北

0 100 200 300m

大清门

图 4-12　清北京故宫总平面图

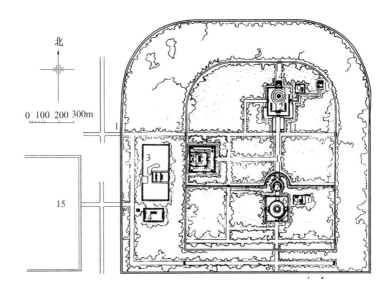

图 4-13　北京天坛总平面图

1—坛西门；2—西天门；3—神乐署；4—牺牲所；5—斋宫；
6—圜丘；7—皇穹宇；8—成贞门；9—神厨神库；10—宰牲亭；
11—具服台；12—祈年门；13—祈年殿；14—皇乾殿；
15—先农坛；16—丹陛桥

图 4-14　天坛祈年殿外观

图 4-15　河南安阳市后岗殷代四出羡道大墓

兆域。墓地的界址。

黄肠题凑。汉代帝王陵制，用栢木段垒成墓室，栢木心为黄色，木段头皆朝内，故称。

陵邑。汉陵各设陵邑，即小城市。迁各地豪富及前朝官吏来居住，名为守陵，实是强干弱枝，便于管理统治。

唐代陵墓。"因山为穴"（以乾陵为例，了解其布局特点）。

五音姓利。阴阳堪舆术先按姓分属五音（宫、商、角、徵、羽）而择地不同。宋代国姓赵，属角音，墓地要"东南地穹、西北地垂"，故宋陵由高向低而建。

明十三陵。选址、布局、单体建筑均具很高水平（图4-16）（应对其作评述）。

（五）宗教建筑

佛寺布局的演变：以塔为主，前塔后殿，塔殿并列，塔另置别院或山门前，塔可有可无。

明、清佛寺建筑典型布局：山门，钟鼓楼，天王殿，大雄宝殿，配殿，藏经楼，另附各种院。

佛教四大名山：①山西五台山（文殊菩萨道场）；②四川峨眉山（普贤菩萨道场）；③安徽九华山（地藏菩萨道场）；④浙江普陀山（观音菩萨道场）。

道教名山：江西龙虎山，江苏茅山，湖北武当山，四川青城山，山东崂山，陕西华山，江西三清山。对武当山应特别注意，其主峰天柱峰上的石城，名曰"紫禁城"。

道教建筑之特点：①以"宫""观""院"等命名，不以寺称；②所奉神像蓄发长须，穿中式衣袍；③不以塔为膜拜对象；④常有洞天福地等园林布置。

伊斯兰教礼拜寺建筑特点：①不供偶像；②设向圣地麦加朝拜的龛；③不用动物图像做装饰，用可兰经文、植物及几何图案做装饰；④设有邦克楼、望月楼、浴室等。

中国伊斯兰教四大寺：①广州怀圣寺（俗名狮子寺）；②泉州清净寺（俗名麒麟寺）；③杭州真教寺（俗名凤凰寺）；④扬州仙鹤寺。

图 4-16　北京明十三陵分布图

舍宅为寺。南北朝盛行的社会风尚。致仕之人舍出住宅作佛寺，以前厅为佛殿，后堂为讲堂。

最具代表性的著名古建筑（应记其地点、年代、特色）：

（1）佛光寺东大殿——山西五台，唐大中十一年（公元857年）建，现存最大的唐代木构建筑（图4-17、图4-18）。

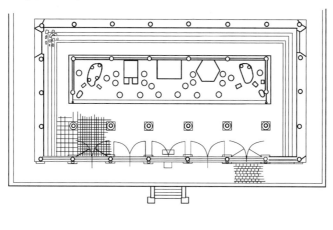

0   5   10m

图4-17　山西五台佛光寺东大殿平面图

（2）南禅寺大殿——山西五台，唐建中三年（公元782年）建，现存最早的木构建筑（图4-19）。

（3）隆兴寺摩尼殿——河北正定，北宋皇祐四年（公元1052年）建，四出抱厦，山面朝前（图4-20）。

（4）独乐寺观音阁及山门——辽统和二年（公元984年）重建，结构合理（图4-21）。

（5）晋祠圣母殿——山西太原，宋崇宁元年（公元1102年）重修，殿前有鱼沼飞梁（图4-22）。

（6）永乐宫——山西芮城，元中统三年（公元1264年）建，殿内壁画极珍贵。

（7）清净寺——福建泉州，元至正年间（公元1341～1370年）重修，保持外来影响。

（8）布达拉宫——西藏拉萨，清顺治二年（公元1645年）重建，最大的喇嘛教寺院。

（9）席力图召——内蒙古呼和浩特市，清康熙三十五年（公元1696年）重建，汉藏混合式喇嘛庙。

中国佛塔的五种主要类型（举例，绘示意图）：

（1）楼阁式塔——山西应县佛宫寺释迦塔（图4-23）。

（2）密檐塔——河南登封嵩岳寺塔（图4-24）。

（3）单层塔——山东济南神通寺四门塔（图4-25）。

（4）喇嘛塔——北京妙应寺白塔（图4-26）。

（5）金刚宝座式塔——北京大正觉寺金刚宝座塔（图4-27）。

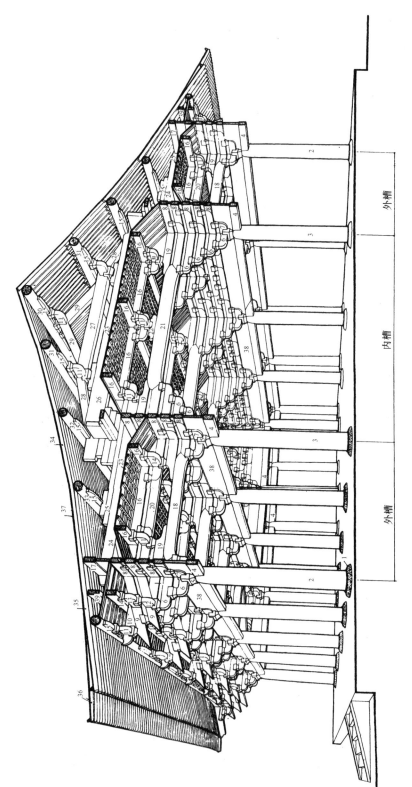

图 4-18 五台佛光寺东大殿梁架示意图

1—柱础；2—檐柱；3—内槽柱；4—阑额；5—栌斗；6—华栱；7—泥道栱；8—柱头方；9—下昂；10—耍头；11—令栱；12—瓜子栱；13—慢栱；14—罗汉方；
15—替木；16—平棋方；17—压槽方；18—明乳栿；19—半驼峰；20—素方；21—四椽明栿；22—四椽草栿；23—驼峰；24—平闇；25—缴背；26—四椽草栿；
27—平梁；28—托脚；29—叉手；30—脊槫；31—上平槫；32—中平槫；33—下平槫；34—椽；35—檐椽；36—飞子（复原）；37—望板；38—栱眼壁；39—牛脊方

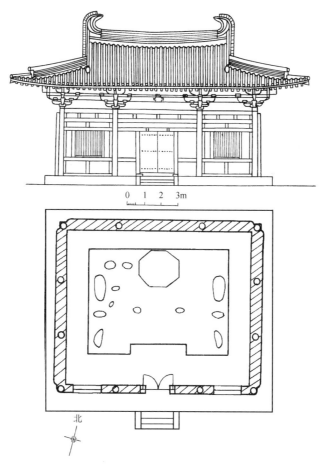

0 1 2 3m

北

图 4-19 山西五台南禅寺大殿平、立面图

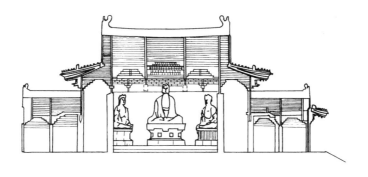

图 4-20 河北正定隆兴寺摩尼殿剖面图

图 4-21 天津蓟县独乐寺观音阁外观

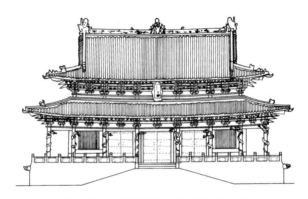

图 4-22 山西太原晋祠圣母殿立面图

图 4-23 山西应县佛宫寺释迦塔外观

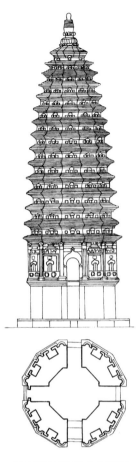

图 4-24　河南登封嵩岳寺砖塔平、立面图

图 4-25　山东济南神通寺四门塔外观

图 4-26　北京妙应寺白塔立面图

图 4-27　北京大正觉寺金刚宝座塔

其他名塔：

河北定县开元寺料敌塔——宋塔，现存最高的砖塔，高 84m；

河南开封祐国寺塔——宋塔，俗称铁塔，是第一座砌琉璃面砖的塔；

福建泉州开元寺双石塔——宋塔，是现存最高的石塔；

南京报恩寺琉璃塔——明建，已毁，被当时誉为世界建筑七大奇迹之一；

河北正定广惠寺华塔——造型华丽，是塔的一种类型，也可视为金刚宝座。

经幢——河北赵县陀罗尼经幢（图4-28）。

石窟寺——在山崖上开凿出来的洞窟形佛寺。

著名石窟寺：甘肃敦煌石窟，山西大同云冈石窟，河南洛阳龙门石窟，山西太原天龙山石窟，甘肃天水麦积山石窟，新疆拜城克孜尔石窟。

（六）住宅

了解古代住宅依靠的间接资料：文献，图画，壁画，画像石，画像砖，明器。

唐代的住宅制度：

《唐会要·舆服志》："……王公以下舍屋不得施重栱藻井，三品以上堂屋不得过五间九架、厅厦两头，门屋不得过五间五架。五品以上堂舍不得过三间五架，门屋不得过一间两架……士庶公私第宅皆不得造楼阁临视人家。……又庶人所造堂舍不得过三间四架，门屋一间两架，仍不得辄施装饰。"

现存明代住宅，在山西、安徽、江西、浙江、福建等地均有遗存。

1. 庭院式住宅

（1）北京四合院：有单进院、二进院、三进院及多进院；通常多是"三正两耳"的"五间口"院落（图4-29）。

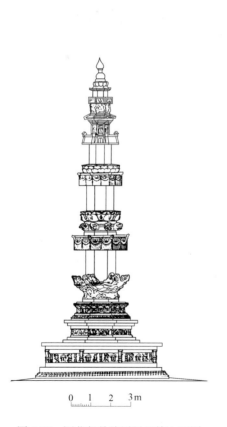

图4-28　河北赵县陀罗尼经幢立面图

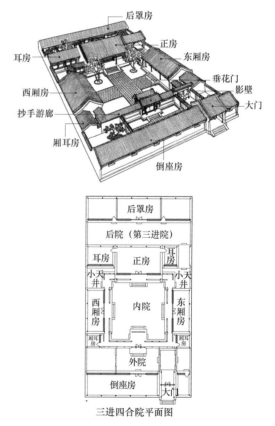

图4-29　北京典型三进四合院住宅鸟瞰、平面图

（2）云南白族住宅穿斗式：云南白族民居的照壁与正房和两侧楼房构成"三坊一照壁"的格局；此外，更高等级的还有"四合五天井""六合同春"等套院格局。

将云南白族四合院与北京四合院加以比较：首先从主房的方位来看，北京四合院的主房以坐北朝南为贵；而白族民居的主房一般为坐西向东。其次，北京四合院的住宅大多是一层的平房，而白族民居基本上都是两层（图4-30）。

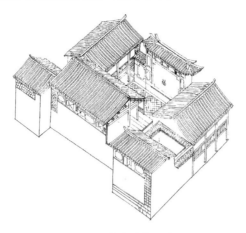

图 4-30　云南白族住宅穿斗式

（3）晋陕窄院：大体比例为1.5：1或2：1，单坡屋顶的俗称"四水归一"。

（4）东北大院：以"一正四厢"的两进院为基本型制。

（5）云南"一颗印"：其典型格局是"三间四耳倒八尺"（图4-31）。

（6）徽州天井院：可形成带两个天井的二进院，其中间两厅合脊，俗称"一脊翻两堂"。

（7）浙江天井院：大型天井院以"十三间头"最常见，当地俗称"五凤楼"（图4-32）。

图 4-31　"一颗印"住宅剖视

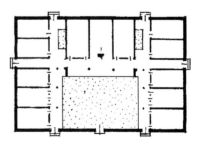

图 4-32　东阳"十三间头"

（8）苏南地区天井院：典型案例有明代的吴县东山尊让堂，平面呈倒"凸"字形（图4-33）。

（9）闽粤天井院：有两种基本型制——"爬狮""四点金"，以及由前两者串联构成"三座落"。

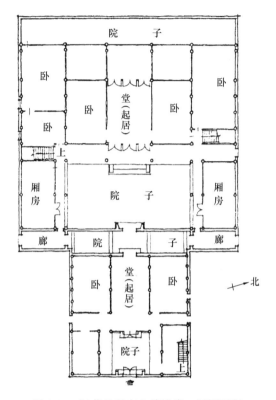

图 4-33 江苏吴县东山尊让堂一层平面图

2. 永定客家土楼

　　永定土楼分为圆楼和方楼两种。圆楼的典型案例有承启楼（图4-34），方楼的典型案例有遗经楼（图4-35）。

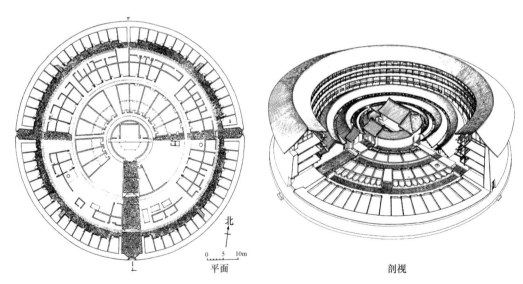

图 4-34 福建永定客家圆楼承启楼

（林嘉书、林浩、阎亚宁《客家土楼与客家文化》第 31 页图）

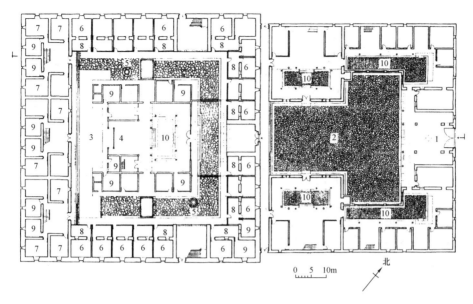

图 4-35　福建永定客家方楼遗经楼平面

（林嘉书、林浩、阎亚宁《客家土楼与客家文化》第 55、第 56 页图）

1—前门；2—前院；3—院；4—祖堂；5—公井；6—饭堂；7—卧室；

8—厨房；9—仓库；10—天井

3. 窑洞

分为三种基本类型——靠崖窑、下沉式窑院（地坑院）和砖砌锢窑。靠崖窑的典型案例有河南巩县（今巩义市）康店村中的明清"康百万庄园"窑群（图 4-36）。

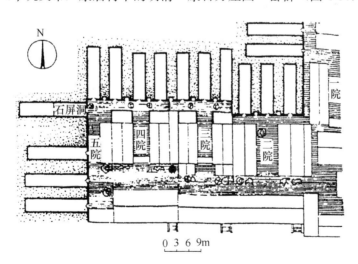

图 4-36　河南巩县康百万庄园靠崖窑群平面图

（陆元鼎《民居史论与文化》刘金钟、韩耀舞一文之图 4）

4. 毡包

5. 藏式碉房

6. 西南干阑（图 4-37）

图 4-37 云南景洪县傣族住宅图

7. 新疆 "阿以旺" （图 4-38）

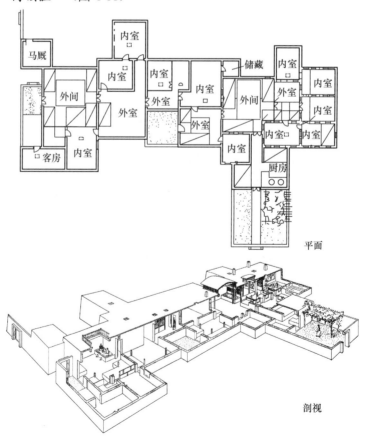

平面

剖视

图 4-38 新疆和田县 "阿以旺-阿克赛乃" 大型住宅

(七) 园林

中西方园林大异其趣。中国园林以表现自然意趣为目的，师法自然，以山水为景观骨干，"虽由人作，宛自天开"。与欧洲古典园林追求轴线对称，几何图形，分行列队，树木修剪，显示人力的做法，大不相同。

中国园林发展的五个历史阶段：①汉以前以帝王贵族狩猎苑囿为主体；②魏、晋、南北朝山水园奠基(园林成为真正的艺术)；③唐代风景园全面发展；④两宋造园普及；⑤明、清——园林的最后兴盛时期。

三山五园——清代皇家在北京西郊所建的园林(图 4-39)。

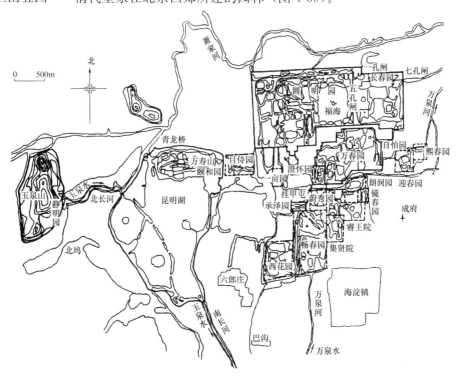

图 4-39　北京西郊清代苑园分布图

瓮山（万寿山）——清漪园（颐和园）

玉泉山——静明园

香山——静宜园

　　畅春园、圆明园

江南名园：寄畅园（明，无锡），留园（图 4-40），拙政园，沧浪亭，狮子林，网师园，环秀山庄（以上苏州），个园、小盘谷（以上扬州），瞻园（南京）。

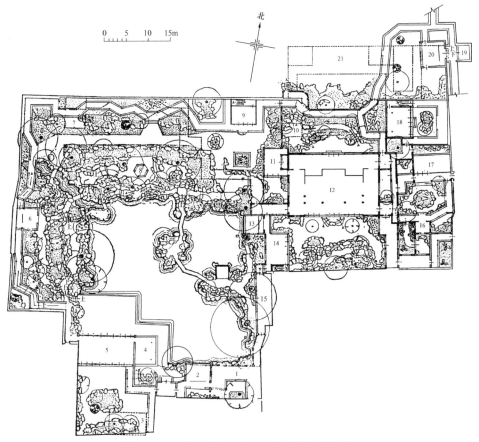

图 4-40　江苏苏州市寒碧庄（今留园）平面图

1—寻真阁（今古木交柯）；2—绿荫；3—听雨楼；4—明瑟楼；5—卷石山房（今涵碧山房）；6—餐秀轩（今闻木樨香轩）；7—半野堂；8—个中亭（今可亭）；9—定翠阁（今远翠阁）；10—原为佳晴喜雨快雪之亭，今已迁建；11—汲古得修绠；12—传径堂（今五峰仙馆）；13—垂阴池馆（今清风池馆）；14—霞啸（今西楼）；15—西奕（今曲溪楼）；16—石林小屋；17—揖峰轩；18—还我读书处；19—冠云台；20—亦吾庐，今为佳晴喜雨快雪之亭；21—花好月圆人寿

例 4-3　（2021）现存圆明园西洋建筑残迹原属于哪座清代皇家园林（　　）。

　　A　畅春园　　　　　B　长春园　　　　C　绮春园　　　　D　万春园

　　解析：参见《中国建筑史》（第七版）P197："其中长春园还有一区欧洲式园林，内有巴洛克式宫殿、喷泉和规则式植物布置（现存圆明园西洋建筑残迹即属之）"，故 B 正确。

　　答案：B

318

（八）构造、部件及装修

1. 木构架的两种主要形式

（1）抬梁式（图 4-41）。

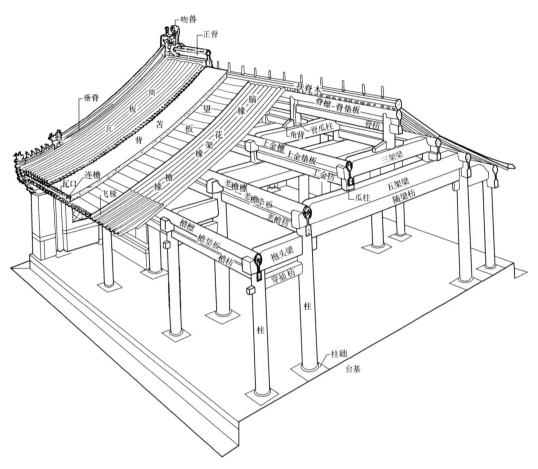

图 4-41　抬梁式构架构造（清代七檩硬山大木小式）示意图

（2）穿斗式（图 4-42）。

2. 屋顶的五种主要形式 （图 4-43）

（1）庑殿顶——四阿顶。

（2）歇山顶——九脊顶、厦两头。

（3）悬山顶——不厦两头。

（4）硬山顶。

（5）攒尖顶。

另有盝顶、盔顶等。

柱顶石——即柱础的清式名称，柱下的承载构件。

櫍——柱与础之间的垫，起隔潮作用。

梭柱——上下端或仅上端做卷杀之柱。

生起——檐柱由当心间向两端逐间升高，使檐口呈一缓和曲线；宋《营造法式》规

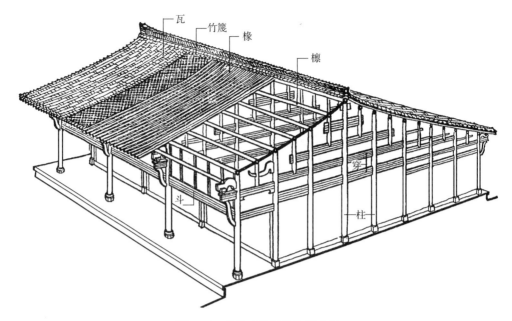

图 4-42　穿斗式构架构造示意图

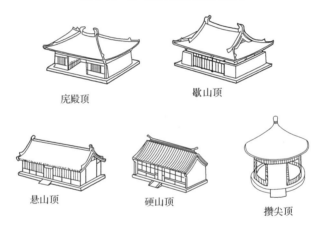

庑殿顶　　　　歇山顶

悬山顶　　　硬山顶　　　攒尖顶

图 4-43　中国古代建筑屋顶——单体形式图

定，次间柱升高 2 寸，以下依次迭增 2 寸。

　　侧脚——宋《营造法式》规定：檐柱向内倾柱高的 10/1000，两山檐柱向内倾8/1000，角柱两个方向都倾，以增加建筑物的稳定性。

　　宋《营造法式》的四种地盘图（应会画、会分辨）：

　　①金厢斗底槽；②单槽；③双槽；④分心槽。

　　副阶周匝。在主体建筑之外，加一圈回廊，《营造法式》称之为"副阶周匝"。

　　普拍方之变化。唐代尚未见，宋开始有，宽于阑额。宽度减小渐与阑额趋于一致。明清时阑额宽，普拍方窄于阑额，改称平板枋。

　　斗栱之演变趋势：①由大而小；②由简而繁；③由雄壮而纤巧；④由结构的而装饰的；⑤由真结构的而假刻的；⑥分布由疏朗而繁密。

　　举架与举折——定屋架坡度的方法。清式为举架，由檐部逐步架加大坡度。宋式先定

320

脊槫高度，逐步架减小坡度。

推山与收山。推山是加长庑殿顶正脊长度的做法。有推山的年代晚（明及以后）。收山是歇山顶两山向内收进的做法，收进大的年代早，清代只收进一檩径。

建筑色彩的等级。春秋时期——天子丹，诸侯黝、大夫苍，士黈（黄色），以红色为最尊贵。清代以黄色为最尊贵，以下次序是：赤、绿、青、蓝、黑、灰。

清代彩画三种：（由尊至卑）和玺，旋子，苏式。

宋式雕刻分类——剔地起突（高浮雕），压地隐起华（浅浮雕），减地平钑（线刻），素平。

正脊两端构件——晋始用鸱尾，唐鸱尾，宋鸱尾、龙尾、鱼尾，元鸱吻，明、清吻兽。

仙人走兽——《大清会典》规定顺序为：仙人骑鸡、龙、凤、狮子、海马、天马、押鱼、狻猊、獬豸、斗牛。走兽共九只，出列时必须为奇数，只有太和殿例外，加了一只"行什"，共十只。

平闇与平棋——小方格的天花板为平闇，年代早。平棋为大方格的。

铺首——门上的供推拉叩门的构件。

螭首——螭是龙子之一，在碑首，殿阶上常用石刻成龙首形。

象眼——台阶侧面三角形的部分，宋式象眼层层凹入，《营造法式》规定凹入三层，每层凹入半寸至一寸。另外在中国建筑中凡呈直角三角形的部位常称象眼。

须弥座——尊贵的台座，源于佛教圣山须弥山，用于佛像及佛殿的基座。

石柱——北齐义慈惠石柱是位于河北定兴的一处石刻纪念柱。柱顶有一三开间的小殿，殿的歇山顶、梭柱等反映了南北朝建筑的形象（图4-44）。

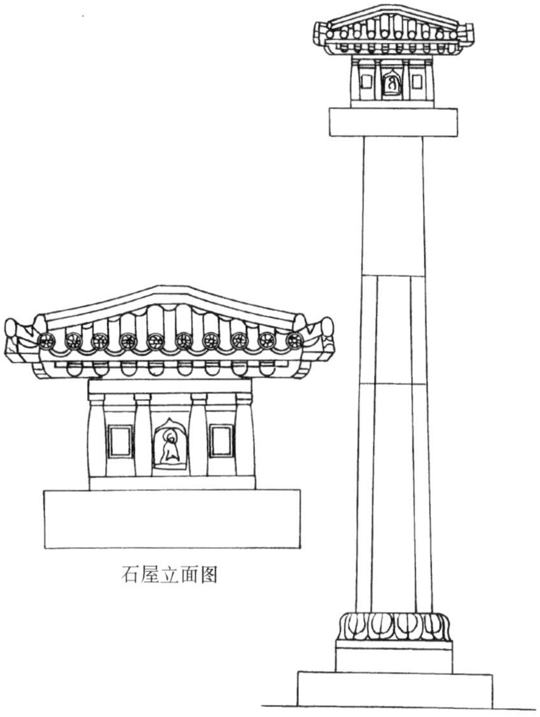

（九）其他

历代建筑哲匠：春秋——鲁班，西汉——阳城延，北魏——杨衒之，隋——宇文恺，五代——喻皓，宋——李诫，明——蒯祥，清——样式雷。

古代建筑术书：《周礼·考工记·匠人》《木经》，宋《营造法式》，清工部《工程做法则例》《鲁班营造正式》《园冶》。此外，尚有《清式营造则例》及《营造法原》二书，前者为近代建筑学家梁思成研究清式建筑之专著；后者为近代建筑营造家姚补云有关江南地区古建筑的讲义，由刘敦桢、张至刚审核、增补。

宋《营造法式》，作者李诫，共34卷，3555条，包括释名、各作制度、功限、料例和图样，是研究我国古代建筑最重要的术书。

明《园冶》作者计成，内容"由绘而园，水石之外，旁及土木"。

石屋立面图

图4-44 河北定兴北齐义慈惠石柱立面图

下列各名句的出处：

"凿户牖以为室，当其无，有室之用，故有之以为利，无之以为用。"——老子《道德经》。

"天子以四海为家，非壮丽，无以重威"——萧何在向刘邦解释为什么未央宫要建得壮丽时所说。

"虽由人作，宛自天开"计成在《园冶》中语。

第四节　中国的世界遗产及历史文化名城保护

（一）中国世界文化遗产名录

联合国教科文组织（UNESCO）将世界遗产分为世界文化遗产、世界文化景观遗产、世界自然遗产，以及世界文化与自然双重遗产四大类。随着 2021 年 7 月 25 日中国"泉州：宋元中国的世界海洋商贸中心"项目被列入世界文化遗产，中国已有 56 个遗产项目被列入《世界遗产名录》；其中世界文化遗产 33 项，世界文化景观遗产 5 项，世界自然遗产 14 项，世界文化与自然双重遗产 4 项（详见下表）。中国和意大利并列为"世界遗产"最多的国家。

中国世界遗产名录表

世界文化遗产（33 项） Cultural site
1. 长城；2. 明清皇宫（北京故宫、沈阳故宫）；3. 秦始皇陵及兵马俑坑；4. 敦煌莫高窟；5. 周口店北京人遗址；6. 布达拉宫历史建筑群；7. 承德避暑山庄及其周围寺庙；8. 曲阜孔庙、孔府、孔林；9. 武当山古建筑群；10. 平遥古城；11. 丽江古城；12. 苏州古典园林；13. 北京皇家园林——颐和园；14. 北京皇家祭坛——天坛；15. 大足石刻；16. 龙门石窟；17. 明清皇家陵寝；18. 青城山 - 都江堰；19. 皖南古村落（西递、宏村）；20. 云冈石窟；21. 高句丽王城、王陵及贵族墓葬；22. 澳门历史城区；23. 殷墟；24. 开平碉楼与古村落；25. 福建土楼；26. "天地之中"历史建筑群；27. 元上都遗址；28. 中国大运河；29. 丝绸之路；30. 土司遗址；31. 鼓浪屿；32. 良渚古城遗址；33. 泉州：宋元中国的世界海洋商贸中心
世界文化景观遗产（5 项） Cultural landscape
1. 庐山国家公园；2. 五台山；3. 西湖；4. 哈尼梯田；5. 左江花山岩画
世界自然遗产（14 项） Natural site
1. 黄龙风景名胜区；2. 九寨沟风景名胜区；3. 武陵源风景名胜区；4. 三江并流保护区；5. 四川大熊猫栖息地；6. 中国南方喀斯特；7. 三清山国家公园；8. 中国丹霞；9. 澄江化石遗址；10. 新疆天山；11. 神农架；12. 可可西里；13. 梵净山；14. 黄（渤）海候鸟栖息地（第一期）
世界文化与自然双重遗产（4 项） Mixed site
1. 泰山；2. 黄山；3. 峨眉山 - 乐山大佛；4. 武夷山

（二）历史文化名城保护

历史文化名城保护是我们从事建筑设计和进行城市建设过程中必须面对的重要课题，应该受到每一位建筑师的关注。2005 年 10 月 1 日，由建设部和国家质检总局联合发布的《历史文化名城保护规划规范》开始实施。2008 年国务院又颁布了《历史文化名城名镇名村保护条例》（第 524 号条例，于同年 7 月 1 日起执行）。

《历史文化名城保护规划规范》GB 50357—2005（节选）

1　总　则

1.0.3 保护规划必须遵循下列原则：

1 保护历史真实载体的原则；

2 保护历史环境的原则；

3 合理利用、永续利用的原则。

3 历史文化名城

3.1 一般规定

3.1.1 历史文化名城保护的内容应包括：历史文化名城的格局和风貌；与历史文化密切相关的自然地貌、水系、风景名胜、古树名木；反映历史风貌的建筑群、街区、村镇；各级文物保护单位；民俗精华、传统工艺、传统文化等。

3.1.5 历史文化名城保护规划应包括城市格局及传统风貌的保持与延续，历史地段和历史建筑群的维修改善与整治，文物古迹的确认。

3.1.6 历史文化名城保护规划应划定历史地段、历史建筑群、文物古迹和地下文物埋藏区的保护界线，并提出相应的规划控制和建设的要求。

3.2 保护界线划定

3.2.4 当历史文化街区的保护区与文物保护单位或保护建筑的建设控制地带出现重叠时，应服从保护区的规划控制要求。当文物保护单位或保护建筑的保护范围与历史文化街区出现重叠时，应服从文物保护单位或保护建筑的保护范围的规划控制要求。

3.2.5 历史文化街区内应保护文物古迹、保护建筑、历史建筑与历史环境要素。

3.2.6 历史文化街区建设控制地带内应严格控制建筑的性质、高度、体量、色彩及形式。

3.3 建筑高度控制

3.3.1 历史文化名城保护规划必须控制历史城区内的建筑高度。在分别确定历史城区建筑高度分区、视线通廊内建筑高度、保护范围和保护区内建筑高度的基础上，应制定历史城区的建筑高度控制规定。

3.4 道路交通

3.4.1 历史城区道路系统要保持或延续原有道路格局；对富有特色的街巷，应保持原有的空间尺度。

3.5 市政工程

3.5.1 历史城区内应完善市政管线和设施。当市政管线和设施按常规设置与文物古迹、历史建筑及历史环境要素的保护发生矛盾时，应在满足保护要求的前提下采取工程技术措施加以解决。

3.6 防灾和环境保护

3.6.1 防灾和环境保护设施应满足历史城区保护历史风貌的要求。

3.6.2 历史城区必须健全防灾安全体系，对火灾及其他灾害产生的次生灾害应采取防治和补救措施。

4 历史文化街区

4.1 一般规定

4.1.2 历史文化街区保护规划应确定保护的目标和原则，严格保护该街区历史风貌，维持保护区的整体空间尺度，对保护区内的街巷和外围景观提出具体的保护要求。

4.1.3 历史文化街区保护规划应按详细规划深度要求，规定保护界线并分别提出建（构）筑物和历史环境要素维修、改善与整治的规定，调整用地性质，制定建筑高度控制规定，进行重要节点的整治规划设计，拟定实施管理措施。

4.1.4 历史文化街区增建设施的外观、绿化布局与植物配置应符合历史风貌的要求。

4.1.5 历史文化街区保护规划应包括改善居民生活环境、保持街区活力的内容。

4.2 保护界线划定

4.3 保护与整治

4.3.4 历史文化街区内的历史建筑不得拆除。

5　文物保护单位（略）

（三）中国历史文化名城

中国的历史文化名城按照各个城市的特点主要分为以下七类：

古都型——以都城时代的历史遗存物、古都的风貌为特点，如北京、西安；

传统风貌型——保留一个或几个历史时期积淀的有完整建筑群的城市，如平遥、韩城；

风景名胜型——由建筑与山水环境的叠加而显示出鲜明个性特征的城市，如桂林、苏州；

地方及民族特色型——由地域特色或独自的个性特征、民族风情、地方文化构成城市风貌主体的城市，如丽江、拉萨；

近现代史迹型——反映历史上某一事件或某个阶段的建筑物或建筑群为其显著特色的城市，如上海、遵义；

特殊职能型——城市中的某种职能在历史上占有极突出的地位，如"盐城"自贡、"瓷都"景德镇；

一般史迹型——以分散在全城各处的文物古迹为历史传统体现主要方式的城市，如长沙、济南。

中国历史文化名城由国务院审批，目前已公布三批及31座增补城市，共计129座。

第一批历史文化名城，1982年公布，24个：

北京、承德、大同、南京、苏州、扬州、杭州、绍兴、泉州、景德镇、曲阜、洛阳、开封、江陵、长沙、广州、桂林、成都、遵义、昆明、大理、拉萨、西安、延安。

第二批历史文化名城，1986年公布，38个：

上海、天津、沈阳、武汉、南昌、重庆、保定、平遥、呼和浩特、镇江、常熟、徐州、淮安、宁波、歙县、寿县、亳州、福州、漳州、济南、安阳、南阳、商丘、襄樊、潮州、阆中、宜宾、自贡、镇远、丽江、日喀则、韩城、榆林、武威、张掖、敦煌、银川、喀什。

第三批历史文化名城，1994年公布，37个：

正定、邯郸、新绛、代县、祁县、哈尔滨、吉林、集安、衢州、临海、长汀、赣州、青岛、聊城、邹城、临淄、郑州、浚县、随州、钟祥、岳阳、肇庆、佛山、梅州、海康、柳州、琼山、乐山、都江堰、泸州、建水、巍山、江孜、咸阳、汉中、天水、同仁。

增补城市31座（2001～2016年）：山海关区、凤凰县、濮阳市、安庆市、泰安市、海口市、金华市、绩溪县、吐鲁番市、特克斯县、无锡市、南通市、北海市、宜兴市、嘉兴市、太原市、中山市、蓬莱市、会理县、库车县、伊宁市、泰州市、会泽县、烟台市、青州市、湖州市、齐齐哈尔市、常州市、瑞金市、惠州市、温州市。

截至2016年5月4日，国务院已将129座城市（琼山市已并入海口市，两者算一座城市）列为国家历史文化名城，并对这些城市的文化遗迹进行了重点保护。

习　题

4 - 1　(2019)我国北方地区古代官式建筑主要采用的木结构体系是(　　)。

A　干阑式　　　　　B　抬梁式　　　　　C　穿斗式　　　　　D　井干式

4 - 2　(2019)题4-2图所示中国古代建筑屋顶形式依次是(　　)。

题 4-2 图

A　硬山、悬山、庑殿、歇山、卷棚　　　　　B　悬山、硬山、歇山、庑殿、卷棚

C　悬山、硬山、庑殿、歇山、卷棚　　　　　D　硬山、卷棚、悬山、庑殿、歇山

4 - 3　(2019)角楼与护城河是明清北京城中哪一个区域的边界?(　　)

A　皇城　　　　　B　内城　　　　　C　宫城　　　　　D　外城

4 - 4　(2019)华夏传统文化中以五色土来象征东西南北五个方位,其中心部分铺的是(　　)。

A　青土　　　　　B　赤土　　　　　C　黄土　　　　　D　白土

4 - 5　(2019)题4-5图所示蓟县独乐寺观音阁剖面图,对其描述错误的是(　　)。

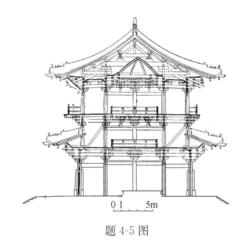

题 4-5 图

A　采用"双槽"结构　　　　　B　上檐柱头铺作双抄双下昂

C　上、下层檐柱采用叉柱造　　　　　D　外观二层,内部三层

4 - 6　(2019)宋代《营造法式》中规定作为造屋的尺度标准是(　　)。

A　间　　　　　B　材　　　　　C　斗口　　　　　D　斗栱

4 - 7　(2019)唐代建筑的典型特征是(　　)。

A　斗栱结构职能鲜明,数量少,出檐深远

B　屋顶陡峭,组合复杂

C　木架采用各种彩画,色彩华丽

D　大量采用格子门窗,装饰效果强

4 - 8　(2019)中国建筑师主导的传统复兴潮流的标志性作品是(　　)。

A 南京中山陵

B 北京协和医院西区

C 南京金陵大学北大楼

D 金陵女子大学

4-9 **(2019)**杨廷宝主持的近代中国建筑事务所是(   )。

    A 基泰工程司   B 华盖建筑事务所

    C 华信工程司   D 中国工程司

4-10 **(2019)**厚重的夯土墙是下列哪种传统民居的特征?(   )

    A 福建土楼   B 云南一颗印

    C 河南靠崖窑洞   D 北京四合院

4-11 **(2019)**题4-11图是下列哪种传统建筑构筑类型?(   )

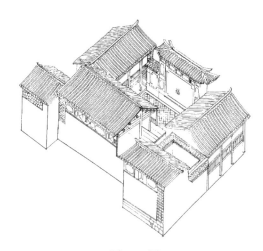

题4-11图

    A 云南白族穿斗结构   B 四川彝族木拱架

    C 广西壮族干阑式住宅   D 安徽汉族穿斗式

4-12 **(2019)**在题 4-12 图所示四合院中，哪个房间用作客房？（   ）

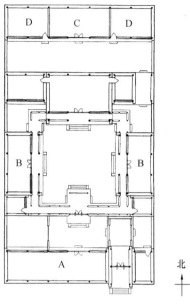

题 4-12 图

A A 房间   B B 房间   C C 房间   D D 房间

4-13 **(2019)**寄畅园龙光塔的理景手法是（   ）。

A 框景   B 对景

C 借景   D 补景

4-14 **(2019)**颐和园中谐趣园是模仿哪个江南园林？（   ）

A 吴江退思园   B 苏州留园

C 苏州拙政园   D 无锡寄畅园

4-15 **(2019)**题 4-15 图所示为私家园林剖面，其厅堂形制为（   ）。

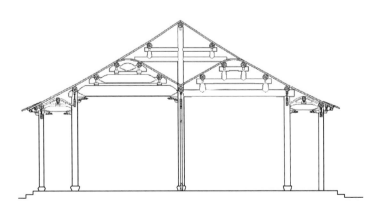

题 4-15 图

A 四面厅   B 鸳鸯厅

C 花篮厅   D 楼厅

4-16 (2019)题 4-16 图所示平面图是哪座园林?(   )

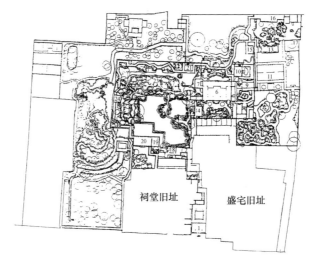

祠堂旧址　　　盛宅旧址

题 4-16 图

  A　拙政园　　　　　B　个园　　　　　C　寄畅园　　　　　D　留园

4-17 (2019)平遥属于我国历史文化名城中的哪一种类型(   )。

  A　风景名胜型　　　　　　　　　B　民族及民间特色型

  C　传统城市风貌型　　　　　　　D　历史古都型

4-18 具有以祠堂为中心、中轴对称且基本居住模式是单元式住宅特征的民居是(   )。

  A　北京四合院　　　B　新疆阿以旺　　　C　福建客家土楼　　　D　徽州民居

4-19 西安半坡村遗址中的建筑结构形式属于(   )。

  A　抬梁式　　　　　B　穿斗式　　　　　C　木骨泥墙式　　　　D　井干式

4-20 世界上最早的一座敞肩拱桥是(   )。

  A　法国泰克河上的赛兰特桥　　　　B　汴梁的虹桥

  C　河北赵县的安济桥　　　　　　　D　北京的卢沟桥

4-21 清代太和殿与唐代大明宫麟德殿的体量之比为(   )。

  A　二者大小相近　　　　　　　　B　为麟德殿的 2 倍

  C　为麟德殿的 3 倍　　　　　　　D　只相当于麟德殿的 1/3

4-22 宋代东京汴梁城的特点是(   )。

  A　里坊制度　　　　　　　　　　B　面积与长安城相同

  C　大内居于城的正中　　　　　　D　沿街设肆,里坊制破坏

4-23 明代北京城的城址与元大都及金中都的关系是(   )。

  A　在金中都城址上加以扩大　　　B　在元大都城址上略向南移并加大

  C　在元大都之东另建新城　　　　D　与元大都完全一致

4-24 用砖甃万里长城的是(   )。

  A　秦代　　　　　　B　汉代　　　　　C　隋代　　　　　　D　明代

4-25 清代皇家园林中的"三山五园"指的是下列哪五园?(   )

  A　颐和园、万春园、圆明园、静明园、静宜园

  B　清漪园、长春园、畅春园、静明园、静宜园

  C　畅春园、静明园、静宜园、清漪园、圆明园

D 畅春园、圆明园、颐和园、长春园、万春园

4-26 沧浪亭、豫园、瞻园、个园分别位于（　　）。
 A 苏州、上海、扬州、南京　　　　　B 南京、上海、苏州、扬州
 C 扬州、上海、南京、苏州　　　　　D 苏州、上海、南京、扬州

4-27 "虽由人作，宛自天开"是哪本书中的话？（　　）
 A 《营造法式》　　　　　　　　　　B 《鲁班正式》
 C 《园冶》　　　　　　　　　　　　D 《扬州画舫录》

4-28 历代帝王陵墓中"因山为穴"的是（　　）。
 A 明代　　　　　B 唐代　　　　　C 宋代　　　　　D 元代

4-29 我国现存木构建筑年代最早的是（　　）。
 A 五台山佛光寺东大殿　　　　　　　B 正定隆兴寺摩尼殿
 C 五台山南禅寺大殿　　　　　　　　D 蓟县独乐寺观音阁

4-30 宋代建筑方面重要的术书是（　　）。
 A 《营造法原》　　　　　　　　　　B 《营造法式》
 C 《鲁班正式》　　　　　　　　　　D 《园冶》

4-31 在主体建筑外加一圈周围廊的做法在《营造法式》中称作（　　）。
 A 回廊　　　　　B 檐廊　　　　　C 抄手游廊　　　　　D 副阶周匝

4-32 《营造法式》中规定的"侧脚"指的是（　　）。
 A 山墙向内侧倾斜　　　　　　　　　B 外檐柱向内倾斜
 C 檐柱向当心间向两端逐渐升高　　　D 即"移柱法"

4-33 垂花门与抄手游廊是哪地民居常有的建筑？（　　）
 A 山西民居　　　　B 福建土楼　　　　C 徽州民居　　　　D 北京四合院

4-34 窑洞式民居分布于哪一带？（　　）
 A 东北地区　　　　　　　　　　　　B 河南、山西、陕西
 C 内蒙古地区　　　　　　　　　　　D 河北、山东

4-35 天坛中祭天的建筑是哪一座？（　　）
 A 祈年殿　　　　B 圜丘　　　　C 皇穹宇　　　　D 斋宫

4-36 下列建筑中哪一类不属于宗教建筑？（　　）
 A 塔　　　　　B 石窟　　　　C 道观　　　　D 祠堂

4-37 中国营造学社的创始人是（　　）。
 A 梁思成、刘敦桢　　　　　　　　　B 单士元
 C 朱启钤　　　　　　　　　　　　　D 罗哲文

4-38 下列哪座城市是以其独特的不规则城市布局在中国都市建筑史上占有重要地位的？（　　）
 A 唐长安　　　　B 明南京　　　　C 明清北京　　　　D 北宋东京

参考答案及解析

4-1　解析：参见《中国建筑史》（第七版）"绪论 中国古代建筑的特征"，我国木构建筑的结构体系主要有穿斗式与抬梁式两种。穿斗式木构架广泛应用于江西、湖南、四川等南方地区；抬梁式木构架多用于北方地区及宫殿、庙宇等规模较大的建筑物。
　　　答案：B

4-2　解析：参见《中国建筑史》（第七版）"绪论 中国古代建筑的特征"图 0-5(a)，题 4-2 图所示中国古代单体建筑的屋顶式样从左至右依次为：悬山、硬山、庑殿、歇山和卷棚。
　　　答案：C

4 - 3 **解析**：参见《中国建筑史》（第七版）"2.2.6 元大都与明清北京的建设"，作为皇城核心部分的宫城（紫禁城）位居全城中心部位，四面都有高大的城门，城的四角建有华丽的角楼，城外围以护城河。

答案：C

4 - 4 **解析**：在中国的五行观念中，金、木、水、火、土分别对应白、青、黑、红、黄五色土；五行中黄色居中（题4-4解表）。北京社稷坛（即今中山公园五色土）就是按照五行观念设置坛台铺土的（参见《中国建筑史》（第七版）"4.2.2 北京社稷坛"）。

五行元素对应色彩、方位、四神示意 　　　　　　题 4-4 解表

五行元素	金	木	水	火	土
五行色彩	白	青	黑	赤	黄
五行方位	西	东	北	南	中
五行与四神	白虎	青龙	玄武	朱雀	—

答案：C

4 - 5 **解析**：参见《中国建筑史》（第七版）"5.2.1 佛教寺院"中的"3）天津蓟县独乐寺"：观音阁面阔五间，进深四间八椽；外观 2 层，内部 3 层（中间有一夹层）；平面为"金厢斗底槽"式样（非"双槽"结构）；上、下层柱的交接采用叉柱造的构造方式；上檐柱头铺作双抄双下昂；梁架分明栿与草栿两部分。

答案：A

4 - 6 **解析**："凡构屋之制，皆以材为祖"是北宋将作监李诫主持修编的《营造法式》（卷四《大木作制度一》）中规定的造屋尺度标准。另见《中国建筑史》"图 8-11 宋《营造法式》大木作用材之制"。

答案：B

4 - 7 **解析**：唐代建筑的斗栱体现了鲜明的结构职能，一般只在柱头上设斗栱或在柱间只用一组简单的斗栱，以增加承托屋檐的支点。屋顶舒展平远，墙体为夯土，在北方地区尤其需通过斗栱造成深远的出檐，以防雨水淋湿墙体，造成坍塌。门窗以直棂窗为主，朴实无华。琉璃瓦的运用比北魏时多，但多半用于屋脊、檐口部位。唐代的朱白彩画主要体现为阑额上间断的白色长条，即《营造法式》所谓"七朱八白"。由此可见，唐代的建筑风貌是严整开朗、朴实无华的。

B、C、D 选项皆为宋代建筑特征。

答案：A

4 - 8 **解析**：参见《中国建筑史》（第七版）"14.2 传统复兴：三种设计模式"P414："以 1925 年南京中山陵设计竞赛为标志，中国建筑史开始了传统复兴的建筑设计活动"。南京中山陵为中国建筑师吕彦直设计；是 4 个建筑作品中，唯一由中国建筑师主导的传统复兴潮流的标志性作品。

北京协和医院由美国建筑师沙特克和赫士（Shattuck & Hussey，另译赫西）主持完成。南京金陵大学北大楼是 20 世纪 10 年代末，教会大学转向后期"中国式"的转折之作，设计者是美国建筑师史摩尔（A. G. Small）。南京金陵女子大学是在美国建筑师亨利·墨菲（Henry Kil-lam Murphy）的主持下，由吕彦直协助墨菲完成的作品。

答案：A

4 - 9 **解析**：参见《中国建筑史》（第七版）"13.3.2 建筑五宗师"P400："杨廷宝 1927 年从美国学成归国，进入基泰工程司"。与梁思成同样毕业于宾夕法尼亚大学建筑系的杨廷宝，多次在全美建筑学生竞赛中获奖；新中国成立后，设计有和平宾馆等著名现当代建筑。南杨北梁，即是指杨廷宝与梁思成。

中国工程司的创办人为阎子亨。天津华信工程司为沈理源于 1931 年经营。成立于 1933 年的华盖建筑事务所（取"中华盖楼"之意）的合伙人为赵深、陈植、童寯。

答案：A

4-10 解析：参见《中国建筑史》（第七版）"3.2.3 福建永定客家土楼"：客家人的住宅，由于移民之故，以群聚一楼为主要方式，楼高耸而墙厚实，用土夯筑而成，称为土楼。

答案：A

4-11 解析：参见《中国建筑史》（第七版）P92 图 3-9，题 4-11 图是云南白族的穿斗式住宅，即白族民居建筑"三坊一照壁，四合五天井"的基本形制。

答案：A

4-12 解析：在题 4-12 图中，房间 A 位于坎宅巽门的大门左侧，是倒座房的位置。参见《中国建筑史》（第七版）P100：倒座主要用作门房、客房、客厅。靠近大门的一间多用于门房或男仆居室，大门以东的小院为塾；倒座西部小院内设厕所。前院属对外接待区，非请不得入内。

答案：A

4-13 解析：寄畅园位于无锡惠山东麓，初建于明正德年间，旧名"凤谷行窝"，后更名为"寄畅园"。寄畅园的选址很成功，西靠惠山，东南有锡山，可在丛树缝隙中看见锡山上的龙光塔，将园外景色借入园内，巧妙地将远景与园林融为一体，是借景手法的著名实例。

答案：C

4-14 解析：参见《中国建筑史》（第七版）P204：谐趣园仿无锡寄畅园手法，……富于江南园林意趣；和北海静心斋一样，同是清代园囿中成功的园中之园。

答案：D

4-15 解析：题 4-15 图是鸳鸯厅，前后两坡屋顶内两重轩，即两楹卷棚所营造的对称性空间模式；如拙政园的"三十六鸳鸯馆"和"十八曼陀罗花馆"。四面厅主要为便于四面观景，四周绕以围廊，长窗装于步柱之间，不做墙壁；如拙政园"远香堂"、沧浪亭"面水轩"等。苏州等地的建筑带有垂柱，呈花篮状雕刻装饰（类似北京四合院的垂莲柱造型建筑构造）为花篮厅；如狮子林"荷花厅"。楼厅有上、下楼层空间。

答案：B

4-16 解析：参见本教材图 4-39，答案选 D。

答案：D

4-17 解析：参见本教材本章第四节 中国的世界遗产及历史文化名城保护"（三）中国历史文化名城"，传统风貌型——保留一个或几个历史时期积淀的有完整建筑群的城市，如平遥、韩城。平遥为 1986 年颁布的第二批历史文化名城之一。

答案：C

4-18 解析：参见《中国建筑史》（第七版）"3.2.3 福建永定客家土楼"，客家土楼的特征：第一，以祠堂为中心；第二，无论圆楼、方楼、弧形楼，均中轴对称；第三，基本居住模式是单元式住宅。故 C 选项正确。

答案：C

4-19 解析：参见《中国建筑史》（第七版）第 1 章 古代建筑发展概况 P19：仰韶文化时期的西安半坡村遗址墙体多采用木骨架上扎结枝条后再涂泥的做法，屋顶往往也是在树枝扎结的骨架上涂泥而成；此即是黄河流域由穴居发展而来的木骨泥墙房屋。

中国古代建筑的主要类型有：干阑式、毡包式、窑洞式、井干式，以及木构架建筑等。其中以木构架承重建筑应用、分布最广，木构架建筑体系主要有抬梁式和穿斗式两种。

答案：C

4-20 解析：参见《中国建筑史》"1.4.1 隋"P38：隋代留下的建筑物有著名的河北赵县安济桥（又

叫赵州桥），它是世界上最早出现的敞肩拱桥（或称空腹拱桥），是我国古代建筑的瑰宝。负责建造此桥的匠人是李春。

答案：C

4-21 **解析：**参见《中国建筑史》（第七版）"1.4.2 唐"P39；（唐代）大明宫中的麟德殿面积约为故宫太和殿的 3 倍。

答案：D

4-22 **解析：**参见《中国建筑史》（第七版）"1.4.4 宋"P42；唐以前的封建都城实行夜禁和里坊制度……但到了宋代，日益发展的手工业和商业必然要求突破这种封建统治的桎梏，都城汴梁也无法再采取里坊制度和夜禁，而仅保留了"坊"的名称。

答案：D

4-23 **解析：**参见《中国建筑史》（第七版）"图 2-13 元明二代北京发展示意图"（或本教材图 4-4），由该图可知明代北京城址是在当时元大都城市的基础上将城墙向南迁移，并将元大都西南金中都遗址纳入外城的扩大部分；结合外城的城墙建设，最终形成凸字形平面形态。

答案：B

4-24 **解析：**砌（音砐），砌筑的意思。在明代，砖已普遍用于民居的砌筑（元代之前，木架建筑均以土墙为主，砖仅用于铺地、台基、墙基等处）。在秦、汉时期至隋代，长城主要以夯土、毛石砌筑为主；明以后才普遍采用砖墙。参见《中国建筑史》（第七版）"1.5.2 明"P49 页"明代……各地的城墙和北疆的边墙——长城也都用砖包砌筑"。

答案：D

4-25 **解析：**参见本章第三节 中国建筑历史知识"（七）园林"中的"三山五园"词条。三山五园是北京西郊皇家园林的代表，至清代形成。其园林中的"三山"是万寿山、香山和玉泉山；五园是颐和园（也叫清漪园）、静宜园、静明园、圆明园及畅春园。

答案：C

4-26 **解析：**参见本章第三节 中国建筑历史知识"（七）园林"中的"江南名园"词条，沧浪亭在苏州，豫园在上海，瞻园是南京的名园，个园在扬州。江南私家园林，又称文人园林，以苏州、扬州为代表；南京和上海的名园也非常经典。

答案：D

4-27 **解析：**《园冶》成书于明代，作者为计成，字无否。计成在总结实践经验的基础上，阐述了"虽由人作，宛自天开"的造园理念。是我国古代最系统的园林艺术论著。

《营造法式》和《鲁班正式》（又名《鲁班营造正式》《鲁班经》）均以古代建筑构造为主要内容，分别为北宋李诫主持修编和明代民间工匠流传的匠作手册。后者内容涵盖数术、医药方面的内容。《扬州画舫录》作者为清代李斗，该书被称为清代扬州的百科全书。

答案：C

4-28 **解析：**因唐代皇族为拓跋鲜卑后人，祖先来自东北山区，其民族性，辅以唐代流行的风水观念，葬俗以"因山为穴"为当时皇家陵墓制度。汉代四川崖墓及部分皇陵也有类似"因山为穴"的情况。宋代皇陵以截顶方锥形夯土台为形制；元代皇陵葬俗比较隐秘，或为衣冠冢方式。明代为适应南方多雨的地理及气候条件，多采用覆钵式陵墓。

答案：B

4-29 **解析："**三武一宗"中的唐会昌五年的武宗灭法，使得当时的五台山佛光寺被毁。后于唐大中十一年（公元 857 年）重建；而建于唐建中三年（公元 782 年）的南禅寺，由于位置偏僻，木构大殿得以幸免于难，留存至今，故其建造年代早于佛光寺东大殿。南禅寺大殿是中国目前保留最早的唐代木构建筑。

正定隆兴寺摩尼殿为宋构；蓟县独乐寺观音阁为辽代木构遗存。

答案：C

4-30 解析：北宋伴随王安石变法，将作监李诫主持修编《营造法式》一书；随着王安石变法的失败，《营造法式》逐渐流入江南民间；对后期官式做法及江南地区的匠作流派有深刻的影响。

《营造法原》为清末姚承祖编写；《园冶》为明末计成所著，是我国古代最系统的园林艺术论著；《鲁班正式》为明代民间工匠流传的匠作手册，主要流传于民间。

答案：B

4-31 解析：副阶周匝，即指主体建筑之外附着的一圈周围廊，是来自《营造法式》的概念。辽代应县木塔外观六层檐（内部五层明层，四层暗层），其最低的一重檐为典型的"副阶周匝"实物。

回廊、檐廊是带屋顶的形成回路的廊子及檐下走道比较通识的定义。抄手游廊指的是平面接近 L 形或 I 形的衔接正房、厢房及垂花门等门户的四段廊子，主要在北京四合院中使用。

答案：D

4-32 解析：B 选项是"柱侧脚之制"，檐柱向内倾斜形成挤压力，可防止梁柱节点的开卯拔榫，使木构架更为稳固。侧脚可见于我国古代的木屋架及家具。C 选项为"角柱生起之制"，即檐柱的高度从当心间的平柱，向两端角柱逐间增高的做法。D 选项"移柱法"是在室内空间中，移动个别柱子的位置，可形成大空间，但破坏了结构的整体性，故仅在金、元时期流行一时。

答案：B

4-33 解析：垂花门与抄手游廊是北京四合院的建筑要素。

答案：D

4-34 解析：参见《中国建筑史》（第七版）"3.1.2 住宅构筑类型"中的"7）窑洞"P96；主要分布地：豫西、晋中、陇东、陕北、新疆吐鲁番一带。主要流行于黄土高原和干旱少雨、气候炎热的吐鲁番一带。

答案：B

4-35 解析：北京天坛是明、清两朝的皇帝们初春祈谷、夏至祈雨、冬至祀天的坛庙建筑群。在天坛建筑群中，祈年殿是祈谷、祈雨的场所；皇穹宇是昊天上帝的祭祀空间；斋宫是明清皇帝在天坛的斋戒场所；天坛中祭天的建筑是坛台式建筑"圜丘"。

答案：B

4-36 解析：A 选项——塔是印度窣堵坡（灵骨塔）与中国楼阁等建筑形制相结合的建筑形式，在佛教、伊斯兰教及道教等宗教建筑中都有塔。B 选项——石窟是印度宗教建筑空间的一种，早期石窟与僧侣的修行及中心塔有关。C 选项——道观是中国本土宗教建筑，借鉴了佛教建筑的组织形式。D 选项——祠堂是中国式的祭祀空间，祭祀对象为天、地、君、亲、师等，此祭祀活动非宗教行为。

答案：D

4-37 解析：参见《中国建筑史》（第七版）"13.2 建筑设计机构和职业团体"P396；中国营造学社是近代中国最重要的建筑学术研究团体，成立于 1929 年，由创建人朱启钤担任社长，于 1946 年停办。

答案：C

4-38 解析：参见《中国建筑史》（第七版）"2.2.7 明南京的建设"P76；明南京以独特的不规则城市布局而在中国都城建设史上占有重要地位。4 个选项中的唐长安、明清北京和及北宋东京都是方整平面构成的都城格局，有着棋盘式的格局及平面轮廓。

答案：B

第五章 外国建筑史

第一节 古代埃及建筑

（一）历史分期及其代表性建筑类型

1. 古王国时期（公元前 27～前 22 世纪）

本时期的代表性建筑是陵墓。最初是仿照住宅的"玛斯塔巴"（MASTAB）式，即略有收分的长方形台子。经多层阶梯状金字塔逐渐演化为方锥体式的金字塔陵墓。多层金字塔以在萨卡拉的昭塞尔（Zoser）金字塔为代表。在墓群的祭祀厅堂及附属建筑上仍有木构痕迹。方锥形金字塔以在吉萨的三大金字塔：胡夫（Khufu）、哈夫拉（Khafra）、门卡乌拉（Menkaura）为代表，金字塔墓主要由临河处的下庙、神道、上庙（祭祀厅堂）及方锥形塔墓组成。哈夫拉金字塔前有著名的狮身人面像。

2. 中王国时期（公元前 21～前 18 世纪）

首都迁到上埃及的底比斯，在深窄峡谷的峭壁上开凿出石窟陵墓，如曼都赫特普三世（Mentuhotep Ⅲ）墓。此时祭祀厅堂成为陵墓建筑的主体，加强了内部空间的作用，在严整的中轴线上按纵深系列布局，整个悬崖被组织到陵墓的外部形象中。女法老哈特什帕苏（Hatshepsut）建在帝王谷的陵墓，特在祭祀厅室外顶部淘汰金字塔部分，建筑师为珊缪。

图 5-1　阿蒙神庙

3. 新王国时期（公元前 17～前 11 世纪）

形成适应专制制度的宗教，太阳神庙代替陵墓成为主要建筑类型。著名的太阳神庙，如卡纳克—卢克索的阿蒙（Amun）神庙（图 5-1）。其布局沿轴线依次排列高大的牌楼门、柱廊院、多柱厅等神殿、密室和僧侣用房等。庙宇的两个艺术重点：一是牌楼门及其门前的神道及广场，是群众性宗教仪式处，力求富丽堂皇而隆重以适应戏剧性的宗教仪式；一是多柱厅神殿内少数人膜拜皇帝之所，力求幽暗而威严以适应仪典的神秘性。神庙的建筑艺术重点已从外部形象转到了内部空间，从雄伟阔大而概括的纪念性转到内部空间的神秘性与压抑感。

（二）风格特点

高超的石材加工制作技术创造出巨大体量，简洁几何形体，纵深空间布局，追求雄伟、庄严、神秘、震撼人心的艺术效果。

第二节　古代西亚建筑

（一）范围及时期

古代西亚建筑又称两河流域建筑，约在公元前 3500 年至前 4 世纪。包括早期的阿卡德—苏马连文化，以后依次建立的奴隶制国家为古巴比伦王国（公元前 19～前 16 世纪）、亚述帝国（公元前 8～前 7 世纪）、新巴比伦王国（公元前 626～前 539 年）和波斯帝国（公元前 6～前 4 世纪）。

（二）建筑技术成就

两河流域缺石少木，故从夯土墙开始，至土坯砖、烧砖的筑墙技术，并以沥青、陶钉、石板贴面及琉璃砖保护墙面，使材料、结构、构造与造型有机结合，创造以土作为基本材料的结构体系和墙体饰面装饰方法。

（三）代表性建筑

（1）山岳台（Ziggurat），又译为观象台、庙塔。古代西亚人崇拜山岳、天体、观测星象而建的多层塔式建筑。如在乌尔的山岳台高约 21m。

（2）亚述帝国的萨艮王宫（Sargon）（图 5-2），由 210 个房间围绕 30 个院落组成，防御性强。由四座碉楼夹着三个拱门的宫城门为两河下游的典型形式。门洞处人首翼牛雕刻有特色。

（3）后巴比伦王国的新巴比伦城及其城北的伊什达（Ishtar）城门（图 5-3），用彩色琉璃装饰。采用在大面积墙面上均匀排列、重复动物形象的装饰构图。王宫内建有"空中花园"，是古代世界的七大奇迹之一。

（4）波斯帝国的帕赛玻里斯（Persepolis）王宫，两个仪典大厅、后宫、财库之间以"三门厅"为联系。后面一座仪典大厅叫"百柱殿"（因有 100 根石柱而得名）。百柱殿石柱长细比很大，雕刻精致，艺术水平很高，但有损构造逻辑。

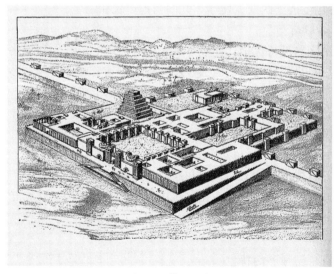

图 5-2　萨艮王宫

图 5-3　伊什达城门

第三节 古代希腊建筑

（一）古代爱琴海地区建筑

公元前 3 世纪出现于爱琴海岛屿、希腊半岛和小亚细亚西海岸地区，以克里特岛和希腊半岛的迈西尼为中心，又称克里特—迈西尼（Crete-Mycenae）文化。

1. 克里特

克里特岛的建筑全是世俗性的，著名的克诺索斯的米诺斯（Minos）王宫。空间高低错落。依山而建，规模很大，楼梯走道曲折多变，宫内厅堂柱廊组合多样，柱子上粗下细，造型独特。建筑风格精巧纤丽、房屋开敞、色彩丰富。宫殿西北有世界上最早的露天剧场。

图 5-4　迈锡尼卫城狮子门

2. 迈锡尼

其文化略晚于克里特，主要是城市中心的卫城。迈锡尼卫城及泰仑（Tiryns）卫城。风格粗犷，防御性强。迈锡尼卫城的城门因其雕刻得名为"狮子门"（图 5-4）。

（二）古代希腊建筑

古希腊是欧洲文化的发源地，古希腊建筑是欧洲建筑的先河，范围包括巴尔干半岛南部、爱琴海诸岛屿、小亚细亚西海岸，以及东至黑海，西至西西里的广大地区。

1. 历史分期

古风时期。公元前 8～前 6 世纪，纪念性建筑形成。

古典时期。公元前 5 世纪，纪念性建筑成熟，古希腊本土建筑繁荣昌盛期。

希腊化时期。公元前 4 世纪～前 1 世纪，希腊文化传播到西亚、北非，并同当地传统相结合。

2. 石梁柱结构体系的演进及神庙形制

早期的建筑是木构架结构，利用陶器进行保护，促进了建筑构件形式的定型化和规格化，并形成稳定的檐部形式。以后用石材代替柱子、檐部，从木构过渡到石梁柱结构。形制脱胎于贵族宫殿的正厅以狭面为正面并形成三角形山墙。为保护墙面而形成了柱廊。

庙宇只有一间圣堂、平面为长方形，以其窄端为正面。布局形制有端墙列柱式，端柱式，围柱式（包括双重围柱式、假围柱式）等。

3. 古希腊柱式

古希腊庙宇除屋架外，全部用石材建造。柱子、额枋和檐部的艺术处理基本上决定了庙宇的外貌。希腊建筑所历经的长期推敲改进主要体现在这些构件的形式、比例及其相互组合上，这套做法稳定后即形成不同的柱式（Order）。在希腊的庙宇、公共建筑、住宅、纪念碑等建、构筑物中普遍使用柱式。

（1）盛期的两大主要柱式，各有自己强烈的特色。

1）多立克（Doric）柱式。起始于意大利、西西里一带，后在希腊各地庙宇中使用。

特点是其比例较粗壮，开间较小，柱头为简洁的倒圆锥台，柱身有尖棱角的凹槽，柱身收分、卷杀较明显，没有柱础，直接立在台基上，檐部较厚重，线脚较少，多为直面。总体上，力求刚劲、质朴有力、和谐，具有男性性格。

2）爱奥尼（Ionic）柱式。产生于小亚细亚地区，特点是其比例较细长、开间较宽，柱头有精巧如圆形涡卷、柱身带有小圆面的凹槽，柱础为复杂组合而有弹性，柱身收分不明显，檐部较薄，使用多种复合线脚。总体上风格秀美、华丽，具有女性的体态与性格。

（2）晚期成熟的科林斯（Corinthian）柱式。柱头由毛茛叶组成，宛如一个花篮，其柱身、柱础与整体比例与爱奥尼柱式相似。

4. 美学思想与风格特征

古希腊建筑中反映出平民的人本主义世界观，体现着严谨的理性精神，追求一般的理想的美。其美学观受到初步发展起来的理性思维的影响，认为"美是由度量和秩序所组成的"，而人体的美也是由和谐的数的原则统辖着，故人体是最美的。当客体的和谐同人体的和谐相契合时，客体就是美的。

建筑风格特征为庄重、典雅、精致、有性格、有活力。"表现明朗和愉快的情绪……如灿烂的、阳光照耀的白昼……"

5. 典型实例

（1）古典盛期的代表，雅典卫城（图5-5）及其主要建筑。山门、胜利神庙、帕提农神庙（Parthenon）、伊瑞克提翁（Erechtheion）庙，以及雅典娜雕像。群体布局体现了对立统一的构图原则，根据祭祀庆典活动的路线，布局自由活泼，建筑物安排顺应地势，照顾山上、山下观赏，综合运用多立克和爱奥尼克两种柱式。

雅典卫城的主体建筑帕提农神庙外围是一圈列柱围廊，采用多立克柱式，并被誉为典范；有女像柱廊的伊瑞克提翁神庙为古典盛期爱奥尼柱式的代表。

（2）会堂与半圆形露天剧场。如麦迦洛波里斯（Megalopolis）剧场与会堂。

（3）希腊晚期出现集中式纪念性建筑物。如雅典的奖杯亭（图5-6）和哈利克纳苏的莫索列姆（Mausoleum）陵墓。出现了集中式向上发展的多层构图新手法。

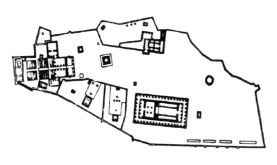

图5-5 雅典卫城平面图

图5-6 雅典奖杯亭

祭坛发展为独立的建筑物，如帕格玛卫城上的宙斯祭坛。

城市广场普遍设敞廊，神庙多在广场一端。

第四节 古代罗马建筑

（一）建筑成就

古罗马建筑直接继承并大大推进了古希腊建筑成就，开拓了新的建筑领域，丰富了建筑艺术手法，在建筑形制、技术和艺术方面的广泛成就达到了奴隶制时代建筑的最高峰。

（二）建筑技术

建筑材料除砖、木、石外使用了火山灰制的天然混凝土，并发明了相应的支模、混凝土浇灌及大理石饰面技术。结构方面在伊特鲁里亚和希腊的基础上发展了梁柱与拱券结构技术。拱券结构是罗马最大成就之一。种类有：筒拱、交叉拱、十字拱、穹隆（半球）。创造出一套复杂的拱顶体系。罗马建筑的布局方式、空间组合、艺术形式都与拱券结构技术、复杂的拱顶体系密不可分。

（三）建筑艺术

（1）继承古希腊柱式并发展为五种柱式：塔司干柱式，罗马多立克柱式，罗马爱奥尼柱式，科林斯柱式，混合柱式。

（2）解决了拱券结构的笨重墙墩同柱式艺术风格的矛盾，创造了券柱式。为建筑艺术造型创造了新的构图手法。

（3）解决了柱式与多层建筑的矛盾，发展了叠柱式，创造了水平立面划分构图形式。

（4）适应高大建筑体量构图，创造了巨柱式的垂直式构图形式。

（5）创造了拱券与柱列的结合，将券脚立在柱式檐部上的连续券。

（6）解决了柱式线脚与巨大建筑体积的矛盾，用一组线脚或复合线脚代替简单的线脚。

（四）建筑空间创造

利用穹隆、筒拱、交叉拱、十字拱和拱券平衡技术，创造出拱券覆盖的单一空间，单向纵深空间，序列式组合空间等多种建筑空间形式。

（五）重要建筑类型

1. 神庙

罗马万神庙（Pantheon Basilica），是单一空间、集中式构图建筑的代表，也是罗马穹顶技术的最高代表。其平面与剖面内径都是 43.3m，顶部有直径 8.9m 的圆洞。

2. 军事纪念物

凯旋门：为炫耀侵略战争胜利而建，提图斯（Titus）凯旋门为单拱门（图 5-7），塞维鲁斯（Severus）和君士坦丁（Constantine）为三拱门凯旋门。纪功柱：歌颂皇帝战功的纪念物，如图拉真纪功柱（图 5-8），是欧洲流行的纪念柱的早期代表。

3. 剧场

在希腊半圆形露天剧场基础上，对剧场的功能、结构和艺术形式都有很大提高。如罗马的马采鲁斯（Marcellus）剧场。

图 5-7　提图斯凯旋门　　　　　　　　　图 5-8　图拉真纪功柱

4. 罗马大斗兽场（Colosseum）

在功能、结构和形式上三者和谐统一，是现代体育场建筑的原型。其立面处理，下部三层由下至上依次为塔司干、爱奥尼、科林斯三种柱式。

5. 公共浴场

卡拉卡拉（Caracalla）浴场，戴克利提乌姆（Diocletium）浴场。内部空间流转贯通丰富多变，开创了内部空间序列的艺术手法。

6. 巴西利卡（Basilica）

具有多种功能的大厅性公建，如图拉真巴西利卡。

7. 居住建筑

一类是四合院式或明厅式，内庭与围柱院组合式如庞贝城中的藩萨府邸；另一类是奥斯蒂亚城中的公寓式。

8. 宫殿

罗马的哈德良离宫，斯巴拉多的戴克利提乌姆宫。

（六）城市广场

共和时期的广场是城市的社会、政治、经济活动中心，周围各类公建、庙宇等自发性建造，形成开放式广场，代表性广场为罗马的罗曼奴姆广场（Forum of Romanum）。帝国时期的广场以一个庙宇为主体，形成封闭性广场，轴线对称，有的呈多层纵深布局，如帝国时期最大的广场——罗马的图拉真广场（Forum of Trajan）。

（七）风格特征

其大型公建风格雄浑，凝重，宏伟，形式多样，构图和谐统一。

（八）建筑师与建筑著作

维特鲁威（Vitruvius）的《建筑十书》是现存欧洲古代最完备的建筑专著，书中提出了"坚固、适用、美观"的建筑原则，奠定了欧洲建筑科学的基本体系。

第五节 拜占庭建筑

（一）时代

公元330年罗马皇帝迁都于帝国东部的拜占庭，名君士坦丁堡。公元395年罗马帝国分裂为东西两部分。东罗马帝国又称拜占庭帝国，也是东正教的中心。

拜占庭帝国存在于330～1453年，4～6世纪为建筑繁荣期。

（二）成就

发展了古罗马的穹顶结构和集中式形制，创造了穹顶支在四个或更多的独立柱上的结构方法和穹顶统率下的集中式形制建筑。彩色镶嵌和粉画装饰艺术。

（三）结构方式

帆拱、鼓座、穹顶相结合的做法解决了在方形平面上使用穹顶的结构和建筑形式问题。

（四）代表实例

君士坦丁堡（现名伊斯坦布尔，属土耳其）的圣索菲亚（Santa Sophia）大教堂（图5-9）。

（五）希腊十字式教堂的特点

教堂平面为十字形，与中央穹顶平衡的四面筒形拱等长；或四臂用穹顶代替筒拱，形成集中式的平面形制。外观为以中央为主的五个穹顶，形成集中式垂直构图的纪念性形象。如威尼斯的圣马可教堂（图5-10）。

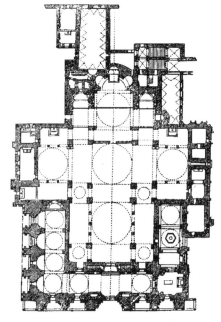

图5-9 圣索菲亚大教堂　　　　　　图5-10 威尼斯圣马可教堂平面图

（六）东欧等东正教国家的教堂

采用改进了的拜占庭式风格。一般教堂规模都较小，其特点：外部造型多为饱满的穹顶高举在拉长的鼓座之上，统率整体形成中心垂直轴线，成为集中式构图。

第六节 西欧中世纪建筑

（一）早期基督教建筑

西罗马帝国至灭亡后的三百多年间的西欧封建混战时期的教堂建筑。典型的教堂形制由罗马的巴西利卡发展而来的。

1. 拉丁十字巴西利卡

在罗马巴西利卡的东端建半圆形圣坛，用半穹顶覆盖，其前为祭坛，坛前是歌坛。由于宗教仪式日渐复杂，在祭坛前增建一道横向空间，形成了十字形的平面，纵向比横向长得多，即为拉丁十字平面。其形式象征着基督受难，适合仪式需要，成为天主教堂的正统形制。

2. 代表实例

罗马的圣保罗教堂。

3. 风格特点

体形较简单，墙体厚重，砌筑较粗糙，灰缝厚，教堂不求装饰，沉重封闭，缺乏生气。

4. 形制

巴西利卡长轴东西向，入口朝西，祭坛在东端。巴西里卡前有内柱廊式院子，中央有洗池（后发展为洗礼堂），巴西里卡纵横厅交叉处上建采光塔。为召唤信徒礼拜建有钟塔兼瞭望用。

（二）罗马风（Romanesque）建筑

10～12世纪欧洲基督教地区的一种建筑风格，又叫罗曼建筑，似罗马，罗马式。

1. 造型特征

承袭早期基督教建筑，平面仍为拉丁十字，西面有一两座钟楼。为减轻建筑形体的封闭沉重感，除钟塔、采光塔、圣坛和小礼拜室等形成变化的体量轮廓外，采用古罗马建筑的一些传统做法如半圆拱、十字拱等或简化的柱式和装饰。其墙体巨大而厚实，墙面除露出扶壁外，在檐下、腰线用连续小券，门窗洞口用同心多层小圆券，窗口窄小、朴素的中厅与华丽的圣坛形成对比，中厅与侧廊有较大的空间变化，内部空间阴暗，有神秘气氛。

2. 实例

比萨主教堂群，法国昂古莱姆（Angoulême）主教堂。

（三）哥特式（Gothic）建筑

11世纪下半叶起源于法国，12～15世纪流行于欧洲的一种建筑风格。

1. 结构特点

框架式骨架券作拱顶承重构件，其余填充围护部分减薄，使拱顶减轻；独立的飞扶壁在中厅十字拱的起脚处抵住其侧推力，和骨架券共同组成框架式结构，侧廊拱顶高度降低，使中厅高侧窗加大；使用二圆心的尖拱、尖券、侧推力减小，使不同跨度拱可一样高。

2. 内部特点

中厅一般不宽但很长，两侧支柱的间距不大，形成自入口导向祭坛的强烈动势。中厅高度很高，两侧束柱柱头弱化消退，垂直线控制室内划分，尖尖的拱券在拱顶相交，如同自地下生长出来的挺拔枝杆，形成很强的向上升腾的动势。两个动势体现对神的崇敬和对天国向往的暗示。

3. 外部特点

典型构图是山墙被两个钟塔和中厅垂直划为三部分，山墙上的栏杆、门洞上的雕像带等把三部分联为整体。三座多层线脚的"透视门"之上的中央是巨大"玫瑰窗"。外部的扶壁、塔、墙面都是垂直向上的垂直划分，全部局部和细节顶部为尖顶，整个外形充满着向天空的升腾感。

4. 装饰特点

内部近似框架式结构，几乎没有墙面可做壁画或雕塑。祭坛是装饰重点。两柱间的大窗做成彩色玻璃窗，极富装饰效果。

外部力求削弱重量感，一切局部和细节都减小断面，凹凸大，用山花、龛、小尖塔等装饰外墙。

5. 代表性建筑

法国：巴黎圣母院（Notve Dame）（图5-11），亚眠主教堂（Amiens）、兰斯（Rheims）主教堂。

英国：索尔兹伯里（Salisbury）主教堂，水平划分突出，比较舒缓。

德国：科隆（Cologne）主教堂，乌尔姆主教堂（Ulmer Münster），立面水平线弱，垂直线密而突出，显得森冷峻峭。

意大利：米兰大教堂，有较多的传统因素。

西班牙：布尔戈（Burgos）主教堂，由于大量伊斯兰建筑手法掺入到哥特建筑中而形成穆旦迦风格（Müdajar Style）。

6. 风格特点

完全脱离了古罗马的影响，以尖拱、尖形肋、拱顶、坡度很大的屋面、飞扶壁、束柱、彩色玻璃花窗、钟塔等造成外部向上的动势，艺术与结构、整体与细部相互统一。内部空间高旷、单纯，具有导向祭坛的动势和垂直向上的升腾感。创造出浓厚的向往天国的宗教气氛，体现了"神圣的忘我"。15世纪以后，法国发展为"辉煌式"哥特建筑；英国发展为"垂直式"哥特建筑。

7. 中世纪的世俗建筑

（1）威尼斯总督府（图5-12）：立面造型极富创造性。欧洲中世纪最美的建筑物之一。

图5-11　巴黎圣母院

图5-12　威尼斯总督府

（2）半露木构建筑：市民建筑多采用的将木构架的一些构件外露涂以彩色，其间以砖石填充，有时抹灰，表现出轻快的性格。

第七节　中古伊斯兰建筑

（一）范围
7～13 世纪的阿拉伯帝国的建筑；

14 世纪以后的奥斯曼帝国建筑；

16～18 世纪的波斯萨非王朝、印度、中亚等国家建筑。

（二）结构技术
使用多种拱券，采用大小穹顶覆盖主要空间。纪念性建筑的穹顶位于中央主体上，为求高耸，在其下加筑一个高高的鼓座，起统率整体的作用，为使内部空间完整，在里面鼓座之下另砌穹顶。

（三）主要建筑类型
清真寺、陵墓、宫殿

（四）建筑的一般特征
清真寺与住宅形制相似；普遍使用拱券结构，拱券式样富有装饰性，喜用满铺的表面装饰，题材与手法大致一样，装饰纹样受《古兰经》制约。

（五）清真寺的主要形制
封闭式庭院，周围有柱廊，院落中有洗池，朝向麦加方向加宽做成礼拜殿。西亚的清真寺大都采用横向的巴西利卡形制。中亚一带引进了集中式形制。寺内建有数量不等的光塔。成为外部体量构图的重要因素。

（六）各地的代表性建筑实例
耶路撒冷的圣石庙（奥马尔礼拜寺），集中式圆顶建筑。大马士革的大清真寺，早期最大清真寺。开罗的伊本·图伦清真寺，是埃及唯一有外螺旋楼梯宣礼塔的清真寺。西班牙的科尔多瓦大清真寺，是伊斯兰最大的清真寺之一。摩尔人在西班牙格拉纳达建造的阿尔罕布拉宫（图 5-13），是伊斯兰世界保存较为完好的一座宫殿；其中两个著名的院子，南北向的叫"石榴

图 5-13　阿尔罕布拉宫

院"；东西向的叫"狮子院"，是后妃们的住处。伊斯法罕的皇家清真寺；伊斯坦布尔的艾哈迈德清真寺（又称蓝色清真寺，是唯一拥有 6 座宣礼塔的清真寺），其形制模仿了圣索菲亚大教堂。印度的泰姬陵，为莫卧儿王朝所修建，被称作"印度的珍珠"，是世界建筑精品之一。

第八节　文艺复兴建筑与巴洛克建筑

（一）年代

有广义与狭义的划分，以15世纪意大利文艺复兴为起点，广义的指直到18世纪末近400年都为文艺复兴时期；狭义的指到17世纪初结束的意大利文艺复兴，后来传至欧洲其他地区形成各自特点的文艺复兴建筑。

（二）风格特征

抛弃中世纪哥特建筑风格，认为哥特式建筑是基督教神权统治的象征。采用古代希腊、罗马柱式构图要素。认为古典柱式构图体现和谐与理性，同人体美有相通之处，符合文艺复兴运动的人文主义观念。

（三）意大利文艺复兴建筑

1. 早期（15世纪），以佛罗伦萨为中心

意大利文艺复兴建筑的第一个作品：佛罗伦萨圣母百花大教堂大穹顶（图5-14），设计者是早期文艺复兴的奠基人，伯鲁乃列斯基（Brunelleschi）。

府邸建筑。美第奇—里卡尔迪（Ricardi）府邸——早期文艺复兴府邸的典型作品，建筑师米开罗佐（Michelozzo）。

教堂建筑。圣十字教堂的巴齐礼拜堂（Pazzi），其内部与外部都由柱式控制，力求轻快和雅洁，伯鲁乃列斯基设计。

2. 盛期（15世纪末～16世纪上半叶），以罗马为中心

罗马的坦比哀多礼拜堂（Tempietto）（图5-15），纪念性风格的典型代表。伯拉孟特（Bramante）设计。构图完整，体积感强，穹顶统率整体的集中式形制，是当时有重大创新的建筑，对后世建筑影响很大。

罗马的法尔内塞府邸（Farnese）。追求雄伟的纪念性，有较强的纵轴线，门厅为巴西利卡形式。小桑

图5-14　佛罗伦萨圣母百花大教堂

迦洛（San Gallo）设计。

佛罗伦萨的劳伦齐阿纳（Laurenzina）图书馆：室内采用外立面处理手法，较早将楼梯作为建筑艺术部件处理的实例。米开朗琪罗设计。

威尼斯的文特拉米尼（Vendramini）府邸。威尼斯文艺复兴府邸代表。比例和谐，细部精致，立面轻快开朗。龙巴都（Lombardo）设计。

威尼斯的圣马可图书馆（S. Marco）。券柱式控制立面，体形简洁明快。桑索维诺（Jacopo Sansovino）设计。

3. 晚期（16世纪下半叶），以维晋寨为中心

维晋寨的巴西利卡。晚期文艺复兴重要建筑师帕拉第奥（Palladio）的重要作品之一。其立面构图处理是柱式构图的重要创造，名为"帕拉第奥母题"（图5-16）。

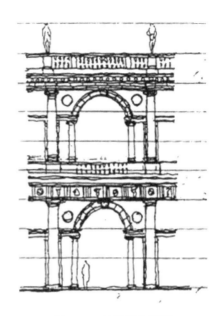

图 5-15　坦比哀多礼拜堂　　　　　　　　图 5-16　帕拉第奥母题

　　圆厅别墅（La Rotonda）。晚期文艺复兴庄园府邸的代表。外形由明确而单纯的几何体组成，依纵横两轴线对称布置，比例和谐，构图严谨，形体统一完整。帕拉第奥的重要作品之一，对后世创作产生影响（图 5-17）。

　　奥林匹克剧场（Teatro Olimpico）。帕拉第奥设计，第一个把露天剧场转化为室内剧场，为剧场形制的发展开辟了道路。

　　尤利亚三世别墅（Villa Giulia）。维尼奥拉（Vignola）设计。抛弃了传统的四合院制，在纵轴线上组织空间并力求开敞，富有变化，是建筑布局上的进步。

　　马西莫柱宫（Palazzo Massimo alle Colonne）。帕鲁齐（Peruzzi）的杰作。把建筑的平面、空间和艺术形式一起作了完整、细致的处理，在功能上有所突破。

图 5-17　圆厅别墅

　　（四）意大利文艺复兴晚期出现手法主义（Mannerism）的两种表现

　　（1）教条式地模仿过去大师的创作手法，为柱式制定烦琐而死板的规则。

　　（2）追求新颖尖巧，堆砌建筑装饰构件，致力于追求光影变化，不安定的体形和意外的起伏转折。

　　（五）意大利文艺复兴的纪念碑——梵蒂冈的圣彼得大教堂

　　初时选中的伯拉孟特的方案为希腊十字式，后经拉斐尔、维尼奥拉、小桑迦洛等的修改，最终由米开朗琪罗主持，恢复了伯拉孟特设计的集中形制。但 17 世纪初教皇又命令建筑师玛丹纳在米开朗琪罗设计的教堂正立面前加建了一座三跨的巴西利卡式大厅。教堂的修建过程反映了进步力量与反动宗教力量的斗争。

（六）建筑成就

（1）世俗建筑类型增加，造型设计出现灵活多样的处理方法，有许多创新。

（2）建筑技术。梁柱系统与拱券技术混合应用，墙体砌筑技术多样，穹顶采用内外壳和肋骨建造，施工技术提高。

（七）城市广场

恢复了古典的传统，克服了中世纪广场的封闭、狭隘，注意广场建筑群的完整性。

（1）佛罗伦萨的安农齐阿广场（Pizza Annunziata）。阿尔伯蒂设计，早期文艺复兴最完整的广场。

（2）罗马的市政广场（Pizza del Campidoglio）。文艺复兴时期较早按轴线对称布局的梯形广场，米开朗琪罗设计。

（3）威尼斯的圣马可广场（Pizza San Marco）。文艺复兴时期最终完成的，由大小两个梯形组合而成，被誉为"欧洲最漂亮的客厅"。

（八）建筑理论

1485年出版的《论建筑》（阿尔伯蒂）是意大利文艺复兴时期最重要的建筑理论著作，影响很大。此外，《建筑四书》（帕拉第奥）、《五种柱式规范》（维尼奥拉）等书以后成为欧洲的建筑教科书。

（九）巴洛克建筑

17～18世纪在意大利文艺复兴建筑基础上发展起来的一种建筑和装饰风格。以天主教堂为代表的巴洛克建筑十分复杂。它形式上是文艺复兴的支流与变形，但其思想出发点与人文主义截然不同，它反映天主教的思想意识和奢侈的欲望，包含着矛盾着的倾向，它敢于破旧立新，创造出不少富有生命力的新形式和新手法，被长期广泛地流传；但它又有非理性的、反常的、违反建筑艺术的一些基本法则，一些形式主义的倾向曾起着消极的作用。所以，对它的评价褒贬不一。

1. 风格特征

（1）追求新奇。建筑处理手法打破古典形式，建筑外形自由，有时不顾结构逻辑，采用非理性组合，以取得反常的幻觉效果。

（2）追求建筑形体和空间的动态，常用穿插的曲面和椭圆形空间。

（3）打破建筑与雕刻绘画的界限，使其相互渗透。

（4）炫耀财富。大量使用贵重材料，喜好富丽的装饰，强烈的色彩。

（5）趋向自然，追求自由奔放的格调，表达世俗情趣，具有欢乐气氛。

2. 代表性实例

（1）教堂建筑：罗马耶稣会教堂（维尼奥拉），罗马四泉圣卡洛教堂（博洛米尼）。

（2）城市广场：圣彼得大教堂广场（贝尔尼尼），波波洛广场（丰塔纳），纳沃那广场（博洛米尼）。

（3）别墅园林：阿尔多布兰地尼别墅（其园林为传统的多层台地式，所谓的意大利式园林即以意大利的巴洛克园林为主要代表）。

例 5-1 （2021）下列关于巴洛克建筑的特征描述，正确的是（　　）。

A　追求自然朴素的美学趣味　　　　B　建筑形体与空间逻辑严谨

第九节　法国古典主义建筑与洛可可风格

（一）古典主义建筑的概念

广义的指意大利文艺复兴建筑、巴洛克建筑和古典复兴建筑等采用古典柱式的建筑风格。狭义的指运用纯正的古典柱式的建筑，主要是法国古典主义及其他地区受其影响的建筑，即指17世纪法王路易十三、十四专制王权时期的建筑。

（二）古典主义的哲学基础——唯理论

认为客观世界是可以认识的，理性是方法论的唯一依据，不承认感觉经验的真实性；几何学和数学是适用于一切知识领域的理性方法。君主制与等级制是理性的体现。

（三）风格特征

推崇古典柱式，排斥民族传统与地方特色。在建筑平面布局和立面造型中以古典柱式为构图基础，把巨柱式当作构图的主要手段，强调轴线对称，注意比例，讲求主从关系，突出中心与规则的几何形体。运用三段式构图手法，追求外形端庄与雄伟完整统一和稳定感。而内部空间与装饰上常有巴洛克特征。

（四）古典主义建筑理论和创作的影响

创造了大型纪念性建筑的壮丽形象，其建筑理论有一定的进步意义；但也有局限性，甚至也有过消极的影响。

（五）代表实例

（1）卢浮宫东立面（勒伏、勒勃亨、彼洛），典型的古典主义建筑作品，体现了古典主义的各项原则（图5-18）。

图5-18　卢浮宫东立面

（2）凡尔赛宫（孟莎），法国绝对君权时期最重要的纪念碑。花园采用几何形式设计，是法国古典主义园林的杰出代表。其总体布局对欧洲的城市规划产生了较大影响，是法国17～18世纪艺术和技术的集中体现者。

（3）恩瓦立德新教堂（孟莎），是第一个完全的古典主义教堂建筑，也是17世纪最完整的古典主义纪念物。

（4）旺道姆广场（孟莎），平面为抹去四角的长方形，对线对称、四周一色的封闭性广场，轴线交点上立有纪念柱。

（5）孚·勒·维贡府邸（勒诺特尔），构图强调主从关系，突出轴线、讲求对称，是第一个把法国古典主义构图手法运用到园林设计中的作品。

（六）建筑教育

古典主义时期，法国建立了欧洲最早的建筑学院（1671年）培养建筑师，制定严格的规范，形成了欧洲建筑教学的体系。

（七）洛可可风格

18世纪20年代产生于法国的一种建筑装饰风格。

（1）风格特点。主要表现在室内装饰上，应用明快鲜艳的色彩，纤巧的装饰，家具精致而偏于烦琐，具有妖媚柔靡的贵族气味和浓厚的脂粉气。

（2）装饰特点。细腻柔媚，常用不对称手法，喜用弧线和S形线，爱用自然物做装饰题材，有时流于矫揉造作。色彩喜用鲜艳的浅色调的嫩绿、粉红等，线脚多用金色，反映了法国路易十五时代贵族生活趣味。

（3）实例。巴黎苏俾士（Soubise）府邸客厅，设计者是洛可可装饰名家勃夫杭（Germain Boffrand）。

（4）本时期的法国广场特点。由封闭性的单一空间变为较开敞的组合式广场，如南锡广场群，由长圆形的王室广场、长方形的路易15广场和狭长的跑马广场组成，是半开敞半封闭式，形体多样，既统一又变化，既收又放。巴黎的协和广场，开放式广场，成为巴黎主轴线上的重要枢纽。

第十节 资产阶级革命至19世纪上半叶的西方建筑

（一）英国资产阶级革命时期的建筑：革命的妥协性和不彻底性，缺乏创造新文化的自觉性，把法国宫廷倡导的古典主义文化当作榜样

1. 古典主义代表——王室建筑师克里斯道弗·仑（Christopher Wren）

（1）设计修建一批伦敦的教区小教堂，其钟塔构图很成功。

（2）圣保罗大教堂，体现唯理主义原则，成为英国资产阶级革命的纪念碑。

2. 帕拉第奥主义

18世纪英国庄园府邸追求豪华、雄伟、盛气凌人风格与追随意大利文艺复兴柱式规范和构图原则的大型公共建筑，忽视使用功能，缺乏创造性和现实感。

（二）法国资产阶级革命时期

（1）启蒙主义的"理性"与唯理主义"理性"之不同

启蒙主义建筑理论的核心——批判的理性，认为合乎理性的社会是"人人在法律面前一律平等"的社会，宣扬唯物主义和科学。

（2）代表作

1）波尔多（Bordeaux）剧院，标志着马蹄形多层包厢式观众厅的成熟；

2）万神庙（Pantheon），又叫圣什内维埃夫（St. Geneviève）教堂，是法国资产阶级革命时期最大的建筑物,启蒙主义的重要体现者。

(3) 以勒杜(Ledoux)、部雷(Boulée)为代表的激进建筑师,力图标新立异,表现了昂奋、狂热的激情和昂扬的英雄主义。

(4) 帝国风格——拿破仑帝国的纪念性建筑物上形成的风格,如马德兰(Madeleine)教堂(军功庙),雄狮凯旋门。它们体量高大,外形简单,喜用巨柱,尺度很大,外墙少线脚及细部装饰,表现出矜夸僵冷的肃杀之气。

(三)18世纪下半叶至19世纪上半叶的西方建筑

(1) 欧洲各主要国家在资产阶级革命影响下,经历着资本主义性质的改革,民主运动和民族解放交织成为先进的思想文化潮流,各国的思想文化和建筑以各种方式方法发生联系并相互影响。建筑创作中复古思潮流行的社会背景主要是新兴资产阶级政治上的需要。

1) 古典复兴既有政治原因也受到考古发掘进展的影响。

法国以罗马式样为主,如巴黎的万神庙,雄狮凯旋门。

英国以希腊式样为主,如不列颠博物馆、爱丁堡中学。

德国以希腊式样为主,如布兰登堡门、柏林宫廷剧院。

美国以罗马式样为主,如美国国会大厦、弗吉尼亚州议会大厦。

2) 浪漫主义始源于18世纪下半叶的英国,其表现分为两个阶段:

先浪漫主义,模仿中世纪寨堡或追求异国情调;如封蒂尔修道院府邸、布赖顿皇家墅。伦敦郊区的丘园(又译作邱园)则是一座受到中国传统园林影响的风景式花园。后浪漫主义,常以哥特风格出现,又叫哥特复兴,如英国国会大厦。

3) 折中主义任意模仿历史上的各种风格,或自由组合各种式样,故也被称为集仿主义,如巴黎歌剧院,圣心教堂,美国1893年芝加哥的哥伦比亚博览会。

(2) 工业大生产的发展、新材料、新结构技术、新施工方法的出现和新的使用要求与创作中的复古思潮矛盾,促使新的建筑思潮与新建筑形式的变化,如铁结构、升降机与电梯的应用,新公共建筑类型的出现,迫切需解决建筑创作的新方向。

1) 1851年英国伦敦世界博览会"水晶宫"展览馆,开辟了建筑形式新纪元。设计人为帕克斯顿(Paxton)。八个月内完成74400m²建筑面积的展览建筑。

2) 1889年巴黎世界博览会的埃菲尔铁塔、机械馆,创造了当时世界最高(328m)和最大跨度(115m)的新纪录。

(3) 工业革命后欧美资本主义人口急剧增加,城市环境与面貌遭到破坏,既危害人民的生活,又妨碍资产阶级自身的利益,为了解决城市矛盾进行过一些有益的探索:

巴黎改建(欧思曼),新协和村(欧文),田园城市(霍华德),工业城市(加尼埃),带形城市(索里亚)。

第十一节 19世纪下半叶至20世纪初的西方建筑

这个时期是对新建筑的探求时期,也是向现代建筑过渡的时期。

(一)工艺美术运动

19世纪50年代在英国出现的小资产阶级浪漫主义思想的反映,以拉斯金(Ruskin,拉斐尔前派的一员,代表作有1849年的《建筑七灯》和1853年的《威尼斯之石》等)和莫里斯（Morris，拉斐尔前派艺术家）为首的一些社会活动家的哲学观点在艺术上的表现。他们敌视工业文明，认为机器生产是文化的敌人，热衷于手工艺的效果与自然材料的美。在建筑上主张建造"田园式"住宅，来摆脱古典建筑形式。

代表作品：韦布（Webb）设计的莫里斯的住宅"红屋"（图5-19），根据使用要求布置，用红砖建造，将功能材料与艺术造型结合的尝试。

图5-19 红屋

（二）新艺术运动

19世纪80年代开始于比利时布鲁塞尔，主张创造一种前所未有的，能适应工业时代精神的简化装饰，反对历史式样，目的是想解决建筑和工艺品的艺术风格问题。其装饰主题是模仿自然生长草木形状的曲线，并大量使用便于制作曲线的铁构件。其建筑特征主要表现在室内，外形一般简洁。这种改革只局限于艺术形式与装饰手法，没能解决建筑形式与内容的关系，以及与新技术的结合问题，是在形式上反对传统形式。代表人物及作品：

（1）比利时的霍塔（Horta）设计的布鲁塞尔都灵路12号住宅（图5-20）。

（2）德国的青年风格派，奥尔布里奇（Olbrich）的路德维希展览馆。

（3）英国的麦金托什（Mackintosh）的格拉斯哥艺术学校图书馆。其"四人组"的创作被称为格拉斯哥学派。

（4）西班牙的高迪（Gaudi）设计的巴塞罗那米拉公寓（图5-21），圣家族教堂。

（三）维也纳学派

以瓦格纳（Wagner）为首，认为新结构新材料必导致新形式出现，反对使用历史式样。其代表作品如维也纳地下铁道车站和邮政储蓄银行。

维也纳学派中的一部分人成立了"分离派"，宣布同过去的传统决裂。代表人物是奥尔布里奇（Olbrich）和霍夫曼（Hoffmann）。代

图5-20 都灵路12号住宅

表作品是在维也纳的分离派展览馆（奥尔布里奇）和斯托克莱公馆（霍夫曼）。维也纳的另一位建筑师路斯（Loos）认为建筑"不是依靠装饰，而是以形体自身之美为美"，反对把建筑列入艺术范畴，主张建筑以实用为主，甚至认为"装饰是罪恶"，强调建筑物的比例。代表作是建在维也纳的斯坦纳(Steiner) 住宅。

（四）北欧对新建筑的探索

反对折中主义，提倡"净化"建筑，主张表现建筑造型的简洁明快及材料质感。

荷兰的贝尔拉格（Berlage）代表作品为阿姆斯特丹证券交易所（图 5-22）。

图 5-21　米拉公寓　　　　　　　　　　图 5-22　阿姆斯特丹证券交易所

芬兰的沙里宁（Saarinen）代表作为赫尔辛基的火车站。

（五）美国芝加哥学派（19 世纪 70 年代）

是美国现代建筑的奠基者。工程技术上创造了高层金属框架结构和箱形基础。建筑造型上趋向简洁，并创造独特的风格。

创始人：工程师詹尼（Willam Le Baron Jenney），1879 年詹尼设计建造了第一拉埃特大厦，1885 年他完成了他最负盛名的芝加哥的家庭保险公司十层办公楼，这是第一座钢铁框架结构建筑，标志着芝加哥学派的真正开始。

代表人物：沙利文（Louis H・Sullivan）提出"形式追随功能"的口号。为现代主义的建筑设计思想开辟了道路。他提出了高层办公楼建筑类型在功能上的特征。其思想在当时具有重大的进步意义。

代表作品：芝加哥百货公司大厦（图 5-23）。其立面采用了"芝加哥窗"形式的网格式处理。

（六）德意志制造联盟

是 19 世纪末 20 世纪初德国建筑领域里创新活动的重要力量。

1. 代表人物

彼得・贝伦斯（Peter Behrens）以工业建筑为基地发展符合功能与结构特征的建筑。他是德国现代主义设计的重要奠基人之一，著名建筑师，工业产品设计的先驱，"德意志制造联盟"的首席建筑师。

2. 代表作品

德国通用电气公司 AEG 透平机制造车间与机械车间（图 5-24），为探求新建筑起了示范作用，成为"现代建筑"的雏形，里程碑式的建筑，由贝伦斯设计。德意志制造联盟展览会办公楼（科隆）由格罗皮乌斯设计。

3. 主张

建筑应当是真实的，现代结构应当在建筑中表现出来，以产生新的建筑形式。

图 5-23　芝加哥百货公司大厦　　　　图 5-24　透平机车间

4. 人才培养

著名的第一代现代主义大师格罗皮乌斯、密斯·凡·德·罗和勒·柯布西耶都先后在其建筑事务所工作，为其后来的发展奠定了基础。

（七）钢筋混凝土的应用

1850 年法国建筑师拉布鲁斯特（Labrouste）在巴黎圣日内维埃夫图书馆拱顶用交错的铁筋和混凝土的成功，为近代钢筋混凝土奠定了基础。

1890 年以后，钢筋混凝土在建筑中得到广泛的应用。

法国建筑师博多（Baudot）建的巴黎蒙玛尔特（Montmartre）教堂是第一个用钢筋混凝土框架结构建造的教堂（1894 年）。

法国建筑师佩雷（Perret）建造的巴黎富兰克林路 25 号公寓（1903 年），庞泰路车库（1905 年），显示出钢筋混凝土新结构的艺术表现力。瑞士工程师马亚尔特（Maillart）在苏黎世建造了第一座无梁楼盖仓库（1910 年）。

第十二节　两次世界大战之间——现代主义建筑形成与发展时期

一、革新派建筑师在战后初期对新建筑形式的探索

（一）表现派

首先在德国、奥地利产生，常采用奇特而夸张的建筑形体来表现某种思想情绪，象征某种时代精神。

代表实例：德国波茨坦市爱因斯坦天文台（图 5-25）。孟德尔松（Mendelsohn）设计。

（二）未来派

首先在意大利出现，创始人为作家马里内蒂（Marinetti），宣扬各种机器的威力，赞美大城市，歌颂现代生活的运动、变化速度，否定文化艺术的传统，主张创造全新的未来艺术。

代表人物：意大利的建筑师圣·伊利亚（Sant Elia），认为新材料已把传统古典形式排除出建筑领域，笨重庄严的建筑形象应代之以机器般简便轻灵的形体，一切都要动，要变。

（三）风格派

又被称为"新造型派""要素派"。1917年产生于荷兰，认为基本几何形象的组合和构图是最好的艺术。成员有蒙德里安、杜斯伯格、奥德等。

代表性建筑：里特维尔德（Rietveld）设计的在乌得勒支的施罗德住宅（图5-26）。

图5-25　爱因斯坦天文台　　　　　　　　图5-26　乌得勒支的施罗德住宅

（四）构成派

产生于俄国，他们把抽象几何形体组成的空间作为艺术的内容。

代表作品：塔特林（Tatlin）设计的第三国际纪念碑，维斯宁兄弟的列宁格勒真理报馆方案。

二、20世纪20年代欧洲现代建筑思潮——现代主义建筑

现代主义建筑又被人称为"理性主义"、"功能主义"建筑。现代主义建筑思潮发生于19世纪后期，成熟于20世纪20年代，20世纪50～60年代风行全世界。现代主义建筑师各人对建筑的看法不尽一致，但有些基本观点是共同的。

（一）设计思想的共同点

强调建筑要随时代而发展，现代建筑应同工业化社会相适应；强调建筑师要研究和解决建筑的实用功能和经济问题；主张积极采用新材料、新结构，在建筑设计中发挥新材料、新结构的特征；主张摆脱过时的建筑式样的束缚，放手创造新的建筑风格；主张发展新的建筑美学，其中包括表现手法和建造手段的统一，建筑形体和内部功能的配合，建筑形象的逻辑性，灵活均衡的非对称构图，简洁的处理手法和纯净的造型等。

> **例5-2　（2021）**关于现代主义建筑思想的说法，正确的是（　　　）。
> 　A　重使用方便和效率轻形式构图　　B　重材料与结构性能轻经济成本
> 　C　重风格创新轻传统样式　　　　　D　重建筑空间轻建筑形体
> 　**解析：**根据《外国近现代建筑史》（第二版）P63～64，现代建筑派在设计方法上有一些共同的特点：（一）重视建筑的使用功能，注重建筑使用时的方便和效率；（二）注意发挥新型建筑材料和建筑结构的性能特点；（三）把建筑的经济性提到重

要的高度；（四）主张创造现代建筑新风格，坚决反对套用历史上的建筑样式；（五）强调建筑艺术处理的重点应该从平面和立面构图转到空间和体量的总体构图方面，并且在处理立体构图时考虑到人观察建筑过程中的时间因素；（六）废弃表面外加的建筑装饰，认为建筑美的基础在于建筑处理的合理性与逻辑性。故本题应选C。

　　答案：C

（二）现代建筑派四位大师及其代表作品、理论观点

1. 格罗皮乌斯（1887—1969 年）

　　格罗皮乌斯很早就提出建筑要随时代向前发展，必须创造这个时代的新建筑的主张。认为"建筑没有终极，只有不断的变革"，"美的观念随着思想和技术的进步而改变"，反对复古主义，主张用工业化方法解决住房问题，在建筑设计原则和方法方面把功能因素和经济因素放在最重要的位置上，并创造了一些很有表现力的新手法和新语汇。

　　代表作品：

　　——早期活动：

　　1911 年，设计法古斯工厂，适应实用性建筑功能需要，设计手法与钢筋混凝土的结构性能一致，符合玻璃、金属等材料特性，同时又产生了一种新的建筑形式美。

　　1913 年，发表论文《论现代工业建筑的发展》，是建筑师中最早主张走建筑工业化道路的人之一。

　　1914 年，设计德意志制造联盟科隆展览会办公楼。

　　1919 年，成立魏玛公立建筑学院，简称包豪斯，形成了新的工艺美术风格和建筑风格。

　　1925 年，设计德绍的包豪斯新校舍（图 5-27），将建筑的实用功能作为设计的出发点，采用灵活不规则的构图手法，按照现代建筑材料和结构特点，是现代建筑史上一个重要里程碑。

图 5-27　包豪斯新校舍

　　——到美国后的活动：

　　1945 年，成立协和建筑事务所（简称 TAC）。

　　1952 年，发表论文《工业化社会中的建筑师》，强调现代工业发展对建筑的影响。

　　在他的著作《全面建筑观》中提出："现代建筑不是老树上的分枝，而是从根上长出来的新株"。

2. 勒·柯布西耶（1889—1965 年）

勒·柯布西耶在《走向新建筑》中提出要创造新时代的新建筑，激烈否定因循守旧的建筑观，主张建筑工业化，把住房比作机器（"住房是居住的机器"），并要求建筑师向工程师的理性学习，在设计方法上提出"平面是由内到外开始的，外部是内部的结果"。他在住宅设计中提出了"新建筑的五个特点"。同时他又强调建筑的艺术性，把建筑看成纯精神的创造。勒·柯布西耶是现代建筑运动的激进分子和主将，也是 20 世纪最重要的建筑师之一。在他的建筑活动和建筑作品中，前期表现出更多的理性主义，后期表现出更多的浪漫主义。

代表作品：

1920 年，创办《新精神》杂志，杂志第一期上写着"一个新的时代开始了，它根植于一种新的精神：有明确目标的一种建设性和综合性的新精神"。

1923 年，出版《走向新建筑》，把住房比作机器（"住房是居住的机器"）。书中的主要观点：（1）呼唤创造新时代的新建筑；（2）主张走工业化的道路；（3）把住房比作机器，主张建筑师向工程师的理性学习。在设计方法上提出"平面是由内到外开始的，外部是内部的结果"。

1926 年，就自己设计的住宅提出新建筑的五个特点：底层架空、屋顶花园、自由平面、横向长窗、自由立面。

1928 年，设计萨伏伊别墅，好像一架复杂的机器，柯布追求的不是机器般的功能和效率，而是机器般的造型，这种艺术趋势被称为"机器美学"，充分体现了新建筑的五个特点。

1927 年，完成日内瓦国际联盟总部设计方案。

1930 年，设计巴黎瑞士学生宿舍。

1946 年，设计马赛公寓（图 5-28），是竖向居住小区。柯布认为带有服务设施的居住大楼应该是组成现代城市的一种基本单位，故将其称为"居住单位"。他理想的现代化城市就是由"居住单位"和公共建筑所组成。

1950 年，设计朗香教堂，从前期的理性主义转变为后期的浪漫主义。

图 5-28　马赛公寓

1951～1957 年，设计印度昌迪加尔行政中心建筑群。

柯布西耶对现代城市和居住问题的设想（城市集中主义者）：立体交叉的道路网；中心摩天楼，外围高层楼房，楼房有屋顶花园、阳台花园；楼房之间有大片绿地。

3. 密斯·凡·德·罗（1886—1970 年）

密斯·凡·德·罗强调建筑要符合时代特点，要创造新时代的建筑而不能模仿过去。他重视建筑结构和建造方法的革新，认为"建造方法必须工业化"，他以"少就是多"为建筑处理原则，设计的巴塞罗那博览会德国馆（1929 年）和位于布尔诺的图根德哈特住宅，体现了他对结构、空间、形式的见解。其以"少就是多"为理论依据，以"全面空间""纯净形式"和"模数构图"为特征的设计手法，以及熟练运用玻璃和钢材，发挥它们表现力的风格，曾于20世纪50～60年代风靡一时，而被称为"密斯风格"。

代表作品：

1923年，出版专著《关于建筑与形式的箴言》，"我们不考虑形式问题，只管建造问题。形式不是我们工作的目的，它只是结果"。

图 5-29　巴塞罗那世界博览会德国馆

1926年，设计李卜克内西和卢森堡纪念碑，采用立体主义构图手法。

1928年，提出"少就是多"的建筑处理原则。

1929年，设计巴塞罗那世界博览会德国馆（图5-29），是现代建筑中常用的流动空间的一个典型实例。

1930年，设计图根德哈特住宅。

4. 赖特（1869—1959 年）

赖特对建筑的看法与现代建筑中的其他人有所不同，他在美国西部建筑基础上融合了浪漫主义精神，而创造了富有田园情趣的"草原式住宅"，在后来发展为"有机建筑"论。他主张建筑应"由内而外"，他的目标是"整体性"。他反对袭用传统建筑样式，主张创新，但不是从现代工业化社会出发，认为20世纪20年代现代建筑把新建筑引入了歧途。他在创作方法上重视内外空间的交融，既运用新材料和新结构，又注意发挥传统建筑材料的优点。同自然环境的结合是他建筑作品的最大特色。提出"有机建筑"论。

代表作品：

19世纪末至20世纪初的10年间，设计了许多中产阶级的郊外住宅——草原式住宅。

1904年，设计拉金公司大楼（图5-30）。

1908年，设计罗比住宅。

1915年，设计东京帝国饭店，采用了新的抗震措施。

1936年，设计约翰逊制蜡公司总部，流水别墅。

1938年，设计西塔里埃森（图5-31）。

图 5-30　拉金公司大楼

图 5-31　西塔里埃森

1942 年，设计古根海姆美术馆，连续空间。

（三）国际现代建筑协会（CIAM，1928 年在瑞士成立）

在第二次世界大战前开过五次会，研究建筑工业化、最低限度的生活空间、高层和多层居住建筑、生活区规划和城市建设等问题。1933 年的雅典会议专门研究现代城市建设问题，提出了一个城市规划大纲，即《雅典宪章》。指出现代城市应解决好居住、工作、游息、交通四大功能，应科学地制定城市总体规划。1959 年停止活动。

第十三节　战后 40～70 年代的建筑思潮
——现代建筑派的普及与发展

第二次世界大战后，政治形势的变动，经济的盛衰，建筑业在国民经济中的地位，局部地区战争等多种因素，都直接与间接影响各国的建筑活动。经过战后恢复时期，发达国家经济开始迅速发展，尽管有的国家曾受到经济衰退或能源危机等不利因素的影响，第三世界一些国家的建筑也很活跃。总之，在 20 世纪 60 年代以前，建筑技术飞速发展，建筑与科学技术紧密结合，"现代建筑"设计原则大普及。60 年代以后，生产的急速发展，生活水平的迅速提高，各种标榜个人与个性的社会思潮兴起，受社会各种思潮的影响，及几位现代主义建筑大师的去世，各种设计思潮应运而生。出现建筑思潮多元化的局面，促使建筑向讲求形式，标新立异的方向发展。

（一）对理性主义进行充实与提高（Rationalism）

特点： 在坚持"现代主义"的设计原则和方法，讲求功能与技术合理的同时，注意结合环境与服务对象的生活情趣需要，力图在新的要求与条件下把同建筑有关的在形式上、技术上、社会上和经济上的各种问题统一起来考虑，创造出一些切实可行的新经验。是战后现代派建筑中最普遍、最多数的一种设计倾向。

代表人物及其代表作品：

（1）协和建筑师事务所（简称 TAC）：

1）1949 年，设计哈佛大学研究生中心，按功能结合地形布置，空间参差，尺度得当；

2）1954 年，设计西水桥小学（马萨诸塞州），采用"多簇式"设计；

3）1957 年，设计西德西柏林汉莎区 Interbau 国际住宅展览会高层公寓楼；

4）1977 年，设计何塞·昆西社区学校（波士顿），用多方协商、共同研究的方法设计出具有特点的建筑。

（2）1953～1969 年，曾任哈佛大学设计研究院院长的约瑟夫·尤伊斯·塞尔特（Josep Lluís Sert）

1）1963 年，设计皮博迪公寓；

2）1970 年，设计哈佛大学本科生科学中心。

（3）1958 年，Team X 的成员、〔荷〕凡·艾克的阿姆斯特丹儿童之家，空间形式与组合形态属"多簇式"。

（4）1970 年，〔荷〕赫茨贝格设计的中央贝赫保险公司总部大楼，是表现结构主义最成功的实例。

（二）讲求技术精美的倾向（Perfection of Technique）

特点：是 20 世纪 40 年代末至 60 年代占主导地位的设计倾向。在设计方法上属于"重理"的一种思潮，以密斯·凡·德·罗为代表强调结构逻辑性（即对结构的合理运用和忠实表现）和自由分割空间在建筑造型中的体现。其特点是用钢和玻璃为主要材料，构造与施工精确，外形纯净、透明，清晰地反映出建筑的材料、结构和它的内部空间。

代表人物及其代表作品：

（1）密斯·凡·德·罗

1）1950 年，设计范斯沃斯住宅；

2）1951 年，设计芝加哥湖滨公寓，是密斯以结构的不变来应功能的万变的一次体现；居住单元是以矮墙或家具来划分、隔而不断的大空间，密斯称之为"全面空间"（Total Space）；

图 5-32　西格拉姆大厦

3）1956 年，设计纽约西格拉姆大厦（图 5-32）；

4）1939 年，伊利诺伊理工学院校园规划，密斯的"条理性"在建筑群体规划上的体现；

5）1956 年，设计伊利诺伊理工学院克朗楼；

6）1962 年，设计西柏林新国家美术馆新馆，密斯生前最后的一个作品。

（2）1951 年，小沙里宁（Eero Saarinen）设计的通用汽车技术中心，是技术上精益求精与人们在形式上的心理要求相协调的一次尝试。

（三）粗野主义倾向（Brutalism）

特点：是 20 世纪 50 年代中期到 60 年代中期名噪一时的建筑设计倾向。有时被理解为艺术形式，有时是指一种设计倾向。其作品的特点是毛糙的混凝土，沉重的构件和它们粗鲁的组合（以柯布西耶为代表）。同时还认为建筑的美不仅以结构与材料的真实表现作为准则，而且还要暴露房屋的服务性设施。与讲求技术精美倾向的不同点是要经济地，从不修边幅的钢筋混凝土（或其他材料）的毛糙、沉重与粗野感中寻求形式上的出路（以史密森夫妇为代表）。而从形式上看，其表现又是多种多样的。

代表人物及其代表作品：

（1）勒·柯布西耶

1）1947 年，设计马赛公寓大楼；

2）1951 年，设计印度昌迪加尔行政中心建筑群（图 5-33）；

3）1954 年，设计尧奥住宅。

（2）〔英〕史密森夫妇（Team X 成员，"粗野主义"是 1954 年由史密森夫妇首次提出）

1）1954 年，设计亨斯特顿学校；

2）1954 年，设计谢菲尔德大学设计方案。

（3）〔英〕斯特林和戈文（合作）

1）1958 年，设计伦敦的兰根姆住宅；

2）1959 年，设计莱斯特大学工程馆（也有人称其为高技派）；

3）1964 年，设计剑桥大学历史系图书馆，斯特林设计，也有人称其为高技派。

（4）1959 年，〔美〕保罗·鲁道夫的耶鲁大学建筑与艺术系大楼（图 5-34）——其"灯芯绒"式的混凝土墙面给人以粗而不野之感。

（5）〔日〕丹下健三设计的仓敷市厅舍、香川县厅舍。

图 5-33　印度昌迪加尔行政中心　　　　图 5-34　耶鲁大学建筑与艺术系大楼

（四）典雅主义倾向（Formalism）

特点：致力于运用传统美学法则来使现代的材料与结构产生规整、端庄与典雅的庄严感。主要在美国。

代表人物及其代表作品：

（1）〔美〕斯东（Edward Durell Stone）

1）1955 年，设计新德里美国驻印度大使馆；

2）1958 年，设计布鲁塞尔世界博览会美国馆。

（2）〔美〕菲利浦·约翰逊

1）1958 年，设计谢尔登艺术纪念馆；

2）1957 年，设计纽约的林肯文化中心，舞蹈与轻歌舞剧院由约翰逊设计，大都会歌剧院由哈里逊设计（位于广场中央），爱乐音乐厅由阿伯拉莫维茨（M. Abramowitz）设计，以及一个包含图书馆、展览馆和实验剧院的综合性建筑由小沙里宁等几位建筑师设计。

（3）〔美〕雅马萨奇

1）1959 年，设计麦格拉格纪念会议中心；

2）1964 年，设计西雅图世界博览会科学馆；

3）1973 年，设计纽约世界贸易中心。

（五）注重高度工业技术的倾向（High-Tech）

特点：指形成于 20 世纪 50 年代末，不仅坚持在建筑中采用新技术，而且在美学上极力表现新技术的倾向。主张采用最新的材料制造体量轻、用料省、能快速灵活地装配改造的结构与房屋，并加以表现。设计上强调系统设计和参数设计。使"机器美"迎合人们的悦目要求。日本出现的新陈代谢派强调事物的生长变化与死亡，极力主张采用最新技术来解决。为解决城市问题，出现用预制标准化构件装配成大型、多层或高层的"巨型结构"。

代表人物及其代表作品：

（1）1949年，〔美〕伊姆斯夫妇（Charles & Ray Eames）的自宅（又称"专题研究住宅"）——最早应用预制钢构架的住宅建筑之一。

（2）〔德〕埃贡·艾尔曼（Egon Eiermann）

1）1951年，设计布伦贝格麻纺厂的锅炉间；

2）1958年，设计布鲁塞尔世界博览会德国馆。

（3）1960年，布劳耶（Marcel L. Breuer）的国际商业机器公司（IBM）研究中心。

（4）美国SOM事务所

1）1956年，设计科罗拉多州空军士官学校教堂；

2）1957年，设计兰伯特银行大厦（布鲁塞尔）。

（5）1971年，〔意〕彼得罗·贝鲁奇和皮埃尔·奈尔维等人设计的旧金山圣玛利亚教堂。

（6）〔日〕新陈代谢派

1）1967年，丹下健三设计的山梨文化会馆；

2）1970年，黑川纪章设计的大阪世界博览会Takara Beautilion实验性住宅，只重复使用同一种构件搭建的房屋。

（7）1972年，〔意〕伦佐·皮亚诺和〔英〕理查德·罗杰斯设计的蓬皮杜国家艺术与文化中心。

（六）讲究人情化与地域性的倾向（Regionalism）

特点：形成于20世纪20年代的北欧和50年代中叶以后的日本，是现代建筑中比较偏"情"的方面，它是将"理性主义"设计原则结合当地的地方特点和民族习惯的发展，他们既要讲技术又要讲形式，而在形式上又强调自己特点。

代表人物及其代表作品：

（1）〔芬〕阿尔瓦·阿尔托（北欧人情化、地域性的代表）

1）1950年，设计珊纳特赛罗镇中心主楼（图5-35）；

2）1956年，设计卡雷住宅；

3）1959年，设计沃尔夫斯堡文化中心。

（2）1950年，〔丹〕阿恩·雅各布森的哥本哈根苏赫姆联立住宅。

（3）1948年，〔英〕拉尔夫·厄斯金的瑞典拉普兰滑雪旅馆（又称体育旅馆）。

（4）〔日〕丹下健三

1）1955年，设计香川县厅舍；

2）1958年，设计仓敷县厅舍。

图5-35　珊纳特赛罗镇中心主楼

注：也有人因丹下健三把混凝土墙面和构件处理得比较粗重，而称这两个作品为"粗野主义"。

例 5-3　（2021）不是阿尔瓦·阿尔托作品的是（　　　）。

A　巴黎大学瑞士学生宿舍　　　　　　B　帕米欧肺病疗养院

C　维堡市立图书馆　　　　　　　　　D　玛丽亚别墅

解析：帕米欧肺病疗养院、维堡市立图书馆、玛丽亚别墅都是阿尔瓦·阿尔托在两次世界大战之间的代表作品；而巴黎大学瑞士学生宿舍的设计师是勒·柯布西耶，故应选 A。

答案：A

（七）第三世界国家对地域性与现代性结合的探索

特点：对现代性与地域性结合的探索始于 20 世纪 50 年代中期。二次世界大战结束后，不少第三世界国家（东南亚的、南亚、非洲和中东）在建国后民族意识高涨、经济上升。一批在西方先进工业国家学成回国的本国建筑师，面对国家大量出现的需要适应现代生活需求的公共建筑和住宅建筑，迫切需要探索一条既符合生活实际，又在形式上具有不同于以往、不同于他人的可识别性的道路。

代表人物及其代表作品：

（1）〔埃〕哈桑·法赛设计的新古尔那村（1945 年）和新巴里斯城规划（1964 年）；1969 年芝加哥大学出版社出版了他的著作《为了穷苦者的建筑》（*Architecture for the Poor*）。

（2）1962 年，〔斯〕杰弗里·巴瓦的依那地席尔瓦住宅。

（3）〔印度〕查尔斯·柯里亚

1）1958 年，设计甘地纪念馆；

2）1970 年，设计干城章嘉公寓；

3）1975 年，设计印度国家工艺美术馆。

（4）1977 年，〔印度〕巴克里斯纳·多西设计了位于班加罗尔的印度管理学院。

（5）1984 年，〔马来西亚〕杨经文设计的自宅——双顶屋。

（八）讲求个性与象征的倾向

开始活跃于 20 世纪 50 年代末，到 60 年代很盛行，其动机是对现代建筑风格"共性"的反抗，而要使每幢房屋，每一场地具有不同于他人的个性和特征，使人一见印象深刻。因此认为建筑设计是个人的一次精彩表演，认为设计首先来自个人的灵感（路易斯·康），来自形式上的与众不同。故反对集体创作，认为"建筑是不能共同设计的"。挪威建筑历史学家与建筑评论家诺伯格·舒尔茨认为"建筑首先是精神上的庇护所，其次才是身躯的庇护所"。其手法有三种：运用几何图形、运用抽象的象征和运用具体的象征。

代表人物及其代表作品：

（1）运用几何图形的手法——代表人物是赖特

1）1936 年，赖特设计的流水别墅；

2）1941 年，赖特设计的位于纽约的古根海姆美术馆；

3）1978 年，贝聿铭设计的国家美术馆东馆。

（2）运用抽象象征的手法——代表人物是柯布西耶

1）1950 年，柯布西耶设计的朗香教堂；

图5-36　柏林爱乐音乐厅

2）1956年，汉斯·夏隆设计的柏林爱乐音乐厅（图5-36）；

3）1958年，路易斯·康设计的理查德医学实验楼（图5-37）；

4）1976年，塞尔特设计的加泰罗尼亚的当代艺术研究中心。

（3）运用具体象征的手法——代表人物是小沙里宁

1）1956年，小沙里宁设计的环球航空公司候机楼（图5-38）；

2）1958年，小沙里宁设计的耶鲁大学冰球馆；

3）1959年，小沙里宁为杰斐逊公园设计的国土扩展纪念碑——大券门；

4）1957年，〔丹〕约翰·伍重设计的悉尼歌剧院（1973年建成）。

图5-37　理查德医学实验楼

图5-38　环球航空公司候机楼

第十四节　现代主义之后的建筑思潮

现代主义之后的建筑思潮是指20世纪60年代后期，欧美一些发达国家建筑发展的一个新时期。

（一）后现代主义

后现代主义也被称作"后现代古典主义"或"后现代形式主义"。

查尔斯·詹克斯在他1977年出版的《后现代建筑语言》中最先提出和阐释了"后现代主义"的概念，他把后现代归纳为"激进的折中主义"，并把美国密苏里州圣路易斯城的普鲁伊特—艾格大厦于1972年7月15日被炸毁的事件称为"现代建筑已经死亡"的标志（该大厦1954年由雅马萨奇设计）。詹克斯认为，"后现代主义建筑至少在两个层次上说话：一方面它面对其他建筑师和留心建筑含义的少数人士；另一方面它又面向广大公众或当地居民"。

戴安·吉拉尔多（Diane Ghirardo）在她1996年出版的《现代主义之后的建筑》中将这一时期的建筑现象统称作"现代主义之后的建筑"。

罗伯特·斯特恩（Robert A. M. Stern）将后现代建筑的特征总结为："文脉主义"

"隐喻主义"和"装饰主义"。

罗伯特·文丘里是后现代主义的核心人物。

他著有《建筑的复杂性与矛盾性》（1966年）；针对"少就是多"提出"少是厌烦"；赞成"杂乱而有活力胜过明显的统一"；提出"兼容并蓄"（both-and）、对立统一的设计策略和模棱两可的设计方法。该书被建筑理论家文森特·斯卡利（Vincent Scully）称为"1923年柯布西耶写了《走向新建筑》以来有关建筑发展的最重要的著作"。此外，他还著有《向拉斯维加斯学习》（1972年）一书。

代表人物及其代表作品：

（1）1962年，罗伯特·文丘里设计的母亲住宅（与约翰·劳奇合作设计）（图5-39）。

图5-39　母亲住宅

（2）1960年，文丘里设计的老年人公寓。

（3）1975年，查尔斯·摩尔设计的新奥尔良市的意大利广场（图5-40）。

（4）1978年，菲利浦·约翰逊设计的美国电话电报公司总部大楼（AT&T）。

（5）1980年，迈克尔·格雷夫斯设计的俄勒冈州波特兰市市政厅。

（6）1987年，迈克尔·格雷夫斯设计的迪士尼世界的海豚旅馆和天鹅旅馆。

（7）1959年，〔意〕建筑师及建筑历史学家保罗·波托盖西设计的巴尔第住宅（Casa Baldi）。

（8）1976年，〔奥〕汉斯·霍莱因设计的奥地利维也纳旅行社。

（9）1982年，詹姆斯·斯特林设计的斯图加特州立美术馆扩建工程。

（10）1987年，罗伯·克里尔和汉斯·霍莱因等

图5-40　新奥尔良市的
意大利广场

人设计的德国柏林国际建筑展——城市花园住宅。

（11）1979年，〔日〕矶崎新设计的筑波中心。

（二）新理性主义

20世纪60年代，与后现代主义几乎同时出现的意大利新理性主义运动形成了一股颇有影响力的建筑思潮，新理性主义也被称作坦丹萨（Tendenza）学派。

以朱塞普·特拉尼为代表的意大利理性建筑运动为其理论基础。

阿尔多·罗西在《城市建筑》（1966年）一书中，将类型学方法运用于建筑学，开始"回归秩序"的建筑探索。

乔吉奥·格拉西（Giorgio Grassi）的《建筑的逻辑结构》（1969年）也为新理性主义做出过贡献。

代表人物及其代表作品：

（1）〔意〕阿尔多·罗西——新理性主义的代表人物

1）1971年，设计的圣·卡塔多公墓；

2）1970年，设计的米兰格拉拉公寓；

3）1979年，设计的1980年威尼斯双年展的水上剧场；

4）1990年，设计的荷兰马斯特里赫特博尼芳丹博物馆。

（2）〔瑞士〕马里奥·博塔——瑞士提契诺学派 Ticino School 的代表人物

图5-41 旧金山现代艺术博物馆

1）1972年，设计的圣·维塔莱河畔住宅，是博塔建筑生涯的第一个重要作品；

2）1982年，设计的瑞士卢加诺的戈塔尔多银行；

3）1995年，设计的旧金山现代艺术博物馆（图5-41）。

（3）〔德〕O·M·昂格尔斯

1）1976年，设计的马尔堡市利特街的住宅群；

2）1981年，设计的法兰克福某处旧宅改建的建筑博物馆——屋中之屋。

（4）〔卢森堡〕罗伯·克里尔和莱昂·克里尔兄弟

1）1975年，罗伯·克里尔出版了《城市空间》一书，该书以类型学为基础，建立了城市空间类型学理论；

2）1976年，巴黎拉维莱特区规划；

3）1978年，卢森堡市中心规划。

（三）新地域主义

新地域主义名称的提出与后现代主义和新理性主义不同，它并不是那种以一系列标志性建筑活动和代表性人物为特征的建筑运动或思潮，而是一种遍布广泛，形式多样的建筑实践倾向。

美国的建筑史学家肯尼斯·弗兰姆普敦在20世纪80年代初发表的论文《走向批判的

地域主义——"抵抗的建筑学"的六个要点》和其 1992 年出版的专著《现代建筑：一部批判的历史》，对理解新地域主义的设计倾向提供了理论指导。

代表人物及其代表作品：

（1）〔西〕拉菲尔·莫内欧——西班牙新地域主义的活跃人物

1）1973 年，设计的马德里银行大楼；

2）1980 年，设计的国家罗马艺术博物馆。

（2）1993 年，〔葡〕阿尔瓦罗·西扎设计的加利西亚艺术中心（图 5-42）。

（3）〔美〕安东尼·普雷多克——土坯建筑师

1）1989 年，设计的奈尔森美术中心；

2）1991 年，设计的威南迪住宅。

图 5-42　加利西亚艺术中心

（4）〔墨〕路易斯·巴拉干

1）1967 年，设计的艾格斯托姆住宅（图 5-43）；

2）1978 年，设计的迈耶住宅。

（5）1990 年，〔印度〕查尔斯·柯里亚设计的斋普尔市博物馆（图 5-44），其平面形式来自于曼陀罗图形。

图 5-43　艾格斯托姆住宅

图 5-44　斋普尔市博物馆

（6）1984 年，〔马来西亚〕杨经文设计的自宅——双顶屋。

（7）〔印度〕多西

1）1981 年，为自己设计的位于桑伽的事务所；

2）1995 年，设计的侯赛因—多西画廊。

（8）1990 年，〔新加坡〕林少伟设计的吉隆坡中心广场。

（9）1998 年，〔美〕西萨·佩里设计的马来西亚吉隆坡双子座大厦。

（10）1995 年，〔意〕伦佐·皮亚诺设计的芝柏（或译作吉巴欧）文化中心（图 5-45）。

（四）解构主义

解构主义是一个具有广泛批判精神和大胆创新姿态的建筑思潮，它不仅质疑现代建筑，还对后现代主义之后出现的那些历史主义或通俗主义的思潮和倾向都持批判态度，并

图 5-45　芝柏文化中心

试图建立起关于建筑存在方式的全新思考。

名称来源于：①以德里达为代表的解构主义哲学；②20 世纪 20 年代俄国的先锋派构成主义。

其兴起的标志：①1988 年，在纽约现代艺术博物馆举办的"解构主义建筑"7 人作品展：伯纳德·屈米、彼得·埃森曼、瑞姆·库哈斯、丹尼尔·李伯斯金（此 4 人更关注哲学和人文的思考）；扎哈·哈迪德、弗兰克·盖里和蓝天组（此 3 人更关注建筑艺术形式和空间语言的创造）；②1988 年，在伦敦泰特美术馆举办的"建筑与艺术中的解构主义"国际研讨会。

代表人物及其代表作品：

（1）1982 年，〔法〕伯纳德·屈米设计的拉维莱特公园（图 5-46），是"点""线""面"三个迥然不同的系统的叠合。

（2）〔美〕彼得·埃森曼

1）1985 年，设计的俄亥俄州立大学韦克斯纳视觉艺术中心（图 5-47）；

图 5-46　拉维莱特公园

图 5-47　俄亥俄州立大学
韦克斯纳视觉艺术中心

2）1988 年，设计的阿洛诺夫设计与艺术中心；

3）1989 年，设计的哥伦布会议中心。

（3）〔荷〕瑞姆·库哈斯

1）1978 年，《癫狂的纽约：关于曼哈顿的回顾性宣言》；

2）1984 年，设计的海牙国际舞剧院；

3）1995 年，《广普城市》。

（4）1989 年，丹尼尔·李伯斯金的柏林犹太人博物馆。

（5）扎哈·哈迪德

1）1989 年，设计的东京札幌餐厅；

2）1993 年，设计的德国维特拉消防站。

（6）1983 年，蓝天组在纽约"解构主义建筑"7 人作品展上展出的屋顶加建。

（7）弗兰克·盖里——解构主义思潮中最具形式创新精神的建筑师

1）1987 年，设计的德国维特拉家具设计博物馆；

2）1993 年，设计的毕尔巴鄂古根汉姆博物馆（图 5-48）；

3）1994 年，设计的布拉格的尼德兰大厦。

（五）新现代

这一名称的出现，主要是指那些相信现代建筑依然有生命力并力图继承和发展现代派建筑师的设计语言与方法的建筑创作倾向。新现代也可以有更广义的所指，它包括 20 世纪 70 年代以后绝大部分与有历史主义倾向的思潮和各种后现代思潮不同的当代建筑实践。

兴起标志：1969 年，纽约现代艺术博物馆举办的美国 5 位建筑师的作品展：彼得·埃森曼、迈克尔·格雷夫斯、理查德·迈耶、查尔斯·格瓦斯梅、约翰·海杜克，他们又被称为"纽约五"。"纽约五"的作品在继承现代建筑设计语言的基础上，也试图拓展这种语言的可能性。

代表人物及其代表作品：

（1）理查德·迈耶

1）1980 年，设计的海尔艺术博物馆；

2）1985 年，设计的位于洛杉矶的盖提中心（Getty Center）（图 5-49）。

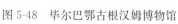

图 5-48 毕尔巴鄂古根汉姆博物馆

图 5-49 盖提中心

（2）1987 年，〔法〕亨利·奇里亚尼设计的法国一战纪念馆。

（3）1984 年，〔法〕克里斯蒂安·鲍赞巴克设计的拉维莱特音乐城。

（4）1981 年，贝聿铭设计的巴黎卢浮宫扩建。

（5）1985 年，新陈代谢派创始人之一桢文彦设计的螺旋体大厦。

（6）1988 年，安藤忠雄设计的水之教堂和 1989 年的光之教堂。

（7）斯蒂文·霍尔

1）1989 年，设计的日本福冈公寓；

2）1994年，设计的圣伊格内修斯小教堂（Chapel of St. Ignatius）。

（六）高技派的新发展

20世纪70年代后高技派的新特征为：（1）更关注新技术影响下如何拓展建构语言，如何使建造方式更加精良；（2）表现出对环境生态甚至文化历史的思考，其作品既注重高度技术，又强调高度感人。20世纪80年代末，柯林·戴维斯出版的《高技派建筑》一书对这一倾向做了历史性总结与思考。

代表人物及其代表作品：

（1）英国高技派代表人物理查德·罗杰斯称自己采用的是适宜技术：

1）1978年，设计的伦敦的劳埃德大厦，是这一时期英国高技派的代表作；

2）1989年，设计的欧洲人权法庭。

（2）英国高技派代表人物诺曼·福斯特，主张适宜技术、结构创造空间、"建筑即产品"：

1）1965年，设计的信托控股公司；

2）1974年，设计的塞恩斯伯里视觉艺术中心；

3）1979年，设计的香港汇丰银行新楼；

4）1980年，设计的雷诺公司产品配送中心，巨型悬挂结构；

5）1981年，设计的第三斯坦斯梯德机场，采用智能化的热量再生系统进行热量回收；

6）1992年，设计的法兰克福商业银行，为第一座生态型高层塔楼；

7）1992年，设计的柏林国会大厦重建，大厦采用了太阳能、机械通风、地下湖的天然资源、热电厂、废热发电等能源技术并使用了可再生材料。

（3）〔英〕尼古拉斯·格雷姆肖

1）1984年，牛津滑冰馆；

2）1987年，伦敦金融时报印刷厂；

3）1992年，塞维利亚世博会英国馆。

（4）〔英〕迈克尔·霍普金斯以其出色的帐篷结构设计获得声誉，其代表作是1984年设计的苏拉姆伯格研究中心。

（5）1981年，〔法〕让·努维尔设计的巴黎阿拉伯世界研究中心（图5-50）。

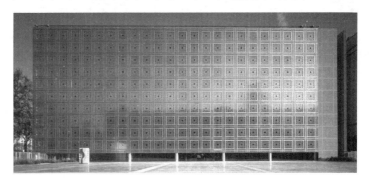

图5-50　阿拉伯世界研究中心

（6）〔西〕建筑师、结构工程师圣地亚哥·卡拉特拉瓦，因其出色地将运动的形态与富于逻辑性的建构方式融合起来，而被称为"建造大师"：

1）1987年，设计的阿拉米洛大桥；

2）1989年，设计的里昂郊区的萨特拉斯车站。

（七）简约的设计倾向

20世纪90年代，在习惯了现代建筑的流动空间、后现代主义的隐喻和解构主义的分裂特征后，建筑界开始关注一种以继承和发展现代建筑的一个明显特征的潮流——向"简约"回归。又称"新简约""极少主义"或"极简主义"。

代表人物及其代表作品：

（1）1995年，〔日〕坂茂设计的2/5住宅。

（2）〔葡〕德·穆拉

1）1981年，设计的波尔图文化中心；

2）1991年，设计的阿威罗大学地质系馆。

（3）〔奥〕鲍姆施拉格和埃伯勒

1）1997年，设计的BTV银行商住综合楼；

2）1995年，设计的格拉夫电力公司办公楼扩建项目。

（4）〔瑞士〕雅克·赫尔佐格和皮埃尔·德梅隆

1）1991年，设计的沃尔夫信号楼；

2）1991年，设计的慕尼黑戈兹美术馆；

图5-51 瓦尔斯镇温泉浴场

3）1995年，设计的伦敦泰特现代美术馆；

4）1996年，设计的多米那斯酿酒厂，将建筑面层处理为两层金属网中填入碎石；

5）1997年，设计的鲁丁住宅。

（5）〔瑞士〕彼得·卒姆托

1）1990年，设计的瓦尔斯镇温泉浴场（图5-51）；

2）1990年，设计的奥地利的布列根兹美术馆。

（6）1997年，〔西〕阿尔伯托·坎波·巴埃萨设计的马洛卡岛新技术中心。

第十五节　历史文化遗产保护

包括建筑和城市在内的历史文化遗产记载着人类社会发展的历史，蕴涵着丰富的文化，它是不同地域和不同民族历史与文化的载体，也是一种文化现象。历史文化遗产是城市发展的一种独特的资源，有利于提高城市社会、经济、环境综合效益，有利于城市整体健康而持续地发展。

自19世纪末起，世界各国陆续开始通过立法保护文物建筑。法国1840年颁布了《历史性建筑法案》等；英国1882年颁布了《历史纪念物保护法》等；日本1897年制定了

《古神社寺庙保存法》，1919 年制定了《古迹名胜天然纪念物保存法》等；美国 1906 年制定了《古物保护法》等。

1933 年，国际现代建筑协会制定了第一个获得国际公认的城市规划纲领性文件——《雅典宪章》，其中有一节专门论述"有历史价值的建筑和地区"，指出了保护的意义与基本原则。

1964 年 5 月，联合国教科文组织在威尼斯召开的第二届历史古迹建筑师及技师国际会议上，通过了著名的《国际古迹保护与修复宪章》，即通常所称的《威尼斯宪章》。《威尼斯宪章》的制定是国际历史文化遗产保护发展中的一个重要事件，这是关于保护文物建筑的第一个国际宪章。它确定了文物建筑的定义及保护、修复与发掘的宗旨与原则，其指导意义延续至今。

自 20 世纪 60 年代起，城市历史文化遗产保护的实践开始从文物建筑扩大到历史地段。很多国家也陆续制定了自己国家的历史地段保护法规。

1976 年 11 月，联合国教科文组织大会第 19 届会议提出《关于历史地区的保护及其当代作用的建议》，简称《内罗毕建议》。《内罗毕建议》重点提出了历史地区在立法、行政、技术、经济和社会方面的保护措施，并将研究、教育和信息工作作为历史地区保护的重要工作之一。

1987 年 10 月，国际古迹遗址理事会在美国首都华盛顿通过的《保护历史城镇与城区宪章》（或称《华盛顿宪章》），是继《威尼斯宪章》之后又一个关于历史文化遗产保护的重要国际性法规文件。这一文件总结了 20 世纪 70 年代以来各国在保护的理论与实践方面的经验，明确了历史地段以及更大范围的历史城镇、城区的保护意义和保护原则。《华盛顿宪章》再次提到保护与现代生活的关系，并明确指出，城市保护必须纳入城市发展政策与规划之中。

二战前后至今，世界建筑及城市规划历史上具有跨时代意义的经典规章制度及相关国际组织详见表 5-1、表 5-2。

历史文化遗产及城市规划重要文献一览表　　　　　　　　　　表 5-1

序号	年代	名称	组织	内容简介
1	1933.8	雅典宪章 Athens Charter	国际现代建筑协会 （CIAM）	城市规划的纲领性文件 (The Athens Charter for the Restoration of Historic Monuments) 　勒·柯布西耶提出，城市要与其周围影响地区成为一个整体来研究，城市规划的目的是综合四项基本的社会功能"居住、工作、游憩和交通"；有历史价值的古建筑均应妥为保存，不可加以破坏
2	1964.5	威尼斯宪章 Venice Charter	国际古迹遗址理事会 （ICOMOS）	保护修复文物建筑及历史地段的国际宪章 （International Charter for the Conservation and Restoration of Monuments and Sites） 　《威尼斯宪章》是保护文物建筑及历史地段的国际原则；古迹的保护与修复必须求助于对研究和保护考古遗产有利的一切科学技术；保护与修复古迹的目的旨在把它们既作为历史见证，又作为艺术品予以保护

序号	年代	名称	组织	内容简介
3	1972.6	人类环境宣言 Declaration of Human Environment	联合国 人类环境会议 （UNCHE）	联合国人类环境宣言 （Declaration of United Nations Conference on Human Environment） 为保护和改善环境，在瑞典首都斯德哥尔摩召开的有各国政府代表团及政府首脑、联合国机构和国际组织代表参加的讨论当代环境问题的第一次国际会议；人类环境的两个方面，即天然和人为的两个方面，对于人类的幸福和对于享受基本人权，甚至生存权利本身，都是必不可少的；联合国人类环境会议的背景材料是《只有一个地球》，这本书的副标题为《对一个小小行星的关怀和维护》[英国经济学家 B. 沃德(B. Ward)和美国微生物学家 R. 杜博斯(R. Dubos)]
4	1976.6	温哥华人居宣言 Vancouver Declaration	联合国人居中心 （UNCHS） （Habitat-1）	联合国第一次人类居住大会的宣言 （The Vancouver Declaration on Human Settlements） （United Nations Conference on Human Settlements） 人类居住与环境问题受到各国重视，从而促使联合国人居机构的成立
5	1976.11	内罗毕建议 Nairobi Recommendation	联合国教科文组织 （UNESCO）	历史地段及其环境保护文件 《与历史城镇的保护及当代功能相关的建议》 （Recommendation Concerning the Safeguarding and Contemporary Role of Historic Areas)历史地区及其环境应被视为不可替代的世界遗产的组成部分，应得到积极保护，使之免受各种损坏；各成员国的当务之急是采取全面而有力的政策，把保护和复原历史地区及其周围环境作为国家、地区或地方规划的组成部分，并制定一套有关建筑遗产及其与城市规划相互联系的有效而灵活的法律
6	1977.12	马丘比丘宪章 Carta de Machu Picchu	建筑师及城市规划 设计师	城市规划的纲领性文件 （Testimony to the Advocacy and Pursuit of Enlightened Principles of Planning and Design in Professional Education） 这次会议以雅典宪章为出发点进行了讨论，批判地继承了雅典宪章的理念，对于雅典宪章关于城市进行功能分区而牺牲了城市结构的有机性进行了批判
7	1981.5	佛罗伦萨宪章 Florence Charter	国际古迹遗址理事会 （ICOMOS） 国际风景园林师 联合会 （IFLA）	历史园林保护宪章 （Historic Gardens） The ICOMOS-IFLA International Committee for Historic Gardens 于 1981 年 5 月在佛罗伦萨召开会议；国际古迹遗址理事会于 1982 年登记作为涉及有关具体领域的"威尼斯宪章"的附件；"历史园林指从历史或艺术角度而言民众所感兴趣的建筑和园艺构造"；鉴于此，它应被看作是古迹

序号	年代	名称	组织	内容简介
8	1987.4	我们共同的未来 Our Common Future	联合国 环境与发展会议 (UNCED)	我们共同的未来 (Our Common Future or Brundtland Report) 1978 年提出"没有破坏的发展",联合国环境规划理事会第六届会议的临时议程是《环境与可持续发展》;1980 年 3 月,联合国大会首次正式使用了"可持续发展"(Sustainable Development)的概念;联合国于 1983 年 11 月成立了由挪威首相伦特兰夫人为主席的"世界环境与发展委员会"(WECD);报告于 1987 年 4 月正式出版,报告以"持续发展"为基本纲领,分为"共同的问题""共同的挑战"和"共同的努力"三大部分;1. 环境危机、能源危机和发展危机不能分割;2. 地球的资源和能源远不能满足人类发展的需要;3. 必须为当代人和下一代人的利益改变发展模式
9	1987.10	华盛顿宪章 Washington Charter	国际古迹遗址理事会 (ICOMOS)	保护历史城镇与城区的宪章 (Charter for the Conservation of Historic Towns and Urban Areas) 历史地段的定义是:"城镇中具有历史意义的大小地区,包括城镇的古老中心区或其他保存着历史风貌的地区",它们不仅可以作为历史的见证,而且体现了城镇传统文化的价值;文件列举了"历史地段"中应该保护的五项内容
10	1992.6	里约 环境与发展宣言 Rio Declaration 地球宪章 Earth Charter	联合国 环境与发展会议 (UNCED)	里约环境与发展宣言 (The Rio Declaration on Environment and Development)是一份由联合国环境与发展会议(又称地球高峰会议)发表的简短文件;里约宣言包括 27 条原则,旨在指导今后世界各地的可持续发展;人类处在关注持续发展的中心;他们有权同大自然协调一致,从事健康的、创造财富的生活;大会上可持续发展的理念得到与会者的共识与承认;会议的成果是发表《里约环境与发展宣言》《二十一世纪议程》并签署了《联合国气候变化框架公约》和《生物多样性公约》
11	1996.6	伊斯坦布尔 人居宣言 Istanbul Declaration	联合国人居中心 (UNCHS) (Habitat-2)	联合国第二次人类居住大会的宣言 (Istanbul Declaration on Human Settlements) (United Nations Conference on Human Settlements) 通过了《伊斯坦布尔人居宣言》和《人居议程》;人居议程的两大主题是:"人人享有适当的住房和日益城市化进程中人类居住区的可持续发展"
12	1999.5	北京宪章 Beijing Charter	国际建筑师协会 (UIA)	21 世纪建筑发展的重要纲领性文件 (UIA Beijing Charter) 从地区、文化、科技、经济、艺术、政策法规、业务、教育、方法论等不同侧面思考这一问题;宪章认为,广义建筑学是建筑学、地景学、城市规划学的综合,即三位一体;广义建筑学把建筑看作一个循环体系,建筑学要着眼于人居环境的建造;两个基本结论:既要"在纷繁的世界中,探寻一致之点",又要"各循不同的道路,达到共同目标"

序号	年代	名称	组织	内容简介
13	2011.11	瓦莱塔原则 Valletta Principle	国际古迹遗址理事会 (ICOMOS)	保护历史城镇、城区的文件 (The Valletta Principles for the Safeguarding and Management of Historic Cities，Towns and Urban Areas) 《关于维护与管理历史城镇与城区的瓦莱塔原则》对《华盛顿宪章》和《内罗毕建议》的方法和考虑事项加以修订，主要目标是提出适用于历史城镇和城区介入的原则和策略
14	2016.10	新城市议程 New Urban Agenda	联合国人居署 (UNHSP) (Habitat-3)	联合国第三次住房和城市可持续发展大会的议程 (New Urban Agenda) 第三次住房和城市可持续发展大会在厄瓜多尔首都基多召开，大会通过了《新城市议程》；议程的内容有：永续城市发展的转型承诺、有效的实施、随访和回顾

注：瓦莱塔（Valletta）是地中海岛国马耳他共和国的首都，位于马耳他本岛东部沿岸。瓦莱塔城的设计理念源于意大利文艺复兴时期的城市规划原则，是早期城市规划的典范。

重要国际组织一览表 表 5-2

序号	名称	简介
1	国际现代建筑协会 (CIAM)	全称：Congrès International d'Architecture Moderne 1928 年在瑞士成立； 发起人包括勒·柯布西耶、格罗皮乌斯、阿尔瓦·阿尔托等； 1959 年荷兰鹿特丹举行的 CIAM 第 11 次会议上，由于新老两派建筑师的严重分歧，导致 CIAM 宣告解散
2	联合国教科文组织 (UNESCO)	全称：United Nations Educational，Scientific and Cultural Organization 1945 年成立于英国伦敦
3	国际建筑师协会 (UIA)	全称：Union International des Architectes 1948 年成立于瑞士洛桑，会址设在巴黎
4	国际风景园林师联合会 (IFLA)	全称：International Federation of Landscape Architects 1948 年成立于英国剑桥，组织总部在法国巴黎
5	国际古迹遗址理事会 (ICOMOS)	全称：International Council on Monuments and Sites 1965 年在华沙成立

习　题

5 - 1 (2019)方尖碑最早出现在哪个国家？（　　）

　　A　埃及　　　　　　B　希腊　　　　　　　C　罗马　　　　　　　D　巴比伦

5 - 2 帕提农神庙是古典建筑的代表性作品，它是由什么柱式组成的？（　　）

　　A　多立克柱式　　　　　　　　　　B　爱奥尼柱式

　　C　多立克柱式＋爱奥尼柱式　　　　D　多立克柱式＋科林斯柱式

5 - 3 古罗马大型公共建筑主要的结构体系是（　　）。

　　A　梁柱系统　　　　B　拱券系统　　　　C　砖石系统　　　　D　框架系统

5 - 4 古罗马维特鲁威所著的建筑著作是（　　）。

　　A　《建筑十书》　　B　《建筑四书》　　C　《建筑十卷》　　D　《建筑五柱式》

5 - 5 古罗马时期最杰出的穹顶实例是（　　）。

　　A　梅宋卡瑞神庙　　　　　　　　　B　罗马城的维奈尔和罗马神庙

　　C　巴尔贝克大神庙　　　　　　　　D　罗马万神庙

5-6 帆拱是何种建筑风格的主要成就?( )

    A 古罗马建筑   B 拜占庭建筑   C 罗马风建筑   D 文艺复兴建筑

5-7 以下几座中世纪教堂中何者是拜占庭建筑最光辉的代表?( )

    A 威尼斯的圣马可教堂   B 基辅的圣索菲亚教堂

    C 君士坦丁堡的圣索菲亚教堂   D 诺夫哥罗德的圣索菲亚教堂

5-8 哥特建筑结构的成就主要是采用了以下什么系统?( )

    A 拱券系统   B 骨架券系统   C 石结构系统   D 穹窿系统

5-9 **(2019)**以下哪座建筑属于罗曼风格?( )

A

B

C

D

5-10 意大利佛罗伦萨主教堂的穹顶是由谁设计并负责监督完成的?( )

    A 阿尔伯蒂   B 米开朗琪罗   C 伯鲁涅列斯基   D 伯拉孟特

5-11 **(2019)**意大利文艺复兴建筑发源地是( )。

    A 威尼斯   B 罗马   C 佛罗伦萨   D 米兰

5-12 **(2019)**题 5-12 图所示维琴察巴西利卡(Vicenza Basilica)采用的构图通常被称为( )。

题 5-12 图

A 帕拉第奥母题   B 维琴察母题

C 券柱式构图   D 连续券构图

5-13 (2019)如图所示，意大利威尼斯圣马可广场是(   )。

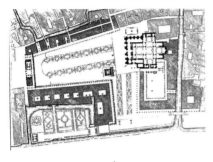 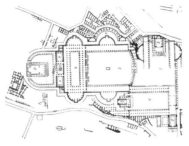

A   B

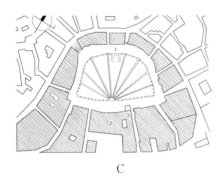

C   D

5-14 欧洲古典主义时期建筑的代表作品是(   )。

A 巴黎圣母院   B 威尼斯总督宫

C 佛罗伦萨圣母百花教堂   D 巴黎卢佛尔宫东立面

5-15 中亚地区伊斯兰教纪念性建筑的代表形制是什么？(   )

A 集中式   B 巴西利卡式   C 围柱式   D 拉丁十字

5-16 印度的泰姬陵被称为印度的一颗明珠，它是哪种宗教建筑？(   )

A 印度教   B 婆罗门教   C 伊斯兰教   D 佛教

5-17 (2019)题5-17图所示是哪个城市规划理论？(   )

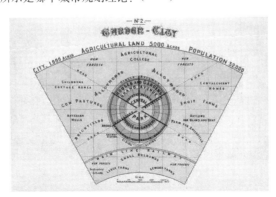

题5-17图

A 新协和   B 田园城市   C 广亩城市   D 光辉城市

5-18 被称为第一座真正的"现代建筑"的作品是( )。

A 包豪斯校舍   B 德国通用电气公司透平机车间

C 德意志制造联盟展览会办公楼   D 芝加哥百货公司大楼

5-19 意大利未来派建筑师是( )。

A 圣·伊利亚   B 马里内蒂   C 门德尔松   D 里特维德

5-20 CIAM 的准确含义是( )。

A 国际建筑师协会   B 国际现代建筑协会

C 国际规划师协会   D 现代建筑师协会

5-21 **(2019)**下述关于法古斯工厂立面不对的是( )。

A 转角无立柱   B 对称构图   C 无挑檐   D 外立面光滑

5-22 关于包豪斯的建筑设计特点,以下何者是错误的?( )

A 先决定建筑的总体外观体形,再把建筑的各个部分安排进去,体现了由外向内的设计思想

B 采用灵活的不规则的构图手法

C 发挥现代建筑材料和结构的特点,运用建筑本身的要素取得艺术效果

D 造价低廉

5-23 "住房是居住的机器"是谁说的?( )

A 贝伦斯   B 格罗皮乌斯   C 勒·柯布西耶   D 密斯

5-24 勒·柯布西耶设计的能体现新建筑五点的代表作是( )。

A 萨伏伊别墅   B 马赛公寓

C 巴黎瑞士学生宿舍   D 昌迪加尔法院

5-25 **(2019)**在勒·柯布西耶的新建筑五点中,有关自由立面的解释不正确的是( )。

A 轴线对称   B 结构和立面分离

C 突破古典主义立面构图   D 探索自由的立面构图方式

5-26 **(2019)**"少就是多"言论出自于( )。

A 赖特   B 格罗皮乌斯

C 密斯·凡·德·罗   D 柯布西耶

5-27 **(2019)**题 5-27 图所示彼得·库克设想的未来城市是( )。

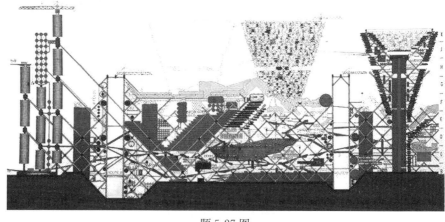

题 5-27 图

A 空间城市   B 插入城市   C 巨构城市   D 海上城市

5-28 下列哪一座建筑不属于"粗野主义"的作品?( )

A 马赛公寓   B 昌迪加尔行政中心

C　代代木体育馆　　　　　　　　　D　仓敷市厅舍

5-29　以下何人不是"典雅主义"的代表人物？（　　　）

　　　A　约翰逊　　　B　斯东　　　　　C　密斯　　　　　D　雅马萨奇

5-30　新陈代谢理论是谁提出的？（　　　）

　　　A　前川国男　　　B　丹下健三　　　C　矶崎新　　　　D　桢文彦

5-31　阿尔瓦·阿尔托的建筑设计强调的是（　　　）。

　　　A　理性主义＋浪漫主义　　　　　　B　地方性＋人情化

　　　C　民族特点　　　　　　　　　　　D　用新技术表现传统形式

5-32　(2019)雅各布斯批判城市规划的著作是（　　　）。

　　　A　美国大城市的生与死　　　　　　B　向拉斯维加斯学习

　　　C　拼贴城市　　　　　　　　　　　D　城市建筑

5-33　后现代主义的主要哲学思想是（　　　）。

　　　A　强调应用传统形式　　　　　　　B　强调应用地区性形式

　　　C　主张激进的折中主义　　　　　　D　主张表达高技术

5-34　(2019)下列不属于后现代主义作品的是（　　　）。

　　　A　母亲住宅　　　　　　　　B　美国电话电报公司总部

　　　C　波特兰市市政厅　　　　　D　韦克斯纳视觉艺术中心

5-35　(2019)首次提出历史城区保护的是（　　　）。

　　　A　华盛顿宪章　　　B　威尼斯宪章　　　C　佛罗伦萨宪章　　　D　雅典宪章

5-36　(2019)负责评定世界遗产的世界遗产委员会隶属于（　　　）。

　　　A　联合国教科文组织　　　　　　　B　古迹遗迹保护协会

　　　C　国际建筑师协会　　　　　　　　D　世界遗产城市联盟

5-1 **解析**：根据《外国建筑史》（第四版）"1.5 太阳神庙" P15：在古埃及的新王国时期，适应专制制度的宗教终于形成了，皇帝与高于一切的太阳神结合起来，被称为太阳神的化身。

太阳神庙在门前有一两对作为太阳神标志的方尖碑。方尖碑外形呈尖顶方柱状，由下而上逐渐缩小，顶端形似金字塔，塔尖通常以金、铜或金银合金包裹。碑身高度不等，一般长细比为9～10：1，用整块花岗石制成。碑身刻有象形文字的阴刻图案。

答案：A

5-2 **解析**：根据《外国建筑史》（第四版）"4.3 雅典卫城" P53：帕提农神庙内部分成两半：朝东的一半是圣堂，其内部的南、北、西三面都采用了多立克式列柱；朝西的一半是存放国家财务和档案的方厅，里面4根柱子用爱奥尼式。

帕提农神庙代表着古希腊多立克柱式建筑的最高成就。

答案：C

5-3 **解析**：根据《外国建筑史》（第四版）"5.1 光辉的券拱技术" P67：券拱技术，尤其是混凝土的券拱技术，是罗马建筑最大的特色、最大的成就。罗马建筑典型的布局方法、空间组合、艺术形式和风格，以及有些建筑的功能和规模等都同券拱结构有关。正是出色的券拱结构技术才使得罗马宏伟壮丽的建筑有了实现的可能。

答案：B

5-4 **解析**：根据《外国建筑史》（第四版）"5.3 维特鲁威与《建筑十书》" P73：古罗马建筑事业很发达，建筑学的著作应运而生，可惜流传下来的只有维特鲁威撰写的《建筑十书》。该书的主要成就为：（1）奠定了欧洲建筑科学的基本体系；（2）系统地总结了希腊和早期罗马建筑的实践经验；（3）全面建立了城市规划和建筑设计的基本原理，以及各类建筑物的设计原理；（4）论述了一些基本的建筑艺术原理，总结了希腊晚期和罗马共和时期的柱式经验。

答案：A

5-5 **解析**：根据《外国建筑史》（第四版）"5.7 庙宇" P85：古罗马的万神庙采用穹顶覆盖的集中式形制，是单一空间、集中式构图的建筑物的代表，也是罗马穹顶技术的最高代表。

答案：D

5-6 **解析**：根据《外国建筑史》（第四版）"6.1 穹顶和集中式形制" P98：拜占庭教堂采用集中式建筑形制。为进一步完善外部形象，在方形平面4边的4个券的顶点的高程上作水平切口，水平切口和4个发券之间所余下的4个角上的球面三角形部分，称为帆拱。

帆拱、鼓座、穹顶这一套拜占庭的结构方式和艺术形式，对欧洲纪念性建筑的发展影响很大。

答案：B

5-7 **解析**：根据《外国建筑史》（第四版）"6.3 圣索菲亚大教堂" P101、102：拜占庭建筑最光辉的代表是首都君士坦丁堡的圣索菲亚大教堂。圣索菲亚大教堂在建筑上的主要成就：一、结构体系关系明确、层次井然；二、内部空间既集中统一又曲折多变；三、室内的色彩效果灿烂夺目。

答案：C

5-8 **解析**：根据《外国建筑史》（第四版）"7.2 以法国为中心的哥特式教堂" P116、117：哥特式教堂结构的特点是：一、使用骨架券作为拱顶的承重构件；二、骨架券把拱顶荷载集中到每间十字拱的4角，用独立的飞券在两侧凌空越过侧廊上方，在中厅每间十字拱4角的起脚抵住它的侧推力；三、全部使用两圆心的尖券和尖拱。

答案：B

5-9 **解析**：根据《外国建筑史》（第四版）"7.1～7.3" P109、113、131：中世纪之初，除了意大利北部小小一个地区之外，西欧各地普遍失去了券拱技术。10世纪起，券拱技术又重新传遍西欧。

因券拱技术在古罗马时代最发达，长期失传之后重新使用，人们便称之为"罗曼建筑"（即"罗马式建筑"）。图 D 是意大利的比萨主教堂，是意大利罗曼风格的典型手法。罗曼建筑进一步发展，就形成了 12～15 世纪西欧的哥特建筑。

图 A 为韩斯主教堂，图 B 为巴黎圣母院，图 C 为米兰大教堂；三座教堂均为典型的哥特式建筑。

答案：D

5-10　解析：根据《外国建筑史》（第四版）"8.1 春讯——佛罗伦萨主教堂的穹顶"P145：意大利佛罗伦萨主教堂的穹顶是意大利文艺复兴建筑的第一个作品。它的设计者是伯鲁涅列斯基。

答案：C

5-11　解析：根据《外国建筑史》（第四版）"8.1 春讯——佛罗伦萨主教堂的穹顶"P145：意大利文艺复兴建筑史开始的标志，是佛罗伦萨主教堂的穹顶。它的设计和建造过程、技术成就和艺术特色，都体现着新时代的进取精神。

答案：C

5-12　解析：根据《外国建筑史》（第四版）"8.3 众星璀璨"P164：因维琴察巴西利卡外廊开间不适合古典券柱式的传统构图，帕拉第奥大胆创新，创造了虚实互生、有无相成的立面构图形式。这一构图是柱式构图的重要创造，被称为"帕拉第奥母题"，在威尼斯的圣马可图书馆二楼立面和佛罗伦萨的巴齐礼拜堂内部侧墙均有采用。

答案：A

5-13　解析：根据《外国建筑史》（第四版）P174、77，图 A 为圣马可广场；图 B 为古罗马帝国广场群；图 C 为意大利锡耶纳城的坎波广场；图 D 为意大利罗马的纳沃纳广场。

答案：A

5-14　解析：根据《外国建筑史》（第四版）"9.3 绝对君权的纪念碑"P209：巴黎卢佛尔宫东立面是一个典型的古典主义建筑作品，完整地体现了古典主义的各项原则。它标志着法国古典主义建筑的成熟。

答案：D

5-15　解析：根据《外国建筑史》（第四版）"16.2 中亚和伊朗的纪念性建筑"P307、308：中亚、伊朗等地的代表性建筑是集中式形制的伊斯兰纪念性建筑。建筑中央用穹顶覆盖，在外形上占有重要地位，利用穹顶的集中、挺拔、高耸，塑造宏伟的纪念性形象。

答案：A

5-16　解析：根据《外国建筑史（第四版）》"17.5 印度的伊斯兰建筑"P343：印度莫卧儿王朝最杰出的建筑物是泰姬陵，它是世界建筑史中最美丽的作品之一。这座陵墓属于伊斯兰教建筑，可以说是整个伊斯兰世界经验的结晶。

答案：C

5-17　解析：根据《外国近现代建筑史》（第二版）P24、25 图 1-4-6：霍华德于 1902 年出版了《明日的田园城市》一书，该书揭示了工业化条件下的城市与理想的居住条件之间的矛盾以及大城市与自然之间的矛盾，并提出了"田园城市"的设想方案。

答案：B

5-18　解析：根据《外国近现代建筑史》（第二版）P50、51：贝伦斯为德国通用电气公司设计的透平机制造车间，造型简洁，摒弃了任何附加的装饰，为探求新建筑起到了一定的示范作用。它是现代建筑史中的一座里程碑，被西方称之为第一座真正的"现代建筑"。

答案：B

5-19　解析：根据《外国近现代建筑史》（第二版）P59：意大利未来主义的代表建筑师是圣·伊利亚（Antonio Sant-Elia）。在一次未来主义展览会中，展出了他的许多未来城市和建筑的设想图，并发表了"未来主义建筑宣言"。

答案：A

5-20 解析：根据《外国近现代建筑史》（第二版）P64：1928年，格罗皮乌斯、勒·柯布西耶和建筑历史与评论家S·基甸（Sigfried Giedion）等在瑞士建立了由8个国家的24位建筑师组成的国际现代建筑协会（CIAM）。他们交流与研究建筑工业化、低收入家庭住宅、有效地使用土地，以及生活区的规划和城市建设等问题。

答案：B

5-21 解析：根据《外国近现代建筑史》（第二版）P67：1911年，格罗皮乌斯设计了法古斯工厂。法古斯工厂的主要设计手法为：一、非对称构图；二、简洁整齐的墙面；三、没有挑檐的平屋顶；四、大面积的玻璃墙；五、取消柱子的建筑转角处理。这些手法和钢筋混凝土结构的性能一致，符合玻璃和金属的特性，也适合实用性建筑的功能需要，同时又产生了一种新的建筑形式美。法古斯工厂是格罗皮乌斯早期的重要作品，也是第一次世界大战前最先进的工业建筑。

答案：B

5-22 解析：根据《外国近现代建筑史》（第二版）P70、71：包豪斯校舍的建筑设计有以下特点：一、把建筑物的实用功能作为建筑设计的出发点；二、采用灵活的不规则的构图手法；三、按照现代材料和结构的特点，运用建筑本身的要素取得建筑艺术效果。在建造经费比较困难的情况下，周到地解决了实用功能问题；同时，又创造了清新活泼的建筑形象，是很成功的建筑作品。

答案：A

5-23 解析：根据《外国近现代建筑史》（第二版）P76：勒·柯布西耶在1923年出版了《走向新建筑》一书。在书中，柯布西耶给住宅下了一个新的定义——"住房是居住的机器"。他认为如果我们从头脑中清除所有关于房屋的固有观念，而用批判的、客观的观点来观察问题，我们就会得到"房屋机器——大规模生产的房屋"的概念。

答案：C

5-24 解析：根据《外国近现代建筑史》（第二版）P77：1926年，柯布西耶就自己的住宅设计提出了"新建筑五个特点"，这五点是：一、底层独立支柱；二、屋顶花园；三、自由的平面；四、横向长窗；五、自由的立面。这些都是由于采用框架结构，墙体不再承重以后产生的建筑特点。柯布西耶充分发挥这些特点，在20世纪20年代设计了一些与传统建筑完全异趣的住宅，萨伏伊别墅是其中的代表作。

答案：A

5-25 解析：根据《外国近现代建筑史》（第二版）P77：1914年，柯布西耶在拟建的一处住宅区设计中，用一个图解说明现代住宅的基本结构，是用钢筋混凝土的柱子和楼板组成的骨架；在这个骨架之中，可以灵活地布置墙壁和门窗，因为墙壁已经不再承重了。1926年，柯布西耶就自己的住宅设计提出了"新建筑五个特点"。"轴线对称"是古典主义的构图手法，故选项A错误。

答案：A

5-26 解析：根据《外国近现代建筑史》（第二版）P84：1928年，密斯提出了著名的"少就是多"的建筑处理原则。其建筑特点是形体处理简单、不同构件和不同材料之间不作过渡性的处理；一切都非常简单明确、干净利索。

答案：C

5-27 解析：根据《外国近现代建筑史》（第二版）P177：阿基格拉姆派建筑师彼得·库克于1964年设计了一种插入式城市。这是一栋在已有交通设施和其他各种市政设施上面的网状构架，上面插入形似插座的房屋或构筑物。它们的寿命一般为40年，可以轮流地每20年在构架插座上由起重设备拔掉一批和插上一批。这是他们对未来的高科技与乌托邦时代城市的设想。

答案：B

5-28 **解析**：根据《外国近现代建筑史》（第二版）P250：粗野主义是 20 世纪 50 年代中期到 60 年代中期喧噪一时的建筑设计倾向。用来识别像勒·柯布西耶的马赛公寓和昌迪加尔行政中心那样的建筑形式，或者那些受他启发而做出的此类形式。特点是用毛糙的混凝土、沉重的构件和它们粗鲁的组合。选项 A、B、D 都是粗野主义的作品，而 C 是丹下健三结构表现主义时期的顶峰之作。

答案：C

5-29 **解析**：根据《外国近现代建筑史》（第二版）P265：典雅主义是同粗野主义同时并进然而在审美上却完全相反的一种倾向。粗野主义主要流行于欧洲，典雅主义主要在美国。它的代表人物主要是美国的约翰逊、斯东、雅马萨奇等一些现代派的第二代建筑师。

答案：C

5-30 **解析**：根据《外国近现代建筑史》（第二版）P281：黑川纪章和丹下健三同为新陈代谢派成员。后者在 1959 年曾说："在向现实的挑战中，我们必须准备要为一个正在来临的时代而斗争，这个时代必须以新型的工业革命为特征……，在不远的将来，第二次工业技术革命的冲击将会改变整个社会的根本特性"。因此，丹下健三是新陈代谢理论的提出者。

答案：B

5-31 **解析**：根据《外国近现代建筑史》（第二版）P284：芬兰的阿尔托被认为是北欧人情化、地域性的代表。他肯定建筑必须讲究功能、技术与经济，但批评两次世界大战之间的现代建筑，说它是只讲经济而不讲人情的"技术的功能主义"；提倡建筑应该同时并进地综合解决人们的生活功能和心理情感需要。

答案：B

5-32 **解析**：根据《外国近现代建筑史》（第二版）P330：美国城市理论家简·雅各布斯于 1961 年出版了《美国大城市的生与死》一书。该书对以柯布西耶为代表的功能城市的规划思想公开挑战，甚至对在这之前包括霍华德的花园城市在内的近代种种工业化城市的规划思想都提出了批判。

答案：A

5-33 **解析**：根据《外国近现代建筑史》（第二版）P346：后现代主义有这样一些基本的共同特征：一、回归历史，喜欢用古典建筑元素；二、追求隐喻的设计手法，以各种符号的广泛使用和装饰手段来强调建筑形式的含义和象征作用；三、走向大众与通俗文化，戏谑地使用古典元素；四、并不排斥现代建筑。因此，詹克斯把后现代归纳为激进的折中主义。

答案：C

5-34 **解析**：根据《外国近现代建筑史》（第二版）P337、341、374：图 A 为文丘里的母亲住宅，图 B 为约翰逊设计的美国电话电报公司总部大楼，图 C 为格雷夫斯设计的俄勒冈波特兰市市政厅。这三座建筑均为后现代主义建筑风格。图 D 为美国俄亥俄州立大学韦克斯纳视觉艺术中心，为解构主义建筑风格。

答案：D

5-35 **解析**：1987 年，国际古迹遗址理事会通过了《华盛顿宪章》，全称为《保护历史城镇与城区宪章》。宪章所涉及的历史城区包括城市、城镇以及历史中心或居住区，也包括这里的自然和人工环境；"它们不仅可以作为历史的见证，而且体现了城镇传统文化的价值"。

答案：A

5-36 **解析**：在联合国教科文组织内，建立了文化遗产和自然遗产的政府间委员会，即世界遗产委员会。世界遗产委员会成立于 1976 年 11 月，由 21 名成员组成，负责《保护世界文化和自然遗产公约》的实施。委员会每年召开一次会议，主要决定哪些遗产可以录入《世界遗产名录》，并对已列入名录的世界遗产的保护工作进行监督指导。

答案：A

第六章　城市规划基础知识

第一节　城市规划理论与城乡规划体系

一、城市的形成

（一）城市的形成

随着人类生产的发展，农业从畜牧业中分离，产生了固定的居民点。由于生产力的提高，产生了以物易物的生产品交换，也就是我国古代《易经》所说的"日中为市，致天下之民，聚天下之货，交易而退，各得其所"。随着交换频繁，逐渐出现了专门从事交易的商人，交易场所也由临时的改为固定的市。由于生活需要的多样化，劳动分工的加强，出现了专门的手工业者。商业与手工业从农业中分离出来，一些具有商业及手工业职能的居民点就形成了城市。可以说城市是生产发展和人类第二次劳动大分工的产物。据考证，人类历史上最早的城市出现在公元前 3000 年左右。中国春秋战国时期，在《墨子》文献中，记载有关于城市建设与攻防战术的内容，各诸侯国之间攻伐频繁，也正是在这个时期，形成了中国古代历史上一个筑城的高潮。

农业社会时代的城市称为古代城市，工业化时代的城市称为近代城市。

（二）城市的含义

古代城市，城是一种防御的构筑物，市是交易场所。

现代城市，包含人口数量、产业结构及社会行政三层意义的聚居地。

城市定义：城市是一定社会的物质空间形态，其人口具有一定规模，居民大多数从事非农业生产活动的聚居地。

（三）城市的特征

（1）城市是一定地域的政治、经济、文化中心。

（2）城市是人类物质文明和精神文明发展的产物，是历史文化的积淀。

（3）城市是一个社会化、多功能、有机的整体，是一个复杂的、动态的综合体。

城市的产生、发展和建设，受社会、经济、文化、科学技术及地理环境等多种因素影响。城市是由于人类在聚居中对防御、生产、生活等方面的要求而产生，并随着这些要求的变化而发展。人类聚居形成社会，城市建设要适应和满足社会的需求，同时也受到科学技术发展的促进和制约。

（四）城镇化

城镇化，也可称为城市化，是工业革命后的重要现象，城镇化速度的加快已成为历史的趋势。我国当前正处于城镇化加速发展的重要时期，城市的规模、数量急剧扩张。

城镇化，简单来说就是农业人口和农用土地向非农业人口和城市用地转化的现象及过程；具体包括以下三个方面：

（1）人口职业的转变：由农业转变为非农业的第二、第三产业，表现为农业人口不断减少，非农业人口不断增加。

（2）产业结构的转变：工业革命后，工业不断发展，第二、第三产业的比重不断提高，第一产业的比重相对下降。

（3）土地及地域空间的转变：农业用地转化为非农业用地；分散、低密度的居住形式转变为集中成片、高密度的居住形式；与自然环境接近的空间转变为以人工环境为主的空间形态。

二、城市规划思想发展

城市规划是为了合理地制定城市规模和发展方向，实现城市的经济和社会发展目标，对城市物质空间建设及其时间顺序安排的综合部署。其目的是为城市社会的生存和发展建立一个良好的时空秩序，以满足市民的物质文明和精神文明日益发展的需要。

城市规划涉及政治、经济、文化、科学技术、建筑、地理、历史、资源、环境、美学、艺术等方面内容。城市规划是一门综合学科。

城市规划理论是随着人类社会的不断发展而发展的，因此，城市规划是一门动态的、发展中的学科。

（一）古代的城市规划理论

1. 中国古代城市规划的概况

中国古代，关于城镇修建、房屋建造的论述多是以阴阳、五行、堪舆学的方式出现，许多理论和学说散见于《周礼》《商君书》《管子》和《墨子》等政治、伦理、经史书中。

中国奴隶社会的城市是在奴隶主封地中心（邑）的基础上发展起来的。商代开始出现了我国的城市雏形，如：商代早期建设的河南偃师商城，中期建设的位于今天郑州的商城、安阳的殷墟和位于今天湖北的盘龙城。周代召公和周公曾去相土勘测定址，进行了有目的、有计划、有步骤的城市建设，这是中国历史上第一次有明确记载的城市规划事件。

成书于春秋战国之际的《周礼·考工记》记述了周代王城建设的空间布局："匠人营国，方九里，旁三门。国中九经九纬，经涂九轨。左祖右社，面朝后市。市朝一夫。"书中还记述了按照封建等级，不同级别的城市建设形制，如"都""王城"和"诸侯城"等都规定城市用地面积、道路宽度、城门数目、城墙高度等方面的等级差别；同时还有城外的郊、田、林、牧地的相关论述，强调整体观念和长远发展。《周礼·考工记》记述的周代城市建设的空间布局的形制，对中国古代城市规划实践活动产生了深远的影响。如隋唐时代由宇文恺创建的长安城，元代刘秉忠规划的元大都等城市，其布局严整、分区明确，以宫城为中心，道路、街坊、市肆的位置以中轴线对称布置。从秦汉到明清，中国历代城市规划思想，反映了中国古代宗法礼制文化，体现了以儒家为代表的维护礼制、皇权至上的理念（图6-1）。

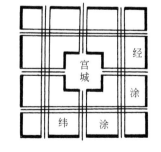

图6-1　周王城平面想象图

战国时代的城市布局，丰富了城市规划理念，伍子胥提出了"相土尝水，象天法地"的规划思想。他主持规划建造了吴国国都阖闾城，充分考虑了江南水乡的特点——水网、交通、排水布局——展示了水乡城市规划的高超技巧。越国的范蠡按照《孙子兵法》为国都选址。临淄城的规划则因地制宜，根据自然地形布局，南北向取直，东西向沿河曲折，防洪排涝设施精巧实用，并与防御功能完美结合。鲁国济南城也打破严格对称格局，与水体和谐布置。赵国的国都建设考虑北方特点，高台建设，壮丽的视觉效果与城市防御功能相得益彰。而江南淹国国都淹城，城与河浑然一体，自然蜿蜒，利于防御。《管子》立正篇："凡立国都，非于大山之下，必于广川之上。高毋近旱而水用足，下毋近水而沟防省。因天材，就地利，故城郭不必中规矩，道路不必中准绳。"从思想上打破了《周礼》单一模式的束缚，强调了人工环境与自然环境的和谐。《商君书》则更多地从城乡关系、区域经济和交通布局的角度，对城市的发展和城市的管理制度进行了阐述。秦统一中国后，发展了"象天法地"的理念，即强调方位，以天体星象坐标为依据，布局灵活具体。

西汉国都长安的城市布局并不规则（见图4-8），没有贯穿全城的对称轴线，说明周礼制布局没有得到实现。东汉洛邑城（即今之洛阳）空间规划布局为长方形，整个城市的南北轴线上分布了宫殿，强调了皇权，周礼制的规划思想理念得到全面的体现。

三国时期，魏王邺城规划继承了战国时期以宫城为中心的规划思想，功能分区明确、结构严谨，城市交通干道轴线与城门对齐，道路分级明确（见图4-9）。邺城的规划布局对以后的中国古代城市规划思想的发展产生了重要影响。吴国国都迁都于金陵，其城市用地依自然地势发展，以石头山、长江险要为界，皇宫位于城市南北中轴线上，重要建筑以此对称布局。金陵是周礼制城市规划思想和与自然结合的规划理念相结合的典范。

公元7世纪，由宇文恺规划建造的隋唐长安城，整个城市布局严整，分区明确，以宫城为中心，"官民不相参"（见图4-2）。城市道路系统、坊里、市肆的位置以中轴线对称布局。里坊制在唐长安得到进一步发展。

五代后周世宗柴荣在显德二年，为改、扩建东京（汴梁）而发布的诏书，论述了城市改建和扩建要解决的问题，是中国古代关于城市建设的一份杰出文件，为研究中国古代"城市规划和管理问题"提供了代表性文献。宋代开封城按此诏书进行了有规划的城市扩建。随着商品经济的发展，在开封城中开始出现了开放的街巷制，延续数千年的里坊制度逐渐被废除，这是中国古代城市规划思想的重要发展。

元代由刘秉忠规划建设的元大都（见图4-6），明清时代在元大都基础上建造的北京城（见图4-4、图4-5），都是根据当时的政治、经济、文化发展的需求，结合了当地的地形地貌特点，按照《周礼·考工记》所述的王城空间布局制度而规划建设的都城。整个城市以宫城为中心，功能分区明确，布局严整，道、街坊、市肆以南北中轴线对称布置，充分体现了皇权至上和封建社会的等级秩序；城市住宅院落、大型公共建筑的组合、形式、规模、色彩，也都主次尊卑等级分明，中轴对称。这是中国封建社会后期的都城代表，充分表明中国儒家思想对中国古代城市规划思想的深刻影响，反映了中国古代宗法礼制的文化理念和"天人合一"的中国古代哲学思想。

2. 西方古代城市规划概况

西方古代，公元前500年的古希腊城邦时期，在城市建设中有希波丹姆模式，提出了方格形的道路系统和广场设在城中心等建设原则。此模式，在米列都城和提姆加得城得到完整体现（图6-2、图6-3）。以城市广场为中心，反映了古希腊的市民民主文化。

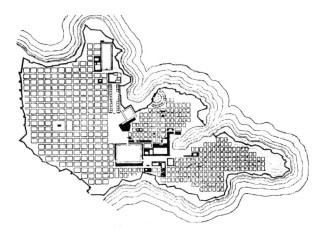 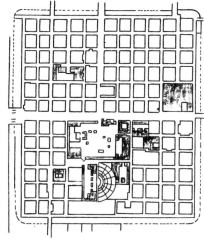

图 6-2 米列都城平面图　　　　图 6-3 罗马帝国盛期的提姆加得城平面图

公元前 1 世纪，古罗马建筑师维特鲁威的著作《建筑十书》，是西方古代最完整的古典建筑典籍，内有城市规划的论述。

欧洲中世纪城市多为自发成长。1889 年，维也纳建筑师卡美洛西特出版的《按照艺术原则进行城市设计》一书，对欧洲中世纪城市进行描述，这是一本较早的城市设计论著。它力争从城市美学和艺术角度解决大城市的环境和社会问题。

（二）近现代城市规划理论

在工业革命之后，城市急剧膨胀，城市矛盾日益尖锐。如居住拥挤、环境恶化、交通堵塞等问题，直接危害人民生活和社会发展。为解决这些矛盾，在欧美先后提出了种种城市规划思想、理论。

1. 空想社会主义的城市

空想社会主义的城市规划理论是针对资本主义城市的城乡对立而提出的改革方案。其中有：

（1）托马斯·莫尔（Thomas More）在 16 世纪提出的"乌托邦"对后来的城市规划理论产生了一定的影响。

（2）康帕内拉（Tommaso Campanelta）1602 年的著作《太阳城》。

（3）傅立叶（Charles Fourier）以名为"法郎吉"（Phalange）生产者联合会为单位的组织社会化大生产等。

（4）罗伯特·欧文（Robert Owen）在 19 世纪初提出建立"新协和村"（New Harmony）。他们的学说，把城市当作一个社会经济范畴，并为适应新的生活而变化。

2. "田园城市" 理论

1898 年英国人霍华德（Ebenezer Howard）提出"田园城市"理论。在他的著作《明天——一条引向真正改革的和平道路》中，提出"城市应与乡村结合"，他以一个"田园城市"的规划图解方案更具体地阐述其理论（图 6-4）。规划人口 3 万人，占地 400hm²。城市部分由一系列同心圆和 6 条放射线路组成，中心是占地 20hm² 的公园，沿公园可建公共建筑，包括：市政厅、音乐厅、剧院、图书馆、医院等，它们的外面一圈是公园，公园外圈是商店，再外一圈是住宅，住宅外面是宽 128m 的林荫道，大道当中是学校、儿童游戏场及教堂，大道另一面又是一圈住宅。城市外围有 2000hm² 土地供农牧业生产。霍华德的理论把城市当作一个整体来研究，联系城乡关系，对人口密度、城市经济、城市绿化的重要性等问题提出了见解，对现代城市规划学科的建立起了重要作用。

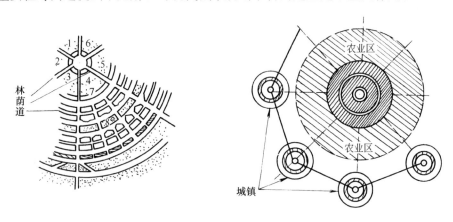

图 6-4　霍华德"田园城市"方案图

1—图书馆；2—医院；3—博物馆；4—市政厅；5—音乐厅；6—剧院；7—水晶宫；8—学校运动场

　　霍华德的这一理论受到了广泛重视，在英国也出现了两座以"田园城市"为名的建设实践，第一座是 1903 年伦敦东北的莱奇沃斯（Letchworth），第二座是 1919 年伦敦附近的韦林（Welwyn）。

3. 卫星城规划的理论与实践

　　1898 年霍华德（Ebenezer Howard）提出了"田园城市"理论，他的追随者雷蒙德·昂温（Raymond Unwin）进一步将其发展成为在大城市外围建立城镇，以疏散人口、控制大城市规模的理论。1915 年，美国学者泰勒（Graham Romeyn Taylor）正式提出"卫星城"的概念，1918 年他出版了《Satellite Cities：A Study of Industrial Suburbs》一书。同时期，美国规划师惠依顿也提出在大城市周围用绿地围起来，限制其发展，在绿地之外建设卫星城，设有工业企业并和大城市保持一定的联系。

　　卫星城的形成和发展经历了以下三个阶段：

第一阶段　卧城

　　1912～1920 年，巴黎制订了郊区的居住建设规划，意图在距巴黎 16km 的范围内建立 28 座居住城市；这里没有生活服务设施，生产工作和文化生活的需求尚需去巴黎解决，一般称这种城镇为"卧城"。

第二阶段　半独立式卫星城

　　1918 年，芬兰建筑师伊利尔·沙里宁（Eliel Saarinen）与荣格（Bertel Jung）为赫尔辛基新区明克尼米-哈格（Munkkiniemi-Haaga）制订了一个 17 万人口的规划方案，因该方案远远超出了当时的财政经济和政治处理能力，故其中只有一小部分得以实施。该规划方案体现了沙里宁提出的"有机疏散"理论。这类卫星城不同于"卧城"，除了居住建筑外，还设有一定数量的工厂及服务设施。

386

第三阶段　独立式卫星城

（1）20世纪40年代

1946年（英）斯蒂夫尼奇（Stevenage），它开辟了完整步行街的先例。

1947年（英）哈洛（Harlow），由《市镇设计》的作者吉伯德（F.Gibberd）规划，在哈洛新城中，佩里（C.Perry）有关"邻里单位"的理论得以实现。

1947年（英）考文垂（Coventry），考文垂的步行街以开敞的楼梯及连廊连接二层商场，并分隔成院落。

其中，哈洛是英国第一代卫星城的代表。同一时期，还有法国的勒阿弗尔（Le Havre）；该城由佩雷（Auguste Perret）规划设计，受法国建筑师加尼埃（Tony Garnier）"工业城市"的影响。

（2）20世纪50年代

1950年（瑞典）魏林比（Vallinby），它是斯德哥尔摩的六个卫星城镇之一，距母城16公里。与这个时期的其他卫星城不同，它对母城有较大的依赖性，是半独立式的卫星城。

1956年（英）坎伯诺尔德（Cumbernauld），是位于英国北部苏格兰格拉斯哥附近的一座新城，坎伯诺尔德是英国第二代卫星城的代表，其住宅建筑群环绕布置在市中心周边，与市中心保持尽可能短的距离。

（3）20世纪60年代

1965年（法）塞尔吉-蓬图瓦兹（Cergy-Pontoise），同一时期在巴黎外围一共建了5座新城，现塞尔吉与蓬图瓦兹已经合并为一座城市。

1967年（英）米尔顿-凯恩斯（Milton-Keynes），位于英格兰中部，为英国的经济重镇，还是英国新城镇建设的成功典范；米尔顿-凯恩斯是英国第三代卫星城的代表。

现阶段的卫星城，为多中心敞开式城市结构，用高速交通线把卫星城和主城联系起来，主城的功能扩散到卫星城中去。为了控制大城市人口过分膨胀，疏散大城市的部分工业和人口，同时也是为了抵消大城市对周围地区人口的吸引力。

4. 《雅典宪章》与《马丘比丘宪章》

1922年勒·柯布西耶写了《明日的城市》一书，提出了巴黎改造方案。主张减少市中心的建筑密度、增加人口密度。建筑向高层发展，增加道路宽度及两旁的空地、绿地，大胆改变大城市的传统形式的结构布局。

正当勒·柯布西耶提出空间集中的规划理论时，另一位建筑师却提出了反集中的空间分散规划理论。赖特在1935年发表了题为"广亩城市：一个新的社区规划"的论文，充分反映了他所倡导的美国化的规划思想，强调城市中人的个性，反对集体主义。他相信电话和小汽车的力量，认为大都市将死亡，美国人将走向乡村。勒·柯布西耶与赖特规划理论的共性是：城市中有大量绿化空间，都已经开始思考以电话和汽车为代表的新技术变革对城市产生的影响。

1933年国际现代建筑协会（CIAM）在雅典开会，制定了《城市规划大纲》，后称为《雅典宪章》。大纲首先提出城市要与其周围影响地区作为一个整体来研究，城市规划的目的是解决居住、工作、游憩与交通四大活动功能的正常运行，城市规划的核心是解决好城市功能分区。

1978年12月，一批著名的建筑师、规划师在秘鲁的利马集会，对《雅典宪章》的实践做了评价，认为《雅典宪章》的某些原则是正确的，但认为城市规划追求功能分区的办法，忽略了城市中人与人之间多方面的联系，而应创造一个综合的、多功能的生活环境。同时提出，私人车辆要服从公共运输系统的发展，要注意在发展交通与能源"危机"之间取得平衡，提出了生活环境与自然环境的和谐问题。会后发表了《马丘比丘宪章》，其中还提出了生活环境与自然环境的和谐问题。

5. 邻里单位与小区规划

1929年美国建筑师克拉伦斯·佩里（Clarence Perry）提出了"邻里单位"的居住区规划思想。"邻里单位"是组成居住区的基本单元，其中设置小学使幼儿上学不穿越马路，并以此控制与计算人口和用地规模，后来考虑了设置日常生活需要的公共设施。第二次世界大战后，欧洲发展为"小区规划"理论。一般按交通干道划分小区成为居住区构成的基本单元，把居住建筑、公共建筑、绿地等进行综合安排，一般的生活服务可在小区内解决。

6. 有机疏散理论

为解决城市膨胀而产生的"城市病"，伊利尔·沙里宁在1943年发表的《城市——它的发展、衰败与未来》一书中完善了有机疏散理论。他从生物有机体的细胞成长现象中受到启示，认为把扩大的城市范围划分为不同的集中点所使用的区域，这种区域内又可分为不同活动所需要的地段。他是把无秩序的集中变为有秩序的分散，把密集地区分为一个个的集镇或地区，彼此之间用绿化带分隔，以便城市居民接近大自然。

7. 区域规划和国土规划

城市的日益发展和城市问题的复杂化，使人们认识到不能就城市论城市，必须从区域、国土的范围来研究有关社会、经济、资源、交通等各方面问题。从地区着眼，对社会、经济的发展和生产力分布进行整体思考和规划调节。西方区域规划理论从20世纪后期发展起来，英国格迪斯提出了集合城市（组团城市）和区域规划概念。欧美一些国家实行了经济区规划，大城市也把区域作为一个经济单位、社会单位和城市体系来研究，并进行了大城市地区的规划。

例6-1（2021）城市规划应努力创造一个综合的、多功能的生活环境，不要过分追求功能分区，这一主张出自（　　）。

A　雅典宪章　　　　　　　B　马丘比丘宪章
C　威尼斯宪章　　　　　　D　华盛顿宪章

解析：根据《城市规划原理》（第四版）P33，《马丘比丘宪章》认为城市规划过于追求功能分区的做法，忽略了城市中人与人之间多方面的联系，其主张城市规划应努力创造一个综合的多功能的生活环境；故本题应选B。

答案：B

例6-2（2021）针对大城市过度膨胀所带来的弊病，提出有机疏散理论的是（　　）。

A　霍华德　　　　　　　　B　赖特
C　勒·柯布西耶　　　　　D　伊利尔·沙里宁

（三）城乡规划学科的新发展

通过深入的科学研究，科学地预测未来，不断地及时地调节和完善城市规划。规划学科的发展主要表现在如下方面：

1. 宏观研究的扩展与微观研究的深入

城市规划，在宏观上从形体扩展到社会、经济及城市之间、城乡之间与城市体系的宏观问题；在微观上深入研究住房、就业、交通、社会服务等问题。

2. 交叉科学研究城市问题

各种学科的交叉，丰富更新本学科的理论与实践、更广泛地应用新的科学技术手段。如系统论、控制论、信息论及计算机、数理分析、遥感遥测等新观念、新技术在城市规划中应用等。

3. 重视城市规划的时间要素

通过城市的产生、发展、兴衰的变化规律，研究历史与现状。

20 世纪 60 年代以来，世界范围内社会、经济的战略思想转变和更新，对城市规划的理论和实践提出了新的要求。

4. 可持续发展的概念

1978 年联合国世界环境与发展大会第一次在国际社会正式提出"可持续发展"的观念。

1987 年联合国世界环境与发展委员会发表了《我们共同的未来》，全面阐述了可持续发展的理念，核心是实现经济、社会和环境之间的协调发展，它的影响已成为全球共识和指导各国社会经济发展的总原则。它具有现代意义的发展观，它所追求的是社会、经济和环境目标的协调统一，给后人的生存与发展留有余地。城市化的快速发展带来了巨大的社会效益和经济效益，但也造成广泛的"城市病"，面对错综复杂的城市问题，可持续发展的战略思想要求转变建筑与城市规划的狭义认识和传统理念，适应时代发展的需要，要研究社会、经济、环境、资源、文化等方面的综合发展目标，纳入统一的城乡发展规划中来，落实到物质环境的建设上，从而促进城市可持续发展。例如环境保护是城市发展的组成部分，环境质量是发展水平和发展质量的根本标志，环境权利和环境义务是一致的、统一的。

5. 人居环境科学

人居环境科学是为建筑更符合人类理想的聚居环境，在 20 世纪下半叶国际上逐渐发展起来的一门综合性学科。它以包括乡村、集镇、城市等在内的所有人类聚居环境为研究对象，着重研究人与环境之间的相互关系，强调把人类聚居作为一个整体，从政治、社会、文化、技术等方面，全面地、系统地、综合地加以研究，促使人居环境的可持续发展，使人类生存环境越来越美好。

6. 建设生态城市

为了摆脱城市负面困扰，使人们充分享受城市的优越条件，20 世纪下半叶出现生态城市概念。

我国城市规划专家黄光宇教授对其的解释为：生态城市是应用生态学原理和现代科学技术手段来协调城市、社会、经济、工程等人工生态系统与自然生态系统之间的关系，以提高人类对城市生态系统的自我调节与发展的能力，使社会、经济、自然复合生态系统结构合理、功能协调，物质、能量、信息高效利用，生态良性循环。

在生态学理论的发展下，人们认识到自然环境是一个庞大、复杂的生态系统，人类本身是其中一个组成部分，只有保持系统各部分的平衡，人类生存的载体及其本身才能持续发展。节能减排、应对全球气候变化、保护地球、保护物种，已成为全人类的共同任务；因此，城市发展有利于环境生态，与自然环境和谐发展，才是正确的最高标准。建设生态城市，按照生态学的规律来规划城市、建设城市和改造城市。

7. "全球城" 理论

发达国家在 20 世纪 70 年代完成了城市化进程（城市化水平≥70%），步入后城市化阶段。80 年代的世界经济的发展，90 年代信息技术的革命，相继出现了"全球城"和全球化理论。世界经济结构变化，资本、劳动力、产业及经济中心全球性的流动、迁移、集聚促使全球城市体系的多极化。建筑综合体实现更高效率，以跨国集团总部为标志的"全球城"开始出现。在世界各地具有国际性质的大城市，纷纷建起了具有国际意义的中央商务区，即"CBD"。地方建筑传统受到挑战。

8. 北京宪章

1999 年 6 月，国际建筑师协会（UIA）第 20 届世界建筑师大会在北京召开，大会一致通过了吴良镛院士起草的《北京宪章》，《北京宪章》总结了百年来建筑发展的历程，并在剖析和整合 20 世纪的历史与现实、理论与实践、成就与问题及各种新思路和新观点的基础上，展望了 21 世纪建筑学的前进方向。

9. "碳达峰" 和 "碳中和"

在 2021 年 3 月 5 日，中国国务院 2021 年政府工作报告中指出：扎实做好碳达峰、碳中和各项工作，制定 2030 年前碳排放达峰行动方案，优化产业结构和能源结构。"做好碳达峰、碳中和工作"被列为 2021 年重点任务之一，"十四五"规划也将加快推动绿色低碳发展列入其中。我国力求 2030 年实现碳达峰，2060 年前实现碳中和。党中央国务院已经成立了碳达峰碳中和工作领导小组，正在制定碳达峰碳中和时间表、路线图，1＋N 政策体系将陆续发布指导意见，这是顶层设计。

(四) 当代城市规划思想方法的变革

社会、经济、文化的发展变化是思想方法变革的基础。

(1) 由单向的封闭思想方法，转向复合发散型的思想方法。包括系统内外的多条思维和反馈。

(2) 由静态最终理想状态的思想方法转向动态过程的思想方法。

(3) 由刚性规划的思想方法转向弹性规划的思想方法。刚性思想缺乏多种选择性，弹性规划表现在规模、时效期和用地形态上的必要弹性等。

(4) 由指令性的思想方法，转向引导性的思想方法。指令思想是把城市规划看作控制发展的枢纽；引导性是强调规划在城市发展过程的引导作用。

三、城乡规划体系概述

城乡规划体系是通过规划法规体系、规划行政体系、规划技术体系以及规划运作体系来共同构建的，详见图 6-5。城乡规划体系的演进常表现在规划行政、规划编制和开发控制三个方面所发生的重大变革。

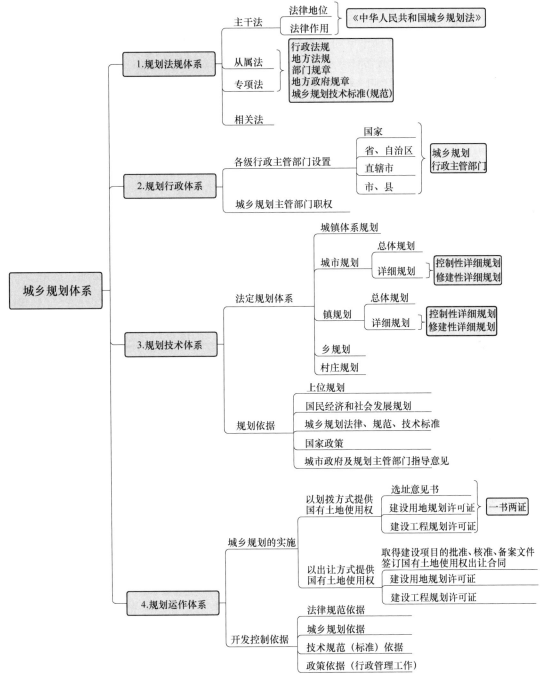

图 6-5 城乡规划体系示意图
注：依据《中华人民共和国城乡规划法》及《城市规划原理》（第四版）绘制。

四、国土空间规划简述

国土空间规划是国家空间发展的指南、可持续发展的空间蓝图，是各类开发保护建设活动的基本依据。建立国土空间规划体系并监督实施，将主体功能区规划、土地利用规划、城乡规划等空间规划融合为统一的国土空间规划，实现"多规合一"，强化国土空间规划对各专项规划的指导约束作用，是党中央、国务院作出的重大部署。

（一）主要目标

2020 年——基本建立国土空间规划体系，逐步建立"多规合一"的规划编制审批体系、实施监督体系、法规政策体系和技术标准体系；基本完成市县以上各级国土空间总体规划编制，初步形成全国国土空间开发保护"一张图"。

2025 年——健全国土空间规划法规政策和技术标准体系；全面实施国土空间监测预警和绩效考核机制；形成以国土空间规划为基础，以统一用途管制为手段的国土空间开发保护制度。

2035 年——全面提升国土空间治理体系和治理能力现代化水平，基本形成生产空间集约高效、生活空间宜居适度、生态空间山清水秀、安全和谐、富有竞争力和可持续发展的国土空间格局。

（二）总体框架

1. 分级分类建立国土空间规划

国土空间规划是对一定区域国土空间开发保护在空间和时间上作出的安排，包括总体规划、详细规划和相关专项规划。

国家、省、市县编制国土空间总体规划，各地结合实际编制乡镇国土空间规划。

相关专项规划是指在特定区域（流域）、特定领域，为体现特定功能，对空间开发保护利用作出的专门安排，是涉及空间利用的专项规划。

国土空间总体规划是详细规划的依据、相关专项规划的基础；相关专项规划要相互协同，并与详细规划做好衔接。

2. 明确各级国土空间总体规划编制重点

全国国土空间规划是对全国国土空间作出的全局安排，是全国国土空间保护、开发、利用、修复的政策和总纲，侧重战略性，由自然资源部会同相关部门组织编制，由党中央、国务院审定后印发。

省级国土空间规划是对全国国土空间规划的落实，指导市县国土空间规划编制，侧重协调性。由省级政府组织编制，经同级人大常委会审议后，报国务院审批。

市县和乡镇国土空间规划是本级政府对上级国土空间规划要求的细化落实，是对本行政区域开发保护作出的具体安排，侧重实施性。

需报国务院审批的城市国土空间总体规划，由市政府组织编制，经同级人大常委会审议后，由省级政府报国务院审批；其他市县及乡镇国土空间规划由省级政府根据当地实际，明确规划编制审批内容和程序要求。各地可因地制宜，将市县与乡镇国土空间规划合并编制，也可以几个乡镇为单元编制乡镇级国土空间规划。

3. 强化对专项规划的指导约束作用

海岸带、自然保护地等专项规划及跨行政区域或流域的国土空间规划，由所在区域或上一级自然资源主管部门牵头组织编制，报同级政府审批；涉及空间利用的某一领域专项规划，如交通、能源、水利、农业、信息、市政等基础设施，公共服务设施，军事设施，以及生态环境保护、文物保护、林业草原等专项规划，由相关主管部门组织编制。相关专项规划可在国家、省和市县层级编制，不同层级、不同地区的专项规划可结合实际选择编制的类型和精度。

4. 在市县及以下编制详细规划

详细规划是对具体地块用途和开发建设强度等作出的实施性安排，是开展国土空间开发保护活动、实施国土空间用途管制、核发城乡建设项目规划许可、进行各项建设等的法定依据。在城镇开发边界内的详细规划，由市县自然资源主管部门组织编制，报同级政府审批；在城镇开发边界外的乡村地区，以一个或几个行政村为单元，由乡镇政府组织编制"多规合一"的实用性村庄规划，作为详细规划，报上一级政府审批。

（三）编制要求

1. 体现战略性

全面落实党中央、国务院重大决策部署，体现国家意志和国家发展规划的战略性，自上而下编制各级国土空间规划，对空间发展作出战略性、系统性安排。

2. 提高科学性

坚持生态优先、绿色发展，尊重自然规律、经济规律、社会规律和城乡发展规律，因地制宜开展规划编制工作；坚持节约优先、保护优先、自然恢复为主的方针，在资源环境承载能力和国土空间开发适宜性评价的基础上，科学有序统筹布局生态、农业、城镇等功能空间，划定生态保护红线、永久基本农田、城镇开发边界等空间管控边界以及各类海域保护线，强化底线约束，为可持续发展预留空间。

3. 加强协调性

强化国家发展规划的统领作用，强化国土空间规划的基础作用。国土空间总体规划要统筹和综合平衡各相关专项领域的空间需求。详细规划要依据批准的国土空间总体规划进行编制和修改。相关专项规划要遵循国土空间总体规划，不得违背总体规划强制性内容，其主要内容要纳入详细规划。

4. 注重操作性

按照谁组织编制、谁负责实施的原则，明确各级各类国土空间规划编制和管理的要点。明确规划约束性指标和刚性管控要求，同时提出指导性要求。制定实施规划的政策措施，提出下级国土空间总体规划和相关专项规划、详细规划的分解落实要求，健全规划实施传导机制，确保规划能用、管用、好用。

（四）实施与监管

1. 强化规划权威

规划一经批复，任何部门和个人不得随意修改、违规变更，防止出现换一届党委和政府改一次规划。

2. 改进规划审批

按照谁审批、谁监管的原则，分级建立国土空间规划审查备案制度。精简规划审批内容，管什么就批什么，大幅缩减审批时间。减少需报国务院审批的城市数量，直辖市、计划单列市、省会城市及国务院指定城市的国土空间总体规划由国务院审批。相关专项规划在编制和审查过程中应加强与有关国土空间规划的衔接及"一张图"的核对，批复后纳入同级国土空间基础信息平台，叠加到国土空间规划"一张图"上。

3. 健全用途管制制度

以国土空间规划为依据，对所有国土空间分区、分类实施用途管制。

（1）在城镇开发边界内的建设，实行"详细规划＋规划许可"的管制方式。

（2）在城镇开发边界外的建设，按照主导用途分区，实行"详细规划＋规划许可"和"约束指标＋分区准入"的管制方式。

（3）对以国家公园为主体的自然保护地、重要海域和海岛、重要水源地、文物等实行特殊保护制度。因地制宜制定用途管制制度，为地方管理和创新活动留有空间。

4. 监督规划实施

依托国土空间基础信息平台，建立健全国土空间规划动态监测评估预警和实施监管机制。

5. 推进 "放管服" 改革

以"多规合一"为基础，统筹规划、建设、管理三大环节，推动"多审合一""多证合一"。优化现行建设项目用地（海）预审、规划选址以及建设用地规划许可、建设工程规划许可等审批流程，提高审批效能和监管服务水平。

（五）法规政策与技术保障

1. 完善法规政策体系

研究制定国土空间开发保护法，加快国土空间规划相关法律法规建设。梳理与国土空间规划相关的现行法律法规和部门规章，对"多规合一"改革涉及突破现行法律法规规定的内容和条款，按程序报批，取得授权后施行，并做好过渡时期的法律法规衔接。完善适应主体功能区要求的配套政策，保障国土空间规划有效实施。

2. 完善技术标准体系

按照"多规合一"要求，由自然资源部会同相关部门负责构建统一的国土空间规划技术标准体系，修订完善国土资源现状调查和国土空间规划用地分类标准，制定各级各类国土空间规划编制办法和技术规程。

3. 完善国土空间基础信息平台

以自然资源调查监测数据为基础，采用国家统一的测绘基准和测绘系统，整合各类空间关联数据，建立全国统一的国土空间基础信息平台。以国土空间基础信息平台为底板，结合各级各类国土空间规划编制，同步完成县级以上国土空间基础信息平台建设，实现主体功能区战略和各类空间管控要素精准落地，逐步形成全国国土空间规划"一张图"，推进政府部门之间的数据共享以及政府与社会之间的信息交互。

第二节　城乡规划的工作内容

城市总体规划、控制性详细规划、修建性详细规划这 3 个阶段的基础资料收集内容及要求详见《城市规划基础资料搜集规范》GB/T 50831—2012。

（一）城市规划的调查研究与基础资料

调研是城市规划的基础。通过调研，弄清城市发展的历史、地理、自然、文化的背景及社会经济发展的状况和条件，找出决定城市建设发展的主要矛盾。

（二）城乡规划的法定内容

根据我国《城乡规划法》，城乡规划包括城镇体系规划、城市规划、镇规划、乡规划和村庄规划。城市规划、镇规划分为总体规划和详细规划。详细规划分为控制性详细规划和修建性详细规划。

规划区是指城市、镇和村庄的建成区以及因城乡建设和发展需要，必须实行规划控制的区域。

根据规划工作的实际需要，在正式编制城乡规划前，应由城市人民政府组织制定城乡规划纲要。对城乡发展需要确定的主要目标、方向和内容提出原则性意见，作为规划编制的依据。

（三）城乡规划各阶段的工作内容

1. 城乡规划纲要

主要内容包括：

（1）市域城镇体系规划纲要。内容包括：提出市域城乡统筹发展战略；确定生态环境、土地和水资源、能源、自然和历史文化遗产保护等方面的综合目标和保护要求，提出空间管制原则；预测市域总人口及城镇化水平，确定各城镇人口规模、职能分工、空间布局方案和建设标准；原则确定市域交通发展策略。

（2）提出城市规划区范围。

（3）分析城市职能，提出城市性质和发展目标。

（4）提出禁建区、限建区、适建区范围。

（5）预测城市人口规模。

（6）研究中心城区空间增长边界，提出建设用地规模和建设用地范围。

（7）提出交通发展战略及主要对外交通设施布局原则。

（8）提出重大基础设施和公共服务设施的发展目标。

（9）提出建立综合防灾体系的原则和建设方针。

纲要成果以文字为主，辅以示意性图纸。图纸比例为 1/10 万～1/2.5 万。

2. 城镇体系规划

城镇体系规划的内容包括：城镇空间布局和规模控制，重大基础设施的布局，为保护生态环境、资源等需要严格控制的区域。具体规划工作内容是：

（1）摸清市、镇域的基本情况，分析发展条件、优势和制约因素，提出发展战略及目标。

（2）市、镇域城镇化水平和途径的预测；提出城镇体系的规模结构、职能分工和空间布局；提出近期发展的重点和生产力布局。

（3）确定区域基础设施的发展目标及布局。

（4）提出实施规划的技术、经济政策和措施。

市域城镇体系规划图的图纸比例为 1/5 万～1/10 万。

3. 城市总体规划、镇总体规划

城市总体规划、镇总体规划的内容应当包括：城市、镇的发展布局，功能分区，用地布局、综合交通体系，禁止、限制和适宜建设的地域范围，各类专项规划等。

规划区范围、规划区内建设用地规模、基础设施和公共服务设施用地、水源地和水系、基本农田和绿化用地、环境保护、自然与历史文化遗产保护以及防灾减灾等内容，应当作为城市总体规划、镇总体规划的强制性内容。

城市总体规划、镇总体规划的规划期限一般为 20 年。城市总体规划还应当对城市更长远的发展作出预测性安排。

2005 年 12 月 31 日建设部发布了《城市规划编制办法》（以下简称《编制办法》）。《编制办法》提出的城市总体规划的强制性内容主要包括：

（1）城市规划区范围。

（2）市域内应当控制开发的地域。包括：基本农田保护区，风景名胜区，湿地、水源保护区等生态敏感区，地下矿产资源分布地区。

（3）城市建设用地。包括：规划期限内城市建设用地的发展规模，土地使用强度管制区划和相应的控制指标（建设用地面积、容积率、人口容量等），城市各类绿地的具体布局，城市地下空间开发布局。

（4）城市基础设施和公共服务设施。包括：城市干道系统网络、城市轨道交通网络、交通枢纽布局，城市水源地及其保护区范围和其他重大市政基础设施，文化、教育、卫生、体育等方面主要公共服务设施的布局。

（5）城市历史文化遗产保护。包括：历史文化保护的具体控制指标和规定，历史文化街区、历史建筑、重要地下文物埋藏区的具体位置和界线。

（6）生态环境保护与建设目标，污染控制与治理措施。

（7）城市防灾工程。包括：城市防洪标准、防洪堤走向，城市抗震与消防疏散通道，城市人防设施布局，地质灾害防护规定。

以上内容是编制城市总体规划必须涉及的内容，而且不能有缺项，尤其是后两项内容极为重要，对于建设宜居城市、安全城市必不可少。

总体规划文件包括规划文本及附件，规划说明及基础资料收入附件。

图纸包括城市现状图、市域城镇体系规划图、城市总体规划图、道路交通规划图、各项专业规划图及近期建设规划图。图纸比例：大中城市为 1/25000～1/10000，小城镇 1/10000～1/5000。

4. 乡规划、村庄规划

乡规划、村庄规划应当从农村实际出发，尊重村民意愿，体现地方和农村特色。

乡规划、村庄规划的内容应当包括：规划区范围，住宅、道路、供水、排水、供电、垃圾收集、畜禽养殖场所等农村生产、生活服务设施、公益事业等各项建设用地布局、建设要求，以及对耕地等自然资源和历史文化遗产保护、防灾减灾等的具体安排。乡规划还应当包括本行政区域内的村庄发展布局。

5. 详细规划

（1）控制性详细规划

《编制办法》对控制性详细规划的内容提出以下明确要求：

1）确定规划范围内不同性质用地的界线，确定各类用地内适建、不适建或者有条件地允许建设的建筑类型。

2）确定各地块建筑高度、建筑密度、容积率、绿地率等控制指标；确定公共设施配套要求、交通出入口方位、停车泊位、建筑后退红线距离等要求。

3）提出各地块的建筑体量、体形、色彩等城市设计指导原则。

4）根据交通需求分析，确定地块出入口位置、停车泊位、公共交通场站用地范围和站点位置、步行交通以及其他交通设施。规定各级道路的红线、断面、交叉口形式及渠化措施、控制点坐标和标高。

5）根据规划建设容量，确定市政工程管线位置、管径和工程设施的用地界线，进行管线综合；确定地下空间开发利用的具体要求。

6）制定相应的土地使用与建筑管理规定。

另外，控制性详细规划确定的各地块的主要用途、建筑密度、建筑高度、容积率、绿地率、基础设施和公共服务设施配套规定应当作为强制性内容。图纸比例为 1/2000 或 1/1000。

（2）修建性详细规划

《编制办法》确定了修建性详细规划的内容：

1）建设条件分析及综合技术经济论证；

2）建筑、道路和绿地等的空间布局和景观规划设计，布置总平面图；

3）对住宅、医院、学校和托幼等建筑进行日照分析；

4）根据交通影响分析，提出交通组织方案和设计方案；

5）市政工程管线规划设计和管线综合；

6）竖向规划设计；

7）估算工程量、拆迁量和总造价，分析投资效益。

修建性详细规划文件为规划设计说明书及图纸。图纸包括：规划范围现状图、规划总平面图、各项专业规划图、竖向规划和反映规划意图的透视效果图等。图纸比例一般为 1/1000～1/500。

第三节　城市性质与城市人口

（一）城市性质与类型

1. 城市性质的含义

城市性质是指城市在国家经济和社会发展中的地位和作用，在全国城市网络中的分工和职能。城市性质体现城市的个性，反映其所在区域的政治、经济、社会、地理、自然等因素的特点。

确定城市性质，是确定城市发展方向和布局的依据，有利于突出规划结构的特点，为规划方案提供可靠的技术经济依据。

城市性质是由城市形成与发展的主导因素的特点所决定，由主要部门职能所体现。

2. 城市类型

我国城市按行政等级可分为全国性中心城市（首都及直辖市）、区域性中心城市（省会城市以及计划单列市）、地方性中心城市（地级市）和县城。

我国城市按职能分为：工业城市、交通港口城市、综合中心城市、县城、特殊职能城市。

3. 城市规模

城市规模是以城市人口规模和用地规模表示城市的大小，通常以城市人口规模来表示。当前，我国城镇化正处于深入发展的关键时期，为了更好地实施人口和城市分类管理，满足经济社会发展需要，将城市规模划分标准调整如表 6-1 所示：

城市规模划分标准 表 6-1

城市规模		人口规模（以城区常住类型为统计口径）
小城市	Ⅱ型小城市	20 万以下的城市
	Ⅰ型小城市	20 万以上 50 万以下的城市
中等城市		50 万以上 100 万以下的城市
大城市	Ⅱ型大城市	100 万以上 300 万以下的城市
	Ⅰ型大城市	300 万以上 500 万以下的城市
特大城市		500 万以上 1000 万以下的城市
超大城市		1000 万以上的城市

注：1. 本表是依据《国务院关于调整城市规模划分标准的通知》国发〔2014〕51 号文编制的。

　　2. 城区是指在市辖区和不设区的市、区、市政府驻地的实际建设连接到的居民委员会所辖区域和其他区域。

　　3. 常住人口包括：居住在本乡镇街道，且户口在本乡镇街道或户口待定的人；居住在本乡镇街道，且离开户口登记地所在的乡镇街道半年以上的人；户口在本乡镇街道，且外出不满半年或在境外工作学习的人。

（二）城市人口

1. 城市人口含义

城市人口是指那些与城市的活动有密切关系的人口，他们常年居住生活在城市范围内，构成该城市的社会主体，是城市经济发展的动力，建设的参与者，又都是城市服务的对象。他们依赖城市以生存，又是城市的主人。城市人口规模与城镇地区的界定及人口统计口径直接相关。

2. 城市人口构成

（1）年龄构成：分托儿（0～3 岁）、幼儿（4～6 岁）、小学（7～11 岁）、中学（12～16 岁）、成年（17～60 岁）、老年（61 岁以上）六个组。

（2）性别构成：反映男女人口之间的数量和比例关系。

（3）家庭构成：反映城市人口的家庭人口数量、性别、辈分等组合情况。

（4）劳动构成：在城市总人口中，分为劳动人口和非劳动人口，劳动人口中又分为基本人口和服务人口。

（5）职业构成：按行业性质分为 12 类，按产业类型划分为第一产业、第二产业和第三产业。

3. 城市人口变化的主要表现

（1）自然增长。自然增长率 $= \dfrac{\text{本年出生人口数}-\text{本年死亡人口数}}{\text{年平均人数}} \times 1000$（‰）　（6-1）

（2）机械增长。机械增长率 $= \dfrac{\text{本年迁入人口数}-\text{本年迁出人口数}}{\text{年平均人数}} \times 1000$（‰）　（6-2）

（3）人口平均增长速度。人口平均增长率 $= \sqrt[\text{年限}]{\dfrac{\text{期末人口数}}{\text{期初人口数}}} - 1$

$$= \text{人口平均发展速度} - 1 \quad （6-3）$$

4. 城市人口规模预测方法

城市人口规模的预测方法主要有综合增长率法、时间序列法、增长曲线法、劳动平衡法，以及职工带眷系数法等。

第四节 城 市 用 地

城市用地是指用于城市建设和满足城市机能运转所需要的土地，它们既是指已经建设利用的土地，也包括已列入城市建设规划区范围而尚待开发使用的土地。城市的一切建设工程，都必然要落实到土地上，而城市规划的重要工作内容之一是制定城市土地利用规划，通过规划，确定城市用地的规模与范围，以及用地的功能组合与合理利用等。

城市用地具有自然属性、社会属性、经济属性和法律属性，具有使用价值和经济价值，具有行政区划、用途区划和地权区划。

城市是一个有机的整体，城市的各项机能是相互依存、相互制约的。城市用地是根据城市机能的需求，按比例、规模合理组合利用的。为了科学地制定城市规划，合理利用国土资源，世界各国都对城市用地分类与规划建设用地标准作了规定，对城市（镇）规划编制、管理具有指导作用。

依据《中华人民共和国城乡规划法》（以下简称《城乡规划法》），为统筹城乡发展，科学合理地利用土地资源，我国修订发布了《城市用地分类与规划建设用地标准》GB 50137—2011，该标准于 2012 年 1 月 1 日开始实施。

（一）用地分类

用地分类包括城乡用地分类、城市建设用地分类两部分，应按土地使用的主要性质进行划分。

1. 城乡用地分类

城乡用地共分为 2 大类、9 中类、14 小类。2 大类的名称、代码和用地内容如表 6-2 的规定。

城乡用地分类（大类）和代码 表 6-2

类别代码	类别名称	内　　容
H	建设用地	包括城乡居民点建设用地、区域交通设施用地、区域公用设施用地、特殊用地、采矿用地及其他建设用地等
E	非建设用地	水域、农林用地及其他非建设用地等

2. 城市建设用地分类

城市建设用地共分为 8 大类、35 中类、42 小类。8 大类的名称、代码和用地内容如表 6-3 所列。

城市建设用地分类（大类）和代码 表 6-3

类别代码	类别名称	内　　容
R	居住用地	住宅和相应服务设施的用地

类别代码	类别名称	内　容
A	公共管理与公共服务设施用地	行政、文化、教育、体育、卫生等机构和设施的用地，不包括居住用地中的服务设施用地
B	商业服务业设施用地	商业、商务、娱乐康体等设施用地，不包括居住用地中的服务设施用地
M	工业用地	工矿企业的生产车间、库房及其附属设施用地，包括专用铁路、码头和附属道路、停车场等用地、不包括露天矿用地
W	物流仓储用地	物资储备、中转、配送等用地，包括附属道路、停车场以及货运公司车队的站场等用地
S	道路与交通设施用地	城市道路、交通设施等用地，不包括居住用地、工业用地等内部的道路、停车场等用地
U	公用设施用地	供应、环境、安全等设施用地
G	绿地与广场用地	公园绿地、防护绿地、广场等公共开放空间用地

（二）规划建设用地标准

1. 一般规定

（1）用地面积应按平面投影计算。每块用地只可计算一次，不得重复。

（2）城市（镇）总体规划宜采用1/10000或1/5000比例尺的图纸进行建设用地分类计算，控制性详细规划宜采用1/2000或1/1000比例尺的图纸进行用地分类计算。现状和规划的用地分类计算应采用同一比例尺。

（3）用地的计量单位应为万平方米（公顷），代码为"hm^2"。数字统计精度应根据图纸比例尺确定，1/10000图纸应精确至个位，1/5000图纸应精确至小数点后一位，1/2000和1/1000图纸应精确至小数点后两位。

（4）城市建设用地统计范围与人口统计范围必须一致，人口规模应按常住人口进行统计。

（5）规划建设用地标准应包括规划人均城市建设用地面积标准、规划人均单项城市建设用地面积标准和规划城市建设用地结构三部分。

2. 规划人均城市建设用地面积标准

（1）规划人均城市建设用地面积指标应根据现状人均城市建设用地面积指标、城市（镇）所在的气候区以及规划人口规模，按《城市用地分类与规划建设用地标准》GB 50137—2011表4.2.1人均居住用地面积指标（m^2/人）的规定综合确定，并应同时符合表中允许采用的规划人均城市建设用地面积指标和允许调整幅度双因子的限制要求。

（2）新建城市（镇）的规划人均城市建设用地面积指标宜在85.1～105.0m^2/人内确定。

（3）首都的规划人均城市建设用地面积指标应在105.1～115.0m^2/人内确定。

（4）边远地区、少数民族地区城市（镇）以及部分山地城市（镇）、人口较少的工矿业城市（镇）、风景旅游城市（镇）等，不符合规范规定时，应专门论证确定规划人均城市建设用地面积指标，且上限不得大于150.0m^2/人。

3. 规划人均单项城市建设用地面积标准

（1）规划人均居住用地面积指标应符合表 6-4 所列人均居住用地面积指标（m²/人）的规定。

人均居住用地面积指标（m²/人）

表 6-4

建筑气候区划	Ⅰ、Ⅱ、Ⅵ、Ⅶ气候区	Ⅲ、Ⅳ、Ⅴ气候区
人均居住用地面积	28.0～38.0	23.0～36.0

注：本表引自《城市用地分类与规划建设用地标准》GB 50137—2011。

（2）规划人均公共管理与公共服务设施用地面积不应小于 5.5m²/人。

（3）规划人均道路与交通设施用地面积不应小于 12.0m²/人。

（4）规划人均绿地与广场用地面积不应小于 10.0m²/人，其中人均公园绿地面积不应小于 8.0m²/人。

4. 规划城市建设用地结构

居住用地、公共管理与公共服务设施用地、工业用地、道路与交通设施用地和绿地与广场用地五大类主要用地规划占城市建设用地的比例宜符合表 6-5 的规定。

规划城市建设用地结构

表 6-5

用地名称	占城市建设用地比例（%）
居住用地	25.0～40.0
公共管理与公共服务设施用地	5.0～8.0
工业用地	15.0～30.0
道路与交通设施用地	10.0～25.0
绿地与广场用地	10.0～15.0

注：本表引自《城市用地分类与规划建设用地标准》GB 50137—2011。

工矿城市（镇）、风景旅游城市（镇）以及其他具有特殊情况的城市（镇），其规划城市建设用地结构可根据实际情况具体确定。

（三）城市用地条件分析与适用性评价

我国现在国土空间规划中实施双评价体系，双评价是编制国土空间规划的前提和基础，也是国土空间规划编制过程中系统研究分析的重要组成部分。双评价由"资源环境承载力评价"和"国土空间开发适宜性评价"两部分构成。资源环境承载力评价是指在一定发展阶段、经济技术水平和生产生活方式、一定地域范围内，资源环境要素能够支撑的农业生产、城镇建设等人类活动的最大规模。国土空间开发适宜性评价是指在维系生态系统健康的前提下，综合考虑资源环境要素和区位条件以及特定国土空间，进行农业生产、城镇建设等人类活动的适宜度。

1. 自然条件的分析

（1）地质条件

表现在城市用地选择和工程建设的工程地质分析。

1）建筑地基：建筑地基分为天然地基和人工地基。无需经过处理可以直接承受建筑物荷载的地基称为天然地基；反之，需通过地基处理技术处理的地基称为人工地基。

2）滑坡与崩塌：斜坡上的岩土体在重力作用下整体向下滑动的地质现象称为滑坡；峭斜坡上的岩土体突然崩落、滚动，堆积在山坡下的地质现象称为崩塌。

3）冲沟：冲沟是由间断流水在地表冲刷形成的沟槽。

4）地震：地震是一种自然地质现象，又称地动、地振动，是地壳快速释放能量过程中造成的振动，期间会产生地震波的一种自然现象。

5）矿藏：是指地下埋藏的各种矿物的总称。

（2）水文条件及水文地质条件

1）水文条件。江河湖泊等水体可作城市水源，还对水运交通、改善气候、除污、排雨水、美化环境发挥作用。

2）水文地质。指地下水存在形式、含水层厚度、矿化度、硬度、水温及动态等。

（3）气候条件

1）太阳辐射。是确定建筑的日照标准、间距、朝向及热工设计的依据。

2）风象。对城市规划与建设的防风、通风、工程抗风设计和环境保护等有发多方面影响。风象是以风向与风速两个量来表示（图6-6）。

$$工业有害气体对下风侧污染系数 = \frac{风向频率}{平均风速}。$$ 为减轻工业对居住的污染影响，因风向不同，其用地布置方式也不同，如图6-7所示。

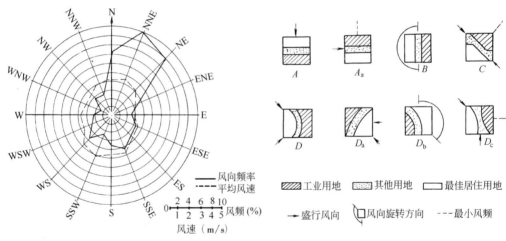

图6-6　某城市地区累年风向频率、平均风速图　　图6-7　工业与居住用地典型布置图式

3）温度。纬度由赤道向北每增加一度，气温平均降1.5℃。如城市上空出现逆温层或"热岛效应"，在规划布局时，应重视绿化、水面对气温的调节作用。

4）降水与湿度。对城市排水和防洪有重大影响。

（4）地形条件

地形条件对城乡规划与建设的影响如下：

1）影响城乡规划布局、平面结构和空间布局。

2）地面高程和用地间的高差，是用地竖向规划、地面排水和防洪设计的依据。

3）地面坡度，对规划建设有多方面影响。依据《城乡建设用地竖向规划规范》CJJ 83—2016的规定，城乡建设用地选择及用地布局应充分考虑竖向规划的要求，并应符合下列规定：

①城镇中心区用地应选择地质、排水防涝及防洪条件较好且相对平坦和完整的用地，其自然坡度宜小于20％，规划坡度宜小于15％；

②居住用地宜选择向阳、通风条件好的用地，其自然坡度宜小于25％，规划坡度宜小于25％；

③工业、物流用地宜选择便于交通组织和生产工艺流程组织的用地，其自然坡度宜小于15％，规划坡度宜小于10％；

④超过8m的高填方区宜优先用作绿地、广场、运动场等开敞空间；

⑤应结合低影响开发的要求进行绿地、低洼地、滨河水系周边空间的生态保护、修复和竖向利用；

⑥乡村建设用地宜结合地形，因地制宜，在场地安全的前提下，可选择自然坡度大于25％的用地。

4）地形与小气候的形成，有利于合理布置建筑。如阳坡建楼，以获得良好日照等。

5）地貌对通信、电波有一定影响。

城市用地的自然条件评定，通常是将用地分为以下三类：

一类用地：是用地自然条件优越，一般不需或只稍加工程措施即可用于建设的用地。

二类用地：是需采取一定工程措施，改善条件后才能修建的用地。

三类用地：是不适于修建的用地。

注：在山丘地区，一般是按坡度的适用程度划分为<10％、10％～25％、>25％三类（也有分为0％～8％、8％～15％、15％～25％、>25％四类）。

2. 城市用地的建设条件分析

城市用地的建设条件分析通常关注对建设条件产生影响的人为因素。

（1）建设现状条件

分析内容有三方面：

1）城市用地布局结构。是指布局结构能否适应发展，对生态环境的影响，与城市内、外交通的关系等。

2）城市设施。是指公共服务设施和市政设施现状的质量、数量、容量与利用的潜力等。

3）社会、经济构成。是指人口结构、分布密度、产业结构和就业结构对用地建设的影响。

（2）工程准备条件

视自然条件不同而异。

（3）基础设施条件

含用地本身和邻近地区中可利用的条件。

第五节　城市的组成要素及规划布局

在城乡一体化的新时期，城市的组成要素及规划布局分为城乡规划和城市规划两大层面。

一、城乡规划层面

根据当地自然条件和社会经济发展实际，在保护耕地和生态环境的基础上，将市域内的全部土地规划为建设用地和非建设用地两大类。

建设用地的组成要素，是由支撑城乡居民生产生活的城乡居民点、区域交通、区域公用设施、特殊用地、采矿和其他六大功能设施用地所构成。其规划布局是根据各项功能特点及技术规范，遵循城乡统筹、合理布局、节约土地、集约发展的原则，在保护自然资源、生态环境和历史文化遗产，防止污染和其他公害，保障公共卫生和公共安全的基础上，科学地做好各项功能用地的规划布局。

非建设用地规划，是为统筹城乡生产生活，改善城乡生态环境，保护耕地等自然资源，防止污染和其他公害、灾害，科学、合理地划定非建设用地范围。具体组成要素包括水域、农林用地和其他不能建设的空闲地等。

二、城市规划层面

城市是由居住、公共管理与公共服务设施、商业服务设施、工业、物流仓储、道路交通设施、公用设施、绿地与广场八类功能要素所组成。

（一）居住用地及规划布局

承担居住功能和居住生活的场所称为居住用地，是城市机能的主要组成部分。

1. 居住用地的内容组成与用地分类

（1）用地内容组成

居住用地内容组成包括住宅用地和相应服务设施用地。

（2）用地分类（参见《城市用地分类与规划建设用地标准》GB 50137—2011）

一类居住用地：设施齐全、环境良好、以低层住宅为主；

二类居住用地：设施较齐全、环境良好、以多、中、高层住宅为主；

三类居住用地：设施、环境较差，以需要加以改造的简陋住宅为主。

2. 居住用地的选择与分布

（1）用地的选择原则

1）有良好的自然条件；

2）与工业保持环保距离，靠近就业区；

3）用地数量与形态要适当集中布置；

4）依托现有城区，充分利用原有设施。

（2）居住用地的分布

1）分布方式分集中布置和分散布置两种；

2）居住密度分布是根据居住用地分类和集聚效益而定。

3. 居住用地组织与规模

（1）居住用地组织原则

1）服从总体规划的功能结构和综合效益，内部构成要体现生活的秩序与效能；

2）用地规模要结合城市道路系统；

3）配备公共设施要经济合理、方便、安全；

4）符合居民生活行为规律；

5）配合城市行政管理考虑居民组织的适宜规模。

（2）居住用地组织方式

居住区规划按照居民在合理的步行距离内满足基本生活需求的原则，分为十五分钟生活圈居住区、十分钟生活圈居住区、五分钟生活圈居住区及居住街坊4级。

4. 居住用地指标

在我国，按新国标规定，城市居住用地占城市建设用地一般为25%～40%，人均指标在Ⅰ、Ⅱ、Ⅵ、Ⅶ气候区一般控制在28～38m²/人，在Ⅲ、Ⅳ、Ⅴ气候区为23～36m²/人。

（二）公共管理与公共服务设施用地及规划布置

公共管理与公共服务设施是指政府控制以保障城市基础民生需求的、非盈利的公益性服务设施。城市公共设施的内容和规模，在一定程度上反映了城市生活的质量和水平，其组织与分布直接影响到城市的布局结构。

1. 公共管理与公共服务设施用地分类

按照《城市用地分类与规划建设用地标准》GB 50137—2011的规定，城市公共管理与公共服务设施用地包括：行政办公、文化设施、教育科研、体育、医疗卫生、社会福利、文物古迹、外事、宗教共9中类功能设施用地。

（1）行政办公用地包括：党政机关、社会团体、事业单位等办公机构及相关设施用地。

（2）文化设施用地包括：图书、展览等公共文化活动设施用地。

（3）教育科研用地包括：高等院校、中等专业学校、中学、小学、科研事业单位及其附属设施用地，包括为学校配建的独立地段的学生生活用地。

（4）体育用地包括：体育场地和体育训练基地等用地，不包括学校等机构专用的体育设施用地。

（5）医疗卫生用地包括：医疗、保健、卫生、防疫、康复和急救等设施用地。

（6）社会福利用地包括：为社会提供福利和慈善服务的福利院、养老院、孤儿院等用地。

（7）文物古迹用地包括：古遗址、古墓葬、古建筑、石窟寺、近代的代表性建筑、革命纪念建筑等用地，不包括已作其他用途的文物古迹用地。

（8）外事用地包括：外国驻华使馆、领事馆、国际机构及其生活设施等用地。

（9）宗教用地系指宗教活动场所用地。

依据《城市公共设施规划规范》GB 50442—2008的规定，城市公共设施用地分类应与城市用地分类相对应，分为：行政办公、商业金融、文化娱乐、体育、医疗卫生、教育科研设计和社会福利设施7类用地。

2. 公共设施用地指标

城市公共管理与公共服务设施用地指标是由城市规模、城市性质、特点，社会、经济发展水平及使用要求所决定。根据新国标，此类用地是城市建设用地结构中五大类主要用地之一，其用地占城市建设用地的比例为5%～8%。规划人均公共设施用地面积不应小于5.5m²/人。

3. 公共设施的规划布局

根据不同性质的公共设施和不同的服务对象，其规划用地宜采用集中与分散相结合的布置方式。在城市总体规划阶段。要对全市性和地区性一级的公共设施进行用地分布，组织城市和地区的公共活动中心。在详细规划阶段，则根据总体规划和地区建设的实际需要，结合规划地区的其他设施内容，对其公共设施用地进行具体布置，以形成居住区级、山区级和不同专业的公共中心。

公共设施规划要求如下：

（1）公共设施项目要合理配置。

（2）各类公共设施要按照与居民生活的密切程度确定合理的服务半径。

（3）公共设施的分布要结合城市交通组织来考虑。

（4）根据公共设施本身的特点及其对环境的要求进行布置。

（5）公共设施布置要考虑城市景观组织的要求。

（6）公共设施的分布要考虑合理的建设时序。

（7）公共设施的布置要充分利用城市原有基础。

（三）商业服务业设施用地及规划布置

城市商业服务业设施用地（B）是指主要通过市场配置的服务设施，包括政府独立投资或合资建设的设施（如剧院、音乐厅等）用地。

1. 商业服务业设施用地分类

（1）商业用地，包括零售商业、批发市场、餐饮、旅馆等用地。

（2）商务用地，包括金融保险、艺术传媒、其他商务（含贸易、设计、咨询等技术服务办公）等用地。

（3）娱乐康体用地，包括娱乐、康体用地。

（4）公用设施营业网点用地，包括加油加气站和独立地段的电信、邮政、供水、燃气、供电、供热等营业网点用地。

（5）其他服务设施用地，包括业余学校、民营培训机构、私人诊所、宠物医院、殡葬、汽车修理站等服务设施用地。

2. 商业服务业设施用地指标

商业服务业设施用地指标是根据城市的性质，规模大小，社会、经济发展水平，以及市民的实际需求而决定。参照《城市公共设施规划规范》GB 50442—2008，城市商业设施用地占城市中心城区建设用地的比例应为 3.5%～6.5%；人均商业设施用地宜为 3.0～6.0m²/人。

3. 商业服务业设施用地的规划布置

商业服务业设施用地的规划布置，根据自身的分类特点宜按市级、区级和地区分级设置，形成相应等级和规模的商业服务中心。各级商业服务中心规划用地规模宜为：小城市市级中心为 30～40 公顷；中等城市的市级中心为 40～60 公顷，区级中心为 10～20 公顷；大城市的市级中心为 60～240 公顷，区级中心为 20～100 公顷；地区级中心为 12～40 公顷。

市级中心服务人口为 50 万～100 万人，服务半径不超过 8 公里；区级中心服务人口为 50 万人以下，服务半径不超过 4 公里；地区中心服务人口为 10 万人以下，服务半径不超过 1.5 公里。

商业服务业中心规划用地应有良好的交通条件，但不宜沿城市交通干道两侧布置。

在历史文化保护城区不宜布置新的大型商服设施用地。

商品批发市场宜根据经营的商品门类选址布局，且不得污染环境。

商业服务业设施根据与居民生活的密切程度，可按不同门类分别设在居住区内，或远离居住区单独设置。

（四）工业用地及规划布局

工业是城市形成与发展的主要因素，工业提供大量就业岗位，也带动了其他各项事业的发展。工业给城市以生命力，其布置方式也直接影响城市空间布局及城市健康发展。

1. 城市工业用地及其占地规模

（1）工业用地内容：包括为工矿企业服务的办公室、仓库、食堂等附属设施用地。

（2）工业用地分类：根据工业对居住和公共环境无干扰、有一定干扰或有严重干扰分为一类工业用地、二类工业用地和三类工业用地。

（3）工业占地规模：根据新国标，工业用地应占规划城市建设用地的 $15\%\sim30\%$ 为宜。规划人均工业用地面积指标一般为 $10\sim25m^2$/人之间，最多不大于 $30m^2$/人，在特大城市应为 $18m^2$/人以下。

2. 工业用地规划布局的基本要求

（1）对建设用地要求。工业布局要求用地形状、大小、地形、水源、能源、工程地质、水文地质，要符合工业的具体特点和需求。

（2）交通运输要求。工业建设与工业生产需要大量设备和物资，工业布局与运输方式的关系十分密切。在工业生产中一般采用铁路、水路、公路和连续运输等多种运输方式。

（3）防止工业对城市环境的污染。工业生产中排出大量废水、废气、废渣和噪声，使空气、水、土壤和环境受到污染。在规划中工业合理布局，有利于城市环境卫生。减少对城市污染的措施有：①工业不宜过分集中在一个地段；②工业布置要综合考虑风向、风速、季节、地形等影响因素；③设置必要的防护带；④对废水、废渣要即时处理、综合利用。

（4）工业区与居住区的位置。为减少劳动人流上下班的交通消耗，工业区与居住区距离步行应不超过 30 分钟。当工厂本身过长，工业区与居住区距离过大时应组织公共交通。在规划中，应均衡分布工业区。

（5）工业区和城市各部分的发展，应保持紧凑集中，互不妨碍，节约用地。

（6）相关企业之间应开展必要的协作、资源的综合利用，减少市内运输。

3. 工业在城市中的布局

根据工业生产的类别、环境影响、货运量及用地规模，分为布置在远离城区的工业、城市边缘的工业和城市内及居住区内的工业。对各种工业的特点，必须细致分析，才能使布局真正科学合理。

（五）物流仓储用地

物流仓储用地是为组织城市生产和生活而设置的物资储备、中转、配送等用地，包括附属道路、停车场及货运公司车队的站场等用地。

1. 物流仓储用地分类

从对居住和公共环境的影响，可分为三类：

一类用地基本无干扰、污染和安全隐患；

二类用地有一定干扰、污染和安全隐患；

三类用地为易燃、易爆和剧毒等危险品的专用物流仓储用地。

2. 仓库用地布置原则

（1）满足仓库用地的技术要求。

（2）有利于交通运输。

（3）有利于建设和经营使用。

（4）有足够用地和发展余地。

（5）沿河布置仓库时，必须留出为居民生活、游憩利用的岸线。

（6）注意环保、防止污染、保证城市安全。

（六）道路与交通设施用地及规划布局

城市道路是连接城市内各项功能用地的纽带，是城市内人流物流的载体，是城市机能的重要组成部分。

1. 道路与交通设施用地分类

根据新国标，城市道路与交通设施用地分类如下：

（1）城市道路用地，包括快速路、主干路、次干路、支路及其交叉口用地。

（2）城市轨道交通用地，包括独立地段的城市轨道交通地面以上部分的线路、站点用地。

（3）交通枢纽用地，包括铁路客货运站、公路长途客运站、港口客运码头、公交枢纽及其附属设施用地。

（4）交通场站用地，包括公共交通场站［含城市轨道交通车辆基地及附属设施，公共汽（电）车首末站、停车场（库）、保养场，出租汽车场站设施等用地，轮渡、缆车、索道等的地面部分及附属设施用地］，以及社会停车场（即独立地段的公共停车场和停车库用地）。

（5）其他交通设施用地，除以上之外的交通设施用地，包括教练场等用地。

2. 城市道路与交通设施用地指标

根据新国标，规划人均道路与交通设施用地面积不应小于 $12m^2$/人；在规划城市建设用地结构中，城市道路与交通设施用地是五大类主要用地之一，其用地占城市规划建设用地的比例为 10%～25%。

3. 城市道路与交通设施用地规划

城市道路交通规划必须以总体规划为基础，满足城市功能对交通运输的需求，优化城市用地布局，提高城市的运转效能，提供安全、高效、经济、舒适和低公害的交通条件。

城市道路与交通设施规划的具体布局和要求，请参阅《城市综合交通体系规划标准》GB/T 51328—2018 并将在本章第六节城市总体布局中详述。

（七）公用设施

城市公用设施，是城市供应、环境、安全的基础设施，是城市生产、生活正常运行的保障。

1. 公用设施分类

（1）供应设施，包括供水、供电、供（燃）气、供热、通信、广播电视等设施。

（2）环境设施，包括排水、环卫等设施。

（3）安全设施，包括消防、防洪等设施。

（4）其他公用设施，除以上之外的公用设施，包括防灾救灾、施工、养护、维修等设施。

2. 公用设施规划

公用设施规划，根据公用设施的功能性质的分类特点和不同的技术要求，根据国家规范和当地的实际情况做出全面、科学合理的规划。近些年，由于气候、地质变化异常，自然灾害频发，给城市和人民的生命财产造成巨大损失。加强城市公用设施的规划建设，确保城市安全运行，刻不容缓。城市公用设施规划的具体内容和要求，将在本章第七节中详述。

（八）城市绿地与广场

城市绿地是以绿色植被为主的城市开放空间，具有调节气候、净化空气、生态美化、避险防灾、卫生隔离、安全防护的功能；城市广场是以游憩、纪念、集会、避险等功能为主的公共活动场地。绿地与广场是城市公共开放空间用地，是城市机能必不可少的构成要素。

1. 绿地与广场分类

（1）公园绿地：是指向公众开放，以游憩为主要功能，兼具生态、美化、防灾等作用的绿地，包括城市中的综合公园、社区公园、专类公园、带状公园以及街旁绿地。公园绿地与城市的居住、生活密切相关，是城市绿地的重要部分。

（2）防护绿地：是指对城市具有卫生、隔离和安全防护功能的绿地，包括城市卫生隔离带、道路防护绿地、城市高压走廊绿带、防风林、城市组团隔离带等。

（3）广场用地：是指以游憩、纪念、集会和避险等功能为主的城市公共活动场地。不包括以交通集散为主的广场用地。

2. 绿地与广场的用地规模

依新国标，城市绿地与广场的用地规模应占规划城市建设用地的10%～15%。

3. 城市绿地与广场规划

（1）城市园林绿地系统规划的具体内容要求、规划布局将在本章第六节中详述。

（2）城市广场规划。

第六节　城市总体布局

城市总体布局是城市的社会、经济、环境及工程技术与建筑空间组合的综合反映，是一项为城市合理发展奠定基础的全局性工作。

一、城市用地功能组织

城市总体布局是通过城市用地组成的不同形态体现出来的，其核心是城市用地功能组织。城市功能组织是根据城市的性质、规模，分析城市用地和建设条件，研究各项用地的基本要求，及它们之间的内在联系，安排好位置，处理好它们的关系，有利于城市健康发展。

城市用地功能组织可从下面几方面着手：

（一）点、面结合，城乡统一安排

城市的存在，必须以周围地区的生产发展和需要为前提。城市作为一个点，周围地区作为面，点、面结合，在分析地区工农业生产、地区交通运输、地区水利及矿产资源的综合利用对城市总体布局影响的基础上，必须把城市与农村、工业与农业、市区与郊区作为一个整体，统一考虑、全面安排、合理制定城市总体布局。

（二）功能明确、重点安排城市主要用地

工业生产是现代城市发展的主要组成。工业布局直接关系到城市的发展规模和方向。综合考虑工业布置与居住生活、交通运输、公共绿地关系，兼顾新、旧区的发展，是城市用地功能组织的重要内容。

（三）规划结构清晰、内外交通便捷

结构清晰是反映了城市各主要组成用地功能明确、相互协调，有安全、便捷的交通联系。在规划中应做到以下几点：

（1）城市用地各组成部分力求完整、避免穿插。

（2）充分考虑各功能分区之间有便捷的交通联系。

（3）反对从形式出发，必须因地制宜地探求切合实际的城市用地布局。

（四）规划建设阶段配合协调、留有发展余地

一个城市的形成，需要二三十年。需要不断发展、不断改造、更新、完善、提高。因此制定城市总体布局时，要有一个良好的开端。

（1）要合理确定第一期建设方案，建设用地力求紧凑、合理、经济、方便。

（2）城市建设各阶段要互相衔接、配合协调。

（3）加强预见性，布局中留有发展余地，规划布局要有"弹性"。

二、城市总体布局的方案比较

城市总体布局反映城市各项用地的内在联系，综合比较是城市规划设计中的重要工作方法。因此，城市总体布局需要多作几个不同的规划方案，探求一个经济合理、技术先进的综合方案。

在方案比较中，需抓住城市规划建设中的主要矛盾，提出不同的解决办法和措施。方案比较的内容如下：

（1）地理位置及工程地质条件。

（2）占地、迁居情况。

（3）生产协作情况。

（4）交通运输情况。

（5）环境保护情况。

（6）居住用地组织情况。

（7）防洪、防震、人防工程措施。

（8）市政工程及公用设施。

（9）城市总体布局合理。

（10）城市造价，估算近期建设的总投资。

上述各点力求文字条理清楚，数据准确明了，图纸形象深刻。

三、旧城总体布局的调整与完善

城市总体布局是整个城市空间的利用和组合，必须动态地、综合地解决城市问题。旧城总体布局的调整与完善要做好下列方面工作：

（1）因势利导地利用城市外部的动力，使城市内外部结构协调发展。

城市越现代化，综合效益越高，吸引力越大，影响越远；城市规模越大，城市结构越松散，越要求灵活性，以适应外部社会经济环境条件的变化。

（2）充实完善城市基础设施，使城市上下部结构协调发展。

（3）调整城市用地结构，使城市在发展中取得平衡。

四、城市综合交通体系规划

城市综合交通（简称"城市交通"）应包括出行的两端都在城区内的城市内部交通，和出行至少有一端在城区外的城市对外交通（包括两端均在城区外，但通过城区组织的城市过境交通）。按照城市综合交通的服务对象可划分为城市客运与货运交通。

（一）城市对外交通

城市对外交通运输方式包括铁路、公路、水运（港口）和航空（机场）。

1. 城市对外交通衔接规定

城市对外交通衔接应符合以下规定：

（1）城市的各主要功能区对外交通组织均应高效、便捷。

（2）各类对外客货运系统，应优先衔接可组织联运的对外交通设施，在布局上结合或邻近布置。

（3）规划人口规模 100 万人及以上城市的重要功能区、主要交通集散点，以及规划人口规模 50 万～100 万人的城市，应能 15min 到达高、快速路网，30min 到达邻近铁路、公路枢纽，并至少有一种交通方式可在 60min 内到达邻近机场。

2. 对外交通设施规划

对外交通设施规划应符合下列规定：

（1）城市重大对外交通设施规划要充分考虑城市的远景发展要求。

（2）市域内对外交通通道、综合客运枢纽和城乡客运设施的布局应符合市域城镇发展要求。

（3）承担城市通勤交通的对外交通设施，其规划与交通组织应符合城市交通相关标准及要求，并与城市内部交通体系一规划。

（4）城市规划区内，同一对外交通走廊内相同走向的铁路、公路线路宜集中设置。

（5）城市道路上过境交通量大于等于 10000pcu/d，宜布局独立的过境交通通道。

（二）城市道路系统规划

1. 一般规定

（1）城市道路系统应保障城市正常经济社会活动所需的步行、非机动车和机动车交通的安全、便捷与高效运行。

（2）城市道路系统规划应结合城市的自然地形、地貌与交通特征，因地制宜进行规划，并应符合以下原则：

1）与城市交通发展目标相一致，符合城市的空间组织和交通特征；

2）道路网络布局和道路空间分配应体现以人为本、绿色交通优先，以及窄马路、密路网、完整街道的理念；

3）城市道路的功能、布局应与两侧城市的用地特征、城市用地开发状况相协调；

4）体现历史文化传统，保护历史城区的道路格局，反映城市风貌；

5）为工程管线和相关市政公用设施布设提供空间；

6）满足城市救灾、避难和通风的要求。

（3）承担城市通勤交通功能的公路应纳入城市道路系统统一规划。

（4）中心城区内道路系统的密度不宜小于 8km/km^2。

2. 城市道路的功能等级

按照城市道路所承担的城市活动特征，城市道路应分为干线道路、支线道路，以及联系两者的集散道路 3 个大类；城市快速路、主干路、次干路和支路 4 个中类和 8 个小类。不同城市应根据城市规模、空间形态和城市活动特征等因素确定城市道路类别的构成。干线道路应承担城市中、长距离联系交通；集散道路和支线道路共同承担城市中、长距离联系交通的集散和城市中、短距离交通的组织（表 6-6）。

城市道路功能等级划分与规划要求　　　表 6-6

大类	中类	小类	功能说明	设计速度 （km/h）	高峰小时服务交通量推荐 （双向 pcu）
干线道路	快速路	Ⅰ级快速路	为城市长距离机动车出行提供快速、高效的交通服务	80～100	3000～12000
		Ⅱ级快速路	为城市长距离机动车出行提供快速交通服务	60～80	2400～9600
	主干路	Ⅰ级主干路	为城市主要分区（组团）间的中、长距离联系交通服务	60	2400～5600
		Ⅱ级主干路	为城市分区（组团）间中、长距离联系以及分区（组团）内部主要交通联系服务	50～60	1200～3600
		Ⅲ级主干路	为城市分区（组团）间联系以及分区（组团）内部中等距离交通联系提供辅助服务，为沿线用地服务较多	40～50	1000～3000
集散道路	次干路	次干路	为干线道路与支线道路的转换以及城市内中、短距离的地方性活动组织服务	30～50	300～2000
支线道路	支路	Ⅰ级支路	为短距离地方性活动组织服务	20～30	—
		Ⅱ级支路	为短距离地方性活动组织服务的街坊内道路、步行、非机动车专用路等	—	—

3. 城市道路红线宽度

（1）城市道路的红线宽度应优先满足城市公共交通、步行与非机动车交通通行空间的布设要求，并应根据城市道路承担的交通功能和城市用地开发状况，以及工程管线、地下空间、景观风貌等布设要求综合确定。

（2）城市道路的红线宽度（快速路包括辅路），规划人口规模 50 万人及以上城市不应超过 70m，20 万～50 万人的城市不应超过 55m，20 万人以下城市不应超过 40m。

（3）城市道路红线宽度还应符合下列规定：

1）对城市公共交通、步行与非机动车，以及工程管线、景观等无特殊要求的城市道路，红线宽度取值应符合表 6-7 确定。

无特殊要求的城市道路红线宽度取值 表 6-7

道路分类	快速路（不包括辅路）		主干路			次干路	支路	
	Ⅰ	Ⅱ	Ⅰ	Ⅱ	Ⅲ		Ⅰ	Ⅱ
双向车道数（条）	4～8	4～8	6～8	4～6	4～6	2～4	2	—
道路红线宽度（m）	25～35	25～40	40～50	40～45	40～45	20～35	14～20	—

2）城市道路红线还应符合如下步行与非机动车道的布设要求：

① 人行道最小宽度不应小于 2.0m，且应与车行道之间设置物理隔离；

② 大型公共建筑和大、中运量城市公共交通站点 800m 范围内，人行道最小通行宽度不应低于 4.0m；城市土地使用强度较高地区，各类步行设施网络密度不宜低于 14km/km²，其他地区各类步行设施网络密度不应低于 8km/km²。

3）城市应保护与延续历史街巷的宽度与走向。

4. 干线道路系统

（1）干线道路规划应以提高城市机动化交通运行效率为原则。

（2）干线道路上的步行、非机动车道应与机动车道隔离。

（3）干线道路不得穿越历史文化街区与文物保护单位的保护范围，以及其他历史地段。

（4）干线道路的选择应满足下列规定：

1）不同规模城市干线道路的选择宜符合表 6-8 的规定。

城市干线道路等级选择要求 表 6-8

规划人口规模（万人）	最高等级干线道路
≥200	Ⅰ级快速路或Ⅱ级快速路
100～200	Ⅱ级快速路或Ⅰ级主干路
50～100	Ⅰ级主干路
20～50	Ⅱ级主干路
≤20	Ⅲ级主干路

2）带形城市可参照上一档规划人口规模的城市选择。当中心城区长度超过 30km 时，宜规划Ⅰ级快速路；超过 20km 时，宜规划Ⅱ级快速路。

5. 集散道路与支路道路

（1）城市集散道路和支线道路系统应保障步行、非机动车和城市街道活动的空间，避免引入大量通过性交通。

（2）次干路主要起交通的集散作用，其里程占城市总道路里程的比例宜为5%～15%。

（3）城市居住街坊内道路应优先设置为步行与非机动车专用道路。

（4）城市不同功能地区的集散道路与支线道路密度，应结合用地布局和开发强度综合确定，街区尺度宜符合表6-9的规定。城市不同功能地区的建筑退线应与街区尺度相协调。

不同功能区的街区尺度推荐值　　　　　　　　　　　　　表6-9

类别	街区尺度（m）		路网密度（km/km²）
	长	宽	
居住区	≤300	≤300	≥8
商业区与就业集中的中心区	100～200	100～200	10～20
工业区、物流园区	≤600	≤600	≥4

注：工业区与物流园区的街区尺度根据产业特征确定；对于服务型园区，街区尺度应小于300m，路网密度应大于8km/km²。

6. 其他功能道路

（1）承担城市防灾救援通道的道路应符合下列规定：

1）次干路及以上等级道路两侧的高层建筑应根据救援要求确定道路的建筑退线；

2）立体交叉口宜采用下穿式；

3）道路宜结合绿地与广场、空地布局；

4）7度地震设防的城市每个疏散方向应有不少于2条对外放射的城市道路；

5）承担城市防灾救援的通道应适当增加通道方向的道路数量。

（2）旅游道路、公交专用路、非机动车专用路、步行街等具有特殊功能的道路，其断面应与承担的交通需求特征相符合。以旅游交通组织为主的道路应减少其所承担的城市交通功能。

五、城市绿地系统规划

城市绿地系统规划的任务是：制定城市各类绿地的用地指标，选定各项绿地的用地范围，合理安排整个城市的绿地布局。

（一）城市绿地的功能

（1）保护环境：防风沙、保水土、净化空气、降低噪声。

（2）改善城市面貌、提供休息游览场所。

（3）有利于战备、防震、抗灾。

（二）城市绿地分类

绿地应按主要功能进行分类，并可分为大类、中类、小类三个层次。

（1）公园绿地（G1）：向公众开放，以游戏为主要功能，兼具生态、景观、文教和应急避险等功能，有一定游憩和服务设施的绿地。

此大类下设综合公园（G11）、社区公园（G12）、专类公园（G13）、游园（G14）4个中类。

（2）防护绿地（G2）：用地独立，具有卫生、隔离、安全、生态防护功能，游人不宜进入的绿地。主要包括卫生隔离防护绿地、道路及铁路防护绿地、高压走廊防护绿地、公用设施防护绿地等。

（3）广场绿地（G3）：以游憩、纪念、集会和避险等功能为主的城市公共活动场地。绿化占地比例宜大于或等于35%；绿化占地比例大于或等于65%的广场用地计入公园绿地。

（4）附属绿地（XG）：附属于各类建设用地（除"绿地与广场用地"）的绿化用地。包括居住用地附属绿地、公共管理与公共服务设施用地附属绿地、商业服务业设施用地附属绿地、工业用地附属绿地、物流仓储用地附属绿地、道路与交通设施用地附属绿地、公用设施用地附属绿地共7个中类。不再重复参与城市建设用地平衡。

（5）区域绿地（EG）：位于城市建设用地之外，具有城乡生态环境及自然资源和文化资源保护、游憩健身、园林苗木生产等功能的绿地。不参与建设用地汇总，不包括耕地。

此大类下设风景游憩绿地（EG1）、生态保育绿地（EG2）、区域设施防护绿地（EG3）、生产绿地（EG4）4个中类。

注：依据《城市绿地分类标准》CJJ/T 85—2017。

（三）城市绿地的规划布置

（1）均衡分布，连成完整的园林绿地系统，做到点、线、面相结合。

（2）因地制宜，与河湖山川自然环境相结合。其布置形式有块状、带状、楔形、环形或穿插分布。

六、城市总体艺术布局

（一）城市总体艺术布局要求

1. 城市总体艺术布局与城市规划的关系

一个城市规划，不仅要创造良好的生产、生活环境，而且应有优美的城市景观。城市总体艺术布局，是根据城市的性质、规模、现状条件、城市用地总体规划，形成城市建设艺术布局的基本构思，确定城市建设艺术骨架。在详细规划中，要根据总体规划的艺术布局，进行城市空间组合，以达到城市建设艺术的整体与局部的协调统一。

2. 城市总体艺术布局与城市面貌的关系

城市艺术布局，要体现城市美学要求，为城市环境中自然美与人工美的综合，如建筑、道路、桥梁的布置与山势、水面、林木的良好结合；城市艺术面貌，是自然与人工、空间与时间、静态与动态的相互结合、交替变化而构成。

3. 城市总体艺术布局的协调统一要求

（1）艺术布局与适用、经济的统一。

（2）近期艺术面貌与远期艺术面貌的统一。

（3）整体与局部、重点与非重点的统一。要点、线、面相结合。

（4）历史条件、时代精神、不同风格、不同处理手法的统一。

（5）艺术布局与施工技术条件的统一。

4. 城市艺术面貌与环境保护、公用设施、城市管理密不可分

（二）自然环境、历史条件、工程设施与城市艺术布局关系密切

1. 自然环境的利用

（1）平原地区，规划布局紧凑整齐。为避免城市艺术布局单调，有时采用挖低补高、堆山积水、加强绿化、建筑高低配置得当，道路广场、主景对景的尺度处理适宜的手段，给城市创造丰富而有变化的立体空间。如北京。

（2）丘陵山川地区的城市规划布局，应充分结合地形条件。如兰州位于黄河河谷地带，采取分散与集中相结合的布局，城市分为四个相对独立的地区；拉萨建筑依山建设、层层叠叠，主体空间感较强。

（3）滨临河湖水域的城市，应充分利用水域进行城市艺术布局。如杭州、苏州、威尼斯等城市。

2. 历史条件的利用

对历史遗留下来的文化遗产和艺术面貌、要分情况进行保留、改造、迁移、拆除、恢复等多种方式的处理。

3. 结合城市工程设施、组织城市艺术面貌

结合城市的防洪、排涝、蓄水、护坡、护堤等工程设施，进行城市艺术面貌的处理。如北京的陶然亭公园、天津的水上公园的形成就是良好的范例。建筑是景观的重要组成部分，在完成景观规划设计后再进行工程施工，更能确保景观设计质量。

（三）城市景观设计

城市景观是城市形态特征给人们带来的视觉感受，是城市艺术的具体表现形式。一个优美的城市景观和优秀的环境艺术，是一个城市文明进步的象征和精神风貌的具体体现。

城市景观设计是根据城市的性质规模、社会文化、地形地貌、河湖水系、名胜古迹、林木绿化、有价值的建筑及可利用的优美景物，经研究分析后，通过艺术手段的再创造，将其组织到城市的总体艺术布局之中。例如利用地形可创造优美的山城、水城、平原型等不同特征的城市景观；根据社会文化背景可塑造美好的政治性、历史性、商业性、工业性、旅游性的不同特色的城市景观。

1. 城市景观的特征

①人工性与复合性；②地域性与文化性；③功能性与结构性；④复杂性与密集性；⑤可识别性与识别方式的多样性。

2. 城市景观规划设计原则

①适用经济原则；②美学原则；③时代原则；④大众原则；⑤地方特色原则；⑥生态原则；⑦整体原则。

3. 城市景观的类型

①街道景观；②广场景观；③建筑景观；④雕塑景观；⑤绿色景观；⑥山水景观；⑦特色景观。

第七节　城市公用设施规划

城市基础设施是为物质生产和人民生活提供一般条件的公共设施，是城市赖以生存和发展的基础。城市公用设施规划包括给水、排水、供电、通信、燃气、供热、防洪、消防、环卫、用地竖向及管线综合等工程系统规划。

（一）城市供水工程规划

城市给水工程系统由城市取水工程、净水工程、输配水工程等组成。

1. 城市用水量的估算

城市用水包括生活用水量、生产用水量、消防用水量和其他用水量等。

居住区生活用水量标准见表6-10。

居 住 区 生 活 用 水 量 标 准　　　　　　　　　　表 6-10

室 内 给 水 设 备 情 况	用水量 [L/（人·d）]		时变化系数 K 时
	平均日	最高日	
室内无给水排水卫生设备，从集中给水龙头取水	10～40	20～60	2.5～2.0
室内有给水龙头，但无卫生设备	20～70	40～90	2.8～1.8
室内有给水排水卫生设备，但无淋浴设备	55～100	85～130	1.8～1.5
室内有给水排水卫生设备，并有淋浴设备	90～160	130～190	1.7～1.4
室内有给水排水卫生设备，并有淋浴设备和集中式热水供应	130～190	170～220	1.5～1.3

2. 取水工程位置和用地要求

（1）水源选择的原则

1）水源水量必须充沛，保证枯水期供水充足；

2）取用良好水质的水源；

3）根据城市布局，可选一个或几个水源，或集中供水或分散供水，或二者结合；

4）选择水源要考虑当前、近期和远期对水量、水质的要求；

5）选择水源，要考虑吸水、输水方便，施工、运输、管理、维护的安全经济；

6）坚持开源节流的方针，协调与其他经济部门的关系；

7）选择水源时还应考虑取水工程本身与其他各种条件；

8）保证安全供水。

（2）水源的卫生防护

在水源周围建立的卫生防护地带分为：警戒区和限制区（图6-8）。

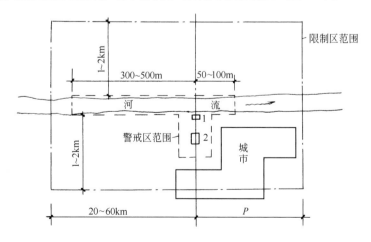

图 6-8　水源卫生防护范围示意

P—从净水构筑物到下流距离（一般到城市下游），根据风向、潮水和航行
可能带来的污染决定；1—取水构筑物；2—净水构筑物

1）地表水源取水点周围半径 100m 的水域内，严禁捕捞、停靠船只、游泳和从事可能污染水源的任何活动，并应设有明显的范围标志。地表水源取水点上游 1000m 至下游 100m 的水域，不得排入工业废水和生活污水，其沿岸防护范围不得堆放废渣，不得设立有害化学物品仓库、堆站或装卸垃圾、粪便和有毒物品的码头，沿岸农田不得使用工业废水或生活污水灌溉及施用持久性或剧毒的农药，不得从事放牧等可能污染该段水域水质的活动。

2）饮用水地下水源一级保护区位于开采井的周围，二级保护区位于一级保护区外，以保证集水有足够的滞后时间。以防止病原菌以外的其他污染。准保护区位于二级保护区外的主要补给区，以保护水源地的补给水源水量和水质。

（3）水厂的选址要求

1）水厂应选择在工程地质条件较好的地方。

2）水厂应尽可能选择在不受洪水威胁的地方，否则应考虑防洪措施。

3）水厂周围应具有较好的环境卫生条件和安全防护条件。

4）水厂应尽量设置在交通方便、靠近电源的地方。

5）水厂选址要考虑近、远期发展的需要。

6）当取水地点距离用水区较近时，水厂一般设置在取水设施附近。

7）井群应布置在城市上游，井管之间要保持一定的间距。

3. 给水管网规划

城市用水是通过输水干管和敷设配水管网送到用户的，输水管不少于两条。管网布置有树枝状和环状两种形式（图 6-9、图 6-10）。

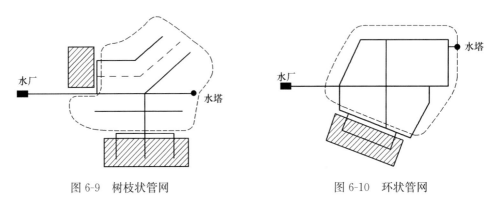

图 6-9 树枝状管网　　　　　　　　　　图 6-10 环状管网

（二）城市排水工程规划

城市排水工程系统由雨水排放工程、污水处理与排放工程组成。

排水工程一是把污水、废水集中并送到适当地点进行处理，达到卫生要求后再排放到水体中；二是把雨水及时排除；三是污水的综合利用。

1. 城市排水量的估算

（1）生活污水量，可参考表 6-11。

（2）工业废水量包括生产污水和生产废水两种，由工厂提供数值。

（3）雨水量，根据降雨强度和汇水面积计算。

居 住 区 生 活 污 水 量

表 6-11

室 内 卫 生 设 备 情 况	平均日污水量[L/(人·d)]
室内无给水排水卫生设备，从集中给水龙头取水，由室外排水管道排水	10～40
室内有给水排水设备，但无水冲式厕所	20～70
室内有给水排水卫生设备，但无淋浴设备	55～100
室内有给水排水卫生设备和淋浴设备	90～160
室内有给水排水卫生设备，并有淋浴和集中热水供应	130～190

2. 排水工程的组成和排水系统

排水工程包括排水管道和污水处理厂两部分。

(1) 排水制度有分流制和合流制两种。

1) 分流制排水系统是将生活污水、工业废水和雨水分别在两个或两个以上各自独立的管渠内排除的系统；分流制包括完全分流制和不完全分流制两种。

2) 合流制排水系统是将生活污水、工业废水和雨水混合在一个管渠内排除的系统；合流制包括直排式合流制和截流式合流制两种。

(2) 排水系统的几种布置形式：截流布置、扇形布置、分区布置和分散布置（图 6-11）。

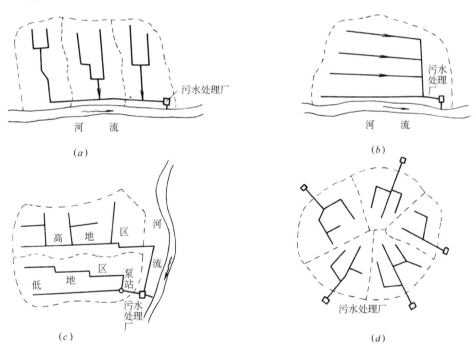

图 6-11 排水系统布置形式

(*a*) 截流布置；(*b*) 扇形布置；(*c*) 分区布置；(*d*) 分散布置

3. 污水处理厂的用地选择

污水处理厂应设在城市水体的下游、地势较低、便于城市污水汇流入厂内，远离居住区之处。

1) 其厂址选择应与排水管道系统布置以及水系规划统一考虑，充分考虑地形的影响；

2）宜设在水体附近，便于处理后的污水就近排入水体；

3）尽可能与回用处理后污水的主要用户靠近；

4）其厂址选择应注意城市近、远期发展问题；

5）不宜设在雨季易受水淹的低洼处；靠近水体的污水处理厂不应受到洪水威胁。

（三）城市电力系统规划

城市电力系统工程由城市电源工程和城市输配电网络工程组成。

1. 城市电源工程

城市电源工程具有自身发电或从区域电网上获取电源，为城市提供电源的功能。城市电源工程主要有城市电厂、区域变电所（站）等电源设施。城市电厂是专为本城市服务的火力发电厂、水力发电厂（站）、核能发电厂（站）、风力发电厂、地热发电厂等电厂。区域变电所（站）是区域电网上供给城市电源所接入的变电所（站），通常是≥110kV电压的高压变电所（站）或超高压变电所（站）。

2. 城市输配电网络工程

城市输配电网络工程由城市输送电网与配电网组成。城市输送电网含有城市变电所（站）和从城市电厂、区域变电所（站）接入的输送电线路等设施。城市变电所通常为>10kV电压的变电所。城市输送电线路以架空电缆为主，重点地段采用直埋电缆、管道电缆等敷设形式。输送电网具有将城市电源输入城区，并将电源变压进入城市配电网的功能。

3. 城市供电工程系统规划

（1）城市供电工程系统规划的主要内容

根据城市规划编制层次，城市供电工程系统规划也分为总体规划和详细规划两个层次。

1）总体规划主要内容：确定用电标准，预测城市供电负荷；选择供电电源，进行供电电源规划；确定城市供电电压等级和变电设施容量、数量，进行变电设施布局；布局高、中压送电网和高压走廊；布局中、低压配电网；制订城市供电设施保护措施。

2）详细规划主要内容：计算供电负荷；选择和布局规划范围内的变配电设施；规划设计高压配电网；规划设计低压配电网。

（2）城市供电设施规划要点

城市电力设施通常分为城市发电厂和变电所两种基本类型。城市电力供应可以由城市发电厂直接提供，也可由外地发电厂经高压长途输送至电源变电所，再进入城市电网。变电所除变换电压外，还起到集中电力和分配电力的作用，并控制电力流向和调整电压。

1）城市发电厂选址要点

城市发电厂有火力发电厂、水力发电站、风力发电厂、太阳能发电厂等。目前我国作为城市电源的发电厂以火电厂和水电站为主。水电站布局往往距离城市较远，但一些火电厂需要在城市内部和边缘地区进行选址布局。

2）城市电源变电所选址要点

a. 位于城市的边缘或外围，便于进出线。

b. 宜避开易燃、易爆设施，避开大气严重污染地区及严重烟雾区。

c. 应满足防洪、抗震的要求：220～500kV变电所的所址标高，宜高于百年一遇洪水水位；35～110kV变电所的所址标高，宜高于五十年一遇洪水水位。变电所所址应有良好的地质条件。

d. 不得布置在国家重点保护的文化遗址或有重要开采价值的矿藏上，并协调与风景名胜区、军事设施、通信设施、机场等的关系。电力系统距电台、机场导航等均应有足够的距离（表 6-12）。

干扰源与天线尖端最小距离

表 6-12

干　扰　源	与天线尖端最小距离 （km）	干　扰　源	与天线尖端最小距离 （km）
60kV 以上输电线	2.0	高于 35kV 变电所	2.0
35kV 以下送电线	1.0	35kV 以下变电所	5.5

（四）城市供热系统规划

城市采暖有分散和集中两种供热方式。分散式小锅炉房供热，耗煤多，有污染，逐步淘汰。分散式电供热，清洁热源是发展方向；集中供热有热电厂供热和区域锅炉房供热两种方式，这是城市现代化的要求。

供热系统是由热源、管网和热用户散热器三部分组成。供热载体分水载热体和蒸汽载热体两种。

供热管网一般为地下敷设，在不影响市容时可架空供热管网。其管网空间位置，应满足交通及其他各种管线的间距要求。

（五）城市燃气系统规划

城市燃气工程系统由燃气气源工程、储气工程、输配气管网工程等组成。城市燃气系统规划，要以城市工业、民用燃气的要求，对城市燃气作综合安排，确定燃气系统方式、气源、储备站的位置及规模。

1. 城市燃气的分类

（1）按燃气用途分类

1）远距离输气干管；

2）城市燃气管道；

3）工业企业燃气管道。

（2）根据燃气管输气压力分类

1）低压燃气管道：$P<0.01$MPa；

2）中压燃气管道：A　0.2MPa$<P\leqslant0.4$MPa；B　0.01MPa$\leqslant P\leqslant0.2$MPa；

3）次高压燃气管：A　0.8MPa$<P\leqslant1.6$MPa；B　0.4MPa$<P\leqslant0.8$MPa；

4）高压燃气管：　A　2.5MPa$<P\leqslant4.0$MPa；B　1.6MPa$<P\leqslant2.5$MPa。

（3）按燃气管敷设方式分类

1）地下燃气管道；

2）架空燃气管道（工厂中常用）。

（4）按燃气气源分类

城市燃气主要包括天然气、液化石油气和人工煤气三类。

2. 燃气气源设施规划要点

城市燃气气源设施主要是煤气制气厂、天然气门站、液化石油气供应基地等规模较大的供气设施。

城市燃气输配设施的规划要点：由于燃气易燃易爆的特点，这些设施布局时除了应满足系统本身的要求外，还应尽量保证设施与周边建筑或用地的安全距离，减少安全隐患。

3. 管网的布置要求

燃气管网在城市中的布置，应满足交通、各种管线的防护及建筑安全的要求。

4. 选址要求

燃气厂、焦化厂、储气站、调压站、液化石油气储配站、灌瓶站、液化石油气供应站的选址，应位于交通便利、经济安全、对环境无污染地段。

(六) 城市防灾工程系统规划

1. 城市防灾工程体系的构成与功能

城市防灾指防御或防止灾害的发生，同时包括对城市灾害的监测、预报、防护、抗御、救援和灾后恢复重建等多方面的工作。城市防灾系统主要由城市消防、防洪（潮、汛）、抗震、防空袭等系统及救灾生命线系统等组成。

（1）城市消防系统

城市消防系统有消防站（队），消防给水管网、消火栓等设施。消防系统的功能是日常防范火灾、及时发现与迅速扑灭各种火灾，避免或减少火灾损失。

（2）城市防洪（潮、汛）系统

城市防洪（潮、汛）系统有防洪（潮、汛）堤、截洪沟、泄洪沟、分洪闸、防洪闸、排涝泵站等设施。城市防洪系统的功能是采用避、拦、堵、截、导等各种方法，抗御洪水和潮汛的侵袭，排除城区涝渍，保护城市安全。

（3）城市抗震系统

城市抗震系统主要在于加强建筑物、构筑物等的抗震强度，合理设置避灾疏散场地和道路。

（4）城市人民防空袭系统

城市人防系统的功能是提供战时市民防御空袭，核战争时提供安全空间和物资供应。城市人民防空袭系统（简称人防系统）包括防空袭指挥中心、专业防空设施、防空掩体工事、地下建筑、地下通道以及战时所需的地下仓库、水厂、变电站、医院等设施。城市人防设施在满足安全要求的前提下，应尽可能成为城市日常活动的场所。

（5）城市救灾生命线系统

城市救灾生命线系统由城市急救中心，疏运通道以及给水、供电、燃气、通信等设施组成。城市救灾生命线系统的功能是在发生各种城市灾害时，提供医疗救护，运输以及供水、电、通信调度等物质条件。

2. 城市防灾标准

（1）城市防洪标准

防护对象的防洪标准应以防御的洪水或潮水的重现期表示；对于特别重要的防护对象，可采用可能最大洪水表示。防洪标准可根据不同防护对象的需要，采用设计一级或设计、校核两级。

防洪工程设计是以洪峰流量和水位为依据的，而洪水的大小通常是以某一频率的洪水量来表示。防洪工程的设计是以工程性质、防范范围及其重要性的要求，选定某一频率作为计算洪峰流量的设计标准的。通常洪水的频率用重现期的倒数代替表示，例如重现期为50年的洪水，其频率为2％；重现期愈大，设计标准也就越高。

城市防护区根据其政治、经济地位的重要性、常住人口或当量经济规模指标，可分为Ⅰ~Ⅳ四个防护等级，其重要性和防洪标准应符合《防洪标准》GB 50201—2014 的确定。

（2）城市抗震标准

城市的抗震标准即为抗震设防烈度，抗震设防烈度一般情况下可采用基本烈度。地震基本烈度指一个地区今后一段时期内，在一般场地条件下可能遭遇的最大地震烈度，即现行《中国地震烈度区划图》规定的烈度。

我国工程建设从地震基本烈度6度开始设防，抗震设防烈度有6、7、8、9、10 几个等级（一般可以把"设防烈度为6度、7度……"简述为"6度、7度……"）。6度及6度以下的城市一般为非重点抗震防灾城市。但并不是说，这些城市不需要考虑抗震问题；6度地震区内的重要城市与国家重点抗震城市和位于7度以上（含7度）地区的城市，都必须考虑城市抗震问题，编制城市抗震防灾规划。

对于建筑来说，可以根据其重要性确定不同的抗震设计标准；根据建筑的重要性，可分为甲、乙、丙、丁四类建筑，各类建筑的抗震设防标准应符合《建筑抗震设计规范》GB 500011—2010（2016 年版）的规定。

（3）城市消防标准

城市的消防标准主要体现在建、构筑物的防火设计上。在城市消防工作中，国家或地方制定的这些与消防有关的法律、规范、标准是重要依据。与城市消防密切相关的规范、标准有《建筑设计防火规范》GB 50016—2014（2018 年版）、《消防站建筑设计标准》GNJ 1—81、《城镇消防站布局与技术装备配备标准》GNJ 1—82 等。

（4）城市人防标准

城市人防规划需要确定人防工程的大致总量规模，由此确定人防设施的布局。预测城市人防工程总量首先需要确定城市战时留城人口数。一般说来，战时留城人口约占城市总人口的30％~40％。按人均1~1.5m² 的人防工程面积标准，则可推算出城市所需的人防工程面积。

在居住区规划中，按照有关标准，在成片居住区内应按总建筑面积的2％设置人防工程，或按地面建筑总投资的6％左右进行安排。居住区防空地下室的战时用途应以居民掩蔽为主，规模较大的居住区的防空地下室项目应尽量配套齐全。

3. 城市主要防灾设施规划布局要点

（1）消防站规划布局要点

1）我国城市消防站的设置要求

① 在接警5min后，消防队可到达责任区边缘，消防站责任区的面积宜为4~7km²；

② 1.5万~5万人的小城镇可设1处消防站，5万人以上的小城镇可设1~2处；

③ 沿海、内河港口城市，应考虑设置水上消防站；

④ 一些地处城市边缘或外围的大中型企业，消防队接警后难以在5min内赶到，应设专用消防站；

⑤ 易燃、易爆危险品生产运输量大的地区，应设特种消防站。

2）城市消防站布局要求

① 消防站应位于责任区的中心；

② 消防站应设于交通便利的地点，如城市干道一侧或十字路口附近；

③ 消防站应与医院、小学、幼托以及人流集中的建筑保持 50m 以上的距离，以防相互干扰；

④ 消防站应确保自身的安全，与危险品或易燃易爆品的生产储运设施或单位保持 200m 以上间距，且位于这些设施的上风向或侧风向。

（2）防洪堤设置要点

根据城市的具体情况，防洪堤可能在河道一侧修建，也可能在河道两侧修建。在城市中心区的堤防工程，宜采用防洪墙，防洪墙可采用钢筋混凝土结构，也可采用混凝土和浆砌石防洪墙。

堤顶和防洪墙顶标高一般为设计洪（潮）水位加上超高，当堤顶设防浪墙时，堤顶标高应高于洪（潮）水位 0.5m 以上。

（3）人防设施规划布局要点

1）避开易遭到袭击的重要军事目标，如军事基地、机场、码头等；

2）避开易燃易爆品生产储运单位和设施，控制距离应大于 50m；

3）避开有害液体和有毒重气体贮罐，距离应大于 100m；

4）人员掩蔽所距人员工作生活地点不宜大于 200m。

（4）避震疏散通道和疏散场地规划布局要点

1）避震疏散场地分类

城市避震和震时疏散可分为就地疏散、中程疏散和远程疏散。就地疏散指城市居民临时疏散至居所或工作地点附近的公园、操场或其他旷地；中程疏散指居民疏散至约 1～2km 半径内的空旷地带；远程疏散指城市居民使用各种交通工具疏散至外地的过程。

疏散场地可划分为：紧急避震疏散场所（临时、就近避难场所，通常选择城市内的小公园、小花园、小广场、专业绿地、高层建筑中的避难层、间等）、固定避震疏散场所（较长时间避难、集中性救援场所，通常选择公园、广场、体育场馆、大型人防工程、停车场、空地、绿化隔离带及公共设施等）、中心避震疏散场所（规模大、功能全、起避难中心作用的固定避难疏散场所）三种类型。

2）疏散通道规划布局要点

城市内疏散通道的宽度不应小于 15m，一般为城市主干道，通向市内疏散场地和郊外旷地，或通向长途交通设施。对于 100 万人口以上的大城市，至少应有两条以上不经过市区的过境公路，其间距应大于 20km。

城市的出入口数量应符合以下要求：中小城市不少于 4 个，大城市和特大城市不少于 8 个。与城市出入口相连接的城市主干道两侧应保证建筑倒塌后不阻塞交通。

紧急避震疏散场所内外的避震疏散通道有效宽度不宜低于 4m，固定避震疏散场所内外的避震疏散主通道有效宽度不宜低于 7m。与城市主入口、中心避震疏散场所、市政府抗震救灾指挥中心相连的救灾主干道不宜低于 15m。避震疏散主通道两侧的建筑应能保证疏散通道的安全畅通。

3）疏散场地规划布局要点

避震疏散场所的规模应符合以下标准：紧急避震疏散场所的用地不宜小于 0.1hm²，

固定避震疏散场所不宜小于 1hm²，中心避震疏散场所不宜小于 50hm²。

紧急避震疏散场所的服务半径宜为 500m，步行大约 10min 之内可以到达；固定避震疏散场所的服务半径宜为 2~3km，步行大约 1h 之内可以到达。

应对避震疏散场所用地和避震疏散通道提出规划要求。新建城区应根据需要，规划建设一定数量的防灾据点、防灾公园。在进行避震疏散规划时，应充分利用城市的绿地和广场作为避震疏散场所；明确设置防灾据点和防灾公园的规划建设要求，改善避震疏散条件。

避震疏散场所应具有畅通的周边交通环境和配套设施。避震疏散场所不应规划建设在不适宜用地的范围内。避震疏散场所距次生灾害危险源的距离应满足国家现行重大危险源和防火的有关标准规范要求；四周有次生火灾或爆炸危险源时，应设防火隔离带或防火树林带。

例 6-3 （2021）城市抗震防灾规划中属于中心避难场所的是（   ）。
A 城市防灾公园
B 临时避难绿地
C 紧急避难绿地
D 隔离缓冲绿带

解析：根据《城市规划原理》（第四版）P470，中心避震疏散场所是规模较大，功能较全，起避难中心作用的固定避震疏散场所。场所内一般设抢险救灾部队营地、医疗抢救中心和重伤员转运中心等，故本题应选 A。

答案：A

（七）城市管线工程综合（详见本书第二章第四节）
（八）城市用地竖向规划（详见本书第二章第四节）

第八节 城市规划中的技术经济分析

（一）城市建设用地平衡表的作用及内容
（1）反映城市土地使用的水平和比例，作为制定规划的依据之一。
（2）用以比较城市之间建设用地情况。
（3）作为规划管理中审定城市建设用地的依据。

城市建设用地平衡表，见表 6-13。

城市建设用地平衡表 表 6-13

用地代码	用地名称		用地面积（hm²）		占城市建设用地比例（%）		人均城市建设用地面积（m²/人）	
			现状	规划	现状	规划	现状	规划
R	居住用地							
A	公共管理与公共服务设施用地							
	其中	行政办公用地						
		文化设施用地						
		教育科研用地						

用地代码	用地名称		用地面积 (hm²)		占城市建设用地比例（%）		人均城市建设用地面积（m²/人）	
			现状	规划	现状	规划	现状	规划
A	其中	体育用地						
		医疗卫生用地						
		社会福利用地						
		……						
B	商业服务业设施用地							
M	工业用地							
W	物流仓储用地							
S	道路与交通设施用地							
	其中：城市道路用地							
U	公用设施用地							
G	绿地与广场用地							
	其中：公园绿地							
H11	城市建设用地				100	100		

备注：_____年现状常住人口_____万人

　　　_____年规划常住人口_____万人

（二）合理确定城市各项用地的比例

城市各项建设用地在一定条件下存在一定的比例关系。2010年12月颁布的新国家标准《城市用地分类与规划建设用地标准》GB 50137—2011，是城市总体规划用地的控制标准，也是详细规划指标的依据。城市用地标准包括：

（1）规划人均城市建设用地面积指标，见第二章第六节中引自原标准中的表4.2.1。

（2）规划人均单项城市建设用地面积指标，见第二章第六节中的相关内容。

（3）规划城市建设用地结构，见第二章第六节中引自原标准中的表4.4.1。

（三）强化城市功能，提高土地利用率

城市建设用地必须付出一定投资，具备一定市政工程和公用设施，才能发挥它的使用价值。根据土地开发程度和地段繁华程度，将城市土地按土地性质分类，按土地级差效益分级，用以提高城市用地利用率和用地的经济性。

第九节　居　住　区　规　划

本节内容主要基于《城市居住区规划设计标准》GB 50180—2018；其他有关城市居住区规划设计与建设的技术资料，尤其是《建筑设计资料集1、2》（第三版）关于住区空间结构模式及住宅群体组织模式等方面的内容，详见本书第二章第二节"三"。

（一）总则

1. 新版《居住区标准》制定的意义及其主要修订内容

为了应对《城市居住区规划设计规范》GB 50180—93已不能完全适应现阶段城市居

住区规划建设管理工作所面临挑战的现状，2018年12月1日《城市居住区规划设计标准》GB 50180—2018（以下简称新版《居住区标准》）正式颁布实施。

新版《居住区标准》制定的意义：确保居住生活环境宜居适度、科学合理、经济有效地利用土地和空间，保障城市居住区规划设计质量，规范城市居住区的规划、建设与管理。

新版《居住区标准》的主要修订内容：

（1）适用范围从居住区的规划设计扩展至城市规划的编制以及城市居住区的规划设计。

（2）调整居住区分级控制方式与规模，统筹、整合、细化了居住区用地与建筑相关控制指标；优化了配套设施和公共绿地的控制指标和设置规定。

（3）与现行相关国家标准、行业标准、建设标准进行对接与协调；删除了工程管线综合及竖向设计的有关技术内容；简化了术语概念。

2. 新版《居住区标准》的适用范围

新版《居住区标准》适用于城市规划的编制以及城市居住区的规划设计。

3. 城市居住区规划建设的基本原则

城市居住区规划设计应遵循创新、协调、绿色、开放、共享的发展理念，营造安全、卫生、方便、舒适、美丽、和谐以及多样化的居住生活环境。

（二）术语解析

（1）城市居住区：城市中住宅建筑相对集中布局的地区，简称居住区。

（2）十五分钟生活圈居住区：以居民步行十五分钟可满足其物质与生活文化需求为原则划分的居住区范围；一般由城市干路或用地边界线所围合，居住人口规模为50000～100000人（约17000～32000套住宅），配套设施完善的地区。

（3）十分钟生活圈居住区：以居民步行十分钟可满足其基本物质与生活文化需求为原则划分的居住区范围；一般由城市干路、支路或用地边界线所围合，居住人口规模为15000～25000人（约5000～8000套住宅），配套设施齐全的地区。

（4）五分钟生活圈居住区：以居民步行五分钟可满足其基本生活需求为原则划分的居住区范围；一般由支路及以上级城市道路或用地边界线所围合，居住人口规模为5000～12000人（约1500～4000套住宅），配建社区服务设施的地区。

（5）居住街坊：由支路等城市道路或用地边界线围合的住宅用地，是住宅建筑组合形成的居住基本单元；居住人口规模在1000～3000人（约300～1000套住宅，用地面积2～4hm²），并配建有便民服务设施。

（6）住宅建筑平均层数：一定用地范围内，住宅建筑总面积与住宅建筑基底总面积的比值所得的层数。

（三）基本规定

1. 居住区规划设计的基本原则

居住区规划设计应坚持以人为本的基本原则，遵循适用、经济、绿色、美观的建筑方针，并应符合下列规定：

（1）应符合城市总体规划及控制性详细规划。

（2）应符合所在地气候特点与环境条件、经济社会发展水平和文化习俗。

（3）应遵循统一规划、合理布局，节约土地、因地制宜，配套建设、综合开发的原则。

（4）应为老年人、儿童、残疾人的生活和社会活动提供便利的条件和场所。

（5）应延续城市的历史文脉、保护历史文化遗产并与传统风貌相协调。

（6）应采用低影响开发的建设方式，并应采取有效措施促进雨水的自然积存、自然渗透与自然净化。

（7）应符合城市设计对公共空间、建筑群体、园林景观、市政等环境设施的有关控制要求。

2. 居住区规划选址的安全性原则

居住区应选择在安全、适宜居住的地段进行建设，并应符合下列规定：

（1）不得在有滑坡、泥石流、山洪等自然灾害威胁的地段进行建设。

（2）与危险化学品及易燃易爆品等危险源的距离，必须满足有关安全规定。

（3）存在噪声污染、光污染的地段，应采取相应的降低噪声和光污染的防护措施。

（4）土壤存在污染的地段，必须采取有效措施进行无害化处理，并应达到居住用地土壤环境质量的要求。

本条明确了居住区规划选址必须遵守的安全性原则，为强制性条文。居住区是城市居民居住生活的场所，其选址的安全性、适宜性规定是居民安居生活的基本保障。

3. 居住区规划布局的安全性要求

住区规划设计应统筹考虑居民的应急避难场所和疏散通道，并应符合国家有关应急防灾的安全管控要求。

4. 居住区分级控制规模的划分

居住区按照居民在合理的步行距离内满足基本生活需求的原则，可分为十五分钟生活圈居住区、十分钟生活圈居住区、五分钟生活圈居住区及居住街坊共 4 级，其分级控制规模应符合表 6-14 的规定。

居住区分级控制规模　　　　　　　　　　　　　　表 6-14

距离与规模	十五分钟生活圈居住区	十分钟生活圈居住区	五分钟生活圈居住区	居住街坊
步行距离（m）	800～1000	500	300	—
居住人口（人）	50000～100000	15000～25000	5000～12000	1000～3000
住宅数量（套）	17000～32000	5000～8000	1500～4000	300～1000

5. 居住区应配套建设的各项设施和绿地

居住区应根据其分级控制规模，对应规划建设配套设施和公共绿地，并应符合下列规定：

（1）新建居住区，应满足统筹规划、同步建设、同期投入使用的要求。

（2）旧区可遵循规划匹配、建设补缺、综合达标、逐步完善的原则进行改造。

6. 居住区规划建设与历史文化遗产保护

涉及历史城区、历史文化街区、文物保护单位及历史建筑的居住区规划建设项目，必须遵守国家有关规划的保护与建设控制规定。

7. 低影响开发的基本原则

居住区应有效组织雨水的收集与排放，并应满足地表径流控制、内涝灾害防治、面源污染治理及雨水资源化利用的要求。

8. 地下空间的适度开发利用

居住区地下空间的开发利用应适度，应合理控制用地的不透水面积并留足雨水自然渗透、净化所需的土壤生态空间。

9. 必须执行的相关标准

居住区的工程管线规划设计应符合现行国家标准《城市工程管线综合规划规范》GB 50289 的有关规定；居住区的竖向规划设计应符合现行行业标准《城乡建设用地竖向规划规范》CJJ 83 的有关规定。

（四）用地与建筑

1. 各级生活圈居住区的用地构成及控制指标

各级生活圈居住区用地应合理配置、适度开发，其控制指标应符合下列规定：

（1）十五分钟生活圈居住区用地控制指标应符合表 6-15 的规定；

十五分钟生活圈居住区用地控制指标 表 6-15

建筑气候区划	住宅建筑平均层数类别	人均居住区用地面积（m²/人）	居住区用地容积率	居住区用地构成（%）				
				住宅用地	配套设施用地	公共绿地	城市道路用地	合计
Ⅰ、Ⅶ	多层Ⅰ类（4层~6层）	40~54	0.8~1.0	58~61	12~16	7~11	15~20	100
Ⅱ、Ⅵ		38~51	0.8~1.0					
Ⅲ、Ⅳ、Ⅴ		37~48	0.9~1.1					
Ⅰ、Ⅶ	多层Ⅱ类（7层~9层）	35~42	1.0~1.1	52~58	13~20	9~13	15~20	100
Ⅱ、Ⅵ		33~41	1.0~1.2					
Ⅲ、Ⅳ、Ⅴ		31~39	1.1~1.3					
Ⅰ、Ⅶ	高层Ⅰ类（10层~18层）	28~38	1.1~1.4	48~52	16~23	11~16	15~20	100
Ⅱ、Ⅵ		27~36	1.2~1.4					
Ⅲ、Ⅳ、Ⅴ		26~34	1.2~1.5					

注：居住区用地容积率是生活圈内，住宅建筑及其配套设施地上建筑面积之和与居住区用地总面积的比值。

（2）十分钟生活圈居住区用地控制指标应符合表 6-16 的规定；

（3）五分钟生活圈居住区用地控制指标应符合表 6-17 的规定。

十分钟生活圈居住区用地控制指标 表 6-16

建筑气候区划	住宅建筑平均层数类别	人均居住区用地面积（m²/人）	居住区用地容积率	居住区用地构成（%）				
				住宅用地	配套设施用地	公共绿地	城市道路用地	合计
Ⅰ、Ⅶ	低层（1层~3层）	49~51	0.8~0.9	71~73	5~8	4~5	15~20	100
Ⅱ、Ⅵ		45~51	0.8~0.9					
Ⅲ、Ⅳ、Ⅴ		42~51	0.8~0.9					

建筑气候区划	住宅建筑平均层数类别	人均居住区用地面积（m²/人）	居住区用地容积率	居住区用地构成（%）				
				住宅用地	配套设施用地	公共绿地	城市道路用地	合计
I、VII	多层I类（4层~6层）	35~47	0.8~1.1	68~70	8~9	4~6	15~20	100
II、VI		33~44	0.9~1.1					
III、IV、V		32~41	0.9~1.2					
I、VII	多层II类（7层~9层）	30~35	1.1~1.2	64~67	9~12	6~8	15~20	100
II、VI		28~33	1.2~1.3					
III、IV、V		26~32	1.2~1.4					
I、VII	高层I类（10层~18层）	23~31	1.2~1.6	60~64	12~14	7~10	15~20	100
II、VI		22~28	1.3~1.7					
III、IV、V		21~27	1.4~1.8					

五分钟生活圈居住区用地控制指标　　　　表 6-17

建筑气候区划	住宅建筑平均层数类别	人均居住区用地面积（m²/人）	居住区用地容积率	居住区用地构成（%）				
				住宅用地	配套设施用地	公共绿地	城市道路用地	合计
I、VII	低层（1层~3层）	46~47	0.7~0.8	76~77	3~4	2~3	15~20	100
II、VI		43~47	0.8~0.9					
III、IV、V		39~47	0.8~0.9					
I、VII	多层I类（4层~6层）	32~43	0.8~1.1	74~76	4~5	2~3	15~20	100
II、VI		31~40	0.9~1.2					
III、IV、V		29~37	1.0~1.2					
I、VII	多层II类（7层~9层）	28~31	1.2、1.3	72~74	5~6	3~4	15~20	100
II、VI		25~29	1.2~1.4					
III、IV、V		23~27	1.3~1.6					
I、VII	高层I类（10层~18层）	20~27	1.4~1.8	69~72	6~8	4~5	15~20	100
II、VI		19~25	1.5~1.9					
III、IV、V		18~23	1.6~2.0					

2. 居住街坊的各项控制指标

居住街坊用地与建筑控制指标应符合表 6-18 的规定。

居住街坊用地与建筑控制指标　　　　表 6-18

建筑气候区划	住宅建筑平均层数类别	住宅用地容积率	建筑密度最大值（%）	绿地率最小值（%）	住宅建筑高度控制最大值（m）	人均住宅用地面积最大值（m²/人）
I、VII	低层（1层~3层）	1.0	35	30	18	36
	多层I类（4层~6层）	1.1~1.4	28	30	27	32
	多层II类（7层~9层）	1.5~1.7	25	30	36	22
	高层I类（10层~18层）	1.8~2.4	20	35	54	19
	高层II类（19层~26层）	2.5~2.8	20	35	80	13

建筑气候区划	住宅建筑平均层数类别	住宅用地容积率	建筑密度最大值（%）	绿地率最小值（%）	住宅建筑高度控制最大值（m）	人均住宅用地面积最大值（m²/人）
Ⅱ、Ⅵ	低层（1层~3层）	1.0、1.1	40	28	18	36
	多层Ⅰ类（4层~6层）	1.2~1.5	30	30	27	30
	多层Ⅱ类（7层~9层）	1.6~1.9	28	30	36	21
	高层Ⅰ类（10层~18层）	2.0~2.6	20	35	54	17
	高层Ⅱ类（19层~26层）	2.7~2.9	20	35	80	13
Ⅲ、Ⅳ、Ⅴ	低层（1层~3层）	1.0~1.2	43	25	18	36
	多层Ⅰ类（4层~6层）	1.3~1.6	32	30	27	27
	多层Ⅱ类（7层~9层）	1.7~2.1	30	30	36	20
	高层Ⅰ类（10层~18层）	2.2~2.8	22	35	54	16
	高层Ⅱ类（19层~26层）	2.9~3.1	22	35	80	12

注：1. 住宅用地容积率是居住街坊内，住宅建筑及其便民服务设施地上建筑面积之和与住宅用地总面积的比值；

2. 建筑密度是居住街坊内，住宅建筑及其便民服务设施建筑基底面积与该居住街坊用地面积的比率（%）；

3. 绿地率是居住街坊内绿地面积之和与该居住街坊用地面积的比率（%）。

【注意】本条为强制性条文，明确规定了居住街坊的各项控制指标。新版《居住区标准》对居住区的开发强度提出了限制要求。不鼓励高强度开发居住用地及大面积建设高层住宅建筑，并对容积率、住宅建筑控制高度提出了较为适宜的控制范围。在相同的容积率控制条件下，对住宅建筑控制高度最大值进行了控制，既能避免住宅建筑群比例失态的"高低配"现象的出现，又能为合理设置高低错落的住宅建筑群留出空间。高层住宅建筑形成的居住街坊由于建筑密度低，应设置更多的绿地空间，因此对绿地率指标也相应进行了调整。

3. 采取低层（或多层）高密度布局形式的居住街坊各项控制指标

当住宅建筑采用低层或多层高密度布局形式时，居住街坊用地与建筑控制指标应符合表 6-19 的规定。

低层或多层高密度居住街坊用地与建筑控制指标　　　表 6-19

建筑气候区划	住宅建筑层数类别	住宅用地容积率	建筑密度最大值（%）	绿地率最小值（%）	住宅建筑高度控制最大值（m）	人均住宅用地面积（m²/人）
Ⅰ、Ⅶ	低层（1层~3层）	1.0、1.1	42	25	11	32~36
	多层Ⅰ类（4层~6层）	1.4、1.5	32	28	20	24~26
Ⅱ、Ⅵ	低层（1层~3层）	1.1、1.2	47	23	11	30~32
	多层Ⅰ类（4层~6层）	1.5~1.7	38	28	20	21~24
Ⅲ、Ⅳ、Ⅴ	低层（1层~3层）	1.2、1.3	50	20	11	27~30
	多层Ⅰ类（4层~6层）	1.6~1.8	42	25	20	20~22

【注意】本条为强制性条文。在城市旧区改建等情况下，建筑高度受到严格控制，居住区可采用低层高密度或多层高密度的布局方式，结合气候区分布，其绿地率可酌情降低，建筑密度可适当提高。多层高密度宜采用围合式布局，同时利用公共建筑的屋顶绿化改善居住环境，并形成开放便捷、尺度适宜的生活街区。

4. 新建各级生活圈居住区配建公共绿地的有关规定

新建各级生活圈居住区应配套规划建设公共绿地，并应集中设置具有一定规模，且能开展休闲、体育活动的居住区公园；公共绿地控制指标应符合表 6-20 的规定。

公共绿地控制指标　　　　　　　　　　　　　表 6-20

类别	人均公共绿地面积（m²/人）	居住区公园		备注
		最小规模（hm²）	最小宽度（m）	
十五分钟生活圈居住区	2.0	5.0	80	不含十分钟生活圈及以下级居住区的公共绿地指标
十分钟生活圈居住区	1.0	1.0	50	不含五分钟生活圈及以下级居住区的公共绿地指标
五分钟生活圈居住区	1.0	0.4	30	不含居住街坊的绿地指标

注：居住区公园中应设置 10%～15% 的体育活动场地。

【注意】本条为强制性条文。为落实《中共中央国务院关于进一步加强城市规划建设管理工作的若干意见》提出的"合理规划建设广场、公园、步行道等公共活动空间，方便居民文体活动，促进居民交流。强化绿地服务居民日常活动的功能，使市民在居家附近能够见到绿地、亲近绿地"的精神，新版《居住区标准》提高了各级生活圈居住区公共绿地配建指标。

5. 旧区改建公共绿地的控制规定

当旧区改建确实无法满足表 6-20 的规定时，可采取多点分布以及立体绿化等方式改善居住环境，但人均公共绿地面积不应低于相应控制指标的 70%。

6. 居住街坊内的绿地设置

居住街坊内的绿地应结合住宅建筑布局设置集中绿地和宅旁绿地；绿地的计算方法应符合本节"八、技术指标与用地面积计算方法"第 2 条的规定。

7. 居住街坊集中绿地控制标准

居住街坊内集中绿地的规划建设，应符合下列规定：

（1）新区建设不应低于 0.50m²/人，旧区改建不应低于 0.35m²/人；

（2）宽度不应小于 8m；

（3）在标准的建筑日照阴影线范围之外的绿地面积不应少于 1/3，其中应设置老年人、儿童活动场地。

【注意】本条为强制性条文。集中绿地应设置供幼儿、老年人在家门口日常户外活动的场地，因此本条对其最小规模和最小宽度进行了规定，以保证居民能有足够的空间进行户外活动。

8. 住宅建筑间距控制的一般原则

住宅建筑与相邻建、构筑物的间距应在综合考虑日照、采光、通风、管线埋设、视觉卫生、防灾等要求的基础上统筹确定，并应符合现行国家标准《建筑设计防火规范》GB 50016 的有关规定。

9. 住宅建筑的日照标准

住宅建筑的间距应符合表 6-21 的规定；对特定情况，还应符合下列规定：

住宅建筑日照标准　　　　　　　　　　　　　　表 6-21

建筑气候区划	Ⅰ、Ⅱ、Ⅲ、Ⅶ气候区		Ⅳ气候区		Ⅴ、Ⅵ气候区
城区常住人口（万人）	≥50	<50	≥50	<50	无限定
日照标准日	大寒日			冬至日	
日照时数（h）	≥2	≥3		≥1	
有效日照时间带（当地真太阳时）	8时～16时			9时～15时	
计算起点	底层窗台面				

注：1. 底层窗台面是指距室内地坪 0.9m 高的外墙位置。
　　2. 本表中的城区常住人口以 50 万为分界点，是以《中华人民共和国城市规划法》第四条为依据制定的（市区和近郊非农业人口≥50 万人为大城市；≥20 万人、<50 万人为中等城市；<20 万为小城市）；虽然目前《中华人民共和国城市规划法》已废止，但新版《居住区标准》仍沿用了前版《居住区规范》对城市规模划分的人口规模节点。

（1）老年人居住建筑日照标准不应低于冬至日日照时数 2h；

（2）在原设计建筑外增加任何设施不应使相邻住宅原有日照标准降低，既有住宅建筑进行无障碍改造加装电梯除外；

（3）旧区改建项目内新建住宅建筑日照标准不应低于大寒日日照时数 1h。

住宅建筑正面间距可参考表 6-22 全国主要城市不同日照标准的间距系数来确定日照间距，不同方位的日照间距系数控制可采用表 6-23 不同方位日照间距折减系数进行换算。"不同方位的日照间距折减"指以日照时数为标准，按不同方位布置的住宅折算成不同日照间距。表 6-22、表 6-23 通常应用于条式平行布置的新建住宅建筑，作为推荐指标仅供规划设计人员参考，对于精确的日照间距和复杂的建筑布置形式须另作测算。

全国主要城市不同日照标准的间距系数　　　　　　　　表 6-22

序号	城市名称	纬度（北纬）	冬至日			大寒日		
			正午影长率	日照1h	正午影长率	日照1h	日照2h	日照3h
1	漠河	53°00′	4.14	3.88	3.33	3.11	3.21	3.33
2	齐齐哈尔	47°20′	2.86	2.68	2.43	2.27	2.32	2.43
3	哈尔滨	45°45′	2.63	2.46	2.25	2.10	2.15	2.24
4	长春	43°54′	2.39	2.24	2.07	1.93	1.97	2.06
5	乌鲁木齐	43°47′	2.38	2.22	2.06	1.92	1.96	2.04
6	多伦	42°12′	2.21	2.06	1.92	1.79	1.83	1.91

序号	城市名称	纬度（北纬）	冬至日			大寒日		
			正午影长率	日照1h	正午影长率	日照1h	日照2h	日照3h
7	沈阳	41°46′	2.16	2.02	1.88	1.76	1.80	1.87
8	呼和浩特	40°49′	2.07	1.93	1.81	1.69	1.73	1.80
9	大同	40°00′	2.00	1.87	1.75	1.63	1.67	1.74
10	北京	39°57′	1.99	1.86	1.75	1.63	1.67	1.74
11	喀什	39°32′	1.96	1.83	1.72	1.60	1.61	1.71
12	天津	39°06′	1.92	1.80	1.69	1.58	1.61	1.68
13	保定	38°53′	1.91	1.78	1.67	1.56	1.60	1.66
14	银川	38°29′	1.87	1.75	1.65	1.54	1.58	1.64
15	石家庄	38°04′	1.84	1.72	1.62	1.51	1.55	1.61
16	太原	37°55′	1.83	1.71	1.61	1.50	1.54	1.60
17	济南	36°41′	1.74	1.62	1.54	1.44	1.47	1.53
18	西宁	36°35′	1.73	1.62	1.53	1.43	1.47	1.52
19	青岛	36°04′	1.70	1.58	1.50	1.40	1.44	1.50
20	兰州	36°03′	1.70	1.58	1.50	1.40	1.44	1.49
21	郑州	34°40′	1.61	1.50	1.43	1.33	1.36	1.42
22	徐州	34°19′	1.58	1.48	1.41	1.31	1.35	1.40
23	西安	34°18′	1.58	1.48	1.41	1.31	1.35	1.40
24	蚌埠	32°57′	1.50	1.40	1.34	1.25	1.28	1.34
25	南京	32°04′	1.45	1.36	1.30	1.21	1.24	1.30
26	合肥	31°51′	1.44	1.35	1.29	1.20	1.23	1.29
27	上海	31°12′	1.41	1.32	1.26	1.17	1.21	1.26
28	成都	30°40′	1.38	1.29	1.23	1.15	1.18	1.24
29	武汉	30°38′	1.38	1.29	1.23	1.15	1.18	1.24
30	杭州	30°19′	1.36	1.27	1.22	1.14	1.17	1.22
31	拉萨	29°42′	1.33	1.25	1.19	1.11	1.15	1.20
32	重庆	29°34′	1.33	1.24	1.19	1.11	1.14	1.19
33	南昌	28°40′	1.28	1.20	1.15	1.07	1.11	1.16
34	长沙	28°12′	1.26	1.18	1.13	1.06	1.09	1.14
35	贵阳	26°35′	1.19	1.11	1.07	1.00	1.03	1.08
36	福州	26°05′	1.17	1.10	1.05	0.98	1.01	1.07
37	桂林	25°18′	1.14	1.07	1.02	0.96	0.99	1.04
38	昆明	25°02′	1.13	1.06	1.01	0.95	0.98	1.03
39	厦门	24°27′	1.11	1.03	0.99	0.93	0.96	1.01
40	广州	23°08′	1.06	0.99	0.95	0.89	0.92	0.97
41	南宁	22°49′	1.04	0.98	0.94	0.88	0.91	0.96
42	湛江	21°02′	0.98	0.92	0.88	0.83	0.86	0.91
43	海口	20°00′	0.95	0.89	0.85	0.80	0.83	0.88

注：本表按沿纬向平行布置的六层条式住宅（楼高18.18m，首层窗台距室外地面1.35m）计算。

不同方位日照间距折减换算系数　　　　　　　　表 6-23

方位	0°～15° （含）	15°～30° （含）	30°～45° （含）	45°～60° （含）	＞60°
折减系数值	1.00L	0.90L	0.80L	0.90L	0.95L

注：1. 表中方位为正南向（0°）偏东、偏西的方位角；

2. L 为当地正南向住宅的标准日照间距（m）；

3. 本表指标仅适用于无其他日照遮挡的平行布置的条式住宅建筑。

【注意】 本条为强制性条文。日照标准是确定住宅建筑间距的基本要素。日照标准的建立是提升居住区环境质量的必要条件，是保障环境卫生、建立可持续社区的基本要求，也是保护社会公平的重要手段。

（五）配套设施

1. 居住区配套设施规划建设基本原则

配套设施应遵循配套建设、方便使用、统筹开放、兼顾发展的原则进行配置，其布局应遵循集中和分散兼顾、独立和混合使用并重的原则，并应符合下列规定：

（1）十五分钟和十分钟生活圈居住区配套设施，应依照其服务半径相对居中布局。

（2）十五分钟生活圈居住区配套设施中，文化活动中心、社区服务中心（街道级）、街道办事处等服务设施宜联合建设并形成街道综合服务中心，其用地面积不宜小于 $1hm^2$。

（3）五分钟生活圈居住区配套设施中，社区服务站、文化活动站（含青少年、老年活动站）、老年人日间照料中心（托老所）、社区卫生服务站、社区商业网点等服务设施，宜集中布局、联合建设，并形成社区综合服务中心；其用地面积不宜小于 $0.3hm^2$。

（4）旧区改建项目应根据所在居住区各级配套设施的承载能力合理确定居住人口规模与住宅建筑容量；当不匹配时，应增补相应的配套设施或对应控制住宅建筑增量。

2. 居住区配套设施设置要求

居住区配套设施分级设置应符合《居住区标准》附录 B 的要求。

3. 居住区配套设施的分级配置标准

配套设施用地及建筑面积控制指标，应按照居住区分级对应的居住人口规模进行控制，并应符合《居住区标准》表 5.0.3 的规定（详见本书第一章第三节"四、居住建筑场地选择（三）"）。

4. 居住区配套设施的配置标准和设置规定

各级居住区配套设施规划建设应符合《居住区标准》附录 C 的规定。

5. 居住区配套设施需配建停车场（库）的配建要求

居住区相对集中设置且人流较多的配套设施应配建停车场（库），并应符合下列规定：

（1）停车场（库）的停车位控制指标，不宜低于《居住区标准》表 5.0.5 的规定（该表详见第二章第三节"二、公共停车场与城市广场（三）"）。

（2）商场、街道综合服务中心机动车停车场（库）宜采用地下停车、停车楼或机械式停车设施。

（3）配建的机动车停车场（库）应具备公共充电设施安装条件。

6. 居住区内的居民停车场（库）设置规定

居住区应配套设置居民机动车和非机动车停车场（库），并应符合下列规定：

（1）机动车停车应根据当地机动化发展水平、居住区所处区位、用地及公共交通条件综合确定，并应符合所在地城市规划的有关规定。

（2）地上停车位应优先考虑设置多层停车库或机械式停车设施，地面停车位数量不宜超过住宅总套数的 10%。

（3）机动车停车场（库）应设置无障碍机动车位，并应为老年人、残疾人专用车等新型交通工具和辅助工具留有必要的发展余地。

（4）非机动车停车场（库）应设置在方便居民使用的位置。

（5）居住街坊应配置临时停车位。

（6）新建居住区配建机动车停车位应具备充电基础设施安装条件。

（六）道路

1. 居住区道路规划建设的基本原则

居住区内道路的规划设计应遵循安全便捷、尺度适宜、公交优先、步行友好的基本原则，并应符合现行国家标准《城市综合交通体系规划标准》GB/T 51328 的有关规定。

2. 居住区路网系统的规划建设要求

居住区的路网系统应与城市道路交通系统有机衔接，并应符合下列规定：

（1）居住区应采取"小街区、密路网"的交通组织方式，路网密度不应小于 8km/km²；城市道路间距不应超过 300m，宜为 150～250m，并应与居住街坊的布局相结合。

（2）居住区内的步行系统应连续、安全、符合无障碍要求，并应便捷连接公共交通站点。

（3）在适宜自行车骑行的地区，应构建连续的非机动车道。

（4）旧区改建，应保留和利用有历史文化价值的街道、延续原有的城市肌理。

3. 居住区各级城市道路规划建设要求

居住区内各级城市道路应突出居住使用功能特征与要求，并应符合下列规定：

（1）两侧集中布局了配套设施的道路，应形成尺度宜人的生活性街道；道路两侧建筑退线距离，应与街道尺度相协调。

（2）支路的红线宽度，宜为 14～20m。

（3）道路断面形式应满足适宜步行及自行车骑行的要求，人行道宽度不应小于 2.5m。

（4）支路应采取交通稳静化措施，适当控制机动车行驶速度。

4. 居住街坊附属道路的设置要求

居住街坊内附属道路的规划设计应满足消防、救护、搬家等车辆的通达要求，并应符合下列规定：

（1）主要附属道路至少应有两个车行出入口连接城市道路，其路面宽度不应小于 4.0m；其他附属道路的路面宽度不宜小于 2.5m。

（2）人行出入口间距不宜超过 200m。

（3）最小纵坡不应小于 0.3%，最大纵坡应符合《居住区标准》表 6.0.4（详见第二章第三节"一、出入口、道路"中的"（二）4.道路纵断面设计"）的规定；机动车与非机动车混行的道路，其纵坡宜按照或分段按照非机动车道要求进行设计。

5. 居住区道路边缘与建、构筑物的最小间距

居住区道路边缘至建筑物、构筑物的最小距离，应符合《居住区标准》表 6.0.5（详见第二章第三节"一、出入口、道路（二）2. 道路平面设计"）的规定。

（七）居住环境

1. 居住环境规划建设的基本原则

居住区规划设计应尊重气候及地形地貌等自然条件，并应塑造舒适宜人的居住环境。

2. 居住区规划设计的空间布局原则

居住区规划设计应统筹庭院、街道、公园及小广场等公共空间，形成连续、完整的公共空间系统，并应符合下列规定：

（1）宜通过建筑布局形成适度围合、尺度适宜的庭院空间。

（2）应结合配套设施的布局塑造连续、宜人、有活力的街道空间。

（3）应构建动静分区合理、边界清晰连续的小游园、小广场。

（4）宜设置景观小品美化生活环境。

3. 居住区公共绿地的规划建设要求

居住区内绿地的建设及其绿化应遵循适用、美观、经济、安全的原则，并应符合下列规定：

（1）宜保留并利用已有的树木和水体。

（2）应种植适宜当地气候和土壤条件、对居民无害的植物。

（3）应采用乔、灌、草相结合的复层绿化方式。

（4）应充分考虑场地及住宅建筑冬季日照和夏季遮阴的需求。

（5）适宜绿化的用地均应进行绿化，并可采用立体绿化的方式丰富景观层次、增加环境绿量。

（6）有活动设施的绿地应符合无障碍设计要求并与居住区的无障碍系统相衔接。

（7）绿地应结合场地雨水排放进行设计，并宜采用雨水花园、下凹式绿地、景观水体、干塘、树池、植草沟等具备调蓄雨水功能的绿化方式。

4. 硬质铺装的透水性要求

居住区公共绿地活动场地、居住街坊附属道路及附属绿地的活动场地的铺装，在符合有关功能性要求的前提下应满足透水性要求。

5. 光污染控制

居住街坊内附属道路、老年人及儿童活动场地、住宅建筑出入口等公共区域应设置夜间照明；照明设计不应对居民产生光污染。

6. 降低不利因素影响的措施

居住区规划设计应结合当地主导风向、周边环境、温度湿度等微气候条件，采取有效措施降低不利因素对居民生活的干扰，并应符合下列规定：

（1）应统筹建筑空间组合、绿地设置及绿化设计，优化居住区的风环境。

（2）应充分利用建筑布局、交通组织、坡地绿化或隔声设施等方法，降低周边环境噪声对居民的影响。

（3）应合理布局餐饮店、生活垃圾收集点、公共厕所等容易产生异味的设施，避免气味、油烟等对居民产生影响。

7. 既有居住区的更新改造

既有居住区对生活环境进行的改造与更新，应包括无障碍设施建设、绿色节能改造、配套设施完善、市政管网更新、机动车停车优化、居住环境品质提升等。

（八）技术指标与用地面积计算方法

1. 居住区用地范围的计算规则

居住区用地面积应包括住宅用地、配套设施用地、公共绿地和城市道路用地，其计算方法应符合下列规定。

（1）居住区范围内与居住功能不相关的其他用地以及本居住区配套设施以外的其他公共服务设施用地，不应计入居住区用地。

（2）当周界为自然分界线时，居住区用地范围应算至用地边界。

（3）当周界为城市快速路或高速路时，居住区用地边界应算至道路红线或其防护绿地边界；快速路或高速路及其防护绿地不应计入居住区用地。

（4）当周界为城市干路或支路时，各级生活圈的居住区用地范围应算至道路中心线。

（5）居住街坊用地范围应算至周界道路红线，且不含城市道路。

（6）当与其他用地相邻时，居住区用地范围应算至用地边界。

（7）当住宅用地与配套设施（不含便民服务设施）用地混合时，其用地面积应按住宅和配套设施的地上建筑面积占该幢建筑总建筑面积的比率分摊计算，并应分别计入住宅用地和配套设施用地。

2. 居住街坊内绿地及集中绿地的计算规则

居住街坊内绿地面积的计算方法应符合下列规定：

（1）满足当地植树绿化覆土要求的屋顶绿地可计入绿地。绿地面积计算方法应符合所在城市绿地管理的有关规定。

（2）当绿地边界与城市道路邻接时，应算至道路红线；当与居住街坊附属道路邻接时，应算至路面边缘；当与建筑物邻接时，应算至距房屋墙脚 1.0m 处；当与围墙、院墙邻接时，应算至墙脚。

（3）当集中绿地与城市道路邻接时，应算至道路红线；当与居住街坊附属道路邻接时，应算至距路面边缘 1.0m 处；当与建筑物邻接时，应算至距房屋墙脚 1.5m 处（图 6-12）。

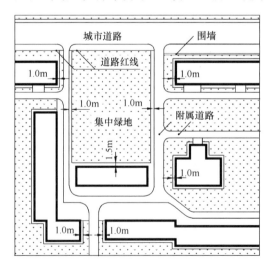

图 6-12　居住街坊内绿地的计算规则示意

438

3. 综合技术指标

居住区综合技术指标应符合表 6-24 的要求。

居住区综合技术指标 表 6-24

项 目			计量单位	数值	所占比例（%）	人均面积指标（m²/人）
各级生活圈居住区指标	居住区用地	总用地面积	hm²	▲	100	▲
		其中 住宅用地	hm²	▲	▲	▲
		其中 配套设施用地	hm²	▲	▲	▲
		其中 公共绿地	hm²	▲	▲	▲
		其中 城市道路用地	hm²	▲	▲	—
	居住总人口		人	▲	—	—
	居住总套（户）数		套	▲	—	—
	住宅建筑总面积		万 m²	▲	—	—
居住街坊指标	用地面积		hm²	▲	—	▲
	容积率		—	▲	—	—
	地上建筑面积	总建筑面积	万 m²	▲	100	—
		其中 住宅建筑	万 m²	▲	▲	—
		其中 便民服务设施	万 m²	▲	▲	—
	地下总建筑面积		万 m²	▲	▲	—
	绿地率		%	▲	—	—
	集中绿地面积		m²	▲	—	▲
	住宅套（户）数		套	▲	—	—
	住宅套均面积		m²/套	▲	—	—
	居住人数		人	▲	—	—
	住宅建筑密度		%	▲	—	—
	住宅建筑平均层数		层	▲	—	—
	住宅建筑高度控制最大值		m	▲	—	—
	停车位	总停车位	辆	▲	—	—
		其中 地上停车位	辆	▲	—	—
		其中 地下停车位	辆	▲	—	—
	地面停车位		辆	▲	—	—

注：▲为必列指标。

（九）居住区配套设施设置规定及控制要求（略）

详见《居住区标准》附录 B、附录 C。

第十节 城市规划的实施

(一) 城市规划实施的工作进程

城市建设是国家经济建设和文化建设的重要组成部分。一个城市，从提出规划任务到各项工程建设开始，必须分阶段进行，逐步深化。各项工程建设都以规划为遵循，以各项法规、规范、条例、指标等文件规定进行设计，经批准后才能施工建设。其阶段分为：

1. 城市规划工作

包括总体规划和详细规划的编制和管理，经有关部门批准后，作为各项工程修建设计的依据。

2. 修建设计

是单项工程建设项目的设计，是建设施工的依据，由专业设计部门承担。

3. 建设实施

城市规划和修建设计的各个阶段在着手进行之前，都必须具备明确的任务书。规划设计图纸和文件完成后，必须按照规定的程序申报，审批后才能实施。

(二) 建设的条件

1. 建设用地

按规定的手续进行征用。

2. 建设资金

可采用多种渠道、来源和方式来筹集城市建设资金。

3. 建设力量

包括规划设计技术力量和施工技术力量（人、设备、材料）。

4. 制定必要的法令、 法规、 条例

它是保证城市规划实施的重要措施。

(三) 城市建设管理

城市规划进行土地使用和建设项目管理主要是对各项建设活动实行审批或许可、监督检查以及对违法建设行为进行查处等管理工作。通过对各项建设活动进行规划管理，保证各项建设能够符合城市规划的内容和要求；限制和杜绝超出经法定程序批准的规划所确定的内容，从而保证法定规划得到全面和有效的实施。

1. 城市建设管理的任务和内容

（1）建设用地管理。

（2）房屋修建管理。

（3）环境管理。

（4）园林绿化管理。

（5）道路交通管理。

2. 建设管理的方法和步骤

（1）城市用地管理

1）建设项目位置及用地面积的确定，是根据城市规划布局和建设项目内容要求，在综合分析用地周围环境的基础上确定的。

2）确定建设用地的步骤，是建设需征地时，用地单位持国家批准的有关文件，向城市规划行政主管部门申请。经城市规划行政主管部门审核批准后，核发建设用地规划许可证后，建设单位向土地管理部门办理国有土地使用证。

3）禁止擅自改变城乡规划所确定的各类用地的用途。

（2）房屋修建管理

建设单位持计划部门和上级主管部门对该项任务的批准文件和该工程的设计图纸，向城市规划行政主管部门提出申请，经城市规划行政主管部门审批，核发建设工程规划许可证后，才能向建设部门办理开工手续。

（3）监督检查

为确保建设工程能按规划许可证的规定组织施工，城市规划行政主管部门应派专人到现场验线检查、竣工验收，对违法占地和违章建筑，随时进行检查，及时予以处理。

县级以上地方人民政府城乡规划主管部门按照国务院规定，对建设工程是否符合规划条件予以核实。未经核实或者经核实不符合规划条件的，建设单位不得组织竣工验收。建设单位应当在竣工验收后六个月内向城乡规划主管部门报送有关竣工验收资料。

3. 健全用途管制制度

以国土空间规划为依据，对所有国土空间分区分类实施用途管制。在城镇开发边界内的建设，实行"详细规划＋规划许可"的管制方式；在城镇开发边界外的建设，按照主导用途分区，实行"详细规划＋规划许可"和"约束指标＋分区准入"的管制方式；对以国家公园为主体的自然保护地、重要海域和海岛、重要水源地、文物等，实行特殊保护制度。因地制宜制定用途管制制度，为地方管理和创新活动留有空间。

4. 近期建设计划

城市、县、镇人民政府应当根据城市总体规划、镇总体规划、土地利用总体规划和年度计划以及国民经济和社会发展规划，制定近期建设规划，报总体规划审批机关备案。

近期建设规划应当以重要基础设施、公共服务设施和中低收入居民住房建设，以及生态环境保护为重点内容，明确近期建设的时序、发展方向和空间布局。近期建设规划的规划期限为五年。

（四）监督规划实施

1. 强化规划权威

规划一经批复，任何部门和个人不得随意修改、违规变更，防止出现换一届党委和政府改一次规划。下级国土空间规划要服从上级国土空间规划，相关专项规划、详细规划要服从总体规划；坚持先规划、后实施，不得违反国土空间规划，进行各类开发建设活动；坚持"多规合一"，不在国土空间规划体系之外另设其他空间规划。相关专项规划的有关技术标准应与国土空间规划衔接。因国家重大战略调整、重大项目建设或行政区划调整等确需修改规划的，须先经规划审批机关同意后，方可按法定程序进行修改。对国土空间规划编制和实施过程中的违规违纪违法行为，要严肃追究责任。

2. 加强规划监督

依托国土空间基础信息平台，建立健全国土空间规划动态监测评估预警和实施监管机制。上级自然资源主管部门要会同有关部门组织对下级国土空间规划中各类管控边界、约束性指标等管控要求的落实情况进行监督检查，将国土空间规划执行情况纳入自然资源执法督察内容。

第十一节　城　市　设　计

（一）基本认识

城市设计是营造美好人居环境和宜人空间场所的重要理念与方法，通过对人居环境多层级空间特征的系统辨识，多尺度要素内容的统筹协调，以及对自然、文化保护与发展的整体认识，运用设计思维，借助形态组织和环境营造方法，依托规划传导和政策推动，实现国土空间整体布局的结构优化，生态系统的健康持续，历史文脉的传承发展，功能组织的活力有序，风貌特色的引导控制，公共空间的系统建设，达成美好人居环境和宜人空间场所的积极塑造。

根据城市设计概念的演化与发展情况，我们对城市设计的定义概括总结为：城市设计是根据城市发展的总体目标，融合社会、经济、文化、心理等主要元素，对空间要素做出形态的安排，制定出指导空间形态设计的政策性安排。

（二）城市设计与城市规划、建筑设计的关系（图 6-13）

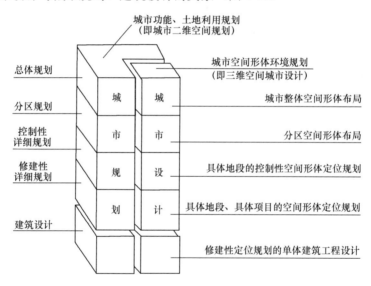

图 6-13　城市设计与城市规划、建筑设计的关系

城市规划是以城市社会发展需要来确定城市功能和土地利用为主要内容的二维空间的规划工作，是城市设计的基础。城市设计的重点是以城市空间形体环境为主要内容的三维空间的规划设计工作。它是城市规划的重要组成部分，应贯穿于城市规划的全过程，是城市二维空间规划的继续。建筑设计是建筑单体工程的设计工作，是城市规划、城市设计的继续和具体化。在建筑设计中，应从城市整体角度考虑建筑单体设计，用于塑造良好的整体建筑环境。现代城市规划和城市设计始于 20 世纪 20 年代的现代建筑运动。1933 年国际现代建筑协会（CIAM）制定的《雅典宪章》奠定了现代城市规划和城市设计的理论基础。

1. 与城市规划的关系

城市设计贯穿于城市规划的各阶段及各层次，既有分析与策划内容，又有具体形体表达的内容。城市设计是以人为中心的从总体环境出发的规划设计工作。

（1）城市总体规划阶段

1）城市整体社会文化氛围的研究与策划；

2）实现城市性质与城市形象的衔接；

3）进行城市尺度的物质框架景观规划；

4）进行城市尺度三维空间形态概念规划；同时，制定有关社会经济政策，尤其是具体的市容景观实施管理条例。

（2）详细规划阶段

1）群体建筑空间设计；

2）单体细部设计及周边环境设计；

3）局部地段的设计应是组成城市整体文化风貌与景观的有机元素。

2. 与建筑设计的关系

城市设计与建筑学的联系可以体现在定位、定量、定形、定调；城市设计与建筑设计的融合；建筑师的"城市设计观"等方面。

（三）城市设计的性质、任务

城市设计的性质就是对城市中区域性、局部地段或某个子系统的空间形体环境的创作构思，为了达到社会、经济审美和技术方面的目的，分析并解决城市区域性或大范围局部地段的统一设计和管理问题。

城市设计的任务就是为人们的各种活动创造出具有一定空间形式的物质环境，内容包括各种建筑、市政公用设施，园林绿化等方面，必须综合体现社会、经济、城市功能、审美等各方面的要素，因此也称为综合环境设计。

（四）城市设计的原则与方法

1. 原则

（1）整体统筹。从人与山水林田湖草沙生命共同体的整体视角出发，坚持区域协同、陆海统筹、城乡融合，协调生态、生产和生活空间，系统改善人与环境的关系。

（2）以人为本。坚持以人民为中心，满足公众对于国土空间的认知、审美、体验和使用需求，不断提升人民群众的安全感、获得感和幸福感。

（3）因地制宜。尊重地域特点，延续历史脉络，结合时代特征，充分考虑自然条件、历史人文和建设现状，营建有特色的城市空间。

（4）问题导向。分析城市功能、空间形态、风貌与品质方面存在的主要问题，从目标定位、空间组织、实施机制等方面提出解决方案和实施措施。

2. 方法

（1）在统一指导下进行多专业的总体设计。

（2）在统一设计纲领的基础上分别进行专业设计，然后进行综合，这样就要求从事城市各种工程设计的人员，都自觉地按照城市设计的总体意图进行各自的工程设计。

（五）城市设计的类型

城市设计包括：①城市总体空间设计；②城市开发区设计；③城市中心设计；④城市广场设计；⑤城市干道和商业街设计；⑥城市居住区设计；⑦城市园林绿地设计；⑧城市地下空间设计；⑨城市旧区保护与更新设计；⑩大学校园及科技研究园设计；⑪博览中心设计；⑫建设项目的细部空间设计。

（六）城市设计的内容及深度

城市设计的内容涵盖空间关系、时间过程、政策框架三部分的内容。

1. 空间关系

城市设计的空间内容主要包括土地利用、交通和停车系统、建筑的体量和形式及开敞空间的环境设计。土地利用的设计是在城市规划的基础上细化安排不同性质的内容，并考虑地形和现状因素。建筑体量和形式取决于建设项目的功能和使用要求。要考虑容积率、建筑密度、建筑高度、体量、尺度、比例及建筑风格等。交通和停车系统的功能性很强，对城市整体形象的影响也很大。开敞空间包括广场、公园绿地、运动场、步行街、庭院及建筑文物保护区等。

2. 时间过程

城市设计既与空间有关，又与时间有关。一方面城市设计需要理解空间中的时间周期以及不同社会活动的时间组织；另一方面，城市设计需要设计和组织环境的改变，允许无法避免的时间流逝。另外，城市设计方案、政策等具体内容也应随着时间逐步实施调整。

3. 政策框架

作为一种管理手段，城市设计的目的是制定一系列指导城市建设的政策框架，在此基础上进行建筑或环境的进一步设计与建设。因此，城市设计必须反映社会和经济需求，需要研究与策划城市的整体社会文化氛围，制定有关的社会经济政策。

（七）城市设计的基本理论和方法

兰西克（Roger Trancik）在《找寻失落的空间：都市设计理论》一书中，根据现代城市空间的变迁以及历史实例的研究，归纳出三种研究城市空间形态的城市设计理论：分别为图底理论、连接理论、场所理论。同时对应地将这三种理论又归纳为三种关系，即形态关系、拓扑关系和类型关系。

（八）城市设计的特征

（1）城市设计是一项空间形体环境设计，它强调城市空间环境的整体性，它具有高度的思想艺术与功能技术相统一的特征。

（2）构成城市整体形象的五个重点区位是边缘、节点、路径、区域、标志物。城市设计应突出抓好这五大重点的形体设计工作（凯文·林奇在《城市意象》一书中说："构成人们心理的城市印象的基本成分有五种，即路径、边界、场地、节点、标志物五元素"）。其设计要点是：

1）重场所，重城市空间形体的整体性和艺术性；

2）重"混合土地利用"的多样性；

3）重连贯性，即新老并存，渐进发展；

4）重人的尺度，要创造舒适、亲切宜人的步行环境，重空间比例；

5）易识别性，重视城市标志、信号，这是联系人与空间的媒介；

6）适用性，即建筑和城市空间的功能，要适应市民生活不断变化的需要。

（3）城市设计是以创造一个优美的城市形态，提高城市空间环境质量为目的，其研究重点在于构成城市空间的基本要素的组合——即对城市的自然地理、人文历史、社会环境、建筑环境、人们行为、空间视觉的研究。城市设计渗透在城市规划的每个阶段，是多学科、多专业的三维空间的整体规划。因此，城市设计具有空间环境的整体特征。

例6-4 **（2021）** 以下哪个不是乔纳森·巴奈特在《作为公共政策的城市设计》中提出的观点（　　）。

　　A　日常决策过程才是城市设计真正的媒介

　　B　设计城市而不是设计建筑物

　　C　城市设计是为了实现理想蓝图

　　D　主要注重城市开发的连续性

解析： 参见《城市规划原理》（第四版）P600，乔纳森·巴奈特在1974年出版的《作为公共政策的城市设计》一书中提出："日常的决策过程才是城市设计真正的媒介"（故A正确）；"设计城市，而不是设计建筑物"（故B正确）；城市设计"通过一个日复一日的连续的决策过程创造出来，而不是为了建立完美的终极理论和理想蓝图"（故C错误）；"城市设计是一个城市塑造的过程，要注重城市形成的连续性"（故D正确）。故本题应选C。

答案： C

第十二节　城乡规划法规和技术规范

城市规划的法规体系包括主干法、从属法规、专项法以及相关法。

（1）主干法

《中华人民共和国城乡规划法》（以下简称《城乡规划法》）是我国城乡规划领域的主干法。

（2）从属法规与专项法规

从城乡规划行政管理角度出发，我国城乡规划法规体系的从属法规和专项法规主要在《城乡规划法》的几个重要维度展开，对城乡规划的若干重要领域进行了深入细致的界定。包括城乡规划管理、城乡规划组织编制和审批管理、城乡规划行业管理、城乡规划实施管理，以及城乡规划实施监督检查管理。

（3）部门规章

（4）相关法

在我国，与城乡规划相关的法律法规覆盖法律法规体系的各个层面，涉及土地与自然资源保护与利用、历史文化遗产保护、市政建设等众多领域，是城乡规划活动在涉及相关领域时的重要依据。同时，城乡规划作为政府行为，还必须符合国家行政程序法律的有关规定。

一、城乡规划有关法规
（一）《城乡规划法》（全文）

中华人民共和国城乡规划法

（2007 年 10 月 28 日第十届全国人民代表大会常务委员会第三十次会议通过；
2019 年 4 月 23 日第十三届全国人民代表大会常务委员会第十次会议通过决议，
对其作了局部修改）

第一章　总　　则

第一条　为了加强城乡规划管理，协调城乡空间布局，改善人居环境，促进城乡经济社会全面协调可持续发展，制定本法。

第二条　制定和实施城乡规划，在规划区内进行建设活动，必须遵守本法。

本法所称城乡规划，包括城镇体系规划、城市规划、镇规划、乡规划和村庄规划。城市规划、镇规划分为总体规划和详细规划。详细规划分为控制性详细规划和修建性详细规划。

本法所称规划区，是指城市、镇和村庄的建成区以及因城乡建设和发展需要，必须实行规划控制的区域。规划区的具体范围由有关人民政府在组织编制的城市总体规划、镇总体规划、乡规划和村庄规划中，根据城乡经济社会发展水平和统筹城乡发展的需要划定。

第三条　城市和镇应当依照本法制定城市规划和镇规划。城市、镇规划区内的建设活动应当符合规划要求。

县级以上地方人民政府根据本地农村经济社会发展水平，按照因地制宜、切实可行的原则，确定应当制定乡规划、村庄规划的区域。在确定区域内的乡、村庄，应当依照本法制定规划，规划区内的乡、村庄建设应当符合规划要求。

县级以上地方人民政府鼓励、指导前款规定以外的区域的乡、村庄制定和实施乡规划、村庄规划。

第四条　制定和实施城乡规划，应当遵循城乡统筹、合理布局、节约土地、集约发展和先规划后建设的原则，改善生态环境，促进资源、能源节约和综合利用，保护耕地等自然资源和历史文化遗产，保持地方特色、民族特色和传统风貌，防止污染和其他公害，并符合区域人口发展、国防建设、防灾减灾和公共卫生、公共安全的需要。

在规划区内进行建设活动，应当遵守土地管理、自然资源和环境保护等法律、法规的规定。

县级以上地方人民政府应当根据当地经济社会发展的实际，在城市总体规划、镇总体规划中合理确定城市、镇的发展规模、步骤和建设标准。

第五条　城市总体规划、镇总体规划以及乡规划和村庄规划的编制，应当依据国民经济和社会发展规划，并与土地利用总体规划相衔接。

第六条　各级人民政府应当将城乡规划的编制和管理经费纳入本级财政预算。

第七条　经依法批准的城乡规划，是城乡建设和规划管理的依据，未经法定程序不得修改。

第八条　城乡规划组织编制机关应当及时公布经依法批准的城乡规划。但是，法律、

446

行政法规规定不得公开的内容除外。

第九条　任何单位和个人都应当遵守经依法批准并公布的城乡规划，服从规划管理，并有权就涉及其利害关系的建设活动是否符合规划的要求向城乡规划主管部门查询。

任何单位和个人都有权向城乡规划主管部门或者其他有关部门举报或者控告违反城乡规划的行为。城乡规划主管部门或者其他有关部门对举报或者控告，应当及时受理并组织核查、处理。

第十条　国家鼓励采用先进的科学技术，增强城乡规划的科学性，提高城乡规划实施及监督管理的效能。

第十一条　国务院城乡规划主管部门负责全国的城乡规划管理工作。

县级以上地方人民政府城乡规划主管部门负责本行政区域内的城乡规划管理工作。

第二章　城乡规划的制定

第十二条　国务院城乡规划主管部门会同国务院有关部门组织编制全国城镇体系规划，用于指导省域城镇体系规划、城市总体规划的编制。

全国城镇体系规划由国务院城乡规划主管部门报国务院审批。

第十三条　省、自治区人民政府组织编制省域城镇体系规划，报国务院审批。

省域城镇体系规划的内容应当包括：城镇空间布局和规模控制，重大基础设施的布局，为保护生态环境、资源等需要严格控制的区域。

第十四条　城市人民政府组织编制城市总体规划。

直辖市的城市总体规划由直辖市人民政府报国务院审批。省、自治区人民政府所在地的城市以及国务院确定的城市的总体规划，由省、自治区人民政府审查同意后，报国务院审批。其他城市的总体规划，由城市人民政府报省、自治区人民政府审批。

第十五条　县人民政府组织编制县人民政府所在地镇的总体规划，报上一级人民政府审批。其他镇的总体规划由镇人民政府组织编制，报上一级人民政府审批。

第十六条　省、自治区人民政府组织编制的省域城镇体系规划，城市、县人民政府组织编制的总体规划，在报上一级人民政府审批前，应当先经本级人民代表大会常务委员会审议，常务委员会组成人员的审议意见交由本级人民政府研究处理。

镇人民政府组织编制的镇总体规划，在报上一级人民政府审批前，应当先经镇人民代表大会审议，代表的审议意见交由本级人民政府研究处理。

规划的组织编制机关报送审批省域城镇体系规划、城市总体规划或者镇总体规划，应当将本级人民代表大会常务委员会组成人员或者镇人民代表大会代表的审议意见和根据审议意见修改规划的情况一并报送。

第十七条　城市总体规划、镇总体规划的内容应当包括：城市、镇的发展布局，功能分区，用地布局，综合交通体系，禁止、限制和适宜建设的地域范围，各类专项规划等。

规划区范围、规划区内建设用地规模、基础设施和公共服务设施用地、水源地和水系、基本农田和绿化用地、环境保护、自然与历史文化遗产保护以及防灾减灾等内容，应当作为城市总体规划、镇总体规划的强制性内容。

城市总体规划、镇总体规划的规划期限一般为二十年。城市总体规划还应当对城市更长远的发展作出预测性安排。

第十八条　乡规划、村庄规划应当从农村实际出发，尊重村民意愿，体现地方和农村

447

特色。

乡规划、村庄规划的内容应当包括：规划区范围，住宅、道路、供水、排水、供电、垃圾收集、畜禽养殖场所等农村生产、生活服务设施、公益事业等各项建设的用地布局、建设要求，以及对耕地等自然资源和历史文化遗产保护、防灾减灾等的具体安排。乡规划还应当包括本行政区域内的村庄发展布局。

第十九条 城市人民政府城乡规划主管部门根据城市总体规划的要求，组织编制城市的控制性详细规划，经本级人民政府批准后，报本级人民代表大会常务委员会和上一级人民政府备案。

第二十条 镇人民政府根据镇总体规划的要求，组织编制镇的控制性详细规划，报上一级人民政府审批。县人民政府所在地镇的控制性详细规划，由县人民政府城乡规划主管部门根据镇总体规划的要求组织编制，经县人民政府批准后，报本级人民代表大会常务委员会和上一级人民政府备案。

第二十一条 城市、县人民政府城乡规划主管部门和镇人民政府可以组织编制重要地块的修建性详细规划。修建性详细规划应当符合控制性详细规划。

第二十二条 乡、镇人民政府组织编制乡规划、村庄规划，报上一级人民政府审批。村庄规划在报送审批前，应当经村民会议或者村民代表会议讨论同意。

第二十三条 首都的总体规划、详细规划应当统筹考虑中央国家机关用地布局和空间安排的需要。

第二十四条 城乡规划组织编制机关应当委托具有相应资质等级的单位承担城乡规划的具体编制工作。

从事城乡规划编制工作应当具备下列条件，并经国务院城乡规划主管部门或者省、自治区、直辖市人民政府城乡规划主管部门依法审查合格，取得相应等级的资质证书后，方可在资质等级许可的范围内从事城乡规划编制工作：

（一）有法人资格；

（二）有规定数量的经国务院城乡规划主管部门注册的规划师；

（三）有规定数量的相关专业技术人员；

（四）有相应的技术装备；

（五）有健全的技术、质量、财务管理制度。

规划师执业资格管理办法，由国务院城乡规划主管部门会同国务院人事行政部门制定。

编制城乡规划必须遵守国家有关标准。

第二十五条 编制城乡规划，应当具备国家规定的勘察、测绘、气象、地震、水文、环境等基础资料。

县级以上地方人民政府有关主管部门应当根据编制城乡规划的需要，及时提供有关基础资料。

第二十六条 城乡规划报送审批前，组织编制机关应当依法将城乡规划草案予以公告，并采取论证会、听证会或者其他方式征求专家和公众的意见。公告的时间不得少于三十日。

组织编制机关应当充分考虑专家和公众的意见，并在报送审批的材料中附具意见采纳情况及理由。

第二十七条　省域城镇体系规划、城市总体规划、镇总体规划批准前，审批机关应当组织专家和有关部门进行审查。

第三章　城乡规划的实施

第二十八条　地方各级人民政府应当根据当地经济社会发展水平，量力而行，尊重群众意愿，有计划、分步骤地组织实施城乡规划。

第二十九条　城市的建设和发展，应当优先安排基础设施以及公共服务设施的建设，妥善处理新区开发与旧区改建的关系，统筹兼顾进城务工人员生活和周边农村经济社会发展、村民生产与生活的需要。

镇的建设和发展，应当结合农村经济社会发展和产业结构调整，优先安排供水、排水、供电、供气、道路、通信、广播电视等基础设施和学校、卫生院、文化站、幼儿园、福利院等公共服务设施的建设，为周边农村提供服务。

乡、村庄的建设和发展，应当因地制宜、节约用地，发挥村民自治组织的作用，引导村民合理进行建设，改善农村生产、生活条件。

第三十条　城市新区的开发和建设，应当合理确定建设规模和时序，充分利用现有市政基础设施和公共服务设施，严格保护自然资源和生态环境，体现地方特色。

在城市总体规划、镇总体规划确定的建设用地范围以外，不得设立各类开发区和城市新区。

第三十一条　旧城区的改建，应当保护历史文化遗产和传统风貌，合理确定拆迁和建设规模，有计划地对危房集中、基础设施落后等地段进行改建。

历史文化名城、名镇、名村的保护以及受保护建筑物的维护和使用，应当遵守有关法律、行政法规和国务院的规定。

第三十二条　城乡建设和发展，应当依法保护和合理利用风景名胜资源，统筹安排风景名胜区及周边乡、镇、村庄的建设。

风景名胜区的规划、建设和管理，应当遵守有关法律、行政法规和国务院的规定。

第三十三条　城市地下空间的开发和利用，应当与经济和技术发展水平相适应，遵循统筹安排、综合开发、合理利用的原则，充分考虑防灾减灾、人民防空和通信等需要，并符合城市规划，履行规划审批手续。

第三十四条　城市、县、镇人民政府应当根据城市总体规划、镇总体规划、土地利用总体规划和年度计划以及国民经济和社会发展规划，制定近期建设规划，报总体规划审批机关备案。

近期建设规划应当以重要基础设施、公共服务设施和中低收入居民住房建设以及生态环境保护为重点内容，明确近期建设的时序、发展方向和空间布局。近期建设规划的规划期限为五年。

第三十五条　城乡规划确定的铁路、公路、港口、机场、道路、绿地、输配电设施及输电线路走廊、通信设施、广播电视设施、管道设施、河道、水库、水源地、自然保护区、防汛通道、消防通道、核电站、垃圾填埋场及焚烧厂、污水处理厂和公共服务设施的用地以及其他需要依法保护的用地，禁止擅自改变用途。

第三十六条　按照国家规定需要有关部门批准或者核准的建设项目，以划拨方式提供国有土地使用权的，建设单位在报送有关部门批准或者核准前，应当向城乡规划主管部门申请核发选址意见书。

前款规定以外的建设项目不需要申请选址意见书。

第三十七条 在城市、镇规划区内以划拨方式提供国有土地使用权的建设项目，经有关部门批准、核准、备案后，建设单位应当向城市、县人民政府城乡规划主管部门提出建设用地规划许可申请，由城市、县人民政府城乡规划主管部门依据控制性详细规划核定建设用地的位置、面积、允许建设的范围，核发建设用地规划许可证。

建设单位在取得建设用地规划许可证后，方可向县级以上地方人民政府土地主管部门申请用地，经县级以上人民政府审批后，由土地主管部门划拨土地。

第三十八条 在城市、镇规划区内以出让方式提供国有土地使用权的，在国有土地使用权出让前，城市、县人民政府城乡规划主管部门应当依据控制性详细规划，提出出让地块的位置、使用性质、开发强度等规划条件，作为国有土地使用权出让合同的组成部分。未确定规划条件的地块，不得出让国有土地使用权。

以出让方式取得国有土地使用权的建设项目，建设单位在取得建设项目的批准、核准、备案文件和签订国有土地使用权出让合同后，向城市、县人民政府城乡规划主管部门领取建设用地规划许可证。

城市、县人民政府城乡规划主管部门不得在建设用地规划许可证中，擅自改变作为国有土地使用权出让合同组成部分的规划条件。

第三十九条 规划条件未纳入国有土地使用权出让合同的，该国有土地使用权出让合同无效；对未取得建设用地规划许可证的建设单位批准用地的，由县级以上人民政府撤销有关批准文件；占用土地的，应当及时退回；给当事人造成损失的，应当依法给予赔偿。

第四十条 在城市、镇规划区内进行建筑物、构筑物、道路、管线和其他工程建设的，建设单位或者个人应当向城市、县人民政府城乡规划主管部门或者省、自治区、直辖市人民政府确定的镇人民政府申请办理建设工程规划许可证。

申请办理建设工程规划许可证，应当提交使用土地的有关证明文件、建设工程设计方案等材料。需要建设单位编制修建性详细规划的建设项目，还应当提交修建性详细规划。对符合控制性详细规划和规划条件的，由城市、县人民政府城乡规划主管部门或者省、自治区、直辖市人民政府确定的镇人民政府核发建设工程规划许可证。

城市、县人民政府城乡规划主管部门或者省、自治区、直辖市人民政府确定的镇人民政府应当依法将经审定的修建性详细规划、建设工程设计方案的总平面图予以公布。

第四十一条 在乡、村庄规划区内进行乡镇企业、乡村公共设施和公益事业建设的，建设单位或者个人应当向乡、镇人民政府提出申请，由乡、镇人民政府报城市、县人民政府城乡规划主管部门核发乡村建设规划许可证。

在乡、村庄规划区内使用原有宅基地进行农村村民住宅建设的规划管理办法，由省、自治区、直辖市制定。

在乡、村庄规划区内进行乡镇企业、乡村公共设施和公益事业建设以及农村村民住宅建设，不得占用农用地；确需占用农用地的，应当依照《中华人民共和国土地管理法》有关规定办理农用地转用审批手续后，由城市、县人民政府城乡规划主管部门核发乡村建设规划许可证。

建设单位或者个人在取得乡村建设规划许可证后,方可办理用地审批手续。

第四十二条　城乡规划主管部门不得在城乡规划确定的建设用地范围以外作出规划许可。

第四十三条　建设单位应当按照规划条件进行建设;确需变更的,必须向城市、县人民政府城乡规划主管部门提出申请。变更内容不符合控制性详细规划的,城乡规划主管部门不得批准。城市、县人民政府城乡规划主管部门应当及时将依法变更后的规划条件通报同级土地主管部门并公示。

建设单位应当及时将依法变更后的规划条件报有关人民政府土地主管部门备案。

第四十四条　在城市、镇规划区内进行临时建设的,应当经城市、县人民政府城乡规划主管部门批准。临时建设影响近期建设规划或者控制性详细规划的实施以及交通、市容、安全等的,不得批准。

临时建设应当在批准的使用期限内自行拆除。

临时建设和临时用地规划管理的具体办法,由省、自治区、直辖市人民政府制定。

第四十五条　县级以上地方人民政府城乡规划主管部门按照国务院规定对建设工程是否符合规划条件予以核实。未经核实或者经核实不符合规划条件的,建设单位不得组织竣工验收。

建设单位应当在竣工验收后6个月内向城乡规划主管部门报送有关竣工验收资料。

第四章　城乡规划的修改

第四十六条　省域城镇体系规划、城市总体规划、镇总体规划的组织编制机关,应当组织有关部门和专家定期对规划实施情况进行评估,并采取论证会、听证会或者其他方式征求公众意见。组织编制机关应当向本级人民代表大会常务委员会、镇人民代表大会和原审批机关提出评估报告并附具征求意见的情况。

第四十七条　有下列情形之一的,组织编制机关方可按照规定的权限和程序修改省域城镇体系规划、城市总体规划、镇总体规划:

(一)上级人民政府制定的城乡规划发生变更,提出修改规划要求的;

(二)行政区划调整确需修改规划的;

(三)因国务院批准重大建设工程确需修改规划的;

(四)经评估确需修改规划的;

(五)城乡规划的审批机关认为应当修改规划的其他情形。

修改省域城镇体系规划、城市总体规划、镇总体规划前,组织编制机关应当对原规划的实施情况进行总结,并向原审批机关报告;修改涉及城市总体规划、镇总体规划强制性内容的,应当先向原审批机关提出专题报告,经同意后,方可编制修改方案。

修改后的省域城镇体系规划、城市总体规划、镇总体规划,应当依照本法第十三条、第十四条、第十五条和第十六条规定的审批程序报批。

第四十八条　修改控制性详细规划的,组织编制机关应当对修改的必要性进行论证,征求规划地段内利害关系人的意见,并向原审批机关提出专题报告,经原审批机关同意后,方可编制修改方案。修改后的控制性详细规划,应当依照本法第十九条、第二十条规定的审批程序报批。控制性详细规划修改涉及城市总体规划、镇总体规划的强制性内容的,应当先修改总体规划。

修改乡规划、村庄规划的，应当依照本法第二十二条规定的审批程序报批。

第四十九条　城市、县、镇人民政府修改近期建设规划的，应当将修改后的近期建设规划报总体规划审批机关备案。

第五十条　在选址意见书、建设用地规划许可证、建设工程规划许可证或者乡村建设规划许可证发放后，因依法修改城乡规划给被许可人合法权益造成损失的，应当依法给予补偿。

经依法审定的修建性详细规划、建设工程设计方案的总平面图不得随意修改；确需修改的，城乡规划主管部门应当采取听证会等形式，听取利害关系人的意见；因修改给利害关系人合法权益造成损失的，应当依法给予补偿。

第五章　监　督　检　查

第五十一条　县级以上人民政府及其城乡规划主管部门应当加强对城乡规划编制、审批、实施、修改的监督检查。

第五十二条　地方各级人民政府应当向本级人民代表大会常务委员会或者乡、镇人民代表大会报告城乡规划的实施情况，并接受监督。

第五十三条　县级以上人民政府城乡规划主管部门对城乡规划的实施情况进行监督检查，有权采取以下措施：

（一）要求有关单位和人员提供与监督事项有关的文件、资料，并进行复制；

（二）要求有关单位和人员就监督事项涉及的问题作出解释和说明，并根据需要进入现场进行勘测；

（三）责令有关单位和人员停止违反有关城乡规划的法律、法规的行为。

城乡规划主管部门的工作人员履行前款规定的监督检查职责，应当出示执法证件。被监督检查的单位和人员应当予以配合，不得妨碍和阻挠依法进行的监督检查活动。

第五十四条　监督检查情况和处理结果应当依法公开，供公众查阅和监督。

第五十五条　城乡规划主管部门在查处违反本法规定的行为时，发现国家机关工作人员依法应当给予行政处分的，应当向其任免机关或者监察机关提出处分建议。

第五十六条　依照本法规定应当给予行政处罚，而有关城乡规划主管部门不给予行政处罚的，上级人民政府城乡规划主管部门有权责令其作出行政处罚决定或者建议有关人民政府责令其给予行政处罚。

第五十七条　城乡规划主管部门违反本法规定作出行政许可的，上级人民政府城乡规划主管部门有权责令其撤销或者直接撤销该行政许可。因撤销行政许可给当事人合法权益造成损失的，应当依法给予赔偿。

第六章　法　律　责　任

第五十八条　对依法应当编制城乡规划而未组织编制，或者未按法定程序编制、审批、修改城乡规划的，由上级人民政府责令改正，通报批评；对有关人民政府负责人和其他直接责任人员依法给予处分。

第五十九条　城乡规划组织编制机关委托不具有相应资质等级的单位编制城乡规划的，由上级人民政府责令改正，通报批评；对有关人民政府负责人和其他直接责任人员依法给予处分。

第六十条　镇人民政府或者县级以上人民政府城乡规划主管部门有下列行为之一的，

由本级人民政府、上级人民政府城乡规划主管部门或者监察机关依据职权责令改正，通报批评；对直接负责的主管人员和其他直接责任人员依法给予处分：

（一）未依法组织编制城市的控制性详细规划、县人民政府所在地镇的控制性详细规划的；

（二）超越职权或者对不符合法定条件的申请人核发选址意见书、建设用地规划许可证、建设工程规划许可证、乡村建设规划许可证的；

（三）对符合法定条件的申请人未在法定期限内核发选址意见书、建设用地规划许可证、建设工程规划许可证、乡村建设规划许可证的；

（四）未依法对经审定的修建性详细规划、建设工程设计方案的总平面图予以公布的；

（五）同意修改修建性详细规划、建设工程设计方案的总平面图前未采取听证会等形式听取利害关系人的意见的；

（六）发现未依法取得规划许可或者违反规划许可的规定在规划区内进行建设的行为，而不予查处或者接到举报后不依法处理的。

第六十一条　县级以上人民政府有关部门有下列行为之一的，由本级人民政府或者上级人民政府有关部门责令改正，通报批评；对直接负责的主管人员和其他直接责任人员依法给予处分：

（一）对未依法取得选址意见书的建设项目核发建设项目批准文件的；

（二）未依法在国有土地使用权出让合同中确定规划条件或者改变国有土地使用权出让合同中依法确定的规划条件的；

（三）对未依法取得建设用地规划许可证的建设单位划拨国有土地使用权的。

第六十二条　城乡规划编制单位有下列行为之一的，由所在地城市、县人民政府城乡规划主管部门责令限期改正，处合同约定的规划编制费1倍以上2倍以下的罚款；情节严重的，责令停业整顿，由原发证机关降低资质等级或者吊销资质证书；造成损失的，依法承担赔偿责任：

（一）超越资质等级许可的范围承揽城乡规划编制工作的；

（二）违反国家有关标准编制城乡规划的。

未依法取得资质证书承揽城乡规划编制工作的，由县级以上地方人民政府城乡规划主管部门责令停止违法行为，依照前款规定处以罚款；造成损失的，依法承担赔偿责任。

以欺骗手段取得资质证书承揽城乡规划编制工作的，由原发证机关吊销资质证书，依照本条第一款规定处以罚款；造成损失的，依法承担赔偿责任。

第六十三条　城乡规划编制单位取得资质证书后，不再符合相应的资质条件的，由原发证机关责令限期改正；逾期不改正的，降低资质等级或者吊销资质证书。

第六十四条　未取得建设工程规划许可证或者未按照建设工程规划许可证的规定进行建设的，由县级以上地方人民政府城乡规划主管部门责令停止建设；尚可采取改正措施消除对规划实施的影响的，限期改正，处建设工程造价百分之五以上百分之十以下的罚款；无法采取改正措施消除影响的，限期拆除，不能拆除的，没收实物或者违法收入，可以并处建设工程造价百分之十以下的罚款。

第六十五条　在乡、村庄规划区内未依法取得乡村建设规划许可证或者未按照乡村建设规划许可证的规定进行建设的，由乡、镇人民政府责令停止建设、限期改正；逾期不改正的，可以拆除。

第六十六条　建设单位或者个人有下列行为之一的，由所在地城市、县人民政府城乡规划主管部门责令限期拆除，可以并处临时建设工程造价一倍以下的罚款：

（一）未经批准进行临时建设的；

（二）未按照批准内容进行临时建设的；

（三）临时建筑物、构筑物超过批准期限不拆除的。

第六十七条　建设单位未在建设工程竣工验收后六个月内向城乡规划主管部门报送有关竣工验收资料的，由所在地城市、县人民政府城乡规划主管部门责令限期补报；逾期不补报的，处一万元以上五万元以下的罚款。

第六十八条　城乡规划主管部门作出责令停止建设或者限期拆除的决定后，当事人不停止建设或者逾期不拆除的，建设工程所在地县级以上地方人民政府可以责成有关部门采取查封施工现场、强制拆除等措施。

第六十九条　违反本法规定，构成犯罪的，依法追究刑事责任。

第七章　附　　则

第七十条　本法自 2008 年 1 月 1 日起施行。《中华人民共和国城市规划法》同时废止。

（二）《城市规划编制办法》（以下简称《编制办法》）

《编制办法》于 2005 年国家建设部第 76 次常务会议通过，自 2006 年 4 月 1 日起施行。这是所有不同类型、规模的国家行政设立的城市编制城市规划的主要法律依据，进一步规范了城市规划的编制工作，提高了城市规划的科学性和严肃性。该办法分为总则、城市规划编制组织、城市规划编制要求、城市规划编制内容、附则，共五章 47 条。

《编制办法》总则提出"城市规划是政府调控城市空间资源，指导城乡发展与建设，维护社会公平，保障公共安全和公众利益的重要政策之一"，并提出了编制城市规划，应当以科学发展观为指导，以构建社会主义和谐社会为基本目标，坚持五个统筹，坚持中国特色的城镇化道路，坚持节约和集约利用资源，保护生态环境，保护人文资源，尊重历史文化，坚持因地制宜确定城市发展目标与战略，促进城市全面协调可持续发展。编制城市规划应当坚持政府组织、专家领衔、部门合作、公众参与、科学决策的原则。

在"城市规划编制组织"一章中指出"城市人民政府负责编制城市总体规划和城市分区规划。"该章还提出了城市总体规划组织编制的程序，其中包括要组织前期研究、组织编制城市总体规划纲要等。

《编制办法》确定，城市规划分为总体规划和详细规划两个阶段。城市总体规划的期限一般为 20 年。同时可以对城市远景发展的空间布局提出设想。城市总体规划包括城市市域城镇体系规划和中心城区规划。编制城市总体规划，应当先组织编制总体规划纲要，研究确定总体规划中的重大问题，作为编制规划成果的依据。

1. 总体规划纲要内容

（1）市域城镇体系规划纲要。内容包括：提出市域城乡统筹发展战略；确定生态环境、土地和水资源、能源、自然和历史文化遗产保护等方面的综合目标和保护要求，提出空间管制原则；预测市域总人口及城镇化水平，确定各城镇人口规模、职能分工、空间布局方案和建设标准；原则确定市域交通发展策略。

（2）提出城市规划区范围。

（3）分析城市职能，提出城市性质和发展目标。

（4）提出禁建区、限建区、适建区范围。

（5）预测城市人口规模。

（6）研究中心城区空间增长边界，提出建设用地规模和建设用地范围。

（7）提出交通发展战略及主要对外交通设施布局原则。

（8）提出重大基础设施和公共服务设施的发展目标。

（9）提出建立综合防灾体系的原则和建设方针。

2.《编制办法》对城市总体规划的强制性要求

（1）城市规划区范围。

（2）市域内应当控制开发的地域。包括：基本农田保护区，风景名胜区，湿地、水源保护区等生态敏感区，地下矿产资源分布地区。

（3）城市建设用地。包括：规划期限内城市建设用地的发展规模，土地使用强度管制区划和相应的控制指标（建设用地面积、容积率、人口容量等）；城市各类绿地的具体布局；城市地下空间开发布局。

（4）城市基础设施和公共服务设施。包括：城市干道系统网络、城市轨道交通网络、交通枢纽布局；城市水源地及其保护区范围和其他重大市政基础设施；文化、教育、卫生、体育等方面主要公共服务设施的布局。

（5）城市历史文化遗产保护。包括：历史文化保护的具体控制指标和规定；历史文化街区、历史建筑、重要地下文物埋藏区的具体位置和界线。

（6）生态环境保护与建设目标，污染控制与治理措施。

（7）城市防灾工程。包括：城市防洪标准、防洪堤走向，城市抗震与消防疏散通道，城市人防设施布局，地质灾害防护规定。

以上内容是编制城市总体规划必须要涉及的内容，而且不能有缺项，尤其是后两项内容极为重要，对于建设宜居城市、安全城市必不可少。

《编制办法》对编制城市近期建设规划也作出了规定，近期建设规划的期限原则上应当与城市国民经济和社会发展规划的年限一致，并不得违背城市总体规划的强制性内容。近期建设规划到期时，应当依据城市总体规划组织编制新的近期建设规划。

3. 近期建设规划的内容

（1）确定近期人口和建设用地规模，确定近期建设用地范围和布局。

（2）确定近期交通发展策略，确定主要对外交通设施和主要道路交通设施布局。

（3）确定各项基础设施、公共服务和公益设施的建设规模和选址。

（4）确定近期居住用地安排和布局。

（5）确定历史文化名城、历史文化街区、风景名胜区等的保护措施，城市河湖水系、绿化、环境等的保护、整治和建设措施。

（6）确定控制和引导城市近期发展的原则和措施。

4.《编制办法》对控制性详细规划的内容要求

(1) 确定规划范围内不同性质用地的界线，确定各类用地内适建、不适建或者有条件地允许建设的建筑类型。

(2) 确定各地块建筑高度、建筑密度、容积率、绿地率等控制指标；确定公共设施配套要求、交通出入口方位、停车泊位、建筑后退红线距离等要求。

(3) 提出各地块的建筑体量、体形、色彩等城市设计指导原则。

(4) 根据交通需求分析，确定地块出入口位置、停车泊位、公共交通场站用地范围和站点位置、步行交通以及其他交通设施。规定各级道路的红线、断面、交叉口形式及渠化措施、控制点坐标和标高。

(5) 根据规划建设容量，确定市政工程管线位置、管径和工程设施的用地界线，进行管线综合。确定地下空间开发利用的具体要求。

(6) 制定相应的土地使用与建筑管理规定。

另外，控制性详细规划确定的各地块的主要用途、建筑密度、建筑高度、容积率、绿地率、基础设施和公共服务设施配套规定应当作为强制性内容。

5.《编制办法》对修建性详细规划的内容要求

(1) 建设条件分析及综合技术经济论证。

(2) 建筑、道路和绿地等的空间布局和景观规划设计，布置总平面图。

(3) 对住宅、医院、学校和托幼等建筑进行日照分析。

(4) 根据交通影响分析，提出交通组织方案和设计方案。

(5) 市政工程管线规划设计和管线综合。

(6) 竖向规划设计。

(7) 估算工程量、拆迁量和总造价，分析投资效益。

6.《编制办法》对城市分区规划的要求

《编制办法》还对编制城市分区规划提出了要求：编制分区规划，应当综合考虑城市总体规划确定的城市布局、片区特征、河流道路等自然和人工界限，结合城市行政区划，划定分区的范围界限。

分区规划应当包括下列内容：

(1) 确定分区的空间布局、功能分区、土地使用性质和居住人口分布。

(2) 确定绿地系统、河湖水面、供电高压线走廊、对外交通设施用地界线和风景名胜区、文物古迹、历史文化街区的保护范围，提出空间形态的保护要求。

(3) 确定市、区、居住区级公共服务设施的分布、用地范围和控制原则。

(4) 确定主要市政公用设施的位置、控制范围和工程干管的线路位置、管径，进行管线综合。

(5) 确定城市干道的红线位置、断面、控制点坐标和标高，确定支路的走向、宽度，确定主要交叉口、广场、公交站场、交通枢纽等交通设施的位置和规模，确定轨道交通线路走向及控制范围，确定主要停车场规模与布局。

(三)《中华人民共和国土地管理法》

(四)《城市国有土地使用权出让转让规划管理办法》

(五)《中华人民共和国环境保护法》(以下简称《环境保护法》)

（六）《中华人民共和国文物保护法》（以下简称《文物保护法》）

（七）城市紫线、黄线、蓝线、绿线管理办法

（1）《城市紫线管理办法》

（2）《城市绿线管理办法》

（3）《城市绿线划定技术规范》GB/T 51163—2016

（4）《城市蓝线管理办法》

（5）《城市黄线管理办法》

二、城市规划技术规范

根据《城乡规划法》《城市规划条例》的精神，建设部先后出台了相关城市规划设计方面的技术性规范、标准，用以指导具体的城市规划，如城镇体系规划，县、镇域规划，开发区规划，居住区规划，各类城市基础设施规划，如道路交通规划的制定。

（一）《城市用地分类与规划建设用地标准》GB 50137—2011（以下简称《用地标准》）

新《用地标准》为住房和城乡建设部批准的国家标准，自 2012 年 1 月 1 日起施行。制定标准的目的在于统一全国城市用地分类，科学地编制、审批、实施城市规划，统筹城乡发展、合理经济地使用土地，保证城乡正常发展。该标准适用于设市的城乡规划和城市的总体规划工作和城市用地统计工作。

城市用地应按土地使用的主要性质进行划分和归类。

在"规划建设用地标准"一章中指出，编制和修订城乡规划和城市总体规划应以本标准作为城市建设用地（以下简称建设用地）的远期规划控制标准。城市建设用地应包括分类中的居住用地、公共管理与公共服务设施用地、商业服务业设施用地、工业用地、物流仓储用地、道路与交通设施用地、公用设施用地、绿地与广场用地八大类，不应包括水域和其他用地。

在计算建设用地标准时，人口计算范围必须与用地计算范围一致，人口数宜以非农业人口数为准。

规划建设用地标准应包括规划人均建设用地指标、规划人均单项建设用地指标和规划建设用地结构三部分。

规划人均建设用地指标根据我国气候区划分相应地分为七级。同时，根据现状人均城市建设用地面积指标，允许采用的规划人均城市建设用地面积指标从 $65 \sim 115 m^2$ 不等。

新《用地标准》提出，编制和修订城市总体规划时，要确定四大类主要用地的规划人均单项用地指标，分别是：居住用地 $23 \sim 38 m^2$/人；公共管理与公共服务设施用地 $\geqslant 5.5 m^2$/人；道路与交通设施用地 $\geqslant 12 m^2$/人；绿地与广场用地 $\geqslant 10 m^2$/人，其中公园绿地 $\geqslant 8 m^2$/人。

规划人均建设用地结构也按照上述五大类用地规定了具体的面积标准：居住用地 $25\% \sim 40\%$，工业用地 $15\% \sim 30\%$，道路与交通设施用地 $10\% \sim 25\%$，绿地与广场用地 $10\% \sim 15\%$，公共管理与公共服务设施用地 $5\% \sim 8\%$。

《用地标准》是编制和修订城市总体规划时，确定城市建设用地的远期规划控制标准的重要法定标准依据。

（二）《海绵城市建设评价标准》GB/T 51345—2018

海绵城市建设的技术路线与方法：技术路线由传统的"末端治理"转为"源头减排、过程控制、系统治理"；管控方法由传统的"快排"转为"渗、滞、蓄、净、用、排"，通过控制雨水的径流冲击负荷和污染负荷等，实现海绵城市建设的综合目标。

1. 基本规定

海绵城市建设的评价应以城市建成区为评价对象，对建成区范围内的源头减排项目、排水分区及建成区整体的海绵效应进行评价。其评价的结果应为以排水分区为单元进行统计，达到本标准要求的城市建成区面积占城市建成区总面积的比例。其评价内容由考核内容和考查内容组成，达到本标准要求的城市建成区应满足所有考核内容的要求，考查内容应进行评价但结论不影响评价结果的判定。

海绵城市建设评价应对典型项目、管网、城市水体等进行监测，以不少于1年的连续监测数据为基础，结合现场检查、资料查阅和模型模拟进行综合评价。

对源头减排项目实施有效性的评价，应根据建设目标、技术措施等，选择有代表性的典型项目进行监测评价。每类典型项目应选择1～2个监测项目，对接入市政管网、水体的溢流排水口或检查井处的排放水量、水质进行监测。

2. 评价内容

海绵城市建设效果从项目建设与实施的有效性、能否实现海绵效应等方面进行评价。

评价内容与要求中的年径流总量控制率及径流体积控制、源头减排项目实施有效性、路面积水控制与内涝防治、城市水体环境质量、自然生态格局管控与水体生态性岸线保护应为考核内容；地下水埋深变化趋势、城市热岛效应缓解应为考查内容。

（三）《城市居住区规划设计标准》GB 50180—2018

《城市居住区规划设计标准》是建设部批准的国家规范，自1994年2月1日起施行，2002年、2016年分别进行了两次局部修订。2018年12月1日经过全面修订的该标准正式施行，其具体内容见本章第九节。

（四）《镇规划标准》GB 50188—2007

1. 镇村体系规划

（1）镇域镇村体系规划应依据县（市）域城镇体系规划中确定的中心镇、一般镇的性质、职能和发展规模进行制定。

（2）镇域镇村体系规划应包括以下主要内容：

1）调查镇区和村庄的现状，分析其资源和环境等发展条件，预测一、二、三产业的发展前景以及劳力和人口的流向趋势；

2）落实镇区规划人口规模，划定镇区用地规划发展的控制范围；

3）根据产业发展和生活提高的要求，确定中心村和基层村，结合村民意愿，提出村庄的建设调整设想；

4）确定镇域内主要道路交通、公用工程设施、公共服务设施以及生态环境、历史文化保护、防灾减灾防疫系统。

2. 镇区和村庄的规模分级

镇区和村庄的规划规模应按人口数量划分为特大、大、中、小型四级。

在进行镇区和村庄规划时，应以规划期末常住人口的数量按表6-25的分级确定级别。

<table>
<tr><td colspan="3" align="center">规划规模分级（人）</td><td align="right">表 6-25</td></tr>
</table>

规划人口规模分级	镇 区	村 庄
特 大 型	>50000	>1000
大 型	30001～50000	601～1000
中 型	10001～30000	201～600
小 型	≤10000	≤200

3. 建设用地选择

（1）建设用地应符合下列规定：

1）应避开河洪、海潮、山洪、泥石流、滑坡、风灾、发震断裂等灾害影响以及生态敏感的地段；

2）应避开水源保护区、文物保护区、自然保护区和风景名胜区；

3）应避开有开采价值的地下资源和地下采空区以及文物埋藏区。

（2）在不良地质地带严禁布置居住、教育、医疗及其他公众密集活动的建设项目。因特殊需要布置本条严禁建设以外的项目时，应避免改变原有地形、地貌和自然排水体系，并应制订整治方案和防止引发地质灾害的具体措施。

4. 居住用地规划

居住建筑的布置应根据气候、用地条件和使用要求，确定建筑的标准、类型、层数、朝向、间距、群体组合、绿地系统和空间环境，并应符合下列规定：

（1）应符合所在省、自治区、直辖市人民政府规定的镇区住宅用地面积标准和容积率指标，以及居住建筑的朝向和日照间距系数。

（2）应满足自然通风要求，在现行国家标准《建筑气候区划标准》GB 50178 的Ⅱ、Ⅲ、Ⅳ气候区，居住建筑的朝向应符合夏季防热和组织自然通风的要求。

（五）《城乡规划工程地质勘察规范》CJJ 57—2012（节选）

3 基 本 规 定

3.0.1 城乡规划编制前，应进行工程地质勘察，并应满足不同阶段规划的要求。

3.0.2 规划勘察的等级可根据城乡规划项目重要性等级和场地复杂程度等级，按本规范附录 A 划分为甲级和乙级。

3.0.3 规划勘察应按总体规划、详细规划两个阶段进行。专项规划或建设工程项目规划选址，可根据规划编制需求和任务要求进行专项规划勘察。

3.0.4 规划勘察前应取得下列资料：

1 规划勘察任务书；

2 各规划阶段或专项规划的设计条件，包括城乡类别说明，规划区的范围、性质、发展规模、功能布局、路网布设、重点建设区或建设项目的总体布置和项目特点等；

3 与规划阶段相匹配的规划区现状地形图、城乡规划图等。

4 总 体 规 划 勘 察

4.1 一般规定

4.1.1 总体规划勘察应以工程地质测绘和调查为主，并辅以必要的地球物理勘探、钻探、原位测试和室内试验工作。

4.1.2 总体规划勘察应调查规划区的工程地质条件，对规划区的场地稳定性和工程建设适宜性进行总体评价。

4.2 勘察要求

4.2.1 总体规划勘察应包括下列工作内容：

1 搜集、整理和分析相关的已有资料、文献；

2 调查地形地貌、地质构造、地层结构及地质年代、岩土的成因类型及特征等条件，划分工程地质单元；

3 调查地下水的类型、埋藏条件、补给和排泄条件、动态规律、历史和近期最高水位，采取代表性的地表水和地下水试样进行水质分析；

4 调查不良地质作用、地质灾害及特殊性岩土的成因、类型、分布等基本特征，分析对规划建设项目的潜在影响并提出防治建议；

5 对地质构造复杂、抗震设防烈度6度及以上地区，分析地震后可能诱发的地质灾害；

6 调查规划区场地的建设开发历史和使用概况；

7 按评价单元对规划区进行场地稳定性和工程建设适宜性评价。

4.2.2 总体规划勘察前应搜集下列资料：

1 区域地质、第四纪地质、地震地质、工程地质、水文地质等有关的影像、图件和文件；

2 地形地貌、遥感影像、矿产资源、文物古迹、地球物理勘探等资料；

3 水文、气象资料，包括水系分布、流域范围、洪涝灾害以及风、气温、降水等；

4 历史地理、城址变迁、既有土地开发建设情况等资料；

5 已有地质勘探资料。

4.2.3 总体规划勘察的工程地质测绘和调查工作应符合本规范第6章的规定。

4.2.4 总体规划勘察的勘探点布置应符合下列规定：

1 勘探线、点间距可根据勘察任务要求及场地复杂程度等级，按表4.2.4确定；

2 每个评价单元的勘探点数量不应少于3个；

3 钻入稳定岩土层的勘探孔数量不应少于勘探孔总数的1/3。

勘探线、点间距（m） 表4.2.4

场地复杂程度等级	勘探线间距	勘探点间距
一级场地（复杂场地）	400～600	<500
二级场地（中等复杂场地）	600～1000	500～1000
三级场地（简单场地）	800～1500	800～1500

4.2.5 总体规划勘察的勘探孔深度应满足场地稳定性和工程建设适宜性分析评价的需要，并应符合下列规定：

1 勘探孔深度不宜小于30m，当深层地质资料缺乏时勘探孔深度应适当增加；

2 在勘探孔深度内遇基岩时，勘探孔深度可适当减浅；

3 当勘探孔底遇软弱土层时，勘探孔深度应加深或穿透软弱土层。

4.2.6 采取岩土试样和进行原位测试的勘探孔数量不应少于勘探孔总数的1/2，必要时勘探孔宜全部采取岩土试样和进行原位测试。

4.2.7 总体规划勘察的不良地质作用和地质灾害调查应符合本规范第7章的规定。

4.3 分析与评价

4.3.1 总体规划勘察的资料整理、分析与评价应包括下列内容：

1 已有资料的分类汇总、综合研究；

2 现状地质环境条件、地震可能诱发的地质灾害程度；

3 各评价单元的场地稳定性；

4 各评价单元的工程建设适宜性；

5 工程建设活动与地质环境之间的相互作用、不良地质作用或人类活动可能引起的环境工程地质问题。

4.3.2 总体规划勘察应根据总体规划阶段的编制要求，结合各场地稳定性、工程建设适宜性的分析与评价成果，在规划区地质环境保护、防灾减灾、规划功能分区、建设项目布置等方面提出相关建议。

5 详细规划勘察

5.1 一般规定

5.1.1 详细规划勘察应根据场地复杂程度、详细规划编制对勘察工作的要求，采用工程地质测绘和调查、地球物理勘探、钻探、原位测试和室内试验等综合勘察手段。

5.1.2 详细规划勘察应在总体规划勘察成果的基础上，初步查明规划区的工程地质与水文地质条件，对规划区的场地稳定性和工程建设适宜性作出分析与评价。

5.2 勘察要求

5.2.1 详细规划勘察应包括下列工作内容：

1 搜集、整理和分析相关的已有资料；

2 初步查明地形地貌、地质构造、地层结构及成因年代、岩土主要工程性质；

3 初步查明不良地质作用和地质灾害的成因、类型、分布范围、发生条件，提出防治建议；

4 初步查明特殊性岩土的类型、分布范围及其工程地质特性；

5 初步查明地下水的类型和埋藏条件，调查地表水情况和地下水位动态及其变化规律，评价地表水、地下水、土对建筑材料的腐蚀性；

6 在抗震设防烈度6度及以上地区，评价场地和地基的地震效应；

7 对各评价单元的场地稳定性和工程建设适宜性作出工程地质评价；

8 对规划方案和规划建设项目提出建议。

5.2.2 详细规划勘察前应搜集下列资料：

1 总体规划勘察成果资料；

2 地貌、气象、水文、地质构造、地震、工程地质、水文地质和地下矿产资源等有关资料；

3 既有工程建设、不良地质作用和地质灾害防治工程的经验和相关资料；

4 详细规划拟定的城乡规划用地性质、对拟建各类建设项目控制指标和配套基础设施布置的要求。

5.2.3 详细规划勘察的工程地质测绘和调查工作应符合本规范第6章的规定。

5.2.4 详细规划勘察的勘探线、点的布置应符合下列规定：

1 勘探线宜垂直地貌单元边界线、地质构造带及地层分界线；

2 对于简单场地（三级场地），勘探线可按方格网布置；

3 规划有重大建设项目的场地，应按项目的规划布局特点，沿纵、横主控方向布置勘探线；

4 勘探点可沿勘探线布置，在每个地貌单元和不同地貌单元交界部位应布置勘探点，在微地貌和地层变化较大的地段、活动断裂等不良地质作用发育地段可适当加密；

5 勘探线、点间距可按表5.2.4确定。

勘探线、点间距（m） 表5.2.4

场地复杂程度等级	勘探线间距	勘探点间距
一级场地（复杂场地）	100~200	100~200
二级场地（中等复杂场地）	200~400	200~300
三级场地（简单场地）	400~800	300~600

5.2.5 详细规划勘察的勘探孔可分一般性勘探孔和控制性勘探孔，其深度可按表5.2.5确定，并应满足场地稳定性和工程建设适宜性分析评价的要求。

勘探孔深度（m） 表5.2.5

场地复杂程度等级	一般性勘探孔	控制性勘探孔
一级场地（复杂场地）	>30	>50
二级场地（中等复杂场地）	20~30	40~50
三级场地（简单场地）	15~20	30~40

注：勘探孔包括钻孔和原位测试孔。

5.2.6 控制性勘探孔不应少于勘探孔总数的1/3，且每个地貌单元或布置有重大建设项目地块均应有控制性勘探孔。

5.2.7 遇下列情况之一时，应适当调整勘探孔深度：

1 当场地地形起伏较大时，应根据规划整平地面高程调整孔深；

2 当遇有基岩时，控制性勘探孔应钻入稳定岩层一定深度，一般性勘探孔应钻至稳定岩层层面；

3 在勘探孔深度内遇有厚层、坚实的稳定土层时，勘探孔深度可适当减浅；

4 当有软弱下卧层时，控制性勘探孔的深度应适当加大，并应穿透软弱土层。

5.2.8 详细规划勘察采取岩土试样和原位测试工作应符合下列规定：

1 采取岩土试样和进行原位测试的勘探孔，宜在平面上均匀分布；

2 采取岩土试样和进行原位测试的勘探孔的数量宜占勘探孔总数的1/2，在布置有重大建设项目的地块或地段，采取岩土试样和进行原位测试的勘探孔不得少于6个；

3 各主要岩土层均应采取试样或取得原位测试数据；

4 采取岩土试样和原位测试的竖向间距，应根据地层特点和岩土层的均匀程度确定。

5.2.9 详细规划勘察的不良地质作用和地质灾害调查应符合本规范第7章的规定。

5.2.10 详细规划勘察的水文地质勘察应符合下列规定：

1 应调查对工程建设有较大影响的地下水埋藏条件、类型和补给、径流、排泄条件，各层地下水水位和变化幅度；

2 应采取代表性的水样进行腐蚀性分析，取样地点不宜少于 3 处；

3 当需绘制地下水等水位线时，应根据地下水的埋藏条件统一量测地下水位；

4 宜设置监测地下水变化的长期观测孔。

5.3 分析与评价

5.3.1 详细规划勘察资料的整理应采用定性与定量相结合的综合分析方法，对场地稳定性和工程建设适宜性应进行定性或定量分析。

5.3.2 详细规划勘察的分析与评价应包括下列内容：

1 地质环境条件对规划建设项目的影响；

2 不良地质作用和地质灾害及人类工程活动对规划建设项目的影响，并提出防治措施建议；

3 地下水类型和埋藏条件及对规划建设项目的影响；

4 各类建设用地的地基条件和施工条件；

5 各类建设用地的场地稳定性和工程建设适宜性。

5.3.3 详细规划勘察应根据详细规划编制要求，结合各场地稳定性、工程建设适宜性的分析与评价成果，提出下列建议：

1 拟建重大工程地基基础方案；

2 各类建设用地内适建、不适建或有条件允许建设的建筑类型和土地开发强度；

3 城市地下空间和地下资源开发利用条件；

4 各类拟规划建设项目的平面及竖向布置方案。

(六)《城市综合交通体系规划标准》GB/T 51328—2018

《城市综合交通体系规划标准》为国家标准，编号为 GB/T 51328—2018，自 2019 年 3 月 1 日起实施。国家标准《城市道路交通规划设计规范》GB 50220—95、行业标准《城市道路绿化规划与设计规范》CJJ 75—97 的第 3.1 节和第 3.2 节同时废止。

2.0.10 当量小汽车 passenger car unit

以 4～5 座的小客车为标准车，作为各种类型车辆换算道路交通量的当量车种，单位为 pcu。不同车种的换算系数宜按本标准附录 A 第 A.0.1 条的规定取值。

4.0.1 城市综合交通体系应与城市空间布局协同规划，通过用地布局优化引导城市职住空间的匹配、合理布局城市各级公共与生活服务设施，将居民出行距离控制在合理范围内，并应符合下列规定：

1 城区的居民通勤出行平均出行距离宜符合表 4.0.1 的规定，规划人口规模超过 1000 万人及以上的超大城市可适当提高。

居民通勤出行（单程）平均出行距离的控制要求　　　　　　　　表 4.0.1

规划人口规模（万人）	≥500	300～500	100～300	50～100	<50
通勤出行距离（km）	≤9	≤7	≤6	≤5	≤4

2 城区内生活出行，采用步行与自行车交通的出行比例不宜低于 80%。

10 步行与非机动车交通

10.1 一般规定

10.1.1 步行与非机动车交通系统由各级城市道路的人行道、非机动车道、过街设施，步行与非机动车专用路（含绿道）及其他各类专用设施（如：楼梯、台阶、坡道、电扶梯、自动人行道等）构成。

10.1.3 步行与非机动车交通通过城市主干路及以下等级道路交叉口与路段时，应优先选择平面过街形式。

10.1.4 城市宜根据用地布局，设置步行与非机动车专用道路，并提高步行与非机动车交通系统的通达性。河流和山体分隔的城市分区之间，应保障步行与非机动车交通的基本连接。

10.1.5 城市内的绿道系统应与城市道路上布设的步行与非机动车通行空间顺畅衔接。

10.1.6 当机动车交通与步行交通或非机动车交通混行时，应通过交通稳静化措施，将机动车的行驶速度限制在行人或非机动车安全通行速度范围内。

10.2 步行交通

10.2.1 步行交通是城市最基本的出行方式。除城市快速路主路外，城市快速路辅路及其他各级城市道路红线内均应优先布置步行交通空间。

10.2.2 根据地形条件、城市用地布局和街区情况，宜设置独立于城市道路系统的人行道、步行专用通道与路径。

10.2.3 人行道最小宽度不应小于2.0m，且应与车行道之间设置物理隔离。

10.2.4 大型公共建筑和大、中运量城市公共交通站点800m范围内，人行道最小通行宽度不应低于4.0m；城市土地使用强度较高地区，各类步行设施网络密度不宜低于14km/km²，其他地区各类步行设施网络密度不应低于8km/km²。

10.2.5 人行道、行人过街设施应与公交车站、城市公共空间、建筑的公共空间顺畅衔接。

10.2.6 城市应结合各类绿地、广场和公共交通设施设置连续的步行空间；当不同地形标高的人行系统衔接困难时，应设置步行专用的人行梯道、扶梯、电梯等连接设施。

10.3 非机动车交通

10.3.2 适宜自行车骑行的城市和城市片区，除城市快速路主路外，城市快速路辅路及其他各级城市道路均应设置连续的非机动车道。并宜根据道路条件、用地布局与非机动车交通特征设置非机动车专用路。

10.3.3 适宜自行车骑行的城市和城市片区，非机动车道的布局与宽度应符合下列规定：

    1 最小宽度不应小于2.5m；

    2 城市土地使用强度较高和中等地区各类非机动车道网络密度不应低于8km/km²；

    3 非机动车专用路、非机动车专用休闲与健身道、城市主次干路上的非机动车道，以及城市主要公共服务设施周边、客运走廊500m范围内城市道路上设置的非机动车道，单向通行宽度不宜小于3.5m，双向通行不宜小于4.5m，并应与机动车交通之间采取物理隔离；

    4 不在城市主要公共服务设施周边及客运走廊500m范围内的城市支路，其非机动车道宜与机动车交通之间采取非连续性物理隔离，或对机动车交通采取交通稳静化措施。

10.3.4 当非机动车道内电动自行车、人力三轮车和物流配送非机动车流量较大时，非机动车道宽度应适当增加。

12 城 市 道 路

12.1 一般规定

12.1.2 城市道路系统规划应结合城市的自然地形、地貌与交通特征，因地制宜进行规划，并应符合以下原则：

    1 与城市交通发展目标相一致，符合城市的空间组织和交通特征；

    2 道路网络布局和道路空间分配应体现以人为本、绿色交通优先，以及窄马路、密路网、完整街道的理念；

    3 城市道路的功能、布局应与两侧城市的用地特征、城市用地开发状况相协调；

    4 体现历史文化传统，保护历史城区的道路格局，反映城市风貌；

    5 为工程管线和相关市政公用设施布设提供空间；

    6 满足城市救灾、避难和通风的要求。

12.1.3 承担城市通勤交通功能的公路应纳入城市道路系统统一规划。

12.1.4 中心城区内道路系统的密度不宜小于 $8km/km^2$。

12.2 城市道路的功能等级

12.2.1 按照城市道路所承担的城市活动特征，城市道路应分为干线道路、支线道路，以及联系两者的集散道路三个大类；城市快速路、主干路、次干路和支路四个中类和八个小类。不同城市应根据城市规模、空间形态和城市活动特征等因素确定城市道路类别的构成，并应符合下列规定：

    1 干线道路应承担城市中、长距离联系交通，集散道路和支线道路共同承担城市中、长距离联系交通的集散和城市中、短距离交通的组织。

    2 应根据城市功能的连接特征确定城市道路中类。城市道路中类划分与城市功能连接、城市用地服务的关系应符合表12.2.11的规定。

不同连接类型与用地服务特征所对应的城市道路功能等级 表 12.2.1

连接类型	为沿线用地服务很少	为沿线用地服务较少	为沿线用地服务较多	直接为沿线用地服务
城市主要中心之间连接	快速路	主干路	—	—
城市分区（组团）间连接	快速路/主干路	主干路	主干路	—
分区（组团）内连接	—	主干路/次干路	主干路/次干路	—
社区级渗透性连接	—	—	次干路/支路	次干路/支路
社区到达性连接	—	—	支路	支路

12.2.2 城市道路小类划分应符合表12.2.2的规定。

城市道路功能等级划分与规划要求

表 12.2.2

大类	中类	小类	功能说明	设计速度（km/h）	高峰小时服务交通量推荐（双向 pcu）
干线道路	快速路	Ⅰ级快速路	为城市长距离机动车出行提供快速、高效的交通服务	80~100	3000~12000
		Ⅱ级快速路	为城市长距离机动车出行提供快速交通服务	60~80	2400~9600
	主干路	Ⅰ级主干路	为城市主要分区（组团）间的中、长距离联系交通服务	60	2400~5600
		Ⅱ级主干路	为城市分区（组团）间中、长距离联系以及分区（组团）内部主要交通联系服务	50~60	1200~3600
		Ⅲ级主干路	为城市分区（组团）间联系以及分区（组团）内部中等距离交通联系提供辅助服务，为沿线用地服务较多	40~50	1000~3000
集散道路	次干路	次干路	为干线道路与支线道路的转换以及城市内中、短距离的地方性活动组织服务	30~50	300~2000
支线道路	支路	Ⅰ级支路	为短距离地方性活动组织服务	20~30	—
		Ⅱ级支路	为短距离地方性活动组织服务的街坊内道路、步行、非机动车专用路等	—	—

12.3 城市道路网布局

12.3.3 干线道路系统应相互连通，集散道路与支线道路布局应符合不同功能地区的城市活动特征。

12.3.4 道路交叉口相交道路不宜超过 4 条。

12.3.5 城市中心区的道路网络规划应符合以下规定：

　　1 中心区的道路网络应主要承担中心区内的城市活动，并宜以Ⅲ级主干路、次干路和支路为主；

　　2 城市Ⅱ级主干路及以上等级干线道路不宜穿越城市中心区。

12.3.7 规划人口规模 100 万及以上的城市主要对外方向应有 2 条以上城市干线道路，其他对外方向宜有 2 条城市干线道路；分散布局的城市，各相邻片区、组团之间宜有 2 条以上城市干线道路。

12.3.8 带形城市应确保城市长轴方向的干线道路贯通，且不宜少于两条，道路等级不宜低于Ⅱ级主干路。

12.3.11 道路选线应避开泥石流、滑坡、崩塌、地面沉降、塌陷、地震断裂活动带等自然灾害易发区；当不能避开时，必须在科学论证的基础上提出工程和管理措施，保证道路的安全运行。

12.4 城市道路红线宽度与断面空间分配

12.4.1 城市道路的红线宽度应优先满足城市公共交通、步行与非机动车交通通行空间的布设要求，并应根据城市道路承担的交通功能和城市用地开发状况，以及工程管线、地下空间、景观风貌等布设要求综合确定。

12.4.2 城市道路红线宽度（快速路包括辅路），规划人口规模50万及以上城市不应超过70m，20～50万的城市不应超过55m，20万以下城市不应超过40m。

12.4.3 城市道路红线宽度还应符合下列规定：

1 对城市公共交通、步行与非机动车，以及工程管线、景观等无特殊要求的城市道路，红线宽度取值应符合表12.4.3确定。

无特殊要求的城市道路红线宽度取值　　　　　　　　表12.4.3

道路分类	快速路(不包括辅路)		主干路			次干路	支路	
	I	II	I	II	III		I	II
双向车道数（条）	4～8	4～8	6～8	4～6	4～6	2～4	2	—
道路红线宽度（m）	25～35	25～40	40～50	40～45	40～45	20～35	14～20	—

2 布设和预留城市轨道交通线路的城市道路，道路红线宽度应符合本标准第9.3.8条的规定；

3 布设有轨电车的道路，道路红线应符合本标准第9.4.3条的规定；

4 城市道路红线应符合本标准第10.2.3条、第10.2.4条和第10.3.3条规定的步行与非机动车道布设要求；

5 大件货物运输通道可按要求适度加宽车道和道路红线，满足大型车辆的通行要求；

6 城市应保护与延续历史街巷的宽度与走向。

12.4.4 道路横断面布置应符合所承载的交通特征，并应符合下列规定：

1 道路空间分配应符合不同运行速度交通的安全行驶要求；

2 城市道路的横断面布置应与道路承担的交通功能及交通方式构成相一致；当道路横断面变化时，道路红线应考虑过渡段的设置要求；

3 设置公交港湾、人行立体过街设施、轨道交通站点出入口等的路段，不应压缩人行道和非机动车道的宽度，红线宜适当加宽；

4 城市Ⅰ级快速路可根据情况设置应急车道。

12.4.5 干线道路平面交叉口用地应在方便行人过街的基础上适度展宽。

12.4.7 全方式出行中自行车出行比例高于10%的城市，布设主要非机动车通道的次干路宜采用三幅路形式，对于自行车出行比例季节性变化大的城市宜采用单幅路；其他次干路可采用单幅路；支路宜采用单幅路。

12.5 干线道路系统

12.5.2 干线道路选择应满足下列规定：

1 不同规模城市干线道路的选择宜符合表12.5.2的规定；

城市干线道路等级选择要求　　　　　　　　表12.5.2

规划人口规模（万人）	最高等级干线道路
≥200	Ⅰ级快速路或Ⅱ级快速路
100～200	Ⅱ级快速路或Ⅰ级主干路
50～100	Ⅰ级主干路
20～50	Ⅱ级主干路
≤20	Ⅲ级主干路

2 带形城市可参照上一档规划人口规模的城市选择。当中心城区长度超过30km时，宜规划Ⅰ级快速路；超过20km时，宜规划Ⅱ级快速路。

12.5.3 不同规划人口规模城市的干线道路网络密度可按表12.5.3规划。城市建设用地内部的城市干线道路的间距不宜超过1.5km。

不同规模城市的干线道路网络密度　　　　　　　　表12.5.3

规划人口规模（万人）	干线道路网络密度（km/km²）
≥200	1.5～1.9
100～200	1.4～1.9
50～100	1.3～1.8
20～50	1.3～1.7
≤20	1.5～2.2

12.5.4 干线道路上的步行、非机动车道应与机动车道隔离。

12.5.5 干线道路不得穿越历史文化街区与文物保护单位的保护范围，以及其他历史地段。

12.5.6 干线道路桥梁与隧道车行道布置及路缘带宽度宜与衔接道路相同。

12.5.8 规划人口规模100万及以上的城市，放射性干线道路的断面应留有潮汐车道设置条件。

12.6 集散道路与支线道路

12.6.1 城市集散道路和支线道路系统应保障步行、非机动车和城市街道活动的空间，避免引入大量通过性交通。

12.6.3 城市不同功能地区的集散道路与支线道路密度，应结合用地布局和开发强度综合确定，街区尺度宜符合表12.6.3的规定。城市不同功能地区的建筑退线应与街区尺度相协调。

不同功能区的街区尺度推荐值　　　　　　　　表12.6.3

类别	街区尺度（m）		路网密度（km/km²）
	长	宽	
居住区	≤300	≤300	≥8
商业区与就业集中的中心区	100～200	100～200	10～20
工业区、物流园区	≤600	≤600	≥4

注：工业区与物流园区的街区尺度根据产业特征确定，对于服务型园区，街区尺度应小于300m，路网密度应大于8km/km²。

12.6.4 城市居住街坊内道路应优先设置为步行与非机动车专用道路。

12.8 城市道路绿化

12.8.1 城市道路绿化的布置和绿化植物的选择应符合城市道路的功能，不得影响道路交通的安全运行，并应符合下列规定：

1 道路绿化布置应便于养护；

2 路侧绿带宜与相邻的道路红线外侧其他绿地相结合；

3 人行道毗邻商业建筑的路段，路侧绿带可与行道树绿带合并；

4 道路两侧环境条件差异较大时，宜将路侧绿带集中布置在条件较好的一侧；

5 干线道路交叉口红线展宽段内，道路绿化设置应符合交通组织要求；

6 轨道交通站点出入口、公共交通港湾站、人行过街设施设置区段，道路绿化应符合交通设施布局和交通组织的要求。

12.8.2 城市道路路段的绿化覆盖率宜符合表 12.8.2 的规定。城市景观道路可在表 12.8.2 的基础上适度增加城市道路路段的绿化覆盖率；城市快速路宜根据道路特征确定道路绿化覆盖率。

城市道路路段绿化覆盖率要求   表 12.8.2

城市道路红线宽度（m）	＞45	30～45	15～30	＜15
绿化覆盖率（%）	20	15	10	酌情设置

注：城市快速路主辅路并行的路段，仅按照其辅路宽度适用上表。

12.9.1 承担城市防灾救援通道的道路应符合下列规定：

1 次干路及以上等级道路两侧的高层建筑应根据救援要求确定道路的建筑退线；

2 立体交叉口宜采用下穿式；

3 道路宜结合绿地与广场、空地布局；

4 7 度地震设防的城市每个疏散方向应有不少于 2 条对外放射的城市道路；

5 承担城市防灾救援的通道应适当增加通道方向的道路数量。

13 停车场与公共加油加气站

13.1.2 停车场按停放车辆类型可分为非机动车停车场和机动车停车场；按用地属性可分为建筑物配建停车场和公共停车场。停车位按停车需求可分为基本车位和出行车位。

13.1.4 机动车停车场应规划电动汽车充电设施。公共建筑配建停车场、公共停车场应设置不少于总停车位 10% 的充电停车位。

13.2 非机动车停车场

13.2.2 公共交通站点及周边，非机动车停车位供给宜高于其他地区。

13.2.3 非机动车路内停车位应布设在路侧带内，但不应妨碍行人通行。

13.2.4 非机动车停车场可与机动车停车场结合设置，但进出通道应分开布设。

13.2.5 非机动车的单个停车位面积宜取 1.5～1.8m²。

13.3 机动车停车场

13.3.3 机动车停车位供给应以建筑物配建停车场为主、公共停车场为辅。

13.3.4 建筑物配建停车位指标的制定应符合以下规定：

1 住宅类建筑物配建停车位指标应与城市机动车拥有量水平相适应；

2 非住宅类建筑物配建停车位指标应结合建筑物类型与所处区位差异化设置。医院等特殊公共服务设施的配建停车位指标应设置下限值，行政办公、商业、商务建筑配建停车位指标应设置上限值。

13.3.5 机动车公共停车场规划应符合以下规定：

1 规划用地总规模宜按人均 0.5～1.0m² 计算，规划人口规模 100 万及以上的城市宜取低值；

2 在符合公共停车场设置条件的城市绿地与广场、公共交通场站、城市道路等用地内可采用立体复合的方式设置公共停车场；

3 规划人口规模100万及以上的城市公共停车场宜以立体停车楼（库）为主，并应充分利用地下空间；

4 单个公共停车场规模不宜大于500个车位；

5 应根据城市的货车停放需求设置货车停车场，或在公共停车场中设置货车停车位（停车区）。

13.3.6 机动车路内停车位属临时停车位，其设置应符合以下规定：

1 不得影响道路交通安全及正常通行；

2 不得在救灾疏散、应急保障等道路上设置；

3 不得在人行道上设置；

4 应根据道路运行状况及时、动态调整。

13.3.7 地面机动车停车场用地面积，宜按每个停车位25～30m² 计。停车楼（库）的建筑面积，宜按每个停车位30～40m² 计。

附录A 车辆换算系数

A.0.1 当量小汽车换算系数宜符合表 A.0.1 的规定。

当量小汽车换算系数   表 A.0.1

序号	车种	换算系数
1	自行车	0.2
2	两轮摩托	0.4
3	三轮摩托或微型汽车	0.6
4	小客车或小于3t的货车	1.0
5	旅行车	1.2
6	大客车或小于9t的货车	2.0
7	9t～15t货车	3.0
8	铰接客车或大平板拖挂货车	4.0

习　题

6-1 (2019)从春秋到明清，各朝都城布局都遵循的形制是（　　）。

　　A　里坊制　　　　B　城郭之制　　　　C　开放式街巷制　　　D　左祖右社之制

6-2 (2019)控制性详细规划阶段，规划五线中的紫线是指（　　）。

　　A　绿化保护线　　B　城市道路　　　　C　文物保护线　　　D　市政设施范围线

6-3 (2019)巴西利亚这座城市是体现了雅典宪章的经典作品，它是一个（　　）。

　　A　功能城市　　　B　田园城市　　　　C　广亩城市　　　D　生态城市

6-4 (2019)城市森林公园、湿地、绿化隔离带属于（　　）。

　　A　公园绿地　　　B　生产绿地　　　　C　附属绿地　　　D　其他绿地

6-5 (2019)如图所示路网布局属于典型集中式和环形放射布局的是（　　）。

A

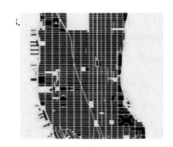

B

C

D

6 - 6 (2019)20 世纪 30 年代在美国和欧洲出现了"邻里单位"的居住区规划思想，决定和控制"邻里单位"规模的是( )。

A 幼儿园 B 小学 C 商场 D 教堂

6 - 7 (2019)在居住区规划的技术经济指标中，不能体现居住环境质量的是( )。

A 人均居住用地 B 人均公共绿地 C 建筑密度 D 住宅套型

6 - 8 (2019)在下列古城中，可作为研究中国古代城市扩建问题的代表案例是( )。

A 曹魏邺城 B 元大都 C 宋代开封 D 秦都咸阳

6 - 9 (2019)居住区规划综合指标中必列的指标是( )。

A 高层住宅占比 B 住宅总建筑面积

C 人口密度 D 绿化覆盖率

6 - 10 (2019)《清明上河图》描绘的是哪个朝代的城市？( )

A 北宋东京 B 明南京 C 隋洛阳 D 唐长安

6 - 11 (2019)城市设计最基本的，也是最有特色的成果形式是( )。

A 概念 B 模型 C 导则 D 总图

6 - 12 (2019)下列控制性详细规划指标中，不属于规定性指标的是( )。

A 建筑形式 B 建筑密度 C 建筑退线 D 用地面积

6 - 13 (2019)凯文·林奇提出的城市意向地图的调查方法是一种( )。

A 层次分析法 B 线性规划法 C 价值评估法 D 感知评价法

6 - 14 (2019)为获得"山穷水尽疑无路，柳暗花明又一村"的空间体验，常用的景观设计手法是( )。

A 借景 B 障景 C 框景 D 对景

6-15 **(2019)**对热岛效应描述错误的是(　　)。

    A　白天比晚上明显　　　　　　　　　　B　城市规模越大越明显

    C　不利于污染物扩散　　　　　　　　　D　城市建成区气温高于外围郊区

6-16 **(2019)**总体规划中,属于禁建区的是(　　)。

    A　基本农田保护区　　　　　　　　　　B　环境协调区

    C　绿化隔离区　　　　　　　　　　　　D　城市生态绿地

6-17 **(2019)**生态城市规划设计中,不属于绿色出行方式的是(　　)。

    A　私家车交通　　　　B　轨道　　　　C　自行车　　　　D　步行

6-18 **(2019)**城市生态规划属于城市规划内容中的(　　)。

    A　总体规划　　　　B　区域规划　　　　C　详细规划　　　　D　专项规划

6-19 **(2019)**如题 6-19 图所示,雨花台烈士陵园的路径形式是(　　)。

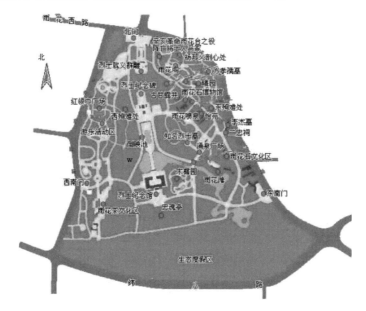

题 6-19 图

    A　闭合　　　　　　B　串联　　　　　　C　并联　　　　　　D　放射

6-20 **(2019)**结合风玫瑰图(题 6-20 图)分析,下列适合城市总体规划布局的是(　　)。

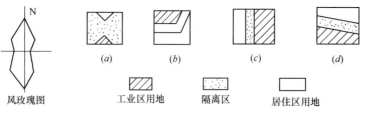

题 6-20 图

    A　(a)　　　　　　B　(b)　　　　　　C　(c)　　　　　　D　(d)

6-21 当代城市规划思想方法的变革,下列哪项是错的?(　　)

    A　由单向封闭型的思想方法转向复合开放型的思想方法

    B　由最终理想状态的静态思想方法转向过程导控的动态思想方法

C 由刚性规划的思想方法转向弹性规划的思想方法

D 由引导性的思想方法转向指令性的思想方法

6-22 2014年我国城市按人口规划分为5类7档,特大城市是指市区和近郊区常住人口总数(   )万人以上的城市。

A 100   B 200   C 300   D 500

6-23 关于城市化的含义,下列内容中哪一项不确切?(   )

A 人口职业的转变   B 产业结构的转变

C 土地及地域空间的转变   D 第二产业向第三产业的转变

6-24 公用设施中,下列哪一项是错误的?

A 供应设施   B 环境设施   C 安全设施   D 公共服务设施

6-25 下列哪一项不属于城市建设用地8大类的内容?(   )

A 居住用地   B 绿地与广场用地

C 道路与交通设施用地   D 文化娱乐用地

6-26 在城市防洪标准中,下列哪项有误?(   )

A 大城市应按200年一遇洪水位定标准

B 重要城市按200～100年一遇洪水位定标准

C 比较重要的城市按100～50年一遇洪水位定标准

D 一般城市按50～20年一遇洪水位定标准

6-27 防灾规划的重点是生命线系统的防灾措施,生命线系统的核心是(   )。

A 交通运输   B 水供应   C 电力供应   D 信息情报

6-28 十分钟生活圈居住小区的人口规模应以多少人为宜?(   )

A 1000～3000人   B 50000～100000人

C 15000～25000人   D 5000～12000人

6-29 城市总体规划阶段的城市设计是研究城市总体空间形体环境的布局工作;在修建性详细规划阶段的城市设计是研究(   )具体项目的空间形体环境的定位工作。

A 分区内   B 特定地段   C 重点地区   D 建设区

6-30 城市设计的五个重点区位是:边缘、(   )、路径、区域、标志物。

A 重要地段   B 重要工程   C 节点   D 城市广场

6-31 我国春秋战国时代,在城市规划思想发展史上有一本从思想上完全打破了周礼单一模式束缚的名著是(   )。

A 墨子   B 孙子兵法   C 管子·立正篇   D 商君书

6-32 城市总体规划图的图纸比例,大中城市与小城市分别应为(   )。

A 1/15000 或 1/10000,1/5000

B 1/200000 或 1/10000,1/5000

C 1/25000 或 1/10000,1/5000

D 1/60000 或 1/20000,1/10000

6-33 关于十五分钟生活圈居住区合理规模的表述,下列哪一项是错的?(   )

A 人口以5万～10万为宜

B 满足居民生活需要的步行距离

C 居住区配套公建规模按居住建筑面积百分比计算

D 城市道路间距宜为150～250m

6-34 根据《中华人民共和国土地管理法》规定,下列哪一种说法有误?(   )

A 城市市区土地属于国家所有,即全民所有

B 农村和城市郊区的土地，属于农民集体所有

C 宅基地和自留地、自留山，属于农民集体所有

D 土地使用权可以依法转让

6-35 下列哪种说法不符合《城市国有土地使用权出让转让规划管理办法》？（ ）

A 城市国有土地使用权出让前，应当制定控制性详细规划

B 规划设计条件及附图，出让方和受让方不得擅自变更

C 受让方如需改变原规划设计条件，必须通过国土局批准

D 城市用地分等定级，应根据城市各地段的现状和规划要求等因素确定

6-36 下列哪一项内容不符合"城市紫线、黄线、蓝线管理办法"？（ ）

A 城市紫线是指城市规划确定的铁路用地的控制线

B 城市绿线是指城市各类绿地范围的控制线

C 城市蓝线是指城市规划确定的江、河、湖、渠和湿地等城市地表水体保护和控制的地域界限

D 城市黄线是指城市规划确定的基础设施用地的控制线

6-37 下列哪一项内容符合《镇规划标准》？（ ）

A 村庄、集镇，按其地位和职能分为基层村、一般镇、中心镇 3 个层次

B 镇区和村庄的规划规模应按人口数量划分为特大、大、中、小型 4 级

C 大型中心村＞1000 人，大型中心镇＞10000 人

D 村镇建设用地按照土地使用的主要性质划分为 8 大类

参考答案及解析

6-1 **解析**：古代都城为了保护统治者的安全，有城与郭的设置。从春秋一直到明清，各朝的都城都有城郭之制，"筑城以卫君，造郭以守民"。城与郭，二者的职能很明确。城，用来保护国君；郭，用来看管人民。故 B 选项正确。

A 选项"里坊制"是中国古代主要的城市和乡村规划的基本单位与居住管理制度的复合体，起源于汉代的棋盘式街道，兴盛于三国时期。C 选项"开放式街巷制"始于北宋定都开封后，里坊制度瓦解，开放式街巷制形成。D 选项"左祖右社之制"出自《周礼·考工记》，虽然《周礼》的王城空间布局制度对古代城市具有一定影响，但不能把它作为一条贯穿古代城市规划的主线，因为这种影响并不是所有城市都体现出来的；例如春秋战国的齐临淄、燕下都、赵邯郸、郑韩故城均未采用"左祖右社之制"。

答案：B

6-2 **解析**：城市规划五线包括："红线""绿线""蓝线""紫线"和"黄线"。"紫线"是指各类历史文化遗产与风景名胜资源保护控制线，包括各级重点文物保护单位、历史文化保护区、风景名胜区、历史建筑群、重要地下文物埋藏区等保护范围。A 选项属于"绿线"，D 选项属于"黄线"，B 选项"城市道路"不在城市规划五线之中。

答案：C

6-3 **解析**：巴西利亚是雅典宪章"功能城市"的实践体现，在 1933 年出版的《光明城》（*The Radiant City*）一书中，勒·柯布西耶认为当时全球所有的城市都是垃圾，混乱、丑陋、毫无功能性，*丝毫体现不出设计之美，功能之美*。巴西利亚的规划体现了柯布西耶"形式理性主义"的规划思想和功能城市的精神，是当时以最新科学技术成就和艺术哲学观念解决城市建设问题的范例。

答案：A

6-4 **解析**：参见《城市规划原理》（第四版）"2.1 城市绿地的分类"P433：其他绿地（G5）包括风景名胜区、水源保护区、郊野公园、森林公园、自然保护区、风景林地、城市绿化隔离带、野生动植物园、湿地、垃圾填埋场恢复绿地等。若按该教材作答，应选 D。

若参考《城市绿地分类标准》CJJ/T 85—2017第2.0.4条表2.0.4-1，城市湿地公园和森林公园等具有特定主题内容的绿地属于其他专类公园（G139）。

答案：D

6-5　**解析：**参见《城市规划原理》（第四版）"2.1集中式布局的城市"P275：集中式的城市布局就是城市各项主要用地集中成片布置，其优点是便于设置较为完善的生活服务设施，城市各项用地紧凑、节约，有利于保证生产经济活动联系的效率和方便居民生活。集中式的城市布局又可划分为网格状和环形放射状两种类型。后者在大中城市比较常见，由放射形和环形的道路网组成，城市交通的通达性较好，有较强的向心紧凑发展的趋势，往往具有高密度、展示性、富有生命力的市中心；但最大的问题在于有可能造成市中心的拥挤和过度聚集，一般不适于小城市。C选项符合集中式中的环形放射状布局特征。

答案：C

6-6　**解析：**参见《城市规划原理》（第四版）P33："邻里单位"思想要求在较大的范围内统一规划居住区，使每一个"邻里单位"成为组成居住区的"细胞"。首先考虑的是幼儿上学不要穿越交通干道，"邻里单位"内要设置小学，以此决定并控制"邻里单位"的规模。

答案：B

6-7　**解析：**居住区的环境指标包括：人口密度、套密度、人均居住用地面积、人均住宅建筑面积、绿地率、人均绿地面积、人均公共绿地面积、日照间距等。居住区的建设强度指标包括：容积率、建筑密度、总建筑面积等。居住区的环境质量体现在建设强度较低、人均占有绿化及各类建筑设施的面积较大方面，故选项A、B、C能体现居住环境质量。

答案：D

6-8　**解析：**东京城（开封）发展至五代时，由于人口的快速增长，人口密度和建筑密度大为增加。五代后周世宗柴荣在显德二年（公元955年）四月发布改、扩建东京城的诏书，阐明扩建的原因和具体措施。之后宋代开封城按此诏书进行了有规划的城市改、扩建：扩大城市用地，改善旧城拥挤现象，疏浚运河，改善防火、绿化及公共卫生状况。这是中国古代城市规划思想的重大发展，成为研究中国古代城市改、扩建问题的代表性案例。

答案：C

6-9　**解析：**参见《城市居住区规划设计标准》GB 50180—2018"附录A 技术指标与用地面积计算方法"表A.0.3，各级生活圈居住指标包括：总用地面积（住宅用地、配套设施用地、公共绿地、城市道路用地）、居住总人口、居住总套（户）数、住宅总建筑面积。其中并不包括选项A、C、D。

答案：B

6-10　**解析：**张择端的《清明上河图》描绘的是北宋东京（开封）的街景，此画生动记录了当时的城市面貌和社会各阶层人民的生活状况；是北宋风俗画中仅存的精品，属国宝级文物，现藏于北京故宫博物院。

答案：A

6-11　**解析：**参见《城市规划原理》（第四版）"4.2.3城市设计导则"P606：城市设计最基本的，也是最有特色的成果形式是设计导则。

答案：C

6-12　**解析：**参见《城市规划原理》（第四版）"第2节 规定性控制要素"P315：规定性指标（指令性指标）该指标是必须遵照执行，不能更改。包括：用地性质、用地面积、建筑密度、建筑限高（上限）、建筑后退红线、容积率（单一或区间）、绿地率（下限）、交通出入口方位（机动车、人流、禁止开口段路）、停车泊位及其他公共设施（中小学、幼托、环卫、电力、电信、燃气设施等）。指导性指标（引导性指标）是指该指标是参照执行的，并不具有强制约束力。包括：人口容量，建筑形式、风格、体量、色彩要求，以及其他环境要求。选项中 B、C、D 均为规定性指标，而选项 A 为指导性指标。

答案：A

6-13 **解析**：参见《城市意向》（凯文·林奇著）P134：我们使用了两个基本方法把可印象性的基本概念用于美国的城市：请一小批市民座谈他们的环境印象，以及对受过训练的观察者在现场的环境印象作系统的考察。所以，凯文·林奇最早采用认知地图的方法对人们头脑中记忆的城市形象进行研究，从而得出认知形象的一般特征。

答案：D

6-14 **解析**：景观设计手法包括：主从与对比，对景与借景，隔景与障景，引导与暗示，渗透与延伸，尺度与比例，质感与肌理，节奏与韵律。选项 A "借景" 是在视力所及的范围内，将好的景色组织到园林视线中；选项 C "框景" 为利用门框、窗框等，有选择地摄取空间的优美景色，形成如嵌入镜框中的图画的造景手法；选项 D "对景" 为从甲点观赏乙点，从乙点观赏甲点的手法。而选项 B "障景" 则为引导游人转变方向而屏障景物的手法，最符合诗句的意境。

答案：B

6-15 **解析**：参见《城市规划原理》（第四版）P201：在大中城市，由于建筑密集、绿地、水面偏少，生产与生活活动过程散发大量的热量，出现市区气温比郊外要高的现象，即所谓 "热岛效应"。

选项 A：相比于郊区，城市上空大气比较混浊，温室气体含量较高，从而增强了大气逆辐射，产生了保温作用。而郊区温室气体含量较少，保温作用不明显，日落后迅速降温。所以热岛效应主要表现在夜晚，此选项错误。

选项 B：因城市化是造成 "热导效应" 的内因，故城市规模越大，热岛效应也越明显；正确。

选项 C：由于热岛中心区域（城市建成区）的近地面气温高，大气做上升运动，与周围地区（郊区）形成气压差异，周围地区近地面大气向中心区辐合，从而在城市中心区域形成低压旋涡，造成大气污染物质在热岛中心区域聚集，故不利于污染物的扩散；正确。

选项 D：根据 "热导效应" 的定义，此选项正确。

答案：A

6-16 **解析**：参见《城市规划原理》（第四版）P297 表 13-4-1，禁止建设区包括自然与文化遗产核心区、风景名胜区核心区、文保单位保护范围、基本农田保护区、河湖湿地绝对生态控制区、城区绿线控制范围、铁路及城市干道绿化带、水源一级保护区及核心区、山区泥石流高易发区、坡度大于 25% 或相对高度超过 250m 的山体、大型市政通道控制带，以及矿产资源的禁止开采区。查该表可知 B、D 属于适宜建设区中的低密度控制区，C 属于限制建设区。

答案：A

6-17 **解析**：绿色出行就是采用对环境影响较小的出行方式；既节约能源、提高能效、减少污染，又有益于健康，兼顾效率；包括：搭乘公共汽车、地铁等公共交通工具或者步行、骑自行车等。

答案：A

6-18 **解析**：参见《城市规划原理》（第四版）P177、234、256、363，城市专项规划是对某一专项所进行的空间布局规划，包括城市交通与道路规划、城市生态与环境规划、城市工程设施规划、城乡住区规划、城市设计、城市更新与遗产保护规划等。

答案：D

6-19 **解析**：园林道路系统的布局形式包括：串联式、并联式、放射式等，雨花台为串联式，即由中间的主环路串联外围各景点。

答案：B

6-20 **解析**：参见《城市规划原理》（第四版）P198、199：某城市地区累年风向频率、平均风速图，俗称风玫瑰。在城市规划布局中，为了减轻工业排放的有害气体对居住区的危害，一般工业区应按当地盛行风向位于居住区的下风向：（1）如果全年只有一个盛行风向，且与此相对的方向风频最小，或最小风频风向与盛行风向转换夹角大于90°，则工业用地应放在最小风频的上风向，居住区位于其下风向；（2）如全年拥有两个方向的盛行风时，应避免使有污染的工业处于两盛行风向的上风方向，工业及居住区一般可布置在盛行风向的两侧。由题6-20图的风玫瑰图可知，当地主导风向为南北风向，工业区与居住区应避开主导风向，而布置于东西两侧。

答案：C

6-21　解析：参见《城市规划原理》（第四版）"第4节　当代城市规划思想方法的变革"P43～P45：（1）由单向封闭型的思想方法转向复合开放型的思想方法；（2）由最终理想状态的静态思想方法转向过程导控的动态思想方法；（3）由刚性规划的思想方法转向弹性规划的思想方法；（4）由指令性的思想方法转向引导性的思想方法。故选项D的说法不正确。

答案：D

6-22　解析：2014年11月20日发布的《国务院关于调整城市规模划分标准的通知》，对原有城市规模划分标准进行了调整，明确了新的城市规模划分标准。将城市分为5类7档：

（1）城区常住人口50万以下的城市为小城市（其中20万以上50万以下的城市为Ⅰ型小城市，20万以下的城市为Ⅱ型小城市）；

（2）城区常住人口50万以上100万以下的城市为中等城市；

（3）城区常住人口100万以上500万以下的城市为大城市（其中300万以上500万以下的城市为Ⅰ型大城市，100万以上300万以下的城市为Ⅱ型大城市）；

（4）城区常住人口500万以上1000万以下的城市为特大城市；

（5）城区常住人口1000万以上的城市为超大城市。

答案：D

6-23　解析：参见《城市规划原理》（第四版）"第3节　城镇化"P12：城镇化，也可以称为城市化；这一概念最简单的解释就是农业人口和农用土地向非农业人口和城市用地转化的现象及过程，具体包括以下几个方面：（1）人口职业的转变；（2）产业结构的转变；（3）土地及地域空间的转变。

答案：D

6-24　解析：参见《城市用地分类与规划建设用地标准》GB 50137—2011第3.3.2条"表3.3.2城市建设用地分类和代码"：公用设施用地（U）包括：供应（U1）、环境（U2）、安全设施用地（U3）及其他公用设施用地（U9）。选项D并不包括在内。

答案：D

6-25　解析：参见《城市用地分类与规划建设用地标准》GB 50137—2011第3.3.2条"表3.3.2城市建设用地分类和代码"：城市建设用地共分为8大类、35中类、42小类，其中8大类分别为：居住用地（R）、公共管理与公共服务设施用地（A）、商业服务业设施用地（B）、工业用地（M）、物流仓储用地（W）、道路与交通设施用地（S）、公用设施用地（U）、绿地与广场用地（G）。选项D不包括在8大类之内。

答案：D

6-26　解析：参见《防洪标准》GB 50201—2014第4.2.1条表4.2.1：

城市防护区的防护等级和防洪标准　　　　表4.2.1

防护等级	重要性	常住人口（万人）	当量经济规模（万人）	防洪标准［重现期（年）］
Ⅰ	特别重要	≥150	≥300	≥200
Ⅱ	重要	<150，≥50	<300，≥100	200～100
Ⅲ	比较重要	<50，≥20	<100，≥40	100～50
Ⅳ	一般	<20	<20	50～20

表中没有出现 A 选项中的"大城市"防洪标准。

答案：A

6-27 解析：《城市规划原理》（第四版）P465：城市生命线系统由城市急救中心、疏运通道以及给水、供电、燃气、通信等设施组成。其中，电力供应是生命线系统的核心。

答案：C

6-28 解析：参见《城市居住区规划设计标准》GB 50180—2018 第 2.0.3 条：十分钟生活圈居住区是以居民步行十分钟可满足其基本物质与生活文化需求为原则划分的居住区范围；一般由城市干路、支路或用地边界线所围合，居住人口规模为 15000～25000 人（约 5000～8000 套住宅），配套设施齐全的地区。

答案：C

6-29 解析：参见《城市规划原理》（第四版）第 19 章 "4.2.3 城市设计导则"：城市设计以公共利益作为设计目标，因此为了控制不同的机构和民间开发者的城市开发活动，在开发设计的评价和审查时，就必须以城市设计导则为标准，对城市某特定地段、特定设计要素提出基于整体的综合设计要求。因此，修建性详细规划阶段的城市设计是研究特定地段具体项目的空间形体环境的定位工作。

答案：B

6-30 解析：凯文·林奇在《城市意象》中将城市设计内容分为五类元素：道路、边界、地区、节点、地标。

答案：C

6-31 解析：参见《城市规划原理》（第四版）P20：《管子》是中国古代城市规划思想发展史上一本革命性的，也是极为重要的著作，它的意义在于打破了城市单一的周制布局模式，从城市功能出发，建立了理性思维和与自然环境和谐的准则，其影响极为深远；故 C 选项正确。A 选项《墨子》著于春秋战国时期，书中记载了有关城市建设与攻防战术的内容，还记载了城市规模大小如何与城郊农田和粮食的储备保持相应的关系，以有利于城市的防守。B 选项《孙子兵法》是战国时期的著作，越国范蠡就按照《孙子兵法》为国都规划选址。D 选项《商君书》也是战国时期的重要著作，它主要阐述城市的发展及城市管理制度。

答案：C

6-32 解析：参见《城市规划编制办法实施细则》第七条 "（二）城市总体规划的主要图纸"：城市现状图的图纸比例：大中城市为 1/10000 或 1/25000；小城市为 1/5000。故 C 选项正确。

答案：C

6-33 解析：参见《城市居住区规划设计标准》GB 50180—2018 第 5.0.3 条：配套设施用地及建筑面积控制指标，应按照居住区分级对应的居住人口规模进行控制，并应符合表 5.0.3 的规定。故 C 项错误。

第 2.0.2 条规定：十五分钟生活圈居住区是以居民步行十五分钟可满足其物质与生活文化需求为原则划分的居住区范围；一般由城市干路或用地边界线所围合，居住人口规模为 50000～100000 人（约 17000～32000 套住宅），配套设施完善的地区。故 A、B 选项正确。

第 6.0.2.1 款规定：居住区应采取 "小街区、密路网" 的交通组织方式，路网密度不应小于 8km/km²；城市道路间距不应超过 300m，宜为 150～250m，并应与居住街坊的布局相结合。故 D 选项正确。

答案：C

6-34 解析：《中华人民共和国土地管理法》第九条规定：城市市区的土地属于国家所有。农村和城市郊区的土地，除由法律规定属于国家所有的以外，属于农民集体所有；宅基地和自留地、自留山，属于农民集体所有。故 A、C 选项正确，B 选项表述不完整。

第二条规定：中华人民共和国实行土地的社会主义公有制，即全民所有制和劳动群众集体所有制。全民所有，即国家所有土地的所有权由国务院代表国家行使。任何单位和个人不得侵占、买卖或者以其他形式非法转让土地。土地使用权可以依法转让。国家为了公共利益的需要，可以依法对土地实行征收或者征用并给予补偿。国家依法实行国有土地有偿使用制度。但是，国家在法律规定的范围内划拨国有土地使用权的除外。故 D 选项正确。

答案：B

6-35　**解析：**《城市国有土地使用权出让转让规划管理办法》第五条规定：出让城市国有土地使用权，出让前应当制定控制性详细规划。出让的地块，必须具有城市规划行政主管部门提出的规划设计条件及附图。故 A 选项正确。

第七条规定：城市国有土地使用权出让、转让合同必须附具规划设计条件及附图。规划设计条件及附图，出让方和受让方不得擅自变更。在出让、转让过程中确需变更的，必须经城市规划行政主管部门批准。故 B 选项正确。

第八条规定：城市用地分等定级应当根据城市各地段的现状和规划要求等因素确定。土地出让金的测算应当把出让地块的规划设计条件作为重要依据之一。在城市政府的统一组织下，城市规划行政主管部门应当和有关部门进行城市用地分等定级和土地出让金的测算。故 D 选项正确。

第十条规定：通过出让获得的土地使用权再转让时，受让方应当遵守原出让合同附具的规划设计条件，并由受让方向城市规划行政主管部门办理登记手续。受让方如需改变原规划设计条件，应当先经城市规划行政主管部门批准。C 选项"必须通过国土局批准"错误。

答案：C

6-36　**解析：**《城市绿线管理办法》第二条说明，本办法所称城市绿线，是指城市各类绿地范围的控制线。《城市黄线管理办法》第二条说明，本办法所称城市黄线，是指对城市发展全局有影响的、城市规划中确定的、必须控制的城市基础设施用地的控制界线。《城市蓝线管理办法》第二条说明，本办法所称城市蓝线，是指城市规划确定的江、河、湖、库、渠和湿地等城市地表水体保护和控制的地域界线。《城市紫线管理办法》第二条说明，本办法所称城市紫线，是指国家历史文化名城内的历史文化街区和省、自治区、直辖市人民政府公布的历史文化街区的保护范围界线，以及历史文化街区外经县级以上人民政府公布保护的历史建筑的保护范围界线。故 A 选项错误。

答案：A

6-37　**解析：**《镇规划标准》GB 50188—2007 第 3.1.1 条规定：镇域镇村体系规划应依据县（市）域城镇体系规划中确定的中心镇、一般镇的性质、职能和发展规模进行制定。

第 3.1.2 条第 3 款规定：根据产业发展和生活提高的要求，确定中心村和基层村，结合村民意愿，提出村庄的建设调整设想。故 A 选项错误。

第 3.1.3 条规定：镇区和村庄的规划规模应按人口数量划分为特大、大、中、小型 4 级；故 B 选项正确。根据表 3.1.3，大型村庄 601～1000 人，大型镇区 30001～50000 人；故 C 选项错误。

第 4.1.1 条规定：镇用地应按土地使用的主要性质划分为：居住用地、公共设施用地、生产设施用地、仓储用地、对外交通用地、道路广场用地、工程设施用地、绿地、水域和其他用地 9 大类、30 小类；故 D 选项错误。

答案：B

第七章　建筑设计标准与法规

考试大纲对本章的考核要求是："掌握各类建筑设计的标准、规范和法规"。有关"法律、法规"的题目在这门考试中出现较少，近几年国家对部分法律、法规进行了修订，详见本章第一节，更为详尽的内容可参见本套教材第 5 分册"设计业务管理"部分。有关"城市规划"的标准、规范和法规详见本书第六章第十二节。

第一节　法　律　与　法　规

一、法律

（一）中华人民共和国建筑法（中华人民共和国主席令第 46 号）

《全国人民代表大会常务委员会关于修改〈中华人民共和国建筑法〉的决定》已由中华人民共和国第十一届全国人民代表大会常务委员会第二十次会议于 2011 年 4 月 22 日通过，现予公布，自 2011 年 7 月 1 日起施行。《中华人民共和国建筑法》包含总则、建筑许可、建筑工程发包与承包、建筑工程监理、建筑安全生产管理、建筑工程质量管理、法律责任、附则，共 8 章、85 条。

2019 年 4 月 23 日第十三届全国人民代表大会常务委员会第十次会议将第八条修改为：申请领取施工许可证，应当具备下列条件：

（一）已经办理该建筑工程用地批准手续；

（二）依法应当办理建设工程规划许可证的，已经取得建设工程规划许可证；

（三）需要拆迁的，其拆迁进度符合施工要求；

（四）已经确定建筑施工企业；

（五）有满足施工需要的资金安排、施工图纸及技术资料；

（六）有保证工程质量和安全的具体措施。

建设行政主管部门应当自收到申请之日起七日内，对符合条件的申请颁发施工许可证。

（二）中华人民共和国招标投标法（中华人民共和国主席令第 86 号）

1999 年 8 月 30 日第九届全国人民代表大会常务委员会第十一次会议通过，根据 2017 年 12 月 27 日第十二届全国人民代表大会常务委员会第三十一次会议《关于修改〈中华人民共和国招标投标法〉、〈中华人民共和国计量法〉的决定》修正。

（三）中华人民共和国城市房地产管理法（中华人民共和国主席令第 72 号）

1994 年 7 月 5 日第八届全国人民代表大会常务委员会第八次会议通过，根据 2007 年 8 月 30 日第十届全国人民代表大会常务委员会第二十九次会议《关于修改〈中华人民共和国城市房地产管理法〉的决定》第一次修正。根据 2009 年 8 月 27 日第十一届全国人民代表大会第十次会议《关于部分法律的决定》第二次修正。根据 2019 年 8 月 26 日第十三届全国人民代表大会常务委员会第十二次会议《关于修改〈中华人民共和国土地管理法〉、〈中华人民共和国城市房地产管理法〉的决定》第三次修正。

（四）中华人民共和国合同法（中华人民共和国主席令第 15 号）

1999 年 3 月 15 日第九届全国人民代表大会第二次会议通过，1999 年 3 月 15 日中华人民共和国主席令第十五号公布，自 1999 年 10 月 1 日起施行。

（五）中华人民共和国城乡规划法（中华人民共和国主席令第 74 号）

《中华人民共和国城乡规划法》已由中华人民共和国第十届全国人民代表大会常务委员会第三十次会议于 2007 年 10 月 28 日通过，现予公布，自 2008 年 1 月 1 日起施行。

2019 年 4 月 23 日第十三届全国人民代表大会常务委员会第十次会议将第三十八条第二款修改为：以出让方式取得国有土地使用权的建设项目，建设单位在取得建设项目的批准、核准、备案文件和签订国有土地使用权出让合同后，向城市、县人民政府城乡规划主管部门领取建设用地规划许可证。

（六）中华人民共和国环境保护法（中华人民共和国主席令第九号）

1989 年 12 月 26 日第七届全国人民代表大会第十一次会议通过，自公布之日起实施。根据 2014 年 4 月 24 日第十二届全国人民代表大会常务委员会第八次会议修订通过，自 2015 年 1 月 1 日起实施。

二、行政法规

（一）中华人民共和国注册建筑师条例（中华人民共和国国务院令第 184 号）

《中华人民共和国注册建筑师条例》（1995 年 9 月 23 日国务院令第 184 号发布，自发布之日起施行。）是为了加强对注册建筑师的管理，提高建筑设计质量与水平，保障公民生命和财产安全，维护社会公共利益制定的条例。根据 2019 年 4 月 23 日《国务院关于修改部分行政法规的决定》修订。

（二）建设工程勘察设计管理条例（中华人民共和国国务院令第 293 号）

《建设工程勘察设计管理条例》为了加强对建设工程勘察、设计活动的管理，保证建设工程勘察、设计质量，保护人民生命和财产安全制定。于 2000 年 9 月 25 日公布，自公布之日起施行。并按 2017 年 10 月 7 日《国务院关于修改部分行政法规的决定》（中华人民共和国国务院令第 687 号）修改，自公布之日起施行。

此次修改将《建设工程勘察设计管理条例》第三十三条第一款修改为：施工图设计文件审查机构应当对房屋建筑工程、市政基础设施工程施工图设计文件中涉及公共利益、公众安全、工程建设强制性标准的内容进行审查。县级以上人民政府交通运输等有关部门应当按照职责对施工图设计文件中涉及公共利益、公众安全、工程建设强制性标准的内容进行审查。

（三）建设工程质量管理条例（中华人民共和国国务院令第 279 号）

《建设工程质量管理条例》已经 2000 年 1 月 10 日国务院第 25 次常务会议通过，现予发布，自发布之日起施行。并按 2017 年 10 月 7 日《国务院关于修改部分行政法规的决定》（中华人民共和国国务院令第 687 号）修改，自公布之日起施行。

此次修改将《建设工程质量管理条例》第十一条第一款修改为：施工图设计文件审查的具体办法，由国务院建设行政主管部门、国务院其他有关部门制定。

三、部门规章

（一）中华人民共和国注册建筑师条例实施细则（中华人民共和国住房和城乡建设部令第 167 号）

《中华人民共和国注册建筑师条例实施细则》已于 2008 年 1 月 8 日经建设部第 145 次常务会议讨论通过，现予发布，自 2008 年 3 月 15 日起施行。

（二）实施工程建设强制性标准监督规定（中华人民共和国建设部令第 81 号）

《实施工程建设强制性标准监督规定》已于 2000 年 8 月 21 日经第 27 次部常委会议通过，自发布之日起施行。根据 2015 年 1 月 22 日中华人民共和国住房和城乡建设部令第 23 号《住房和城乡建设部关于修改〈市政公用设施抗灾设防管理规定〉等部门规章的决定》修正。

第二条 在中华人民共和国境内从事新建、扩建、改建等工程建设活动，必须执行工程建设强制性标准。

第三条 本规定所称工程建设强制性标准是指直接涉及工程质量、安全、卫生及环境保护等方面的工程建设标准强制性条文。

国家工程建设标准强制性条文由国务院住房城乡建设主管部门会同国务院有关主管部门确定。

第四条 国务院住房城乡建设主管部门负责全国实施工程建设强制性标准的监督管理工作。

国务院有关主管部门按照国务院的职能分工负责实施工程建设强制性标准的监督管理工作。县级以上地方人民政府住房城乡建设主管部门负责本行政区域内实施工程建设强制性标准的监督管理工作。

第五条 建设工程勘察、设计文件中规定采用的新技术、新材料，可能影响建设工程质量和安全，又没有国家技术标准的，应当由国家认可的检测机构进行试验、论证，出具检测报告，并经国务院有关主管部门或者省、自治区、直辖市人民政府有关主管部门组织的建设工程技术专家委员会审定后，方可使用。

工程建设中采用国际标准或者国外标准，现行强制性标准未作规定的，建设单位应当向国务院住房城乡建设主管部门或者国务院有关主管部门备案。

第六条 建设项目规划审查机关应当对工程建设规划阶段执行强制性标准的情况实施监督。施工图设计文件审查单位应当对工程建设勘察、设计阶段执行强制性标准的情况实施监督。建筑安全监督管理机构应当对工程建设施工阶段执行施工安全强制性标准的情况实施监督。工程质量监督机构应当对工程建设施工、监理、验收等阶段执行强制性标准的情况实施监督。

第十条 强制性标准监督检查的内容包括：

（一）有关工程技术人员是否熟悉、掌握强制性标准；

（二）工程项目的规划、勘察、设计、施工、验收等是否符合强制性标准的规定；

（三）工程项目采用的材料、设备是否符合强制性标准的规定；

（四）工程项目的安全、质量是否符合强制性标准的规定；

（五）工程中采用的导则、指南、手册、计算机软件的内容是否符合强制性标准的规定。

第十七条 勘察、设计单位违反工程建设强制性标准进行勘察、设计的，责令改正，并处以 10 万元以上 30 万元以下的罚款。

有前款行为，造成工程质量事故的，责令停业整顿，降低资质等级；情节严重的，吊销资质证书；造成损失的，依法承担赔偿责任。

（三）建筑工程设计招标投标管理办法（中华人民共和国住房和城乡建设部令第 33 号）

《建筑工程设计招标投标管理办法》已经第 32 次部常务会议审议通过，现予发布，自 2017 年 5 月 1 日起施行。2000 年 10 月 18 日建设部颁布的《建筑工程设计招标投标管理办法》（建设部令第 82 号）同时废止。

（四）中华人民共和国标准设计招标文件（2017 年版）

《标准设计招标文件》适用于工程设计招标。内容包括设备采购招标中使用的招标公告、投标邀请书、投标人须知、评标办法、合同条款及格式、发包人要求、投标文件格式，共七大部分。

关于印发《标准设备采购招标文件》、《标准材料采购招标文件》、《标准勘察招标文件》、《标准设计招标文件》、《标准监理招标文件》，五个标准招标文件的通知——发改法规〔2017〕1606 号。

第二节　民用建筑设计标准

本节内容包括《民用建筑设计统一标准》和民用建筑中常见类型的专用设计标准（民用建筑按使用功能可分为居住建筑和公共建筑两大类）。这类标准的编制重在满足建筑物的使用功能和安全、卫生等方面的基本要求，在学习过程中应侧重对强制性条文的理解与记忆。

一、《民用建筑设计统一标准》GB 50352—2019（略）

《民用建筑设计统一标准》GB 50352—2019（以下简称《统一标准》）是我国建筑设计行业的国家标准，作为民用建筑工程使用功能和质量的重要通用标准之一，主要确保建筑物使用中的人民生命财产安全和身体健康，维护公共利益，并要保护环境，促进社会的可持续发展。《统一标准》是民用建筑设计和民用建筑设计规范编制必须共同执行的通用规则。《统一标准》适用于各类新建、扩建和改建的民用建筑设计。由于《统一标准》具有的通用性和重要性，考生应对其进行全面充分的理解和记忆；同时，也正因为《统一标准》自身的普遍性，本节不再摘录具体条款，敬请广大考生自行理解、记忆。

二、《住宅设计规范》GB 50096—2011（节选）

《住宅设计规范》为国家标准，自 2012 年 8 月 1 日起实施。原《住宅设计规范》GB 50096—1999（2003 年版）同时废止。

3　基　本　规　定

3.0.1　住宅设计应符合城镇规划及居住区规划的要求，并应经济、合理、有效地利用土地和空间。

3.0.2　住宅设计应使建筑与周围环境相协调，并应合理组织方便、舒适的生活空间。

3.0.3 住宅设计应以人为本，除应满足一般居住使用要求外，尚应根据需要满足老年人、残疾人等特殊群体的使用要求。

3.0.4 住宅设计应满足居住者所需的日照、天然采光、通风和隔声的要求。

3.0.5 住宅设计必须满足节能要求，住宅建筑应能合理利用能源。宜结合各地能源条件，采用常规能源与可再生能源结合的供能方式。

3.0.6 住宅设计应推行标准化、模数化及多样化，并应积极采用新技术、新材料、新产品，积极推广工业化设计、建造技术和模数应用技术。

3.0.7 住宅的结构设计应满足安全、适用和耐久的要求。

3.0.8 住宅设计应符合相关防火规范的规定，并应满足安全疏散的要求。

3.0.9 住宅设计应满足设备系统功能有效、运行安全、维修方便等基本要求，并应为相关设备预留合理的安装位置。

3.0.10 住宅设计应在满足近期使用要求的同时，兼顾今后改造的可能。

4 技术经济指标计算

4.0.1 住宅设计应计算下列技术经济指标：

——各功能空间使用面积（m^2）；

——套内使用面积（m^2/套）；

——套型阳台面积（m^2/套）；

——套型总建筑面积（m^2/套）；

——住宅楼总建筑面积（m^2）。

4.0.2 计算住宅的技术经济指标，应符合下列规定：

1 各功能空间使用面积应等于各功能空间墙体内表面所围合的水平投影面积；

2 套内使用面积应等于套内各功能空间使用面积之和；

3 套型阳台面积应等于套内各阳台的面积之和；阳台的面积均应按其结构底板投影净面积的一半计算；

4 套型总建筑面积应等于套内使用面积、相应的建筑面积和套型阳台面积之和；

5 住宅楼总建筑面积应等于全楼各套型总建筑面积之和。

4.0.3 套内使用面积计算，应符合下列规定：

1 套内使用面积应包括卧室、起居室（厅）、餐厅、厨房、卫生间、过厅、过道、贮藏室、壁柜等使用面积的总和；

2 跃层住宅中的套内楼梯应按自然层数的使用面积总和计入套内使用面积；

3 烟囱、通风道、管井等均不应计入套内使用面积；

4 套内使用面积应按结构墙体表面尺寸计算；有复合保温层时，应按复合保温层表面尺寸计算；

5 利用坡屋顶内的空间时，屋面板下表面与楼板地面的净高低于1.20m的空间不应计算使用面积，净高在1.20～2.10m的空间应按1/2计算使用面积，净高超过2.10m的空间应全部计入套内使用面积；坡屋顶无结构顶层楼板，不能利用坡屋顶空间时不应计算其使用面积；

6 坡屋顶内的使用面积应列入套内使用面积中。

4.0.4 套型总建筑面积计算，应符合下列规定：

1 应按全楼各层外墙结构外表面及柱外沿所围合的水平投影面积之和求出住宅楼建筑面积,当外墙设外保温层时,应按保温层外表面计算;

2 应以全楼总套内使用面积除以住宅楼建筑面积得出计算比值;

3 套型总建筑面积应等于套内使用面积除以计算比值所得面积,加上套型阳台面积。

4.0.5 住宅楼的层数计算应符合下列规定:

1 当住宅楼的所有楼层的层高不大于3.00m时,层数应按自然层数计;

2 当住宅和其他功能空间处于同一建筑物内时,应将住宅部分的层数与其他功能空间的层数叠加计算建筑层数。当建筑中有一层或若干层的层高大于3.00m时,应对大于3.00m的所有楼层按其高度总和除以3.00m进行层数折算,余数小于1.50m时,多出部分不应计入建筑层数,余数大于或等于1.50m时,多出部分应按一层计算;

3 层高小于2.20m的架空层和设备层不应计入自然层数;

4 高出室外设计地面小于2.20m的半地下室不应计入地上自然层数。

5 套 内 空 间

5.1.1 住宅应按套型设计,每套住宅应设卧室、起居室(厅)、厨房和卫生间等基本功能空间。

5.1.2 套型的使用面积应符合下列规定:

1 由卧室、起居室(厅)、厨房和卫生间等组成的套型,其使用面积不应小于30m²;

2 由兼起居的卧室、厨房和卫生间等组成的最小套型,其使用面积不应小于22m²。

5.2.1 卧室的使用面积应符合下列规定:

1 双人卧室不应小于9m²;

2 单人卧室不应小于5m²;

3 兼起居的卧室不应小于12m²。

5.2.2 起居室(厅)的使用面积不应小于10m²。

5.2.3 套型设计时应减少直接开向起居厅的门的数量。起居室(厅)内布置家具的墙面直线长度宜大于3m。

5.2.4 无直接采光的餐厅、过厅等,其使用面积不宜大于10m²。

5.3.1 厨房的使用面积应符合下列规定:

1 由卧室、起居室(厅)、厨房和卫生间等组成的住宅套型的厨房使用面积,不应小于4.0m²;

2 由兼起居的卧室、厨房和卫生间等组成的住宅最小套型的厨房使用面积,不应小于3.5m²。

5.3.2 厨房宜布置在套内近入口处。

5.3.3 厨房应设置洗涤池、案台、炉灶及排油烟机、热水器等设施或为其预留位置。

5.3.4 厨房应按炊事操作流程布置。排油烟机的位置应与炉灶位置对应,并应与排气道直接连通。

5.3.5 单排布置设备的厨房净宽不应小于1.50m;双排布置设备的厨房其两排设备之间的净距不应小于0.90m。

5.4.1 每套住宅应设卫生间,应至少配置便器、洗浴器、洗面器三件卫生设备或为其预留设置位置及条件。三件卫生设备集中配置的卫生间的使用面积不应小于2.50m²。

5.4.2 卫生间可根据使用功能要求组合不同的设备。不同组合的空间使用面积应符合下列规定：

    1 设便器、洗面器时不应小于1.80m²；

    2 设便器、洗浴器时不应小于2.00m²；

    3 设洗面器、洗浴器不应小于2.00m²；

    4 设洗面器、洗衣机时不应小于1.80m²；

    5 单设便器时不应小于1.10m²。

5.4.3 无前室的卫生间的门不应直接开向起居室（厅）或厨房。

5.4.4 卫生间不应直接布置在下层住户的卧室、起居室（厅）、厨房和餐厅的上层。

5.4.5 当卫生间布置在本套内的卧室、起居室（厅）、厨房和餐厅的上层时，均应有防水和便于检修的措施。

5.5.1 住宅层高宜为2.80m。

5.5.2 卧室、起居室（厅）的室内净高不应低于2.40m，局部净高不应低于2.10m，且局部净高的室内面积不应大于室内使用面积的1/3。

5.5.3 利用坡屋顶内空间作卧室、起居室（厅）时，至少有1/2的使用面积的室内净高不应低于2.10m。

5.5.4 厨房、卫生间的室内净高不应低于2.20m。

5.5.5 厨房、卫生间内排水横管下表面与楼面、地面净距不得低于1.90m，且不得影响门、窗扇开启。

5.7.1 套内入口过道净宽不宜小于1.20m；通往卧室、起居室（厅）的过道净宽不应小于1.00m；通往厨房、卫生间、贮藏室的过道净宽不应小于0.90m。

5.7.3 套内楼梯当一边临空时，梯段净宽不应小于0.75m；当两侧有墙时，墙面之间净宽不应小于0.90m，并应在其中一侧墙面设置扶手。

5.7.4 套内楼梯的踏步宽度不应小于0.22m；高度不应大于0.20m，扇形踏步转角距扶手中心0.25m处，宽度不应小于0.22m。

5.8.1 窗外没有阳台或平台的外窗，窗台距楼面、地面的净高低于0.90m时，应设置防护设施。

5.8.2 当设置凸窗时应符合下列规定：

    1 窗台高度低于或等于0.45m时，防护高度从窗台面起算不应低于0.90m；

    2 可开启窗扇窗洞口底距窗台面的净高低于0.90m时，窗洞口处应有防护措施。其防护高度从窗台面起算不应低于0.90m；

    3 严寒和寒冷地区不宜设置凸窗。

5.8.7 各部位门洞的最小尺寸应符合表5.8.7的规定。

门洞最小尺寸

表5.8.7

类　别	洞口宽度（m）	洞口高度（m）	类　别	洞口宽度（m）	洞口高度（m）
共用外门	1.20	2.00	厨房门	0.80	2.00
户（套）门	1.00	2.00	卫生间门	0.70	2.00
起居室（厅）门	0.90	2.00	阳台门（单扇）	0.70	2.00
卧室门	0.90	2.00			

    注：1. 表中门洞口高度不包括门上亮子高度，宽度以平开门为准。

          2. 洞口两侧地面有高低差时，以高地面为起算高度。

6 共 用 部 分

6.1.1 楼梯间、电梯厅等共用部分的外窗,窗外没有阳台或平台,且窗台距楼面、地面的净高小于0.90m时,应设置防护设施。

6.1.2 公共出入口台阶高度超过0.70m并侧面临空时,应设置防护设施,防护设施净高不应低于1.05m。

6.1.3 外廊、内天井及上人屋面等临空处的栏杆净高,六层及六层以下不应低于1.05m,七层及七层以上不应低于1.10m。防护栏杆必须采用防止儿童攀登的构造,栏杆的垂直杆件间净距不应大于0.11m。放置花盆处必须采取防坠落措施。

6.1.4 公共出入口台阶踏步宽度不宜小于0.30m,踏步高度不宜大于0.15m,并不宜小于0.10m,踏步高度应均匀一致,并应采取防滑措施。台阶踏步数不应少于2级,当高差不足2级时,应按坡道设置;台阶宽度大于1.80m时,两侧宜设置栏杆扶手,高度应为0.90m。

6.2.1 十层以下的住宅建筑,当住宅单元任一层的建筑面积大于650m²,或任一套房的户门至安全出口的距离大于15m时,该住宅单元每层的安全出口不应少于2个。

6.2.2 十层及十层以上且不超过十八层的住宅建筑,当住宅单元任一层的建筑面积大于650m²,或任一套房的户门至安全出口的距离大于10m时,该住宅单元每层的安全出口不应少于2个。

6.2.3 十九层及十九层以上的住宅建筑,每层住宅单元的安全出口不应少于2个。

6.2.4 安全出口应分散布置,两个安全出口的距离不应小于5m。

6.2.5 楼梯间及前室的门应向疏散方向开启。

6.3.1 楼梯梯段净宽不应小于1.10m,不超过六层的住宅,一边设有栏杆的梯段净宽不应小于1.00m。

6.3.2 楼梯踏步宽度不应小于0.26m,踏步高度不应大于0.175m。扶手高度不应小于0.90m。楼梯水平段栏杆长度大于0.50m时,其扶手高度不应小于1.05m。楼梯栏杆垂直杆件间净空不应大于0.11m。

6.3.3 楼梯平台净宽不应小于楼梯梯段净宽,且不得小于1.20m。楼梯平台的结构下缘至人行通道的垂直高度不应低于2.00m。入口处地坪与室外地面应有高差,并不应小于0.10m。

6.3.4 楼梯为剪刀梯时,楼梯平台的净宽不得小于1.30m。

6.3.5 楼梯井净宽大于0.11m时,必须采取防止儿童攀滑的措施。

6.4.1 属下列情况之一时,必须设置电梯:

　　1 七层及七层以上住宅或住户入口层楼面距室外设计地面的高度超过16m时;

　　2 底层作为商店或其他用房的六层及六层以下住宅,其住户入口层楼面距该建筑物的室外设计地面高度超过16m时;

　　3 底层做架空层或贮存空间的六层及六层以下住宅,其住户入口层楼面距该建筑物的室外设计地面高度超过16m时;

　　4 顶层为两层一套的跃层住宅时,跃层部分不计层数,其顶层住户入口层楼面距该建筑物室外设计地面的高度超过16m时。

6.4.2 十二层及十二层以上的住宅,每栋楼设置电梯不应少于两台,其中应设置一台可容纳担架的电梯。

6.4.3 十二层及十二层以上的住宅每单元只设置一部电梯时，从第十二层起应设置与相邻住宅单元联通的联系廊。联系廊可隔层设置，上下联系廊之间的间隔不应超过五层。联系廊的净宽不应小于1.10m，局部净高不应低于2.00m。

6.4.4 十二层及十二层以上的住宅由两个及两个以上的住宅单元组成，且其中有一个或一个以上住宅单元未设置可容纳担架的电梯时，应从第十二层起设置与可容纳担架的电梯联通的联系廊。联系廊可隔层设置，上下联系廊之间的间隔不应超过五层。联系廊的净宽不应小于1.10m，局部净高不应低于2.00m。

6.4.5 七层及七层以上住宅电梯应在设有户门和公共走廊的每层设站。住宅电梯宜成组集中布置。

6.4.6 候梯厅深度不应小于多台电梯中最大轿厢的深度，且不应小于1.50m。

6.4.7 电梯不应紧邻卧室布置。当受条件限制，电梯不得不紧邻兼起居的卧室布置时，应采取隔声、减振的构造措施。

6.5.1 住宅中作为主要通道的外廊宜作封闭外廊，并应设置可开启的窗扇。走廊通道的净宽不应小于1.20m，局部净高不应低于2.00m。

6.6.1 七层及七层以上的住宅，应对下列部位进行无障碍设计：

   1   建筑入口；

   2   入口平台；

   3   候梯厅；

   4   公共走道。

6.6.2 住宅入口及入口平台的无障碍设计应符合下列规定：

   1   建筑入口设台阶时，应同时设置轮椅坡道和扶手；

   2   坡道的坡度应符合表6.6.2的规定；

坡 道 的 坡 度 表 6.6.2

坡度	1：20	1：16	1：12	1：10	1：8
最大高度（m）	1.50	1.00	0.75	0.60	0.35

   3   供轮椅通行的门净宽不应小于0.8m；

   4   供轮椅通行的推拉门和平开门，在门把手一侧的墙面，应留有不小于0.5m的墙面宽度；

   5   供轮椅通行的门扇，应安装视线观察玻璃、横执把手和关门拉手，在门扇的下方应安装高0.35m的护门板；

   6   门槛高度及门内外地面高差不应大于0.15m，并应以斜坡过渡。

6.6.3 七层及七层以上住宅建筑入口平台宽度不应小于2.00m，七层以下住宅建筑入口平台宽度不应小于1.50m。

6.6.4 供轮椅通行的走道和通道净宽不应小于1.20m。

6.9.1 卧室、起居室（厅）、厨房不应布置在地下室；当布置在半地下室时，必须对采光、通风、日照、防潮、排水及安全防护采取措施，并不得降低各项指标要求。

6.9.2 除卧室、起居室（厅）、厨房以外的其他功能房间可布置在地下室，当布置在地下室时，应对采光、通风、防潮、排水及安全防护采取措施。

6.9.3 住宅的地下室、半地下室做自行车库和设备用房时，其净高不应低于2.00m。

6.9.4 当住宅的地上架空层及半地下室做机动车停车位时，其净高不应低于2.20m。

三、《住宅建筑规范》GB 50368—2005（略）

《住宅建筑规范》为国家标准，自2006年3月1日起实施。这部规范虽然不是建筑设计的专用规范，但包含了对住宅建筑设计的规范性规定，且全部规定均为强制性条文，必须严格执行。

四、《托儿所、幼儿园建筑设计规范》JGJ 39—2016（2019年版）（节选）

1.0.2 本规范适用于新建、扩建、改建托儿所、幼儿园和相同功能的建筑设计。

1.0.3 托儿所、幼儿园的规模应符合表1.0.3-1的规定。

托儿所、幼儿园的规模 表1.0.3-1

规　模	托儿所（班）	幼儿园（班）
小型	1～3	1～4
中型	4～7	5～8
大型	8～10	9～12

3.1.3 托儿所、幼儿园的服务半径宜为300m。

3.2.2 四个班及以上的托儿所、幼儿园建筑应独立设置。三个班及以下时，可与居住、养老、教育、办公建筑合建，但应符合下列规定：

　　1 此款删除；

　　1A 合建的既有建筑应经有关部门验收合格，符合抗震、防火等安全方面的规定，其基地应符合本规范第3.1.2条规定；

　　2 应设独立的疏散楼梯和安全出口；

　　3 出入口处应设置人员安全集散和车辆停靠的空间；

　　4 应设独立的室外活动场地，场地周围应采取隔离措施；

　　5 建筑出入口及室外活动场地围内应采取防止物体坠落措施。

3.2.3 托儿所、幼儿园应设室外活动场地，并应符合下列规定：

　　1 幼儿园每班应设专用室外活动场地，人均面积不应小于$2m^2$。各班活动场地之间宜采取分隔措施。

　　2 幼儿园应设全园共用活动场地，人均面积不应小于$2m^2$。

　　2A 托儿所室外活动场地人均面积不应小于$3m^2$。

　　2B 城市人口密集地区改、扩建的托儿所，设置室外活动场地确有困难时，室外活动场地人均面积不应小于$2m^2$。

　　3 地面应平整、防滑、无障碍、无尖锐突出物，并宜采用软质地坪。

　　4 共用活动场地应设置游戏器具、沙坑、30m跑道等，宜设戏水池，储水深度不应超过0.30m。游戏器具下地面及周围应设软质铺装。宜设洗手池、洗脚池。

　　5 室外活动场地应有1/2以上的面积在标准建筑日照阴影线之外。

3.2.8 托儿所、幼儿园的活动室、寝室及具有相同功能的区域，应布置在当地最好朝向，冬至日底层满窗日照不应小于3h。

3.2.8A 需要获得冬季日照的婴幼儿生活用房窗洞开口面积不应小于该房间面积的20％。

4.1 一般规定

4.1.3 托儿所、幼儿园中的生活用房不应设置在地下室或半地下室。

4.1.3A 幼儿园生活用房应布置在三层及以下。

4.1.3B 托儿所生活用房应布置在首层。当布置在首层确有困难时，可将托大班布置在二层，其人数不应超过60人，并应符合有关防火安全疏散的规定。

4.1.4 托儿所、幼儿园的建筑造型和室内设计应符合幼儿的心理和生理特点。

4.1.5 托儿所、幼儿园建筑窗的设计应符合下列规定：

1 活动室、多功能活动室的窗台面距地面高度不宜大于0.60m；

2 当窗台面距楼地面高度低于0.90m时，应采取防护措施，防护高度应从可踏部位顶面起算，不应低于0.90m；

3 窗距离楼地面的高度小于或等于1.80m的部分，不应设内悬窗和内平开窗扇；

4 外窗开启扇均应设纱窗。

4.1.6 活动室、寝室、多功能活动室等幼儿使用的房间应设双扇平开门，门净宽不应小于1.20m。

4.1.7 严寒地区托儿所、幼儿园建筑的外门应设门斗，寒冷地区宜设门斗。

4.1.8 幼儿出入的门应符合下列规定：

1 当使用玻璃材料时，应采用安全玻璃；

2 距离地面0.60m处宜加设幼儿专用拉手；

3 门的双面均应平滑、无棱角；

4 门下不应设门槛；平开门距离楼地面1.20m以下部分应设防止夹手设施；

5 不应设置旋转门、弹簧门、推拉门，不宜设金属门；

6 生活用房开向疏散走道的门均应向人员疏散方向开启，开启的门扇不应妨碍走道疏散通行；

7 门上应设观察窗，观察窗应安装安全玻璃。

4.1.9 托儿所、幼儿园的外廊、室内回廊、内天井、阳台、上人屋面、平台、看台及室外楼梯等临空处应设置防护栏杆，栏杆应以竖固、耐久的材料制作。防护栏杆的高度应从可踏部位顶面起算，且净高不应小于1.30m。防护栏杆必须采用防止幼儿攀登和穿过的构造，当采用垂直杆件做栏杆时，其杆件净距离不应大于0.09m。

4.1.10 距离地面高度1.30m以下，婴幼儿经常接触的室内外墙面，宜采用光滑易清洁的材料；墙角、窗台、暖气罩、窗口竖边等阳角处应做成圆角。

4.1.11 楼梯、扶手和踏步等应符合下列规定：

1 楼梯间应有直接的天然采光和自然通风；

2 楼梯除设成人扶手外，应在梯段两侧设幼儿扶手，其高度宜为0.60m；

3 供幼儿使用的楼梯踏步高度宜为0.13m，宽度宜为0.26m；

4 严寒地区不应设置室外楼梯；

5 幼儿使用的楼梯不应采用扇形、螺旋形踏步；

6　楼梯踏步面应采用防滑材料，踏步踢面不应漏空，踏步面应做明显警示标识；

7　楼梯间在首层应直通室外。

4.1.12　幼儿使用的楼梯，当楼梯井净宽度大于0.11m时，必须采取防止幼儿攀滑措施。楼梯栏杆应采取不易攀爬的构造，当采用垂直杆件做栏杆时，其杆件净距不应大于0.09m。

4.1.13　幼儿经常通行和安全疏散的走道不应设有台阶，当有高差时，应设置防滑坡道，其坡度不应大于1∶12。疏散走道的墙面距地面2m以下不应设有壁柱、管道、消火栓箱、灭火器、广告牌等突出物。

4.1.14　托儿所、幼儿园建筑走廊最小净宽不应小于表4.1.14的规定。

走廊最小净宽度（m）　　　　　　　　　表4.1.14

房间名称	走廊布置	
	中间走廊	单面走廊或外廊
生活用房	2.4	1.8
服务、供应用房	1.5	1.3

4.1.15　建筑室外出入口应设雨篷，雨篷挑出长度宜超过首级踏步0.50m以上。

4.1.16　出入口台阶高度超过0.30m，并侧面临空时，应设置防护设施，防护设施净高不应低于1.05m。

4.1.17　托儿所睡眠区、活动区，幼儿园活动室、寝室，多功能活动室的室内最小净高不应低于表4.1.17的规定。

室内最小净高（m）　　　　　　　　　表4.1.17

房间名称	最小净高
托儿所睡眠区、活动区	2.8
幼儿园活动室、寝室	3.0
多功能活动室	3.9

注：改、扩建的托儿所睡眠和活动区室内净高不小于2.6m。

4.1.17A　厨房、卫生间、试验室、医务室等使用水的房间不应设置在婴幼儿生活用房的上方。

4.1.17B　城市居住区按规划要求应按需配套设置托儿所。当托儿所独立设置有困难时，可联合建设。

4.2　托儿所生活用房

4.2.1　托儿所生活用房应由乳儿班、托小班、托大班组成，各班应为独立使用的生活单元。宜设公共活动空间。

4.2.4　托儿所和幼儿园合建时，托儿所应单独分区，并应设独立安全出入口，室外活动场地宜分开。

4.3　幼儿园生活用房

4.3.1　幼儿园的生活用房应由幼儿生活单元、公共活动空间和多功能活动室组成。公共活动空间可根据需要设置。

4.3.2 幼儿生活单元应设置活动室、寝室、卫生间、衣帽储藏间等基本空间。

4.3.3 幼儿园生活单元房间的最小使用面积不应小于表4.3.3的规定，当活动室与寝室合用时，其房间最小使用面积不应小于105m²。

幼儿生活单元房间的最小使用面积（m²）　　　　表4.3.3

房间名称		房间最小使用面积
活动室		70
寝室		60
卫生间	厕所	12
	盥洗室	8
衣帽储藏间		9

4.3.4 单侧采光的活动室进深不宜大于6.60m。

4.3.5 设置的阳台或室外活动平台不应影响生活用房的日照。

4.3.13 卫生间所有设施的配置、形式、尺寸均应符合幼儿人体尺度和卫生防疫的要求。卫生洁具布置应符合下列规定：

　　1 盥洗池距地面的高度宜为0.50～0.55m，宽度宜为0.40～0.45m，水龙头的间距宜为0.55～0.60m；

　　2 大便器宜采用蹲式便器，大便器或小便器之间均应设隔板，隔板处应加设幼儿扶手。厕位的平面尺寸不应小于0.70m×0.80m（宽×深），坐式便器的高度宜为0.25～0.30m。

4.4　服务管理用房

4.4.2 托儿所、幼儿园建筑应设门厅，门厅内应设置晨检室和收发室，宜设置展示区、婴幼儿和成年人使用的洗手池、婴幼儿车存储等空间，宜设卫生间。

4.4.3 晨检室（厅）应设在建筑物的主入口处，并应靠近保健观察室。

4.5　供应用房

4.5.1 供应用房宜包括厨房、消毒室、洗衣间、开水间、车库等房间，厨房应自成一区，并与婴幼儿生活用房应有一定距离。

4.5.2A 厨房使用面积宜每人0.40m²，且不应小于12m²。

4.5.3 厨房加工间室内净高不应低于3.00m。

五、《中小学校设计规范》GB 50099—2011（节选）

4.1.1 中小学校应建设在阳光充足、空气流动、场地干燥、排水通畅、地势较高的宜建地段。校内应有布置运动场地和提供设置基础市政设施的条件。

4.1.4 城镇完全小学的服务半径宜为500m，城镇初级中学的服务半径宜为1000m。

4.1.5 学校周边应有良好的交通条件，有条件时宜设置临时停车场地。学校的规划布局应与生源分布及周边交通相协调。与学校毗邻的城市主干道应设置适当的安全设施，以保障学生安全跨越。

4.1.6 学校主要教学用房设置窗户的外墙与铁路路轨的距离不应小于300m，与高速路、地上轨道交通线或城市主干道的距离不应小于80m。当距离不足时，应采取有效的隔声措施。

4.1.7 学校周界外25m范围内已有邻里建筑处的噪声级不应超过现行国家标准规定的限值。

4.3.2 各类小学的主要教学用房不应设在四层以上,各类中学的主要教学用房不应设在五层以上。

4.3.3 普通教室冬至日满窗日照不应少于2h。

4.3.6 中小学校体育用地的设置应符合下列规定:

2 室外田径场及足球、篮球、排球等各种球类场地的长轴宜南北向布置。长轴南偏东宜小于20°,南偏西宜小于10°。

4.3.7 各类教室的外窗与相对的教学用房或室外运动场地边缘间的距离不应小于25m。

5.1.8 各教室前端侧窗窗端墙的长度不应小于1.00m。窗间墙宽度不应大于1.20m。

5.2.2 普通教室内的课桌椅布置应符合下列规定:

1 中小学校普通教室课桌椅的排距不宜小于0.90m,独立的非完全小学可为0.85m;

2 最前排课桌的前沿与前方黑板的水平距离不宜小于2.20m;

3 最后排课桌的后沿与前方黑板的水平距离应符合下列规定:

    1) 小学不宜大于8.00m;

    2) 中学不宜大于9.00m;

4 教室最后排座椅之后应设横向疏散走道;自最后排课桌后沿至后墙面或固定家具的净距不应小于1.10m;

5 中小学校普通教室内纵向走道宽度不应小于0.60m,独立的非完全小学可为0.55m;

6 沿墙布置的课桌端部与墙面或壁柱、管道等墙面突出物的净距不宜小于0.15m;

7 前排边座座椅与黑板远端的水平视角不应小于30°。

5.12.1 各类小学宜配置能容纳2个班的合班教室。当合班教室兼用于唱游课时,室内不应设置固定课桌椅,并应附设课桌椅存放空间。兼作唱游课教室的合班教室应对室内空间进行声学处理。

5.12.2 各类中学宜配置能容纳一个年级或半个年级的合班教室。

5.12.3 容纳3个班及以上的合班教室应设计为阶梯教室。

5.12.4 阶梯教室梯级高度依据视线升高值确定。阶梯教室的设计视点应定位于黑板底边缘的中点处。前后排座位错位布置时,视线的隔排升高值宜为0.12m。

5.12.6 合班教室课桌椅的布置应符合下列规定:

1 每个座位的宽度不应小于0.55m,小学座位排距不应小于0.85m,中学座位排距不应小于0.90m;

2 教室最前排座椅前沿与前方黑板间的水平距离不应小于2.50m,最后排座椅的前沿与前方黑板间的水平距离不应大于18.00m;

3 纵向、横向走道宽度均不应小于0.90m,当座位区内有贯通的纵向走道时,若设置靠墙纵向走道,靠墙走道宽度可小于0.90m,但不应小于0.60m;

4 最后排座位之后应设宽度不小于0.60m的横向疏散走道;

5 前排边座座椅与黑板远端间的水平视角不应小于30°。

6.2.24 学生宿舍不得设在地下室或半地下室。

6.2.25 宿舍与教学用房不宜在同一栋建筑中分层合建,可在同一栋建筑中以防火墙分隔贴建。学生宿舍应便于自行封闭管理，不得与教学用房合用建筑的同一个出入口。

6.2.26 学生宿舍必须男女分区设置，分别设出入口，满足各自封闭管理的要求。

6.2.29 学生宿舍每室居住学生不宜超过6人。居室每生占用使用面积不宜小于3.00m²。当采用单层床时，居室净高不宜低于3.00m；当采用双层床时，居室净高不宜低于3.10m；当采用高架床时，居室净高不宜低于3.35m。

　　注：居室面积指标内未计入储藏空间所占面积。

6.2.30 学生宿舍的居室内应设储藏空间，每人储藏空间宜为0.30～0.45m³，储藏空间的宽度和深度均不宜小于0.60m。

7.2.1 中小学校主要教学用房的最小净高应符合表7.2.1的规定。

主要教学用房的最小净高（m）　　　　　表7.2.1

教室	小学	初中	高中
普通教室、史地、美术、音乐教室	3.00	3.05	3.10
舞蹈教室	4.50		
科学教室、实验室、计算机教室、劳动教室、技术教室、合班教室	3.10		
阶梯教室	最后一排（楼地面最高处）距顶棚或上方突出物最小距离为2.20m		

8.1.5 临空窗台的高度不应低于0.90m。

8.2.1 中小学校内，每股人流的宽度应按0.60m计算。

8.2.2 中小学校建筑的疏散通道宽度最少应为2股人流，并应按0.60m的整数倍增加疏散通道宽度。

8.2.3 中小学校建筑的安全出口、疏散走道、疏散楼梯和房间疏散门等处每100人的净宽度应按表8.2.3计算。同时，教学用房的内走道净宽度不应小于2.40m，单侧走道及外廊的净宽度不应小于1.80m。

安全出口、疏散走道、疏散楼梯和房间疏散门每100人的净宽度（m）　　表8.2.3

所在楼层位置	耐火等级		
	一、二级	三级	四级
地上一、二层	0.70	0.80	1.05
地上三层	0.80	1.05	—
地上四、五层	1.05	1.30	—
地下一、二层	0.80	—	—

8.2.4 房间疏散门开启后，每樘门净通行宽度不应小于0.90m。

8.3.1 中小学校的校园应设置2个出入口。出入口的位置应符合教学、安全、管理的需要，出入口的布置应避免人流、车流交叉。有条件的学校宜设置机动车专用出入口。

8.3.2 中小学校校园出入口应与市政交通衔接，但不应直接与城市主干道连接。校园主要出入口应设置缓冲场地。

8.4.3 校园道路每通行 100 人道路净宽为 0.70m，每一路段的宽度应按该段道路通达的建筑物容纳人数之和计算，每一路段的宽度不宜小于 3.00m。

8.5.1 校园内除建筑面积不大于 200m²，人数不超过 50 人的单层建筑外，每栋建筑应设置 2 个出入口。非完全小学内，单栋建筑面积不超过 500m²，且耐火等级为一、二级的低层建筑可只设 1 个出入口。

8.5.2 教学用房在建筑的主要出入口处宜设门厅。

8.5.3 教学用建筑物出入口净通行宽度不得小于 1.40m，门内与门外各 1.50m 范围内不宜设置台阶。

8.6.2 中小学校的建筑物内，当走道有高差变化应设置台阶时，台阶处应有天然采光或照明，踏步级数不得少于 3 级，并不得采用扇形踏步。当高差不足 3 级踏步时，应设置坡道。坡道的坡度不应大于 1∶8，不宜大于 1∶12。

8.7.2 中小学校教学用房的楼梯梯段宽度应为人流股数的整数倍。梯段宽度不应小于 1.20m，并应按 0.60m 的整数倍增加梯段宽度。每个梯段可增加不超过 0.15m 的摆幅宽度。

8.7.3 中小学校楼梯每个梯段的踏步级数不应少于 3 级，且不应多于 18 级，并应符合下列规定：

1 各类小学楼梯踏步的宽度不得小于 0.26m，高度不得大于 0.15m；

2 各类中学楼梯踏步的宽度不得小于 0.28m，高度不得大于 0.16m；

3 楼梯的坡度不得大于 30°。

8.7.4 疏散楼梯不得采用螺旋楼梯和扇形踏步。

8.7.5 楼梯两梯段间楼梯井净宽不得大于 0.11m，大于 0.11m 时，应采取有效的安全防护措施。两梯段扶手间的水平净距宜为 0.10～0.20m。

8.8.1 每间教学用房的疏散门均不应少于 2 个，疏散门的宽度应通过计算；同时，每樘疏散门的通行净宽度不应小于 0.90m。当教室处于袋形走道尽端时，若教室内任一处距教室门不超过 15.00m，且门的通行净宽度不小于 1.50m 时，可设 1 个门。

六、《文化馆建筑设计规范》JGJ 41—2014（节选）

3 选 址 和 总 平 面

3.2.1 文化馆建筑的总平面设计应符合下列规定：

1 功能分区应明确，群众活动区宜靠近主出入口或布置在便于人流集散的部位；

2 人流和车辆交通路线应合理，道路布置应便于道具、展品的运输和装卸；

3 基地至少应设有两个出入口，且当主要出入口紧邻城市交通干道时，应符合城乡规划的要求并应留出疏散缓冲距离。

3.2.2 文化馆建筑的总平面应划分静态功能区和动态功能区，且应分区明确、互不干扰，并应按人流和疏散通道布局功能区。静态功能区与动态功能区宜分别设置功能区的出入口。

3.2.3 文化馆应设置室外活动场地，并应符合下列规定：

1 应设置在动态功能区一侧，并应场地规整、交通方便、朝向较好；

2 应预留布置活动舞台的位置，并应为活动舞台及其设施设备预留必要的条件。

4 建 筑 设 计

4.1.4 文化馆的群众活动区域内应设置无障碍卫生间。

4.1.5 文化馆设置儿童、老年人的活动用房时，应布置在三层及三层以下，且朝向良好和出入安全、方便的位置。

4.1.6 群众活动用房应采用易清洁、耐磨的地面；严寒地区的儿童和老年人的活动室宜做暖性地面。

4.1.7 排演用房、报告厅、展览陈列用房、图书阅览室、教学用房、音乐、美术工作室等应按不同功能要求设置相应的外窗遮光设施。

4.2 群众活动用房

4.2.1 群众活动用房宜包括门厅、展览陈列用房、报告厅、排演厅、文化教室、计算机与网络教室、多媒体视听教室、舞蹈排练室、琴房、美术书法教室、图书阅览室、游艺用房等。

4.2.2 门厅应符合下列规定：

　　1 位置应明显，方便人流疏散，并具有明确的导向性；

　　2 宜设置具有交流展示功能的设施。

4.2.3 展览陈列用房应符合下列规定：

　　1 应由展览厅、陈列室、周转房及库房等组成，且每个展览厅的使用面积不宜小于 $65m^2$；小型馆的展览厅、陈列室宜与门厅合并布置；大型馆的陈列室宜与门厅或走廊合并布置；

　　2 展览厅内的参观路线应顺畅，并应设置可灵活布置的展板和照明设施；

　　3 宜以自然采光为主，并应避免眩光及直射光；

　　4 展览厅、陈列室的出入口的宽度和高度应满足安全疏散和搬运展品及大型版面的要求；

　　5 展墙、展柜应满足展物保护、环保、防潮、防淋及防盗的要求，并应保证展物的安全；

　　6 展墙、展柜应符合展览陈列品的规格要求，并应结构牢固耐用，材质和色彩应符合展览陈列品的特点；独立展柜、展台不应与地面固定；展柜的开启应方便、安全、可靠；

　　7 展览陈列厅宜预留多媒体及数字放映设备的安装条件；

　　8 展览陈列厅应满足展览陈列品的防霉、防蛀要求，并宜设置温度、湿度监测设施及防止虫菌害的措施；

　　9 展览厅、陈列室可按现行行业标准《博物馆建筑设计规范》JGJ 66 执行。

4.2.4 报告厅应符合下列规定：

　　1 应具有会议、讲演、讲座、报告、学术交流等功能，也可用于娱乐活动和教学；

　　2 规模宜控制在 300 座以下，并应设置活动座椅，且每座使用面积不应小于 $1.0m^2$；

　　3 应设置讲台、活动黑板、投影幕等，并宜配备标准主席台和贵宾休息室；

　　4 应预留投影机、幻灯机、扩声系统等设备的安装条件，并应满足投影、扩声等使用功能要求；声学环境宜以建筑声学为主，且扩声指标不应低于现行国家标准《厅堂扩声系统设计规范》GB 50371 中会议类二级标准的要求；

5 当规模较小或条件不具备时，报告厅宜与小型排演厅合并为多功能厅。

4.2.5 排演厅应符合下列规定：

1 排演厅宜包括观众厅、舞台、控制室、放映室、化妆间、厕所、淋浴更衣间等功能用房。

2 观众厅的规模不宜大于600座，观众厅的座椅排列和每座使用面积指标可按现行行业标准《剧场建筑设计规范》JGJ 57执行。当观众厅为300座以下时，可将观众厅做成水平地面、伸缩活动座椅。

3 当观众厅规模超过300座时，观众厅的座位排列、走道宽度、视线及声学设计、放映室及舞台设计，应符合现行国家标准《剧场建筑设计规范》JGJ 57、《剧场、电影院和多用途厅堂建筑声学设计规范》GB/T 50356的有关规定。

4 排演厅应配置电动升降吊杆、舞台灯光及音响等舞台设施。排演厅舞台高度应满足排练演出和舞台机械设备的安装尺度要求。

5 化妆间、淋浴更衣间等舞台附属用房应满足演出活动时演员的基本使用要求。

6 排演厅宜具备剧目排演、审查及电影放映等多种用途；当设置小型剧场或影剧院时，排演厅不宜再重复设置。

4.2.6 文化教室应包括普通教室（小教室）和大教室，并应符合下列规定：

1 普通教室宜按每40人一间设置，大教室宜按每80人一间设置，且教室的使用面积不应小于$1.4m^2$/人；

2 文化教室课桌椅的布置及有关尺寸，不宜小于现行国家标准《中小学校设计规范》GB 50099有关规定；

3 普通教室及大教室均应设黑板、讲台，并应预留电视、投影等设备的安装条件；

4 大教室可根据使用要求设为阶梯地面，并应设置连排式桌椅。

4.2.7 计算机与网络教室应符合下列规定：

1 平面布置应符合现行国家标准《中小学校设计规范》GB 50099对计算机教室的规定，且计算机桌应采用全封闭双人单桌，操作台的布置应方便教学；

2 50座的教室使用面积不应小于$73m^2$，25座的教室使用面积不应小于$54 m^2$；

3 室内净高不应小于3.0m；

4 不应采用易产生粉尘的黑板；

5 各种管线宜暗敷设，竖向走线宜设管井；

6 宜北向开窗；

7 宜配置相应的管理用房；

8 宜与文化信息资源共享工程服务点、电子图书阅览室合并设置，且合并设置时，应设置国家共享资源接收终端，并应设置统一标识牌。

4.2.8 多媒体视听教室宜具备多媒体视听、数字电影、文化信息资源共享工程服务等功能，并应符合下列规定：

1 可按文化馆的规模和需求，分别设置或合并设置不同功能空间；

2 规模宜控制在每间100～200人，且当规模较小时，宜与报告厅等功能相近的空间合并设置；

3 应预留投影机、投影幕、扩声系统、播放机的安装条件；

4 室内装修应满足声学要求，且房间门应采用隔声门。

4.2.9 舞蹈排练室应符合下列规定：

1 宜靠近排演厅后台布置，并应设置库房、器材储藏室等附属用房；

2 每间的使用面积宜控制在 80~200m²；用于综合排练室使用时，每间的使用面积宜控制在 200~400m²；每间人均使用面积不应小于 6m²；

3 室内净高不应低于 4.5m；

4 地面应平整，且宜做有木龙骨的双层木地板；

5 室内与采光窗相垂直的一面墙上，应设置高度不小于 2.10m（包括镜座）的通长照身镜，且镜座下方应设置不超过 0.30m 高的通长储物箱，其余三面墙上应设置高度不低于 0.90m 的可升降把杆，把杆距墙不宜小于 0.40m；

6 舞蹈排练室的墙面应平直，室内不得设有独立柱及墙壁柱，墙面及顶棚不得有妨碍活动安全的突出物，采暖设施应暗装；

7 舞蹈排练室的采光窗应避免眩光，或设置遮光设施。

4.2.10 琴房应符合下列规定：

1 琴房的数量可根据文化馆的规模进行确定，且使用面积不应小于 6m²/人；

2 琴房墙面不应相互平行，墙体、地面及顶棚应采用隔声材料或做隔声处理，且房间门应为隔声门，内墙面及顶棚表面应做吸声处理；

3 琴房内不宜有通风管道等穿过，当需要穿过时，管道及穿墙洞口处应做隔声处理；

4 不宜设在温度、湿度常变的位置，且宜避开直射阳光，并应设具有吸声效果的窗帘。

4.2.11 美术书法教室设计应符合下列规定：

1 美术教室应为北向或顶部采光，并应避免直射阳光；人体写生的美术教室，应采取遮挡外界视线的措施；

2 教室墙面应设挂镜线，且墙面宜设置悬挂投影幕的设施，室内应设洗涤池；

3 教室的使用面积不应小于 2.8m²/人，教室容纳人数不宜超过 30 人，准备室的面积宜为 25m²；

4 书法学习桌应采用单桌排列，其排距不宜小于 1.20m，且教室内的纵向走道宽度不应小于 0.70m；

5 有条件时，美术教室、书法教室宜单独设置，且美术教室宜配备教具储存室、陈列室等附属房间，教具储存室宜与美术教室相通。

4.2.12 图书阅览室宜包括开架书库、阅览室、资料室、书报储藏间等，并应符合下列规定：

1 应设于文化馆内静态功能区；

2 阅览室应光线充足，照度均匀，并应避免眩光及直射光；

3 宜设儿童阅览室，并宜临近室外活动场地；

4 阅览桌椅的排列间隔尺寸及每座使用面积，可按现行行业标准《图书馆建筑设计规范》JGJ 38 执行；阅览室使用面积可根据服务人群的实际数量确定，也可多点设置阅览角；

5 室内应预留布置书刊架、条形码管理系统、复印机等的空间。

4.2.13 游艺室应符合下列规定：

1 文化馆应根据活动内容和实际需要设置大、中、小游艺室，并应附设管理及储藏空间，大游艺室的使用面积不应小于100m²，中游艺室的使用面积不应小于60m²，小游艺室的使用面积不应小于30m²；

2 大型馆的游艺室宜分别设置综合活动室、儿童活动室、老人活动室及特色文化活动室，且儿童活动室室外宜附设儿童活动场地。

4.3 业务用房

4.3.1 文化馆的业务用房应包括录音录像室、文艺创作室、研究整理室、计算机机房等。

4.3.2 录音录像室应符合下列规定：

1 录音录像室应包括录音室和录像室，且录音室应由演唱演奏室和录音控制室组成；录像室宜由表演空间、控制室、编辑室组成，编辑室可兼作控制室；小型录像室的使用面积宜为80～130m²，室内净高宜为5.5m，单独设置的录音室使用面积可取下限。常用录音室、录像室的适宜尺寸应符合表4.3.2的规定。

常用录音室、录像室的适宜尺寸　　　　　　　　　表4.3.2

类型	适宜尺寸（高∶宽∶长）
小型	1.00∶1.25∶1.60
标准型	1.00∶1.60∶2.50

2 大型馆可分设专用的录音室和录像室，中型馆可分设也可合设录音室和录像室，小型馆宜合设为录音室和录像室。

3 录音录像室应布置在静态功能区内最为安静的部位，且不得邻近变电室、空调机房、锅炉房、厕所等易产生噪声的地方，其功能分区宜自成一区。

4 录音录像室的室内应进行声学设计，地面宜铺设木地板，并应采用密闭隔声门；不宜设外窗，并应设置空调设施。

5 演唱演奏室和表演空间与控制室之间的隔墙应设观察窗。

6 录音录像室不应有与其无关的管道穿越。

4.3.3 文艺创作室应符合下列规定：

1 文艺创作室宜由若干文学艺术创作工作间组成，且每个工作间的使用面积宜为12m²；

2 应设在静区，并宜与图书阅览室邻近；

3 应设在适合自然采光的朝向，且外窗应设有遮光设施。

4.3.4 研究整理室应符合下列规定：

1 研究整理室应由调查研究室、文化遗产整理室和档案室等组成；有条件时，各部分宜单独设置；

2 应具备对当地地域文化、群众文化、群众艺术和馆藏文物、非物质文化遗产开展调查、研究的功能，并应具备鉴定编目的功能，也可兼作本馆出版物编辑室，使用面积不宜小于24m²；

3 应设在静态功能区，并宜邻近图书阅览室集中布置；

4 文化遗产整理室应设置试验平台及临时档案资料存放空间；

5 档案室应设在干燥、通风的位置；不宜设在建筑的顶层和底层。资料储藏用房的外墙不得采用跨层或跨间的通长窗，其外墙的窗墙比不应大于1∶10；

6 档案室应采取防潮、防蛀、防鼠措施，并应设置防火和安全防范设施；门窗应为密闭的，外窗应设纱窗；房间门应设防盗门和甲级防火门；

7 对于档案室的门，高度宜为2.1m，宽度宜为1.0m，室内地面、墙面及顶棚的装修材料应易于清扫、不易起尘；

8 档案室内的资料储藏宜设置密集架、档案柜等装具，且装具排列的主通道净宽不应小于1.20m，两行装具间净宽不应小于0.80m，装具端部与墙的净距离不应小于0.60m；

9 档案室应防止日光直射，并应避免紫外线对档案、资料的危害；

10 档案资料储藏用房的楼面荷载取值可按现行行业标准《档案馆建筑设计规范》JGJ 25执行。

4.3.5 计算机机房应包括计算机网络管理、文献数字化、网站管理等用房，并应符合现行国家标准《电子信息系统机房设计规范》GB 50174的有关规定。

4.4 管理、辅助用房

4.4.1 文化馆的管理用房应由行政办公室、接待室、会计室、文印打字室及值班室等组成，且应设于对外联系方便、对内管理便捷的部位，并宜自成一区。管理用房的建筑面积可按现行行业标准《办公建筑设计规范》JGJ 67的有关规定执行。辅助用房应包括休息室，卫生、洗浴用房，服装、道具、物品仓库，档案室、资料室，车库及设备用房等。

4.4.2 行政办公室的使用面积宜按每人5m²计算，且最小办公室使用面积不宜小于10m²。档案室、资料室、会计室应设置防火、防盗设施。接待室、文印打字室、党政办公室宜设置防火、防盗设施。

4.4.3 卫生、洗浴用房应符合下列规定：

1 文化馆建筑内应分层设置卫生间；

2 公用卫生间应设室内水冲式便器，并应设置前室；公用卫生间服务半径不宜大于50m，卫生设施的数量应按男每40人设一个蹲位、一个小便器或1m小便池，女每13人设一个蹲位；

3 洗浴用房应按男女分设，且洗浴间、更衣间应分别设置，更衣间前应设前室或门斗；

4 洗浴间应采用防滑地面，墙面应采用易清洗的饰面材料；

5 洗浴间对外的门窗应有阻挡视线的功能。

4.4.4 服装、道具、物品仓库应布置在相应使用场所及通道附近，并应防潮、通风，必要时可设置机械排风。

4.4.5 设备用房应包括锅炉房、水泵房、空调机房、变配电间、电信设备间、维修间等。设备用房应采取措施，避免粉尘、潮气、废水、废渣、噪声、振动等对周边环境造成影响。

七、《图书馆建筑设计规范》JGJ 38—2015（节选）

4 建 筑 设 计

4.1 一般规定

4.1.1 图书馆建筑设计应根据其性质、规模和功能，分别设置藏书、阅览、检索出纳、公共活动、辅助服务、行政办公、业务及技术设备用房等。

4.1.2 图书馆建筑布局应与其管理方式和服务手段相适应，并应合理安排采编、收藏、借还、阅览之间的运行路线，使读者、管理人员和书刊运送路线便捷畅通，互不干扰。

4.1.3 图书馆藏阅空间的柱网尺寸、层高、荷载设计应有较大的适应性和使用的灵活性。

4.1.4 图书馆的四层及四层以上设有阅览室时，应设置为读者服务的电梯，并应至少设一台无障碍电梯。

4.2 书库

4.2.4 书库的平面布局和书架排列应有利于天然采光和自然通风，并应缩短书刊取送距离；书架的连续排列最多档数应符合表 4.2.4-1 的规定，书架之间以及书架与墙体之间通道的最小宽度应符合表 4.2.4-2 的规定。

书库书架连续排列最多档数（档）　　　　　　　　　表 4.2.4-1

条件	开架	闭架
书架两端有走道	9	11
书架一端有走道	5	6

书架之间以及书架与墙体之间通道的最小宽度（m）　　　表 4.2.4-2

通道名称	常用书架		不常用书架
	开架	闭架	
主通道	1.50	1.20	1.00
次通道	1.10	0.75	0.60
档头走道（即靠墙走道）	0.75	0.60	0.60
行道	1.00	0.75	0.60

4.2.5 书架宜垂直于开窗的外墙布置。书库采用竖向条形窗时，窗口应正对行道，书架档头可靠墙。书库采用横向条形窗且窗宽大于书架之间的行道宽度时，书架档头不应靠墙，书架与外墙之间应留有通道，其尺寸应符合本规范表 4.2.4-2 的规定。

4.2.6 特藏书库应单独设置。珍善本书库的出入口应设置缓冲间，并在其两侧分别设置密闭门。

4.2.7 卫生间、开水间或其他经常有积水的场所不应设置在书库内部及其直接上方。

4.2.8 书库的净高不应小于 2.40m。有梁或管线的部位，其底面净高不宜小于 2.30m。采用积层书架的书库，结构梁或管线的底面净高不应小于 4.70m。

4.2.9 书库内的工作人员专用楼梯的梯段净宽不宜小于 0.80m，坡度不应大于 45°，并应采取防滑措施。

4.2.10 二层至五层的书库应设置书刊提升设备，六层及六层以上的书库应设专用货梯。

4.2.11 书刊提升设备的位置宜邻近书刊出纳台。

4.2.12 同层的书库与阅览区的楼、地面宜采用同一标高。

4.3 阅览室（区）

4.3.1 图书馆应按其性质、任务及不同的读者对象设置相应的阅览室或阅览区。

4.3.2 阅览室（区）应光线充足、照度均匀。

4.3.3 阅览室（区）的开间、进深及层高，应满足家具、设备的布置及开架阅览的使用和管理要求。

4.3.4 阅览室（区）应根据管理模式在入口附近设置相应的管理设施。

4.3.5 阅览桌椅排列的最小间距应符合表4.3.5的规定。

阅览桌椅排列的最小间距（m） 表 4.3.5

条件		最小间距尺寸		备注
		开架	闭架	
单面阅览桌前后间隔净宽		0.65	0.65	适用于单人桌、双人桌
双面阅览桌前后间隔净宽		1.30～1.50	1.30～1.50	四人桌取下限，六人桌取上限
阅览桌左右间隔净宽		0.90	0.90	—
阅览桌之间的主通道净宽		1.50	1.20	—
阅览桌后侧与侧墙之间净距	靠墙无书架时	—	1.05	靠墙书架深度按0.25m计算
	靠墙有书架时	1.60	—	
阅览桌侧沿与侧墙之间净距	靠墙无书架时	—	0.60	靠墙书架深度按0.25m计算
	靠墙有书架时	1.30	—	
阅览桌与出纳台外沿净宽	单面桌前沿	1.85	1.85	—
	单面桌后沿	2.50	2.50	
	双面桌前沿	2.80	2.80	
	双面桌后沿	2.80	2.80	

4.3.6 珍善本阅览室与珍善本书库应毗邻布置。

4.3.7 舆图阅览室应能容纳大型阅览桌，并应有完整的大片墙面和悬挂大幅舆图的设施。

4.3.8 缩微阅读应设专门的阅览区，并宜与缩微资料库相连通，其室内家具设施应满足缩微阅读的要求。

4.3.9 音像视听室由视听室、控制室和工作间组成，并宜自成区域。

4.3.10 珍善本书、舆图、音像资料和电子阅览室的外窗均应有遮光设施。

4.3.11 少年儿童阅览室应与成人阅览区分隔。

4.3.12 视障阅览室应方便视障读者使用，并应与盲文书库相连通。

4.3.13 当阅览室（区）设置老年人及残障读者的专用座席时，应邻近管理台布置。

4.4 检索和出纳空间

4.4.2 目录检索空间宜靠近读者出入口，并应与出纳空间相毗邻，检索设施可分散设置。当目录检索与出纳共处同一空间时，应有明确的分区。

4.4.3 目录检索空间内目录柜的排列最小间距应符合表4.4.3的规定。

目录柜排列最小间距（m）   表 4.4.3

布置形式	使用方式	净距			通道净宽	
		目录台之间	目录柜与查目台之间	目录柜之间	端头走廊	中间通道
目录台放置目录盒	立式	1.20	—	0.60	0.60	1.40
	坐式	1.50	—		0.60	1.40
目录柜之间设查目录台	立式	—	1.20		0.60	1.40
	坐式	—	1.50		0.60	1.40
目录柜使用抽拉板	立式	—	—	1.80	0.60	1.40

4.4.4 目录柜供成人使用时，高度不宜大于1.50m；供少年儿童使用时，高度不宜大于1.30m。采用坐式目录台检索时，应满足现行国家标准《无障碍设计规范》GB 50763低位服务设施的要求。

4.4.5 目录检索空间内采用计算机检索时，每台计算机所占使用面积应按2m² 计算。坐式计算机检索台的高度宜为0.70～0.75m，立式计算机检索台的高度宜为1.05～1.10m。

4.4.6 中心出纳台（总出纳台）应毗邻基本书库设置。出纳台与基本书库之间的通道不应设置踏步；当高差不可避免时，应采用坡度不大于1∶8的坡道。书库通往出纳台的门应向出纳台方向开启，其净宽不应小于1.40m，并不应设置门槛，门外1.40m范围内应平坦、无障碍物。

4.4.7 出纳空间应符合下列规定：

1 出纳台内的工作人员所使用面积应按每一工作岗位不小于6m² 计算；

2 当无水平传送设备时，工作区的进深不宜小于4m；当有水平传送设备时，应满足设备安装的技术要求；

3 出纳台外的读者活动面积，应按出纳台内每一工作岗位所占使用面积的1.2倍计算，且不应小于18m²；出纳台前应保持进深不小于3m的读者活动区；

4 出纳台宽度不应小于0.60m。出纳台长度应按每一工作岗位1.50m计算。出纳台兼有咨询、监控等多种服务功能时，应按工作岗位总数计算长度。出纳台的高度宜为0.70～0.85m。

4.5 公共活动和辅助服务空间

4.5.1 公共活动和辅助服务空间包括门厅、办证处、寄存处、陈列厅、培训场所、读者休息处、咨询服务处及报告厅等，可根据图书馆的性质、规模及实际需要确定。

4.5.2 门厅应符合下列规定：

1 应根据管理和服务的需要设置验证、咨询、收发、寄存和门禁监控等功能设施；

2 多雨地区，门厅内应设置存放雨具的设施；

3 严寒地区门厅应设门斗或采取其他防寒措施，寒冷地区门厅宜设门斗或采取其他防寒措施。

4.5.3 寄存处应靠近读者出入口，存物柜数量可按阅览座位的 25% 确定，每个存物柜的使用面积应按 $0.15\sim0.20\mathrm{m}^2$ 计算。

4.5.4 陈列厅应符合下列规定：

1 图书馆应设陈列空间，并可根据图书馆的规模、使用要求分别设置新书陈列厅、专题陈列厅或书刊图片展览厅；

2 门厅、读者休息处、走廊兼作陈列厅时，不应影响交通组织和安全疏散；

3 陈列厅宜采光均匀，并应防止阳光直射和眩光。

4.5.5 报告厅应符合下列规定：

1 超过 300 座规模的报告厅应独立设置，并应与阅览区隔离；

2 报告厅与阅览区毗邻设置时，应设单独对外出入口；

3 报告厅宜设休息区、接待室及厕所；

4 报告厅应设置无障碍轮椅席位。

4.5.6 图书馆的公共活动空间或辅助服务空间内应设置饮水供应设施。

4.5.7 供读者使用的厕所卫生洁具应按男女座位数各 50% 计算，卫生洁具数量应符合现行行业标准《城市公共厕所设计标准》CJJ 14 的规定。

4.6 行政办公、业务及技术设备用房

4.6.1 图书馆行政办公用房包括行政管理和后勤保障用房，其规模应根据使用要求确定，可组合在建筑中，也可单独设置。行政办公用房的建筑设计应按现行行业标准《办公建筑设计规范》JGJ 67 的有关规定执行。

4.6.2 图书馆的业务用房宜设置采编、典藏、辅导、咨询、研究、信息处理、美工等用房。技术设备用房宜设置电子计算机、缩微、照相、静电复印、音像控制、装裱修复、消毒等用房。

4.6.3 采编用房应符合下列规定：

1 应与读者活动区分开，并应与典藏室、书库、书刊入口有便捷联系；

2 平面布置应满足采购、交换、拆包、验收、登记、分类、编目和加工等工艺流程的要求；

3 拆包间应邻近工作人员入口或专设的书刊入口，进书量大的拆包间入口处应设卸货平台；

4 工作人员的人均使用面积不宜小于 $10\mathrm{m}^2$。

4.6.4 典藏室应符合下列规定：

1 当单独设置典藏室时，应位于基本书库的入口附近；

2 工作人员的人均使用面积不宜小于 $6\mathrm{m}^2$，且房间的最小使用面积不宜小于 $15\mathrm{m}^2$。

4.6.5 图书馆建筑设计可根据其业务需要，设置专题咨询和业务辅导用房，并应符合下列规定：

1 专题咨询和业务辅导工作人员的人均使用面积不宜小于6m²；

2 业务辅导用房应包括业务资料编辑室和业务资料阅览室；

3 业务资料编辑工作人员的人均使用面积不宜小于8m²；

4 业务资料阅览室可按8座～10座位设置，每座所占使用面积不宜小于3.50m²；

5 公共图书馆的咨询和业务辅导用房，宜分别配备不小于15m²的接待室。

4.6.6 图书馆信息处理等业务用房的工作人员人均使用面积不宜小于6m²。

4.6.7 系统网络机房不得与易燃易爆物存放场所毗邻，且机房设计应符合现行国家标准《电子信息系统机房设计规范》GB 50174的规定。

4.6.8 缩微与照相用房应符合下列规定：

1 缩微复制用房宜单独设置，且其建筑设计应满足工艺流程和设备的操作要求；

2 缩微复制用房应有防尘、防振、防污染措施，室内应配置电源和给水、排水设施，并宜根据工艺要求对室内温度、湿度进行调节控制；当采用机械通风时，应有净化措施；

3 照相室宜设置摄影室、拷贝还原工作间、冲洗放大室和器材、药品储存间；

4 摄影室、拷贝还原工作间应防紫外线和可见光，门窗应设遮光措施，墙壁、顶棚不宜用白色反光材料饰面；

5 冲洗放大室的地面、工作柜面和墙裙应能防酸、碱腐蚀，门窗应设遮光措施，室内应配置给水、排水和通风换气设施；

6 应根据规模和使用要求分别设置胶片库和药品库。

4.6.9 音像视听室的控制室应符合下列规定：

1 幕前放映的控制室，其进深和净高均不应小于3m；

2 控制室的观察窗应视野开阔，兼作放映孔时，其窗口下沿距控制室地面应为0.85m，距视听室后部地面应大于2m；

3 幕后放映的反射式控制室，进深不应小于2.70m，地面宜采用活动地板。

4.6.10 装裱、修整室应符合下列规定：

1 室内应光线充足、宽敞，并应配备机械通风装置；

2 应设置给水、排水设施和加热用的电源；

3 每工作岗位人均使用面积不应小于10m²，且房间的最小面积不应小于30m²。

4.6.11 化学消毒室应符合下列规定：

1 消毒室面积不宜小于10m²，建筑构造应密封；

2 地面、墙面应易于清扫、冲洗，并应设置机械排风系统；

3 废水、废气的排放应符合国家现行有关标准的规定。

4.6.12 当采用物理方法杀虫灭菌时，其消毒装置可靠近中心（总）出纳台设置。

4.6.13 当图书馆设有卫星接收及微波通信系统时，应在其附近设置相应的机房。

5 文献资料防护

5.1 一般规定

5.1.1 防护内容应包括围护结构保温、隔热、温度和湿度要求、防水、防潮、防尘、防有害气体、防阳光直射和紫外线照射、防磁、防静电、防虫、防鼠、消毒和安全防范等。

5.1.2 各类书库的防护要求应根据图书馆的性质、规模、重要性及书库类型确定。

5.3 防水和防潮

5.3.1 书库的室外场地应排水通畅，防止积水倒灌；室内应防止地面、墙身返潮，不得出现结露现象；屋面雨水宜采用有组织外排法，不得在屋面上直接放置水箱等蓄水设施。

5.3.2 书库底层地面基层应采用架空地面或其他防潮措施。

5.3.3 当书库设于地下室时，不应跨越变形缝，且防水等级应为一级。

5.4 防尘和防污染

5.4.1 图书馆的环境绿化宜选择具有净化空气能力的树种。

5.4.2 书库的楼、地面应坚实耐磨，墙面和顶棚应表面平整、不易积灰。

5.4.3 书库的外门窗应有防尘的密闭措施。特藏书库应设固定窗，必要时可设少量开启窗扇。

5.4.4 锅炉房、除尘室、洗印暗室等用房应设置在对图书馆污染影响较少的部位，并应设置通风设施。

5.5 防日光直射和紫外线照射

5.5.1 天然采光的书库及阅览室应采取遮阳措施，防止阳光直射。

5.5.2 书库及阅览室均应采取消除或减轻紫外线对文献资料危害的措施。

5.5.3 珍善本书库及其阅览室的人工照明应采取防止紫外线的措施。

5.6 防磁和防静电

5.6.1 计算机房和数字资源储存区域应远离产生强磁干扰的设备，并应符合现行国家标准《电子信息系统机房设计规范》GB 50174 的规定。

5.6.2 计算机房和数字资源储存区域的楼、地面应采用防静电的饰面材料。

5.7 防虫和防鼠

5.7.1 图书馆的绿化应选择不滋生、引诱害虫的植物。

5.7.2 书库外窗的开启扇应采取防蚊蝇的措施。

5.7.3 食堂、快餐室、食品小卖部等应远离书库布置。

5.7.4 鼠患地区宜采用金属门，门下沿与楼地面之间的缝隙不应大于5mm。墙身通风口应用金属网封罩。

5.7.5 白蚁危害地区，应对木质构件及木制品等采取白蚁防治措施。

5.8 安全防范

5.8.1 图书馆的主要出入口、特藏书库、开架阅览室、系统网络机房等场所应设安全防范装置。

5.8.2 图书馆宜在各通道出入口设置出入口控制系统，并应按开放的时间、区域使用功能等需求设置安全防范系统。

5.8.3 位于底层及有入侵可能部位的外门窗应采取安全防范措施。

5.8.4 陈列和贮藏珍贵文献资料的房间应能单独锁闭，并应设置入侵报警系统。

6 防 火 设 计

6.1 耐火等级

6.1.1 图书馆建筑防火设计除应执行本规范规定外，尚应符合现行国家标准《建筑设计防火规范》GB 50016 的有关规定。

6.1.2 藏书量超过 100 万册的高层图书馆、书库，建筑耐火等级应为一级。

6.1.3 除藏书量超过 100 万册的高层图书馆、书库外的图书馆、书库，建筑耐火等级不应低于二级，特藏书库的建筑耐火等级应为一级。

6.2 防火分区及建筑构造

6.2.1 基本书库、特藏书库、密集书库与其毗邻的其他部位之间应采用防火墙和甲级防火门分隔。

6.2.2 对于未设置自动灭火系统的一、二级耐火等级的基本书库、特藏书库、密集书库、开架书库的防火分区最大允许建筑面积，单层建筑不应大于 $1500m^2$；建筑高度不超过 24m 的多层建筑不应大于 $1200m^2$；高度超过 24m 的建筑不应大于 $1000m^2$；地下室或半地下室不应大于 $300m^2$。

6.2.3 当防火分区设有自动灭火系统时，其允许最大建筑面积可按本规范规定增加 1.0 倍，当局部设置自动灭火系统时，增加面积可按该局部面积的 1.0 倍计算。

6.2.4 阅览室及藏阅合一的开架阅览室均应按阅览室功能划分其防火分区。

6.2.5 对于采用积层书架的书库，其防火分区面积应按书架层的面积合并计算。

6.2.6 除电梯外，书库内部提升设备的井道井壁应为耐火极限不低于 2.00h 的不燃烧体，井壁上的传递洞口应安装不低于乙级的防火闸门。

6.3 消防设施

6.3.1 藏书量超过 100 万册的图书馆、建筑高度超过 24m 的书库以及特藏书库，均应设置火灾自动报警系统。

6.3.2 图书馆的室内消火栓箱宜增设消防软管卷盘。

6.3.3 建筑灭火器配置应符合现行国家标准《建筑灭火器配置设计规范》GB 50140 的有关规定。

6.3.4 特藏书库、系统网络机房和贵重设备等用房应设置自动灭火系统，其中不适合用水扑救的场所宜选用气体灭火系统。

6.4 安全疏散

6.4.1 图书馆每层的安全出口不应少于两个，并应分散布置。

6.4.2 书库的每个防火分区安全出口不应少于两个，但符合下列条件之一时，可设一个安全出口：

    1 占地面积不超过 $300m^2$ 的多层书库；

    2 建筑面积不超过 $100m^2$ 的地下、半地下书库。

6.4.3 建筑面积不超过 $100m^2$ 的特藏书库，可设一个疏散门，并应为甲级防火门。

6.4.4 当公共阅览室只设一个疏散门时，其净宽度不应小于 1.20m。

6.4.5 书库的疏散楼梯宜设置在书库门附近。

6.4.6 图书馆需要控制人员随意出入的疏散门，可设置门禁系统，但在发生紧急情况时，应有易于从内部开启的装置，并应在显著位置设置标识和使用提示。

八、《博物馆建筑设计规范》JGJ 66—2015（节选）

3.2.2 博物馆建筑的总平面设计应符合下列规定：

1 新建博物馆建筑的建筑密度不应超过 40%。

2 基地出入口的数量应根据建筑规模和使用需要确定，且观众出入口应与藏品、展品进出口分开设置。

3 人流、车流、物流组织应合理；藏品、展品的运输线路和装卸场地应安全、隐蔽，且不应受观众活动的干扰。

4 观众出入口广场应设有供观众集散的空地，空地面积应按高峰时段建筑内向该出入口疏散的观众量的 1.2 倍计算确定，且不应少于 $0.4m^2/$人。

5 特大型馆、大型馆建筑的观众主入口到城市道路出入口的距离不宜小于 20m，主入口广场宜设置供观众避雨遮阴的设施。

6 建筑与相邻基地之间应按防火、安全要求留出空地和道路，藏品保存场所的建筑物宜设环形消防车道。

7 对噪声不敏感的建筑、建筑部位或附属用房等宜布置在靠近噪声源的一侧。

4 基 本 规 定

4.1 一般规定

4.1.1 博物馆建筑的功能空间应划分为公众区域、业务区域和行政区域，且各区域的功能区和主要用房的组成宜符合表 4.1.1 的规定，并应满足工艺设计要求。

博物馆建筑各区域的功能区和主要用房的组成　　　　表 4.1.1

区域分类	功能区或用房类别	主要用房组成			
		历史类、综合类博物馆	艺术类博物馆	科学与技术类博物馆	
				自然博物馆	技术博物馆、科技馆
公众区域	陈列展览区	综合大厅、基本陈列厅、临时展厅、儿童展厅、特殊展厅及其设备间	综合大厅、基本陈列厅、临时展厅、儿童展厅、特殊展厅及其设备间	综合大厅、基本陈列厅、临时展厅、儿童展厅、特殊展厅及其设备间	综合大厅、基本陈列厅、临时展厅、儿童展厅、特殊展厅及其设备间
		展具储藏室、讲解员室、管理员室	展具储藏室、讲解员室、管理员室	展具储藏室、讲解员室、管理员室	展具储藏室、讲解员室、管理员室
	教育区	影视厅、报告厅、教室、实验室、阅览室、博物馆之友活动室、青少年活动室	影视厅、报告厅、教室、阅览室、博物馆之友活动室、青少年活动室	影视厅、报告厅、教室、实验室、阅览室、博物馆之友活动室、青少年活动室	影视厅、报告厅、教室、实验室、阅览室、博物馆之友活动室、青少年活动室
	服务设施	售票室、门廊、门厅、休息室（廊）、饮水、厕所、贵宾室、广播室、医务室	售票室、门廊、门厅、休息室（廊）、饮水、厕所、贵宾室、广播室、医务室	售票室、门廊、门厅、休息室（廊）、饮水、厕所、贵宾室、广播室、医务室	售票室、门廊、门厅、休息室（廊）、饮水、厕所、贵宾室、广播室、医务室
		茶座、餐厅、商店	茶座、餐厅、商店	茶座、餐厅、商店	茶座、餐厅、商店

区域分类	功能区或用房类别	主要用房组成			
		历史类、综合类博物馆	艺术类博物馆	科学与技术类博物馆	
				自然博物馆	技术博物馆、科技馆
业务区域	藏品库区 — 库前区	拆箱间、鉴选室、暂存库、保管员工作用房、包装材料库、保管设备库、鉴赏室、周转库	拆箱间、鉴选室、暂存库、保管员工作用房、包装材料库、保管设备库、鉴赏室、周转库	拆箱间、鉴选室、暂存库、保管员工作用房、包装材料库、保管设备库、鉴赏室、周转库	拆箱间、保管员工作用房、保管设备库
	藏品库区 — 库房区	按藏品材质分类，可包括书画、金属器具、陶瓷、玉石、织绣、木器等库	按艺术品材质分类，可包括书画、油画、雕塑、民间工艺、家具等库	按学科分哺乳、鸟、爬行、两栖、鱼、昆虫、无脊椎动物、植物、古生物类等库，按标本制作方法分浸制、干制标本库	工程技术产品库、科技展品库、模型库、音像资料库
	藏品技术区	清洁间、晾置间、干燥间、消毒（熏蒸、冷冻、低氧）室	清洁间、晾置间、干燥间、消毒（熏蒸、冷冻、低氧）室	清洗间、晾置间、冷冻消毒间	按工艺要求配置
	藏品技术区	书画装裱及修复用房、油画修复室、实物修复用房（陶瓷、金属、漆木等）、药品库、临时库	书画装裱及修复用房、油画修复室、实物修复用房（陶瓷、金属、漆木等）、药品库、临时库	动物标本制作用房、植物标本制作用房、化石修理室、模型制作室、药品库、临时库	按工艺要求配置
	藏品技术区	鉴定实验室、修复工艺实验室、仪器室、材料库、药品库、临时库	鉴定实验室、修复工艺实验室、仪器室、材料库、药品库、临时库	生物实验室、仪器室、药品库、临时库	
	业务与研究用房	摄影用房、研究室、展陈设计室、阅览室、资料室、信息中心	摄影用房、研究室、展陈设计室、阅览室、资料室、信息中心	摄影用房、研究室、展陈设计室、阅览室、资料室、信息中心	摄影用房、研究室、展陈设计室、阅览室、资料室、信息中心
	业务与研究用房	美工室、展品展具制作与维修用房、材料库	美工室、展品展具制作与维修用房、材料库	美工室、展品展具制作与维修用房、材料库	美工室、展品展具制作与维修用房、材料库

区域分类	功能区或用房类别	主要用房组成			
		历史类、综合类博物馆	艺术类博物馆	科学与技术类博物馆	
				自然博物馆	技术博物馆、科技馆
行政区域	行政管理区	行政办公室、接待室、会议室、物业管理用房	行政办公室、接待室、会议室、物业管理用房	行政办公室、接待室、会议室、物业管理用房	行政办公室、接待室、会议室、物业管理用房
		安全保卫用房、消防控制室、建筑设备监控室	安全保卫用房、消防控制室、建筑设备监控室	安全保卫用房、消防控制室、建筑设备监控室	安全保卫用房、消防控制室、建筑设备监控室
	附属用房	职工更衣室、职工餐厅	职工更衣室、职工餐厅	职工更衣室、职工餐厅	职工更衣室、职工餐厅
		设备机房、行政库房、车库	设备机房、行政库房、车库	设备机房、行政库房、车库	设备机房、行政库房、车库

注：1. 当综合类博物馆、科技馆等设有自然部或存有自然类藏品时，可按自然博物馆的要求设置相关用房；当技术博物馆、科技馆等存有科技类文物时，可按历史博物馆的要求设置相关用房；

2. 当艺术类博物馆的藏品以古代艺术品为主时，其藏品库区的用房组成可与历史类博物馆相同。

4.1.3 博物馆建筑的藏（展）品出入口、观众出入口、员工出入口应分开设置。公众区域与行政区域、业务区域之间的通道应能关闭。

4.1.4 博物馆建筑内的观众流线与藏（展）品流线应各自独立，不应交叉；食品、垃圾运送路线不应与藏（展）品流线交叉。

4.1.5 博物馆建筑的藏品保存场所应符合下列规定：

1 饮水点、厕所、用水的机房等存在积水隐患的房间，不应布置在藏品保存场所的上层或同层贴邻位置。

2 当用水消防的房间需设置在藏品库房、展厅的上层或同层贴邻位置时，应有防水构造措施和排除积水的设施。

3 藏品保存场所的室内不应有与其无关的管线穿越。

4.1.6 公众区域应符合下列规定：

1 当有地下层时，地下层地面与出入口地坪的高差不宜大于10m；

2 除工艺设计要求外，展厅与教育用房不宜穿插布置；

3 贵宾接待室应与陈列展览区联系方便，且其布置宜避免贵宾与观众相互干扰；

4 当综合大厅、报告厅、影视厅或临时展厅等兼具庆典、礼仪活动、新闻发布会或社会化商业活动等功能时，其空间尺寸、设施和设备容量、疏散安全等应满足使用要求，并宜有独立对外的出入口；

5 为学龄前儿童专设的活动区、展厅等，应设置在首层、二层或三层，并应为独立区域，且宜设置独立的安全出口，设于高层建筑内应设置独立的安全出口和疏散楼梯。

4.1.7 通向室外的藏品库区或展厅的货运出入口，应设置装卸平台或装卸间；装卸平台或装卸间应满足工艺设计要求，且应有防止污物、灰尘和水进入藏品库区或展厅的设施，并应有安全防范及监控设施。

4.1.8 博物馆建筑内藏品、展品的运送通道应符合下列规定：

1 通道应短捷、方便。

2 通道内不应设置台阶、门槛；当通道为坡道时，坡道的坡度不应大于1:20。

3 当藏品、展品需要垂直运送时应设专用货梯，专用货梯不应与观众、员工电梯或其他工作货梯合用，且应设置可关闭的候梯间。

4 通道、门、洞、货梯轿厢及轿厢门等，其高度、宽度或深度尺寸、荷载等应满足藏品、展品及其运载工具通行和藏具、展具运送的要求。

5 对温湿度敏感的藏品、展品的运送通道，不应为露天。

6 应设置防止无关人员进入通道的技术防范和实体防护设施。

4.1.9 公众区域的厕所应符合下列规定：

1 陈列展览区的使用人数应按展厅净面积0.2人/m²计算；教育区使用人数应按教育用房设计容量的80%计算。陈列展览区与教育区厕所卫生设施数量应符合表4.1.9的规定，并应按使用人数计算确定，且使用人数的男女比例均应按1:1计。

2 茶座、餐厅、商店等的厕所应符合相关建筑设计标准的规定。

3 应符合现行国家标准《无障碍设计规范》GB 50763的规定，并宜配置婴童搁板和喂养母乳座椅；特大型馆、大型馆应设无障碍厕所和无性别厕所。

4 为儿童展厅服务的厕所的卫生设施宜有50%适于儿童使用。

厕所卫生设施数量　　　　　　　　　　　　　　　　表4.1.9

设施	陈列展览区		教育区	
	男	女	男	女
大便器	每60人设1个	每20人设1个	每40人设1个	每13人设1个
小便器	每30人设1个	—	每20人设1个	—
洗手盆	每60人设1个	每40人设1个	每40人设1个	每25人设1个

4.1.10 业务区域和行政区域的饮水点和厕所距最远工作点的距离不应大于50m；卫生设施的数量应符合现行行业标准《城市公共厕所设计标准》CJJ 14的规定，并应按工艺设计确定的工作人员数量计算确定。

4.1.11 应在博物馆建筑内的适当的位置设清洁用水池、清洁工具储藏室、清洁工人休息间、垃圾间。

4.1.12 锅炉房、冷冻机房、变电所、汽车库、冷却塔、餐厅、厨房、食品小卖部、垃圾间等可能危及藏品安全的建筑、用房或设施应远离藏品保存场所布置。

4.1.13 当职工餐厅与观众餐厅合用时，应设置避免非工作人员进入业务区域或行政区域的安全设施。

4.2 陈列展览区

4.2.1 陈列展览区的平面组合应符合下列规定：

1 应满足陈列内容的系统性、顺序性和观众选择性参观的需要；

2 观众流线的组织应避免重复、交叉、缺漏，其顺序宜按顺时针方向；

3 除小型馆外，临时展厅应能独立开放、布展、撤展；当个别展厅封闭维护或布展调整时，其他展厅应能正常开放。

4.2.2 展厅的平面设计应符合下列规定：

1 分间及面积应满足陈列内容（或展项）完整性、展品布置及展线长度的要求，并应满足展陈设计适度调整的需要；

2 应满足观众观展、通行、休息和抄录、临摹的需要；

3 展厅单跨时的跨度不宜小于8m，多跨时的柱距不宜小于7m。

4.2.3 展厅净高应符合下列规定：

1 展厅净高可按下式确定：

$$h \geqslant a+b+c \tag{4.2.3}$$

式中　h——净高（m）；

　　　a——灯具的轨道及吊挂空间，宜取0.4m；

　　　b——厅内空气流通需要的空间，宜取0.7~0.8m；

　　　c——展厅内隔板或展品带高度，取值不宜小于2.4m。

2 应满足展品展示、安装的要求，顶部灯光对展品入射角的要求，以及安全监控设备覆盖面的要求；顶部空调送风口边缘距藏品顶部直线距离不应少于1.0m。

4.3 教育区与服务设施

4.3.2 应在博物馆建筑的观众主入口处，设置售票室、门廊、门厅等，并应在其中或近旁合理安排售票、验票、安检、雨具存放、衣帽寄存、问询、语音导览及资料索取、轮椅及儿童车租用等为观众服务的功能空间。

4.3.3 餐厅、茶座的设计应符合现行行业标准《饮食建筑设计规范》JGJ 64 的要求，且产生的油烟、蒸汽、气味等不应污染藏品保存场所的环境，并应配置食品储藏间、垃圾间和通往室外的卸货区。

4.4 藏品库区、藏品技术区

4.4.1 藏品库区应由库前区和库房区组成，并应符合下列规定：

1 建筑面积应满足现有藏品保管的需要，并应满足工艺确定的藏品增长预期的要求，或预留扩建的余地；

2 当设置多层库房时，库前区宜设于地面层；体积较大或重量大于500kg的藏品库房宜设于地面层；

3 开间或柱网尺寸不宜小于6m；

4 当收藏对温湿度敏感的藏品时，应在库房区总门附近设置缓冲间。

4.4.2 采用藏品柜（架）存放藏品的库房应符合下列规定：

1 库房内主通道净宽应满足藏品运送的要求，并不应小于1.20m；

2 两行藏品柜间通道净宽应满足藏品存取、运送的要求，并不应小于0.80m；

3 藏品柜端部与墙面净距不宜小于0.60m；

4 藏品柜背与墙面的净距不宜小于0.15m。

4.4.3 藏品技术区应符合下列规定：

1 各类用房的面积、层高、平面布置、墙地面构造、水池、工作台、排气柜、空调

参数、水质、电源、防腐蚀、防辐射等应根据工艺要求进行设计;

2 建筑空间与设备容量应适应工艺变化和设备更新的需要;

3 使用有害气体、辐射仪器、化学品或产生灰尘、废气、污水、废液的用房,应符合国家有关环境保护和劳动保护的规定;使用易燃易爆品的用房应符合防火要求;危险品库,应独立布置;

4 藏品技术区的实验室每间面积宜为20～30m²。

4.5 业务与研究用房

4.5.1 摄影用房可包括摄影室、编辑室、冲放室、配药室、器材库等,并应符合下列规定:

1 摄影用房宜靠近藏品库区设置,有工艺要求的大型馆、特大型馆可在库前区设置专用摄影室;

2 摄影室面积、层高、门宽度和高度尺寸,以及灯光、吊轨等设施应满足摄影工艺要求;

3 冲放室应严密避光,室内墙裙、地面和管道应采取防腐蚀材料,并应设置满足工艺要求的水质、水压、水温和水量,废液应按国家有关环境保护的要求进行处置。

4.5.2 研究室、展陈设计室朝向宜为北向,并应有良好的自然采光、照明。

4.5.3 需要从藏品库区提取藏品进行工作的研究室,应与库区连接方便,并宜设藏品存放室或保险柜。

4.5.4 信息中心可由服务器机房、计算机房、电子信息接收室、电子文件采集室、数字化用房等组成,且服务器机房和计算机房的设计应符合现行国家标准《电子信息系统机房设计规范》GB 50174的规定,并不应与藏品库及易燃易爆物存放场所毗邻。

4.5.5 美工室、展品展具制作与维修用房应符合下列规定:

1 应与展厅联系方便,且应靠近货运电梯设置,并应避免干扰公众区域和有安静环境要求的区域。

2 净高不宜小于4.5m。

3 通往展厅的垂直和水平通道,应满足展品、展具运输的要求。

4 应采取隔声、吸声处理措施满足声学设计要求。

5 应按工艺要求配置水、电等设备;使用油漆和易产生粉尘的工作区应设置排气、除尘等设施;当设有电焊等明火设施时,应符合国家现行有关标准的要求。

4.6 行政管理区

4.6.2 安全保卫用房应符合下列规定:

1 安全保卫用房应根据博物馆防护级别的要求设置,并可包括安防监控中心或报警值班室、保卫人员办公室、宿舍(营房)、自卫器具储藏室、卫生间等。大型馆、特大型馆宜在重要部位设分区报警值班室。

2 安防监控中心、报警值班室宜设在首层。

3 安防监控中心不应与建筑设备监控室或计算机网络机房合用;当与消防控制室合用时,应同时满足消防与安全防范的要求。

4 报警值班室、安防监控中心、自卫器具储藏室应安装防盗门窗。

5 特大型馆、大型馆的安防监控中心出入口宜设置两道防盗门,门间通道长度不应小于 3.0m；门、窗应满足防盗、防弹要求。

6 保卫人员办公室、宿舍（营房）的使用面积应按定员数量确定；宿舍（营房）应有自然通风和采光，并应配备卫生间、自卫器具储藏室。

5 建筑设计分类规定

5.1 历史类、艺术类、综合类博物馆

5.1.1 展厅设计应符合下列规定：

1 展示艺术品的单跨展厅，其跨度不宜小于艺术品高度或宽度最大尺寸的 1.5 倍～2.0 倍。

2 展示一般历史文物或古代艺术品的展厅，净高不宜小于 3.5m；展示一般现代艺术品的展厅，净高不宜小于 4.0m。

3 临时展厅的分间面积不宜小于 200m²，净高不宜小于 4.5m。

5.1.2 库前区应符合下列规定：

1 保管员工作室可包含测量、摄影、编目、藏品检索、影像库及库前更衣间、风淋间等功能空间或用房；

2 清洁区与不洁区应分区明确。

5.1.3 库房区应符合下列规定：

1 藏品应按材质类别分间储藏。每间应单独设门，且不应设套间。

2 每间库房的面积不宜小于 50m²；文物类、现代艺术类藏品库房宜为 80～150m²；自然类藏品库房宜为 200～400m²。

3 文物类藏品库房净高宜为 2.8～3.0m；现代艺术类藏品、标本类藏品库房净高宜为 3.5～4.0m；特大体量藏品库房净高应根据工艺要求确定。

4 重点保护的一级文物、标本等珍贵藏品应独立设置库房。

5.1.4 藏品技术区的用房可包括清洁间、晾置间、干燥间、消毒（熏蒸、冷冻、低氧）室、书画装裱及修复用房、油画修复室、实物修复用房、实验室等，并应符合下列规定：

1 清洁间应配置沉淀池；晾置间（或晾置场地）不应有直接日晒，并应通风良好。

2 熏蒸室（釜）应密闭，并应设滤毒装置和独立机械通风系统；墙面、顶棚及楼地面应易于清洁。

3 书画装裱及修复用房可包括修复室、装裱间、裱件暂存库、打浆室；修复室、装裱间不应有直接日晒，应采光充足、均匀，应有供吊挂、装裱书画的较大墙面，并宜设置空调设备。

4 油画修复室的平面尺寸、净高、电源、通风系统和专业照明等应根据设备和工艺要求设计。

5 实物修复用房可包括金石器、漆木器、陶瓷等修复用房及材料工具库。金石器修复用房可包括翻模翻砂浇铸室、烘烤间、操作室等；漆木器修复用房可包括家具、漆器修复室、阴干间等；陶瓷修复用房可包括陶瓷烧造室、操作室等。实物修复用房应符合下列规定：

　　1）每间面积宜为 50～100m²，净高不应小于 3.0m；

　　2）应有良好自然通风、采光，且不应有直接日晒；

514

3) 应根据工艺要求配备排气柜、污水处理等设施，当设有明火设施时，应满足防火要求；

4) 漆器修复室宜配有晾晒场地。

5.2 自然博物馆

5.2.1 展厅应符合下列规定：

1 应有防止标本展品药物气味在展厅扩散的措施；

2 展厅净高不宜低于 4.0m；

3 临时展厅的分间面积不宜小于 400m²。

5.2.2 藏品库区应符合下列规定：

1 库前区、库房区用房的设置宜符合本规范第 5.1.2 条、第 5.1.3 条的规定，并应根据工艺要求确定；

2 液体浸制标本库、蜡制标本库和使用樟脑气体防虫的标本库设计应符合下列规定：

1) 宜设于首层且应靠外墙设置，不应设在地下、半地下室；

2) 应密闭，并应设独立的通风与空调系统。

5.2.3 藏品技术区的用房可包括清洗间、晾置间、冷冻消毒室、动物标本制作用房、植物标本制作用房、化石修理室、模型制作室、生物实验室等，并应符合下列规定：

1 宜设于地面层，并应配有露天场地。

2 清洗间的清洗池与沉淀池应按工艺要求设置；晾置间或场地应靠近清洗间。

3 冷冻消毒室每间面积不宜小于 20m²，且可根据工艺要求设于库前区。

4 动物标本制作用房可包括解剖室、鞣制室、制作室、缝合室等，并应符合下列规定：

1) 解剖室应设置污水处理设施，并宜配置露天剥制场地；应有良好的采光、照明、通风条件；墙地面应采取防水措施，且易冲洗清洁；污物应直接运至室外，不应穿越其他房间。

2) 鞣制室应设置通风、排气、遮光设施，并宜附设药品器材库，墙地面应采取防水措施，且易冲洗清洁。

3) 制作室净高不宜小于 4.0m，并应有良好的采光，焊接区应满足防火要求。

4) 缝合室净高不宜小于 4.0m，并应有良好的采光和清洁的环境。

5 植物标本制作用房可包括蜡模制作室、浸泡室、消毒室、标本修复室、药品器材库房等，并应符合下列规定：

1) 液体浸泡标本、蜡制标本制作室应靠外墙设置，且应有防止液体流散设施和废液处理设施，并应根据工艺设置排气柜；墙、地面应防水、防腐蚀，且易冲洗清洁。

2) 使用火灾危险性为甲、乙类物品应满足防火要求。

3) 应通风、采光良好。

6 化石修理室、模型制作室的净高及平面尺寸应满足符合工艺要求，应有良好的采光、照明、通风条件，应配置污水处理设施，并宜配置露天制作场地；焊接区应满足防火要求。

5.3 技术博物馆

5.3.1 用于展示大型工程技术产品和大型实验装置的展厅宜设于地面层；用于展示或储藏重量大的工程技术产品的展厅或库房宜设于无地下室的地面层。

5.3.2 展示交通运输或大型工程技术产品的技术博物馆宜配置露天展场；特大型露天展场宜配备导览车辆。

5.4 科技馆

5.4.1 科技馆常设展厅的使用面积不宜小于 3000m²，临时展厅使用面积不宜小于 500m²。

5.4.2 公众区域应符合下列规定：

1 宜设置在首层、二层、三层，不宜设在四层及以上或地下、半地下层；

2 临时展厅宜设于地面层，并应靠近门厅或设有专用门厅；

3 建筑应符合青少年、儿童观众的行为特征和安全使用要求；

4 展览教育区应满足工艺适时变化的要求，并应满足观众选择性参观的要求；

5 建筑应充分利用自然通风和采光，展厅室内应避免受阳光直晒；

6 展厅内应布置观众休息区，休息区内应设置饮水处和休息座椅，且座椅的数量不宜小于展厅观众合理限值的 5%。

5.4.3 展厅柱网和净高应符合下列规定：

1 特大型馆、大型馆展厅跨度不宜小于 15.0m，柱距不宜小于 12.0m；大中型馆、中型馆展厅跨度不宜小于 12.0m，柱距不宜小于 9.0m。

2 特大型馆、大型馆主要入口层展厅净高宜为 6.0～7.0m；大中型馆、中型馆主要入口层净高宜为 5.0～6.0m；特大型馆、大型馆楼层净高宜为 5.0～6.0m；大中型馆、中型馆楼层净高宜为 4.5～5.0m。

5.4.4 货运入口宜设装卸平台和临时库房；特大型馆货梯载重量不宜小于 5t，大型馆货梯载重量不宜小于 3t，大中型馆、中型馆货梯载重量不宜小于 2t。

5.4.5 展示中产生振动或产生允许噪声级（A 声级）在 60dB 以上的科技展品、实验装置或设备不应与要求安静的区域相邻，并应对其采取隔振、减振和消声、隔声处理。

6 藏品保存环境

6.0.1 藏品保存场所应符合下列规定：

1 应有稳定的、适于藏品长期保存的环境；

2 应具备防止藏品受人为破坏的安全条件；

3 应具备不遭受火灾危险的消防条件；

4 应设置保障藏品保存环境、安全和消防条件等不受破坏的监控设施。

6.0.2 藏品保存场所的环境要求应包括对温度、相对湿度、空气质量、污染物浓度、光辐射的控制，以及防生物危害、防水、防潮、防尘、防振动、防地震、防雷等内容。

6.0.7 藏品保存场所的建筑构件、构造应符合下列规定：

1 门窗应符合保温、密封、防生物入侵、防日光和紫外线辐射、防窥视的要求，并应符合国家现行防火和安全防范标准的规定。

2 当库房区因工艺要求设置通风外窗时，窗墙比不宜大于 1:20，且不应采用跨层或跨间的窗户。

3 室内装修宜采用在使用中不产生挥发性气体或有害物质，在火灾事故中不产生烟尘和有害物质的材料；墙及楼地面应表面平整、易清洁；楼地面应耐磨、防滑。

4 操作平台、藏具、展具应牢固，表面平整，构造紧密；易碎易损藏品及展品应采取防振、减振措施。

5 屋面排水系统应保证将屋面雨水迅速排至室外雨水管渠或室外；屋面防水等级应为Ⅰ级；当为平屋面时，屋面排水坡度不宜小于5%，夏热冬冷和夏热冬暖地区的平屋面宜设置架空隔热层。

6 无地下室的首层地面以及半地下室及地下室的墙、地面应有防潮、防水、防结露措施；地下室防水等级应为一级。

7 管道通过的墙面、楼面、地面等处均应用不燃材料填塞密实。

8 藏品保存场所的外门、外窗、采光口、通风洞等应根据安全防护要求设置实体防护装置；藏品保存场所建筑周围不应有可攀缘入室的高大乔木、电杆、外落水管等物体。

6.0.8 藏品保存场所周边绿化不宜选用易生虫害或飞花扬絮的植物。

7 防 火

7.1 一般规定

7.1.1 博物馆建筑各功能场所之间应进行防火分隔，建筑及各功能区的防火设计应符合现行国家标准《建筑设计防火规范》GB 50016 的规定。当设置人防工程时，应符合现行国家标准《人民防空工程设计防火规范》GB 50098 的有关规定。当利用古建筑作为博物馆建筑时，应符合国家现行有关古建筑防火的规定。

7.1.2 博物馆建筑的耐火等级不应低于二级，且当符合下列条件之一时，耐火等级应为一级：

1 地下或半地下建筑（室）和高层建筑；

2 总建筑面积大于10000m²的单层、多层建筑；

3 主管部门确定的重要博物馆建筑。

7.1.3 高层博物馆建筑的防火设计应符合一类高层民用建筑的规定。

7.1.4 除因藏品保存的特殊需要外，博物馆建筑的内部装修应采用不燃材料或难燃材料，并应符合现行国家标准《建筑内部装修设计防火规范》GB 50222 的规定。

7.1.5 博物馆建筑设计应满足博物馆对一切火源、电源和各种易燃易爆物进行严格管理的要求，并应符合下列规定：

1 除工艺特殊要求外，建筑内不得设置明火设施，不得使用和储存火灾危险性为甲类、乙类的物品；

2 藏品技术区、展品展具制作与维修用房中因工艺要求设置明火设施，或使用、储藏火灾危险性为甲类、乙类物品时，应采取防火和安全措施，且应符合现行国家标准《建筑设计防火规范》GB 50016 的规定；

3 食品加工区宜使用电能加热设备，当使用明火设施时，应远离藏品保存场所且应靠外墙设置，应用耐火极限不低于 2.00h 的防火隔墙和甲级防火门与其他区域分隔，且应设置火灾报警和自动灭火装置。

7.2 藏品保存场所的防火设计

7.2.1 藏品库区、展厅和藏品技术区等藏品保存场所的建筑构件耐火极限不应低于表7.2.1的规定，并应为不燃烧体。

藏品保存场所建筑构件的耐火极限　　　　表7.2.1

建筑构件名称		耐火极限（h）
墙	防火墙	3.00
	承重墙、房间隔墙	3.00
	疏散走道两侧的墙、非承重外墙	2.00
	楼梯间、前室的墙，电梯井的墙	2.00
	珍贵藏品库房、丙类藏品库房的防火墙	4.00
柱		3.00
梁		2.50
楼板		2.00
屋顶承重构件，上人屋面的屋面板		1.50
疏散楼梯		1.50
吊顶（包括吊顶格栅）		0.30
防火分区、藏品库房和展厅的疏散门、库房区总门		甲级

7.2.2 藏品保存场所的安全疏散楼梯应采用封闭楼梯间或防烟楼梯间，电梯应设前室或防烟前室；藏品库区电梯和安全疏散楼梯不应设在库房区内。

7.2.3 陈列展览区防火分区设计应符合下列规定：

1 防火分区的最大允许建筑面积应符合下列规定：

1）单层、多层建筑不应大于2500m²；

2）高层建筑不应大于1500m²；

3）地下或半地下建筑（室）不应大于500m²。

2 当防火分区内全部设置自动灭火系统时，其防火分区最大允许建筑面积可按本条第一款的规定增加一倍；当局部设置时，其防火分区增加面积可按设置自动灭火系统部分的建筑面积减半计算。

3 当裙房与高层建筑主体之间设置防火墙时，裙房的防火分区可按单层、多层建筑的要求确定。

4 对于科技馆和展品火灾危险性为丁、戊类物品的技术博物馆，当建筑内全部设置自动灭火系统和火灾自动报警系统时，其每个防火分区的最大允许建筑面积可适当增加，并应符合下列规定：

1）设置在高层建筑内时，不应大于4000m²；

2）设置在单层建筑内或仅设置在多层建筑的首层时，不应大于10000m²；

3）设置在地下或半地下时，不应大于2000m²。

5 防火分区内一个厅、室的建筑面积不应大于1000m²；当防火分区位于单层建筑内或仅设置在多层建筑的首层，且展厅内展品的火灾危险性为丁、戊类物品时，该展厅建筑面积可适当增加，但不宜大于2000m²。

7.2.4 陈列展览区每个防火分区的疏散人数应按区内全部展厅的高峰限值之和计算

确定。

7.2.5 藏品库房区内藏品的火灾危险性应根据藏品的性质和藏品中可燃物数量等因素划分，并应符合现行国家标准《建筑设计防火规范》GB 50016 中关于储存物品火灾危险性分类的规定。

7.2.6 丙类液体藏品库房不应设在地下或半地下，以及高层建筑中；当设在单层、多层建筑时，应靠外墙布置，且应设置防止液体流散的设施。

7.2.7 当丁、戊类藏品库房的可燃包装材料重量大于物品本身重量 1/4，或可燃包装材料体积大于藏品本身体积的 1/2 时，其火灾危险性应按丙类固体藏品类别确定；当丁、戊类藏品库房内采用木质护墙时，其防火设计应按丙类固体藏品库房的要求确定。

7.2.8 藏品库区的防火分区设计应符合下列规定：

1 藏品库区每个防火分区的最大允许建筑面积应符合表 7.2.8 的规定；

2 防火分区内一个库房的建筑面积，丙类液体藏品库房不应大于 300m²；丙类固体藏品库房不应大于 500m²；丁类藏品库房不应大于 1000m²；戊类藏品库房不宜大于 2000m²。

藏品库区每个防火分区的最大允许建筑面积 表 7.2.8

藏品火灾危险性类别		每个防火分区的允许最大建筑面积（m²）			
		单层或多层建筑的首层	多层建筑	高层建筑	地下、半地下建筑（室）
丙	液体	1000	700	—	—
	固体	1500	1200	1000	500
丁		3000	1500	1200	1000
戊		4000	2000	1500	1000

注：1. 当藏品库区内全部设置自动灭火系统和火灾自动报警系统时，可按表内的规定增加 1.0 倍。

2. 库房内设置阁楼时，阁楼面积应计入防火分区面积。

7.2.9 当藏品库区中同一防火分区内储藏不同火灾危险性藏品时，该防火分区最大允许建筑面积应按其中火灾危险性最大类别确定；当该防火分区内无甲、乙类或丙类液体藏品，且丙类固体藏品库房建筑面积之和不大于区内库房建筑面积之和的 1/3 时，该防火分区最大允许建筑面积可按本规范 7.2.8 条丁类藏品的规定确定。

7.2.10 藏品库区内每个防火分区通向疏散走道、楼梯或室外的出口不应少于 2 个，当防火分区的建筑面积不大于 100m² 时，可设一个出口；每座藏品库房建筑的安全出口不应少于 2 个；当一座库房建筑的占地面积不大于 300m² 时，可设置 1 个安全出口。

7.2.11 地下或半地下藏品库房的安全出口不应少于 2 个；当建筑面积不大于 100m² 时，可设 1 个安全出口。

当地下或半地下藏品库房有多个防火分区相邻布置，且采用防火墙分隔时，每个防火分区可利用防火墙上通向相邻防火分区的甲级防火门作为第二安全出口，但每个防火分区至少应有一个直通室外的安全出口。

九、《剧场建筑设计规范》JGJ 57—2016（节选）

《剧场建筑设计规范》为行业标准，自 2017 年 3 月 1 日起实施。其中，第 5.3.1、5.3.5、5.3.8、6.8.2、6.8.6、6.8.8、8.1.1、8.1.4、8.1.5、8.1.7、8.1.9、8.1.13、8.1.14、8.2.2、8.4.1、10.3.13 条为强制性条文，必须严格执行。

1 总 则

1.0.5 剧场建筑的规模应按观众座席数量进行划分，并应符合表 1.0.5 的规定。

剧场建筑规模划分　　　　　　　　　　　表 1.0.5

规　　模	观众座席数量（座）
特大型	>1500
大　型	1201～1500
中　型	801～1200
小　型	≤800

1.0.6 剧场的建筑等级根据观演技术要求可分为特等、甲等、乙等三个等级。

4 前厅和休息厅

4.0.5 剧场应设置供观众使用的厕所，且厕所应设前室。厕所门不得开向观众厅。观众男女比例宜按 1∶1 计算，女厕位与男厕位（含小便站位）的比例不应小于 2∶1，卫生器具应符合下列规定：

1 男厕所应按每 150 座设一个大便器，每 60 座设一个小便器或 0.60m 长小便槽，每 150 座设一个洗手盆。

2 女厕所应按每 20 座设一个大便器，每 100 座设一个洗手盆。

3 男女厕所均应设无障碍厕位或设置无障碍厕所。

4 当剧场设有分层观众厅时，各层的厕所卫生器具数量宜根据各层观众座席的数量进行确定。

5 观 众 厅

5.1 视线设计

5.1.1 观众厅的视线设计宜使观众能看到舞台面表演区的全部。当受条件限制时，应使位于视觉质量不良位置的观众能看到表演区的 80%。

5.1.2 观众厅的视点选择应符合下列规定：

1 对于镜框式舞台剧场，视点宜选在舞台面台口线中心处。

2 对于大台唇式、伸出式舞台剧场，视点应按实际需要，将设计视点适当外移。

3 对于岛式舞台，视点应选在表演区的边缘。

4 当受条件限制时，视点可适当上移，但不得超过舞台面 0.30m；也可向台口线或表演区边缘后方移动，但不得大于 1.00m。

5.1.3 观众厅视线超高值（C 值）的设计应符合下列规定：

1 视线超高值不应小于 0.12m。

2 当隔排计算视线超高值时，座席排列应错排布置，并应保证视线直接看到视点。

3 对于儿童剧场、伸出式、岛式舞台剧场，视线超高值宜适当增加。

5.1.4 舞台面距第一排座席地面的高度应符合下列规定：

1 对于镜框式舞台面，不应小于 0.60m，且不应大于 1.10m。

5.1.5 对于观众厅与视点之间的最远视距，歌舞剧场不宜大于 33m；话剧和戏曲剧场不宜大于 28m；伸出式、岛式舞台剧场不宜大于 20m。

5.2 座席

5.2.1 观众厅的座席应紧凑，应满足视线、排距、扶手中距、疏散等要求，其面积应符合下列规定：

1 甲等剧场不应小于 0.80m²/座。

2 乙等剧场不应小于 0.70m²/座。

5.2.4 座椅扶手中距，硬椅不应小于 0.50m，软椅不应小于 0.55m。

5.2.5 座席排距应符合下列规定：

1 短排法：硬椅不应小于 0.80m，软椅不应小于 0.90m，台阶式地面排距应适当增大，椅背到后面一排最突出部分的水平距离不应小于 0.30m。

2 长排法：硬椅不应小于 1.00m，软椅不应小于 1.10m，台阶式地面排距应适当增大，椅背到后面一排最突出部分水平距离不应小于 0.50m。

3 靠后墙设置座位时，楼座及池座最后一排座位排距应至少增大 0.12m。

4 在座位升起大于 0.50m 时，应适当增高靠背高度。

5.2.6 每排座位排列数目应符合下列规定：

1 短排法：双侧有走道时不宜超过 22 座，单侧有走道时不宜超过 11 座；超过限额时，每增加一个座位，排距应增大 25mm。

2 长排法：双侧有走道时不应超过 50 座，单侧有走道时不应超过 25 座。

5.2.7 观众席应预留轮椅座席，且座席深度不应小于 1.10m，宽度不应小于 0.80m，位置应方便行动障碍者入席及疏散，并应设置国际通用标志。

5.2.8 观众厅的轮椅座席数量应根据剧场规模进行确定，并应符合表 5.2.8 的规定：

观众厅的轮椅座席数量　　　　　　　　　　　表 5.2.8

剧场规模	轮椅座席数量（个）
特大型	>4
大　型	4
中　型	3
小　型	2

5.3 走道

5.3.1 观众厅内走道的布局应与观众席片区容量相适应，并应与安全出口联系顺畅，宽度应满足安全疏散的要求。

5.3.2 对于池座首排座位，除排距外，与舞台前沿之间的净距不应小于 1.50m，与乐池栏杆之间的净距不应小于 1.00m；当池座首排设置轮椅座席时，至少应再增加 0.50m 的距离。

5.3.4 走道的宽度除应满足安全疏散的要求外，尚应符合下列规定：

1 短排法：边走道净宽度不应小于 0.80m；纵向走道净宽度不应小于 1.10m，横向走道除排距尺寸以外的通行净宽度不应小于1.10m。

    2 长排法：边走道净宽度不应小于1.20m。

5.3.5 观众厅纵走道铺设的地面材料燃烧性能等级不应低于B1级材料，且应固定牢固，并应做防滑处理。坡度大于1:8时应做成高度不大于0.20m的台阶。

5.3.7 当观众厅座席地坪高于前排0.50m以及座席侧面紧临有高差的纵向走道或梯步时，应在高处设栏杆，且栏杆应坚固，高度不应小于1.05m，并不应遮挡视线。

5.3.8 观众厅应采取措施保证人身安全，楼座前排栏杆和楼层包厢栏杆不应遮挡视线，高度不应大于0.85m，下部实体部分不得低于0.45m。

6 舞 台

6.1 一般规定

6.1.2 台唇和耳台最窄处的宽度不应小于1.50m。

6.1.7 主舞台应分别设置进入后台上场的门和下场的门，且门的位置应便于演员上下场和跑场，不应设置在天幕后方。门的净宽不应小于1.50m，净高不应小于2.40m。

6.1.8 侧舞台应符合下列规定：

    1 主舞台两侧宜布置侧舞台，且位置应靠近主舞台前部，当受条件限制时，可只在一侧设侧舞台，侧舞台的总面积应符合下列规定：

        1）甲等剧场不应小于主舞台面积的1/2；

        2）乙等剧场不应小于主舞台面积的1/3。

6.2 乐池

6.2.1 歌舞剧场的舞台应设乐池，其他演出剧种的剧场根据演出需要确定是否设置乐池。剧场设置乐池的面积应按容纳乐队人数进行计算，演奏员平均每人不应小于$1m^2$，伴唱每人不应小于$0.25m^2$。

6.2.2 乐池开口进深不应小于乐池进深的2/3。

6.2.3 乐池进深与宽度之比不应小于1:3。

6.8 舞台结构荷载

6.8.2 作用在主舞台、侧舞台、后舞台及台唇台面上的荷载取值，应符合下列规定：

    1 对于舞台面上设置的固定设施，其荷载取值应根据其实际重量取值。

    2 台面均布活荷载取值不应小于$5.0kN/m^2$。

    3 当台面上有车载转台等移动设施时，等效均布活荷载取值应根据其实际重量按现行国家标准《建筑结构荷载规范》GB 50009进行计算，且不应小于$5.0kN/m^2$。

    4 各种机械舞台面上作用的均布活荷载取值应根据舞台工艺设计的要求确定，且静止时其值不应小于$5.0kN/m^2$，升降时不应小于$2.5kN/m^2$。

6.8.6 剧场栏杆顶部的水平荷载与竖向荷载应分别取值，且水平荷载取值不应小于1.0kN/m，竖向荷载取值不应小于1.2kN/m。

6.8.8 天桥的均布活荷载取值应根据实际荷载取值，且安装吊杆卷扬机或放置平衡重天桥的均布活荷载取值不应小于$4.0kN/m^2$，其他天桥的均布活荷载不应小于$2.0kN/m^2$。天桥的均布活荷载的作用方向应为正反两向。

7 后 台

7.1 演出用房

7.1.1 剧场后台演出用房应设置化妆室、抢妆室、服装室、乐队休息室、乐器调音室、盥洗室、浴室、厕所，宜设置候场室、小道具室、指挥休息室、演职员演出办公等用房。

7.1.2 剧场后台区应设集中的演职人员出入口和门厅，且门厅宜设置门卫值班室、接待室和寄存空间等。

7.1.3 后台区域应符合无障碍设计要求。出入口、通道、化妆室、盥洗室、浴室、厕所等，应设置无障碍专用设施。

7.1.4 化妆室应靠近舞台布置，且主要化妆室应与舞台同层。当在其他层设化妆室时，楼梯应靠近上场口、下场口，有条件的剧场宜设置电梯。

7.1.5 化妆室的设置应符合下列规定：

1 对于1～2人的小化妆室，每间使用面积不应小于12m²；对于4～6人的中化妆室，每人不应少于4m²；对于10人以上的大化妆室，每人不应少于2.5m²。

7.1.6 化妆室应符合下列规定：

1 化妆室采光窗应具有遮光措施。

2 大、中化妆室的门，净宽不应小于1.40m，净高不应低于2.40m。

3 化妆室应设洗脸盆，且小化妆室每间应设1个，中化妆室每间不应少于1个，大化妆室每间不应少于2个。

7.1.7 抢妆室应靠近台口或上场口、下场口设置。

7.1.8 化妆室、服装室、乐队休息室、候场室等，应设监视显示屏，并应传送舞台演出实况音频、视频信号。

7.1.9 服装室应按男、女分别设置，并应符合下列规定：

1 甲等剧场不应少于4间，使用面积不应少于160m²；乙等剧场不应少于3间，使用面积不应少于110m²。

2 服装室的门，净宽不应小于1.40m，净高不应低于2.40m。

7.1.10 候场室应靠近上场口、下场口，并应符合下列规定：

2 门净宽不应小于1.40m，净高不应小于2.40m。

4 当受场地限制时，后台跑场道可兼做演员候场空间。

7.1.11 后台跑场道的设置应简短便捷，并应符合下列规定：

1 后台跑场道净宽不应小于2.10m，净高不应低于2.40m。当剧场后台跑场道兼作演员候场休息区及服装道具临时存放区时，净宽不应小于2.80m，在出场口附近宜设候场休息空间。

2 后台跑场道地面标高应与舞台一致。

3 后台跑场道应做吸声处理，跑场道地面应防滑及防止产生噪声。

7.1.13 剧场应设乐队休息室和乐器调音室。有条件时，宜另设指挥休息室。休息室和乐器调音室应与乐池联系方便，并应防止调音噪声对舞台演出的干扰。

7.1.14 盥洗室、浴室、厕所不应靠近主舞台，并应符合下列规定：

1 盥洗室洗脸盆应按每6～10人设1个。

2 淋浴室喷头应按每6～10人设1个。

3 后台每层均应设男、女厕所，且男大便器应按每10～15人设1个，男小便器应按每7～15人设1个，女大便器应按每10～12人设1个。

7.2 辅助用房

7.2.1 排练厅兼顾不同剧种使用要求时，厅内净高不应小于6.00m。

7.2.2 乐队排练厅应按乐队规模大小设定，面积可按2.0~2.4m²/人计。

7.2.3 合唱队排练厅地面应设台阶式站席，每个合唱队演员所占面积可按1.40m²/人计。

7.2.4 舞蹈排练厅应符合下列规定：

    2 地面应为弹性木地板或舞蹈地胶毯。

    3 练功扶手高度应为0.80~1.20m，距墙应为0.20~0.30m。

    4 一个墙面应设通长镜子，高度应大于2.00m。

7.2.7 排练厅、琴房不宜靠近主舞台，并应防止对舞台演出产生干扰。

8 防 火 设 计

8.1 防火

8.1.1 大型、特大型剧场舞台台口应设防火幕。

8.1.4 舞台区通向舞台区外各处的洞口均应设甲级防火门或设置防火分隔水幕，运景洞口应采用特级防火卷帘或防火幕。

8.1.5 舞台与后台的隔墙及舞台下部台仓的周围墙体的耐火极限不应低于2.5h。

8.1.7 当高、低压配电室与主舞台、侧舞台、后舞台相连时，必须设置面积不小于6m²的前室，高、低压配电室应设甲级防火门。

8.1.8 剧场应设消防控制室，并应有对外的单独出入口，使用面积不应小于12m²。大型、特大型剧场应设舞台区专用消防控制间，专用消防控制间宜靠近舞台，使用面积不应小于12m²。

8.1.9 观众厅吊顶内的吸声、隔热、保温材料应采用不燃材料。

8.1.13 舞台内严禁设置燃气设备。当后台使用燃气设备时，应采用耐火极限不低于3.0h的隔墙和甲级防火门分隔，且不应靠近服装室、道具间。

8.1.14 当剧场建筑与其他建筑合建或毗连时，应形成独立的防火分区，并应采用防火墙隔开，且防火墙不得开窗洞；当设门时，应采用甲级防火门。防火分区上下楼板耐火极限不应低于1.5h。

8.2 疏散

8.2.1 观众厅出口应符合下列规定：

    1 出口应均匀布置。

    2 楼座与池座应分别布置安全出口，且楼座宜至少有两个独立的安全出口，面积不超过200m²且不超过50座时，可设一个安全出口。楼座不应穿越池座疏散。

8.2.2 观众厅的出口门、疏散外门及后台疏散门应符合下列规定：

    1 应设双扇门，净宽不应小于1.40m，并应向疏散方向开启。

    2 靠门处不应设门槛和踏步，踏步应设置在距门1.40m以外。

    3 不应采用推拉门、卷帘门、吊门、转门、折叠门、铁栅门。

    4 应采用自动门闩，门洞上方应设疏散指示标志。

8.2.4 观众厅外的疏散通道应符合下列规定：

    1 室内部分的坡度不应大于1:8，室外部分的坡度不应大于1:10，并应采取防滑措施，室内坡道的装饰材料燃烧性能不应低于B1级，为残疾人设置的通道坡度不应大于

$1 : 12$。

2 地面以上 2.00m 内不得有任何突出物，并不得设置落地镜子及装饰性假门。

3 当疏散通道穿过前厅及休息厅时，设置在前厅、休息厅的商品零售部及衣物寄存处不得影响疏散的畅通。

4 疏散通道的隔墙耐火极限不应小于 1.00h。

5 对于疏散通道内装修材料燃烧性能，顶棚不低于 A 级，墙面和地面不低于 B1 级，并不得在燃烧时产生有毒气体。

6 疏散通道宜有自然通风及采光，当没有自然通风及采光时，应设人工照明，疏散通道长度超过 20m 时，应采用机械通风排烟。

8.2.5 疏散楼梯应符合下列规定：

1 踏步宽度不应小于 0.28m，踏步高度不应大于 0.16m。当超过 18 级时，应加设中间休息平台，且平台宽度不应小于梯段宽度，并不应小于 1.20m。

2 不宜采用螺旋楼梯。

3 楼梯应设置坚固、连续的扶手，且高度不应低于 0.90m。

8.2.6 后台应设置不少于两个直接通向室外的出口。

8.2.7 舞台区宜设有直接通向室外的疏散通道，当有困难时，可通过后台的疏散通道进行疏散，且疏散通道的出口不应少于 2 个。舞台区出口到室外出口的距离，当未设自动喷水灭火系统和自动火灾报警系统时，不应大于 30m，当设自动喷水灭火系统和自动火灾报警系统时，安全疏散距离可增加 25%。开向该疏散通道的门应采用能自行关闭的乙级防火门。

8.2.8 乐池和台仓的出口均不应少于两个。

8.2.10 剧场与其他建筑合建时，应符合下列规定：

1 设置在一、二级耐火等级的建筑内，布置在四层及以上楼层时，一个厅、室的疏散门不应少于 2 个；设置在三级耐火等级的建筑内时，不应布置在三层及以上楼层。

2 应设独立的楼梯和安全出口通向室外地坪面。

8.2.11 疏散口的帷幕燃烧性能不应低于 B1 级。

8.2.12 室外疏散及集散广场不得兼作停车场。

8.4.1 主舞台上部的屋顶或侧墙上应设置排烟设施。

十、《办公建筑设计标准》JGJ/T 67—2019（节选）

4.1 一般规定

4.1.3 办公建筑应进行节能设计，并符合现行国家标准《公共建筑节能设计标准》GB 50189 和《民用建筑热工设计规范》GB 50176 的有关规定。办公建筑在方案与初步设计阶段应编制绿色设计专篇，施工图设计文件应注明对绿色建筑相关技术施工与建筑运营管理的技术要求。

4.1.5 办公建筑的电梯及电梯厅设置应符合下列规定：

1 四层及四层以上或楼面距室外设计地面高度超过 12m 的办公建筑应设电梯。

2 乘客电梯的数量、额定载重量和额定速度应通过设计和计算确定。

3 乘客电梯位置应有明确的导向标识，并应能便捷到达。

4 消防电梯应按现行国家标准《建筑设计防火规范》GB 50016进行设置，可兼作服务电梯使用。

5 电梯厅的深度应符合表4.1.5的规定。

6 3台及以上的客梯集中布置时，客梯控制系统应具备按程序集中调控和群控的功能。

电梯厅的深度要求 表 4.1.5

布置方式	电梯厅深度
单台	大于等于 1.5B
多台单侧布置	大于等于 1.5B'，当电梯并列布置为 4 台时应大于等于 2.40m
多台双侧布置	大于等于相对电梯 B' 之和，并小于 4.50m

注：B 为轿厢深度，B' 为并列布置的电梯中最大轿厢深度。

7 超高层办公建筑的乘客电梯应分层分区停靠。

4.1.6 办公建筑的窗应符合下列规定：

1 底层及半地下室外窗宜采取安全防范措施；

2 当高层及超高层办公建筑采用玻璃幕墙时应设置清洗设施，并应设有可开启窗或通风换气装置；

3 外窗可开启面积应按现行国家标准《公共建筑节能设计标准》GB 50189 的有关规定执行；外窗应有良好的气密性、水密性和保温隔热性能，满足节能要求；

4 不利朝向的外窗应采取合理的建筑遮阳措施。

4.1.7 办公建筑的门应符合下列规定：

1 办公用房的门洞口宽度不应小于1.00m，高度不应小于2.10m；

2 机要办公室、财务办公室、重要档案库、贵重仪表间和计算机中心的门应采取防盗措施，室内宜设防盗报警装置。

4.1.8 办公建筑的门厅应符合下列规定：

1 门厅内可附设传达、收发、会客、服务、问讯、展示等功能房间（场所）；根据使用要求也可设商务中心、咖啡厅、警卫室、快递储物间等；

2 楼梯、电梯厅宜与门厅邻近设置，并应满足消防疏散的要求；

3 严寒和寒冷地区的门厅应设门斗或其他防寒设施；

4 夏热冬冷地区门厅与高大中庭空间相连时宜设门斗。

4.1.9 办公建筑的走道应符合下列规定：

1 宽度应满足防火疏散要求，最小净宽应符合表4.1.9的规定。

走道最小净宽 表 4.1.9

走道长度 （m）	走道净宽（m）	
	单面布房	双面布房
≤40	1.30	1.50
>40	1.50	1.80

注：高层内筒结构的回廊式走道净宽最小值同单面布房走道。

2 高差不足 0.30m 时，不应设置台阶，应设坡道，其坡度不应大于 1∶8。

4.1.11 办公建筑的净高应符合下列规定：

1 有集中空调设施并有吊顶的单间式和单元式办公室净高不应低于 2.50m；

2 无集中空调设施的单间式和单元式办公室净高不应低于 2.70m；

3 有集中空调设施并有吊顶的开放式和半开放式办公室净高不应低于 2.70m；

4 无集中空调设施的开放式和半开放式办公室净高不应低于 2.90m；

5 走道净高不应低于 2.20m，储藏间净高不宜低于 2.00m。

4.2 办公用房

4.2.2 办公用房宜有良好的天然采光和自然通风，并不宜布置在地下室。办公室宜有避免西晒和眩光的措施。

4.2.3 普通办公室应符合下列规定：

1 宜设计成单间式办公室、单元式办公室、开放式办公室或半开放式办公室；

2 开放式和半开放式办公室在布置吊顶上的通风口、照明、防火设施等时，宜为自行分隔或装修创造条件，有条件的工程宜设计成模块式吊顶；

3 带有独立卫生间的办公室，其卫生间宜直接对外通风采光，条件不允许时，应采取机械通风措施；

4 机要部门办公室应相对集中，与其他部门宜适当分隔；

5 值班办公室可根据使用需要设置，设有夜间值班室时，宜设专用卫生间；

6 普通办公室每人使用面积不应小于 6m²，单间办公室使用面积不宜小于 10m²。

4.3 公共用房

4.3.1 公共用房宜包括会议室、对外办事厅、接待室、陈列室、公用厕所、开水间、健身场所等。

4.3.2 会议室应符合下列规定：

1 按使用要求可分设中、小会议室和大会议室。

2 中、小会议室可分散布置。小会议室使用面积不宜小于 30m²，中会议室使用面积不宜小于 60m²。中、小会议室每人使用面积：有会议桌的不应小于 2.00m²/人，无会议桌的不应小于 1.00m²/人。

3 大会议室应根据使用人数和桌椅设置情况确定使用面积，平面长宽比不宜大于 2∶1，宜有音频视频、灯光控制、通信网络等设施，并应有隔声、吸声和外窗遮光措施；大会议室所在层数、面积和安全出口的设置等应符合国家现行有关防火标准的规定。

4 会议室应根据需要设置相应的休息、储藏及服务空间。

4.4 服务用房

4.4.4 汽车库应符合下列规定：

1 应符合现行国家标准《汽车库、修车库、停车场设计防火规范》GB 50067、《车库建筑设计规范》JGJ 100 的规定；

2 停车方式应根据车型、柱网尺寸及结构形式等确定；

3 设有电梯的办公建筑，当条件允许时应至少有一台电梯通至地下汽车库；

4 汽车库内可按管理方式和停车位的数量设置相应的值班室、控制室、储藏室等辅助房间；

5 汽车库内应按相关规定集中设置或预留电动汽车专用车位。

4.4.5 非机动车库应符合下列规定：

1 净高不得低于2.00m；

2 每辆自行车停放面积宜为1.50~1.80m²；

3 非机动车及二轮摩托车应以自行车为计算当量进行停车当量的换算。

4.4.6 员工餐厅、厨房可根据建筑规模、供餐方式和使用人数确定使用面积，并应符合现行行业标准《饮食建筑设计标准》JGJ 64的有关规定。

5 防 火 设 计

5.0.1 办公建筑的耐火等级应符合下列规定：

1 A类、B类办公建筑应为一级；

2 C类办公建筑不应低于二级。

5.0.2 办公综合楼内办公部分的安全出口不应与同一楼层内对外营业的商场、营业厅、娱乐、餐饮等人员密集场所的安全出口共用。

5.0.3 办公建筑疏散总净宽度应按总人数计算，当无法额定总人数时，可按其建筑面积9m²/人计算。

5.0.4 机要室、档案室、电子信息系统机房和重要库房等隔墙的耐火极限不应小于2h，楼板不应小于1.5h，并应采用甲级防火门。

十一、《商店建筑设计规范》JGJ 48—2014（节选）

4 建 筑 设 计

4.1 一般规定

4.1.1 商店建筑可按使用功能分为营业区、仓储区和辅助区等三部分。商店建筑的内外均应做好交通组织设计，人流与货流不得交叉，并应按现行国家标准《建筑设计防火规范》GB 50016的规定进行防火和安全分区。

4.1.2 营业区、仓储区和辅助区等的建筑面积应根据零售业态、商品种类和销售形式等进行分配，并应能根据需要进行取舍或合并。

4.1.3 商店建筑外部的招牌、广告等附着物应与建筑物之间牢固结合，且凸出的招牌、广告等的底部至室外地面的垂直距离不应小于5m。招牌、广告的设置除应满足当地城市规划的要求外，还应与建筑外立面相协调，且不得妨碍建筑自身及相邻建筑的日照、采光、通风、环境卫生等。

4.1.4 商店建筑设置外向橱窗时应符合下列规定：

1 橱窗的平台高度宜至少比室内和室外地面高0.20m；

2 橱窗应满足防晒、防眩光、防盗等要求；

3 采暖地区的封闭橱窗可不采暖，其内壁应采取保温构造，外表面应采取防雾构造。

4.1.5 商店建筑的外门窗应符合下列规定：

1 有防盗要求的门窗应采取安全防范措施；

2 外门窗应根据需要，采取通风、防雨、遮阳、保温等措施；

3 严寒和寒冷地区的门应设门斗或采取其他防寒措施。

4.1.6 商店建筑的公用楼梯、台阶、坡道、栏杆应符合下列规定：

1 楼梯梯段最小净宽、踏步最小宽度和最大高度应符合表 4.1.6 的规定；

楼梯梯段最小净宽、踏步最小宽度和最大高度

表 4.1.6

楼梯类别	梯段最小净宽（m）	踏步最小宽度（m）	踏步最大高度（m）
营业区的公用楼梯	1.40	0.28	0.16
专用疏散楼梯	1.20	0.26	0.17
室外楼梯	1.40	0.30	0.15

2 室内外台阶的踏步高度不应大于 0.15m 且不宜小于 0.10m，踏步宽度不应小于 0.30m；当高差不足两级踏步时，应按坡道设置，其坡度不应大于 1∶12；

3 楼梯、室内回廊、内天井等临空处的栏杆应采用防攀爬的构造，当采用垂直杆件做栏杆时，其杆件净距不应大于 0.11m；栏杆的高度及承受水平荷载的能力应符合现行国家标准《民用建筑设计通则》GB 50352 的规定；

4 人员密集的大型商店建筑的中庭应提高栏杆的高度，当采用玻璃栏板时，应符合现行行业标准《建筑玻璃应用技术规程》JGJ 113 的规定。

4.1.7 大型和中型商店的营业区宜设乘客电梯、自动扶梯、自动人行道；多层商店宜设置货梯或提升机。

4.1.8 商店建筑内设置的自动扶梯、自动人行道除应符合现行国家标准《民用建筑设计通则》GB 50352 的有关规定外，还应符合下列规定：

1 自动扶梯倾斜角度不应大于 30°，自动人行道倾斜角度不应超过 12°；

2 自动扶梯、自动人行道上下两端水平距离 3m 范围内应保持畅通，不得兼作他用；

3 扶手带中心线与平行墙面或楼板开口边缘间的距离、相邻设置的自动扶梯或自动人行道的两梯（道）之间扶手带中心线的水平距离应大于 0.50m，否则应采取措施，以防对人员造成伤害。

4.1.9 商店建筑的无障碍设计应符合现行国家标准《无障碍设计规范》GB 50763 的有关规定。

4.1.10 商店建筑宜利用天然采光和自然通风。

4.1.11 商店建筑采用自然通风时，其通风开口的有效面积不应小于该房间（楼）地板面积的 1/20。

4.1.12 商店建筑应进行节能设计，并应符合现行国家标准《公共建筑节能设计标准》GB 50189 的规定。

4.2 营业区

4.2.1 营业厅设计应符合下列规定：

1 应按商品的种类、选择性和销售量进行分柜、分区或分层，且顾客密集的销售区应位于出入方便区域；

2 营业厅内的柱网尺寸应根据商店规模大小、零售业态和建筑结构选型等进行确定，应便于商品展示和柜台、货架布置，并应具有灵活性。通道应便于顾客流动，并应设有均匀的出入口。

4.2.2 营业厅内通道的最小净宽度应符合表 4.2.2 的规定。

营业厅内通道的最小净宽度

表 4.2.2

通道位置		最小净宽度（m）
通道在柜台或货架与墙面或陈列窗之间		2.20
通道在两个平行柜台或货架之间	每个柜台或货架长度小于 7.50m	2.20
	一个柜台或货架长度小于 7.50m 另一个柜台或货架长度为 7.50～15.00m	3.00
	每个柜台或货架长度为 7.50～15.00m	3.70
	每个柜台或货架长度大于 15.00m	4.00
	通道一端设有楼梯时	上下两个梯段宽度之和再加 1.00m
柜台或货架边与开敞楼梯最近踏步间距离		4.00m，并不小于楼梯间净宽度

注：1. 当通道内设有陈列物时，通道最小净宽度应增加该陈列物的宽度；
    2. 无柜台营业厅的通道最小净宽可根据实际情况，在本表的规定基础上酌减，减小量不应大于 20％；
    3. 菜市场营业厅的通道最小净宽宜在本表的规定基础上再增加 20％。

4.2.3 营业厅的净高应按其平面形状和通风方式确定，并应符合表 4.2.3 的规定。

营业厅的净高

表 4.2.3

通风方式	自然通风			机械排风和自然通风相结合	空气调节系统
	单面开窗	前面敞开	前后开窗		
最大进深与净高比	2：1	2.5：1	4：1	5：1	—
最小净高（m）	3.20	3.20	3.50	3.50	3.00

注：1. 设有空调设施、新风量和过渡季节通风量不小于 20m³/（h·人），并且有人工照明的面积不超过 50m²的房间或宽度不超过 3m 的局部空间的净高可酌减，但不应小于 2.40m；
    2. 营业厅净高应按楼地面至吊顶或楼板底面障碍物之间的垂直高度计算。

4.2.4 营业厅内或近旁宜设置附加空间或场地，并应符合下列规定：

  1 服装区宜设试衣间；

  2 宜设检修钟表、电器、电子产品等的场地；

  3 销售乐器和音响器材等的营业厅宜设试音室，且面积不应小于 2m²。

4.2.5 自选营业厅设计应符合下列规定：

  1 营业厅内宜按商品的种类分开设置自选场地；

  2 厅前应设置顾客物品寄存处、进厅闸位、供选购用的盛器堆放位及出厅收款位等，且面积之和不宜小于营业厅面积的 8％；

  3 应根据营业厅内可容纳顾客人数，在出厅处按每 100 人设收款台 1 个（含 0.60m 宽顾客通过口）；

  4 面积超过 1000m²的营业厅宜设闭路电视监控装置。

4.2.6 自选营业厅的面积可按每位顾客 1.35m²计，当采用购物车时，应按 1.70m²/人计。

4.2.7 自选营业厅内通道最小净宽度应符合表 4.2.7 的规定，并应按自选营业厅的设计容纳人数对疏散用的通道宽度进行复核。兼作疏散的通道宜直通至出厅口或安全出口。

自选营业厅内通道最小净宽度　　　　　　　　　　　　　表 4.2.7

通道位置		最小净宽度（m）	
		不采用购物车	采用购物车
通道在两个平行货架之间	靠墙货架长度不限，离墙货架长度小于 15m	1.60	1.80
	每个货架长度小于 15m	2.20	2.40
	每个货架长度为 15～24m	2.80	3.00
与各货架相垂直的通道	通道长度小于 15m	2.40	3.00
	通道长度不小于 15m	3.00	3.60
货架与出入闸位间的通道		3.80	4.20

注：当采用货台、货区时，其周围留出的通道宽度，可按商品的可选择性进行调整。

4.2.8 购物中心、百货商场等综合性建筑，除商店建筑部分应符合本规范规定外，饮食、文娱等部分的建筑设计应符合国家现行有关标准的规定。

4.2.9 大型和中型商店建筑内连续排列的商铺应符合下列规定：

1 各商铺的作业运输通道宜另设；

2 商铺内面向公共通道营业的柜台，其前沿应后退至距通道边线不小于 0.50m 的位置；

3 公共通道的安全出口及其间距等应符合现行国家标准《建筑设计防火规范》GB 50016 的规定。

4.2.10 大型和中型商店建筑内连续排列的商铺之间的公共通道最小净宽度应符合表 4.2.10 的规定。

连续排列的商铺之间的公共通道最小净宽度　　　　　　表 4.2.10

通道名称	最小净宽度（m）	
	通道两侧设置商铺	通道一侧设置商铺
主要通道	4.00，且不小于通道长度的 1/10	3.00，且不小于通道长度的 1/15
次要通道	3.00	2.00
内部作业通道	1.80	—

注：主要通道长度按其两端安全出口间距离计算。

4.2.11 大型和中型商场内连续排列的饮食店铺的灶台不应面向公共通道，并应设置机械排烟通风设施。

4.2.12 大型和中型商场内连续排列的商铺的隔墙、吊顶等装修材料和构造，不得降低建筑设计对建筑构件及配件的耐火极限要求，并不得随意增加荷载。

4.2.13 大型和中型商店应设置为顾客服务的设施，并应符合下列规定：

1 宜设置休息室或休息区，且面积宜按营业厅面积的 1.00%～1.40% 计；

2 应设置为顾客服务的卫生间，并宜设服务问讯台。

4.2.14 供顾客使用的卫生间设计应符合下列规定：

1 应设置前室，且厕所的门不宜直接开向营业厅、电梯厅、顾客休息室或休息区等主要公共空间；

2 宜有天然采光和自然通风，条件不允许时，应采取机械通风措施；

3 中型以上的商店建筑应设置无障碍专用厕所，小型商店建筑应设置无障碍厕位；

4 卫生设施的数量应符合现行行业标准《城市公共厕所设计标准》CJJ 14 的规定，且卫生间内宜配置污水池；

5 当每个厕所大便器数量为 3 具及以上时，应至少设置 1 具坐式大便器；

6 大型商店宜独立设置无性别公共卫生间，并应符合现行国家标准《无障碍设计规范》GB 50763 的规定；

7 宜设置独立的清洁间。

4.2.15 仓储式商店营业厅的室内净高应满足堆高机、叉车等机械设备的提升高度要求。货架的布置形式应满足堆高机、叉车等机械设备移动货物时对操作空间的要求。

4.2.16 菜市场设计应符合下列规定：

1 在菜市场内设置商品运输通道时，其宽度应包括顾客避让宽度；

2 商品装卸和堆放场地应与垃圾废弃物场地相隔离；

3 菜市场内净高应满足通风、排除异味的要求；其地面、货台和墙裙应采用易于冲洗的面层，并应有良好的排水设施；当采用明沟排水时，应加盖箅子，沟内阴角应做成弧形。

4.2.17 大型和中型书店设计应符合下列规定：

1 营业厅宜按书籍文种、科目等划分范围或层次，顾客较密集的售书区应位于出入方便区域；

2 营业厅可按经营需要设置书展区域；

3 设有较大的语音、声像售区时，宜提供试听设备或设试听、试看室；

4 当采用开架书廊营业方式时，可利用空间设置夹层，其净高不应小于 2.10m；

5 开架书廊和书库储存面积指标，可按 $400\sim500$ 册/m^2 计；书库底层入口宜设置汽车卸货平台。

4.2.18 中药店设计应符合下列规定：

1 营业部分附设门诊时，面积可按每一名医师 10m^2 计（含顾客候诊面积），且单独诊室面积不宜小于 12m^2；

2 饮片、药膏、加工场和熬药间均应符合国家现行有关卫生和防火标准的规定。

4.2.19 西医药店营业厅设计应按药品性质与医疗器材种类进行分区、分柜设置。

4.2.20 家居建材商店应符合下列规定：

1 底层宜设置汽车卸货平台和货物堆场，并应设置停车位；

2 应根据所售商品的种类和商品展示的需要，进行平面分区；

3 楼梯宽度和货梯选型应便于大件商品搬运；

4 商品陈列和展示应符合国家现行有关卫生和防火标准的规定。

4.3 仓储区

4.3.1 商店建筑应根据规模、零售业态和需要等设置供商品短期周转的储存库房、卸货区、商品出入库及与销售有关的整理、加工和管理等用房。储存库房可分为总库房、分部库房、散仓。

4.3.2 储存库房设计应符合下列规定：

1 单建的储存库房或设在建筑内的储存库房应符合国家现行有关防火标准的规定，并应满足防盗、通风、防潮和防鼠等要求；

2 分部库房、散仓应靠近营业厅内的相关销售区，并宜设置货运电梯。

4.3.3 食品类商店仓储区应符合下列规定：

1 根据商品的不同保存条件，应分设库房或在库房内采取有效隔离措施；

2 各用房的地面、墙裙等均应为可冲洗的面层，并不得采用有毒和容易发生化学反应的涂料。

4.3.4 中药店的仓储区宜按各类药材、饮片及成药对温湿度和防霉变等的不同要求，分设库房。

4.3.5 西医药店的仓储区应设置与商店规模相适应的整理包装间、检验间及按药品性质、医疗器材种类分设的库房；对无特殊储存条件要求的药品库房，应保持通风良好、空气干燥、无阳光直射，且室温不应大于30℃。

4.3.6 储存库房内存放商品应紧凑、有规律，货架或堆垛间的通道净宽度应符合表4.3.6的规定。

货架或堆垛间的通道净宽度　　　　　　　　　　　　表4.3.6

通道位置	净宽度（m）
货架或堆垛与墙面间的通风通道	＞0.30
平行的两组货架或堆垛间手携商品通道，按货架或堆垛宽度选择	0.70～1.25
与各货架或堆垛间通道相连的垂直通道，可以通行轻便手推车	1.50～1.80
电瓶车通道（单车道）	＞2.50

注：1. 单个货架宽度为0.30～0.90m，一般为两架并靠成组；堆垛宽度为0.60～1.80m；

2. 储存库房内电瓶车行速不应超过75m/min，其通道宜取直，或设置不小于6m×6m的回车场地。

4.3.7 储存库房的净高应根据有效储存空间及减少至营业厅垂直运距等确定，应按楼地面至上部结构主梁或桁架下弦底面间的垂直高度计算，并应符合下列规定：

1 设有货架的储存库房净高不应小于2.10m；

2 设有夹层的储存库房净高不应小于4.60m；

3 无固定堆放形式的储存库房净高不应小于3.00m。

4.3.8 当商店建筑的地下室、半地下室用作商品临时储存、验收、整理和加工场地时，应采取防潮、通风措施。

4.4　辅助区

4.4.1 大型和中型商店辅助区包括外向橱窗、商品维修用房、办公业务用房，以及建筑设备用房和车库等，并应根据商店规模和经营需要进行设置。

4.4.2 大型和中型商店应设置职工更衣、工间休息及就餐等用房。

4.4.3 大型和中型商店应设置职工专用厕所，小型商店宜设置职工专用厕所，且卫生设施数量应符合现行行业标准《城市公共厕所设计标准》CJJ 14 的规定。

4.4.4 商店建筑内部应设置垃圾收集空间或设施。

5 防火与疏散

5.1 防火

5.1.1 商店建筑防火设计应符合现行国家标准《建筑设计防火规范》GB 50016 的规定。

5.1.2 商店的易燃、易爆商品储存库房宜独立设置；当存放少量易燃、易爆商品储存库房与其他储存库房合建时，应靠外墙布置，并应采用防火墙和耐火极限不低于 1.50h 的不燃烧体楼板隔开。

5.1.3 专业店内附设的作坊、工场应限为丁、戊类生产，其建筑物的耐火等级、层数和面积应符合现行国家标准《建筑设计防火规范》GB 50016 的规定。

5.1.4 除为综合建筑配套服务且建筑面积小于 1000m² 的商店外，综合性建筑的商店部分应采用耐火极限不低于 2.00h 的隔墙和耐火极限不低于 1.50h 的不燃烧体楼板与建筑的其他部分隔开；商店部分的安全出口必须与建筑其他部分隔开。

5.1.5 商店营业厅的吊顶和所有装修饰面，应采用不燃材料或难燃材料，并应符合建筑物耐火等级要求和现行国家标准《建筑内部装修设计防火规范》GB 50222 的规定。

5.2 疏散

5.2.1 商店营业厅疏散距离的规定和疏散人数的计算应符合现行国家标准《建筑设计防火规范》GB 50016 的规定。

5.2.2 商店营业区的底层外门、疏散楼梯、疏散走道等的宽度应符合现行国家标准《建筑设计防火规范》GB 50016 的规定。

5.2.3 商店营业厅的疏散门应为平开门，且应向疏散方向开启，其净宽不应小于 1.40m，并不宜设置门槛。

5.2.4 商店营业区的疏散通道和楼梯间内的装修、橱窗和广告牌等均不得影响疏散宽度。

5.2.5 大型商店的营业厅设置在五层及以上时，应设置不少于 2 个直通屋顶平台的疏散楼梯间。屋顶平台上无障碍物的避难面积不宜小于最大营业层建筑面积的 50%。

十二、《饮食建筑设计标准》JGJ 64—2017（节选）

4.1 一般规定

4.1.1 饮食建筑的功能空间可划分为用餐区域、厨房区域、公共区域和辅助区域四个区域。区域的划分及各类用房的组成宜符合表 4.1.1 的规定。

饮食建筑的区域划分及各类用房组成　　　　　　　　　　　表 4.1.1

区域分类		各类用房举例
用餐区域		宴会厅、各类餐厅、包间等
厨房区域	餐馆、食堂、快餐店	主食加工区（间）〔包括主食制作、主食热加工区（间）等〕、副食加工区（间）〔包括副食粗加工、副食细加工、副食热加工区（间）等〕、厨房专间（包括冷荤间、生食海鲜间、裱花间等）、备餐区（间）、餐用具洗消间、餐用具存放区（间）、清扫工具存放区（间）等
	饮品店	加工区（间）〔包括原料调配、热加工、冷食制作、其他制作及冷藏区（间）等〕、冷（热）饮料加工区（间）〔包括原料研磨配制、饮料煮制、冷却和存放区（间）等〕、点心和简餐制作区（间）、食品存放区（间）、裱花间、餐用具洗消间、餐用具存放区（间）、清扫工具存放区（间）等

区域分类	各类用房举例
公共区域	门厅、过厅、等候区、大堂、休息厅（室）、公共卫生间、点菜区、歌舞台、收款处（前台）、饭票（卡）出售（充值）处及外卖窗口等
辅助区域	食品库房（包括主食库、蔬菜库、干货库、冷藏库、调料库、饮料库）、非食品库房、办公用房及工作人员更衣间、淋浴间、卫生间、清洁间、垃圾间等

注：1. 厨房专间、冷食制作间、餐用具洗消间应单独设置。

2. 各类用房可根据需要增添、删减或合并在同一空间。

4.1.2 用餐区域每座最小使用面积宜符合表 4.1.2 的规定。

用餐区域每座最小使用面积（m²/座）　　　　表 4.1.2

分类	餐馆	快餐店	饮品店	食堂
指标	1.3	1.0	1.5	1.0

注：快餐店每座最小使用面积可以根据实际需要适当减少。

4.1.3 附建在商业建筑中的饮食建筑，其防火分区划分和安全疏散人数计算应按现行国家标准《建筑设计防火规范》GB 50016 中商业建筑的相关规定执行。

4.1.4 厨房区域和食品库房面积之和与用餐区域面积之比宜符合表 4.1.4 的规定。

厨房区域和食品库房面积之和与用餐区域面积之比　　　　表 4.1.4

分类	建筑规模	厨房区域和食品库房面积之和与用餐区域面积之比
餐馆	小型	≥1:2.0
	中型	≥1:2.2
	大型	≥1:2.5
	特大型	≥1:3.0
快餐店、饮品店	小型	≥1:2.5
	中型及中型以上	≥1:3.0
食堂	小型	厨房区域和食品库房面积之和不小于 30m²
	中型	厨房区域和食品库房面积之和在 30m² 的基础上按照服务 100 人以上每增加 1 人增加 0.3m²
	大型及特大型	厨房区域和食品库房面积之和在 300m² 的基础上按照服务 1000 人以上每增加 1 人增加 0.2m²

注：1. 表中所示面积为使用面积。

2. 使用半成品加工的饮食建筑以及单纯经营火锅、烧烤等的餐馆，厨房区域和食品库房面积之和与用餐区域面积之比可根据实际需要确定。

4.1.5 位于二层及二层以上的餐馆、饮品店和位于三层及三层以上的快餐店宜设置乘客电梯；位于二层及二层以上的大型和特大型食堂宜设置自动扶梯。

4.1.6 建筑物的厕所、卫生间、盥洗室、浴室等有水房间不应布置在厨房区域的直接上层，并应避免布置在用餐区域的直接上层。确有困难布置在用餐区域直接上层时应采取同层排水和严格的防水措施。

4.1.7 用餐区域、厨房区域、食品库房等用房应采取防鼠、防蝇和防其他有害动物及防尘、防潮、防异味、通风等有效措施。

4.1.8 用餐区域、公共区域和厨房区域的楼地面应采用防滑设计，并应满足现行行业标准《建筑地面工程防滑技术规程》JGJ/T 331 中的相关要求。

4.1.9 位于建筑物内的成品隔油装置，应设于专门的隔油设备间内，且设备间应符合下列要求：

1 应满足隔油装置的日常操作以及维护和检修的要求；

2 应设洗手盆、冲洗水嘴和地面排水设施；

3 应有通风排气装置。

4.1.10 使用燃气的厨房设计应符合现行国家标准《城镇燃气设计规范》GB 50028 的相关规定。

4.1.11 餐饮建筑应进行无障碍设计，并应符合现行国家标准《无障碍设计规范》GB 50763 的规定。

4.2 用餐区域和公共区域

4.2.1 用餐区域的室内净高应符合下列规定：

1 用餐区域不宜低于 2.6m，设集中空调时，室内净高不应低于 2.4m；

2 设置夹层的用餐区域，室内净高最低处不应低于 2.4m。

4.2.2 用餐区域采光、通风应良好。天然采光时，侧面采光窗洞口面积不宜小于该厅地面面积的 1/6。直接自然通风时，通风开口面积不应小于该厅地面面积的 1/16。无自然通风的餐厅应设机械通风排气设施。

4.2.3 用餐区域的室内各部分面层均应采用不易积垢、易清洁的材料。

4.2.4 食堂用餐区域售饭口（台）应采用光滑、不渗水和易清洁的材料。

4.2.5 公共区域的卫生间设计应符合下列规定：

1 公共卫生间宜设置前室，卫生间的门不宜直接开向用餐区域，卫生洁具应采用水冲式；

2 卫生间宜利用天然采光和自然通风，并应设置机械排风设施；

3 未单独设置卫生间的用餐区域应设置洗手设施，并宜设儿童用洗手设施；

4 卫生设施数量的确定应符合现行行业标准《城市公共厕所设计标准》CJJ 14 对餐饮类功能区域公共卫生间设施数量的规定及现行国家标准《无障碍设计规范》GB 50763 的相关规定；

5 有条件的卫生间宜提供为婴儿更换尿布的设施。

4.3 厨房区域

4.3.1 餐馆、快餐店和食堂的厨房区域可根据使用功能选择设置下列各部分：

1 主食加工区（间）——包括主食制作和主食热加工区（间）；

2 副食加工区（间）——包括副食粗加工、副食细加工、副食热加工区（间）及风味餐馆的特殊加工间；

3 厨房专间——包括冷荤间、生食海鲜间、裱花间等，厨房专间应单独设置隔间；

4 备餐区（间）——包括主食备餐、副食备餐区（间）、食品留样区（间）；

5 餐用具洗涤消毒间与餐用具存放区（间），餐用具洗涤消毒间应单独设置。

4.3.2 饮品店的厨房区域可根据经营性质选择设置下列各部分：

1 加工区（间）——包括原料调配、热加工、冷食制作、其他制作区（间）及冷藏场所等，冷食制作应单独设置隔间；

2 冷、热饮料加工区（间）——包括原料研磨配制、饮料煮制、冷却和存放区（间）等；

3 点心、简餐等制作的房间内容可参照本标准第4.3.1条规定的有关部分；

4 餐用具洗涤消毒间应单独设置。

4.3.3 厨房区域应按原料进入、原料处理、主食加工、副食加工、备餐、成品供应、餐用具洗涤消毒及存放的工艺流程合理布局，食品加工处理流程应为生进熟出单一流向，并应符合下列规定：

1 副食粗加工应分设蔬菜、肉禽、水产工作台和清洗池，粗加工后的原料送入细加工区不应反流；

2 冷荤成品、生食海鲜、裱花蛋糕等应在厨房专间内拼配，在厨房专间入口处应设置有洗手、消毒、更衣设施的通过式预进间；

3 垂直运输的食梯应原料、成品分设。

4.3.4 使用半成品加工的饮食建筑以及单纯经营火锅、烧烤等的餐馆，可在本标准第4.3.3条的基础上根据实际情况简化厨房的工艺流程。使用外部供应预包装的成品冷荤、生食海鲜、裱花蛋糕等可不设置厨房专间。

4.3.5 厨房区域各类加工制作场所的室内净高不宜低于2.5m。

4.3.6 厨房区域各类加工间的工作台边或设备边之间的净距应符合食品安全操作规范和防火疏散宽度的要求。

4.3.7 厨房区域加工间天然采光时，其侧面采光窗洞口面积不宜小于地面面积的1/6；自然通风时，通风开口面积不应小于地面面积的1/10。

4.3.8 厨房区域各加工场所的室内构造应符合下列规定：

1 楼地面应采用无毒、无异味、不易积垢、不渗水、易清洗、耐磨损的材料；

2 楼地面应处理好防水、排水，排水沟内阴角宜采用圆弧形；

3 楼地面不宜设置台阶；

4 墙面、隔断及工作台、水池等设施均应采用无毒、无异味、不透水、易清洁的材料，各阴角宜做成曲率半径为3cm以上的弧形；

5 厨房专间、备餐区等清洁操作区内不得设置排水明沟，地漏应能防止浊气逸出；

6 顶棚应选用无毒、无异味、不吸水、表面光洁、耐腐蚀、耐湿的材料，水蒸气较多的房间顶棚宜有适当坡度，减少凝结水滴落；

7 粗加工区（间）、细加工区（间）、餐用具洗消间、厨房专间等应采用光滑、不吸水、耐用和易清洗材料墙面。

4.3.9 厨房区域各加工区（间）内宜设置洗手设施；厨房区域应设拖布池和清扫工具存放空间，大型以上饮食建筑宜设置独立隔间。

4.3.10 厨房有明火的加工区应采用耐火极限不低于 2.00h 的防火隔墙与其他部位分隔，隔墙上的门、窗应采用乙级防火门、窗。

4.3.11 厨房有明火的加工区（间）上层有餐厅或其他用房时，其外墙开口上方应设置宽度不小于 1.0m、长度不小于开口宽度的防火挑檐；或在建筑外墙上下层开口之间设置高度不小于 1.2m 的实体墙。

4.4 辅助区域

4.4.1 饮食建筑辅助部分主要由食品库房、非食品库房、办公用房、工作人员更衣间、淋浴间、卫生间、值班室及垃圾和清扫工具存放场所等组成，上述空间可根据实际需要选择设置。

4.4.2 饮食建筑食品库房宜根据食材和食品分类设置，并应根据实际需要设置冷藏及冷冻设施，设置冷藏库时应符合现行国家标准《冷库设计规范》GB 50072 的相关规定。

4.4.3 饮食建筑食品库房天然采光时，窗洞面积不宜小于地面面积的 1/10。饮食建筑食品库房自然通风时，通风开口面积不应小于地面面积的 1/20。

4.4.4 工作人员更衣间应邻近主、副食加工场所，宜按全部工作人员男女分设。更衣间入口处应设置洗手、干手消毒设施。

4.4.5 饮食建筑辅助区域应按全部工作人员最大班人数分别设置男、女卫生间，卫生间应设在厨房区域以外并采用水冲式洁具。卫生间前室应设置洗手设施，宜设置干手消毒设施。前室门不应朝向用餐区域、厨房区域和食品库房。卫生设施数量应符合现行行业标准《城市公共厕所设计标准》CJJ 14 的规定。

4.4.6 清洁间和垃圾间应合理设置，不应影响食品安全，其室内装修应方便清洁。垃圾间位置应方便垃圾外运。垃圾间内应设置独立的排气装置，垃圾应分类储存、干湿分离，厨余垃圾应有单独容器储存。

十三、《综合医院建筑设计规范》 **GB 51039—2014** （节选）

5 建 筑 设 计

5.1 一般规定

5.1.1 主体建筑的平面布置、结构形式和机电设计，应为今后发展、改造和灵活分隔创造条件。

5.1.2 建筑物出入口的设置应符合下列要求：

   1 门诊、急诊、急救和住院应分别设置无障碍出入口；

   2 门诊、急诊、急救和住院主要出入口处，应有机动车停靠的平台，并应设雨篷。

5.1.4 电梯的设置应符合下列规定：

   1 二层医疗用房宜设电梯；三层及三层以上的医疗用房应设电梯，且不得少于 2 台。

   2 供患者使用的电梯和污物梯，应采用病床梯。

   3 医院住院部宜增设供医护人员专用的客梯、送餐和污物专用货梯。

   4 电梯井道不应与有安静要求的用房贴邻。

5.1.5 楼梯的设置应符合下列要求：

1 楼梯的位置应同时符合防火、疏散和功能分区的要求；

2 主楼梯宽度不得小于1.65m，踏步宽度不应小于0.28m，高度不应大于0.16m。

5.1.6 通行推床的通道，净宽不应小于2.40m。有高差者应用坡道相接，坡道坡度应按无障碍坡道设计。

5.1.7 50%以上的病房日照应符合现行国家标准《民用建筑设计通则》GB 50352的有关规定。

5.1.8 门诊、急诊和病房应充分利用自然通风和天然采光。

5.1.9 室内净高应符合下列要求：

1 诊查室不宜低于2.60m；

2 病房不宜低于2.80m；

3 公共走道不宜低于2.30m；

4 医技科室宜根据需要确定。

5.1.12 室内装修和防护宜符合下列要求：

1 医疗用房的地面、踢脚板、墙裙、墙面、顶棚应便于清扫或冲洗，其阴阳角宜做成圆角。踢脚板、墙裙应与墙面平。

2 手术室、检验科、中心实验室和病理科等医院卫生学要求高的用房，其室内装修应满足易清洁、耐腐蚀的要求。

3 检验科、中心实验室和病理科的操作台面应采用耐腐蚀、易冲洗、耐燃烧的面层。相关的洗涤池和排水管亦应采用耐腐蚀材料。

4 药剂科的配方室、贮药室、中心药房、药库均应采取防潮、防虫、防鼠等措施。

5 太平间、病理解剖室均应采取防虫、防雀、防鼠以及防其他动物侵入的措施。

5.1.13 卫生间的设置应符合下列要求：

1 患者使用的卫生间隔间的平面尺寸，不应小于1.10m×1.40m，门应朝外开，门闩应能里外开启。卫生间隔间内应设输液吊钩。

2 患者使用的坐式大便器坐圈宜采用不易被污染、易消毒的类型，进入蹲式大便器隔间不应有高差。大便器旁应装置安全抓杆。

3 卫生间应设前室，并应设非手动开关的洗手设施。

4 采用室外卫生间时，宜用连廊与门诊、病房楼相接。

5 宜设置无性别、无障碍患者专用卫生间。

6 无障碍专用卫生间和公共卫生间的无障碍设施与设计，应符合现行标准《无障碍设计规范》GB 50763的有关规定。

5.1.14 医疗废物和生活垃圾应分别处置。

5.2 门诊部用房

5.2.1 门诊部应设在靠近医院交通人口处，应与医技用房邻近，并应处理好门诊内各部门的相互关系，流线应合理并避免院内感染。

5.2.2 门诊用房设置应符合下列要求：

1 公共部分应设置门厅、挂号、问讯、病历、预检分诊、记账、收费、药房、候诊、采血、检验、输液、注射、门诊办公、卫生间等用房和为患者服务的公共设施；

2 各科应设置诊查室、治疗室、护士站、污洗室等；

3 可设置换药室、处置室、清创室、X线检查室、功能检查室、值班更衣室、杂物贮藏室、卫生间等。

5.2.3 候诊用房设置应符合下列要求：

1 门诊宜分科候诊，门诊量小时可合科候诊；

2 利用走道单侧候诊时，走道净宽不应小于2.40m，两侧候诊时，走道净宽不应小于3.00m；

3 可采用医患通道分设、电子叫号、预约挂号、分层挂号收费等方式。

5.2.4 诊查用房设置应符合下列要求：

1 双人诊查室的开间净尺寸不应小于3.00m，使用面积不应小于12.00m²；

2 单人诊查室的开间净尺寸不应小于2.50m，使用面积不应小于8.00m²。

5.2.5 妇科、产科和计划生育用房设置应符合下列要求：

1 应自成一区，可单独设出入口。

2 妇科应增设隔离诊室、妇科检查室及专用卫生间，宜采用不多于2个诊室合用1个妇科检查室的组合方式。

3 产科和计划生育应增设休息室及专用卫生间。

4 妇科可增设手术室、休息室；产科可增设人流手术室、咨询室。

5 各室应有阻隔外界视线的措施。

5.2.6 儿科用房设置应符合下列要求：

1 应自成一区，可设单独出入口。

2 应增设预检、候诊、儿科专用卫生间、隔离诊查和隔离卫生间等用房。隔离区宜有单独对外出口。

3 可单独设置挂号、药房、注射、检验和输液等用房。

4 候诊处面积每患儿不应小于1.50m²。

5.2.7 耳鼻喉科用房设置应符合下列要求：

1 应增设内镜检查（包括食道镜等）、治疗的用房；

2 可设置手术、测听、前庭功能、内镜检查（包括气管镜、食道镜等）等用房。

5.2.8 眼科用房设置应符合下列要求：

1 应增设初检（视力、眼压、屈光）、诊查、治疗、检查、暗室等用房；

2 初检室和诊查室宜具备明暗转换装置；

3 宜设置专用手术室。

5.2.9 口腔科用房设置应符合下列要求：

1 应增设X线检查、镶复、消毒洗涤、矫形等用房；

2 诊查单元每椅中距不应小于1.80m，椅中心距墙不应小于1.20m；

3 镶复室宜考虑有良好的通风；

4 可设资料室。

5.2.10 门诊手术用房设置应符合下列要求：

1 门诊手术用房可与手术部合并设置；

2 门诊手术用房应由手术室、准备室、更衣室、术后休息室和污物室组成。手术室平面尺寸不宜小于3.60m×4.80m。

5.2.11 门诊卫生间设置应符合下列要求：

1 卫生间宜按日门诊量计算，男女患者比例宜为 1∶1；

2 男厕每 100 人次设大便器不应小于 1 个，小便器不应小于 1 个；

3 女厕每 100 人次设大便器不应小于 3 个；

4 应按本规范第 5.1.13 条的要求设置。

5.2.12 预防保健用房设置应符合下列要求：

1 应设宣教、档案、儿童保健、妇女保健、免疫接种、更衣、办公等用房；

2 可增设心理咨询用房。

5.3 急诊部用房

5.3.1 急诊部设置应符合下列要求：

1 自成一区，应单独设置出入口，便于急救车、担架车、轮椅车的停放；

2 急诊、急救应分区设置；

3 急诊部与门诊部、医技部、手术部应有便捷的联系；

4 设置直升机停机坪时，应与急诊部有快捷的通道。

5.3.2 急诊用房设置应符合下列要求：

1 应设接诊分诊、护士站、输液、观察、污洗、杂物贮藏、值班更衣、卫生间等用房；

2 急救部分应设抢救、抢救监护等用房；

3 急诊部分应设诊查、治疗、清创、换药等用房；

4 可独立设挂号、收费、病历、药房、检验、X 线检查、功能检查、手术、重症监护等用房；

5 输液室应由治疗间和输液间组成。

5.3.3 当门厅兼用于分诊功能时，其面积不应小于 24.00m²。

5.3.4 抢救用房设置应符合下列要求：

1 抢救室应直通门厅，有条件时宜直通急救车停车位，面积不应小于每床 30.00m²，门的净宽不应小于 1.40m；

2 宜设氧气、吸引等医疗气体的管道系统终端。

5.3.5 抢救监护室内平行排列的观察床净距不应小于 1.20m，有吊帘分隔时不应小于 1.40m，床沿与墙面的净距不应小于 1.00m。

5.3.6 观察用房设置应符合下列要求：

1 平行排列的观察床净距不应小于 1.20m，有吊帘分隔时不应小于 1.40m，床沿与墙面的净距不应小于 1.00m；

2 可设置隔离观察室或隔离单元，并应设单独出入口，入口处应设缓冲区及就地消毒设施；

3 宜设氧气、吸引等医疗气体的管道系统终端。

5.4 感染床病门诊用房

5.4.1 消化道、呼吸道等感染疾病门诊均应自成一区，并应单独设置出入口。

5.4.2 感染门诊应根据具体情况设置分诊、接诊、挂号、收费、药房、检验、诊查、隔离观察、治疗、医护人员更衣、缓冲、专用卫生间等功能用房。

5.5 住院部用房

5.5.1 住院部应自成一区，设置单独或共用出入口，并应设在医院环境安静、交通方便处，与医技部、手术部和急诊部应有便捷的联系，同时应靠近医院的能源中心、营养厨房、洗衣房等辅助设施。

5.5.2 出入院用房设置应符合下列要求：

1 应设登记、结算、探望患者管理用房；

2 可设为患者服务的公共设施。

5.5.3 每个护理单元规模应符合本规范第3.2.1条的规定，专科病房或因教学科研需要可根据具体情况确定。设传染病房时，应单独设置，并应自成一区。

5.5.4 护理单元用房设置应符合下列要求：

1 应设病房、抢救、患者和医护人员卫生间、盥洗、浴室、护士站、医生办公、处置、治疗、更衣、值班、配餐、库房、污洗等用房；

2 可设患者就餐、活动、换药、患者家属谈话、探视、示教等用房。

5.5.5 病房设置应符合下列要求：

1 病床的排列应平行于采光窗墙面。单排不宜超过3床，双排不宜超过6床；

2 平行的两床净距不应小于0.80m，靠墙病床床沿与墙面的净距不应小于0.60m；

3 单排病床通道净宽不应小于1.10m，双排病床（床端）通道净宽不应小于1.40m；

4 病房门应直接开向走道；

5 抢救室宜靠近护士站；

6 病房门净宽不应小于1.10m，门扇宜设观察窗；

7 病房走道两侧墙面应设置靠墙扶手及防撞设施。

5.5.6 护士站宜以开敞空间与护理单元走道连通，并应与治疗室以门相连，护士站宜通视护理单元走廊，到最远病房门口的距离不宜超过30m。

5.5.7 配餐室应靠近餐车入口处，并应有供应开水和加热设施。

5.5.8 护理单元的盥洗室、浴室和卫生间，应符合下列要求：

1 当卫生间设于病房内时，宜在护理单元内单独设置探视人员卫生间。

2 当护理单元集中设置卫生间时，男女患者比例宜为1∶1，男卫生间每16床应设1个大便器和1个小便器。女卫生间每16床应设3个大便器。

3 医护人员卫生间应单独设置。

4 设置集中盥洗室和浴室的护理单元，盥洗水龙头和淋浴器每12床～15床应各设1个，且每个护理单元应各不少于2个。盥洗室和淋浴室应设前室。

5 附设于病房内的浴室、卫生间面积和卫生洁具的数量，应根据使用要求确定，并应设紧急呼叫设施和输液吊钩。

6 无障碍病房内的卫生间应按本规范第5.1.13条的要求设置。

5.5.9 污洗室应邻近污物出口处，并应设倒便设施和便盆、痰杯的洗涤消毒设施。

5.5.10 病房不应设置开敞式垃圾井道。

5.5.11 监护用房设置应符合下列要求：

1 重症监护病房（ICU）宜与手术部、急诊部邻近，并应有快捷联系；

2 心血管监护病房（CCU）宜与急诊部、介入治疗科室邻近，并应有快捷联系；

3 应设监护病房、治疗、处置、仪器、护士站、污洗等用房；

4 护士站的位置宜便于直视观察患者；

5 监护病床的床间净距不应小于1.20m；

6 单床间不应小于12.00m。

5.5.12 儿科病房用房设置应符合下列要求：

1 宜设配奶室、奶具消毒室、隔离病房和专用卫生间等用房；

2 可设监护病房、新生儿病房、儿童活动室；

3 每间隔离病房不应多于2床；

4 浴室、卫生间设施应适合儿童使用；

5 窗和散热器等设施应采取安全防护措施。

5.5.13 妇产科病房用房设置应符合下列要求：

1 妇科应设检查和治疗用房。

2 产科应设产前检查、待产、分娩、隔离待产、隔离分娩、产期监护、产休室等用房。隔离待产和隔离分娩用房可兼用。

3 妇科、产科两科合为1个单元时，妇科的病房、治疗室、浴室、卫生间与产科的产休室、产前检查室、浴室、卫生间应分别设置。

4 产科宜设手术室。

5 产房应自成一区，入口处应设卫生通过和浴室、卫生间。

6 待产室应邻近分娩室，宜设专用卫生间。

7 分娩室平面净尺寸宜为4.20m×4.80m，剖腹产手术室宜为5.40m×4.80m。

8 洗手池的位置应使医护人员在洗手时能观察临产产妇的动态。

9 母婴同室或家庭产房应增设家属卫生通过，并应与其他区域分隔。

10 家庭产房的病床宜采用可转换为产床的病床。

5.5.14 婴儿室设置应符合下列要求：

1 应邻近分娩室；

2 应设婴儿间、洗婴池、配奶室、奶具消毒室、隔离婴儿室、隔离洗婴池、护士室等用房；

3 婴儿间宜朝南，应设观察窗，并应有防鼠、防蚊蝇等措施；

4 洗婴池应贴邻婴儿间，水龙头离地面高度宜为1.20m，并应有防止蒸气窜入婴儿间的措施；

5 配奶室与奶具消毒室不应与护士室合用。

5.5.15 烧伤病房用房设置应符合下列要求：

1 应设在环境良好、空气清洁的位置，可设于外科护理单元的尽端，宜相对独立或单独设置；

2 应设换药、浸浴、单人隔离病房、重点护理病房及专用卫生间、护士室、洗涤消毒、消毒品贮藏等用房；

3 入口处应设包括换鞋、更衣、卫生间和淋浴的医护人员卫生通过通道；

4 可设专用处置室、洁净病房。

5.5.16 血液病房用房设置应符合下列要求：

1 血液病房可设于内科护理单元内，亦可自成一区。可根据需要设置洁净病房，洁净病房应自成一区。

2 洁净病区应设准备、患者浴室和卫生间、护士室、洗涤消毒用房、净化设备机房。

3 入口处应设包括换鞋、更衣、卫生间和淋浴的医护人员卫生通道。

4 患者浴室和卫生间可单独设置，并应同时设有淋浴器和浴盆。

5 洁净病房应仅供一位患者使用，洁净标准应符合本规范第 7.5.4 条规定，并应在入口处设第二次换鞋、更衣处。

6 洁净病房应设观察窗，并应设置家属探视窗及对讲设备。

5.5.17 血液透析室用房设置应符合下列要求：

1 可设于门诊部或住院部内，应自成一区；

2 应设患者换鞋与更衣、透析、隔离透析治疗、治疗、复洗、污物处理、配药、水处理设备等用房；

3 入口处应设包括换鞋、更衣的医护人员卫生通过通道；

4 治疗床（椅）之间的净距不宜小于 1.20m，通道净距不宜小于 1.30m。

5.6 生殖医学中心用房

5.6.1 生殖医学中心应设诊查、B 超、取精、取卵、体外授精、胚胎移植、检查、妇科内分泌测定和精子库等用房。

5.6.2 生殖医学中心可设影像学检查、遗传学检查等用房。

5.6.3 取卵室、体外授精实验室、胚胎移植室应满足医院卫生学要求。

5.7 手术部用房

5.7.1 手术部的环境要求，应符合现行国家标准《医院消毒卫生标准》GB 15982 的有关规定，手术部应分为一般手术部和洁净手术部；洁净手术部应按现行国家标准《医院洁净手术部建筑技术规范》GB 50333 的有关规定设计。

5.7.2 手术部用房位置和平面布置，应符合下列要求：

1 手术部应自成一区，宜与外科护理单元邻近，并宜与相关的急诊、介入治疗科、重症监护科（ICU）、病理科、中心（消毒）供应室、血库等路径便捷；

2 手术部不宜设在首层；

3 平面布置应符合功能流程和洁污分区要求；

4 入口处应设医护人员卫生通过，且换鞋处应采取防止洁污交叉的措施；

5 通往外部的门应采用弹簧门或自动启闭门。

5.7.3 手术部用房设置应符合下列规定：

1 应设手术室、刷手、术后苏醒、换床、护士室、麻醉师办公室、换鞋、男女更衣、男女浴室和卫生间、无菌物品存放、清洗、消毒、污物和库房等用房；

2 可设洁净手术室、手术准备室、石膏室、冰冻切片、敷料制作、麻醉器械贮藏、教学、医护休息、男女值班和家属等候等用房。

5.7.4 手术室平面尺寸应符合下列要求：

1 应根据需要选用手术室平面尺寸，平面尺寸不应小于表 5.7.4 的规定。

	手术室平面净尺寸		表 5.7.4
手术室类型	平面净尺寸（m）	手术室类型	平面净尺寸（m）
特大型	7.50×5.70	中型	5.40×4.80
大型	5.70×5.40	小型	4.80×4.20

2 每2间～4间手术室宜单独设立1间刷手间，可设于清洁区走廊内。刷手间不应设门。洁净手术室的刷手间不得和普通手术室共用。每间手术室不得少于2个洗手水龙头，并应采用非手动开关。

5.7.5 推床通过的手术室门，净宽不宜小于1.40m，且宜设置自动启闭装置。手术室可采用天然光源或人工照明，当采用天然光源时，窗洞口面积与地板面积之比不得大于1/7，并应采取遮阳措施。

5.7.6 手术室内基本设施设置应符合下列规定：

1 观片灯联数可按手术室大小类型配置，观片灯应设置在手术医生对面墙上；

2 手术台长向宜沿手术室长轴布置，台面中心点宜与手术室地面中心点相对应。患者头部不宜置于手术室门一侧；

3 净高宜为2.70～3.00m；

4 设置医用气体终端装置；

5 采取防静电措施；

6 不应有明露管线；

7 吊顶及吊挂件应采取固定措施，吊顶上不应开设人孔；

8 手术室内不应设地漏。

5.8 放射科用房

5.8.1 放射科位置与平面布置应符合下列要求：

1 宜在底层设置，并应自成一区，且应与门、急诊部和住院部邻近布置，并有便捷联系；

2 有条件时，患者通道与医护工作人员通道应分开设置。

5.8.2 用房设置应符合下列要求：

1 应设放射设备机房（CT扫描室、透视室、摄片室）、控制、暗室、观片、登记存片和候诊等用房；

2 可设诊室、办公、患者更衣等用房；

3 胃肠透视室应设调钡处和专用卫生间。

5.8.3 机房内地沟深度、地面标高、层高、出入口、室内环境、机电设施等，应根据医疗设备的安装使用要求确定。

5.8.4 照相室最小净尺寸宜为4.50m×5.40m，透视室最小净尺寸宜为6.00m×6.00m。

5.8.5 放射设备机房门的净宽不应小于1.20m，净高不应小于2.80m，计算机断层扫描（CT）室的门净宽不应小于1.20m，控制室门净宽宜为0.90m。

5.8.6 透视室与CT室的观察窗净宽不应小于0.80m，净高不应小于0.60m。照相室观察窗的净宽不应小于0.60m，净高不应小于0.40m。

5.8.7 防护设计应符合国家现行有关医用 X 射线诊断卫生防护标准的规定。

5.9 磁共振检查室用房

5.9.1 磁共振检查室位置设置应符合下列要求:

  1 宜自成一区或与放射科组成一区,宜与门诊部、急诊部、住院部邻近,并应设置在底层;

  2 应避开电磁波和移动磁场的干扰。

5.9.2 用房设置应符合下列要求:

  1 应设扫描、控制、附属机房(计算机、配电、空调机)等用房;

  2 可设诊室、办公和患者更衣等用房。

5.9.3 扫描室应设电磁屏蔽、氦气排放和冷却水供应设施。机电管道不应穿越扫描室。

5.9.4 扫描室门的净宽不应小于 1.20m,控制室门的净宽宜为 0.90m,并应满足设备通过。磁共振扫描室的观察窗净宽不应小于 1.20m,净高不应小于 0.80m。

5.9.5 磁共振诊断室的墙身、楼地面、门窗、洞口、嵌入体等所采用的材料、构造均应按设备要求和屏蔽专门规定采取屏蔽措施。机房选址后,确定屏蔽措施前,应测定自然场强。

5.10 放射治疗科用房

5.10.1 放射治疗用房宜设在底层、自成一区,并应符合国家现行有关防护标准的规定,其中治疗机房应集中设置。

5.10.2 用房设置应符合下列要求:

  1 应设治疗机房(后装机、钴 60、直线加速器、γ 刀、深部 X 线治疗等)、控制、治疗计划系统、模拟定位;物理计划、模具间、候诊、护理、诊室、医生办公、卫生间、更衣(医患分开设)、污洗和固体废弃物存放等用房;

  2 可设会诊和值班等用房。

5.10.3 治疗室内噪声不应超过 50dB(A)。

5.10.4 钴 60 治疗室、加速器治疗室、γ 刀治疗室及后装机治疗室的出入口应设迷路,且有用线束照射方向应尽可能避免照射在迷路墙上。防护门和迷路的净宽均应满足设备要求。

5.10.5 防护应按国家现行有关后装 γ 源近距离卫生防护标准、γ 远距治疗室设计防护要求、医用电子加速器卫生防护标准、医用 X 射线治疗卫生防护标准等的规定设计。

5.11 核医学科用房

5.11.1 核医学科位置与平面布置应符合下列要求:

  1 应自成一区,并应符合国家现行有关防护标准的规定。放射源应设单独出入口。

  2 平面布置应按"控制区、监督区、非限制区"的顺序分区布置。

  3 控制区应设于尽端,并应有贮运放射性物质及处理放射性废弃物的设施。

  4 非限制区进监督区和控制区的出入口处均应设卫生通过。

5.11.2 用房设置应符合下列要求:

  1 非限制区应设候诊、诊室、医生办公和卫生间等用房;

  2 监督区应设扫描、功能测定和运动负荷试验等用房,以及专用等候区和卫生间;

  3 控制区应设计量、服药、注射、试剂配制、卫生通过、储源、分装、标记和洗涤等用房。

5.11.3 核医学用房应按国家现行有关临床核医学卫生防护标准的规定设计。

5.11.4 固体废弃物、废水应按国家现行有关医用放射性废弃物管理卫生防护标准的规定处理后排放。

5.11.5 防护应按国家现行有关临床核医学卫生防护标准的规定设计。

5.12 介入治疗用房

5.12.1 介入治疗用房位置与平面布置应符合下列要求：

    1 应自成一区，且应与急诊部、手术部、心血管监护病房有便捷联系；

    2 洁净区、非洁净区应分设。

5.12.2 用房设置应符合下列要求：

    1 应设心血管造影机房、控制、机械间、洗手准备、无菌物品、治疗、更衣和卫生间等用房；

    2 可设置办公、会诊、值班、护理和资料等用房。

5.12.3 介入治疗用户应满足医疗设备安装、室内环境的要求。

5.12.4 防护应根据设备要求，按现行国家有关医用X射线诊断卫生防护标准的规定设计。

5.13 检验科用房

5.13.1 检验科用房位置及平面布置应符合下列要求：

    1 应自成一区，微生物学检验应与其他检验分区布置；

    2 微生物学检验室应设于检验科的尽端。

5.13.2 用房设置应符合下列要求：

    1 应设临床检验、生化检验、微生物检验、血液实验、细胞检查、血清免疫、洗涤、试剂和材料库等用房；

    2 可设更衣、值班和办公等用房。

5.13.3 检验科应设通风柜、仪器室（柜）、试剂室（柜）、防振天平台，并应有贮藏贵重药物和剧毒药品的设施。

5.13.4 细菌检验的接种室与培养室之间应设传递窗。

5.13.5 检验科应设洗涤设施，细菌检验应设专用洗涤、消毒设施，每个检验室应装有非手动开关的洗涤池。检验标本应设废弃消毒处理设施。

5.13.6 危险化学试剂附近应设有紧急洗眼处和淋浴。

5.13.7 实验室工作台间通道宽度不应小于1.20m。

5.14 病理科用房

5.14.1 病理科用房应自成一区，宜与手术部有便捷联系。

5.14.2 病理解剖室宜和太平间合建，与停尸房宜有内门相通，并应设工作人员更衣及淋浴设施。

5.14.3 用房设置应符合下列要求：

    1 应设置取材、标本处理（脱水、染色、蜡包埋、切片）、制片、镜检、洗涤消毒和卫生通过等用房；

    2 可设置病理解剖和标本库用房。

5.15 功能检查科用房

5.15.1 超声、电生理、肺功能检查室宜各成一区，与门诊部、住院部应有便捷联系。

5.15.2 功能检查科应设检查室（肺功能、脑电图、肌电图、脑血流图、心电图、超声等）、处置、医生办公、治疗、患者、医护人员更衣和卫生间等用房。

5.15.3 检查床之间的净距不应小于1.50m，宜有隔断设施。

5.15.4 心脏运动负荷检查室应设氧气终端。

5.16 内窥镜科用房

5.16.1 内窥镜科用房位置与平面布置应符合下列要求：

　　1　应自成一区，与门诊部有便捷联系；

　　2　各检查室宜分别设置。上、下消化道检查室应分开设置。

5.16.2 用房设置应符合下列要求：

　　1　应设内窥镜（上消化道内窥镜、下消化道内窥镜、支气管镜、胆道镜等）检查、准备、处置、等候、休息、卫生间、患者和医护人员更衣等用房。下消化道检查应设置卫生间、灌肠室。

　　2　可设观察室。

5.16.3 检查室应设置固定于墙上的观片灯，宜配置医疗气体系统终端。

5.16.4 内窥镜科区域内应设置内镜洗涤消毒设施，且上、下消化道镜应分别设置。

5.17 理疗科用房

5.17.1 理疗科可设在门诊部或住院部，应自成一区。

5.17.2 理疗科设计应符合现行行业标准《疗养院建筑设计规范》JGJ 40的有关规定。

5.18 输血科（血库）用房

5.18.1 输血科（血库）用房位置与平面布置应符合下列要求：

　　1　宜自成一区，并宜邻近手术部；

　　2　贮血与配血室应分别设置。

5.18.2 输血科应设置配血、贮血、发血、清洗、消毒、更衣、卫生间等用房。

5.19 药剂科用房

5.19.1 药剂科用房位置与平面布置应符合下列要求：

　　1　门诊、急诊药房与住院部药房应分别设置；

　　2　药库和中药煎药处均应单独设置房间；

　　3　门诊、急诊药房宜分别设中、西药房；

　　4　儿科和各传染病科门诊宜设单独发药处。

5.19.2 用房设置应符合下列要求：

　　1　门诊药房应设发药、调剂、药库、办公、值班和更衣等用房；

　　2　住院药房应设摆药、药库、发药、办公、值班和更衣等用房；

　　3　中药房应设置中成药库、中草药库和煎药室；

　　4　可设一级药品库、办公、值班和卫生间等用房。

5.19.3 发药窗口的中距不应小于1.20m。

5.19.4 贵重药、剧毒药、麻醉药、限量药的库房，以及易燃、易爆药物的贮藏处，应有安全设施。

5.20 中心（消毒）供应室用房

5.20.1 中心（消毒）供应室位置与平面布置应符合下列要求：

    1 应自成一区，宜与手术部、重症监护和介入治疗等功能用房区域有便捷联系；

    2 应按照污染区、清洁区、无菌区三区布置，并应按单向流程布置，工作人员辅助用房应自成一区；

    3 进入污染区、清洁区和无菌区的人员均应卫生通过。

5.20.2 用房设置应符合下列要求：

    1 污染区应设收件、分类、清洗、消毒和推车清洗中心（消毒）用房；

    2 清洁区应设敷料制备、器械制备、灭菌、质检、一次性用品库、卫生材料库和器械库等用房；

    3 无菌区应设无菌物品储存用房；

    4 应设办公、值班、更衣和浴室、卫生间等用房。

5.20.3 中心（消毒）供应室应满足清洗、消毒、灭菌、设备安装、室内环境要求。

5.21 营养厨房

5.21.1 营养厨房位置与平面布置应符合下列要求：

    1 应自成一区，宜邻近病房，并与之有便捷联系通道；

    2 配餐室和餐车停车室（处）应有冲洗和消毒餐车的设施；

    3 应避免营养厨房的蒸汽、噪声和气味对病区的窜扰；

    4 平面布置应遵守食品加工流程。

5.21.2 营养厨房应设置主食制作、副食制作、主食蒸煮，副食洗切、冷荤熟食、回民灶、库房、配餐、餐车存放、办公和更衣等用房。

5.22 洗衣房

5.22.1 洗衣房位置与平面布置应符合下列要求：

    1 应自成一区，并应按工艺流程进行平面布置；

    2 污衣入口和洁衣出口处应分别设置；

    3 宜单独设置更衣间、浴室和卫生间；

    4 设置在病房楼底层或地下层的洗衣房应避免噪声对病区的干扰；

    5 工作人员与患者的洗涤物应分别处理；

    6 当洗衣利用社会化服务时，应设收集、分拣、储存、发放处。

5.22.2 洗衣房应设置收件、分类、浸泡消毒、洗衣、烘干、烫平、缝纫、贮存、分发和更衣等用房。

5.23 太平间

5.23.1 太平间位置与平面布置应符合下列要求：

    1 宜独立建造或设置在住院用房的地下层；

    2 解剖室应有门通向停尸间；

    3 尸体柜容量宜按不低于总病床数1‰～2‰计算。

5.23.2 太平间应设置停尸、告别、解剖、标本、值班、更衣、卫生间、器械、洗涤和消毒等用房。

5.23.3 存尸应有冷藏设施，最高一层存尸抽屉的下沿高度不宜大于1.30m。

5.23.4 太平间设置应避免气味对所在建筑的影响。

5.24 防火与疏散

5.24.1 医院建筑耐火等级不应低于二级。

5.24.2 防火分区应符合下列要求：

1 医院建筑的防火分区应结合建筑布局和功能分区划分。

2 防火分区的面积除应按建筑物的耐火等级和建筑高度确定外，病房部分每层防火分区内，尚应根据面积大小和疏散路线进行再分隔。同层有2个及2个以上护理单元时，通向公共走道的单元入口处应设乙级防火门。

3 高层建筑内的门诊大厅，设有火灾自动报警系统和自动灭火系统并采用不燃或难燃材料装修时，地上部分防火分区的允许最大建筑面积应为$4000m^2$。

4 医院建筑内的手术部，当设有火灾自动报警系统，并采用不燃烧或难燃烧材料装修时，地上部分防火分区的允许最大建筑面积应为$4000m^2$。

5 防火分区内的病房、产房、手术部、精密贵重医疗设备用房等，均应采用耐火极限不低于2.00h的不燃烧体与其他部分隔开。

5.24.3 安全出口应符合下列要求：

1 每个护理单元应有2个不同方向的安全出口；

2 尽端式护理单元，或自成一区的治疗用房，其最远一个房间门至外部安全出口的距离和房间内最远一点到房门的距离，均未超过建筑设计防火规范规定时，可设1个安全出口。

5.24.4 医疗用房应设疏散指示标识，疏散走道及楼梯间均应设应急照明。

5.24.5 中心供氧用房应远离热源、火源和易燃易爆源。

十四、《旅馆建筑设计规范》JGJ 62—2014（节选）

4 建 筑 设 计

4.1.7 旅馆建筑的主要出入口应符合下列规定：

1 应有明显的导向标识，并应能引导旅客直接到达门厅；

2 应满足机动车上、下客的需求，并应根据使用要求设置单车道或多车道；

3 出入口上方宜设雨篷，多雨雪地区的出入口上方应设雨篷，地面应防滑；

4 一级、二级、三级旅馆建筑的无障碍出入口宜设置在主要出入口，四级、五级旅馆建筑的无障碍出入口应设置在主要出入口。

4.1.8 锅炉房、制冷机房、水泵房、冷却塔等应采取隔声、减振等措施。

4.1.9 旅馆建筑的卫生间、盥洗室、浴室不应设在餐厅、厨房、食品贮藏等有严格卫生要求用房的直接上层。

4.1.10 旅馆建筑的卫生间、盥洗室、浴室不应设在变配电室等有严格防潮要求用房的直接上层。

4.1.11 电梯及电梯厅设置应符合下列规定：

1 四级、五级旅馆建筑2层宜设乘客电梯，3层及3层以上应设乘客电梯。一级、二级、三级旅馆建筑3层宜设乘客电梯，4层及4层以上应设乘客电梯；

2 乘客电梯的台数、额定载重量和额定速度应通过设计和计算确定；

3 主要乘客电梯位置应有明确的导向标识，并应能便捷抵达；

4 客房部分宜至少设置两部乘客电梯，四级及以上旅馆建筑公共部分宜设置自动扶梯或专用乘客电梯。

5 服务电梯应根据旅馆建筑等级和实际需要设置，且四级、五级旅馆建筑应设服务电梯；

6 电梯厅深度应符合现行国家标准《民用建筑设计通则》GB 50352 的规定，且当客房与电梯厅正对面布置时，电梯厅的深度不应包括客房与电梯厅之间的走道宽度。

4.1.13 中庭栏杆或栏板高度不应低于1.20m，并应以坚固、耐久的材料制作，应能承受现行国家标准《建筑结构荷载规范》GB 50009 规定的水平荷载。

4.2 客房部分

4.2.1 客房设计应符合下列规定：

1 不宜设置在无外窗的建筑空间内；

2 客房、会客厅不宜与电梯井道贴邻布置；

3 多床客房间内床位数不宜多于4床；

4 客房内应设有壁柜或挂衣空间。

4.2.2 无障碍客房应设置在距离室外安全出口最近的客房楼层，并应设在该楼层进出便捷的位置。

4.2.3 公寓式旅馆建筑客房中的卧室及采用燃气的厨房或操作间应直接采光、自然通风。

4.2.4 客房净面积不应小于表4.2.4的规定。

客房净面积（m²）　　　　　　　　　　　　　　表 4.2.4

旅馆建筑等级	一级	二级	三级	四级	五级
单人床间	—	8	9	10	12
双床或双人床间	12	12	14	16	20
多床间（按每床计）	每床不小于4			—	—

注：客房净面积是指除客房阳台、卫生间和门内出入口小走道（门廊）以外的房间内面积（公寓式旅馆建筑的客房除外）。

4.2.5 客房附设卫生间不应小于表4.2.5的规定。

客房附设卫生间　　　　　　　　　　　　　　表 4.2.5

旅馆建筑等级	一级	二级	三级	四级	五级
净面积（m²）	2.5	3.0	3.0	4.0	5.0
占客房总数百分比（%）	—	50	100	100	100
卫生器具（件）	2			3	

注：2件指大便器、洗面盆，3件指大便器、洗面盆、浴盆或淋浴间（开放式卫生间除外）。

4.2.8 上下楼层直通的管道井，不宜在客房附设的卫生间内开设检修门。

4.2.9 客房室内净高应符合下列规定：

1 客房居住部分净高，当设空调时不应低于 2.40m；不设空调时不应低于 2.60m；

2 利用坡屋顶内空间作为客房时，应至少有 8m² 面积的净高不低于 2.40m；

3 卫生间净高不应低于 2.20m；

4 客房层公共走道及客房内走道净高不应低于 2.10m。

4.2.10 客房门应符合下列规定：

1 客房入口门的净宽不应小于 0.90m，门洞净高不应低于 2.00m；

2 客房入口门宜设安全防范设施；

3 客房卫生间门净宽不应小于 0.70m，净高不应低于 2.10m；无障碍客房卫生间门净宽不应小于 0.80m。

4.2.11 客房部分走道应符合下列规定：

1 单面布房的公共走道净宽不得小于 1.30m，双面布房的公共走道净宽不得小于 1.40m；

2 客房内走道净宽不得小于 1.10m；

3 无障碍客房走道净宽不得小于 1.50m；

4 对于公寓式旅馆建筑，公共走道、套内入户走道净宽不宜小于 1.20m；通往卧室、起居室（厅）的走道净宽不应小于 1.00m；通往厨房、卫生间、贮藏室的走道净宽不应小于 0.90m。

4.2.12 度假旅馆建筑客房宜设阳台。相邻客房之间、客房与公共部分之间的阳台应分隔，且应避免视线干扰。

4.2.13 客房层服务用房应符合下列规定：

1 宜根据管理要求每层或隔层设置；

2 宜邻近服务电梯；

3 宜设服务人员工作间、贮藏间或开水间，且贮藏间应设置服务手推车停放及操作空间；

4 客房层宜设污衣井道，污衣井道或污衣井道前室的出入口应设乙级防火门；

5 三级及以上旅馆建筑应设工作消毒间；一级和二级旅馆建筑应有消毒设施；

6 工作消毒间应设有效的排气措施，且蒸汽或异味不应窜入客房；

7 客房层应设置服务人员卫生间；

8 当服务通道有高差时，宜设置坡度不大于 1∶8 的坡道。

4.3 公共部分

4.3.1 旅馆建筑门厅（大堂）应符合下列规定：

1 旅馆建筑门厅（大堂）内各功能分区应清晰、交通流线应明确，有条件时可设分门厅；

2 旅馆建筑门厅（大堂）内或附近应设总服务台、旅客休息区、公共卫生间、行李寄存空间或区域；

3 总服务台位置应明显，其形式应与旅馆建筑的管理方式、等级、规模相适应，台前应有等候空间，前台办公室宜设在总服务台附近；

4 乘客电梯厅的位置应方便到达，不宜穿越客房区域。

4.3.2 旅馆建筑应根据性质、等级、规模、服务特点和附近商业饮食设施条件设置餐厅，并应符合下列规定：

1 旅馆建筑可分别设中餐厅、外国餐厅、自助餐厅（咖啡厅）、酒吧、特色餐厅等；

2 对于旅客就餐的自助餐厅（咖啡厅）座位数，一级、二级商务旅馆建筑可按不低于客房间数的 20％ 配置，三级及以上的商务旅馆建筑可按不低于客房间数的 30％ 配置；一级、二级的度假旅馆建筑可按不低于房间间数的 40％ 配置，三级及以上的度假旅馆建筑可按不低于客房间数的 50％ 配置；

3 对于餐厅人数，一级至三级旅馆建筑的中餐厅、自助餐厅（咖啡厅）宜按 1.0～1.2m²/人计；四级和五级旅馆建筑的自助餐厅（咖啡厅）、中餐厅宜按 1.5～2m²/人计；特色餐厅、外国餐厅、包房宜按 2.0～2.5m²/人计；

4 外来人员就餐不应穿越客房区域。

4.3.3 旅馆建筑的宴会厅、会议室、多功能厅等应根据用地条件、布局特点、管理要求设置，并应符合下列规定：

1 宴会厅、多功能厅的人流应避免和旅馆建筑其他流线相互干扰，并宜设独立的分门厅；

2 宴会厅、多功能厅应设置前厅，会议室应设置休息空间，并应在附近设置有前室的卫生间；

3 宴会厅、多功能厅应配专用的服务通道，并宜设专用的厨房或备餐间；

4 宴会厅、多功能厅的人数宜按 1.5～2.0m²/人计；会议室的人数宜按 1.2～1.8m²/人计；

5 当宴会厅、多功能厅设置能灵活分隔成相对独立的使用空间时，隔断及隔断上方封堵应满足隔声的要求，并应设置相应的音响、灯光设施；

6 宴会厅、多功能厅宜在同层设贮藏间；

7 会议室宜与客房区域分开设置。

4.3.4 旅馆建筑应按等级、需求等配备商务、商业设施。三级至五级旅馆建筑宜设商务中心、商店或精品店；一级和二级旅馆建筑宜设零售柜台、自动售货机等设施，并应符合下列规定：

1 商务中心应标识明显，容易到达，并应提供打印、传真、网络等服务；

2 商店或精品店的位置应方便旅客，并应符合现行行业标准《商店建筑设计规范》JGJ 48 的规定；

3 当旅馆建筑设置大型或中型商店时，商店部分宜独立设置，其货运流线应与旅馆建筑分开，并应另设卸货平台。

4.3.5 健身、娱乐设施应根据旅馆建筑类型、等级和实际需要进行设置，四级和五级旅馆建筑宜设健身、水疗、游泳池等设施，并应符合下列规定：

1 客人进入游泳池路径应按卫生防疫的要求布置，非比赛游泳池的水深不宜大于 1.5m；

2 对有噪声的健身、娱乐空间，各围护界面的隔声性能应符合现行国家标准《民用建筑隔声设计规范》GB 50118 的规定；

3 需独立对外经营的空间，宜设专用出入口。

4.3.6 旅馆建筑公共部分的卫生间应符合下列规定：

1 卫生间应设前室，三级及以上旅馆建筑男女卫生间应分设前室；

2 四级和五级旅馆建筑卫生间的厕位隔间门宜向内开启，厕位隔间宽度不宜小于0.90m，深度不宜小于1.55m；

3 公共部分卫生间洁具数量应符合表4.3.6的规定：

公共部分卫生间洁具数量 表4.3.6

房间名称	男		女
	大便器	小便器	大便器
门厅（大堂）	每150人配1个，超过300人，每增加300人增设1个	每100人配1个	每75人配1个，超过300人，每增加150人增设1个
各种餐厅（含咖啡厅、酒吧等）	每100人配1个；超过400人，每增加250人增设1个	每50人配1个	每50人配1个；超过400人，每增加250人增设1个
宴会厅、多功能厅、会议室	每100人配1个，超过400人，每增加200人增设1个	每40人配1个	每40人配1个，超过400人，每增加100人增设1个

注：1. 本表假定男、女各为50%，当性别比例不同时应进行调整；

　　2. 门厅（大堂）和餐厅兼顾使用时，洁具数量可按餐厅配置，不必叠加；

　　3. 四、五级旅馆建筑可按实际情况酌情增加；

　　4. 洗面盆、清洁池数量可按现行行业标准《城市公共厕所设计标准》CJJ 14 配置；

　　5. 商业、娱乐加健身的卫生设施可按现行行业标准《城市公共厕所设计标准》CJJ 14 配置。

4.4 辅助部分

4.4.1 辅助部分的出入口应符合下列规定：

1 应与旅客出入口分开设置；

2 出入口数量和位置应根据旅馆建筑等级、规模、布局和周边条件设置，四级和五级旅馆建筑应设独立的辅助部分出入口，且职工与货物出入口宜分设；三级及以下旅馆建筑宜设辅助部分出入口；

3 应靠近库房、厨房、后勤服务用房和职工办公、休息用房及服务电梯，并应与外部交通联系方便，易于停车、回车和装卸货物；

4 出入口附近宜设有装卸货停车位、装卸货平台、干湿垃圾储存间、后勤通道及货用电梯，并宜留有临时停车位；

5 出入口内外流线应合理并应避免"客""服"交叉，"洁""污"混杂及噪声干扰。

4.4.2 厨房除应符合现行行业标准《饮食建筑设计规范》JGJ 64 中有关规定外，还应符合下列规定：

1 厨房的面积和平面布置应根据旅馆建筑等级、餐厅类型、使用服务要求设置，并应与餐厅的面积相匹配；三级至五级旅馆建筑的厨房应按其工艺流程划分加工、制作、备餐、洗碗、冷荤及二次更衣区域、厨工服务用房、主副食库等，并宜设食品化验室；一级和二级旅馆建筑的厨房可简化或仅设备餐间；

2 厨房的位置应与餐厅联系方便，并应避免厨房的噪声、油烟、气味及食品储运对餐厅及其他公共部分和客房部分造成干扰；设有多个餐厅时，宜集中设置主厨房，并宜与相应的服务电梯、食梯或通道联系；

3 厨房的平面布置应符合加工流程，避免往返交错，并应符合卫生防疫要求，防止生食与熟食混杂等情况发生；厨房进、出餐厅的门宜分开设置，并宜采用带有玻璃的单向开启门，开启方向应同流线方向一致；

4 厨房的库房宜分为主食库、副食库、冷藏库、保鲜库和酒库等。

4.4.3 旅馆建筑宜设置洗衣房或急件洗涤间，并应符合下列规定：

1 洗衣房的面积应按洗作内容、服务范围及设备能力确定；

2 洗衣房的平面布置应分设污衣入口、污衣区、洁衣区、洁衣出口，并宜设污衣井道；洗衣房应靠近服务电梯、污衣井道，并应避开主要客流路线；

3 污衣井道或污衣井道前室的出入口，应设乙级防火门。

4.4.4 备品库房应符合下列规定：

1 备品库房应包括家具、器皿、纺织品、日用品、消耗品及易燃易爆品等库房；

2 库房的位置应与被服务功能区及服务电梯联系便捷，并应满足收运、储存、发放等管理工作的安全与方便要求；

3 库房走道和门的宽度应满足物品通行要求，地面应能承受重物荷载。

4.4.5 垃圾间应符合下列规定：

1 旅馆建筑应设集中垃圾间，位置宜靠近卸货平台或辅助部分的货物出入口，并应采取通风、除湿、防蚊蝇等措施；

2 垃圾应分类，并应按干、湿分设垃圾间，且湿垃圾宜采用专用冷藏间或专用湿垃圾处理设备。

4.4.6 设备用房应符合下列规定：

1 旅馆建筑应根据需要设置给水排水、空调、冷冻、锅炉、热力、燃气、备用发电、变配电、网络、电话、消防控制室及安全防范中心等设备用房，小型旅馆建筑可优先考虑利用旅馆建筑附近已建成的相关设施；

2 设备用房的位置宜接近服务负荷中心，应运行安全，管理和维修方便，其噪声和震动不应对公共部分和客房部分造成干扰；

3 设备用房应有或预留安装和检修大型设备的水平通道和垂直通道。

4.4.8 旅馆建筑停车场、库除应符合国家现行标准《汽车库建筑设计规范》JGJ 100、《汽车库、修车库、停车场设计防火规范》GB 50067 的有关规定外，还应符合下列规定：

1 应根据规模、条件及需求设置相应数量的机动车、非机动车停车场、停车库；

2 旅馆建筑的货运专用出入口设于地下车库内时，地下车库货运通道和货运区域的净高不宜低于 2.80m；

3 旅馆建筑停车库宜设置通往公共部分的公共通道或电梯。

5 室 内 环 境

5.1.1 旅馆建筑室内应充分利用自然光，客房宜有直接采光，走道、楼梯间、公共卫生间宜有自然采光和自然通风。

5.2.2 客房附设卫生间的排水管道不宜安装在与客房相邻的隔墙上，应采取隔声降噪措施。

5.2.3 当电梯井道贴邻客房布置时，应采取隔声、减振的构造措施。

5.2.4 客房内房间的分隔墙应到结构板底。

5.2.6 相邻房间的壁柜之间应设置满足隔声要求的隔墙。

5.3.1 厨房、卫生间、盥洗室、浴室、游泳池、水疗室等与相邻房间的隔墙、顶棚应采取防潮或防水措施。

5.3.2 厨房、卫生间、盥洗室、浴室、游泳池、水疗室等与其下层房间的楼板应采取防水措施。

十五、《宿舍建筑设计规范》JGJ 36—2016（节选）

《宿舍建筑设计规范》为行业标准，自 2017 年 6 月 1 日起实施。其中，第 4.2.5、7.3.4 条为强制性条文，必须严格执行。

4 建 筑 设 计

4.1 一般规定

4.1.2 每栋宿舍应设置管理室、公共活动室和晾晒衣物空间。公共用房的设置应防止对居室产生干扰。

4.1.3 宿舍应满足自然采光、通风要求。宿舍半数及半数以上的居室应有良好朝向。

4.1.4 宿舍中的无障碍居室及无障碍设施设置要求应符合现行国家标准《无障碍设计规范》GB 50763 的相关规定。

4.1.7 宿舍的公共出入口位于阳台、外廊及开敞楼梯平台的下部时，应采取防止物体坠落伤人的安全防护措施。

4.2 居室

4.2.2 居室床位布置应符合下列规定：

    1 两个单床长边之间的距离不应小于 0.60m，无障碍居室不应小于 0.80m；

    2 两床床头之间的距离不应小于 0.10m；

    3 两排床或床与墙之间的走道宽度不应小于 1.20m，残疾人居室应留有轮椅回转空间。

4.2.3 居室应有储藏空间。

4.2.4 贴邻公用盥洗室、公用厕所、卫生间等潮湿房间的居室、储藏室的墙面应在相邻墙体的迎水面作防潮处理。

4.2.5 居室不应布置在地下室。

4.2.6 中小学宿舍居室不应布置在半地下室，其他宿舍居室不宜布置在半地下室。

4.2.7 宿舍建筑的主要入口层应设置至少一间无障碍居室。

4.3 辅助用房

4.3.1 公用厕所应设前室或经公用盥洗室进入。公用厕所、公用盥洗室不应布置在居室的上方。除附设卫生间的居室外，公用厕所及公用盥洗室与最远居室的距离不应大于 25m。

4.3.2 公用厕所、公用盥洗室卫生设备的数量应根据每层居住人数确定，设备数量不应少于表 4.3.2 的规定。

项 目	设备种类	卫生设备数量
男厕	大便器	8 人以下设一个；超过 8 人时，每增加 15 人 或不足 15 人增设一个
	小便器	每 15 人或不足 15 人设一个
	小便槽	每 15 人或不足 15 人设 0.7m
	洗手盆	与盥洗室分设的厕所至少设一个
	污水池	公用厕所或公用盥洗室设一个
女厕	大便器	5 人以下设一个；超过 5 人时， 每增加 6 人或不足 6 人增设一个
	洗手盆	与盥洗室分设的卫生间至少设一个
	污水池	公用卫生间或公用盥洗室设一个
盥洗室 （男、女）	洗手盆或盥 洗槽龙头	5 人以下设一个；超过 5 人时，每增加 10 人 或不足 10 人增设一个

注：公用盥洗室不应男女合用。

4.3.4 居室内的附设卫生间，其使用面积不应小于 2m²。设有淋浴设备或 2 个坐（蹲）便器的附设卫生间，其使用面积不宜小于 3.5m²。4 人以下设 1 个坐（蹲）便器，5～7 人宜设置 2 个坐（蹲）便器，8 人以上不宜附设卫生间。3 人以上居室内附设卫生间的厕位和淋浴宜设隔断。

4.3.5 夏热冬暖地区应在宿舍建筑内设淋浴设施，其他地区可根据条件设分散或集中的淋浴设施，每个浴位服务人数不应超过 15 人。

4.3.9 宿舍建筑内设有公用厨房时，其使用面积不应小于 6m²。公用厨房应有天然采光、自然通风的外窗和排油烟设施。

4.3.12 宿舍建筑应设置垃圾收集间。

4.4　层高和净高

4.4.1 居室采用单层床时，净高不应低于 2.60m；采用双层床或高架床时，净高不应低于 3.40m。

4.5　楼梯、电梯

4.5.1 宿舍楼梯应符合下列规定：

　　1 楼梯踏步宽度不应小于 0.27m，踏步高度不应大于 0.165m；楼梯扶手高度自踏步前缘线量起不应小于 0.90m，楼梯水平段栏杆长度大于 0.50m 时，其高度不应小于 1.05m；

　　2 开敞楼梯的起始踏步与楼层走道间应设有进深不小于 1.20m 的缓冲区；

　　3 疏散楼梯不得采用螺旋楼梯和扇形踏步；

　　4 楼梯防护栏杆最薄弱处承受的最小水平推力不应小于 1.50kN/m。

4.5.2 中小学宿舍楼梯应符合现行国家标准《中小学校设计规范》GB 50099 的相关规定。

4.5.4 六层及六层以上宿舍或居室最高入口层楼面距室外设计地面的高度大于 18m 时，应设置电梯。

4.6　门窗和阳台

4.6.2 宿舍窗外没有阳台或平台，且窗台距楼面、地面的净高小于0.90m时，应设置防护措施。

4.6.3 中小学校宿舍居室不应采用玻璃幕墙。

4.6.5 宿舍的底层外窗以及其他各层中窗台下沿距下面屋顶平台或大挑檐等高差小于2m的外窗，应采取安全防范措施。

4.6.6 居室应设吊挂窗帘的设施。卫生间、洗浴室和厕所的窗应有遮挡视线的措施。

4.6.7 居室和辅助房间的门净宽不应小于0.90m，阳台门和居室内附设卫生间的门净宽不应小于0.80m。门洞口高度不应低于2.10m。居室居住人数超过4人时，居室门应带亮窗，设亮窗的门洞口高度不应低于2.40m。

4.6.9 宿舍顶部阳台应设雨罩，高层和多层宿舍建筑的阳台、雨罩均应做有组织排水。宿舍阳台、雨罩应做防水。

4.6.10 多层及以下的宿舍开敞阳台栏杆净高不应低于1.05m；高层宿舍阳台栏板栏杆净高不应低于1.10m；学校宿舍阳台栏板栏杆净高不应低于1.20m。

5 防火与安全疏散

5.1 防火

5.1.2 柴油发电机房、变配电室和锅炉房等不应布置在宿舍居室、疏散楼梯间及出入口门厅等部位的上一层、下一层或贴邻，并应采用防火墙与相邻区域进行分隔。

5.1.3 宿舍建筑内不应设置使用明火、易产生油烟的餐饮店。学校宿舍建筑内不应布置与宿舍功能无关的商业店铺。

5.1.4 宿舍内的公用厨房有明火加热装置时，应靠外墙设置，并应采用耐火极限不小于2.0h的墙体和乙级防火门与其他部分分隔。

5.2 安全疏散

5.2.1 除与敞开式外廊直接相连的楼梯间外，宿舍建筑应采用封闭楼梯间。当建筑高度大于32m时应采用防烟楼梯间。

5.2.2 宿舍建筑内的宿舍功能区与其他非宿舍功能部分合建时，安全出口和疏散楼梯宜各自独立设置，并应采用防火墙及耐火极限不小于2.0h的楼板进行防火分隔。

5.2.3 宿舍建筑内疏散人员的数量应按设计最大床位数量及工作管理人员数量之和计算。

5.2.4 宿舍建筑内安全出口、疏散通道和疏散楼梯的宽度应符合下列规定：

　　1 每层安全出口、疏散楼梯的净宽应按通过人数每100人不小于1.00m计算，当各层人数不等时，疏散楼梯的总宽度可分层计算，下层楼梯的总宽度应按本层及以上楼层疏散人数最多一层的人数计算，梯段净宽不应小于1.20m；

　　2 首层直通室外疏散门的净宽度应按各层疏散人数最多一层的人数计算，且净宽不应小于1.40m；

　　3 通廊式宿舍走道的净宽度，当单面布置居室时不应小于1.60m，当双面布置居室时不应小于2.20m；单元式宿舍公共走道净宽不应小于1.40m。

5.2.5 宿舍建筑的安全出口不应设置门槛，其净宽不应小于1.40m，出口处距门的1.40m范围内不应设踏步。

5.2.6 宿舍建筑内应设置消防安全疏散示意图以及明显的安全疏散标识，且疏散走道应设置疏散照明和灯光疏散指示标志。

十六、《老年人照料设施建筑设计标准》JGJ 450—2018（节选）

3 基 本 规 定

3.0.1 老年人照料设施应适应所在地区的自然条件与社会、经济发展现状，符合养老服务体系建设规划和城乡规划的要求，充分利用现有公共服务资源和基础设施，因地制宜地进行设计。

3.0.2 各类老年人照料设施应面向服务对象并按服务功能进行设计。服务对象的确定应符合国家现行有关标准的规定，且应符合表3.0.2的规定；服务功能的确定应符合国家现行有关标准的规定。

老年人照料设施的基本类型及服务对象　　　表 3.0.2

基本类型　服务对象	老年人全日照料设施		老年人日间照料设施
	护理型床位	非护理型床位	
能力完好老年人	—	—	▲
轻度失能老年人	—	▲	▲
中度失能老年人	▲	▲	▲
重度失能老年人	▲	—	—

注：▲为应选择。

3.0.3 与其他建筑上下组合建造或设置在其他建筑内的老年人照料设施应位于独立的建筑分区内，且有独立的交通系统和对外出入口。

4 基地与总平面

4.2.4 道路系统应保证救护车辆能停靠在建筑的主要出入口处，且应与建筑的紧急送医通道相连。

4.3.1 老年人全日照料设施应为老年人设室外活动场地；老年人日间照料设施宜为老年人设室外活动场地。老年人使用的室外活动场地应符合下列规定：

1 应有满足老年人室外休闲、健身、娱乐等活动的设施和场地条件。

2 位置应避免与车辆交通空间交叉，且应保证能获得日照，宜选择在向阳、避风处。

3 地面应平整防滑、排水畅通，当有坡度时，坡度不应大于2.5%。

4.3.2 老年人集中的室外活动场地应与满足老年人使用的公用卫生间邻近设置。

5 建 筑 设 计

5.1 用房设置

5.1.1 老年人照料设施建筑应设置老年人用房和管理服务用房，其中老年人用房包括生活用房、文娱与健身用房、康复与医疗用房。各类老年人照料设施建筑的基本用房设置应满足照料服务和运营模式的要求。

5.1.2 老年人照料设施的老年人居室和老年人休息室不应设置在地下室、半地下室。

5.1.3 老年人全日照料设施中，为护理型床位设置的生活用房应按照料单元设计；为非护理型床位设置的生活用房宜按生活单元或照料单元设计。生活用房设置应符合下列规定：

    1 当按照料单元设计时，应设居室、单元起居厅、就餐、备餐、护理站、药存、清洁间、污物间、卫生间、盥洗、洗浴等用房或空间，可设老年人休息、家属探视等用房或空间。

    2 当按生活单元设计时，应设居室、就餐、卫生间、盥洗、洗浴、厨房或电炊操作等用房或空间。

5.1.4 照料单元的使用应具有相对独立性，每个照料单元的设计床位数不应大于60床。失智老年人的照料单元应单独设置，每个照料单元的设计床位数不宜大于20床。

5.1.5 老年人全日照料设施的文娱与健身用房设置应满足老年人的相应活动需求，可设阅览、网络、棋牌、书画、教室、健身、多功能活动等用房或空间。

5.1.6 老年人全日照料设施的康复与医疗用房设置应符合下列规定：

    1 当提供康复服务时，应设相应的康复用房或空间。

    2 应设医务室，可根据所提供的医疗服务设其他医疗用房或空间。

5.1.7 老年人全日照料设施的管理服务用房设置应符合下列规定：

    1 应设值班、入住登记、办公、接待、会议、档案存放等办公管理用房或空间。

    2 应设厨房、洗衣房、储藏等后勤服务用房或空间。

    3 应设员工休息室、卫生间等用房或空间，宜设员工浴室、食堂等用房或空间。

5.1.8 老年人日间照料设施的用房设置应符合下列规定：

    1 生活用房：应设就餐、备餐、休息室、卫生间、洗浴等用房或空间。

    2 文娱与健身用房：应设至少1个多功能活动空间，宜按动态和静态活动的不同需求分区或分室设置。

    3 康复与医疗用房：当提供康复服务时，应设相应的康复用房或空间；医疗服务用房宜设医务室、心理咨询室等。

    4 管理服务用房：应设接待、办公、员工休息和卫生间、厨房、储藏等用房或空间，宜设洗衣房。

5.2 生活用房

5.2.1 居室应具有天然采光和自然通风条件，日照标准不应低于冬至日日照时数2h。当居室日照标准低于冬至日日照时数2h时，老年人居住空间日照标准应按下列规定之一确定：

    1 同一照料单元内的单元起居厅日照标准不应低于冬至日日照时数2h。

    2 同一生活单元内至少1个居住空间日照标准不应低于冬至日日照时数2h。

5.2.2 每间居室应按不小于6.00m²/床确定使用面积。

5.2.3 居室设计应符合下列规定：

    1 单人间居室使用面积不应小于10.00m²，双人间居室使用面积不应小于16.00m²。

    2 护理型床位的多人间居室，床位数不应大于6床；非护理型床位的多人间居室，床位数不应大于4床。床与床之间应有为保护个人隐私进行空间分隔的措施。

    3 居室的净高不宜低于2.40m；当利用坡屋顶空间作为居室时，最低处距地面净高不应低于2.10m，且低于2.40m高度部分面积不应大于室内使用面积的1/3。

    4 居室内应留有轮椅回转空间，主要通道的净宽不应小于1.05m，床边留有护理、急救操作空间,相邻床位的长边间距不应小于0.80m。

    5 居室门窗应采取安全防护措施及方便老年人辨识的措施。

5.6 交通空间

5.6.1 老年人使用的交通空间应清晰、明确、易于识别,且有规范、系统的提示标识;失智老年人使用的交通空间,线路组织应便捷、连贯。

5.6.2 老年人使用的出入口和门厅应符合下列规定:

    1 宜采用平坡出入口,平坡出入口的地面坡度不应大于1/20,有条件时不宜大于1/30。

    2 出入口严禁采用旋转门。

    3 出入口的地面、台阶、踏步、坡道等均应采用防滑材料铺装,应有防止积水的措施,严寒、寒冷地区宜采取防结冰措施。

    4 出入口附近应设助行器和轮椅停放区。

5.6.3 老年人使用的走廊,通行净宽不应小于1.80m,确有困难时不应小于1.40m;当走廊的通行净宽大于1.40m且小于1.80m时,走廊中应设通行净宽不小于1.80m的轮椅错车空间,错车空间的间距不宜大于15.00m。

5.6.4 **二层及以上楼层、地下室、半地下室设置老年人用房时应设电梯,电梯应为无障碍电梯,且至少1台能容纳担架。**

5.6.5 电梯应作为楼层间供老年人使用的主要垂直交通工具,且应符合下列规定:

    1 电梯的数量应综合设施类型、层数、每层面积、设计床位数或老年人数、用房功能与规模、电梯主要技术参数等因素确定。为老年人居室使用的电梯,每台电梯服务的设计床位数不应大于120床。

    2 电梯的位置应明显易找,且宜结合老年人用房和建筑出入口位置均衡设置。

5.6.6 **老年人使用的楼梯严禁采用弧形楼梯和螺旋楼梯。**

5.6.7 老年人使用的楼梯应符合下列规定:

    1 梯段通行净宽不应小于1.20m,各级踏步应均匀一致,楼梯缓步平台内不应设置踏步。

    2 踏步前缘不应突出,踏面下方不应透空。

    3 应采用防滑材料饰面,所有踏步上的防滑条、警示条等附着物均不应突出踏面。

5.7 建筑细部

5.7.1 老年人照料设施建筑的主要老年人用房采光窗宜符合表5.7.1的窗地面积比规定。

主要老年人用房的窗地面积比   表5.7.1

房间名称	窗地面积比(A_c/A_d)
单元起居厅、老年人集中使用的餐厅、居室、休息室、文娱与健身用房、康复与医疗用房	≥1:6
公用卫生间、盥洗室	≥1:9

    注:A_c—窗洞口面积;A_d—地面面积。

5.7.2 老年人用房东西向开窗时,宜采取有效的遮阳措施。

5.7.3 老年人使用的门,开启净宽应符合下列规定:

1 老年人用房的门不应小于0.80m，有条件时，不宜小于0.90m。

2 护理型床位居室的门不应小于1.10m。

3 建筑主要出入口的门不应小于1.10m。

4 含有2个或多个门扇的门，至少应有1个门扇的开启净宽不小于0.80m。

6 专 门 要 求

6.1 无障碍设计

6.1.1 老年人照料设施内供老年人使用的场地及用房均应进行无障碍设计，并应符合国家现行有关标准的规定。无障碍设计具体部位应符合表6.1.1的规定。

老年人照料设施场地及建筑无障碍设计的具体部位　　　　表6.1.1

场地	道路及停车场	主要出入口、人行道、停车场
	广场及绿地	活动场地、服务设施、活动设施、休憩设施
建筑	交通空间	主要出入口、门厅、走廊、楼梯、坡道、电梯
	生活用房	居室、休息室、单元起居厅、餐厅、卫生间、盥洗室、浴室
	文娱与健身用房	开展各类文娱、健身活动的用房
	康复与医疗用房	康复室、医务室及其他医疗服务用房
	管理服务用房	入住登记室、接待室等窗口部门用房

6.1.2 经过无障碍设计的场地和建筑空间均应满足轮椅进入的要求，通行净宽不应小于0.80m，且应留有轮椅回转空间。

6.1.3 老年人使用的室内外交通空间，当地面有高差时，应设轮椅坡道连接，且坡度不应大于1/12。当轮椅坡道的高度大于0.10m时，应同时设无障碍台阶。

6.1.4 交通空间的主要位置两侧应设连续扶手。

6.1.5 卫生间、盥洗室、浴室，以及其他用房中供老年人使用的盥洗设施，应选用方便无障碍使用的洁具。

6.5 噪声控制与声环境设计

6.5.1 老年人照料设施应位于现行国家标准《声环境质量标准》GB 3096规定的0类、1类或2类声环境功能区。

6.5.2 当供老年人使用的室外活动场地位于2类声环境功能区时，宜采取隔声降噪措施。

6.5.3 **老年人照料设施的老年人居室和老年人休息室不应与电梯井道、有噪声振动的设备机房等相邻布置。**

6.5.4 老年人用房室内允许噪声级应符合表6.5.4的规定。

老年人用房室内允许噪声级　　　　表6.5.4

房间类别		允许噪声级（等效连续A声级，dB）	
		昼间	夜间
生活用房	居室	≤40	≤30
	休息室	≤40	
文娱与健身用房		≤45	
康复与医疗用房		≤40	

7 建 筑 设 备

7.2.1 老年人照料设施在严寒和寒冷地区应设集中供暖系统，在夏热冬冷地区应设安全可靠的供暖设施。采用电加热供暖应符合国家现行标准的规定。

7.2.5 散热器、热水辐射供暖分集水器必须有防止烫伤的保护措施。

十七、《城市公共厕所设计标准》CJJ 14—2016（节选）
3 基 本 规 定

3.0.4 公共厕所应分为固定式和活动式两种类别，固定式公共厕所应包括独立式和附属式；公共厕所的设计和建设应根据公共厕所的位置和服务对象按相应类别的设计要求进行。

3.0.5 独立式公共厕所应按周边环境和建筑设计要求分为一类、二类和三类。独立式公共厕所类别的设置应符合表3.0.5的规定。

独立式公共厕所类别　　　　　　　　　　表3.0.5

设置区域	类别
商业区、重要公共设施、重要交通客运设施，公共绿地及其他环境要求高的区域	一类
城市主、次干路及行人交通量较大的道路沿线	二类
其他街道	三类

注：独立式公共厕所的二类、三类分别为设置区域的最低标准。

3.0.6 附属式公共厕所应按场所和建筑设计要求分为一类和二类。附属式公共厕所类别的设置应符合表3.0.6的规定。

附属式公共厕所类别　　　　　　　　　　表3.0.6

设置场所	类别
大型商场、宾馆、饭店、展览馆、机场、车站、影剧院、大型体育场馆、综合性商业大楼和二、三级医院等公共建筑	一类
一般商场（含超市）、专业性服务机关单位、体育场馆和一级医院等公共建筑	二类

注：附属式公共厕所的二类为设置场所的最低标准。

3.0.7 应急和不宜建设固定式厕所的公共场所，应设置活动式厕所。

3.0.8 独立式公共厕所平均每厕位建筑面积指标（以下简称厕位面积指标）应为：一类：$5\sim7m^2$；二类：$3\sim4.9m^2$；三类：$2\sim2.9m^2$。

4.1 厕位比例和厕位数量

4.1.1 在人流集中的场所，女厕位与男厕位（含小便站位，下同）的比例不应小于2:1。

4.1.2 在其他场所，男女厕位比例可按下式计算：

$$R = 1.5w/m \tag{4.1.2}$$

式中　R——女厕位数与男厕位数的比值；

　　1.5——女性与男性如厕占用时间比值；

　　w——女性如厕测算人数；

m——男性如厕测算人数。

4.1.3 公共厕所男女厕位的数量应按本章第4.2节的相关规定确定。

4.1.4 公共厕所男女厕位（坐位、蹲位和站位）与其数量宜符合表4.1.4-1和表4.1.4-2的规定。

男厕位及数量（个） 表4.1.4-1

男厕位总数	坐位	蹲位	站位
1	0	1	0
2	0	1	1
3	1	1	1
4	1	1	2
5～10	1	2～4	2～5
11～20	2	4～9	5～9
21～30	3	9～13	9～14

注：表中厕位不包含无障碍厕位。

女厕位及数量（个） 表4.1.4-2

女厕位总数	坐位	蹲位
1	0	1
2	1	1
3～6	1	2～5
7～10	2	5～8
11～20	3	8～17
21～30	4	17～26

注：表中厕位不包含无障碍厕位。

4.1.5 当公共厕所建筑面积为70m^2，女厕位与男厕位比例宜为2：1，厕位面积指标宜为4.67m^2/位，女厕占用面积宜为男厕的2.39倍（图4.1.5）。

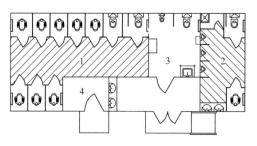

图4.1.5 女厕位与男厕位比例2：1示意图
1—女厕；2—男厕；3—第三卫生间；4—管理间

4.1.6 当公共厕所建筑面积为70m^2，女厕位与男厕位比例应为3：2，厕位面积指标宜为 4.67m²/位，女厕占用面积宜为男厕的 1.77 倍（图 4.1.6）。

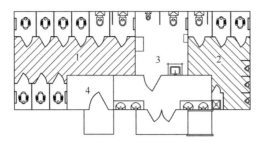

图 4.1.6　女厕位与男厕位比例 3∶2 示意图

1—女厕；2—男厕；3—第三卫生间；4—管理间

十八、《疗养院建筑设计标准》JGJ/T 40—2019（略）
十九、《科研建筑设计标准》JGJ 91—2019（略）
二十、《车库建筑设计规范》JGJ 100—2015（略）

第三节　建筑专项设计标准

一、《建筑设计防火规范》GB 50016—2014（2018 年版）（略）

《建筑设计防火规范》GB 50016—2014❶ 为国家标准，自 2015 年 5 月 1 日起开始实施。原《建筑设计防火规范》GB 50016—2006 及《高层民用建筑设计防火规范》GB 50045—95 同时作废。

本次规范修订就民用建筑防火设计相关方面而言，主要在于：

（1）合并了《建筑设计防火规范》和《高层民用建筑设计防火规范》，调整了两项标准间不协调的要求，将住宅建筑的高、多层分类统一按照建筑高度划分；

（2）增加了灭火救援设施和木结构建筑两章，完善了有关灭火救援的要求，系统规定了木结构建筑的防火要求；

（3）补充了建筑保温系统的防火要求；

（4）将消防设施的设置独立成章并完善了有关内容：取消了消防给水系统、室内外消火栓系统和防烟排烟系统设计的要求，这些系统的设计要求分别由相应的国家标准作出规定；

（5）适当提高了高层住宅建筑和建筑高度大于 100m 的高层民用建筑的防火技术要求；

（6）补充了有顶商业步行街两侧的建筑利用该步行街进行安全疏散时的防火要求；调整补充了建材、家具、灯饰商店营业厅和展览厅的设计疏散人员密度；

（7）完善了防止建筑火灾竖向或水平蔓延的相关要求。

2018 年，依据住房和城乡建设部《关于印发 2018 年工程建设规范和标准编制及相关

---

❶　《建筑设计防火规范》GB 50016—2014（2018 年版）局部修订的条文，自 2018 年 10 月 1 日起实施。此次修订完善了老年人照料设施建筑设计的防火技术要求。

工作计划的通知》（建标函〔2017〕306 号），本次局部修订完善了老年人照料设施建筑设计的基本防火技术要求。

《建筑设计防火规范》GB 50016 是我国民用及工业建筑消防领域的一本重要规范，该规范所规定的建筑设计的防火技术要求，适用于各类厂房、仓库及其辅助设施等工业建筑，公共建筑、居住建筑等民用建筑，储罐或储罐区、各类可燃材料堆场和城市交通隧道工程。因本规范是涉及人身和财产安全的重大国家规范，内容较为重要，尤其是其中的强制性条文。考生应对其进行全面充分的理解和记忆。本节不再摘录具体条款，敬请广大考生配合近年试题，对规范内容自行理解、记忆。

二、《汽车库、修车库、停车场设计防火规范》GB 50067—2014（节选）

3　分类和耐火等级

3.0.1　汽车库、修车库、停车场的分类应根据停车（车位）数量和总建筑面积确定，并应符合表 3.0.1 的规定。

汽车库、修车库、停车场的分类 表 3.0.1

名　称		Ⅰ	Ⅱ	Ⅲ	Ⅳ
汽车库	停车数量（辆）	>300	151~300	51~150	≤50
	总建筑面积 S（m²）	S>10000	5000<S≤10000	2000<S≤5000	S≤2000
修车库	车位数（个）	>15	6~15	3~5	≤2
	总建筑面积 S（m²）	S>3000	1000<S≤3000	500<S≤1000	S≤500
停车场	停车数量（辆）	>400	251~400	101~250	≤100

注：1. 当屋面露天停车场与下部汽车库共用汽车坡道时，其停车数量应计算在汽车库的车辆总数内；

　　2. 室外坡道、屋面露天停车场的建筑面积可不计入汽车库的建筑面积之内；

　　3. 公交汽车库的建筑面积可按本表的规定值增加 2.0 倍。

3.0.2　汽车库、修车库的耐火等级应分为一级、二级和三级，其构件的燃烧性能和耐火极限均不应低于表 3.0.2 的规定。

汽车库、修车库构件的燃烧性能和耐火极限（h） 表 3.0.2

建筑构件名称		耐火等级		
		一级	二级	三级
墙	防火墙	不燃性　3.00	不燃性　3.00	不燃性　3.00
	承重墙	不燃性　3.00	不燃性　2.50	不燃性　2.00
	楼梯间和前室的墙、防火隔墙	不燃性　2.00	不燃性　2.00	不燃性　2.00
	隔墙、非承重外墙	不燃性　1.00	不燃性　1.00	不燃性　0.50
	柱	不燃性　3.00	不燃性　2.50	不燃性　2.00

建筑构件名称	耐火等级		
	一级	二级	三级
梁	不燃性 2.00	不燃性 1.50	不燃性 1.00
楼板	不燃性 1.50	不燃性 1.00	不燃性 0.50
疏散楼梯、坡道	不燃性 1.50	不燃性 1.00	不燃性 1.00
屋顶承重构件	不燃性 1.50	不燃性 1.00	可燃性 0.50
吊顶（包括吊顶格栅）	不燃性 0.25	不燃性 0.25	难燃性 0.15

注：预制钢筋混凝土构件的节点缝隙或金属承重构件的外露部位应加设防火保护层，其耐火极限不应低于表中相应构件的规定。

3.0.3 汽车库和修车库的耐火等级应符合下列规定：

1 地下、半地下和高层汽车库应为一级；

2 甲、乙类物品运输车的汽车库、修车库和Ⅰ类汽车库、修车库，应为一级；

3 Ⅱ、Ⅲ类汽车库、修车库的耐火等级不应低于二级；

4 Ⅳ类汽车库、修车库的耐火等级不应低于三级。

4 总平面布局和平面布置

4.1 一般规定

4.1.1 汽车库、修车库、停车场的选址和总平面设计，应根据城市规划要求，合理确定汽车库、修车库、停车场的位置、防火间距、消防车道和消防水源等。

4.1.2 汽车库、修车库、停车场不应布置在易燃、可燃液体或可燃气体的生产装置区和贮存区内。

4.1.3 汽车库不应与火灾危险性为甲、乙类的厂房、仓库贴邻或组合建造。

4.1.4 汽车库不应与托儿所、幼儿园，老年人建筑，中小学校的教学楼，病房楼等组合建造。当符合下列要求时，汽车库可设置在托儿所、幼儿园，老年人建筑，中小学校的教学楼，病房楼等的地下部分：

1 汽车库与托儿所、幼儿园，老年人建筑，中小学校的教学楼，病房楼等建筑之间，应采用耐火极限不低于 2.00h 的楼板完全分隔；

2 汽车库与托儿所、幼儿园，老年人建筑，中小学校的教学楼，病房楼等的安全出口和疏散楼梯应分别独立设置。

4.1.5 甲、乙类物品运输车的汽车库、修车库应为单层建筑，且应独立建造。当停车数量不大于 3 辆时，可与一、二级耐火等级的Ⅳ类汽车库贴邻，但应采用防火墙隔开。

4.1.6 Ⅰ类修车库应单独建造；Ⅱ、Ⅲ、Ⅳ类修车库可设置在一、二级耐火等级建筑的首层或与其贴邻，但不得与甲、乙类厂房、仓库，明火作业的车间或托儿所、幼儿园、中小学校的教学楼，老年人建筑，病房楼及人员密集场所组合建造或贴邻。

4.1.7 为汽车库、修车库服务的下列附属建筑，可与汽车库、修车库贴邻，但应采用防火墙隔开，并应设置直通室外的安全出口：

1 贮存量不大于 1.0t 的甲类物品库房；

2 总安装容量不大于 5.0m³/h 的乙炔发生器间和贮存量不超过 5 个标准钢瓶的乙炔气瓶库；

3 1 个车位的非封闭喷漆间或不大于 2 个车位的封闭喷漆间；

4 建筑面积不大于 200m² 的充电间和其他甲类生产场所。

4.1.8 地下、半地下汽车库内不应设置修理车位、喷漆间、充电间、乙炔间和甲、乙类物品库房。

4.1.9 汽车库和修车库内不应设置汽油罐、加油机、液化石油气或液化天然气储罐、加气机。

4.1.10 停放易燃液体、液化石油气罐车的汽车库内，不得设置地下室和地沟。

4.1.11 燃油或燃气锅炉、油浸变压器、充有可燃油的高压电容器和多油开关等，不应设置在汽车库、修车库内。当受条件限制必须贴邻汽车库、修车库布置时，应符合现行国家标准《建筑设计防火规范》GB 50016 的有关规定。

4.1.12 Ⅰ、Ⅱ类汽车库、停车场宜设置耐火等级不低于二级的灭火器材间。

4.2 防火间距

4.2.1 除本规范另有规定外，汽车库、修车库、停车场之间及汽车库、修车库、停车场与除甲类物品仓库外的其他建筑物的防火间距，不应小于表 4.2.1 的规定。其中，高层汽车库与其他建筑物，汽车库、修车库与高层建筑的防火间距应按表 4.2.1 的规定值增加 3m；汽车库、修车库与甲类厂房的防火间距应按表 4.2.1 的规定值增加 2m。

汽车库、修车库、停车场之间及汽车库、修车库、停车场
与除甲类物品仓库外的其他建筑物的防火间距（m）　　　　表 4.2.1

名称和耐火等级	汽车库、修车库		厂房、仓库、民用建筑		
	一、二级	三级	一、二级	三级	四级
一、二级汽车库、修车库	10	12	10	12	14
三级汽车库、修车库	12	14	12	14	16
停车场	6	8	6	8	10

注：1. 防火间距应按相邻建筑物外墙的最近距离算起，如外墙有凸出的可燃物构件时，则应从其凸出部分外缘算起，停车场从靠近建筑物的最近停车位置边缘算起；

2. 厂房、仓库的火灾危险性分类应符合现行国家标准《建筑设计防火规范》GB 50016 的有关规定。

4.2.2 汽车库、修车库之间或汽车库、修车库与其他建筑之间的防火间距可适当减少，但应符合下列规定：

1 当两座建筑相邻较高一面外墙为无门、窗、洞口的防火墙或当较高一面外墙比较低一座一、二级耐火等级建筑屋面高 15m 及以下范围内的外墙为无门、窗、洞口的防火墙时，其防火间距可不限；

2 当两座建筑相邻较高一面外墙上，同较低建筑等高的以下范围内的墙为无门、窗、洞口的防火墙时，其防火间距可按本规范表 4.2.1 的规定值减小 50%；

3 相邻的两座一、二级耐火等级建筑，当较高一面外墙的耐火极限不低于 2.00h，墙上开口部位设置甲级防火门、窗或耐火极限不低于 2.00h 的防火卷帘、水幕等防火设施

时，其防火间距可减小，但不应小于4m；

4 相邻的两座一、二级耐火等级建筑，当较低一座的屋顶无开口，屋顶的耐火极限不低于1.00h，且较低一面外墙为防火墙时，其防火间距可减小，但不应小于4m。

4.2.3 停车场与相邻的一、二级耐火等级建筑之间，当相邻建筑的外墙为无门、窗、洞口的防火墙，或比停车部位高15m范围以下的外墙均为无门、窗、洞口的防火墙时，防火间距可不限。

4.2.4 汽车库、修车库、停车场与甲类物品仓库的防火间距不应小于表4.2.4的规定。

汽车库、修车库、停车场与甲类物品仓库的防火间距（m） 表4.2.4

名　称		总容量（t）	汽车库、修车库		停车场
			一、二级	三级	
甲类物品仓库	3、4项	≤5	15	20	15
		>5	20	25	20
	1、2、5、6项	≤10	12	15	12
		>10	15	20	15

注：1. 甲类物品的分项应符合现行国家标准《建筑设计防火规范》GB 50016的有关规定。

2. 甲、乙类物品运输车的汽车库、修车库、停车场与甲类物品仓库的防火间距应按本表的规定值增加5m。

4.2.5 甲、乙类物品运输车的汽车库、修车库、停车场与民用建筑的防火间距不应小于25m，与重要公共建筑的防火间距不应小于50m。甲类物品运输车的汽车库、修车库、停车场与明火或散发火花地点的防火间距不应小于30m，与厂房、仓库的防火间距应按本规范表4.2.1的规定值增加2m。

4.2.6 汽车库、修车库、停车场与易燃、可燃液体储罐，可燃气体储罐，以及液化石油气储罐的防火间距，不应小于表4.2.6的规定。

汽车库、修车库、停车场与易燃、可燃液体储罐，可燃气体
储罐，以及液化石油气储罐的防火间距（m） 表4.2.6

名　称	总容量（积）（m²）	汽车库、修车库		停车场
		一、二级	三级	
易燃液体储罐	1～50	12	15	12
	51～200	15	20	15
	201～1000	20	25	20
	1001～5000	25	30	25
可燃液体储罐	5～250	12	15	12
	251～1000	15	20	15
	1001～5000	20	25	20
	5001～25000	25	30	25
湿式可燃气体储罐	≤1000	12	15	12
	1000～10000	15	20	15
	>10000	20	25	20

名　称	总容量（积）（m²）	汽车库、修车库		停车场
		一、二级	三级	
液化石油气储罐	1～30	18	20	18
	31～200	20	25	20
	201～500	25	30	25
	>500	30	40	30

注：1. 防火间距应从距汽车库、修车库、停车场最近的储罐外壁算起，但设有防火堤的储罐，其防火堤外侧基脚线距汽车库、修车库、停车场的距离不应小于10m。

2. 计算易燃、可燃液体储罐区总容量时，1m³ 的易燃液体按5m³ 的可燃液体计算。

3. 干式可燃气体储罐与汽车库、修车库、停车场的防火间距，当可燃气体的密度比空气大时，应按本表对湿式可燃气体储罐的规定增加25％；当可燃气体的密度比空气小时，可执行本表对湿式可燃气体储罐的规定。固定容积的可燃气体储罐与汽车库、修车库、停车场的防火间距，不应小于本表对湿式可燃气体储罐的规定。固定容积的可燃气体储罐的总容积按储罐几何容积（m³）和设计储存压力（绝对压力，10^5Pa）的乘积计算。

4. 容积小于1m³ 的易燃液体储罐或小于5m³ 的可燃液体储罐与汽车库、修车库、停车场的防火间距，当采用防火墙隔开时，其防火间距可不限。

4.2.7 汽车库、修车库、停车场与可燃材料露天、半露天堆场的防火间距不应小于表4.2.7的规定。

汽车库、修车库、停车场与可燃材料露天、半露天堆场的防火间距（m）　表4.2.7

名　称		总储量	汽车库、修车库		停车场
			一、二级	三级	
稻草、麦秸、芦苇等（t）		10～5000	15	20	15
		5001～10000	20	25	20
		10001～20000	25	30	25
棉麻、毛、化纤、百货（t）		10～500	10	15	10
		501～1000	15	20	15
		1001～5000	20	25	20
煤和焦炭（t）		1000～5000	6	8	6
		>5000	8	10	8
粮食	筒仓（t）	10～5000	10	15	10
		5001～20000	15	20	15
	席穴囤（t）	10～5000	15	20	15
		5001～20000	20	25	20
木材等可燃材料（m³）		50～1000	10	15	10
		1001～10000	15	20	15

4.2.8 汽车库、修车库、停车场与燃气调压站、液化石油气的瓶装供应站的防火间距，应符合现行国家标准《城镇燃气设计规范》GB 50028 的有关规定。

4.2.9 汽车库、修车库、停车场与石油库、汽车加油加气站的防火间距，应符合现行国家标准《石油库设计规范》GB 50074 和《汽车加油加气站设计与施工规范》GB 50156 的有关规定。

4.2.10 停车场的汽车宜分组停放，每组的停车数量不宜大于 50 辆，组之间的防火间距不应小于 6m。

4.2.11 屋面停车区域与建筑其他部分或相邻其他建筑物的防火间距，应按地面停车场与建筑的防火间距确定。

4.3 消防车道

4.3.1 汽车库、修车库周围应设置消防车道。

4.3.2 消防车道的设置应符合下列要求：

1 除Ⅳ类汽车库和修车库以外，消防车道应为环形，当设置环形车道有困难时，可沿建筑物的一个长边和另一边设置；

2 尽头式消防车道应设置回车道或回车场，回车场的面积不应小于 12m×12m；

3 消防车道的宽度不应小于 4m。

4.3.3 穿过汽车库、修车库、停车场的消防车道，其净空高度和净宽度均不应小于 4m；当消防车道上空遇有障碍物时，路面与障碍物之间的净空高度不应小于 4m。

5 防火分隔和建筑构造

5.1 防火分隔

5.1.1 汽车库防火分区的最大允许建筑面积应符合表 5.1.1 的规定。其中，敞开式、错层式、斜楼板式汽车库的上下连通层面积应叠加计算，每个防火分区的最大允许建筑面积不应大于表 5.1.1 规定的 2.0 倍；室内有车道且有人员停留的机械式汽车库，其防火分区最大允许建筑面积应按表 5.1.1 的规定减小 35%。

汽车库防火分区的最大允许建筑面积（m²）   表 5.1.1

耐火等级	单层汽车库	多层汽车库、半地下汽车库	地下汽车库、高层汽车库
一、二级	3000	2500	2000
三级	1000	不允许	不允许

注：除本规范另有规定外，防火分区之间应采用符合本规范规定的防火墙、防火卷帘等分隔。

5.1.2 设置自动灭火系统的汽车库，其每个防火分区的最大允许建筑面积不应大于本规范第 5.1.1 条规定的 2.0 倍。

5.1.3 室内无车道且无人员停留的机械式汽车库，应符合下列规定：

1 当停车数量超过 100 辆时，应采用无门、窗、洞口的防火墙分隔为多个停车数量不大于 100 辆的区域，但当采用防火隔墙和耐火极限不低于 1.00h 的不燃性楼板分隔成多个停车单元，且停车单元内的停车数量不大于 3 辆时，应分隔为停车数量不大于 300 辆的区域；

2 汽车库内应设置火灾自动报警系统和自动喷水灭火系统，自动喷水灭火系统应选用快速响应喷头；

3 楼梯间及停车区的检修通道上应设置室内消火栓；

4 汽车库内应设置排烟设施，排烟口应设置在运输车辆的通道顶部。

5.1.4 甲、乙类物品运输车的汽车库、修车库，每个防火分区的最大允许建筑面积不应大于 $500m^2$。

5.1.5 修车库每个防火分区的最大允许建筑面积不应大于 $2000m^2$，当修车部位与相邻使用有机溶剂的清洗和喷漆工段采用防火墙分隔时，每个防火分区的最大允许建筑面积不应大于 $4000m^2$。

5.1.6 汽车库、修车库与其他建筑合建时，应符合下列规定：

1 当贴邻建造时，应采用防火墙隔开；

2 设在建筑物内的汽车库（包括屋顶停车场）、修车库与其他部位之间，应采用防火墙和耐火极限不低于 2.00h 的不燃性楼板分隔；

3 汽车库、修车库的外墙门、洞口的上方，应设置耐火极限不低于 1.00h、宽度不小于 1.0m、长度不小于开口宽度的不燃性防火挑檐；

4 汽车库、修车库的外墙上、下层开口之间墙的高度，不应小于 1.2m 或设置耐火极限不低于 1.00h、宽度不小于 1.0m 的不燃性防火挑檐。

5.1.7 汽车库内设置修理车位时，停车部位与修车部位之间应采用防火墙和耐火极限不低于 2.00h 的不燃性楼板分隔。

5.1.8 修车库内使用有机溶剂清洗和喷漆的工段，当超过 3 个车位时，均应采用防火隔墙等分隔措施。

5.1.9 附设在汽车库、修车库内的消防控制室、自动灭火系统的设备室、消防水泵房和排烟、通风空气调节机房等，应采用防火隔墙和耐火极限不低于 1.50h 的不燃性楼板相互隔开或与相邻部位分隔。

5.2 防火墙、防火隔墙和防火卷帘

5.2.1 防火墙应直接设置在建筑的基础或框架、梁等承重结构上，框架、梁等承重结构的耐火极限不应低于防火墙的耐火极限。防火墙、防火隔墙应从楼地面基层隔断至梁、楼板或屋面结构层的底面。

5.2.2 当汽车库、修车库的屋面板为不燃材料且耐火极限不低于 0.50h 时，防火墙、防火隔墙可砌至屋面基层的底部。

5.2.3 三级耐火等级汽车库、修车库的防火墙、防火隔墙应截断其屋顶结构，并应高出其不燃性屋面不小于 0.4m；高出可燃性或难燃性屋面不小于 0.5m。

5.2.4 防火墙不宜设在汽车库、修车库的内转角处。当设在转角处时，内转角处两侧墙上的门、窗、洞口之间的水平距离不应小于 4m。防火墙两侧的门、窗、洞口之间最近边缘的水平距离不应小于 2m。当防火墙两侧设置固定乙级防火窗时，可不受距离的限制。

5.2.5 可燃气体和甲、乙类液体管道严禁穿过防火墙，防火墙内不应设置排气道。防火墙或防火隔墙上不应设置通风孔道，也不宜穿过其他管道（线）；当管道（线）穿过防火墙或防火隔墙时，应采用防火封堵材料将孔洞周围的空隙紧密填塞。

5.2.6 防火墙或防火隔墙上不宜开设门、窗、洞口，当必须开设时，应设置甲级防火门、窗或耐火极限不低于 3.00h 的防火卷帘。

5.2.7 设置在车道上的防火卷帘的耐火极限，应符合现行国家标准《门和卷帘的耐火试验方法》GB/T 7633 有关耐火完整性的判定标准；设置在停车区域上的防火卷帘的耐火极限，应符合现行国家标准《门和卷帘的耐火试验方法》GB/T 7633 有关耐火完整性和耐火隔热性的判定标准。

5.3 电梯井、管道井和其他防火构造

5.3.1 电梯井、管道井、电缆井和楼梯间应分别独立设置。管道井、电缆井的井壁应采用不燃材料，且耐火极限不应低于 1.00h；电梯井的井壁应采用不燃材料，且耐火极限不应低于 2.00h。

5.3.2 电缆井、管道井应在每层楼板处采用不燃材料或防火封堵材料进行分隔；且分隔后的耐火极限不应低于楼板的耐火极限，井壁上的检查门应采用丙级防火门。

5.3.3 除敞开式汽车库、斜楼板式汽车库外，其他汽车库内的汽车坡道两侧应采用防火墙与停车区隔开，坡道的出入口应采用水幕、防火卷帘或甲级防火门等与停车区隔开；但当汽车库和汽车坡道上均设置自动灭火系统时，坡道的出入口可不设置水幕、防火卷帘或甲级防火门。

5.3.4 汽车库、修车库的内部装修，应符合现行国家标准《建筑内部装修设计防火规范》GB 50222 的有关规定。

6 安全疏散和救援设施

6.0.1 汽车库、修车库的人员安全出口和汽车疏散出口应分开设置。设置在工业与民用建筑内的汽车库，其车辆疏散出口应与其他场所的人员安全出口分开设置。

6.0.2 除室内无车道且无人员停留的机械式汽车库外，汽车库、修车库内每个防火分区的人员安全出口不应少于 2 个，Ⅳ类汽车库和Ⅲ、Ⅳ类修车库可设置 1 个。

6.0.3 汽车库、修车库的疏散楼梯应符合下列规定：

    1 建筑高度大于 32m 的高层汽车库、室内地面与室外出入口地坪的高差大于 10m 的地下汽车库应采用防烟楼梯间，其他汽车库、修车库应采用封闭楼梯间；

    2 楼梯间和前室的门应采用乙级防火门，并应向疏散方向开启；

    3 疏散楼梯的宽度不应小于 1.1m。

6.0.4 除室内无车道且无人员停留的机械式汽车库外，建筑高度大于 32m 的汽车库应设置消防电梯。消防电梯的设置应符合现行国家标准《建筑设计防火规范》GB 50016 的有关规定。

6.0.5 室外疏散楼梯可采用金属楼梯，并应符合下列规定：

    1 倾斜角度不应大于 45°，栏杆扶手的高度不应小于 1.1m；

    2 每层楼梯平台应采用耐火极限不低于 1.00h 的不燃材料制作；

    3 在室外楼梯周围 2m 范围内的墙面上，不应开设除疏散门外的其他门、窗、洞口；

    4 通向室外楼梯的门应采用乙级防火门。

6.0.6 汽车库室内任一点至最近人员安全出口的疏散距离不应大于 45m，当设置自动灭火系统时，其距离不应大于 60m。对于单层或设置在建筑首层的汽车库，室内任一点至室外最近出口的疏散距离不应大于 60m。

6.0.7 与住宅地下室相连通的地下汽车库、半地下汽车库，人员疏散可借用住宅部分的

疏散楼梯；当不能直接进入住宅部分的疏散楼梯间时，应在汽车库与住宅部分的疏散楼梯之间设置连通走道，走道应采用防火隔墙分隔，汽车库开向该走道的门均应采用甲级防火门。

6.0.8 室内无车道且无人员停留的机械式汽车库可不设置人员安全出口，但应按下列规定设置供灭火救援用的楼梯间：

    1 每个停车区域当停车数量大于100辆时，应至少设置1个楼梯间；

    2 楼梯间与停车区域之间应采用防火隔墙进行分隔，楼梯间的门应采用乙级防火门；

    3 楼梯的净宽不应小于0.9m。

6.0.9 除本规范另有规定外，汽车库、修车库的汽车疏散出口总数不应少于2个，且应分散布置。

6.0.10 当符合下列条件之一时，汽车库、修车库的汽车疏散出口可设置1个：

    1 Ⅳ类汽车库；

    2 设置双车道汽车疏散出口的Ⅲ类地上汽车库；

    3 设置双车道汽车疏散出口、停车数量小于或等于100辆且建筑面积小于4000m²的地下或半地下汽车库；

    4 Ⅱ、Ⅲ、Ⅳ类修车库。

6.0.11 Ⅰ、Ⅱ类地上汽车库和停车数量大于100辆的地下、半地下汽车库，当采用错层或斜楼板式，坡道为双车道且设置自动喷水灭火系统时，其首层或地下一层至室外的汽车疏散出口不应少于2个，汽车库内其他楼层的汽车疏散坡道可设置1个。

6.0.12 Ⅳ类汽车库设置汽车坡道有困难时，可采用汽车专用升降机作汽车疏散出口，升降机的数量不应少于2台，停车数量少于25辆时，可设置1台。

6.0.13 汽车疏散坡道的净宽度，单车道不应小于3.0m，双车道不应小于5.5m。

6.0.14 除室内无车道且无人员停留的机械式汽车库外，相邻两个汽车疏散出口之间的水平距离不应小于10m；毗邻设置的两个汽车坡道应采用防火隔墙分隔。

6.0.15 停车场的汽车疏散出口不应少于2个；停车数量不大于50辆时，可设置1个。

6.0.16 除室内无车道且无人员停留的机械式汽车库外，汽车库内汽车之间和汽车与墙、柱之间的水平距离，不应小于表6.0.16的规定。

汽车之间和汽车与墙、柱之间的水平距离（m）   表6.0.16

项　目	汽车尺寸（m）			
	车长≤6 或 车宽≤1.8	6<车长≤8 或 1.8<车宽≤2.2	8<车长≤12 或 2.2<车宽≤2.5	车长>12 或 车宽>2.5
汽车与汽车	0.5	0.7	0.8	0.9
汽车与墙	0.5	0.5	0.5	0.5
汽车与柱	0.3	0.3	0.4	0.4

    注：当墙、柱外有暖气片等突出物时，汽车与墙、柱之间的水平距离应从其凸出部分外缘算起。

三、《人民防空工程设计防火规范》GB 50098—2009（节选）

3 总平面布局和平面布置

3.1 一般规定

3.1.1 人防工程的总平面设计应根据人防工程建设规划、规模、用途等因素，合理确定其位置、防火间距、消防水源和消防车道等。

3.1.2 人防工程内不得使用和储存液化石油气、相对密度（与空气密度比值）大于或等于0.75的可燃气体和闪点小于60℃的液体燃料。

3.1.3 人防工程内不应设置哺乳室、托儿所、幼儿园、游乐厅等儿童活动场所和残疾人员活动场所。

3.1.4 医院病房不应设置在地下二层及以下层，当设置在地下一层时，室内地面与室外出入口地坪高差不应大于10m。

3.1.5 歌舞厅、卡拉OK厅（含具有卡拉OK功能的餐厅）、夜总会、录像厅、放映厅、桑拿浴室（除洗浴部分外）、游艺厅（含电子游艺厅）、网吧等歌舞娱乐放映游艺场所（以下简称歌舞娱乐放映游艺场所），不应设置在地下二层及以下层；当设置在地下一层时，室内地面与室外出入口地坪高差不应大于10m。

3.1.6 地下商店应符合下列规定：

1 不应经营和储存火灾危险性为甲、乙类储存物品属性的商品；

2 营业厅不应设置在地下三层及三层以下；

3 当总建筑面积大于20000m² 时，应采用防火墙进行分隔，且防火墙上不得开设门窗洞口，相邻区域确需局部连通时，应采取可靠的防火分隔措施，可选择下列防火分隔方式：

1）下沉式广场等室外开敞空间，下沉式广场应符合本规范第3.1.7条的规定；

2）防火隔间，该防火隔间的墙应为实体防火墙，并应符合本规范第3.1.8条的规定；

3）避难走道，该避难走道应符合本规范第5.2.5条的规定；

4）防烟楼梯间，该防烟楼梯间及前室的门应为火灾时能自动关闭的常开式甲级防火门。

3.1.7 设置本规范第3.1.6条3款1项的下沉式广场时，应符合下列规定：

1 不同防火分区通向下沉式广场安全出口最近边缘之间的水平距离不应小于13m，广场内疏散区域的净面积不应小于169m²。

2 广场应设置不少于一个直通地坪的疏散楼梯，疏散楼梯的总宽度不应小于相邻最大防火分区通向下沉式广场计算疏散总宽度。

3 当确需设置防风雨棚时，棚不得封闭，并应符合下列规定：

1）四周敞开的面积应大于下沉式广场投影面积的25%，经计算大于40m² 时，可取40m²；

2）敞开的高度不得小于1m；

3）当敞开部分采用防风雨百叶时，百叶的有效通风排烟面积可按百叶洞口面积的60%计算。

4 本条第1款最小净面积的范围内不得用于除疏散外的其他用途；其他面积的使用，

不得影响人员的疏散。

注：疏散楼梯总宽度可包括疏散楼梯宽度和90％的自动扶梯宽度。

3.1.8 设置本规范第3.1.6条3款2项的防火隔间时，应符合下列规定：

1 防火隔间与防火分区之间应设置常开式甲级防火门，并应在发生火灾时能自行关闭；

2 不同防火分区开设在防火隔间墙上的防火门最近边缘之间的水平距离不应小于4m；该门不应计算在该防火分区安全出口的个数和总疏散宽度内；

3 防火隔间装修材料燃烧性能等级应为A级，且不得用于除人员通行外的其他用途。

3.1.9 消防控制室应设置在地下一层，并应邻近直接通向（以下简称直通）地面的安全出口；消防控制室可设置在值班室、变配电室等房间内；当地面建筑设置有消防控制室时，可与地面建筑消防控制室合用。消防控制室的防火分隔应符合本规范第4.2.4条的规定。

3.1.10 柴油发电机房和燃油或燃气锅炉房的设置除应符合现行国家标准《建筑设计防火规范》GB 50016 的有关规定外，尚应符合下列规定：

1 防火分区的划分应符合本规范第4.1.1条第3款的规定；

2 柴油发电机房与电站控制室之间的密闭观察窗除应符合密闭要求外，还应达到甲级防火窗的性能；

3 柴油发电机房与电站控制室之间的连接通道处，应设置一道具有甲级防火门耐火性能的门，并应常闭；

4 储油间的设置应符合本规范第4.2.4条的规定。

3.1.11 燃气管道的敷设和燃气设备的使用还应符合现行国家标准《城镇燃气设计规范》GB 50028 的有关规定。

3.1.12 人防工程内不得设置油浸电力变压器和其他油浸电气设备。

3.1.13 当人防工程设置直通室外的安全出口的数量和位置受条件限制时，可设置避难走道。

3.1.14 设置在人防工程内的汽车库、修车库，其防火设计应按现行国家标准《汽车库、修车库、停车场设计防火规范》GB 50067 的有关规定执行。

3.2 防火间距

3.2.1 人防工程的出入口地面建筑物与周围建筑物之间的防火间距，应按现行国家标准《建筑设计防火规范》GB 50016 的有关规定执行。

3.2.2 人防工程的采光窗井与相邻地面建筑的最小防火间距，应符合表3.2.2的规定。

采光窗井与相邻地面建筑的最小防火间距（m）　　　　　　　　表3.2.2

防火间距　　地面建筑类别和耐火等级　　人防工程类别	民用建筑			丙、丁、戊类厂房、库房			高层民用建筑		甲、乙类厂房、库房
	一、二级	三级	四级	一、二级	三级	四级	主体	附属	—
丙、丁、戊类生产车间、物品库房	10	12	14	10	12	14	13	6	25

防火间距　　　地面建筑类别和耐火等级　　　人防工程类别	民用建筑			丙、丁、戊类厂房、库房			高层民用建筑		甲、乙类厂房、库房
	一、二级	三级	四级	一、二级	三级	四级	主体	附属	—
其他人防工程	6	7	9	10	12	14	13	6	25

注：1. 防火间距按人防工程有窗外墙与相邻地面建筑外墙的最近距离计算；

2. 当相邻的地面建筑物外墙为防火墙时，其防火间距不限。

4 防火、防烟分区和建筑构造

4.1 防火和防烟分区

4.1.1 人防工程内应采用防火墙划分防火分区，当采用防火墙确有困难时，可采用防火卷帘等防火分隔设施分隔，防火分区划分应符合下列要求：

1 防火分区应在各安全出口处的防火门范围内划分；

2 水泵房、污水泵房、水池、厕所、盥洗间等无可燃物的房间，其面积可不计入防火分区的面积之内；

3 与柴油发电机房或锅炉房配套的水泵间、风机房、储油间等，应与柴油发电机房或锅炉房一起划分为一个防火分区；

4 防火分区的划分宜与防护单元相结合；

5 工程内设置有旅店、病房、员工宿舍时，不得设置在地下二层及以下层，并应划分为独立的防火分区，且疏散楼梯不得与其他防火分区的疏散楼梯共用。

4.1.2 每个防火分区的允许最大建筑面积，除本规范另有规定者外，不应大于 $500m^2$。当设置有自动灭火系统时，允许最大建筑面积可增加1倍；局部设置时，增加的面积可按该局部面积的1倍计算。

4.1.3 商业营业厅、展览厅、电影院和礼堂的观众厅、溜冰馆、游泳馆、射击馆、保龄球馆等防火分区划分应符合下列规定：

1 商业营业厅、展览厅等，当设置有火灾自动报警系统和自动灭火系统，且采用A级装修材料装修时，防火分区允许最大建筑面积不应大于 $2000m^2$；

2 电影院、礼堂的观众厅，防火分区允许最大建筑面积不应大于 $1000m^2$。当设置有火灾自动报警系统和自动灭火系统时，其允许最大建筑面积也不得增加；

3 溜冰馆的冰场、游泳馆的游泳池、射击馆的靶道区、保龄球馆的球道区等，其面积可不计入溜冰馆、游泳馆、射击馆、保龄球馆的防火分区面积内。溜冰馆的冰场、游泳馆的游泳池、射击馆的靶道区等，其装修材料应采用A级。

4.1.5 人防工程内设置有内挑台、走马廊、开敞楼梯和自动扶梯等上下连通层时，其防火分区面积应按上下层相连通的面积计算，其建筑面积之和应符合本规范的有关规定，且连通的层数不宜大于2层。

4.1.6 当人防工程地面建有建筑物，且与地下一、二层有中庭相通或地下一、二层有中庭相通时，防火分区面积应按上下多层相连通的面积叠加计算；当超过本规范规定的防火分区最大允许建筑面积时，应符合下列规定：

1 房间与中庭相通的开口部位应设置火灾时能自行关闭的甲级防火门窗；

2 与中庭相通的过厅、通道等处，应设置甲级防火门或耐火极限不低于3h的防火卷帘；防火门或防火卷帘应能在火灾时自动关闭或降落；

3 中庭应按本规范第6.3.1条的规定设置排烟设施。

4.1.7 需设置排烟设施的部位，应划分防烟分区，并应符合下列规定：

1 每个防烟分区的建筑面积不宜大于500m²，但当从室内地面至顶棚或顶板的高度在6m以上时，可不受此限；

2 防烟分区不得跨越防火分区。

4.1.8 需设置排烟设施的走道、净高不超过6m的房间，应采用挡烟垂壁、隔墙或从顶棚突出不小于0.5m的梁划分防烟分区。

4.2 防火墙和防火分隔

4.2.1 防火墙应直接设置在基础上或耐火极限不低于3h的承重构件上。

4.2.2 防火墙上不宜开设门、窗、洞口，当需要开设时，应设置能自行关闭的甲级防火门、窗。

4.2.3 电影院、礼堂的观众厅与舞台之间的墙，耐火极限不应低于2.5h，观众厅与舞台之间的舞台口应符合本规范第7.2.3条的规定；电影院放映室（卷片室）应采用耐火极限不低于1h的隔墙与其他部位隔开，观察窗和放映孔应设置阻火闸门。

4.2.4 下列场所应采用耐火极限不低于2h的隔墙和1.5h的楼板与其他场所隔开，并应符合下列规定：

1 消防控制室、消防水泵房、排烟机房、灭火剂储瓶室、变配电室、通信机房、通风和空调机房、可燃物存放量平均值超过30kg/m² 火灾荷载密度的房间等，墙上应设置常闭的甲级防火门；

2 柴油发电机房的储油间，墙上应设置常闭的甲级防火门，并应设置高150mm的不燃烧、不渗漏的门槛，地面不得设置地漏；

3 同一防火分区内厨房、食品加工等用火用电用气场所，墙上应设置不低于乙级的防火门，人员频繁出入的防火门应设置火灾时能自动关闭的常开式防火门；

4 歌舞娱乐放映游艺场所，且一个厅、室的建筑面积不应大于200m²，隔墙上应设置不低于乙级的防火门。

4.3 装修和构造

4.3.1 人防工程的内部装修应按现行国家标准《建筑内部装修设计防火规范》GB 50222 的有关规定执行。

4.3.2 人防工程的耐火等级应为一级，其出入口地面建筑物的耐火等级不应低于二级。

4.3.3 本规范允许使用的可燃气体和丙类液体管道，除可穿过柴油发电机房、燃油锅炉房的储油间与机房间的防火墙外，严禁穿过防火分区之间的防火墙；当其他管道需要穿过防火墙时，应采用防火封堵材料将管道周围的空隙紧密填塞，通风和空气调节系统的风管还应符合本规范第6.7.6条的规定。

4.3.4 通过防火墙或设置有防火门的隔墙处的管道和管线沟，应采用不燃材料将通过处的空隙紧密填塞。

4.3.5 变形缝的基层应采用不燃材料，表面层不应采用可燃或易燃材料。

4.4 防火门、窗和防火卷帘

4.4.1 防火门、防火窗应划分为甲、乙、丙三级。

4.4.2 防火门的设置应符合下列规定：

1 位于防火分区分隔处安全出口的门应为甲级防火门；当使用功能上确实需要采用防火卷帘分隔时，应在其旁设置与相邻防火分区的疏散走道相通的甲级防火门；

2 公共场所的疏散门应向疏散方向开启，并在关闭后能从任何一侧手动开启；

3 公共场所人员频繁出入的防火门，应采用能在火灾时自动关闭的常开式防火门；平时需要控制人员随意出入的防火门，应设置火灾时不需使用钥匙等任何工具即能从内部易于打开的常闭防火门，并应在明显位置设置标识和使用提示；其他部位的防火门，宜选用常闭的防火门；

4 用防护门、防护密闭门、密闭门代替甲级防火门时，其耐火性能应符合甲级防火门的要求；且不得用于平战结合公共场所的安全出口处；

5 常开的防火门应具有信号反馈的功能。

4.4.3 用防火墙划分防火分区有困难时，可采用防火卷帘分隔，并应符合下列规定：

1 当防火分隔部位的宽度不大于30m时，防火卷帘的宽度不应大于10m；当防火分隔部位的宽度大于30m时，防火卷帘的宽度不应大于防火分隔部位宽度的1/3，且不应大于20m；

2 防火卷帘的耐火极限不应低于3h；

当防火卷帘的耐火极限符合现行国家标准《门和卷帘耐火试验方法》GB 7633有关背火面温升的判定条件时，可不设置自动喷水灭火系统保护；

当防火卷帘的耐火极限符合现行国家标准《门和卷帘耐火试验方法》GB 7633有关背火面辐射热的判定条件时，应设置自动喷水灭火系统保护；自动喷水灭火系统的设计应符合现行国家标准《自动喷水灭火系统设计规范》GB 50084的有关规定，但其火灾延续时间不应小于3h；

3 防火卷帘应具有防烟性能，与楼板、梁和墙、柱之间的空隙应采用防火封堵材料封堵；

4 在火灾时能自动降落的防火卷帘，应具有信号反馈的功能。

5 安 全 疏 散

5.1 一般规定

5.1.1 每个防火分区安全出口设置的数量，应符合下列规定之一：

1 每个防火分区的安全出口数量不应少于2个；

2 当有2个或2个以上防火分区相邻，且将相邻防火分区之间防火墙上设置的防火门作为安全出口时，防火分区安全出口应符合下列规定：

1) 防火分区建筑面积大于1000m²的商业营业厅、展览厅等场所，设置通向室外、直通室外的疏散楼梯间或避难走道的安全出口个数不得少于2个；

2) 防火分区建筑面积不大于1000m²的商业营业厅、展览厅等场所，设置通向室外、直通室外的疏散楼梯间或避难走道的安全出口个数不得少于1个；

3) 在一个防火分区内，设置通向室外、直通室外的疏散楼梯间或避难走道的安全出口宽度之和，不宜小于本规范第5.1.6条规定的安全出口总宽度的70%；

3 建筑面积不大于 $500m^2$，且室内地面与室外出入口地坪高差不大于 $10m$，容纳人数不大于 30 人的防火分区，当设置有仅用于采光或进风用的竖井，且竖井内有金属梯直通地面、防火分区通向竖井处设置有不低于乙级的常闭防火门时，可只设置一个通向室外、直通室外的疏散楼梯间或避难走道的安全出口；也可设置一个与相邻防火分区相通的防火门；

4 建筑面积不大于 $200m^2$，且经常停留人数不超过 3 人的防火分区，可只设置一个通向相邻防火分区的防火门。

5.1.2 房间建筑面积不大于 $50m^2$，且经常停留人数不超过 15 人时，可设置一个疏散出口。

5.1.3 歌舞娱乐放映游艺场所的疏散应符合下列规定：

1 不宜布置在袋形走道的两侧或尽端，当必须布置在袋形走道的两侧或尽端时，最远房间的疏散门到最近安全出口的距离不应大于 $9m$；一个厅、室的建筑面积不应大于 $200m^2$；

2 建筑面积大于 $50m^2$ 的厅、室，疏散出口不应少于 2 个。

5.1.4 每个防火分区的安全出口，宜按不同方向分散设置；当受条件限制需要同方向设置时，两个安全出口最近边缘之间的水平距离不应小于 $5m$。

5.1.5 安全疏散距离应满足下列规定：

1 房间内最远点至该房间门的距离不应大于 $15m$；

2 房间门至最近安全出口的最大距离：医院应为 $24m$；旅馆应为 $30m$；其他工程应为 $40m$。位于袋形走道两侧或尽端的房间，其最大距离应为上述相应距离的一半；

3 观众厅、展览厅、多功能厅、餐厅、营业厅和阅览室等，其室内任意一点到最近安全出口的直线距离不宜大于 $30m$；当该防火分区设置有自动喷水灭火系统时，疏散距离可增加 25%。

5.1.6 疏散宽度的计算和最小净宽应符合下列规定：

1 每个防火分区安全出口的总宽度，应按该防火分区设计容纳总人数乘以疏散宽度指标计算确定，疏散宽度指标应按下列规定确定：

1）室内地面与室外出入口地坪高差不大于 $10m$ 的防火分区，疏散宽度指标应为每 100 人不小于 $0.75m$；

2）室内地面与室外出入口地坪高差大于 $10m$ 的防火分区，疏散宽度指标应为每 100 人不小于 $1.00m$；

3）人员密集的厅、室以及歌舞娱乐放映游艺场所，疏散宽度指标应为每 100 人不小于 $1.00m$；

2 安全出口、疏散楼梯和疏散走道的最小净宽应符合表 5.1.6 的规定。

安全出口、疏散楼梯和疏散走道的最小净宽（m）   表 5.1.6

工程名称	安全出口和疏散楼梯净宽	疏散走道净宽	
		单面布置房间	双面布置房间
商场、公共娱乐场所、健身体育场所	1.40	1.50	1.60
医院	1.30	1.40	1.50

工程名称	安全出口和疏散楼梯净宽	疏散走道净宽	
		单面布置房间	双面布置房间
旅馆、餐厅	1.10	1.20	1.30
车间	1.10	1.20	1.50
其他民用工程	1.10	1.20	—

5.1.7 设置有固定座位的电影院、礼堂等的观众厅，其疏散走道、疏散出口等应符合下列规定：

1 厅内的疏散走道净宽应按通过人数每100人不小于0.80m计算，且不宜小于1.00m；边走道的净宽不应小于0.80m；

2 厅的疏散出口和厅外疏散走道的总宽度，平坡地面应分别按通过人数每100人不小于0.65m计算，阶梯地面应分别按通过人数每100人不小于0.80m计算；疏散出口和疏散走道的净宽均不应小于1.40m；

3 观众厅座位的布置，横走道之间的排数不宜大于20排；纵走道之间每排座位不宜大于22个；当前后排座位的排距不小于0.90m时，每排座位可为44个；只一侧有纵走道时，其座位数应减半；

4 观众厅每个疏散出口的疏散人数平均不应大于250人；

5 观众厅的疏散门，宜采用推闩式外开门。

5.1.8 公共疏散出口处内、外1.40m范围内不应设置踏步，门必须向疏散方向开启，且不应设置门槛。

5.1.9 地下商店每个防火分区的疏散人数，应按该防火分区内营业厅使用面积乘以面积折算值和疏散人数换算系数确定。面积折算值宜为70%，疏散人数换算系数应按表5.1.9确定。经营丁、戊类物品的专业商店，可按上述确定的人数减少50%。

地下商店营业厅内的疏散人数换算系数（人/m²）　　　　表5.1.9

楼层位置	地下一层	地下二层
换算系数	0.85	0.80

5.1.10 歌舞娱乐放映游艺场所最大容纳人数应按该场所建筑面积乘以人员密度指标来计算，其人员密度指标应按下列规定确定：

1 录像厅、放映厅人员密度指标为1.0人/m²；

2 其他歌舞娱乐放映游艺场所人员密度指标为0.5人/m²。

5.2 楼梯、走道

5.2.1 设有下列公共活动场所的人防工程，当底层室内地面与室外出入口地坪高差大于10m时，应设置防烟楼梯间；当地下为两层，且地下第二层的室内地面与室外出入口地坪高差不大于10m时，应设置封闭楼梯间。

1 电影院、礼堂；

2 建筑面积大于500m²的医院、旅馆；

3 建筑面积大于1000m²的商场、餐厅、展览厅、公共娱乐场所、健身体育场所。

5.2.2 封闭楼梯间应采用不低于乙级的防火门；封闭楼梯间的地面出口可用于天然采光和自然通风，当不能采用自然通风时，应采用防烟楼梯间。

5.2.3 人民防空地下室的疏散楼梯间，在主体建筑地面首层应采用耐火极限不低于2h的隔墙与其他部位隔开并应直通室外；当必须在隔墙上开门时，应采用不低于乙级的防火门。

人民防空地下室与地上层不应共用楼梯间；当必须共用楼梯间时，应在地面首层与地下室的入口处，设置耐火极限不低于2h的隔墙和不低于乙级的防火门隔开，并应有明显标志。

5.2.4 防烟楼梯间前室的面积不应小于$6m^2$；当与消防电梯间合用前室时，其面积不应小于$10m^2$。

5.2.5 避难走道的设置应符合下列规定：

1 避难走道直通地面的出口不应少于2个，并应设置在不同方向；当避难走道只与一个防火分区相通时，避难走道直通地面的出口可设置一个，但该防火分区至少应有一个不通向该避难走道的安全出口；

2 通向避难走道的各防火分区人数不等时，避难走道的净宽不应小于设计容纳人数最多一个防火分区通向避难走道各安全出口最小净宽之和；

3 避难走道的装修材料燃烧性能等级应为A级；

4 防火分区至避难走道入口处应设置前室，前室面积不应小于$6m^2$，前室的门应为甲级防火门；其防烟应符合本规范第6.2节的规定；

5 避难走道的消火栓设置应符合本规范第7章的规定；

6 避难走道的火灾应急照明应符合本规范第8.2节的规定；

7 避难走道应设置应急广播和消防专线电话。

5.2.6 疏散走道、疏散楼梯和前室，不应有影响疏散的突出物；疏散走道应减少曲折，走道内不宜设置门槛、阶梯；疏散楼梯的阶梯不宜采用螺旋楼梯和扇形踏步，但踏步上下两级所形成的平面角小于10°，且每级离扶手0.25m处的踏步宽度大于0.22m时，可不受此限。

5.2.7 疏散楼梯间在各层的位置不应改变；各层人数不等时，其宽度应按该层及以下层中通过人数最多的一层计算。

注：相关的其他防火规范如下：

1.《民用机场航站楼设计防火规范》GB 51236—2017

2.《建筑内部装修设计防火规范》GB 50222—2017

3.《自动喷水灭火系统设计规范》GB 50084—2017

4.《消防给水及消火栓系统技术规范》GB 50974—2014

5.《建筑防烟排烟系统技术标准》GB 51251—2017

6.《火灾自动报警系统设计规范》GB 50116—2013

四、《人民防空地下室设计规范》GB 50038—2005（节选）

3.1.3 防空地下室距生产、储存易燃易爆物品厂房、库房的距离不应小于50m；距有害液体、重毒气体的贮罐不应小于100m。

3.2.13 在染毒区与清洁区之间应设置整体浇筑的钢筋混凝土密闭隔墙，其厚度不应小于200mm，并应在染毒区一侧墙面用水泥砂浆抹光。当密闭隔墙上有管道穿过时，应采取密闭措施。在密闭隔墙上开设门洞时，应设置密闭门。

3.2.15 顶板底面高出室外地平面的防空地下室必须符合下列规定。

1 上部建筑为钢筋混凝土结构的甲类防空地下室，其顶板底面不得高出室外地平面；上部建筑为砌体结构的甲类防空地下室，其顶板底面可高出室外地平面，但必须符合下列规定：

1) 当地具有取土条件的核5级甲类防空地下室，其顶板底面高出室外地平面的高度不得大于0.5m，并应在临战时按下述要求在高出室外地平面的外墙外侧覆土，覆土的断面应为梯形，其上部水平段的宽度不得小于1m，高度不得低于防空地下室顶板的上表面，其水平段外侧为斜坡，其坡度不得大于1:3 (高:宽)；

2) 核6级、核6B级的甲类防空地下室，其顶板底面高出室外地平面的高度不得大于1m，且其高出室外地平面的外墙必须满足战时防常规武器爆炸、防核武器爆炸、密闭和墙体防护厚度等各项防护要求。

2 乙类防空地下室的顶板底面高出室外地平面的高度不得大于该地下室净高的1/2，且其高出室外地平面的外墙必须满足战时防常规武器爆炸、密闭和墙体防护厚度等各项防护要求。

3.3.1 防空地下室战时使用的出入口，其设置应符合下列规定：

1 防空地下室的每个防护单元不应少于两个出入口（不包括竖井式出入口、防护单元之间的连通口），其中至少有一个室外出入口（竖井式除外）。战时主要出入口应设在室外出入口。

3.3.6 防空地下室出入口人防门的设置应符合下列规定：

1 人防门的设置数量应符合以下规定，并按由外到内的顺序设置：

医疗救护工程、专业队队员掩蔽部、一等人员掩蔽所、生产车间、食品站的主要入口：防护密闭门1，密闭门2，次要入口：防护密闭门1，密闭门1；

二等人员掩蔽所、电站控制室、物资库、区域供水站：防护密闭门1、密闭门1；

专业队装备掩蔽部、汽车库、电站发电机房：防护密闭门1、密闭门0；

2 防护密闭门应向外开启。

3.3.26 当电梯通至地下室时，电梯必须设置在防空地下室的防护密闭区以外。

3.6.6 柴油电站的贮油间应符合下列规定：

1 贮油间宜与发电机房分开布置；

2 贮油间应设置向外开启的防火门，其地面应低于与其相连接的房间（或走道）地面150~200mm或设门槛；

3 严禁柴油机排烟管、通风管、电线、电缆等穿过贮油间。

3.7.2 平战结合的防空地下室中，下列各项应在工程施工、安装时一次完成：

——现浇的钢筋混凝土和混凝土结构、构件；

——战时使用的及平战两用的出入口、连通口的防护密闭门、密闭门；

——战时使用的及平战两用的通风口防护设施；

——战时使用的给水引入管、排水出户管和防爆波地漏。

五、《无障碍设计规范》GB 50763—2012（节选）

3.1.1 缘石坡道应符合下列规定：

　　1 缘石坡道的坡面应平整、防滑；

　　2 缘石坡道的坡口与车行道之间宜没有高差；当有高差时，高出车行道的地面不应大于 10mm；

　　3 宜优先选用全宽式单面坡缘石坡道。

3.1.2 缘石坡道的坡度应符合下列规定：

　　1 全宽式单面坡缘石坡道的坡度不应大于 1∶20；

　　2 三面坡缘石坡道正面及侧面的坡度不应大于 1∶12；

　　3 其他形式的缘石坡道的坡度均不应大于 1∶12。

3.1.3 缘石坡道的宽度应符合下列规定：

　　1 全宽式单面坡缘石坡道的宽度应与人行道宽度相同；

　　2 三面坡缘石坡道的正面坡道宽度不应小于 1.20m；

　　3 其他形式的缘石坡道的坡口宽度均不应小于 1.50m。

3.2.1 盲道应符合下列规定：

　　1 盲道按其使用功能可分为行进盲道和提示盲道；

　　2 盲道的纹路应凸出路面 4mm 高；

　　4 盲道的颜色宜与相邻的人行道铺面的颜色形成对比，并与周围景观相协调，宜采用中黄色。

3.2.2 行进盲道应符合下列规定：

　　1 行进盲道应与人行道的走向一致；

　　2 行进盲道的宽度宜为 250～500mm；

　　3 行进盲道宜在距围墙、花台、绿化带 250～500mm 处设置。

3.3.1 无障碍出入口包括以下几种类别：

　　1 平坡出入口；

　　2 同时设置台阶和轮椅坡道的出入口；

　　3 同时设置台阶和升降平台的出入口。

3.3.2 无障碍出入口应符合下列规定：

　　1 出入口的地面应平整、防滑；

　　2 室外地面滤水箅子的孔洞宽度不应大于 15mm；

　　4 除平坡出入口外，在门完全开启的状态下，建筑物无障碍出入口的平台的净深度不应小于 1.50m；

　　5 建筑物无障碍出入口的门厅、过厅如设置两道门，门扇同时开启时两道门的间距不应小于 1.50m；

　　6 建筑物无障碍出入口的上方应设置雨篷。

3.3.3 无障碍出入口的轮椅坡道及平坡出入口的坡度应符合下列规定：

　　1 平坡出入口的地面坡度不应大于 1∶20，当场地条件比较好时，不宜大于 1∶30。

3.4.1 轮椅坡道宜设计成直线形、直角形或折返形。

3.4.2 轮椅坡道的净宽度不应小于 1.00m，无障碍出入口的轮椅坡道净宽度不应小于 1.20m。

3.4.3 轮椅坡道的高度超过 300mm 且坡度大于 1:20 时，应在两侧设置扶手，坡道与休息平台的扶手应保持连贯。

3.4.4 轮椅坡道的最大高度和水平长度应符合表 3.4.4 的规定。

轮椅坡道的最大高度和水平长度

表 3.4.4

坡度	1:20	1:16	1:12	1:10	1:8
最大高度（m）	1.20	0.90	0.75	0.60	0.30
水平长度（m）	24.00	14.40	9.00	6.00	2.40

注：其他坡度可用插入法进行计算。

3.4.5 轮椅坡道的坡面应平整、防滑、无反光。

3.4.6 轮椅坡道起点、终点和中间休息平台的水平长度不应小于 1.50m。

3.5.1 无障碍通道的宽度应符合下列规定：

1 室内走道不应小于 1.20m，人流较多或较集中的大型公共建筑的室内走道宽度不宜小于 1.80m；

2 室外通道不宜小于 1.50m；

3 检票口、结算口轮椅通道不应小于 900mm。

3.5.2 无障碍通道应符合下列规定：

1 无障碍通道应连续，其地面应平整、防滑、反光小或无反光，并不宜设置厚地毯；

2 无障碍通道上有高差时，应设置轮椅坡道；

3 室外通道上的雨水箅子的孔洞宽度不应大于 15mm。

3.5.3 门的无障碍设计应符合下列规定：

1 不应采用力度大的弹簧门并不宜采用弹簧门、玻璃门；当采用玻璃门时，应有醒目的提示标志；

2 自动门开启后通行净宽度不应小于 1.00m；

3 平开门、推拉门、折叠门开启后的通行净宽度不应小于 800mm，有条件时，不宜小于 900mm；

4 在门扇内外应留有直径不小于 1.50m 的轮椅回转空间；

5 在单扇平开门、推拉门、折叠门的门把手一侧的墙面，应设宽度不小于 400mm 的墙面；

6 平开门、推拉门、折叠门的门扇应设距地 900mm 的把手，宜设视线观察玻璃，并宜在距地 350mm 范围内安装护门板；

7 门槛高度及门内外地面高差不应大于 15mm，并以斜面过渡。

3.6.1 无障碍楼梯应符合下列规定：

1 宜采用直线形楼梯；

2 公共建筑楼梯的踏步宽度不应小于 280mm，踏步高度不应大于 160mm；

3 不应采用无踢面和直角形突缘的踏步；

4 宜在两侧均做扶手；

5 如采用栏杆式楼梯，在栏杆下方宜设置安全阻挡措施；

6 踏面应平整防滑或在踏面前缘设防滑条；

7 距踏步起点和终点250~300mm宜设提示盲道。

3.6.2 台阶的无障碍设计应符合下列规定：

1 公共建筑的室内外台阶踏步宽度不宜小于300mm，踏步高度不宜大于150mm，并不应小于100mm；

2 踏步应防滑；

3 三级及三级以上的台阶应在两侧设置扶手。

3.7.1 无障碍电梯的候梯厅应符合下列规定：

1 候梯厅深度不宜小于1.50m，公共建筑及设置病床梯的候梯厅深度不宜小于1.80m；

3 电梯门洞的净宽度不宜小于900mm。

3.7.2 无障碍电梯的轿厢应符合下列规定：

1 轿厢门开启的净宽度不应小于800mm；

2 在轿厢的侧壁上应设高0.90~1.10m带盲文的选层按钮，盲文宜设置于按钮旁；

3 轿厢的三面壁上应设高850~900mm扶手，扶手应符合本规范第3.8节的相关规定；

6 轿厢的规格应依据建筑性质和使用要求的不同而选用。最小规格为深度不应小于1.40m，宽度不应小于1.10m；中型规格为深度不应小于1.60m，宽度不应小于1.40m；医疗建筑与老人建筑宜选用病床专用电梯。

3.8.1 无障碍单层扶手的高度应为850~900mm，无障碍双层扶手的上层扶手高度应为850~900mm，下层扶手高度应为650~700mm。

3.8.2 扶手应保持连贯，靠墙面的扶手的起点和终点处应水平延伸不小于300mm的长度。

3.8.3 扶手末端应向内拐到墙面或向下延伸不小于100mm，栏杆式扶手应向下成弧形或延伸到地面上固定。

3.8.4 扶手内侧与墙面的距离不应小于40mm。

3.8.5 扶手应安装坚固，形状易于抓握。圆形扶手的直径应为35~50mm，矩形扶手的截面尺寸应为35~50mm。

3.9.1 公共厕所的无障碍设计应符合下列规定：

1 女厕所的无障碍设施包括至少1个无障碍厕位和1个无障碍洗手盆；男厕所的无障碍设施包括至少1个无障碍厕位、1个无障碍小便器和1个无障碍洗手盆；

2 厕所的入口和通道应方便乘轮椅者进入和进行回转，回转直径不小于1.50m；

3 门应方便开启，通行净宽度不应小于800mm；

4 地面应防滑、不积水。

3.9.2 无障碍厕位应符合下列规定：

1 无障碍厕位应方便乘轮椅者到达和进出，尺寸宜做到2.00m×1.50m，不应小于1.80m×1.00m；

2 无障碍厕位的门宜向外开启，如向内开启，需在开启后厕位内留有直径不小于1.50m的轮椅回转空间，门的通行净宽不应小于800mm，平开门外侧应设高900mm的横扶把手，在关闭的门扇里侧设高900mm的关门拉手，并应采用门外可紧急开启的插销；

3 厕位内应设坐便器，厕位两侧距地面700mm处应设长度不小于700mm的水平安全抓杆，另一侧应设高1.40m的垂直安全抓杆。

3.9.3 无障碍厕所的无障碍设计应符合下列规定：

1 位置宜靠近公共厕所，应方便乘轮椅者进入和进行回转，回转直径不小于1.50m；

2 面积不应小于4.00m²；

3 当采用平开门，门扇宜向外开启，如向内开启，需在开启后留有直径不小于1.50m的轮椅回转空间，门的通行净宽度不应小于800mm，平开门应设高900mm的横扶把手，在门扇里侧应采用门外可紧急开启的门锁。

3.9.4 厕所里的其他无障碍设施应符合下列规定：

1 无障碍小便器下口距地面高度不应大于400mm，小便器两侧应在离墙面250mm处，设高度为1.20m的垂直安全抓杆，并在离墙面550mm处，设高度为900mm的水平安全抓杆，与垂直安全抓杆连接；

2 无障碍洗手盆的水嘴中心距侧墙应大于550mm，其底部应留出宽750mm、高650mm、深450mm供乘轮椅者膝部和足尖部的移动空间，并在洗手盆上方安装镜子，出水龙头宜采用杠杆式水龙头或感应式自动出水方式；

3 安全抓杆应安装牢固，直径应为30～40mm，内侧距墙不应小于40mm；

4 取纸器应设在坐便器的侧前方，高度为400～500mm。

3.12.4 无障碍住房及宿舍的其他规定：

1 单人卧室面积不应小于7.00m²，双人卧室面积不应小于10.50m²，兼起居室的卧室面积不应小于16.00m²，起居室不应小于14.00m²，厨房面积不应小于6.00m²；

2 设坐便器、洗浴器（浴盆或淋浴）、洗面盆三件卫生洁具的卫生间面积不应小于4.00m²；设坐便器、洗浴器二件卫生洁具的卫生间面积不应小于3.00m²；设坐便器、洗面盆二件卫生洁具的卫生间面积不应小于2.50m²；单设坐便器的卫生间面积不应小于2.00m²；

3 供乘轮椅者使用的厨房，操作台下方净宽和高度都不应小于650mm，深度不应小于250mm；

4 居室和卫生间内应设求助呼叫按钮。

3.13.1 轮椅席位应设在便于到达疏散口及通道的附近，不得设在公共通道范围内。

3.13.2 观众厅内通往轮椅席位的通道宽度不应小于1.20m。

3.13.3 轮椅席位的地面应平整、防滑，在边缘处宜安装栏杆或栏板。

3.13.4 每个轮椅席位的占地面积不应小于1.10m×0.80m。

3.14.1 应将通行方便、行走距离路线最短的停车位设为无障碍机动车停车位。

3.14.3 无障碍机动车停车位一侧，应设宽度不小于1.20m的通道，供乘轮椅者从轮椅通道直接进入人行道和到达无障碍出入口。

3.15.1 设置低位服务设施的范围包括问询台、服务窗口、电话台、安检验证台、行李托运台、借阅台、各种业务台、饮水机等。

3.15.2 低位服务设施上表面距地面高度宜为 700～850mm，其下部宜至少留出宽 750mm，高 650mm，深 450mm 供乘轮椅者膝部和足尖部的移动空间。

3.15.3 低位服务设施前应有轮椅回转空间，回转直径不小于 1.50m。

3.15.4 挂式电话离地不应高于 900mm。

7.3.3 停车场和车库应符合下列规定：

　　1 居住区停车场和车库的总停车位应设置不少于 0.5％的无障碍机动车停车位；若设有多个停车场和车库，宜每处设置不少于 1 个无障碍机动车停车位；

　　2 地面停车场的无障碍机动车停车位宜靠近停车场的出入口设置。有条件的居住区宜靠近住宅出入口设置无障碍机动车停车位；

　　3 车库的人行出入口应为无障碍出入口。设置在非首层的车库应设无障碍通道与无障碍电梯或无障碍楼梯连通，直达首层。

7.4.2 居住建筑的无障碍设计应符合下列规定：

　　1 设置电梯的居住建筑应至少设置 1 处无障碍出入口，通过无障碍通道直达电梯厅；未设置电梯的低层和多层居住建筑，当设置无障碍住房及宿舍时，应设置无障碍出入口；

　　2 设置电梯的居住建筑，每居住单元至少应设置 1 部能直达户门层的无障碍电梯。

7.4.3 居住建筑应按每 100 套住房设置不少于 2 套无障碍住房。

7.4.4 无障碍住房及宿舍宜建于底层。当无障碍住房及宿舍设在二层及以上且未设置电梯时，其公共楼梯应满足本规范第 3.6 节的有关规定。

7.4.5 宿舍建筑中，男女宿舍应分别设置无障碍宿舍，每 100 套宿舍各应设置不少于 1 套无障碍宿舍；当无障碍宿舍设置在二层以上且宿舍建筑设置电梯时，应设置不少于 1 部无障碍电梯，无障碍电梯应与无障碍宿舍以无障碍通道连接。

8.1.1 公共建筑基地的无障碍设计应符合下列规定：

　　1 建筑基地的车行道与人行通道地面有高差时，在人行通道的路口及人行横道的两端应设缘石坡道；

　　2 建筑基地的广场和人行通道的地面应平整、防滑、不积水；

　　3 建筑基地的主要人行通道当有高差或台阶时应设置轮椅坡道或无障碍电梯。

8.1.2 建筑基地内总停车数在 100 辆以下时应设置不少于 1 个无障碍机动车停车位，100 辆以上时应设置不少于总停车数 1％的无障碍机动车停车位。

8.1.3 公共建筑的主要出入口宜设置坡度小于 1∶30 的平坡出入口。

8.1.4 建筑内设有电梯时，至少应设置 1 部无障碍电梯。

8.1.5 当设有各种服务窗口、售票窗口、公共电话台、饮水器等时应设置低位服务设施。

8.2.2 办公众办理业务与信访接待的办公建筑的无障碍设施应符合下列规定：

　　1 建筑的主要出入口应为无障碍出入口；

　　2 建筑出入口大厅、休息厅、贵宾休息室、疏散大厅等人员聚集场所有高差或台阶时应设轮椅坡道，宜提供休息座椅和可以放置轮椅的无障碍休息区；

3 公众通行的室内走道应为无障碍通道，走道长度大于 60.00m 时，宜设休息区，休息区应避开行走路线；

4 供公众使用的楼梯宜为无障碍楼梯。

8.2.3 其他办公建筑的无障碍设施应符合下列规定：

1 建筑物至少应有 1 处为无障碍出入口，且宜位于主要出入口处；

3 多功能厅、报告厅等至少应设置 1 个轮椅座席。

8.3.2 教育建筑的无障碍设施应符合下列规定：

1 凡教师、学生和婴幼儿使用的建筑物主要出入口应为无障碍出入口、宜设置为平坡出入口；

2 主要教学用房应至少设置 1 部无障碍楼梯。

8.7.2 文化类建筑的无障碍设施应符合下列规定：

1 建筑物至少应有 1 处为无障碍出入口，且宜位于主要出入口处；

2 建筑出入口大厅、休息厅（贵宾休息厅）、疏散大厅等主要人员聚集场所有高差或台阶时应设轮椅坡道，宜设置休息座椅和可以放置轮椅的无障碍休息区；

3 公众通行的室内走道及检票口应为无障碍通道，走道长度大于 60.00m，宜设休息区，休息区应避开行走路线；

4 供公众使用的主要楼梯宜为无障碍楼梯；

6 公共餐厅应提供总用餐数 2% 的活动座椅，供乘轮椅者使用。

8.8.2 商业服务建筑的无障碍设计应符合下列规定：

1 建筑物至少应有 1 处为无障碍出入口，且宜位于主要出入口处；

2 公众通行的室内走道应为无障碍通道；

4 供公众使用的主要楼梯应为无障碍楼梯。

8.8.3 旅馆等商业服务建筑应设置无障碍客房，其数量应符合下列规定：

1 100 间以下，应设 1～2 间无障碍客房；

2 100～400 间，应设 2～4 间无障碍客房；

3 400 间以上，应至少设 4 间无障碍客房。

8.10.1 公共停车场（库）应设置无障碍机动车停车位，其数量应符合下列规定：

1 Ⅰ类公共停车场（库）应设置不少于停车数量 2% 的无障碍机动车停车位；

2 Ⅱ类及Ⅲ类公共停车场（库）应设置不少于停车数量 2%，且不少于 2 个无障碍机动车停车位；

3 Ⅳ类公共停车场（库）应设置不少于 1 个无障碍机动车停车位。

8.13.2 城市公共厕所的无障碍设计应符合下列规定：

1 出入口应为无障碍出入口；

2 在两层公共厕所中，无障碍厕位应设在地面层；

3 女厕所的无障碍设施包括至少 1 个无障碍厕位和 1 个无障碍洗手盆；男厕所的无障碍设施包括至少 1 个无障碍厕位、1 个无障碍小便器和 1 个无障碍洗手盆；并应满足本规范第 3.9.1 条的有关规定；

4 宜在公共厕所旁另设 1 处无障碍厕所；

5 厕所内的通道应方便乘轮椅者进出和回转，回转直径不小于 1.50m；

6 门应方便开启，通行净宽度不应小于800mm；

7 地面应防滑、不积水。

六、《绿色建筑评价标准》GB/T 50378—2019（节选）

2019版《绿色建筑评价标准》修订的主要技术内容是：

（1）重新构建了绿色建筑评价技术的指标体系；

（2）调整了绿色建筑的评价时间节点；

（3）增加了绿色建筑等级；

（4）拓展了绿色建筑内涵；

（5）提高了绿色建筑性能要求。

2019版《标准》的主要内容包括："1. 总则；2. 术语；3. 基本规定；4. 安全耐久；5. 健康舒适；6. 生活便利；7. 资源节约；8. 环境宜居；9. 提高与创新"。其中第1~3章内容可参考本书第一章第五节；本节受篇幅所限，只节选第4~8章控制项内容。

4 安 全 耐 久

4.1 控制项

4.1.1 场地应避开滑坡、泥石流等地质危险地段，易发生洪涝地区应有可靠的防洪涝基础设施；场地应无危险化学品、易燃易爆危险源的威胁，应无电磁辐射、含氡土壤的危害。

4.1.2 建筑结构应满足承载力和建筑使用功能要求。建筑外墙、屋面、门窗、幕墙及外保温等围护结构应满足安全、耐久和防护的要求。

4.1.3 外遮阳、太阳能设施、空调室外机位、外墙花池等外部设施应与建筑主体结构统一设计、施工，并应具备安装、检修与维护条件。

4.1.4 建筑内部的非结构构件、设备及附属设施等应连接牢固并能适应主体结构变形。

4.1.5 建筑外门窗必须安装牢固，其抗风压性能和水密性能应符合国家现行有关标准的规定。

4.1.6 卫生间、浴室的地面应设置防水层，墙面、顶棚应设置防潮层。

4.1.7 走廊、疏散通道等通行空间应满足紧急疏散、应急救护等要求，且应保持畅通。

4.1.8 应具有安全防护的警示和引导标识系统。

5 健 康 舒 适

5.1 控制项

5.1.1 室内空气中的氨、甲醛、苯、总挥发性有机物、氡等污染物浓度应符合现行国家标准《室内空气质量标准》GB/T 18883的有关规定。建筑室内和建筑主出入口处应禁止吸烟，并应在醒目位置设置禁烟标志。

5.1.2 应采取措施避免厨房、餐厅、打印复印室、卫生间、地下车库等区域的空气和污染物串通到其他空间；应防止厨房、卫生间的排气倒灌。

5.1.3 给水排水系统的设置应符合下列规定：

1 生活饮用水水质应满足现行国家标准《生活饮用水卫生标准》GB 5749的要求；

2 应制定水池、水箱等储水设施定期清洗消毒计划并实施，且生活饮用水储水设施每半年清洗消毒不应少于1次；

3 应使用构造内自带水封的便器，且其水封深度不应小于50mm；

4 非传统水源管道和设备应设置明确、清晰的永久性标识。

5.1.4 主要功能房间的室内噪声级和隔声性能应符合下列规定：

1 室内噪声级应满足现行国家标准《民用建筑隔声设计规范》GB 50118 中的低限要求；

2 外墙、隔墙、楼板和门窗的隔声性能应满足现行国家标准《民用建筑隔声设计规范》GB 50118 中的低限要求。

5.1.5 建筑照明应符合下列规定：

1 照明数量和质量应符合现行国家标准《建筑照明设计标准》GB 50034 的规定；

2 人员长期停留的场所应采用符合现行国家标准《灯和灯系统的光生物安全性》GB/T 20145 规定的无危险类照明产品；

3 选用 LED 照明产品的光输出波形的波动深度应满足现行国家标准《LED 室内照明应用技术要求》GB/T 31831 的规定。

5.1.6 应采取措施保障室内热环境。采用集中供暖空调系统的建筑，房间内的温度、湿度、新风量等设计参数应符合现行国家标准《民用建筑供暖通风与空气调节设计规范》GB 50736 的有关规定；采用非集中供暖空调系统的建筑，应具有保障室内热环境的措施或预留条件。

5.1.7 围护结构热工性能应符合下列规定：

1 在室内设计温度、湿度条件下，建筑非透光围护结构内表面不得结露；

2 供暖建筑的屋面、外墙内部不应产生冷凝；

3 屋顶和外墙隔热性能应满足现行国家标准《民用建筑热工设计规范》GB 50176 的要求。

5.1.8 主要功能房间应具有现场独立控制的热环境调节装置。

5.1.9 地下车库应设置与排风设备联动的一氧化碳浓度监测装置。

6 生 活 便 利

6.1 控制项

6.1.1 建筑、室外场地、公共绿地、城市道路相互之间应设置连贯的无障碍步行系统。

6.1.2 场地人行出入口 500m 内应设有公共交通站点或配备联系公共交通站点的专用接驳车。

6.1.3 停车场应具有电动汽车充电设施或具备充电设施的安装条件，并应合理设置电动汽车和无障碍汽车停车位。

6.1.4 自行车停车场所应位置合理、方便出入。

6.1.5 建筑设备管理系统应具有自动监控管理功能。

6.1.6 建筑应设置信息网络系统。

7 资 源 节 约

7.1 控制项

7.1.1 应结合场地自然条件和建筑功能需求，对建筑的体形、平面布局、空间尺度、围护结构等进行节能设计，且应符合国家有关节能设计的要求。

7.1.2 应采取措施降低部分负荷、部分空间使用下的供暖、空调系统能耗，并应符合下列规定：

1 应区分房间的朝向细分供暖、空调区域，并应对系统进行分区控制；

2 空调冷源的部分负荷性能系数（IPLV）、电冷源综合制冷性能系数（SCOP）应符合现行国家标准《公共建筑节能设计标准》GB 50189 的规定。

7.1.3 应根据建筑空间功能设置分区温度，合理降低室内过渡区空间的温度设定标准。

7.1.4 主要功能房间的照明功率密度值不应高于现行国家标准《建筑照明设计标准》GB 50034 规定的现行值；公共区域的照明系统应采用分区、定时、感应等节能控制；采光区域的照明控制应独立于其他区域的照明控制。

7.1.5 冷热源、输配系统和照明等各部分能耗应进行独立分项计量。

7.1.6 垂直电梯应采取群控、变频调速或能量反馈等节能措施；自动扶梯应采用变频感应启动等节能控制措施。

7.1.7 应制定水资源利用方案，统筹利用各种水资源，并应符合下列规定：

1 应按使用用途、付费或管理单元，分别设置用水计量装置；

2 用水点处水压大于 0.2MPa 的配水支管应设置减压设施，并应满足给水配件最低工作压力的要求；

3 用水器具和设备应满足节水产品的要求。

7.1.8 不应采用建筑形体和布置严重不规则的建筑结构。

7.1.9 建筑造型要素应简约，应无大量装饰性构件，并应符合下列规定：

1 住宅建筑的装饰性构件造价占建筑总造价的比例不应大于 2％；

2 公共建筑的装饰性构件造价占建筑总造价的比例不应大于 1％。

7.1.10 选用的建筑材料应符合下列规定：

1 500km 以内生产的建筑材料重量占建筑材料总重量的比例应大于 60％；

2 现浇混凝土应采用预拌混凝土，建筑砂浆应采用预拌砂浆。

8 环 境 宜 居

8.1 控制项

8.1.1 建筑规划布局应满足日照标准，且不得降低周边建筑的日照标准。

8.1.2 室外热环境应满足国家现行有关标准的要求。

8.1.3 配建的绿地应符合所在地城乡规划的要求，应合理选择绿化方式，植物种植应适应当地气候和土壤，且应无毒害、易维护，种植区域覆土深度和排水能力应满足植物生长需求，并应采用复层绿化方式。

8.1.4 场地的竖向设计应有利于雨水的收集或排放，应有效组织雨水的下渗、滞蓄或再利用；对大于 10hm² 的场地应进行雨水控制利用专项设计。

8.1.5 建筑内外均应设置便于识别和使用的标识系统。

8.1.6 场地内不应有排放超标的污染源。

8.1.7 生活垃圾应分类收集，垃圾容器和收集点的设置应合理并应与周围景观协调。

七、《装配式建筑评价标准》GB 51129—2017（节选）

2 术 语

2.0.1 装配式建筑 prefabricated building

由预制部品部件在工地装配而成的建筑。

注：装配式建筑是一个系统工程，是将预制部品部件通过系统集成的方法在工地装配，实现建筑主体结构构件预制，非承重围护墙和内隔墙非砌筑并全装修的建筑。装配式建筑包括装配式混凝土建筑、装配式钢结构建筑、装配式木结构建筑及装配式混合结构建筑等。

2.0.2 装配率 prefabrication ratio

单体建筑室外地坪以上的主体结构、围护墙和内隔墙、装修和设备管线等采用预制部品部件的综合比例。

2.0.3 全装修 decorated

建筑功能空间的固定面装修和设备设施安装全部完成，达到建筑使用功能和性能的基本要求。

3 基 本 规 定

3.0.2 装配式建筑评价应符合下列规定：

1 设计阶段宜进行预评价，并应按设计文件计算装配率；

2 项目评价应在项目竣工验收后进行，并应按竣工验收资料计算装配率和确定评价等级。

3.0.3 装配式建筑应同时满足下列要求：

1 主体结构部分的评价分值不低于20分；

2 围护墙和内隔墙部分的评价分值不低于10分；

3 采用全装修；

4 装配率不低于50%。

4 装 配 率 计 算

4.0.1 装配率应根据表4.0.1中评价项分值按下式计算：

$$P = \frac{Q_1 + Q_2 + Q_3}{100 - Q_4} \times 100\% \qquad (4.0.1)$$

式中 P——装配率；

Q_1——主体结构指标实际得分值；

Q_2——围护墙和内隔墙指标实际得分值；

Q_3——装修和设备管线指标实际得分值；

Q_4——评价项目中缺少的评价项分值总和。

装配式建筑评分表 表4.0.1

评价项		评价要求	评价分值	最低分值
主体结构 （50分）	柱、支撑、承重墙、延性墙板等竖向构件	35%≤比例≤80%	20～30*	20
	梁、板、楼梯、阳台、空调板等构件	70%≤比例≤80%	10～20*	
围护墙和 内隔墙 （20分）	非承重围护墙非砌筑	比例≥80%	5	10
	围护墙与保温、隔热、装饰一体化	50%≤比例≤80%	2～5*	
	内隔墙非砌筑	比例≥50%	5	
	内隔墙与管线、装修一体化	50%≤比例≤80%	2～5*	

评 价 项		评 价 要 求	评价分值	最低分值
装修和设备管线（30分）	全装修	—	6	6
	干式工法楼面、地面	比例≥70%	6	
	集成厨房	70%≤比例＜90%	3～6*	
	集成卫生间	70%≤比例＜90%	3～6*	
	管线分离	50%≤比例＜70%	4～6*	

注：表中带"＊"项的分值采用"内插法"计算，计算结果取小数点后1位。

5 评 价 等 级 划 分

5.0.1 当评价项目满足本标准第3.0.3条规定，且主体结构竖向构件中预制部品部件的应用比例不低于35%时，可进行装配式建筑等级评价。

5.0.2 装配式建筑评价等级应划分为A级、AA级、AAA级，并应符合下列规定：

1 装配率为60%～75%时，评价为A级装配式建筑；

2 装配率为76%～90%时，评价为AA级装配式建筑；

3 装配率为91%及以上时，评价为AAA级装配式建筑。

八、《公共建筑节能设计标准》GB 50189—2015（略）

九、《严寒和寒冷地区居住建筑节能设计标准》JGJ 26—2018（略）

十、《夏热冬冷地区居住建筑节能设计标准》JGJ 134—2010（略）

十一、《夏热冬暖地区居住建筑节能设计标准》JGJ 75—2012（略）

十二、《温和地区居住建筑节能设计标准》JGJ 475—2019（略）

十三、《智能建筑设计标准》GB/T 50314—2015（略）

第四节　其 他 相 关 标 准

一、《工程勘察设计收费标准》

根据国家计委、住房和城乡建设部制定的新《工程设计收费标准》，所有工程设计均按复杂程度分为Ⅰ、Ⅱ、Ⅲ三个等级；Ⅰ级最低，Ⅲ级最高。

(一) 建筑与人防工程Ⅰ级的工程设计条件

(1) 功能单一、技术要求简单的小型公共建筑工程。

(2) 高度小于24m的一般公共建筑工程。

(3) 小型仓储建筑工程。

(4) 简单的设备用房及其他配套用房工程。

(5) 简单的建筑环境设计及室外工程。

(6) 相当于一星级饭店及以下标准的室内装修工程。

(7) 人防疏散干道、支干道及人防连接通道等人防配套工程。

(二) 建筑与人防工程Ⅱ级的工程设计条件

(1) 大中型公共建筑工程。

(2) 技术要求较复杂或有地区性意义的小型公共建筑工程。

（3）高度 24～50m 的一般公共建筑工程。

（4）20 层及以下一般标准的居住建筑工程。

（5）仿古建筑一般标准的古建筑、保护性建筑以及地下建筑工程。

（6）大中型仓储建筑工程。

（7）一般标准的建筑环境设计和室外工程。

（8）相当于二、三星级饭店标准的室内装修工程。

（9）防护级别为四级及以下，同时建筑面积<10000m² 的人防工程。

（三）建筑与人防工程Ⅲ级的工程设计条件

（1）高级大型公共建筑工程。

（2）技术要求复杂或具有经济、文化、历史等意义的省（市）级中小型公共建筑工程。

（3）高度大于 50m 的公共建筑工程。

（4）20 层以上居住建筑和 20 层及以下高标准居住建筑工程。

（5）高标准的古建筑、保护性建筑和地下建筑工程。

（6）高标准的建筑环境设计和室外工程。

（7）相当于四、五星级饭店标准的室内装修，特殊声学装修工程。

（8）防护级别为三级以上或者建筑面积≥10000m² 的人防工程。

（四）建筑工程的规模划分

大型建筑工程指 20001m² 以上的建筑，中型指 5001～20000m² 的建筑、小型指 5000m² 以下的建筑。

又根据现行《中华人民共和国注册建筑师条例实施细则》第二十九条规定，一级注册建筑师的执业范围不受工程项目规模和工程复杂程度的限制。二级建筑师的执业范围只限于承担工程设计资质标准中建设项目设计规模划分表中规定的小型规模的项目。这里所指的"小型规模的项目"就是前述Ⅰ级复杂程度的工程设计项目。

二、《建筑工程设计文件编制深度规定》（2016 年版）（略）

三、《建筑工程建筑面积计算规范》GB/T 50353—2013 （略）

四、《房屋建筑制图统一标准》GB/T 50001—2017 （略）

五、《建筑制图标准》GB/T 50104—2010 （略）

习　题

7 - 1 **(2019)**室外疏散楼梯以下哪条错误？（　　）

　　A　净宽大于等于 0.9m

　　B　栏杆扶手高度大于等于 1.05m

　　C　梯段角度小于等于 45°

　　D　梯段的耐火极限大于等于 0.25h

7 - 2 **(2019)**高层室外消防登高面，裙房进深值不能超过（　　）。

　　A　5m　　　　　　B　4.5m　　　　　　C　4m　　　　　　D　3.5m

7 - 3 **(2019)**以下关于装修材料的燃烧性能等级哪个是错的？（　　）

　　A　地上疏散走道墙面的装修材料大于等于 B_1 级

　　B　地下疏散走道地面的装修材料不得小于 B_1 级

　　C　变形缝周边的基层装修材料不小于 B_1 级

D 通向扶梯的地面基层装修材料不小于 B_1 级

7-4 (2019)公共建筑中，消防电梯与楼梯的合用前室面积和短边进深的数值分别不小于( )。

A 6m², 短边进深 1.8m
B 6m², 短边进深 2.1m
C 10m², 短边进深 2.4m
D 12m², 短边进深 2.4m

7-5 (2019)剧场和商场合建时，以下哪个说法正确? ( )

A 出入口和疏散楼梯都必须分开设置
B 疏散口和疏散楼梯至少设 2 个
C 疏散口和疏散楼梯至少设 1 个
D 疏散口和疏散楼梯可以和商场合用

7-6 (2019)以下哪个建筑可以不设置消防电梯? ( )

A 一类高层
B 一类高层办公楼
C 4 层的老年养护建筑
D 37m 的二类高层

7-7 (2019)商业营业场所在有自动喷淋及所有装修材料为不燃烧体的情况下，以下关于最大防火分区面积，哪个说法错误? ( )

A 设在多层的一层时，最大防火分区面积 10000m²
B 设在多层的非第一层时，防火分区面积小于等于 5000m²
C 设在高层中，防火分区面积小于等于 4000m²
D 设在地下室且有餐饮的情况下，防火分区小于等于 2000m²

7-8 (2019)以下哪个房间在走道两端有出入口的情况下可只设一个疏散门( )。

A 大于 130m² 办公室
B 80m² 老年照料设施
C 80m² 歌舞厅
D 60m² 教室

7-9 (2019)以下哪个建筑需要设置防烟楼梯间? ( )

A 一类车库
B 二类车库
C 地下车库
D 建筑高度大于 32m 的高层车库

7-10 (2019)以下防火隔墙的耐火极限哪个是错误的? ( )

A 管道井的隔墙耐火极限不小于 1.00h
B 通风机房的隔墙 2.00h
C 柴油燃料间和发电机房不小于 2.00h
D 剧场舞台与观众厅之间 3.00h

7-11 (2019)下列关于残疾人坡道的说法不正确的是( )。

A 公共建筑主要出入口宜设置为坡度小于 1∶30 的平坡
B 1∶30 的平坡上不需要设置平台
C 无障碍出入口轮椅坡道净宽不小于 1m
D 检票口的轮椅通道宽度不小于 0.9m

7-12 (2019)人防工程中可以临战施工的是( )。

A 现浇钢筋混凝土构造
B 通风口保护措施
C 防火密闭门
D 抗爆隔墙

7-13 (2019)人防中属于人防清洁区的是( )。

A 消毒区
B 洗消间
C 厕所
D 除尘室

7-14 (2019)以下关于人防疏散口的表述，错误的是( )。

A 竖井也可算出入口
B 两个防护单元可以借助另一个作为次要疏散口
C 两个疏散口在防爆门之外可以共用一个出地面的出口
D 电梯设在防空地下室的防护密闭区以外

7-15 (2019)在绿色建筑中下列场地概念哪个是错误的? ( )

A 建筑场地不应设在工业建筑废弃地

B 建筑场地应保留原有河道

C 建筑场地应保留利用没有污染的表面土层

D 建筑场地应还原或补偿原场地周边生态

7-16 **(2019)**必须使用安全玻璃的是( )。

    A 屋顶玻璃   B 高层建筑外窗玻璃

    C 室外玻璃栏杆   D 多层建筑二层面积小于 $1.2m^2$ 的外开窗

7-17 **(2019)**中小学校建筑的栏杆高度不得小于( )。

    A 0.9m   B 1.05m   C 1.1m   D 1.2m

7-18 **(2019)**民用建筑中，两处楼面或地面高差超过( )应该采取防护措施。

    A 0.4m   B 0.5m   C 0.6m   D 0.7m

7-19 **(2019)**有关室外疏散钢梯错误的是( )。

    A 梯段宽度不小于 0.9m   B 栏杆高度不低于 1.1m

    C 倾斜角度小于 45°   D 耐火极限 1.5h

7-20 **(2019)**下列不属于控制室内环境污染Ⅱ类的民用建筑类型是( )。

    A 旅馆   B 办公   C 幼儿园   D 图书馆

7-21 **(2019)**在旅馆设计中，中庭的栏杆或栏板的高度不应低于( )。

    A 1000mm   B 1050mm   C 1100mm   D 1200mm

7-22 **(2019)**甲类公共建筑不需要考虑围护结构热惰性指标的是哪个地区？( )

    A 温和地区   B 夏热冬暖地区

    C 严寒地区   D 夏热冬冷地区

7-23 **(2019)**以下关于建筑外门窗气密性的说法错误的是( )。

    A 严寒地区不低于 6 级

    B 幕墙不低于 3 级

    C 10 层以下建筑气密性不低于 6 级

    D 10 层以上建筑气密性不低于 7 级

7-24 **(2019)**甲类公共建筑在进行围护结构热工性能权衡判断之前不要核查哪项？( )

    A 屋顶的传热系数

    B 外墙的传热系数

    C 屋顶玻璃的面积比

    D 单面外墙窗墙比大于或等于 0.4 时，外窗的传热系数

7-25 **(2019)**以下不执行公共建筑节能标准的建筑是( )。

    A 幼儿园   B 商住楼   C 厂房改造的住宅   D 办公楼

7-26 **(2019)**无障碍设计中，门厅两道门开启后最小距离为( )。

    A 1500mm   B 1200mm   C 1800mm   D 1000mm

7-27 **(2019)**关于无障碍平坡出入口的要求错误的是( )。

    A 出入口的地面应该光滑

    B 不需要护栏

    C 室外地面滤水箅子的孔洞宽度不应大于 15mm

    D 入口的上方应设置雨篷

7-28 **(2019)**有关无障碍通道错误的是( )。

    A 室内走道不应小于 1.1m

    B 室外通道不宜小于 1.5m

C 无障碍通道上有高差时，应设置轮椅坡道

D 斜向的自动扶梯、楼梯等下部空间可以进入时，应设置安全挡牌

7-29 **(2019)** 车库弧线坡道转角为180°时，其内弧半径最小为(   )。

A 3.5m   B 4m   C 5m   D 6m

7-30 **(2019)** 以下哪些空间无论如何不能突破道路红线设置？(   )

A 雨篷   B 阳台   C 凸窗   D 空调机位

7-31 **(2019)** 关于电梯候梯厅深度，下列说法正确的是(   )。

A 住宅多台单侧布置时，大于等于最大轿厢进深

B 住宅单台布置时，大于1.5m且大于等于轿厢深度1.5倍

C 公共建筑电梯双面多台布置时，大于等于4.5m

D 公共建筑电梯单台布置时，大于等于轿厢深度1.5倍

7-32 **(2019)** 自动扶梯梯段下方净空高度哪个正确？(   )

A 2m   B 2.1m   C 2.2m   D 2.3m

7-33 **(2019)** 关于餐馆厨房，下列说法错误的是(   )。

A 洗碗消毒区应在专用房间设置

B 配餐间应设置排水明沟

C 垂直运输的食梯应原料、成品分开设置

D 冷荤菜品应在厨房专用房间配制

7-34 **(2019)** 关于宿舍设计错误的是(   )。

A 居室不允许设置在地下室

B 变配电室不允许设在居室下方

C 公共厕所不允许设在居室上方

D 当设备间紧邻居室时，要采取隔声减振措施

7-35 **(2019)** 幼儿园生活用房单面布置时，走廊最小宽度(   )。

A 1.3m   B 1.5m   C 1.8m   D 2.4m

7-36 **(2019)** 二级防水可以用于下列哪些空间？(   )

A 汽车库   B 变配电室

C 人防室的指挥部   D 自行车库种植顶板

7-37 **(2019)** 关于倒置式屋面保温层最小厚度，以下说法正确的是(   )。

A 按计算值，且大于等于10mm

B 按计算值，且大于等于25mm

C 按计算值，再加15%，且大于等于20mm

D 按计算值，再加25%，且大于等于25mm

7-38 **(2019)** 屋顶工程材料找坡的最小坡度宜为(   )。

A 0.5%   B 1%   C 2%   D 3%

7-39 **(2019)** 下列关于地下室防水等级2级，描述正确的是(   )。

A 允许漏水，但是不允许有线流和漏泥砂

B 允许漏水，结构表面可以有少量湿渍

C 不允许漏水，结构表面无湿渍

D 不允许漏水，结构表面可以有少量湿渍

7-40 **(2019)** 大于500辆的非机动车库与机动车库出入口的最小水平间距是(   )。

A 5m   B 7.5m   C 10m   D 15m

参考答案及解析

7-1 **解析**：根据《建筑设计防火规范》GB 50016—2014（2018年版）第6.4.5条，室外疏散楼梯应符合下列规定：

1　栏杆扶手的高度不应小于1.10m，楼梯的净宽度不应小于0.90m（A项正确，B项错误）。

2　倾斜角度不应大于45°（C项正确）。

3　梯段和平台均应采用不燃材料制作。平台的耐火极限不应低于1.00h，梯段的耐火极限不应低于0.25h（D项正确）。

4　通向室外楼梯的门应采用乙级防火门，并应向外开启。

5　除疏散门外，楼梯周围2m内的墙面上不应设置门、窗、洞口。疏散门不应正对梯段。

答案：B

7-2 **解析**：根据《建筑设计防火规范》GB 50016—2014（2018年版）第7.2.1条：高层建筑应至少沿一个长边或周边长度的1/4且不小于一个长边长度的底边连续布置消防车登高操作场地，该范围内的裙房进深不应大于4m。

答案：C

7-3 **解析**：根据《建筑内部装修设计防火规范》GB 50222—2017第4.0.4条：地上建筑的水平疏散走道和安全出口的门厅，其顶棚应采用A级装修材料，其他部位应采用不低于B_1级的装修材料；地下民用建筑的疏散走道和安全出口的门厅，其顶棚、墙面和地面均应采用A级装修材料。故A正确，B错误。

第4.0.7条：建筑内部变形缝（包括沉降缝、伸缩缝、抗震缝等）两侧基层的表面装修应采用不低于B_1级的装修材料。故C正确。

第4.0.6条：建筑物内设有上下层相连通的中庭、走马廊、开敞楼梯、自动扶梯时，其连通部位的顶棚、墙面应采用A级装修材料，其他部位应采用不低于B_1级的装修材料。故D正确。

答案：B

7-4 **解析**：根据《建筑设计防火规范》GB 50016—2014（2018年版）第6.4.3.3款：防烟楼梯间与消防电梯间合用前室时，合用前室的使用面积：公共建筑、高层厂房（仓库），不应小于10.0m²；住宅建筑，不应小于6.0m²。

第7.3.5.2款：除设置在仓库连廊、冷库穿堂或谷物筒仓工作塔内的消防电梯外，消防电梯应设置前室，且前室的使用面积不应小于6.0m²，前室的短边不应小于2.4m；与防烟楼梯间合用的前室，其使用面积尚应符合本规范第5.5.28条和第6.4.3条的规定。

答案：C

7-5 **解析**：根据《剧场建筑设计规范》JGJ 57—2016第8.2.10条规定，剧场与其他建筑合建时，应符合下列规定：

1　设置在一、二级耐火等级的建筑内时，观众厅宜设在首层，也可设在第二、三层；确需布置在四层及以上楼层时，一个厅、室的疏散门不应少于2个，且每个观众厅的建筑面积不宜大于400m²；设置在三级耐火等级的建筑内时，不应布置在三层及以上楼层。

2　应设独立的楼梯和安全出口通向室外地坪面。

答案：A

7-6 **解析**：根据《建筑设计防火规范》GB 50016—2014（2018年版）第7.3.1条，下列建筑应设置消防电梯：（1）建筑高度大于33m的住宅建筑；（2）一类高层公共建筑和建筑高度大于32m的二类高层公共建筑、5层及以上且总建筑面积大于3000m²（包括设置在其他建筑内5层及以上楼层）的老年人照料设施；（3）设置消防电梯的建筑的地下或半地下室，埋深大于 10m 且总建筑面积大于 3000m² 的其他地下或半地下建筑（室）。

答案：C

7-7 解析：根据《建筑设计防火规范》GB 50016—2014（2018 年版）第 5.3.4 条，一、二级耐火等级建筑内的商店营业厅、展览厅，当设置自动灭火系统和火灾自动报警系统并采用不燃或难燃装修材料时，其每个防火分区的最大允许建筑面积应符合下列规定：

    1 设置在高层建筑内时，不应大于 4000m²；

    2 设置在单层建筑或仅设置在多层建筑的首层内时，不应大于 10000m²；

    3 设置在地下或半地下时，不应大于 2000m²。

    故 A、C、D 正确。

答案：B

7-8 解析：根据《建筑设计防火规范》GB 50016—2014（2018 年版）第 5.5.15.1 款：公共建筑内房间的疏散门数量应经计算确定且不应少于 2 个。除托儿所、幼儿园、老年人照料设施、医疗建筑、教学建筑内位于走道尽端的房间外，符合下列条件之一的房间可设置 1 个疏散门：（1）位于两个安全出口之间或袋形走道两侧的房间，对于托儿所、幼儿园、老年人照料设施，建筑面积不大于 50m²；对于医疗建筑、教学建筑，建筑面积不大于 75m²；对于其他建筑或场所，建筑面积不大于 120m²。（2）歌舞娱乐放映游艺场所内建筑面积不大于 50m² 且经常停留人数不超过 15 人的厅、室。

答案：D

7-9 解析：根据《汽车库、修车库、停车场设计防火规范》GB 50067—2014 第 6.0.3.1 款：建筑高度大于 32m 的高层汽车库、室内地面与室外出入口地坪的高差大于 10m 的地下汽车库应采用防烟楼梯间；其他汽车库、修车库应采用封闭楼梯间。

答案：D

7-10 解析：根据《建筑设计防火规范》GB 50016—2014（2018 年版）第 5.4.13.4：布置在民用建筑内的柴油发电机房内设置储油间时，其总储存量不应大于 1m³，储油间应采用耐火极限不低于 3.00h 的防火隔墙与发电机间分隔；确需在防火隔墙上开门时，应设置甲级防火门。故 C 错误。

    第 6.2.1 条：剧场等建筑的舞台与观众厅之间的隔墙应采用耐火极限不低于 3.00h 的防火隔墙。故 D 正确。

    第 6.2.9.2 款：建筑内的电缆井、管道井、排烟道、排气道、垃圾道等竖向井道，应分别独立设置；井壁的耐火极限不应低于 1.00h，井壁上的检查门应采用丙级防火门。故 A 正确。

答案：C

7-11 解析：根据《无障碍设计规范》GB 50763—2012 第 3.4.2 条：轮椅坡道的净宽度不应小于 1.00m，无障碍出入口的轮椅坡道净宽度不应小于 1.20m。故 C 错误。

    第 8.1.3 条：公共建筑的主要出入口宜设置坡度小于 1∶30 的平坡出入口；故 A 正确。第 3.5.1.3 款：检票口、结算口轮椅通道不应小于 900mm；故 D 正确。

答案：C

7-12 解析：根据《人民防空地下室设计规范》GB 50038—2005 第 3.7.2 条，平战结合的防空地下室中，下列各项应在工程施工、安装时一次完成：现浇的钢筋混凝土和混凝土结构、构件；战时使用的及平战两用的出入口、连口口的防护密闭门、密闭门；战时使用的及平战两用的通风口防护设施；战时使用的给水引入管、排水出户管和防爆波地漏。A、B、C 选项应在工程施工、安装时一次完成。

答案：D

7-13 解析：根据《人民防空地下室设计规范》GB 50038—2005 第 3.1.7 条，医疗救护工程、专业队队员掩蔽部、人员掩蔽工程以及食品站、生产车间、区域供水站、电站控制室、物资库等主体有防毒要求的防空地下室设计，应根据其战时功能和防护要求划分染毒区与清洁区。其染毒区应包括下列房间、通道：

　　1　扩散室、密闭通道、防毒通道、除尘室、滤毒室、洗消间或简易洗消间；

　　2　医疗救护工程的分类厅及配套的急救室、抗休克室、诊察室、污物间、厕所等。

　　B、C、D 属于染毒区，A 属于清洁区。

答案：A

7-14 解析：根据《人民防空地下室设计规范》GB 50038—2005 第 3.3.1 条，防空地下室战时使用的出入口，其设置应符合下列规定：防空地下室的每个防护单元不应少于两个出入口（不包括竖井式出入口、防护单元之间的连通口），其中至少有一个室外出入口（竖井式除外）。战时主要出入口应设在室外出入口（符合第 3.3.2 条规定的防空地下室除外）。故 A 错误，B 正确。

　　第 3.3.26 条：当电梯通至地下室时，电梯必须设置在防空地下室的防护密闭区以外。故 D 正确。

答案：A

7-15 解析：根据《绿色建筑评价标准》GB/T 50378—2019 第 8.2.1 条，充分保护或修复场地生态环境，合理布局建筑及景观，评价总分值为 10 分，并按下列规则评分：

　　1　保护场地内原有的自然水域、湿地、植被等，保持场地内的生态系统与场地外生态系统的连贯性，得 10 分。

　　2　采取净地表层土回收利用等生态补偿措施，得 10 分。

　　3　根据场地实际状况，采取其他生态恢复或补偿措施，得 10 分。

答案：A

7-16 解析：根据《建筑安全玻璃管理规定》（发改运行［2003］2116 号）第六条，建筑物需要以玻璃作为建筑材料的下列部位必须使用安全玻璃：

　　（一）7 层及 7 层以上建筑物外开窗；

　　（二）面积大于 1.5m² 的窗玻璃或玻璃底边离最终装修面小于 500mm 的落地窗；

　　（三）幕墙（全玻幕除外）；

　　（四）倾斜装配窗、各类天棚（含天窗、采光顶）、吊顶；

　　（五）观光电梯及其外围护；

　　（六）室内隔断、浴室围护和屏风；

　　（七）楼梯、阳台、平台走廊的栏板和中庭内栏板；

　　（八）用于承受行人行走的地面板；

　　（九）水族馆和游泳池的观察窗、观察孔；

　　（十）公共建筑物的出入口、门厅等部位；

　　（十一）易遭受撞击、冲击而造成人体伤害的其他部位。

答案：B

7-17 解析：《中小学校设计规范》GB 50099—2011 第 8.1.6 条，上人屋面、外廊、楼梯、平台、阳台等临空部位必须设防护栏杆，防护栏杆必须牢固、安全，高度不应低于 1.10m。防护栏杆最薄弱处承受的最小水平推力应不小于 1.5kN/m。

答案：C

7-18 解析：根据《民用建筑设计统一标准》GB 50352—2019 第 6.7.1.4 款，台阶总高度超过 0.7m 时，应在临空面采取防护设施。第 6.7.2.4 款规定，当坡道总高度超过 0.7m 时，应在临空面采取防护设施。故 D 正确。

答案：D

7-19 解析：根据《建筑设计防火规范》GB 50016—2014（2018 年版）第 6.4.5 条，室外疏散楼梯应符合下列规定：

    1 栏杆扶手的高度不应小于 1.10m，楼梯的净宽度不应小于 0.90m（A、B 项正确）。

    2 倾斜角度不应大于 45°（C 项正确）。

    3 梯段和平台均应采用不燃材料制作。平台的耐火极限不应低于 1.00h，梯段的耐火极限不应低于 0.25h（D 项错误）。

    答案：D

7-20 解析：根据《民用建筑工程室内环境污染控制规范》GB 50325—2020 第 1.0.4 条，民用建筑工程的划分应符合下列规定：

    1 Ⅰ类民用建筑工程包括住宅、居住功能公寓、医院病房、老年人照料房屋设施、幼儿园、学校教室、学生宿舍等；

    2 Ⅱ类民用建筑应包括办公楼、商店、旅馆、文化娱乐场所、书店、图书馆、展览馆、体育馆、公共交通等候室、餐厅等。

    答案：C

7-21 解析：根据《民用建筑设计统一准》GB 50352—2019 第 6.7.3 条，阳台、外廊、室内回廊、内天井、上人屋面及室外楼梯等临空处应设置防护栏杆，并应符合下列规定：当临空高度在 24.0m 以下时，栏杆高度不应低于 1.05m；当临空高度在 24.0m 及以上时，栏杆高度不应低于 1.1m。上人屋面和交通、商业、旅馆、医院、学校等建筑临开敞中庭的栏杆高度不应小于 1.2m。

    答案：D

7-22 解析：根据《公共建筑节能设计标准》GB 50189—2015 表 3.3.1-1～表 3.3.1-3 条规定，严寒地区（A、B、C 区）和寒冷地区不需要考虑围护结构的热惰性指标。

    答案：C

7-23 解析：根据《公共建筑节能设计标准》GB 50189—2015 第 3.3.5 条，建筑外门、外窗的气密性分级应符合现行国家标准《建筑幕墙、门窗通用技术条件》GB/T 31433—2015 的规定，并应满足下列要求：

    1 10 层及以上建筑外窗的气密性不应低于 7 级；

    2 10 层以下建筑外窗的气密性不应低于 6 级；

    3 严寒和寒冷地区外门的气密性不应低于 4 级。

    第 3.3.6 条，建筑幕墙的气密性应符合国家标准《建筑幕墙》GB/T 21086—2007 中第 5.1.3 条的规定且不应低于 3 级。

    答案：A

7-24 解析：根据《公共建筑节能设计标准》GB 50189—2015 第 3.4.1 条规定，进行围护结构热工性能权衡判断前，应对设计建筑的热工性能进行核查。核查的项目包括：屋面的传热系数、外墙（包括非透光幕墙）的传热系数，以及当单一立面的窗墙面积比大于或等于 0.4 时，外窗（包括透光幕墙）的传热系数。此规定中不包含屋顶玻璃的面积比。

    答案：C

7-25 解析：根据《公共建筑节能设计标准》GB 50189—2015 第 1.0.2 条规定，本标准适用于新建、扩建和改建的公共建筑节能设计。C 选项厂房改造的住宅属于住宅建筑，不执行公共建筑节能标准；B 选项商住楼中的住宅部分属于居住建筑，商业部分属于公共建筑，商业部分应执行公共建筑设计标准。

    答案：C

7-26 解析：根据《无障碍设计规范》GB 50763—2012 第 3.3.2 条，无障碍出入口应符合下列规定：

    1 出入口的地面应平整、防滑；

  2 室外地面滤水箅子的孔洞宽度不应大于15mm；

  3 同时设置台阶和升降平台的出入口宜只应用于受场地限制无法改造坡道的工程。并应符合本规范第3.7.3条的有关规定；

  4 除平坡出入口外，在门完全开启的状态下，建筑物无障碍出入口的平台的净深度不应小于1.50m；

  5 建筑物无障碍出入口的门厅、过厅如设置两道门，门扇同时开启时两道门的间距不应小于1.50m；

  6 建筑物无障碍出入口的上方应设置雨篷。

  答案：A

7-27 解析：根据《无障碍设计规范》GB 50763—2012第3.3.2条（详见题7-26解析）。

  答案：A

7-28 解析：根据《无障碍设计规范》GB 50763—2012第3.5.1条，无障碍通道的宽度应符合下列规定：

  1 室内走道不应小于1.20m，人流较多或较集中的大型公共建筑的室内走道宽度不宜小于1.80m；

  2 室外通道不宜小于1.50m；

  3 检票口、结算口轮椅通道不应小于900mm。

  第3.5.2.2款：无障碍通道上有高差时，应设置轮椅坡道。

  答案：A

7-29 解析：根据《车库建筑设计规范》JGJ 100—2015第4.2.10条第5款，坡道式出入口应符合下列规定：微型车和小型车的坡道转弯处的最小环形车道内半径（r_0）不宜小于表4.2.10-3的规定。

坡道转弯处的最小环形车道内半径（r_0）   表4.2.10-3

角度 半径	坡道转向角度（α）		
	$\alpha \leqslant 90°$	$90° < \alpha < 180°$	$\alpha \geqslant 180°$
最小环形车道内半径（r_0）	4m	5m	6m

  答案：D

7-30 解析：根据《民用建筑设计统一标准》GB 50352—2019第4.3.3条：除地下室、窗井、建筑入口的台阶、坡道、雨篷等以外，建（构）筑物的主体不得突出建筑控制线建造。选项D阳台属于建筑物主体的一部分，故不得突破道路红线。

  答案：B

7-31 解析：参见《民用建筑设计统一标准》GB 50352—2019表6.9.1。

候梯厅深度   表6.9.1

电梯类别	布置方式	候梯厅深度
住宅电梯	单台	$\geqslant B$，且$\geqslant 1.5$m
	多台单侧排列	$\geqslant B_{max}$，且$\geqslant 1.8$m
	多台双侧排列	$\geqslant$相对电梯B_{max}之和，且< 3.5m
公共建筑电梯	单台	$\geqslant 1.5B$，且$\geqslant 1.8$m
	多台单侧排列	$\geqslant 1.5B_{max}$，且$\geqslant 2.0$m 当电梯群为4台时应$\geqslant 2.4$m
	多台双侧排列	$\geqslant$相对电梯B_{max}之和，且< 4.5m

电梯类别	布置方式	候梯厅深度
病床电梯	单台	$\geqslant 1.5B$
	多台单侧排列	$\geqslant 1.5B_{max}$
	多台双侧排列	$\geqslant$相对电梯 B_{max} 之和

答案：**D**

7-32 解析：根据《民用建筑设计统一标准》GB 50352—2019 第 6.9.2. 条，自动扶梯、自动人行道应符合下列规定：自动扶梯的梯级、自动人行道的踏板或胶带上空，垂直净高不应小于 2.3m。

答案：D

7-33 解析：根据《饮食建筑设计标准》JGJ 64—2017 表 4.3.1.5 款，餐用具洗涤消毒间与餐用具存放区（间），餐用具洗涤消毒间应单独设置；故 A 正确。

第 4.3.8.5 款：厨房专间、备餐区等清洁操作区内不得设置排水明沟，地漏应能防止浊气逸出；故 B 错误。

第 4.3.3.3 款：垂直运输的食梯应原料、成品分设；故 C 正确。

第 4.3.3.2 款：冷荤成品、生食海鲜、裱花蛋糕等应在厨房专间内拼配，在厨房专间入口处应设置有洗手、消毒、更衣设施的通过式预进间；故 D 正确。

答案：B

7-34 解析：根据《宿舍建筑设计规范》JGJ 36—2005 第 4.2.5 条，居室不应布置在地下室；故 A 正确。

第 5.1.2 条，柴油发电机房、变配电室和锅炉房等不应布置在宿舍居室、疏散楼梯间及出入口门厅等部位的上一层、下一层或贴邻，并应采用防火墙与相邻区域进行分隔；故 B 正确。

第 4.3.1 条，公用厕所、公用盥洗室不应布置在居室的上方；故 C 正确。

第 6.2.2 条，居室不应与电梯、设备机房紧邻布置；故 D 错误。

答案：D

7-35 解析：根据《托儿所、幼儿园建筑设计规范》JGJ 39—2016 表 4.1.14 的规定，幼儿园生活用房采用单面走廊或外廊时，走廊最小净宽度为 1.8m；采用中间走廊时，走廊最小净宽度为 2.4m。

答案：C

7-36 解析：根据《地下工程防水技术规范》GB 50108—2008 表 3.2.2 规定，二级防水适用范围：人员经常活动的场所；在有少量湿渍的情况下不影响使用。自行车库顶板应该在此范围内，可以采用二级防水。

答案：D

7-37 解析：根据《倒置式屋面工程技术规程》JGJ 230—2010 第 5.2.5 条，倒置式屋面保温层的设计厚度应按计算厚度增加 25% 取值，且最小厚度不得小于 25mm。

答案：D

7-38 解析：根据《屋面工程技术规范》GB 50345—2012 第 4.3.1 条规定，混凝土结构层宜采用结构找坡，坡度不应小于 3%；当采用材料找坡时，宜采用质量轻、吸水率低和有一定强度的材料，坡度宜为 2%。

答案：C

7-39 解析：根据《地下工程防水技术规范》GB 50108—2008 表 3.2.1 规定，地下工程二级防水标准为不允许漏水，结构表面可有少量湿渍。

答案：D

7-40 解析：根据《车库建筑设计规范》JGJ 100—2015 第 6.2.2 条，非机动车库出入口宜与机动车库出入口分开设置，且出地面处的最小距离不应小于 7.5m。

答案：B

附录 全国一级注册建筑师资格考试大纲

一、设计前期与场地设计（知识题）

1.1 场地选择

能根据项目建议书，了解规划及市政部门的要求。收集和分析必需的设计基础资料，从技术、经济、社会、文化、环境保护等各方面对场地开发做出比较和评价。

1.2 建筑策划

能根据项目建议书及设计基础资料，提出项目构成及总体构想，包括：项目构成、空间关系、使用方式、环境保护、结构选型、设备系统、建筑规模、经济分析、工程投资、建设周期等，为进一步发展设计提供依据。

1.3 场地设计

理解场地的地形、地貌、气象、地质、交通情况、周围建筑及空间特征，解决好建筑物布置、道路交通、停车场、广场、竖向设计、管线及绿化布置，并符合法规规范。

二、建筑设计（知识题）

2.1 系统掌握建筑设计的各项基础理论、公共和居住建筑设计原理；掌握建筑类别等级的划分及各阶段的设计深度要求；掌握技术经济综合评价标准；理解建筑与室内外环境、建筑与技术、建筑与人的行为方式的关系。

2.2 了解中外建筑历史的发展规律与发展趋势；了解中外各个历史时期的古代建筑与园林的主要特征和技术成就；了解现代建筑的发展过程、理论、主要代表人物及其作品；了解历史文化遗产保护的基本原则。

2.3 了解城市规划、城市设计、居住区规划、环境景观及可持续发展建筑设计的基础理论和设计知识。

2.4 掌握各类建筑设计的标准、规范和法规。

三、建筑结构

3.1 对结构力学有基本了解，对常见荷载、常见建筑结构形式的受力特点有清晰概念，能定性识别杆系结构在不同荷载下的内力图、变形形式及简单计算。

3.2 了解混凝土结构、钢结构、砌体结构、木结构等结构的力学性能、使用范围、主要构造及结构概念设计。

3.3 了解多层、高层及大跨度建筑结构选型的基本知识、结构概念设计；了解抗震设计的基本知识，以及各类结构形式在不同抗震烈度下的使用范围；了解天然地基和人工地基的类型及选择的基本原则；了解一般建筑物、构筑物的构件设计与计算。

四、建筑物理与建筑设备

4.1 了解建筑热工的基本原理和建筑围护结构的节能设计原则；掌握建筑围护结构的保温、隔热、防潮的设计，以及日照、遮阳、自然通风方面的设计。

4.2 了解建筑采光和照明的基本原理，掌握采光设计标准与计算；了解室内外环境照明对光和色的控制；了解采光和照明节能的一般原则和措施。

4.3 了解建筑声学的基本原理；了解城市环境噪声与建筑室内噪声允许标准；了解建筑隔声设计与吸声材料和构造的选用原则；了解建筑设备噪声与振动控制的一般原则；了解室内音质评价的主要指

标及音质设计的基本原则。

4.4 了解冷水储存、加压及分配，热水加热方式及供应系统；了解建筑给排水系统水污染的防治及抗震措施；了解消防给水与自动灭火系统、污水系统及透气系统、雨水系统和建筑节水的基本知识以及设计的主要规定和要求。

4.5 了解采暖的热源、热媒及系统，空调冷热源及水系统；了解机房（锅炉房、制冷机房、空调机房）及主要设备的空间要求；了解通风系统、空调系统及其控制；了解建筑设计与暖通、空调系统运行节能的关系及高层建筑防火排烟；了解燃气种类及安全措施。

4.6 了解电力供配电方式，室内外电气配线，电气系统的安全防护，供配电设备，电气照明设计及节能，以及建筑防雷的基本知识；了解通信、广播、扩声、呼叫、有线电视、安全防范系统、火灾自动报警系统，以及建筑设备自控、计算机网络与综合布线方面的基本知识。

五、建筑材料与构造

5.1 了解建筑材料的基本分类；了解常用材料（含新型建材）的物理化学性能、材料规格、使用范围及其检验、检测方法；了解绿色建材的性能及评价标准。

5.2 掌握一般建筑构造的原理与方法，能正确选用材料，合理解决其构造与连接；了解建筑新技术、新材料的构造节点及其对工艺技术精度的要求。

六、建筑经济、施工与设计业务管理

6.1 了解基本建设费用的组成；了解工程项目概、预算内容及编制方法；了解一般建筑工程的技术经济指标和土建工程分部分项单价；了解建筑材料的价格信息，能估算一般建筑工程的单方造价；了解一般建设项目的主要经济指标及经济评价方法；熟悉建筑面积的计算规则。

6.2 了解砌体工程、混凝土结构工程、防水工程、建筑装饰装修工程、建筑地面工程的施工质量验收规范基本知识。

6.3 了解与工程勘察设计有关的法律、行政法规和部门规章的基本精神；熟悉注册建筑师考试、注册、执业、继续教育及注册建筑师权利与义务等方面的规定；了解设计业务招标投标、承包发包及签订设计合同等市场行为方面的规定；熟悉设计文件编制的原则、依据、程序、质量和深度要求；熟悉修改设计文件等方面的规定；熟悉执行工程建设标准，特别是强制性标准管理方面的规定；了解城市规划管理、房地产开发程序和建设工程监理的有关规定；了解对工程建设中各种违法、违纪行为的处罚规定。

七、建筑方案设计（作图题）

检验应试者的建筑方案设计构思能力和实践能力，对试题能做出符合要求的答案，包括：总平面布置、平面功能组合、合理的空间构成等，并符合法规规范。

八、建筑技术设计（作图题）

检验应试者在建筑技术方面的实践能力，对试题能做出符合要求的答案，包括：建筑剖面、结构选型与布置、机电设备及管道系统、建筑配件与构造等，并符合法规规范。

九、场地设计（作图题）

检验应试者场地设计的综合设计与实践能力，包括：场地分析、竖向设计、管道综合、停车场、道路、广场、绿化布置等，并符合法规规范。